中国首座大型地下水封石洞原油库
工程建设创新技术

主　编　马青春　常务副主编　梁建忠
副主编　王永平　张文辉

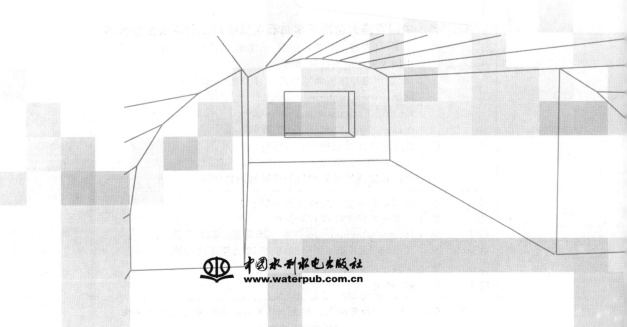

中国水利水电出版社
www.waterpub.com.cn

内 容 提 要

本书将中国首座大型"国家战略石油储备库应该建在地下"的梦想终获实现做了文字记载以利历史传承。

全书共5章，重点叙述了以岩石渗流理论为主导的洞库长期储备原油的人工水封法及其评价标准；以精细爆破理论为主导的群洞钻爆法开挖及其围岩分级与爆破作业安全评价标准；以可视遥控技术为主导的群洞施工安全风险评价及其防灾救援安全保障体系的预案建构。

本书理念清晰，信息丰富，可供从事大型地下水封石洞储备库的规划、设计、施工、监测、监理与管理以及军工、能源、铁路公路交通和城市建设的地下工程科技人员与大专院校的相关专业师生参考。

图书在版编目（ＣＩＰ）数据

中国首座大型地下水封石洞原油库工程建设创新技术/
马青春主编. -- 北京 ： 中国水利水电出版社，2015.12
ISBN 978-7-5170-3897-9

Ⅰ. ①中… Ⅱ. ①马… Ⅲ. ①地下储油－油库－建设
－研究－中国 Ⅳ. ①TE822

中国版本图书馆CIP数据核字(2015)第304647号

书　　名	**中国首座大型地下水封石洞原油库工程建设创新技术**
作　　者	主编 马青春　常务副主编 梁建忠　副主编 王永平　张文辉
出版发行	中国水利水电出版社 （北京市海淀区玉渊潭南路 1 号 D 座　100038） 网址：www. waterpub. com. cn E - mail：sales@waterpub. com. cn 电话：(010) 68367658（发行部）
经　　售	北京科水图书销售中心（零售） 电话：(010) 88383994、63202643、68545874 全国各地新华书店和相关出版物销售网点
排　　版	中国水利水电出版社微机排版中心
印　　刷	北京纪元彩艺印刷有限公司
规　　格	184mm×260mm　16 开本　30 印张　711 千字
版　　次	2015 年 12 月第 1 版　2015 年 12 月第 1 次印刷
印　　数	0001—1000 册
定　　价	**98.00 元**

编 辑 委 员 会

前　言

在地表到地下 3000m 深度范围内修建的石油与天然气地下储油库，系诸多地下工程项目中的一个重要分支，也是一类新型的地下工程技术。

地下储库与地面储库相比较，具有库容量大、安全性强、污染少、占地面积小、建设周期短和投资省等六个优点。

1915 年加拿大建成世界第一座地下储气库、1948 年瑞典建成世界上首座地下水封石洞原油库。至今，全球范围内已建成地下油、气储库数百座，石油地下储库已由 300 万 m^3 发展到 1500 万 m^3，天然气地下储库已由 10 亿 m^3 发展到 30 亿 m^3。

地下储库由地下储存空间、地下空间与地面通道、地面注入与采出设备三部分组成，储存物质十分广泛，既有原油和成品油，也有天然气和烃类，储存空间既有天然气的枯竭油、气藏、水层和岩洞，也有人工岩穴、水封石洞和废弃矿坑等，还有深层枯竭油、气藏、岩穴和水层等地下储库。地下空间与地面通道由类似油、气井的井筒构成，通过地面设备和油、气管注入或采用储存介质；接近地表的岩洞、地下水位以下的水封石洞和不同埋深的废弃矿坑等地下储库，一般不设井筒而由管道经人工竖井直接注入储存介质，然后由潜式泵出。

油、气资源，事关人类的"生存、发展和共享"三个基本需要，世界各国储存油、气基于一个共同的目标——有备无患，储存形式有一个从地面灌库到地下洞库发展的历程，一般是当某国从国外进口量达到该国的消费量的 50% 时，地下储备就成了该国的国家战略油、气储备首项。

我国地下油、气储库工程建设起步较晚，20 世纪 90 年代初，随着陕甘宁大气田的发现和陕京天然气输气管线的建设，才开始研究地下储气库的确保北京与天津两大城市的安全供气，至今还设有制定"国家战略天然气储备规划"的主要原因是当前我国天然气进口量还只占全国消费总量的 8% 左右。

21 世界初，我国在广东汕头、浙江宁波建成了两个地下液化石油气（CPG）洞库，但其库窖较小并带有试验性。

据国家发展和改革委员会等部门 2009 年公布的规划，中国已从 2003 年开始建设第一期国家战略石油储备库，为地上罐库，其储量1200万t，2010—2015年第二期和2016—2020年第三期均为地下水封石洞或地下盐矿储油库，各储量2800万t。计划总投资超过1000亿元，共三期完建后我国的石油供应量储备水准将从现在21天净进口量提高到相当于90天净进口量。

中国首座大型地下水封石洞原油库工程于2010年11月28日开工，2013年底基本建成，2014年投入运营。

在中国首座大型地下水封石洞原油库工程施工过程中，中国人民武装警察水电部队的工程师和指战员，专事本工程的自主创新，并从自己的切身实践总结出三个核心技术：以岩石渗流理论为主导的洞库长期储备原油的人工水封法及其评价标准，以精细爆破理论为指导的群洞钻爆法开挖及其围岩分级与爆破作业安全评价标准，以可视遥控技术为主导的群洞施工安全风险评价及其防灾救援安全保障体系的预案建构。

众所周知，油、气作为流动矿产，其形成、运移、聚集以及聚集成藏后的破坏和散失都是在充满水的岩石空间，诸如孔隙、裂隙和溶洞等内部进行的，这种天然的聚集成藏，正是当今人工的水封石洞储存石油和天然气的理论先师。为此，《中国首座大型地下水封石洞原油库工程建设创新技术》一书，正是向大自然学习的初步结晶。该书的问世，除再次印证了"感觉到了的东西不一定能理解它，只有理解了的东西才能更深刻地感觉它，感觉只能解决现象，而理论才能解决本质问题"外，随着时间的推移，该工程将逐步验证其安全、环保和可持续运用。

编著者

2014 年

目　　录

第1章 绪 论

据统计，我国可采石油储量为 250 亿 t，占世界石油可采量的 1.7%，按人均石油占有量计，我国仅为世界平均的 18.3%。显而易见，中国是个石油贫瘠国毋庸置疑。

按 2010 年统计，我国原油产量为 20301 万 t，同期进口量为 24812 万 t，石油对外依赖度达 55%。预计到 2015 年，我国石油对外依赖度将超过 60%，相应年进口量将超过 5 亿 t。可想而知，建立"国家石油战略储备库"势在必然。

本工程是我国"国家石油战略储备库"第二期规划的地下洞库，也是第一座大型人工水封大型建设项目❶。它由地下工程和地上辅助设施两部分构成，设计库容为 300 万 m³。2010 年 11 月 28 日动工，2013 年底基本建成。主体工程隐伏在元古宙花岗片麻岩山体内，其区域构造地质稳定，水文地质与工程地质条件则需要采取人工水封形式建造宽×高×长为 20m×30m×（484～777m）的 9 个洞。

1.1 地下水封石洞储油库的基本概念与优越性

从修辞学的角度看，地下水封石洞储油库是一个复合名词，它由地下（underground）、水封（water closing）、石洞（stone cavern）和储油库（oil reservoir）四个关键词（key word）所构成。其中"石洞"与"储油库"是两个名词，前者属地学范畴，后者为石油工程（简称"油工"）专用术语。而"地下"与"水封"两个关键词，在这里则是修饰石洞储洞库的名词类形容词。从语法上分析，"石洞储油库"是主语，而"地下水封"是状语。所以，"地下水封石洞储油库（underground cave storage tanks，UCST；underground oil stroage in rock caverns，UOSRC）"的基本概念应从石化领域的油工专业去研讨其内涵与外延以达科学学科的准确含义。

1.1.1 "地下"的概念

"地下"与"地上"相对，系一方向性的示意属性词，在中国《辞海》中并没有独立的词汇及其释义，只有连同后缀的名词诸如斗争、水位、水库、水面、肥水、空间、建筑、修文、热水、铁道、害虫、渠道、灌溉等构成"地下斗争""地下水位""地下水库""地下水面""地下肥水""地下空间""地下建筑"、"地下修文""地下热水""地下铁道""地下害虫""地下渠道"和"地下灌溉"等（《辞海》1999 年缩印本第 640 页）。

然而，在中国社会科学院语言研究所词典编辑定编《现代汉语词典》（第 5 版）2010 年由商务印书馆出版再版的第 298 页中，对"地下"有专门条目即：

---

❶ 在《共和国成就大辞典》中列有"1977 年 4 月我国第一座地下水封石洞油库建成"条目，指的是山东 15 万 m³ 小型库。

"［地下］dì·xià，名词，指'地面上'。例如，钢笔掉在地下；地下一点灰尘都没有，像洗过的一样"。

又"［地下］dìxià"一曰名词。指"地面之下；地层内部"。例如，"地下水""地下商场"等；二曰属性词，指"秘密活动的；不公开的"。例如，地下党；地下工程作者；转入地下等。

为此，在"地下水封石洞储油库"中的"地下"，当属于名词的"地面之下"或"地层内部"的"地下（dìxià）"，而在涉及"油工"的"地面铁罐储油库"与"地下洞罐储油库"时，则具有方向性的属性词功能。

所以，本书的"地下"概念是，专指水封石洞储油库建设在地层内部的地下工程。它区别于地面之上的铁罐储油库工程，也有异于掩体半地面半地下的铁罐-洞罐储油库工程。

1.1.2　"水封"的概念

据调查，"水封"一词在国内所有《辞海》各修订本、《现代汉语》各版本、《新华字典》各版本以及相关辞（词）书字典、成语、典故等中文书中均未发现。但是，在谷歌（Google）里，却有"water closing"——"水封"一词，并与"waterseal""hydrolock""water bosh""hydraulic gland""water block""water lute""brine Pack""hydraulic packing"和"water gland"等词为同一个意思。

在《大英百科全书》（Encyclopedia Britannica）（又称《不列颠百科全书》）以及国际中文版《不列颠百科全书》（Encyclopaodia Britannica International Chinese Edition）20卷本的81600个条目中，也没搜索到"water closing"一词。

同《不列颠百科全书》齐名的《美国百科全书》（Encyclopedia Americana）、《苏联大百科全书》（БольшаяСоветская Энцикпопейия）、法国《拉鲁斯大百科全书》（NOUVEAU LAROUSSE ENCYCLOPÉDICUE）、德国《布罗克豪斯百科全书》（Brockhaus Enzykklopadia）、日本《世界大百科事典》（せかいだいこせつかごてん）诸百经典中，也查询不到"水封"的词条。

由此可见，"水封"一词为非经典辞书收录的、却是类似"谷歌"网络中出现的"water closing"等新词汇。

但是，作为从事地下工程的专业人士，对"水封"并不陌生，顾名思义，"水封"乃"以水进行封闭裂隙岩石以储存油（气）的"一种手段。

1.1.3　"石洞"的概念

石洞，或岩洞，广义地是指天然岩石山体里大尺寸的洞室或天然石料中的小尺寸空洞。狭义地是指人工钻爆法或全断面隧洞掘进机（TBM）开挖出来的地下岩石空间。

本书所指的石洞是采用钻爆法在花岗片麻岩山体内开挖出来的大尺寸 [20m×30m（宽×高）] 圆拱直墙9个数百米长的排衬砌裸洞以及中等尺寸（5m×4.5m 和 8m×9m）的 5 条水幕巷道或 2 条施工巷道与 6 个垂向的竖井（ϕ3m 和 ϕ6m）。

在《辞海》第949页中，有"岩穴"即"山洞"之说，《庄子·让王》"魏牟，万乘之公子也，其隐岩穴也，难为于布衣之士。"后来指隐居之处或隐者。左思（招隐）诗："岩穴无结构"例是道出了裸洞的特征，因为靠围岩自身的支撑能力和自稳性，无需做衬砌这类结构的。

需要强调的是，"石洞"既然在《辞海》《现代汉语词典》中未曾列条目，但在《石油技术辞典》中列有"地下水封岩洞油罐"条目。明眼人一看此二字就立刻明白其含义，并且它是与"土洞"相区别的另一种比土更坚固的地下空间。

1.1.4 "储油库"的概念

1.1.4.1 "储油圈闭"概念

为了弄清"储油库"之先，有必要温习一下石油地质学中一些相关术语。首当其冲的就是"储油圈闭"。

"储油圈闭"（reservoir trap）指的是地质上能聚集石油和天然气的场所。可分为：①构造圈闭，如褶皱、断裂等所形成的圈闭诸如在背斜或穹隆构造的顶部聚集石油和天然气的场所；②地层圈闭，如两套地层间的不整合面或地层超覆所形成的圈闭；③岩性圈闭，即地层中岩石渗透性的横向变化等所形成的圈闭，例如，渗透性较差的泥岩中所夹的渗透性较好的砂岩透镜体，常形成良好的储油圈闭；④水动力圈闭，即地层中水动力发生变化造成液体遮挡等所形成的圈闭。另外，若由上述的两种或多种圈闭共同形成者，则称"复合圈闭"。

"储油构造（oil bearing structure）指的是能够聚集石油和天然气的地质构造。其范围比储油圈闭更广。一个储油构造一般包括几个以至十几个同类型的或不同类型的储油圈闭。

1.1.4.2 "储油库"的天然形成

石油等是由千万年的地质演化形成的，与岩层的新老关系密切。有些含有油气的沉积岩层，由于受到巨大压力而发生变形，石油都跑到背斜里去了，形成富集区。所以背斜构造往往是储藏石油的"仓库"。

通常，由于天然气密度最小，处在背斜构造的顶部，石油处在中间，下部则是水。寻找油气资源就是要先找这种地方。

形成石油圈闭（oil trap）的地质结构有很多种类型。

第一种类型称为背斜型圈闭（anticline trap），外形如穹隆状，天然气、石油和水均储存在储油岩（reservoir rock）内，而储油岩被一层非渗透性岩所覆盖，它可防止天然气和石油逸离。

第二种类型称为断层型圈闭（fault trap），因为不渗透性岩发生断层而阻止石油和天然气逃逸。

第三种类型称为可变渗透性型圈闭，由于储油岩渗透性发生变化而导致石油无法逸离储油岩。

1.1.4.3 "储油库"的概念——人工形成的洞罐储库

基于以上三种储油概念，无可置疑地是，"储油库"就是模仿天然储油和天然气的圈闭——构造，利用钻爆法进行人工/机械开挖出的储存石油的场所（空间）。

综上所述，所谓地下水封石洞储油库，就是在天然岩体中人工开挖洞库并以岩体和岩体中的裂隙水共同构成储油（气）空间的一种特殊地下工程。相关术语及其释义，详见附录。

1.1.5 地下水封石洞储油库的优越性 ❶

衡量地下水封石洞储油库的优越性，需要从宏观与微观两方面进行比较鉴别。因为

---

❶ 郭劲松. 地下储油库特性分析 [J]. 科技创新导报，2011 (9).

"没有比较，就没有鉴别，没有鉴别就不会有提高"。

1.1.5.1　地下储油库与地上储油库宏观对比

石油储备从储存设施和形式上可以分为地上储油库、地下储油库等。

地上储油库指地上油罐形成的库区，与其他类型油库相比，建设周期短，是中转、分配、企业附属油库的主要建库形式，也是目前数量最多的油库。

地下储油库包括隐蔽油罐库、山洞油罐库、地下洞库等。由于隐蔽油罐库、山洞油罐库在地下挖洞，再建设油罐，投资高，建设周期长，已逐渐淘汰。以下讨论的地下储油库指地下石洞库。地下石洞库主要有废弃油气藏、含水层构造、地下盐穴、矿坑及石洞储藏，这也是目前国际上通用的地下油气储存方式。地下油库因其安全、有效的特性在能源储备中起着越来越大的作用。

1. 地下储油库的优点

（1）安全。地下岩洞储油库一般位于地下水位以下，受水压密封，通常在地面数十米以下岩石中，地下岩穴储油库则位于地下数百米乃至上千米的盐层深处。通常情况下，完全处于封闭隔绝状态，不必担心火灾，更不必担心原油外流。地下储油库不受台风、雷电、暴雨、滑坡、地震等自然灾害的影响，完全可能避免平时或战争时期的人为破坏。同地面油罐比较，具有明显的安全可靠性。

（2）环保。地下储油库环保效果好，由于地下储油库位于地下，不会损害自然景观，更由于地下油库不需要维修，也不需要进行油品的周转作业，因此没有油气挥发污染和呼吸损耗，也不会产生废渣，只有渗透到洞室内的少量地下水需要排出处理。而地上油罐的浮顶密封处经常存在油品挥发，污染环境。此外，地上油罐需要定期周转，并且至少十年需要清罐大修一次，因此不可避免的会产生油气挥发污染、呼吸损耗及大量的废渣。

（3）经济。

1）投资少。根据国外建设地下储备库的经验及前面对建设地下石油储备库的投资对比结果可知，只要地下石洞储油库建设到一定的规模（30 万～57 万 m³），其建设投资比建设同等规模地上油库要少（地下石洞储油库投资降低 10％～30％，地下岩穴储油库投资甚至可达 30％～50％）。在我国目前形势下，根据调查，开挖出的岩石都可以利用，或用于填海，或用于建筑材料。

2）占地省。由于地下储油库一般在地面下数十米或数百米至上千米，地上部分仅占整个洞库地面投影面积的 10％～20％，剩余部位可以规划布置其他不影响地下储油库运行的设施，因此地下储油库上面的土地还可以综合利用。如烟台万华的地下储备库，即修建在化工厂厂址内。

3）运行及维修费用低。据法国 GEOSTOCK 公司介绍，地下油库储存 20 年的油品物性没有发生任何变化，因此，储存地下储备库的油品可以不进行定期更换，平时储备库的运行费用仅为洞室渗透的少量污水处理费用。故地下储备库的运行费用很低。

储油洞室本身是岩石或岩穴不需要维护，日常仅需要对一般地面设施和竖井的设备及仪表进行维修即可，因此日常维护费用少。而地面储罐至少每十年进行一次大修，正常维修费用较高。

（4）生命周期长。国外的地下储油库设计寿命一般为 40～50 年，等于地上油罐设计寿命（20 年）的两倍以上。

2. 地下储油库的缺点

（1）建设周期长。国外建设经验表明建设 300 万 m^3 地下石油储备库一般需要 4～5 年时间，而地上储罐的建设仅需要 2～3 年。

（2）地质条件需求高。地下石洞储油库应选择地质构造简单、地层单一、岩体完整、有长期稳定地下水位的地段。地下岩穴储油库要求在岩层总厚度大，一般大于 100m，层内夹层少，夹层总厚度小于 20%，岩层品位要好，不能低于 50%，深度比较浅，最好小于 1500m；具备开采盐穴的水资源，具有一定的卤水处理能力。

（3）储存油品较单一。由于地下储油库竖井的成本较高，因此单个洞室的容积较大，一般在 100 万～150 万 m^3，而地面单个罐容较小，一般为 10 万～15 万 m^3，为此地下储存的油品种类较地面储罐单一得多。

（4）维修较不方便。地下石洞储油库的洞室建成投产后不能进行维修，而地面储罐可以定期维修。

通过以上优劣对比，分析其利弊得失权衡利害大小，最终从宏观上鉴别，地下储油库的利大于害（弊），具有明显的优越性。

但建设地下油库有一定的规模要求，由于地下工程施工需要开挖施工隧道以及其他一些不因库容不同而变化的固定的施工设施，因此可以想到，对每一单方库容的造价来说，当规模过小时是不经济的。国外实践的情况表明，当库容大于 3 万 m^3 时，地下库的造价低于地面库，但库容小于 3 万 m^2 时，则地下库的造价还要高于地面库（图 1.1.5.1）。对于操作管理来说，也有一定的临界库容，其经验数据见图 1.1.5.2❶。

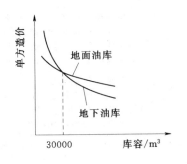
图 1.1.5.1　单方造价比较

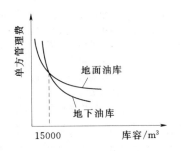
图 1.1.5.2　单方管理费用比较

从图 1.1.5.1 和图 1.1.5.2 可见，单方造价的交集出现在 3 万 m^3。之前，地下储油库高于地上储油库；之后，地下储油库低于地上储油库。单方管理费的交集出现在 1.5 万 m^3。其之前与之后变化趋势同单方造价。所以，把握住"交集"是突显地下储油库优越性的关键点。

---

❶ 费运升. 地下水封油库技术及其在我国发展前景的展望. http：//www.cnk，2013.06.04.

1.1.5.2 地下储油库（以本工程为例❶）与相同规模的地上储油库对比

1. 本工程与地上储油库主要技术指标比较（表1.1.5.1）

表 1.1.5.1　　　　　　　本地下洞库与地上库主要技术指标比较

库类型	用地面积 m^2	定员 /人	新鲜水 $/(t \cdot a^{-1})$	耗电量 $/(kW \cdot h \cdot a^{-1})$	废气量 $/(m^3 \cdot a^{-1})$	废水量 $/(t \cdot a^{-1})$	建设投资 /亿元	年均总成本 /亿元
地上库	600000	96	5000	230 万	1300	68000	16.3670	3.1119
地下洞库	60000	22	280000	240 万	1150	280000	10.4642	2.8681

注　地下库的耗电量和废气量按每年周转一次计算，地上库的废气量按每年周转一次计算。

由表1.1.5.1可见，本工程与地上储油库在占地面积、操作人数、工程投资及年运行费方面均优于后者，但其耗电量与废水量却较大。

2. 本工程与地上储油库主要建设工程量比较（表1.1.5.2和表1.1.5.3）

表 1.1.5.2　　　　　　　本地下洞库与地上库外围工程项目的比较

库类型	码头至库区管道	库区至东黄管道末站输油管道	供水管道	供电线路
地下洞库	DN800 管道约 2km	DN700 管道约 2km	DN80 管道约 2km	35kV 或 10kV 架空线单回路约 2km
地上库	DN800 管道约 6km	DN700 管道约 2km	DN150 管道约 2km	35kV 或 10kV 架空线双回路约 4km

表 1.1.5.3　　　　　　　本地下洞库与地上库库区主要工程量的比较

库类型	原油罐区	库区工艺及外输泵房	外输泵房	计量站	总图设计
地下洞库	4 个 75 万 m^3 地上洞室，4 组潜油泵和潜水泵	储备基地围墙内的所有工艺、给排水、供热等管道	流量 2800m^3/h，扬程 100m，装机容量 1500kW	贸易级体积流量计 1 组，标准体积管 1 套，在线标定，流量满足 3000m^3/h	场地平整，整向处理、道路、排雨水、围墙大门等，土石方量约 15 万 m^3
地上库	30 台 10 万 m^3 外浮顶罐	储备基地围墙内的所有工艺、给排水、供热等管道	流量 2800m^3/h，扬程 100m，装机容量 150kW	贸易级体积流量计 1 组，标准体积管 1 套，在线标定，流量满足 3000m^3/h	场地平整，竖向处理、道路、排雨水、围墙大门等，土石方量约 200 万 m^3

库类型	污水处理场	消防设施	变配电站、供电、照明	综合楼
地下洞库	处理能力 50m^3/h，主要处理渗入洞库中的裂隙水	烟弹灭火设施 4 套，小型移动式灭火器若干	35kV 或 10kV/6.3kV/380V 变压器两台，3150kVA，用电负荷约 2500kW	包括办公室、倒班宿舍、控制室、化验室、食堂、维修间等约 1000m^2
地上库	处理能力 150m^3/h，主要处理罐顶收集的初期雨水和清罐时的洗罐水	消防水池两座，泡沫站 5 座，两台消防车	35kV 或 10kV/6.3kV/380V 变压器两台，3150kVA，用电负荷为 1500kW	包括办公室、倒班宿舍、控制室、化验室、食堂、维修间等约 1500m^2

注　本工程库容以设计 300 万 m^3 计，地上库库容以 300 万 m^3 计。

---

❶　杨森，等. 地下洞库作为国家原油储备库的可行性分析 [J]. 油气储运，2004，23（7）：22 - 24.

由表1.1.5.2和表1.1.5.3可见，本工程地下洞库以4个75万 m^3 洞罐等效地上库10台10万 m^3 钢罐的工程量，其土石方总量、消防设施和污水处理量等方面对比，本地下洞库的工程量均小于相当库容的地上库。

3. 本工程与地上储油库施工周期比较（表1.1.5.4）

表1.1.5.4　　　　　　　　　本地下洞库与地上库施工周期的比较　　　　　　　　单位：月

库类型	可行性研究	初步设计	施工	设备安装	试运行	总周期
地下洞库	6	3	26（洞室开挖）	2	2	39
地上库	3	3	28（地面填海）	2	2	38

注　施工期内，完成施工详图设计、材料设备采购等。

由表1.1.5.4可见，本工程的建设总周期比相当库容的地上库多1个月。

4. 本工程与国内地上库和国外同类洞库单位造价比较（表1.1.5.5）

表1.1.5.5　　　　　本地下洞库与国内地上库和国外同类洞库单位造价比较

国家	中国		瑞典	芬兰
工程	本地下洞库	地上库	地下洞库	地下洞库
单位造价/（美元·m^3）	11～15	12～16	8～12	15～18

注　按美元：人民币＝6.5～8.5计算上、下值。

由表1.1.5.5可见，本工程与国内地上库相比较，其单位造价低；本工程与国外同类洞库相比较，其单位造价比瑞典高而比芬兰低。

如果对表1.1.5.5中所储原油细分为轻油与重油两类时，则二者的平均造价和年储油费用见表1.1.5.6。

表1.1.5.6　　　　　地上库储轻、重油与地下洞库储原油造价与费用比较

序号	投资	储库分类		地下原油洞库
		地上		
		储轻油库	储重油库	
1	平均造价/（美元/m^3）	22～33	10～13	7.8
2	年储油费用/[美元/（m^3·a）]	0.63	0.49	0.35～0.41

注　1. 轻油指汽油、煤油、柴油等，其油密度小、燃点低，用于小型的内燃机。
　　2. 重油指原油加工过程中的常压油、减压渣油、裂化渣油、裂化柴油和催化柴油等为原料调和而成呈暗黑色液体的燃料油，其油密度大、燃点高，用于飞机和轮船等。
　　3. 重油可根据焦化裂化、加氢重组为轻油。

1.2　地下水封石洞储油库的发展简史

地下水封石洞储油库的发展，大体从下列三方面平行进行：

（1）人们对天然油气藏的认识，瑞典H. Jansson于1939年最早提出直接在地下水位以下不衬砌石洞内储备油（气）的想法。从此，一个围绕地下水封石洞储备油（气）的工程实践活动，从理论上开展了水封石洞储油（气）的研究，包括自然水幕与人工水幕重点

放在人工水幕原理的研究。

（2）开展工程实施及其现场试验研究，以第一线工程实践资料与监测数据相互对照的寻找水封理论的可靠性和应用范围。

（3）鉴于理论公式假设的条件简化和工程实施应用的复杂，于是，开展了介于实践与理论之间的模拟分析研究。

本工程同样遵循了上述三方面研究规律，采取高等院校、科研院所与施工企业及建设管理方监理部门相结合的攻关形式，为地下水封石洞储备油（气）库的发展作出了应有贡献。

1.2.1　水力封存应用领域

水封理论起源于人们对天然油气藏的认识，自然中的石油和天然气在未开采之前，就是储藏在储油岩内相互沟通的孔隙中，四周被地下水或不透水层包围（图 1.2.1.1）。由于油比水轻且油水不互溶的原理，从而形成了天然的地下油气藏。油气藏围岩裂隙中的地下水也就是自然形成的水幕系统。

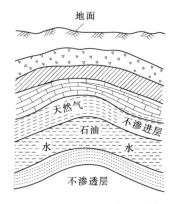

图 1.2.1.1　背斜油藏的横剖面

水封理论的发展很大程度上得益于实践设计和运行经验。目前已知的应用领域有煤炭行业、水电站和油气储存等。

在煤炭行业几十年使用密封巷道储存压缩空气的实践中，人们发现巷道处于饱和含水层中或充水围岩中可以有效阻止所储存气体的泄露。另外在高瓦斯煤矿开采中，水封式巷道抽放瓦斯技术可以实现煤与瓦斯共采，有效解决了瓦斯治理难题，充分发挥了水力封存的作用。

20 世纪 70 年代，挪威 R. Svee 和 L. Rathe 等人提出了水电站气垫式调压室的概念。水电站气垫式调压室利用岩石壁面与水面所形成的封闭气室、依靠气体的压缩和膨胀特性来反射水锤波和抑制水位波动，确保电站的安全稳定运行。为了保证气垫式调压室的气密性，防止由于高压空气泄漏而失压，在存在裂隙的调压室围岩周围设置了水幕系统。从目前所掌握到的资料，共有 6 个电站的气垫式调压室设有水幕，其中，挪威 3 个，为 Kvilld、Tafjord 和 Torpa；国内 3 个，为自一里、小天都和金康。挪威的 3 个电站的水幕设置情况不一样，Kvilld 和 Tafiord 在原设计时并没有，只是在运行时出现了较大的漏气漏水量后才增加设计的。在设置前，Kvilldal 的漏气量达到 240mm³/h，Tafiord 的漏气量也达到 150mm³/h，而 Torpa 则是因为调压室周围的裂隙水压力太小，不足气垫压力的 50%，因此，在设计阶段就进行了设置。通过设置水幕室，三个电站的气垫式调压室的撼气量基本为 0，效果非常好。国内的 3 个调压室在设计时都设置了水幕室。另外压缩空气能量储存（CAES）也是水封理论在水电站的一个应用实例。

然而将水封理论推到另一个高度的是水封式地下储油和储气洞库的大规模建造。早在西班牙内战期间（1936—1939 年），瑞典政府为了安全储备军用和民用燃油，对石油储备方式提出了新的要求，储存方式从地上转移到了地下岩洞中。为了将燃油安全无泄漏的储存于地下，瑞典岩石力学和石油储备之父 Tor Henrik Hageman 提出石油产品应该储存在处于水下的混凝土容器中，并于 1938 年为其想法申请了专利。他的想法第一次将水作为封存介质引入到地下石油存储，并预示着石油储存"瑞典法"的到来。1939 年瑞典人 H. Jansson 申请了一项储油专利，其取消了之前常用的混凝土钢衬，石油直接存储在位于地下水位以下的不衬砌岩洞中。这就是后来著名的石油储存"瑞典法"。但是因为 H. Jansson 的储油原理过于简单而很少有人敢于应用，所以 10 年以后该方法才被用于实践。在这 10 年间最主流的方法是 20 世纪 40 年代普遍采用的 SENTAB 储罐——内部有混凝土钢衬的圆柱形储罐，其相比于最初建于地下岩洞中的自立式钢罐，可以更加有效地利用岩洞空间，并且可以采用更加薄的 4~8mm 钢板进行衬砌，但是因为建造条件的限制，每个单罐的容积都不大于 10 万 m^3。为了建造更大容积的储油库，瑞典皇家防御工事管理局（RSFA）建造了 Fort 储罐（Fort Tank）——先开挖一条传统意义的隧道，然后采用钢板和混凝土对围岩进行衬砌。Fort 储罐最大的缺点是钢板腐蚀会造成很难定位和修复时易泄露。

1948 年在 Harsbacka 由一座废弃的长石矿改造而成的储油库首次储油标志着第一次将大量的石油储存在没有腐蚀和泄漏风险的地下非衬砌岩洞中。1949 年另一位瑞典人 Harald Edholm 提出了类似的水封式储油的专利，并于 1951 年在 Stockholm 郊外的 Salt-siobaden 建造了容积为 30m^3 的试验洞库。1951 年 6 月向洞库内注入 17.6m^3 汽油，一直储存到 1956 年 6 月。试验结果表明：没有汽油渗漏到圈岩中，也没有出现汽油挥发泄漏；储存的汽油的品质没有发生任何改变。

1951 年以后水封式储油技术迅速发展，1952 年投入使用的建于 Goteborg 的 SKF 所属的储油库，是非衬砌地下水封式储油洞库的第一次商业应用。实践证明"瑞典法"不仅可以用来建造战略性的防爆轰储库，而且在合适的水文地质条件下也是最经济的储油方法。从 20 世纪 60 年代到 70 年代中期，是地下储油的繁盛期，期间出现了许多新技术用来满足不同油品的地下储存，既能储存原油、液化石油气，也能储存重油。另外潜水泵的出现也使得固定水床储油法得以实现。储油理论发展的同时岩土工程施工技术也在不断发展，这使得储油岩洞容积从最初 20 世纪 50 年代的 1 万~2 万 m^3 发展到 70 年代的几十万立方米。受 1973 年石油危机的影响，瑞典的石油需求量急剧下降，使得新建的储库都转向石油气和天然气的存储。

同期地下储油洞库在世界各国开始发展和建造，有建造于花岗岩和片麻岩中的储油岩洞，如法国、芬兰、挪威、瑞典、日本、韩国等；有利用巨厚的盐岩层建造大型盐穴储油库，如美国、加拿大、墨西哥、德国、法国等；还有利用废弃的矿井储存柴油或原油，如沙特、南非等。日本于 1986 年开始建造地下水封岩洞库，先后建成久慈、菊间、串木野三个地下储油岩洞库，总容积达到 500 万 m^3。韩国建造原油地下储存库容积达 1830 万 m^3，2006 年年底在韩国全罗南道丽水市建成了世界最大储量地下储油库，其石油总储量可达 4900 万桶。印度 2007 年年底在 Visakhapatnam 建成了世界上最深的 LPG 储库，平均埋深 162m，最深部分 196m，总储量达 12 万 m^3。新加坡于 2011 年在海床下 100m 建造 5 个洞库总储量达 400 万 m^3。

我国于 1973 年在黄岛修建了国内第一座容积为 15 万 m^3 的地下水封式储油洞库。同期我国又在浙江象山建成了第一座地下成品油库，但容积仅为 4 万 m³，储存 0 号和 32 号柴油（图 1.2.1.2）。

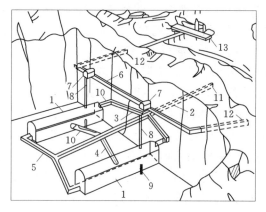

图 1.2.1.2　象山水封油库透视图
1—罐体；2—施工通道；3—第一层施工通道；4—第二层施工通道；5—第三层施工通道；6—通道；7—操作间；8—竖井；9—泵坑；10—水封墙；11—施工通道口；12—操作通道口；13—码头

图 1.2.1.2 中两个比较大的洞室 1 就是储油的罐体，每个罐体的几何尺寸为 16m×20m×75m（宽×高×长），容积 2 万 m³，两个共 4 万 m³。由于罐体较高，施工时自施工通道 2 入口又分一、二、三层三个支通道 3、4、5，以实现三层同步开挖，操作通道 6 是为营运期间人进入操作间 7 准备的，操作间与竖井 8 相连，收发油管及抽水管自操作间竖井插入罐体，抽水管端设有潜水泵一直插入泵坑 9 之内，在竖井与操作间接口处要设置混凝土的密封塞，以防油气进入操作间，操作通道口部 12 有管路和道路与码头相连供收发油及交通所用。施工完毕，所有与罐体连接的施工通道口部均用很厚的混凝土墙密封，称为水封墙 10，装油前施工通道注满水。

21 世纪初在汕头、宁波建成了两个地下液化石油气（LPG）洞库，每座洞库的储量都超过 20 万 m³。

据国家发展与改革委员会等部门于 2009 年公布的规划，中国已从 2003 年开始，先建造一批地上储油库，其储量为 1200 万 t；第二和第三期分别各 2800 万 t 全部为地下储油库。计划总投资超过 1000 亿元，15 年时间共三期完建后，中国石油战略储备将相当于 90d 的净进口量。目前的储备约为 21d 的石油供应量水平。

第二批国家战略石油储备基地主要有 8 座：本工程，300 万 m³ 地下水封原油洞库；辽宁锦州地下水封洞库，300 万 m³ 库容；广东濂江地下水封洞库，500 万 m³ 库容；广东惠州（大亚湾）地下水封洞库，500 万 m³ 库容等。

第三批国家战略石油（气）地下水封洞库计划有：浙江 500 万 m³ 库容；江苏 500 万 m³ 库容；广东 500 万 m³ 库容等。

1.2.2　水封洞库研究现状

地下水封储气洞室一般修建在岩性较好的岩层，或者注浆改善的岩体中，同时要有充足的地下水源，必要时通过人工水幕来提供防泄水压。这与天然气体运移形成油气藏正好背道而驰。在煤炭行业几十年使用密封巷道储存压缩空气的实践中，人们发现从围岩排出的水中气体的泄漏量很小，许多矿场开始将压缩空气储于充水的矿井中，有的矿井漏气量可减少近 10 倍，因而洞室处于饱和含水层中或充水岩层中可以阻止油气泄漏的认识逐渐得到人们的认可。

人工注水的方式可使地下储库围岩保持饱和状态，具体的注水形式很大程度上受地质条件决定。大多数系统一般考虑在洞室周围修建一个包围的水封幕。水封幕是通过在地下洞室周围的钻孔中注水并渗入岩体中的空隙及裂隙而产生的，从而形成水封幕的概念。在20世纪70年代人们对世界上运行的地下储气库进行评估指出：在有水幕的情况下，储库没有发现气体泄漏，对于成功的储洞来讲，储洞内的压力不能超过围岩中的水压力；而无水帘幕的储洞则出现泄漏情况。

日本在分析地下储洞理论方面也进行了一定的研究，并归结为两大部分，即洞室围岩的稳定分析和储油后水封渗流场的分析，并根据理论分析结果来修改设计。对于地下洞室围岩稳定分析一般采用有限元法，并根据计算结果来确定和调整洞室间的相互配置。水封设计一般采用地下水渗流解析方法进行，基本上是根据达西定律来研究地下水位的变动，并计算涌水量。

关于水封地下储库的设计和建造技术在20世纪70—80年代的北欧国家，如瑞典和挪威等，已经十分完善发达。同期我国投产了第一座水封油库——象山水封油库。崔京浩在1972—1976年间承担象山水封油库的研究与结构设计工作，研究并推求了适用于地下水封油库和软土水封油库的渗流量计算公式。

Aberg（1977）最早对水幕压力和储库储存压力的关系进行了研究，并提出了垂直水力梯度准则。在忽略了重力、摩擦力和毛细力的影响前提下，该准则认为只要垂直水力梯度大于1，就可以保证储库的密封性。Goodall（1986）在Aberg的基础上对该准则进行了扩展，认为只要保证沿远离洞室方向，所有可能渗漏路径上某段距离内水压不断增大，就可以实现洞库的水封。Jung-Kyusuh（1986）认为在非衬砌岩洞中保证储存气体不发生泄漏的充分条件是垂直水力梯度大于等于0即可，而不是之前提出的大于等于1，并且给出了详细的理论分析过程。可以看出，Jung-Kyusuh提出的观点是Goodall的观点的极限情况。

瑞典人Lindblom等（1977）通过进行不衬砌储气洞全规模压缩空气的试验，表明泄气量与储气压以及储存温度有关，其中泄气量为溶入水中气量和进入岩石气量之和。这些数据比洞室处于干燥岩石中的泄气量低一个数量级，说明地下饱和水可以有效地阻止气体在裂隙岩石中的泄漏。

Rehbinder（1988）等人对地下不衬砌储气洞的水幕孔进行了试验及理论上的分析得出，随着水幕洞水压的增加，储气洞的泄气量就会减小，以及洞室周围水幕孔数目增加时，相应水幕孔中的水量可减少。但其理论模型及试验模型都相对简单。

Nilsen和Olsen（1989）对挪威的水封地下储库进行了论述，并对挪威的Sture储油库和Mongstad LPG储库进行了举例说明。

Ulfika IJamberger（1991）通过介绍瑞典Karlshamn LPG储库泄露的情况，分析了水封系统在防止LPG储库泄露中所起的重要作用。

Robert Sturk和Hakan Stille（1995）以Zimbabwe Harare的非衬砌地下储油洞库为例总结了洞库设计建造过程中遇到的问题，重点集中在水文地质和围岩稳定性方面。

Y. N. Lee等（1996、1997）以韩国的不衬砌地下石油储库为例详细分析了地下水封储库设计和建设过程中的各种问题。其中主要分析了洞室掌子面推进和爆破对围岩应力和变形状态的动态影响。

高翔和谷兆祺（1997）以人工水幕在不衬砌地下储气洞室工程中的应用为例，分析了人工水幕的发展、基本原理、设计施工以及运行效果。总结挪威人工水幕设计施工的经验提出了若干条保证水封条件的水幕设计准则。

D. W. Yang 和 D. S. Kim（1998）介绍了最优化方法在储油气洞室水封幕设计中的应用。

T. Kim，K.-K. Lee（2000）通过对 LPG 储库水头、储库气压、地下水压力和化学成分综合分析发现导致储库水头波动的因素主要是降水产生的地下水回灌和储库气压，同时发现围岩断裂带是主要的地下水回灌区域，然而水幕系统可以减小储库水头的波动。

杨明举（2001）结合我国第一座地下储气洞库工程，对水封式地下储气洞库的原理及设计进行了论述。通过数值模拟方法对地下水封洞库从理论上进行了分析探讨。为我国地下储气洞库工程的发展、设计和施工提供了理论依据。

杨明举（2001）在博士论文中对地下水封裸洞储气应力场、渗流场、储气场耦合模型进行了研究。结合数学模型的特点，通过对数值解法的研究，建立了地下水封裸洞储气耦合模型的变分原理，并分别对弹性介质和弹塑性介质推导出相应耦合问题的有限元方程式。

陈奇等（2002）以实际工程为例对液化石油气地下洞库围岩稳定性进行了分析，指出洞库稳定性一方面取决于洞库周边围岩应力集中情况，另一方面取决于岩体强度和变形特征，其核心问题在于岩体完整性。

张振刚和谭忠盛等（2003、2006）介绍了水封式 12G 地下储存的气密条件。对汕头 LPG 地下储库的丙烷储库做了渗流场三维分析，分析水幕作用及其对储洞周围渗流场的影响，论证了水封式 LPG 储库的有效性。对我国水封式地下 LPG 储库的设计、施工和理论的发展提供了依据。

Chung-In Lee 和 Jae. Joon Song（2003）总结了韩国的地下能源储库现状，采用了有限元，反分析，块体理论和裂隙网络对地下储库进行了力学和水力学稳定性分析，并且在分析中分别采用了黏弹性和黏塑性模型。

Masanobu Tezuka 和 Radahiko Seoka（2003）介绍了日本地下水封式储油洞库的发展，并且对水封洞库的水封系统和围岩的稳定性进行了分析，认为在地震火山多发的日本修建大断面储油洞库是安全可行的。

Chung IM. 和 Cho WC.（2003）在考虑地下储库空间渗透系数各向不同的情况下，提出了一种基于随机模拟技术的方法来确定水封安全系数，可以有效地减少由于未考虑围岩渗透系数空间各向异性而导致的油气泄露风险。

连建发（2004）结合辽宁锦州大型地下水封 LPG 洞储工程，对地下水封储气洞库的特殊性、岩石的完整性参数、岩石质量以及围岩的稳定性等方面进行了深入研究。将大型 ANSYS 有限元数值模拟技术引入到地下水封油气库围岩稳定性评价中，丰富了地下洞室开挖后围岩稳定性评价的可视化手段。

Linus Levinsson、Goran Ajing 和 Gunnar Nord（2004）介绍了中国宁波 LPG 水封式非衬砌储气库的设计和建造。

Haiime Yamamoto 和 Karsten Pruess（2004）采用变饱和度非均质介质中多组分烃混合物三相非等温流数值模拟软件 TMVOC 对 LPG 储库的泄漏进行了二维数值模拟，结论证明水封系统能够有效防止储库气体泄漏，保证储库密封性。

Jung Joo Park 和 Seokwon Jeon（2005）通过研究韩国第一个位于湖下的 Pyongtaek LPG 储库，对水封洞库建造过程中的各环节进行了分析。包括现场地质勘察，围岩属性和应力分析，洞库几何形状设计：水文情况调查和水幕系统设计；对既有洞库的稳定性影响等。提出了采用水平水幕和垂直水幕相结合的水幕系统来保证洞库的水封条件。

王芝银（2005）对大型地下储油洞室进行了黏弹性稳定性分析，给出了考虑岩石流变特性时油库的变形规律特点，并对大型地下油库的强度及长期稳定性进行了分析评价。

李仲奎（2005）对不衬砌地下洞室在能源储备中的作用与问题进行了探讨，主要分析讨论了水动力学密封的原理和设计方法。

A. G. Benardos 和 D. C. Kaliampakos（2005）介绍了希腊在石灰岩中建造不衬砌碳氢化合物地下储库的经验。

Amantini Erie、Cabon Francois 和 More to Anne（2005）对在地下水封石洞建造过程中的水封处理进行了研究。

徐方（2006）将分形理论应用到青岛某地下水封石油储备库的工程分析中，详细论述了分形理论在洞库围岩渗透性和稳定性方面的应用。

刘贯群（2007）利用 Visual Modflow 软件建立了某地下水封石油洞库无水幕和有水幕条件下的三维地下水数值模拟模型，模拟了地下水封石油洞库区的渗流场。

宫晓明（2007）考虑地下水渗流的影响，开展了三维流固耦合作用下的地下储油洞库的稳定性分析研究。

陈祥（2007）以某地下水封石油洞库工程为例，对工程岩体质量评价、地应力场分析、洞室围岩稳定性及岩爆判别四个与地下工程密切相关的问题进行了较深入的研究。重点分析了影响洞库的工程地质因素，提出了岩块卸荷指标和频率修正系数两个因子，对岩体完整性指数计算公式进行了修正，改进了国标 BQ 岩体分级法；采用阻尼最小二乘法对地应力测试结果拟合，得出库址区地应力分布；采用 FLAC3D 对一组洞库的稳定性进行了数值模拟分析并提出了判别岩爆的指标。

许建聪（2007）采用三维多孔连续介质流固耦合有限差分软件和因素敏感性层次分析方法，对储油洞库围岩的应力场与地下水渗流场的耦合相互作用进行系统分析与模拟，在考虑水的流动条件下，实现对流体应力场的耦合分析，提出了一种较适用于特大型地下水封储油石洞库地下水渗流量计算与分析的数值模拟的合理方法。

巫润建等（2009）以锦州某地下水封洞库工程为例，利用 MODFLOW 建立了地下水封洞库在不同水幕条件下的三维地下水渗流模型，预测了洞库周围地下水等水位线扩展情况及洞库上方地下水位变化情况。

王怡和王芝银等（2009）针对流固耦合对储油岩库整体稳定性的影响、复杂交叉结构的空间受力变形特征及掌子面推进的空间影响范围等问题，应用 FIAC3D 对地下储油岩库稳定性进行了三维流固耦合分析。

刘青勇和万力等（2009）采用三维地下水数值模拟模型 MODFLOW 对山东某地地下水封石洞油库涌水对地下水位的下降影响规律和地下水漏斗进行了数值模拟和预测，分析石洞油库涌水对区域地下水的影响。

从以上国内外对于水封式储油洞库的研究内容和方法可以看出，研究主要分为三类：试验和理论分析、渗流场的研究、两场或多场耦合下的稳定性分析。

实验室试验主要采用平行板模型，采用煤油、汽油和柴油模拟，也有采用甘油代替水，盐水代替油品进行模拟，通过染料进行示踪，可以模拟水平裂隙、垂直裂隙或者倾斜裂隙。除了可以模拟自然地下水头下的水封状况和洞库间的渗流外，还可以模拟人工水封孔布置对水封效果的影响。

渗流场分析主要分析储库开挖或储油工况下，地下水水位的变化情况、降水漏斗的扩展范围和涌水量等，主要采用的模拟方法为 Modflow 软件进行数值模拟。另外还有针对裂隙围岩随机渗透系数对渗流场的影响的研究。

两场或多场耦合下的稳定性主要采用有限元法和有限差分法进行分析，涉及到的理论有分形理论、块体理论等，且大部分模型都比较简单。

综上所述，目前关于水封储油库的研究主要集中于渗流场研究和储库耦合情况下稳定性研究，而针对水封参数设计、储库开挖和储油全过程中渗流场和复杂洞库群稳定性、水封泄漏数值模拟的综合研究比较少，另外也鲜见比较全面的水封式地下储油洞库群的稳定性评价指标体系。为此，从储库整体稳定性的角度，综合分析水封系统的密闭性和大跨度高边墙储库洞室的全工况围岩稳定性，并提出水封式地下储油洞库群的稳定性评价指标和方法，对本工程是有借鉴意义的。

1.2.3 裂隙岩石渗流场与应力场耦合研究现状

地下水封储库最大特征就是利用地下洞室周围形成的地下水压。在进行水封式地下岩洞设计时，保持储洞的液密、气密性以及正确地预测涌水量是两个重要的课题，也是水封理论的基本。水封系统受到岩层的水理特性或有无相邻洞室等空洞布置，以及地下水涵养量的影响，一旦地下水位不稳定或深度不足，则采用人工注水形式。一般沿洞周打注水隧道，使之形成水幕，以防止气体泄漏。水封设计是否成功一般通过地下水渗流场分析来确定，然而天然岩石中存在大量的空隙和裂隙，这些缺陷严重地影响岩体的渗透特性，而且渗流场受岩石应力场的影响很大，同样渗流场也反作用于应力场，即所谓的渗流场-应力场耦合分析。另外洞内储存的液态油品和蒸气与洞壁围岩应力场和渗流场也有相互作用的特点。按 Zienkiewicz 等人对耦合的定义，前者称为重叠耦合（overlap coupling）；而后者则称为界面耦合（finteraction coupling）。

1. 渗透率-应力-应变耦合

天然岩石中大量裂隙的分布，导致岩石渗透性的非均匀性和各向异性。岩石的渗流耦合理论借用了多孔介质耦合理论的原理，侧重对裂隙网络几何形态的描述，同样需要建立渗透率-应力-应变耦合方程以及裂隙渗流有效应力方程。

裂隙水力耦合模型发展最早的是平行板窄缝模型，它把裂隙概化为两光滑平行板之间的缝隙。1868 年，俄国著名流体学家 Boussinesq（布西涅斯基）利用 Navier－Stokes 方程导出了液体在平行板隙中运动的理论公式，其体现了裂隙的过流能力与裂隙开度的立方成正比的关系，称为立方定理。

天然裂隙的形状不规则，有复杂的粗糙度和起伏度，因而提高了对水流的阻力。野外观察和试验研究表明，空隙压力变化会引起有效应力的变化，明显地改变裂隙张开度和液体压力在裂隙中的分布，裂隙水通量随裂隙正应力增加而迅速降低。所以最初的耦合研究探讨裂隙渗透性与法向应力的关系。

Louis 根据某坝址钻孔抽水试验资料分析，得出了渗透系数与正应力的经验关系式，即

$$K_f = K_f^0 \exp(-\xi\sigma) \qquad\qquad (1.2.3.1)$$

式中：K_f 为渗透系数；K_f^0 为当时的渗透系数；σ 为有效正应力；ξ 为待定系数。

式（1.2.3.1）是首次研究渗流与应力关系的公式，它反映了正应力与渗透系数呈负指数关系。

德国的 Erichsen 从岩石裂隙压缩或剪切变形分析出发，建立了应力与渗流之间的耦合关系。Oda[43] 以裂隙几何矢量来统一表达岩石渗流与变形之间的关系。Nolte 建立用裂隙压缩量有关的指数公式描述裂隙渗流与应力之间的关系。Noorishadl 也提出了岩石渗流要考虑应力场的作用，他以 Biot 固结理论为基础，把多孔弹性介质的本构方程推广到裂隙介质的非线性形变本构关系，以此研究渗流与应力的关系。

Snowt 通过试验得出一组平行裂隙在正应力作用下的渗透系数的表达式。Long 等人研究了地下洞室开挖后围岩渗透系数的变化。他们认为，导致渗透系数变化的原因：一是天然应力和重分布应力的作用，使致密岩石裂隙化；二是开挖引起作用于围岩中天然应力改变，使已有裂隙张开或闭合；三是开挖引起的卸荷导致原生晶面松弛等。Jonesl 提出了碳酸钙岩石裂隙渗透系数的经验公式。Kranz 提出 Barre 花岗岩的裂隙渗透系数和应力呈幂函数的经验公式。Gale 通过对花岗岩、大理岩和玄武岩三种岩体裂隙的室内试验，得出导水系数和应力的负指数关系方程。1987 年 Tsang 认为由于张开度的变化和岩桥的存在，裂隙渗流出现偏流现象。

国内河海大学王媛等提出贯通裂隙、水力隙宽和应力呈负指数的公式。仵彦卿通过某水电站岩石渗流与应力关系试验，得出岩体渗透系数与有效应力存在幂指数关系。陈祖安等通过砂岩渗透率的静压力试验，应用毛素管模型，拟合岩石渗透系数与压力的关系方程。刘继山用试验方法研究了单裂隙和两正交裂隙受正应力作用时的渗流公式。张玉卓等对裂隙岩石渗流与应力耦合进行了试验研究，并得出渗流量与应力成四次方关系或非整数幂关系。周创兵等提出考虑岩石应力的裂隙渗流的广义立方定律以及裂隙的半圆形凸起模型，讨论了裂隙渗流与应力耦合规律。赵阳升等推导了渗流特征和三维应力之间的关系。耿克勤对剪切变形与渗流耦合进行了实验研究，解释了在不同压应力作用下裂隙面剪缩和剪胀的原因。1989 年，田开铭等通过不同深度处渗透系数与法向应力的回归分析认为，岩石各渗透主值均随深度呈负指数率递减，但递减率不同，垂直方向渗透主值递减的速率大于水平方向渗透主值的递减速率，提出了应力对渗透矢量的影响。

在理论概念模型方面，为了解释应力作用对裂隙面渗透的影响机理，1987 年 Rsang 等发现由于裂隙面在外力下压紧、咬合，通过单一裂隙的水流只集中于几条弯曲的沟槽中，称之为沟槽模型。Gangi 提出钉床模型，以钉状物的压缩来反映应力对渗流的影响。Walsh 提出洞穴模型，从洞穴的变形来考虑裂隙渗流与应力的耦合关系。Tsang 和 Witherspoon 提出了洞穴-凸起模型，该模型很好地解释了单裂隙面渗流、力学及其耦合特征。以上这些研究成果为岩石渗流场与应力场耦合分析研究奠定了基础。

2. 渗流场与应力场耦合的数值模拟

Louis[42] 提出水力模型与力学模型相耦合的概念，并确定渗透力所需的基本数据与介质中水流势的分布，用有限元法进行了模拟计算。Hart 于 1984 年推导了多相介质完全水-热-力学耦合模型的本构方程，描述了裂隙岩石相互作用的数值模拟技术。Noorishad 提出了一种基于微分组构矢量的混合 Newton-Raphson 数值计算方法。Zimmerman 对单向流体-裂隙耦合非线性扩散方程进行了数值模拟。

常晓林推导了各向异性连续介质的等效渗透系数与应力状态的耦合关系，并对抽水井和压力隧道进行了耦合计算。许梦国首先用 Monte-Carlo 法模拟岩石裂隙的分布，然后根据模拟结果分别形成渗流和岩石应力有限元分析的单元网络，并进行数学分析；利用位移连续条件进行耦合，最后用迭代法得出考虑渗流的不连续岩石的应力状态。朱伯芳根据混凝土的渗透压力-应力-应变关系，研究了渗透水对非均质重力坝应力状态的影响，并给出了精确解答和简化计算方法。

在数值模拟软件方面，能进行裂隙岩石渗流场与应立场耦合分析的软件主要有 FLAC2D、FLAC3D、UDEC、3DEC 等国外软件以及国产的 RFPA 耦合分析系统。

3. 渗流模型

裂隙岩石渗流模型的建立是进行裂隙岩渗流分析的基础。目前岩石渗流模型的研究方法主要有四种趋势：①认为裂隙岩石是一种具有连续介质特性的物质；②忽略岩块的孔隙系统，把岩石看成单纯的按几何规律分布的裂隙介质；③视岩石由渗透结构面组成的裂隙系统和由岩块孔隙组成的孔隙系统共同组成的双重介质；④认为裂隙岩石是由数目较多的小型裂隙和数目不多的起主要导水作用的大中型裂隙组成的分区混合介质。这四种不同的处理方法分别对应四种裂隙岩石渗流计算模型：等效连续介质模型、离散裂隙网络模型、裂隙-孔隙双重介质模型和分区混合介质模型。

（1）等效连续介质模型是经 Snow 创立的，以渗透矢量理论为基础、用连续介质方法描述岩石渗流问题的数学模型。渗透矢量用来表征裂隙介质及其水流的各向异性。在岩石的小体积范围，即在系统变化不明显的地方，才能应用渗透矢量理论。

Oda 将裂隙岩石渗透矢量和弹性矢量统一用裂隙网络几何矢量表示，建立了较严格的裂隙岩石渗流特性与应力特性之间的耦合关系。该理论以统计分析为基础来模拟裂隙网络的影响，处理起来很复杂。

陶振宇等对岩石渗流-应力进行耦合分析研究水库诱发地震。用迭代法求解使耦合的应力场达到稳定。陈平和张有天以裂隙渗流理论和变形本构关系为基础进行了耦合分析，分别求解渗流场和应力场。常晓林基于渗透主轴与应力主轴保持重合的假定，得到弹性各向同性介质的耦合关系。王媛等采用等效连续介质模型和离散介质模型单独分析相结合的方法，分别给出多裂隙岩石介质和离散介质的弹塑性本构关系，首次采用四自由度全耦合法，建立基于增量理论的复杂裂隙岩石渗流与应力弹塑性耦合方程。

等效连续介质模型可采用经典的孔隙介质渗流分析方法，对于岩石稳定渗流，只要岩体渗流的样本单元体积（REV）存在且不是太大（小于研究域的 1/20～1/50），应尽量采用等效连续介质模型进行渗流分析。而等效连续介质模型又包括渗透系数为常量和渗透系数为应力环境的函数两种情况。

（2）离散裂隙网络模型。岩石裂隙网络系统渗流模型是把岩石看成由单一的按几何形态有规律分布的裂隙介质组成，岩石中的岩块渗透性极弱，可忽略不计。用裂隙水力学参数和几何参数（如裂隙产状、裂隙间距和隙宽等）来表征裂隙岩石内渗透空间结构的具体布局，所以在这类模型中，裂隙的大小、形态和位置都在考虑之列。Wittke 于 1966 年和 1968 年分别提出线素模型，它是裂隙网络渗流模型的基础，将裂隙岩石中的渗透空间视为由构成裂隙网络的隙缝个体组成，运用线单元法建立裂隙系统中水流量、流速及压力特征之间的关系。这是一种真实的水文地质模型，相当于对天然裂隙系统的映射，但它确是稳定流模型，不能反映裂隙水流的瞬间变化特征；但是由于查清每一条裂隙难以办到，因而只有在小范围且裂隙数量不大的范围才能应用。该模型将裂隙及其交叉点上的水动力关系逐个列出，揭示了裂隙水流运移的内在联系，为裂隙网络系统渗流模型的研究奠定了基础。

该类模型以苏联学者 Pomm、美国学者 Snow、法国学者 Louis 和 Wittke 的研究成果为代表。王恩志等运用图论理论在线素模型的基础上建立了二维裂隙网络渗流模型，并从二维模型发展到三维模型。王洪涛运用裂隙岩石渗流模型与离散元模型耦合分析充水岩质边坡的稳定性。周创兵、熊文林根据渗流叠加理论提出了裂隙岩石渗透矢量的双场耦合模型，揭示出渗透矢量与应力耦合效应。

裂隙网络模型在确定每条裂隙的空间方位、隙宽等几何参数的前提下，以单个裂隙水流基本公式为基础，利用流入和流出各裂隙交叉点的流量相等来求其水头值。这种模型接近实际，但处理起来难度较大，数值分析工作量大。

（3）裂隙-孔隙双重介质模型。该模型的建立基于裂隙岩石是一种具有连续介质性质的物质。把这种连续介质看成是由两种介质组成，即以裂隙介质导水、孔隙岩体介质储水为其特征，分别建立裂隙介质渗流模型和孔隙介质渗流模型，用裂隙与孔隙岩块间水量交换公式连接，组成一个耦合方程，在方程式中存在两种水头，这一模型的代表是苏联学者巴伦布拉特（Barrenblatt）与 1960 年提出的，被称为"双重介质"渗流模型，即

$$K_p \left(\frac{\partial^2 \phi_p}{\partial x^2} + \frac{\partial^2 \phi_p}{\partial y^2} + \frac{\partial^2 \phi_p}{\partial z^2} \right) = S_s^p \frac{\partial \phi_p}{\partial t} - \overline{\omega}(\phi_p - \phi_f) \qquad (1.2.3.2)$$

$$K_f \left(\frac{\partial^2 \phi_f}{\partial x^2} + \frac{\partial^2 \phi_f}{\partial y^2} + \frac{\partial^2 \phi_f}{\partial z^2} \right) = S_s^f \frac{\partial \phi_f}{\partial t} + \overline{\omega}(\phi_p - \phi_f) \qquad (1.2.3.3)$$

式中：K_p、K_f 分别为孔隙岩块和裂隙介质的渗透系数；S_s^p、S_s^f 分别为孔隙岩块和裂隙介质的储水率；$\overline{\omega}$ 为孔隙岩块与裂隙介质之间的水量交换系数；ϕ_p、ϕ_f 分别为孔隙岩块与裂隙介质中地下水水头。

Warren 和 Root 提出了类似的模型。他们认为，岩石裂隙具有均质的正交裂隙系统，裂隙相互连通，每一方位裂隙组平行一个渗透主轴。垂直于每一主轴的裂隙组等间距分布，隙宽不变，但沿各主轴的裂隙组的隙宽和隙间距不同。每一个岩块为孔隙系统，具有均质各向同性渗流特点。孔隙和裂隙间存在水量交换。

该模型的主要缺陷是不能反映裂隙系统空间结构的不均匀性以及其中水流普遍具有的各向异性，而且在同一点给出两个压力值也是困难的。黎水泉和徐秉业提出一种考虑介质参数随压力变化的双重孔隙介质非线性渗流模型，研究耦合过程中孔隙压力和裂隙压力随

时间变化的规律。另外 Strelesovat、Duguid 等、Huyakom 等、Neretnieks 等、Dykhui-zen、王恩志也分别研究了双重介质渗流模型，促进了岩石双重介质渗流模型的发展。

双重介质模型，除裂隙网络外还将岩块视为渗透系数较小的渗透连续介质，研究岩块孔隙与岩石裂隙之间的水交换，这种模型更接近实际，但数值分析工作量也更大。

（4）分区混合介质模型。分区混合介质模型认为裂隙岩石是由数目较多、密度较大的小型裂隙和数目不多的起主要导水作用的大中型裂隙组成的分区混合介质，在同一计算区域内，对数目不多的起主要导水作用的大中型裂隙采用离散裂隙网络模型，而对于由这些大中型裂隙切割形成的块体中的数目较多的小裂隙采用等效连续介质模型，然后根据两类介质接触处的水头连续性以及流量平衡原则来建立耦合方程进行求解。显然，该模型集中了等效连续介质模型和离散裂隙网络模型的优点，既保证了等效连续介质模型的有效性，使之满足工程精度的要求，又避免了离散裂隙网络模型因模拟每条裂隙而带来的巨大工作量。

综上可以看出，以上几种模型各有优缺点。工程岩石渗透特性为各向异性，其力学和水力学性质受结构面控制。理论上讲，离散介质模型方法能如实地描述水在节理岩石中的运动规律，然而，工程岩石中数量众多的结构面限制了它的应用，等效连续介质方法就有特别重要的工程实用价值。连续介质实际并不存在，岩石在细观尺度上也不是孔隙介质。连续介质模型是数学上的抽象，把复杂的对象简化，经典 Biot 渗流理论在岩石力学某些领域得到近似的应用，这是因为它是在一定的尺度范围内来考虑各种力学量的统计平均值。张有天认为，对于大型水电工程进行渗流分析，用连续介质力学模型并辅以主要断层或裂隙即可满足工程精度要求。据此，在进行工程岩石渗流分析及工程设计时可以遵循这样的研究思路：以现场岩石渗透结构面测绘统计资料为依据，采用离散介质方法建立典型裂隙网络表征体，计算岩石的等效渗透矢量，应用等效连续介质模型分析方法研究区域岩石的渗流问题。该方法既适应工程岩石宏观渗流分析的特点，又能够较为深刻地认识裂隙渗流的本质。但是并非大尺度的表征单元体一定适用连续介质模型，耦合结果如果不随尺度增加而变化就可以认为连续介质模型具有实用价值。裂隙-孔隙双重介质模型考虑了裂隙、孔隙两类系统的水交换过程，适宜于研究岩石中地下水体的赋存特性，理论上是客观合理的，但该模型对裂隙和孔隙系统的配置和形状做出了许多特殊的简化假定，尚未达到实际应用的程度。分区混合介质模型结合了等效连续介质模型和离散裂隙网络模型的优点，克服了各自的缺点，为岩石渗流数值计算提供了一种较好的处理方法，应是一个应用前景较广的裂隙渗流数值计算模型。

1.2.4　大型地下洞室群稳定性分析与优化评价指标研究现状

关于大型洞室群稳定性分析评价指标方面，国内外在 20 世纪 70 年代末就有部分学者开始这方面的研究。Gnirk R. F.、Fossum A. F.（1979）探讨了硬岩中压缩气体能量储存的大型地下洞室的稳定性，建立了洞室稳定性评价的数值模拟模型。莫海鸿（1991）认为围岩破坏主要表现为张性破坏，洞周围岩径向张应变可作为围岩的稳定性评价指标。张斌（1998）根据局部破坏现象，结合变形监测成果，对高地应力区二滩地下厂房系统的围岩稳定性进行了分析。史红光（1999）以岩石结构和质量、应力集中程度、洞周变形情况对二滩水电站地下厂房洞群围岩进行了稳定性分析。丁文其（2000）提出了采用洞周径向张应变、洞周围岩屈服区计算和支护结构受力状态同时作为稳定性分析判据。陈帅宇（2003）采用三维快速拉格朗日法模拟清江水布垭水利枢纽工程地下厂房区的施工开挖过程，采用围岩变形、应力和塑性区分布情况分析洞室群围岩的稳定性。张奇华（2004）将关键块体理论应用于百色水利枢纽地下厂房岩石稳定性分析中，以块体抗滑稳定安全系数为评价指标，分析了洞周块体的稳定性和所需的锚固力。杨典森（2004）以变形场、应力场、塑性区场分布特征以及锚杆轴力为评价指标综合分析了龙滩地下洞室群围岩的稳定性。王文远和张四和（2005）通过有限元计算获得的应力场、位移场和塑性破坏区分布，以及对洞室围岩分类和块体稳定性分析方法对糯扎渡水电站地下厂房洞群围岩开展稳定性研究。

在大型洞室群优化指标研究方面，俞裕泰（1984）研究了分期开挖对硬岩洞室的围岩应力的影响，指出对不太大的洞室最好采用全断面开挖，即使是大型洞室，在施工条件许可情况下，也应尽量减少开挖次数。朱维申（1992）采用洞周破损区的面积作为评价指标，对洞室群最佳施工方案进行了研究，给出了平面问题的计算结果。肖明（2000）根据地下洞室施工开挖程序和锚固施工方法，提出了大型地下洞室施工过程动态模拟的三维有限元数值分析方法，根据岩石破坏特性和弹塑性力学耗散能原理，给出了以卸荷、塑性区、开裂以及总破坏体积和塑性耗散能为评估指标的开挖优化方法，并考虑了施工开挖爆破对洞室围岩稳定性的影响。汪易森（2001）采用三维弹塑性有限元分析，以洞周位移为优化指标对天荒坪抽水蓄能电站地下厂房洞室群的施工进行了整体优化。朱维申（2001）提出考虑单元损伤、塑性和受拉破坏情况下的能量耗散本构模型，以塑性面积和最大水平位移为优化指标，结合溪洛渡水电工程洞群稳定问题作了4个方案的施工顺序优化比较分析。陈卫忠（2004）应用三维断裂损伤有限元法和施工过程力学的基本原理，根据围岩的破损区大小及关键点位移研究了龙滩电站急倾斜岩层中开挖大型地下洞室群的稳定性及最优的施工方案。此外，由于大型洞室群工程所具有多因素综合影响和多目标评价的特点，使得设计人员在众多的选择面前难以找到最优决策，为解决这一问题，安红刚（2003）提出采用洞室关键点的最大位移和破损区体积与设计标准或专家经验值的差值之比进行加权综合后作为评价指标，对水布垭地下厂房软岩置换方案进行了优化分析；姜谙男（2005）以洞周综合位移、拉损区体积、塑性区体积、大变形节点数、支护费用的加权综合优化指标对水布垭地下厂房的锚固参数进行了优化。

综上所述，现有的大型洞室群稳定性分析及优化分析主要以围岩的破损区分布，塑性区分布，洞周关键点位移，洞周应力集中程度，块体稳定性安全系数以及经济指标作为评价指标。

1.2.5 水封条件研究现状[1]

为了使围岩具有一定的强度，能够保证整体稳定性要求，地下水封油库一般修建在岩性较好的岩层，同时要有充足的地下水源。由于水封条件理论不够完善，往往通过设置人工水幕来提供水压，使洞室处于饱水状态。因此洞室处于饱和含水层中或充水岩层中可以阻止油气泄漏的认识逐渐得到人们的认可。

---

[1] 李利青．地下水封油库水封机制试验研究及理论分析．中国地质大学（北京）硕士学位论文，2012.5.

Aberg（1977）对裂隙水压和洞库储存压力的关系进行了研究，认为只要垂直水力梯度大于 1，就可以保证储库的密封性，即垂直水力梯度准则。该准则忽略了重力、摩擦力和毛细力的影响。Goodall（1986）在 Aberg 的基础上对该理论进行发展。Jung-KyuSuh（1986）对非衬砌储库中保证储存气体不发生泄漏的充分条件进行了研究，研究表明其充分条件为垂直水力梯度大于等于 0。

瑞典人 Lindblom（1997）通过不衬砌储气洞室压缩空气试验研究，表明洞室泄气量与储气压及储存温度有关，泄气量为溶入水中气量和进入岩体气量之和。由于饱水洞室比干燥洞室的泄气量低一个数量级，证明饱水洞室中水可以有效地阻止气体在裂隙岩体中的泄漏。Rehbinder（1988）等学者对地下不衬砌储气洞的水幕孔数量及水压力进行了试验研究，试验成果表明，泄气量随水幕洞水压的增加而减小，水幕孔中的水量随水幕孔数目增加可减少。

Nilsen 和 Olsen（1989）对挪威的地下水封储库水封条件进行了论述。Ulrika 和 Hamberger（1991）通过对瑞典 Karlshanm LPG 储库泄露情况分析，指出了在防止 LPG 储库泄露中水封系统作用的重要性。

Robert Sturk 和 Hakan Stille（1995）以 Zlmbabwe Halale 的非衬砌地下水封油库为例，从水文地质和围岩稳定性方面进行了探讨。

Y. N. Lee（1996、1997）以韩国的不衬砌地下石油储库为例，通过数值计算分析了洞室掌子面推进和爆破对围岩应力和变形状态的动态影响。

D. W. Yang 和 D. S. Kim（1998）介绍了最优化方法在储油气洞室水封幕设计中的应用。T. Kim 和 K-K. Lee（2000）通过对 LPG 储库水头气压、地下水压及化学成分分析，表明降水产生的地下水回灌是导致储库水头波动的主要因素，通过研究表明，水幕系统可以有效减小因水位降低引起的储库水头的波动。

杨明举（2001）以我国第一座地下水封油库水文地质条件研究为例，通过数值模拟方法对地下储气洞库水封理论进行了论述。通过对数值解法的研究，结合应力场、渗流场、储气场等复杂应力场耦合模型进行的探讨，建立了地下水封储气洞耦合模型的变分原理，推导出不同介质耦合原理的有限元方程式。

陈奇等（2002）以实际工程为例对地下储气洞库围岩稳定性进行了分析，指出核心问题为岩石完整性，洞库稳定性取决于两个方面：洞库围岩应力集中情况、岩石强度和变形特征。张振刚和谭忠盛等（2003、2006）对 LPG 地下储存的水封条件进行了讨论。以实际工程为例，通过数值模拟进行了渗流场三维分析、水幕对储洞周围渗流场的影响。

Chung-In Lee 和 Jae-Joon Song（2003）通过有限元反分析、块体理论和裂隙网络理路，采用了黏弹性和黏塑性模型对地下储油库进行了力学和水力学稳定性分析。Masanobu Tezuka、Tadahiko Seoka（2003）通过日本水文地质条件的分析，对围岩稳定性和水封洞库的水封系统进行了研究。

ChungIM 和 Cho Wc.（2003）考虑地下储库裂隙渗透系数的空间各向异，提出了一种确定水封安全系数方法，该方法有效地减少由于未考虑围岩渗透系数空间各向异性而导致的油气泄露风险。

连建发（2004）以实际工程为例，考虑不同地质因素对围岩的稳定性进行了研究，并在地下水封油库围岩稳定性评价中采用 ANSYS 有限元数值模拟。

Jung Joo ParK 和 Seokwon Jeon（2005）通过对 Pyongtaek LPG 储库地质环境和水幕设计研究，分析了洞库的稳定性，同时提出了采用水平和垂直水幕相结合的水幕系统以保证洞库水封条件的水幕设计优化方案。

王芝银（2005）通过对地下水封油库的黏弹性稳定性分析，结合考岩石流变特性时油库的变形规律特点，对大型地下储油库稳定性进行了分析研究。李仲奎（2005）讨论了地下水封油库的水动力学密封原理及设计方法。

徐方（2006）通过对地下水封石油储库的工程地质条件分析，论述了分形理论在洞库围岩渗透性和稳定性方面的应用。刘贯群（2007）利用地下水软件 Visual MODFLOW，建立了地下水封油库在无水幕和有水幕两种条件下的三维地下水数值模拟模型，对地下水封油库渗流场进行了模拟。

宫晓明（2007）考虑地下水渗流的影响，开展了三维流固耦合作用下的地下水封油库的稳定性分析研究。

陈祥（2007）以某地下水封石油洞库工程为例，从工程岩体质量评价、地应力场分析、洞室围岩稳定性及岩爆判别四个与地下工程密切相关的问题进行了较深入的研究。

巫润建等（2009）以地下水封洞库实际工程为例，考虑地下水封洞库在不同水幕条件下，利用 MODFLOW 地下水软件建立了三维地下水渗流模型，研究了洞库围岩中水位线洞库上方水位线的变化规律。

王怡和王芝银等（2009）通过实际工程中掌子面推进的空间影响范围及围岩受力变形特征等问题分析，应用 FLAC3D 三维流固耦合模型研究水封油库稳定性。刘青勇和万力等（2009）通过 Modflow 软件建立三维地下水数值模拟模型对地下水封石洞油库涌水及地下水位的下对降落漏斗的变化影响进行了数值模拟和预测。

时洪斌（2010）通过对国内外水封洞库的研究现状的归纳总结，结合本水封洞库实际工程，研究水封系统密闭性和洞库群围岩稳定性。通过正交试验以及现场提水试验确定了储库研究模型力学参数及水文地质参数。通过有限差分方法对复杂应力耦合作用下围岩稳定性及储库的储存能力进行分。通过采用 Tokheim-Janbu 模型对自然水幕情况下储油的油气泄漏量进行了预测，并进行了二维和三维情况下泄漏量的对比分析。

综上所述，目前关于水封储油库的研究主要集中在渗流场研究及复杂应力场耦合作用下洞库群稳定性的数值模拟研究。而针对水封机理研究甚少。但实际工程中通过合理选址能够保证洞库在这种状态下的稳定性，因此，这里主要研究洞库的水封机制及漏油机理，从而为水封机理和漏油风险评估作重要的理论支持，同时为突发漏油情况下补救措施提供理论依据。

1.2.6 水跃现象的研究现状

一般认为，在地下水位较低时，洞库开挖后会在洞库上方和周边一定范围内形成一个巨大的降落漏斗，水位可能将降至洞库底板，由此会导致地下油库中的油气外逸。但是事实并非如此，许多隧道、矿坑、水井等工程施工中发现：围岩介质内的水位要高于工程内部的水位，中间有一个差值，这一现缘被称为"水跃现象"，这一差值被称为"水跃值"。水跃现象是地下水封油库储油机理的主要组成部分。水跃现象的产生与裂隙对地下水的吸附力以及因水位降而产生的水-气界面的表面张力等因素有密切关系。对此国内外学者开展了研究工作。

1940 年国外学者艾连别格尔通过室内渗透槽模型试验提出水跃值的经验公式。随后，奥沃多夫在经验公式的基础上考虑了滤水管和地层情况的影响，对艾连别格尔公式作了修正，给出了修正经验公式。恰尔钠衣以及特罗菲明科等学者通过试验也给出了水跃值的计算公式。随后，阿布拉莫夫归纳以上影响"水跃"值的因素，通过总结在室内渗透槽试验所得成果，提出了新的经验公式。

国内学者，清华大学黄万里（1955）利用伯努里定理推导出当出水量最大时的理论水跃值公式。张子文（1989）给出简便计算公式。

徐绍利和张杰坤（1986）进行了窄缝槽模拟试验，通过考虑不同因素对水跃值的影响，分别模拟了垂直排水和水平排水，建立了水跃值 h 和钻孔水位降深 S 之间的回归方程，并研究了其相关关系，对裂隙岩石中水跃现象进行了研究。

徐至进（1993）在"井周流场、水跃值与井内水位降深的关系"中，从井固流场与地下水向集水井幅射流的涌水量方程入手，阐明井结构，井周泥浆堵塞和井内水位降深的关系。证明了水跃值是井周泥浆堵塞降深与井周三维流或紊流引起的二次项降深简称"井损"之代数和，并得出了水跃值不同组成部分随井内降深变化而变化的规律。

朱大力和李秋枫（1995）结合兰新线乌鞘岭隧道渗水问题，根据实测数据对计算水跃值公式进行修正，提出了水跃值的经验公式。

高秋惠和肖红等（2002）根据现场对比试验，认为井的结构、机械、水位降低值影响水跃值，最后确定了不同的水跃值计算公式。

牛志刚和赵保生等（2003）结合豫西某矿区的抽水试验，介绍几种计算水跃值的方法，阐明水跃值对计算渗透系数的影响。

郭增玉和陈昌禄（2004）根据抽水试验数据总结黄土潜水井水跃值的变化规律并在总结了水位降深随抽水时间的变化关系的基础上，建立了经验公式。

吴庆华和高业新等（2008）考虑了在水位变化强烈区域和井中大气压变化对抽水试验的影响，研究了华北东部平原深层抽水井的水跃规律。

康婷和郭增玉等（2008）根据现场抽水试验资料，总结了不同抽水量下水跃值随抽水时间的变化规律，得出在地质条件、井结构相同的条件下，水泵的吸水能力是影响水跃值大小及变化规律的主要因素。

由水跃现象的研究现状可以看出，以往研究水跃值的储水介质主要为土体。而以裂隙岩石为储水介质分析水跃现象的研究较少。为此，通过单裂隙窄缝槽模型试验研究裂隙岩体水跃值变化规律，为保证洞库水密条件下洞室的合理埋深提供理论依据。

1.2.7 水油驱替的研究现状

一般认为，在地下油库运营或储油过程中，不可避免地遇到洞室中油品高度超过水位高度，导致油品会顺岩体裂隙进行渗透运移，造成对周围岩石的污染和油品的泄露。研究岩石裂隙中水驱油机理及特征就变得尤为重要。在相关方面我国学者作了大量研究，取得了一些重要成果。

高永利和何秋轩（1997）对砾岩细长喉道中水驱油特征的研究表明：水的指进现象突

出、细长喉道中油水以大量的段塞交替运移、油滴经过细小喉道时发生小孔分散现象等水驱油成果，并和三元复合体系驱进行对比，得出三元复合体系驱不失为一条较大幅度提高砾岩油藏采收率的有效途径。

李劲峰、曲志浩和孔令荣等（1999）利用真实砂岩微观模型研究了鄯善油田三间房组油层微观水驱油特征。试验表明，鄯善油田三间房组油层驱油效率差异不大，驱油效率随压力的升高而增高。并指出由于三间房组的油层与水亲和性大于与油的亲和性，对水驱油过程是有利的这一定性结论。

周娟等人于2000阐述了使用一维玻璃微模型研究了强水湿条件下裂缝油藏水驱油渗流机理。得出裂隙特性对水驱油渗透机理有显著影响，渗流规律为随裂隙方向与主流线夹角增加，水驱突破实践增加，剩余油减少，且裂缝与基质孔道连通性越好，水压越大，水驱油跃容易等试验成果。

曲志浩和孔令荣（2002）通过真实砂岩微观孔隙模型试验，研究了不同区域低渗透油田的微观水驱油特征。研究表明贾敏效应是不可忽视的作用力。同时表明低渗透油田水驱油效率低，水的自吸驱油现象比较明显等成果。该成果对改善注水开发低渗油层有一定理论意义。

谭承军（2002）在探讨了塔河油田奥陶系碳酸盐岩油藏具有三重介质基础上对水驱油机理进行了研究。研究表明：高孔低渗特征的岩块系统主要靠自吸排油方式水驱油；在驱替压力和重力作用下，高孔高渗特征的洞穴系统近乎均匀推进水驱油，低孔高渗特征的裂缝系统发生指进和突进水驱油等水驱油理论成果。

陈新平和王胜利（2004）对中原油田文岩芯试验资料的分析、研究表明深层低渗油藏由于渗透率低，启动压力梯度大，流体渗流表现为非达西流特征。水驱油结果表明：油水两相渗流束缚水饱和度高，流动范围窄，垂直于流动方向裂缝的储层采收率最高等试验成果。该成果为同类型油藏分析剩余油分布规律、制定合理的提高采收率方案提供依据。

周立果（2005）通过分析塔河油田碳酸盐岩岩溶缝洞型油藏的地质特征以及油藏试采动态、单井出水特征、生产测井等动态资料，探讨了该油藏在裂缝溶洞型碳酸盐岩油藏开采特征、缝洞孔复合型碳酸盐岩油藏开采特征、三重介质条件下的水驱油机理。

任晓娟和曲志浩（2005）通过岩芯试验和真实砂岩模型试验，取得了以下成果：在丰水期，弱亲油储层与亲水、弱亲水的中性特低渗储层的微观水驱油效率无显著的差别；在贫水期，其微观水驱油效率明显低于亲水性储层。同时得出孔隙结构是决定特低渗储层微观水驱油效率的主要因素的结论。

J. Cruz-Hemandez 对多孔裂缝介质中的水驱油机理也作了相关研究，通过水驱油试验，用水饱和度得出油的采收率，并发展了一个理论模型。

郑忠文（2007）通过对试验测定的不同渗透率级别的低渗透砂岩样品的单相及两相渗流特性试验资料的分析、研究，取得了低渗油藏单相流体渗流特性以及初始水力梯度等成果。

张国辉、任晓娟和张宁生（2007）通过在室内对微裂缝的天然岩芯进行水驱油，研究认为微裂缝对低渗储层注水开发有很重要的影响。同时表明：微裂缝增大了油水的渗流通道，对改善储层的渗透性有重要作用。还对比无微裂缝岩与有微裂纹岩的水驱油效率，表明二者相差不大等试验成果。

高永利、邵燕和张志国等（2008）针对特低渗超低渗油层渗流特点，选取西峰油田岩芯，通过室内水驱油试验研究，分析了低渗透油层驱油效率与储层渗透率的关系，驱油效率与注水倍数的关系，以及驱油效率与驱替压力梯度的关系。研究结果表明：低渗透油层在渗透率较低的范围内，随渗透率的降低，驱油效率则急剧降低；随注水倍数的增加，各含水阶段驱油效率增加的幅度不同，消耗的注水量也不同；随着驱替压力梯度的提高，驱油效率均呈上升趋势。

徐波和孙卫（2008）通过对鄂尔多斯盆地姬塬油田砂岩储层微裂缝及水驱油机制综合研究，得出微裂缝能够降低注水压力，起到连通基质孔隙、提高储层的渗流能力的重要作用的定性结论。

以上研究主要侧重于岩块孔隙以及微裂隙的水驱油微观特征及规律。而针对水封油库中进入裂隙中的油品能否通过水压驱替改变水跃，能否使进入裂隙中的油品重新被挤回到洞室，从而防止油气泄漏和对围岩的污染方面研究甚少。这方面的研究对水封油库的水封机理研究以及洞库漏油风险评价和补救措施的合理性具有重要的意义。

1.2.8 地下水水流及溶质运移模拟研究现状

自 20 世纪 70 年代，地下水数值模拟逐渐成为地下水模拟的主要方法之一。地下水模拟主要有水流模拟、运移模拟、反应模拟、反应运移模拟。模型建立的步骤包括水文地质条件分析、建立水文地质概念模型和数学模型、确定模拟期和预报期、水文地质条件识别、地下水资源评价和水位预报。目前，在世界范围内被广泛应用的地下水模拟软件有 Visual MODFLOW、地下水模拟系统（GMS）、Visual Groundwater、MODFLOW 等，计算方法主要为有限元法和有限差分方法，江思珉、朱国荣结合两者提出了快速自适应组合网格方法（FAC），薛禹群等将多尺度有限元法用于地下水模拟。

Visual MODFLOW 是综合已有的 MODFLOW、MODPATH、MT3D、RT3D 和 PEST 等地下水模型而开发的可视化地下水模拟软件，可进行三维水流模拟、溶质运移模拟和反应运移模拟。Visual MODFLOW 最大的特点是易学易用、菜单结构合理、界面友好、功能强大，成为许多地下水模拟专业人员选择的对象。该软件已被广泛应用于水资源评价模拟、路基排水模拟、边坡稳定性模拟等领域、河流衰减量计算。丁元芳和卞玉梅等分别对沈阳市李官堡水源地和双阳河谷水源地进行了水流数值模拟和预测。林国庆等利用 Visual Modflow 软件建立准三维地下水水流模型对地下水库的地下水系统进行了模拟并分析了橡胶坝渗漏补给的动态变化规律。朱斌等应用该软件提供的墙体边界（wall）模拟了断层影响下的地下水流，黎明等渗流-管流耦合模型"对新疆渭干河流域进行地下水资源评价。

20 世纪 90 年代，水流和溶质模型的联合应用迅速发展起来，国内外学者进行了大量研究和应用。地下水中溶质运移模型的基本方程为对流-弥散方程，以多孔介质中的物质运输理论为基础，遵循质量守恒定律而建立的偏微分方程。目前其解法常用的有限差分格式为 MacCormack 格式、特征型的 Garlerkin 格式和混合的 E.-L. 格式等，王惠芸等基于有限分析方法基础上构造了一种优化数值算法，朱长军等采用混合有限分析法对污染物在地下水中的运移进行了数值模拟研究，Saaltik 对数值方法进行了探讨，比较了直接代入法（DSA）和连续迭代法（SIA）的优劣及适用条件。Yeh 和 Tripathi 建立并验证了二维有限元水文地球化学运移模型 HYDROGEOCHEM，用于模拟多组分反应性溶质运移，此模型设计可用于非均质、各向异性、稳定流和不稳定流情况下的饱和-非饱和的介质；同时，它能模拟络合、溶解-沉淀、吸附-解吸、离子交换、氧化-还原以及酸碱反应等化学过程。Laura KK. Lautz 利用 MODFLOW 和 MT3D 对地表水与地下水在潜流带的混合进行了模拟。杨玉建等初步分析了土壤水盐运动的机理模型，总结了对流-弥散方程建立的一般思路及数值解法的局限性；李韵珠等以土壤水和溶质运移的动力学原理为基础，采用数值模拟方法，研究了在浅层地下水和蒸发条件下含有黏土层土壤的水和 Cl$^-$ 的运移状况。张丛志综述了土壤多组分反应性溶质运移领域的运移模型、数值模拟、可应用的计算软件，并提出了目前尚存的问题。

而石油类在地下水环境中的运移又有其特殊性，除了一般溶质的对流、机械弥散和分子扩散作用外，还存在吸附-解吸、生物降解等作用。郑两米等通过大量的实验来测定溶解油的吸附等温线和突破曲线，并由此确定阻滞系数，把地下水中反应性石油污染物运移的物理过程和化学过程有机地结合起来。裴桂红等建立地下石油污染的数学模型，给出其 Galerkin 有限元离散格式。

韩曼利用当前国际上广泛应用的 Visual MODFLOW 软件的 MODFLOW 和 MT3D 模块建立了地下水封石油洞库的水流和水质数值模型，分析了洞库周围的渗流场和地下水中溶质的运移特征。

1.3 中国首座大型地下水封石洞储油库工程建设理念

1.3.1 工程建设理念

任何工程建设，最终落脚于哲学问题"理念"的提出与创新上。

1.3.1.1 "理念"释义

"理念"一词，在《辞海》1999 年缩印版中列为"观念"。其释义：理念"译自希腊语 idea。通常指思想。有时亦指表象或客观事物在人脑中留下的概括的形象（第 606 页）"。

所谓理念意即理性概念，或者等同"观念"。事实上是把人从个别事物中抽象而得的普遍概念加以绝对化，并把它说成是事物的原型。这种永恒不变的理念之总和构成理念世界。

理念就是理性化的想法，理性化的思维活动模式或者说理性化的看法和见解。它是客观事实的本质性反映，是事物内性的外在表征。

在英语 idea 中，-ide 有时用作后缀，表示"……化合物"或"……合成物"。而 idea 一词的英语含义有 10 种之多诸如主意、念头、思想、计划、打算、意见、想象、模糊想法、观念和理念等。所有这些，有两层意思：一是一般意义上的观念或观点，比如我们说"对中国首座大型地下水封原油库工程建设，我有一个想法、看法、意见、念头"或"我的观点、想法、意见、念头是……"；二是哲学意义上的观念或"学说"，它源于一般意义上的想法、看法、意见、念头而高于一般意义上的想法、看法、意见和念头并成为了一种信念。如中国"国家战略石油储备库应该建在地下"等就是一种坚持不懈的信念。

具体结合中国首座大型地下水封石洞原油库工程建设，则是 300 万 m^3 库容坚定不移的信念会梦想成真，其根据是通过认真地地质勘察结果表明，本工程所在半岛区域，有能建 800 万 m^3 地下水封石洞原油库的潜力和基础（详见"引用专题报告"和杨森等人论文❶）。

需要特别强调的是，"观念"泛指"观点、看法、想法与念头"，是中性词；而"理念"指绝对正确的观点，可作为道理、真理来形容；"信念"是自己认为可以确信的看法，引申为对某人或某事信任、信赖或有信心的一种思想状态。

作者编著此书的信念，就是《中国首座大型地下水封石洞原油库工程建设创新技术》这一理念为梦想成真的结果，它如同美国哈佛大学的校训所言："一个人的成长不在于经验和知识，更重要的在于他是否有先进的观念和思维方式。"一个工程的建设也如同一个人的成长一样。

同时，我们清醒地看到，"理念"没有什么正确与错误之分。过分强调正确与错误的人将会一事无成。因为，事物是不断变化的，理念也不是一成不变的。上述理念要经过实践不断完善，更要不断地融合实际情况，融合周围的自然特质环境，不断地磨合和历练，才能不断进步与创新，从而在更高层次上将理念进化，同时也会延伸理念的范围和深刻理念的内涵。

1.3.1.2　将精致建设理念集中贯穿到施工全过程

精致建设理念，是一项系统工程，涉及勘察、规划、设计、施工、监理、监测与管理各个环节，需要多部门齐抓共管，参与者协调共进。

1. 勘察是精致建设理念的基础

勘察是为规划、设计、施工和管理奠定可靠基础的第一线信息，是工程精致建设的前提。勘察信息的准确和丰富最终对建设竣工直至运营乃工程生命周期的安全与健康尤为重要。

（1）勘察要全面。控制好工程建设各个细节，揭露隐蔽的地质缺陷，预测可能出现的事故隐患，并提出为防治地质灾害制定应急预案必需的地质因素。

（2）勘察要深入。构造地质、水文地质、工程地质三大块要与各工程阶段提前创造地质信息渠道，尤其是不良地质段的施工及时给出处治优化方案的地质意见与建议。

（3）勘察抓重点。在初勘、详勘和专题勘察正常运作下，重点勘察洞库围岩Ⅲ下、Ⅳ类和Ⅴ类岩石的产状、规模以及工程布置对勘察提出的要求、工程设计要勘察必供的信息、施工监测要勘察应供的数据、管理运营要勘察预备的地质变化趋势等。

2. 规划是精致建设理念的方向

规划方案的正确与否对最终形成的工程质量尤为重要。要有高瞻远瞩的目光、广阔全球的视野为建设的工程制定合法、合理、合情的规划纲目以保证建设的工程可持续发展。

（1）目标要明确。中国首座大型地下水封石洞原油库工程建设的目标，就是"中国第一"。不仅是工程规模在大型范畴内中国第一个建设，而实施的措施、技术、工艺在地下水封石洞原油库领域"中国第一"。

---

❶　杨森，等 . 地下洞库作为国家原油储备库的可行性分析［J］. 油气储运 . 2004，23（7）：22 - 24.

（2）潜能要激发。参与中国首座大型地下水封石洞原油库建设者的潜能尽量激发出正能量，激发机制在规划阶段架构好并始终不渝地坚持下去。

（3）安全并健康第一。中国首座大型地下水封石洞原油库工程建设的全程（从可行性研究到竣工验收运营直到工程生命周期50年）乃至更长远，安全与健康永远摆在第一位，包括工程本身的安全与健康，也含参与者每个人安全与健康——创造"零死亡"记录是规划的底线。

3. 设计是精致建设理念的灵魂

设计图纸的优劣对最终形成的工程品质至关重要，应以一流的动态设计保证工程建设出精品极品。

（1）整体要和谐。中国首座大型地下水封石洞原油库，设计成三组罐、九洞室，把握好容量、孔口断面及罐组之间、洞室之间的合理间距以求整体稳定，追求整体美感。

（2）个性要鲜明。要注意提炼大型地下水封石洞原油库不衬砌的圆顶直墙洞室个性，以及提升不衬砌的大跨度、高边墙、多条平行群洞在地下水位以下（始终处于水幕条件下）洞库长期稳定、安全、健康的特性。

（3）配套要协调。做到设计方案与开发区的环境、人文景观相协调、地下工程与地面配套设施布置要合理协调、防尘通风、防火灾、防地质灾害设计方案要协调。还要注意地下水封石洞原油库与附近运输码头、炼油厂及相关管路网线配套协调。

4. 施工是精致建设理念的生命

施工质量的优劣、施工工期的长短和施工投资的多少以及施工给环境带来的扰动或破坏是评判中国首座大型地下水封石洞原油库工程价值的命脉。

（1）施工参与者的素质决定了工程建设的质量。首先树立"人安全，工程才有安全观"。建设中国首座大型地下水封石洞原油库工程，每位建设者安全第一是绝对不能更改的信条。"国家战略石油储备库应该建在地下"的第一大优越性就是因为安全，工程本身的安全取决于施工参与者的安全，否则违背了"以人为本"的宗旨。其次，建立"安全靠培训的机制"，工程安全要靠建设参与者掌握先进的安全观念和灵活的思维方式去实现，而先进的安全观念和灵活的思维方式则靠不停顿的教育培训来获取。培训的最高境界是人与工程共同处于既安全又健康的状态下"我工作并快乐着"，以达参与者舒心，工程精品、极品、放心。

（2）施工参与者的技能控制了工程建设的工期。先进的安全观念和灵活的思维方式加上科学的、熟练技能是建设优质工程并缩短工期的三件法宝。工期不是加班加点"抢"得来的，工期本质上讲是一项技术活动的时限，有其客观的龄期和必需的施工顺序流程，而且每个工序和工程分部项目乃至构件均是有定额的，不能随意乃至无限地压缩工期。否则违反科学规律并必然导致严重后果；超常规地变动工期必须经专家论证而且合法、合理、合情地去实施。

（3）施工参与者的责任担当可以节省投资。中国首座大型地下水封石洞原油库工程是国家战略石油储备基地的重要工程，既有工程保密性的要求，也有向世界开放的要求，每一位工程建设参与者，不论是中国人民武装警察部队官兵，还是著名科学家、工程师，或是由农村经培训合格后转为工程施工的操作手，必须树立"中国首座大型地下水封石洞原油库梦就是个人的当下一个时限的中国梦"，本工程是自己生命的一部分。不要老想建设本工程"给了我什么？"而要时刻想"我为本工程做了什么？"

选好材料，创新技术，把好采购关、试验关和使用关这"三关"，一个"中国第一"的大型地下水封石洞原油库建设成本必然降低，整个工程的投资深信会在保证质量、合理工期以及环保平衡前提下达到节省的目标。

5. 监测监理是精致建设理念的保证

现场监测与旁站监理是"物是人非"对工程监督的两个测度。中国首座大型地下水封石洞原油库施工期内的任何行为，除了施工参与者各类的技能、安全培训外，最直接与最能贯彻建设管理方建设理念、动态设计思维在施工现场的事与人，就是埋设在各重点施工现场的传感器等非电量的电测仪器仪表，以及旁站监理的监理工程师。是它（他）们通过传感器监测到的地下水封石洞在开挖过程中传递给施工参与者的信息，包括铅爆法开挖的振动波形、振动速度、爆破声波波速以及爆破之后围岩的变形、位移、应力；支护的砂浆浆体应力、喷混凝土应力、锚杆作用力等的持续变化，既为施工参与者提供安全风险评价的依据，又为信息反馈提供优化设计/修改设计的判据；同时，旁站监理工程师在施工现场及时代表建设管理方向施工参与者提出精致施工建设的合理意见与改正方案，使监测监理与施工密切结合、协调运作以达精致建设理念的贯彻执行。

6. 管理是精致建设理念的效能

在企业运营中，管理出效益也被人们所共识。

本工程建设中，坚持"安全第一、预防为主、综合治理的方针"，切实"加强干扰管理、危机管理和应急管理"。

实践证明，本工程从管理体制、管理法规、管理手段、管理责任的全面安全管理体系、运作、监管、评价和后评估等，有效地遏止了中国首座大型地下水封石洞原油库工程安全事故，维护了直接参与者和全国广大人民的生命与财产安全。

（1）干扰管理。本工程重点加强了企业建设管理方对施工企业在施工全程中的干扰管理。避免了正常施工的建设管理方干扰，发挥了施工人的创新潜力。

（2）危机管理。本工程重点加强了三维可视遥控管理，规避了在施工中各类导致风险（安全危机）的产生与发展因素。

（3）应急管理。本工程重点加强了通风防尘、防火灾和防地质灾害的初步应急预案制定，加强了全员安全培训。从而"有备无患"，人、物、洞、风、水、电、无线遥测遥控、画像无重大损失与干扰失稳失真。

总之，从工程的勘察到规划设计，从规划设计到出图技术设计，从出图技术设计到施工设计直到运营的全程管理设计，而且将工程由设计为中心转到以施工为中心来精致建设工程是合理正确的。

1.3.2　本工程建设新理念

科学发展观是我国经济社会发展的重要指导方针，是发展中国特色社会主义必须坚持和贯彻的重大战略思想。"科学发展观，第一要义是发展，核心是以人为本，基本要求是全面协调可持续，根本方法是统筹兼顾"。工程是人类有目的、有组织、成规模的创造性实践活动。它具有系统性与复杂性、自然性和社会性，效益性和风险性诸特征。

工程建设的核心是综合优化各种因素，构建各类新型实体。

工程建设的目的是要推动经济社会发展，提高人民生活质量，提升国家地位和形象。

工程建设的过程就是塑造现代文明、改变社会面貌、增添人民信心与涵养的过程。

工程是我国社会主义物质文明的直接体现，也是精神文明、政治文明的重要象征，更是科学技术文明进步的集中反映，同样还是"中国梦"的重要组成部分。

中国首座大型地下水封石洞原油库工程，自 2010 年 11 月 18 正式开工建设以来，主体工程已基本建成，中国"国家战略石油储备库应该建在地下"的梦想，不日即将完工实现。

回首往事，中国首座大型地下水封石洞原油库工程何以与"重复工程"无缘？与"形象工程"无涉？与"奢侈工程""腐败工程"无关？与"血汗工程""野蛮施工"无顾？与"污染工程""豆腐渣工程"无联？归根结蒂就是在本工程立项之日起，一个在科学发展观指导下的"工程与自然和谐""工程与人和谐"和"工程与社会和谐"的三"和谐"精致建设新理念的确立与实施的结果。

1.3.2.1 地下洞库与自然山水和谐

1. 本工程立项与选址立足于区域协调发展和优化国土资源可持续发展

工程立项与选址是中国首座大型地下水封石洞原油库工程建设中第一位和带方向性的环节。依照科学发展观要求推动区域协调发展、优化国土资源开发格局的方针，首座大型地下洞库的立项与选址，在以满足水封这个工程本身必备的条件下，突破专业与行政区划界限，促其形成联系紧密、带动力强的经济圈和经济带，改变过往片面的从中石化局部利益和渴求一个 300 万 m³ 大型地下洞库的当前利益进行立项与选址的状况。

2. 本工程建设目标是资源节约型、环境友好型的绿色工程

在传统的储油库建设工程观念中，许多人只强调工程是人类改造自然、征服自然的活动，而对储油洞库建设可能产生长期环境污染、自然生态失衡估计不足，不太重视储油洞库工程建设的社会影响以及社会因素对储油洞库工程的约束与限制作用。另外，许多人只强调发扬人类改造自然、征服自然的能动性，没有意识到环境、资源和生态遭到破坏后人类面临的被动性和人工破坏后的"自食恶果"。

为此，本工程自立项与选址以后的施工全过程，依照科学发展观要求，加强了能源资源的节约，生态环境的保护，施工参与者除现场必需的职守外，其余人员不在附近兴建生活与办公楼房改用租屋以增加一些可持续发展能力。

1.3.2.2 地下洞库与人和谐

1. 本工程加强工程创新，引导创新要素向工程建设领域集聚

科学发展观提出要坚持走中国特色自主创新道路，把增强自主创新能力贯彻到现代化各个方面。

中国首座大型地下水封石洞原油库工程，迅速建立以企业尤其是施工企业为主体、以市场为导向，产、学、研相结合的技术创新体系，引导和支持创新要素向企业集聚，促进了科学成果向现实施工（生产力）的转化。

本工程除规模大、学科多、领域广之外，大型地下水封石洞原油库建设的问题非常复

杂新异，竖井平巷，平行垂直交叉环绕，大中小洞林立、水幕孔 500 多个并要在小尺寸 (5m 之内) 跨度内钻打 105m 深 ϕ120 水幕孔，既无前人经验可资借鉴，又无专业钻探专家咨询指导，但以"产学研相结合的技术创新体系"，从施工需要出发，终将高精度长水平孔及其高效造孔的创新设备与工艺研发成功获得专利，并很迅速投入施工转化为直接的生产力。促进了工程与人的和谐。

2. 本工程建设贯彻了"以人为本"，让参与者理解、支持和受益的工程得以畅通

科学发展观的核心是"以人为本"，始终实现好、维护好、发展好最广大人民的利益以及工程建设参与者幸福共享的宗旨，在本工程中有较充分的体现。

(1) 技术人员与工人始终和谐地集聚在施工第一线。

(2) 建设管理方及其监理工程师始终和谐地与施工人协调现场出现的问题并终获合理解决，诸如Ⅳ类与Ⅴ类围岩段的洞室断面缩减优化设计等。

(3) 在施工过程中，围绕本地下洞库实际，将工程、技术和科学这三种既有联系又有区别的人类活动方式，产、学、研，建设管理方、监理工程师和施工人，坚持工程建设带动技术进步和科学发现的立体并起桥梁作用，让工程活动以建造为核心、技术活动以发明为核心、科学活动以发现为核心融洽和谐。

(4) 通过工程活动，使参加工程活动的每一位参与者，明确了自己活动着同时被人尊重着；自己活动的结果既是参与者创造物质财富的创造者，又是物质利益的享受者。

1.3.2.3 地下洞库与社会和谐

中国首座大型地下水封石洞原油库建设中的各个环节与进展阶段，是创造中国特色社会主义工程文化的综合反映。

在本工程立项、本工程设计、本工程施工、本工程管理各阶段方面集中反映出的是本工程文化理念。

在本工程造型、本工程结构和本工程环境方面，集中反映的是本工程的文化艺术。

本工程是本工程文化的载体。

九条平行、同等断面的设计、不同断面的优化；上、中、下，左、中、右排列的地下主洞、施工巷道、水幕巷道；喷射混凝土、锚喷混凝土、无衬砌的各类支护形式等均构成了中国首座大型地下水封石洞原油库工程文化。同时，这一工程文化体现了地下洞库与社会的和谐：它不与民争地；它藏油于民；它不受地面上社会纷争的干扰。

本工程坚持安全发展、防范和应对各种工程风险，最终创造"零死亡"事故奇迹。

鉴于工程的技术复杂性和社会综合性，决定了它可能给社会带来福祉，也可能给社会带来危害。工程建设明确追求效益包括经济效益、环境效益和社会效益。工程效益又总是伴随风险的：

(1) 经济效益总是伴随着资金风险和市场风险。

(2) 环境效益总是伴随着成本投入风险和资源负荷风险。

(3) 社会效益总是伴随着就业风险和安全风险。

在本工程建设中尤其是在采用钻爆法施工开挖洞巷中，采取坚持安全发展、防范和应付各种工程风险的理念，始终将效益、风险、安全三者同时同等的联系看待，不片面为追求效益而忽视风险和安全，也不为了安全而忽视效益及风险，更不为了避免风险而降低效

益、优厚安全。总之，抓住风险与安全这两个方面，目标是为了提高效益。实践证明，降低风险就提高了安全；加强安全就减少了风险；低风险、"零死亡"事故安全施工，就明显地提高了施工效益。所以，自 2013 年起，日均万立方米岩石开挖量稳定渐进，"奋战 120 天，开挖 120 万"的口号着实高效，令人放心。

本工程依照科学发展观要求坚持安全发展，强化安全生产管理和监督，有效地遏制了重特大安全事故。虽然在施工中出现过两次岩石塌方，但无一人死亡。

在石方开挖量计达 373 万 m³ 的如此大型地下工程施工中，即使是发生两次塌方却无亡人的创举告诉我们：地下洞库"零死亡"的人安全、低风险为社会稳定创造了"地下洞库与社会和谐"生态环境。

1.3.3 通过本工程建设历练地下油库新型人才与团队

由于大型地下水封石洞原油库工程具有系统性和复杂性，所以，本工程建设不可能是个体行为而是集体活动。为此，工程建设人才必须组成工程团队才能真正发挥作用，同时也历练出新型工程人才与工程团队。

传动的工程观念是，工程师的任务就是应用技术进行施工。爆破工程师就是应用钻爆技术进行石洞开挖；测量工程师就是应用 GPS 定洞轴线和放样；地质师就是地应用勘察资料向设计工程师提供构造地质、水文地质和工程地质信息等。

作为现代的大型地下水封石洞原油库工程师，新形势要求的本工程工程师，不但具有专业知识和技能，还必须有工程文化素养、工程艺术的熏陶，并具有人文社会科学知识与能力和高度的社会责任感。

工程是科学技术与产业经济发展的强大杠杆。

科学能力、技术能力和工程能力有着密切联系，顾此失彼，后果不同。例如，英国的科学能力相对强，而工程能力相对弱，近期产业经济发展就既比不上日本，也赶不上美国；日本科学能力相对弱，而工程能力相对强，所以第二次世界大战后，日本创造了"经济奇迹"；美国则具有比较均衡的科学能力、技术能力和工程能力，故美国较长时期成了发达国家的"领头军"。

工程能力中创新能力是主导能力。工程创新能力直接决定着一个国家、一个企业的发展状况和水平，在重视加强科学发现和技术发明的同时，更加重视和加强工程创新，才是一个国家、一个企业成才成事的战略良策。

工程创新包括以下几点：

（1）原始性创新。

（2）集成性创新。

（3）引进吸收消化性创新。

本工程创新技术，旨在以集成性创新为特征。包括以下两点：

（1）技术层面对各种单项技术集成优化。

（2）社会范围对各种社会因素集成优化。

改革开放以来，我国吸收国外先进经验、传承中华民族优秀传统，建设了以长江三峡水利枢纽工程、青藏铁路工程、航天载人工程、奥运场馆工程为标志性的工程。中国首座大型地下水封石洞原油库工程将是后继希冀成为"中国第一"的石化创新工程。

1.3.3.1 现代新型水封洞库工程技术人才

传统的工程技术亦称生产技术，传统的工程技术人才就是生产技术人才。或者说，应用科学知识或利用技术发展的研究成果于工业生产过程，以达到改造自然的预定目的之手段与方法的人，称其为传统工程技术人才。

历史悠久的工程技术人才是建筑工程技术人才，他们的理念支撑是理论力学。

随着国防与交通的需要，从 20 世纪 40 年代以来，一批现代新型的地下水封洞库工程技术人才"破岩而出"，他们的理论支持是岩石水力学。

岩石水力学既有工程技术的素养，又有科学技术的涵养。两类技术交集而生，两类技术发展而成。为此，现代新型水封洞库工程技术人才不单纯是本专业工程的技术人才，更多成分的趋势将是具有科学技术渗透到工程技术的复合型人才。

1.3.3.2 现代新型水封洞库工程技术团队

如果说，中国古代寓言故事"愚公移山"是靠父传子、子传孙、子孙不息、挖山不止的锲而不舍精神来"干工程"的话，那么现代社会空有蛮力是无法高效、高质的到达成功彼岸的。所以，历史发展要求"时代需要英雄，更需要伟大的团队。"

"团队"与"乌合之众"相对。作为以建设工程为主的有组织机构，工程技术团队是主要利用技术来建设工程的有组织机构。现代新型水封洞库工程技术团队是目标一致、规范共守、义责分担的组织，就是为了本工程共同的目标走到一起，遵循共同的规范，分担责任和义务，为实现共同目标而努力行动的组织。

本工程技术团队是一个有组织有纪律、有理想有力量的"忠诚团结"的集体，是凝聚力、向心力、执行力的综合。

本工程技术团队的前提：一是自主性；二是思考性；三是协作性。

本工程技术团队的理论支撑是"冰山理论"，该理论置"目标/愿景""策略"于水平之上；而把工程技术团队"文化""共识""学习"与"激励"置于水平以下。这就是"团队冰山理论"：团队如一座"冰山"，看不见的部分比看得见的部分更重要。

工程技术团队发展流程见图 1.3.3.1。

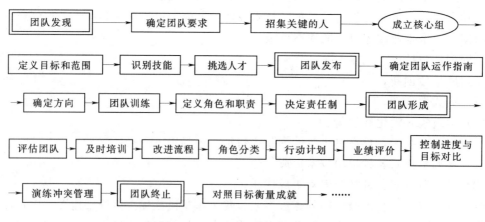

图 1.3.3.1 工程技术团队发展流程

1.4 动态设计理念下本工程施工要点

1.4.1 动态设计概念

动态设计（dynamic design）是在动态作用下，以结构构件动力状态反应为依据的设计。有时可采用动力系数方法简化为静态设计。

本章节所述的动态设计实质上是一种"动态设计法（method of information design）"，即根据信息施工法和施工勘察反馈的资料，对地质结论、设计参数及设计方案进行再验证，若确认原设计条件有较大变化，则及时补充、修改原设计的一种设计方法。

鉴于影响大型洞室群尤其是大型水封洞室群的稳定性之因素多、个体差异大，就必须充分应用测试、反演技术，采取"反复校正、及时调控"的动态设计以期取得本工程的"安全、环保、经济、节约土地和维护经费"等优势。

1.4.1.1 大型石洞群智能动态设计❶

大型石洞群智能动态设计是智能设计方法（intelligent design method，IDM）与动态设计方法（dynamic design method，DDM）的一种复合设计法，旨在对复杂地质条件下大跨度、高边墙、多洞室平行或交叉的石洞群多步开挖过程中的强卸荷特点，采用经验类比、数值分析、智能分析、动态分析等的综合集成。该法从地质（构造、水文与工程）条件的认识、地应力分布特征和地下水渗流特征的把握、大跨度高边墙石洞群平行或交叉的围岩变形破坏机制的理解到围岩安全稳定性评价、破坏模式识别、调控措施（开挖过程和支护方案）全局优化及施工过程中的反馈分析与动态调整的系统全过程进行研究，以验证地下洞库群修建前的初步设计方法和洞群修建过程中的动态最终优化设计（修改设计）。大型洞室群智能动态设计方法的主要思想，包括初步设计和动态反馈分析与设计两个阶段（图1.4.1.1）。

在初步设计（施工前设计）阶段，主要工作如下：

（1）通过工程地质勘察、现场勘探洞与试验洞观察与分析，认识大型洞室群区域的地质条件、断层、岩性分布、地形地貌特征等，根据相关建议标准进行工程岩体分级。

（2）通过地应力现场测试，考虑区域构造特征和现今的地形地貌，采用非线性反演方法，进行工程区三维地应力场的反演。

（3）通过一系列的室内试验（单轴压缩、三轴压缩、三轴加卸载、真三轴加卸载，声发射等）、现场勘探洞与试验洞的变形、应力、微震和弹性波等多元信息的观测，揭示大型洞室群围岩的变形破坏机制和特征，采用智能方法识别围岩的本构模型、强度准则和参数，如考虑多步开挖引起围岩损伤弱化累积的力学模型和参数的识别方法。

（4）采用洞室群开挖过程与支护方案全局优化智能方法，结合数值分析，优化开挖分层数、开挖顺序、台阶高度和关键部位精细开挖方案以及合理的支护型式和参数。

（5）通过建立的破坏模式分类方法，进行潜在的大型洞室群破坏模式识别。

（6）采用围岩分级、强度折减、能量超载等可能的方法，进行洞室群整体稳定性和安

---

❶ 冯夏庭，等. 大型洞室群智能动态设计方法及其实践 [J]. 岩石力学与工程学报，2011，30（3）：433-448.

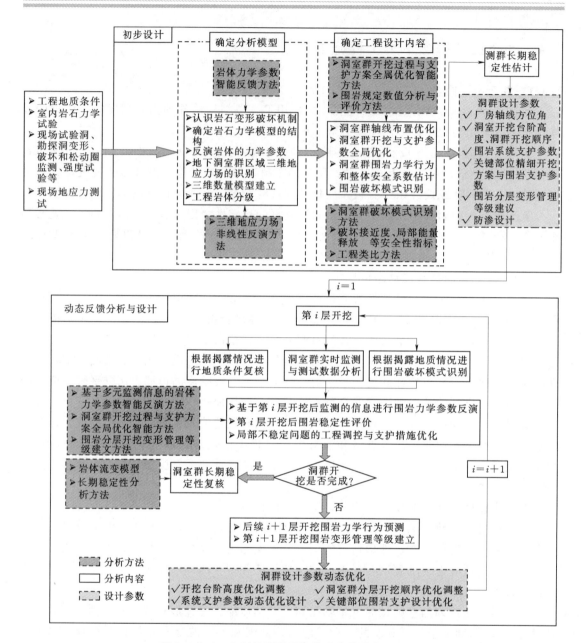

图 1.4.1.1　大型地下洞群智能动态设计方法流程
(冯夏庭，2011)

全系数评价；以破坏接近度和局部能量释放率为指标的数值分析，评价围岩的整体和局部稳定性；采用可靠性方法等对洞室群进行风险估计。

（7）采用工程类比与数值模拟相结合，建立大型洞室群各层（或第一层）开挖的围岩变形管理等级。

（8）根据上述分析结果、有关设计要求等，综合建议满足功能需求和安全性要求的大型洞室群设计方案，主要包括厂房轴线方位角、洞室开挖台阶高度、洞群开挖顺序、围岩系统支护参数、关键部位精细开挖方案与围岩支护参数、围岩分层开挖变形管理等级、防渗设计等。

在施工期,逐层进行大型洞室群的动态反馈分析与设计优化,直至其开挖完成,主要工作如下:

(1)根据开挖过程中所揭露的地质条件对分析和设计所考虑的地质条件进行复核和破坏模式复核,根据需要可以动态更新地质模型。

(2)据开挖所揭示的围岩局部破坏形式与位置、变形特征复核三维地应力场分布特征。

(3)据揭露地质情况进行围岩破坏模式复核和识别。

(4)采用基于多元监测信息的岩体力学参数智能反演方法,反演和复核围岩的力学参数,并用反演所得参数评价当前开挖状态洞室的稳定性,根据稳定性评价结果进行洞室的支护优化设计;并进一步预测下一步开挖后围岩的变形破坏特征。

(5)结合工程类比、数值模拟与上几层开挖围岩变形管理等级建立经验,建立大型洞室群下一层开挖的变形管理等级。

(6)基于变形管理等级、围岩开裂、锚索应力超标、数值分析的破坏接近度和局部能量释放率等,综合判别洞室后续开挖围岩的稳定性。

(7)采用洞室群开挖过程与支护方案全局优化智能方法,根据围岩的实际地质条件和变形破坏特征等,进行动态调控措施识别,包括进一步优化下步开挖方案(开挖参数、开挖时间等)和支护设计方案(支护类型、参数和时机等)。

(8)利用长期稳定性分析方法,对大型洞室群的长期稳定性进行分析预测和评价。

1.4.1.2 本工程动态设计❶

本工程以项目管理系统(DKPMS)和洞库动态设计辅助数字平台系统(DKDAP)为纽带,融其施工勘察、监控量测、地质超前预报、围岩稳定性判识等理论和技术,实施信息反馈设计,解决经验与实际不符、理论与实际脱节、施工前预设计的局限性,实现大型地下水封石洞油库动态设计的信息化、智能化、科学化。

动态设计的过程是正向设计与反向设计相互结合的过程,所谓正向设计是指从概念设计到详细设计,从而得到设计方案的自上而下的设计过程。而反向设计是指根据新获得的设计条件,结合原有的功能要求,对原有的设计方案进行设计修改优化的过程。

实现动态设计的关键技术主要有如下两点:

1. 参数化技术

参数化设计为设计者提供了一个动态设计的环境。目前,地下工程设计和施工技术的参数化设计已经比较成熟,有大量的工程经验可供借鉴参考,这使将参数化方法引入动态设计成为可能。利用参数化技术,不仅可以实现对地下工程设计方案的动态设计修改,还可以通过修正模型定义变更关系,以一组变量的某种特定的形式或特征来表达变更关系,在设计方案的基础上参数化完成设计变更。

---

❶ 中南勘测设计研究院,海工英派尔工程有限公司.大型地下水封石洞油库动态设计方法创新阶段成果总结汇报,2013.5.

2. 变量修正设计理论

变量修正设计理论是一种支持产品功能的设计理论，其主要特点有：①支持从上到下的参数化设计；②支持面向变量的产品设计；③支持动态修正设计。在动态设计中，参数化设计、变量综合设计、施工方案设计是三个相互交叉的过程，对概念设计产生的设计变量和设计变量约束进行记录、表达、转播，使各个阶段设计主要是在产品功能和设计者意图的基础上进行，它始终是在产品的功能约束下进行和完成的。其设计过程如图 1.4.1.2 所示。

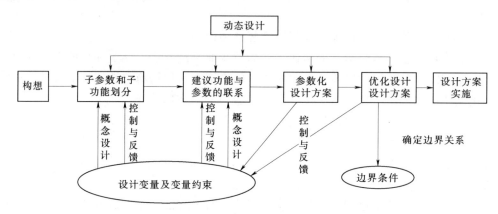

图 1.4.1.2 动态设计过程示意图

动态设计核心思想就是：以工程实际为出发点，以工程安全、质量为中心，以各种设计管理制度、方法、手段、技术等为平台，以初步设计（基础设计）为基础，根据工程建设过程出现的各种各样的问题，具体分析，快速反应，合理配置施工资源，深化细化设计方案，安全高效地实现工程建设目标。这也是新奥法所遵循的基本思想。

动态设计理念是本工程地下洞室群施工期开挖支护过程中，根据新奥法理论，从工程实际出发，在基础设计、施工阶段不断摸索、逐步提出和完善的，是工程建设的首要环节。

在本工程地下洞室开挖支护施工过程中，由于受洞室规模大、地质构造复杂、岩体强度变化大、地下水较高且要求保水施工等特殊因素影响，选择安全、经济、合理的洞室群开挖时序、围岩支护参数、断层及局部不良地质地段处理方案、最佳的支护时机、后注浆施工方案、施工程序等是工程设计面临的关键技术难题，洞室群开挖支护设计方案在基础设计阶段就作为工程重大关键技术问题之一备受关注。根据施工图阶段对于洞室群围岩问题的认识，设计院在进行洞室群开挖支护方案设计时提出并遵循了以下基本原则，即：①以已建工程经验和工程类比为主、岩体力学数值分析为辅，充分汲取专家建议；②发挥围岩本身的自承能力，优先选用柔性支护，以柔性支护为主、局部辅以刚性支护，以系统支护为主、局部加强支护为辅，并与随机支护相结合；③对于有地质缺陷的局部洞段以及在结构和功能上有特殊要求的洞室，采用锚杆加密、加长等型式的喷锚支护和钢筋肋拱喷护相结合的复合式支护，即特殊部位特殊支护的设计原则；④围岩支护参数根据施工开挖期所揭露的实际地质条件和围岩监测及反馈分析成果进行及时调整，即动态的支护设计原则。

本工程动态设计流程如图 1.4.1.3 所示。

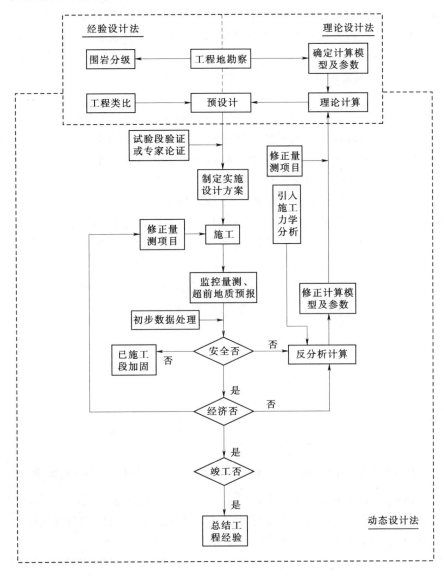

图 1.4.1.3　本工程动态设计流程

本工程的动态设计作了七个方法的创新：

(1) 典型工程类比法——工艺竖井区后注浆动态设计。

(2) 监控量测设计法——洞口衬砌混凝土动态设计。

(3) 综合信息化法——主洞室灌浆动态设计。

(4) 综合信息化法——主洞室⑨0+665～0+690 后注浆动态设计。

(5) 组合结构法——主洞室⑤0+400～0+465 动态设计。

(6) 变量化分析法——水幕系统动态设计。

（7）围岩支护动态调整法——主洞室①南端墙动态设计。

在本章节仅就（6）变量化分析法——水幕系统动态设计简介如下：

变量化分析是在参数化、变量化造型和实验数据分析的基础上进一步发展而提出的一种面向设计的快速重分析方法，在设计早期或已完成部分工作量，进行设计验证和预测产品性能，减少工作过程反复。变量化动态分析是在结构布局、关键设计参数在一定范围内，经过已完成部分实验结果分析，以选择合适的结构布局和尺寸参数，提高结构的性能。

本工程水幕系统按照设计图纸，已全部完成水幕巷道开挖和水幕系统注水孔造孔施工，第一阶段和第二阶段现场注水试验根据水幕试验及供水说明书也已经全部完成。水幕系统的现场注水试验分三个阶段进行：第一阶段，单一水幕孔注水-回落试验；第二阶段，水幕有效性试验；第三阶段，全面有效性试验。

1）单一水幕孔注水-回落试验。根据已完成区域单一水幕孔注水-回落试验数据，分析试验曲线结果，可将水幕孔水压力、流量与时间的关系曲线分为以下三类：

a. A 型曲线回落压力为零，说明围岩极其破碎，稳定后水位在水幕孔以下（图 1.4.1.4）。

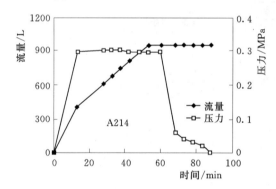
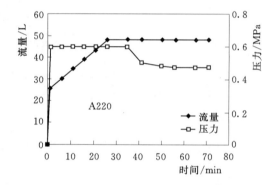

图 1.4.1.4　A 型水压力、流量与时间关系曲线　　图 1.4.1.5　B 型水压力、流量与时间关系曲线

b. B 型曲线回落压力小于注水压力，但不为零。水幕孔注水阶段压力上升时间短，回落阶段，压力逐渐回落，回落压力小于注水压力，表明水幕孔围岩裂隙较发育。此种类型曲线为水封性有利曲线（图 1.4.1.5）。

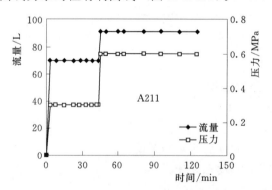

图 1.4.1.6　C 型水压力、流量与时间关系曲线

c. C 型曲线水幕孔密封性良好，注水阶段压力上升时间短，速度快，注入流量小，回落压力变化很小，基本无变化，表明水幕孔孔壁不渗透。由于渗透性差，出现该种性质的水幕孔需要特别关注（图 1.4.1.6）。

综合上述分析，在单一水幕孔注水-回落试验成果中，该区域内渗透性较好水幕孔 73 个，渗透性较差水幕孔 40 个。其中 A1 区 19 个注水孔中，渗透性较好注水孔有 5 个，较差有 14 个；A2 区 20 个水幕孔中，渗透性较好注水孔有 14 个，较差有 6 个；B1 区 19 个注水孔中，渗透性较好注水孔有 13 个，较差有 6 个；B2 区 18 个水幕孔中，渗透性较好注水孔有 16 个，较差有 2 个；C1 区 18 个注水孔中，渗透性较好注水孔有 14 个，较差有 4 个；C2 区 19 个注水孔中，渗透性较好注水孔有 11 个，较差有 8 个。综合分析，六个区域中 A1 区水幕孔围岩渗透性最差。

2）水幕有效性试验（单孔渗透性分析）。取具代表性的 A2 区分析注水孔有效性试验第二阶段第一个水动力状态、第二个水动力状态试验数据，根据奇、偶数注水孔压力与时间的关系曲线图（图 1.4.1.7、图 1.4.1.8）。向偶数孔 A202、A204、A206、A208、A210、A212、A214、A216、A218 中注水并保持压力为 0.6MPa，观测发现奇数孔 A207、A215、A217、A219 中水压力明显上升，说明这些注水孔渗透性较好，而 A201、A203、A205、A209、A211、A213 中水压力基本不变，则表明其渗透性差。向奇数孔 A201、A203、A205、A207、A209、A211、A213、A215、A217、A219 中注水并保持压力为 0.6MPa 时，发现偶数孔 A208、A212、A214、A216 在观测时间内孔内压力明显上升，说明其渗透性较好，而 A202、A204、A206、A210、A218 中水压力基本不变，表明其渗透性差。

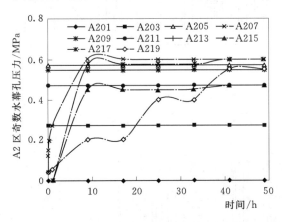

图 1.4.1.7　奇数注水孔压力与时间关系曲线

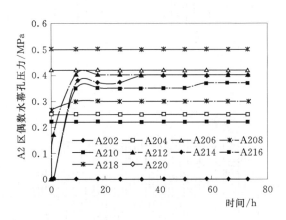

图 1.4.1.8　偶数注水孔压力与时间关系曲线

综合上述分析，在水幕有效性试验成果中，压力不变的注水孔有 57 个，压力增大的有 56 个，其中 A1 区压力不变的注水孔有 17 个，压力增大的有 2 个；A2 区压力不变的注水孔有 12 个，压力增大的有 8 个；B1 区压力不变的注水孔有 9 个，压力增大的有 10 个；B2 区压力不变的水幕孔有 11 个，压力增大的有 7 个；C1 区压力不变的注水孔有 4 个，压力增大的有 14 个；C2 区压力不变的注水孔有 4 个，压力增大的有 15 个。

通过上述试验数据分析，按照水幕孔有效性判定原则如下：

a. 凡在两个水力状态下连续实现水力联系的注水孔之间判定为建立了有效水力联系，不进行补充钻孔。

b. 凡单侧实现水力联系，即判定其孔间建立了有效的水力联系，不进行补充钻孔。

c. 凡一个水力状态显示注水孔间水力不连通，另一个水力状态无法判定期间有无水力连通的，判定为没有建立有效的水力联系，需进行补充钻孔。

d. 凡两个水力状态均无法实现水力联系的，判定为没有建立有效水力联系，需进行补充钻孔。

根据上述水幕有效性判定原则，需对上述两区域局部注水孔补充钻孔，局部注水孔间距由原设计 10m 调整为 5m，加强各注水孔间围岩裂隙水力连通性，保证水封效果（图 1.4.1.9 和图 1.4.1.10）。

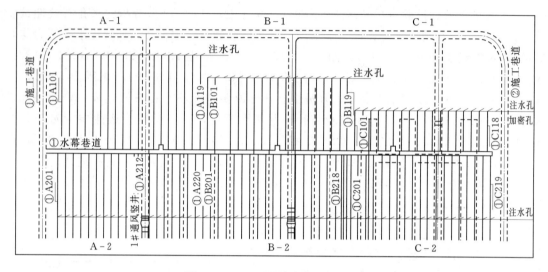

图 1.4.1.9 原设计水幕孔布设图

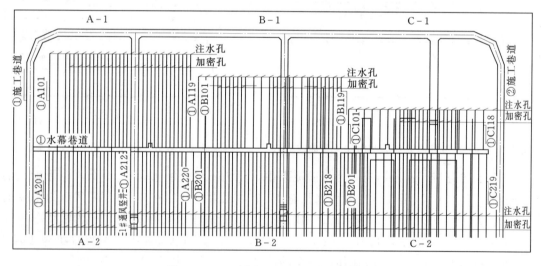

图 1.4.1.10 分析调整后水幕孔布设图

1.4.2 国外地下工程动态设计方法

1.4.2.1 引言

安全、环保、经济、合理的大型地下水封洞群设计取决于逼真的地质模型、恰当地围岩特性描述诸如原地应力场、地下水位线变动和岩石水力学等影响因素的评定。尽管如此，目前大型地下水封石洞储油库建设设计基本上仍处于主要依靠相关地下工程经验类比、基本经验计算和围岩分类系统。另外，对开挖与支护方法的现场修改设计也更多的是基于工程施工实际直观而往往缺乏足够地分析。

为了克服目前设计、施工中的缺点，必须遵循一种结构和条理清晰的设计方法。下面将对按照奥地利地下洞室土工设计准则进行设计和施工的基本程序作一简要介绍❶。采用此方法，一步一步进行设计。施工期间对整个设计步骤的一目了然使其能根据实际情况和要求调整施工方法。在设计期间确定合适的监测和数据评估法，在施工中随着信息量的增加而对其进行修正。

1.4.2.2 设计过程

土工技术设计主要包括5个步骤，从确定地层类型开始，以开挖等级确定结束。在前两个步骤中，应采用统计或概率分析以说明关键参数值和影响因素的可变性和不确定性及其在项目沿线的分布情况。然后在整个过程中需要时继续采用概率分析，从而进行风险分析并对开挖等级分布情况有所了解，这些都是标书文件的基础。

1. 地层类型的确定

要对基本的地质构造进行描述，然后确定每种地层类型相关关键参数。选择参数应集中在这类参数上面，即预计能控制岩体特性并对施工方法、时间和成本有明显影响。地层类型是指具有相似物理和水力参数的一类岩体。并不是说每一种岩性单元都必须分为一种地层类型，只要不同单元特性在可接受限制范围内都一样即可。一般将不同岩石类型互层的岩层归为一个地层类型。地层类型数量取决于项目具体地质条件和设计过程的阶段。

在对岩体参数进行评估时必须特别小心。采用通常基于围岩等级的经验关系式，在一定条件下得到的有关岩体强度和变形性的结果是完全不真实的。因此建议对结果的合理性进行检查。

2. 地层特性的确定

这个步骤涉及在考虑地层类型和局部影响因素情况下评估岩体对于隧道开挖的潜在反应，这些影响因素包括不连续体相对于开挖的相对方位、地下水条件和应力状况等。这个过程确定了项目具体的地层特性。这里地层特性被定义为岩体对地下洞室开挖的反应，而没有考虑后面的开挖步骤和支护。

首先是把定线分为若干土工单元或土工段，它们都拥有相同的岩体类型、影响因素和边界条件，然后针对各段分析岩体对开挖的反应。在没有施工方法的影响下对岩体特性的了解是制定正确的开挖、支护方法的一个重要基础。

分析方法的复杂性取决于项目所处的阶段和预计岩体特性的复杂性。在项目初期和岩体非常均质的情况下，采用闭合解就足够了；而针对详细设计或在各向异性很明显的情况下就必须采用适宜的数值法，即对每段针对所有可能的破坏模式进行系统的检查。这就要

---

❶ 详见奥地利格拉兹理工大学岩石力学与隧道工程研究所（Austria Polytechnic University of Graz in rock mechanics and Tunnel Engineering Research Institute）由 W. Schubert 撰写的《隧道工程动态设计方法》（Method for dynamic design of Tunnel Engineering）。或参考四川铁科建设监理有限公司谢衔光的摘译文（载《中国公路》2009（15Z）：122 - 126）.

求采用不同的分析方法。例如，节理岩体在低应力条件下就会显示出超挖从而导致通天烟囱型破坏的趋势。在中等应力条件下同样的岩体则可能非常稳定，而其他的破坏模式，例如，在高应力条件下的剥落或剪切情况都必须预计到。

针对地层类型、地下水条件、破坏模式或综合破坏模式以及位移特点和程度，对认定的每种特性进行描述。在准则中，列出了 11 种基本的特性类别。为了便于交流沟通，应将所评估的特性与准则中的特性类别对应起来。必须对每种特性采用明显的界定标准，例如，超挖量也许可以作为"不连续性造成的超挖"这一基本类别中辨别不同特性的标准。破坏带的预计深度则可作为区分"浅应力诱发破坏"和"深层应力诱发破坏"类别的标准。这个明显的标准必须在土工技术报告中列出。显然，出现综合破坏模式的情况是可能的，例如超挖结合膨胀或剪切破坏结合超挖。

3. 开挖、支护方案的确定及系统特性评估

基于确定的地层特性，对不同开挖方法和支护措施进行评估，然后确定可采用方法并选择各段的施工方法和支护措施。一旦确定了每段的施工方法，就必须对预计的系统特性进行评估和描述。系统特性是岩体与所选开挖、支护方案相互作用的结果，包括位移的空间和瞬间变化情况以及其他相关现象的确定，这在施工中有助于鉴别"正常"隧道特性并评定偏差严重程度。最初假设的施工方法即为最佳的情况很少，因此需要一个优化过程。由于一个问题存在多种解决方案，因此一般必须对一种以上的施工方法进行分析。由于在各种非均质地层条件下要求频繁改变施工方法，因此要求在一个合理的整体方案中对各种方法进行整合。

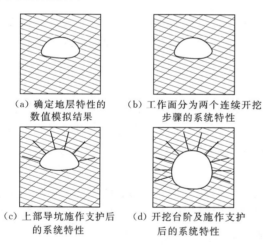

(a) 确定地层特性的
数值模拟结果

(b) 工作面分为两个连续开挖
步骤的系统特性

(c) 上部导坑施作支护后
的系统特性

(d) 开挖台阶及施作支护
后的系统特性

图 1.4.2.1　开挖、支护方案的确定及系统特性

评估系统特性必须与其要求进行比较。如果系统特性不满足要求，就必须对开挖和支护方案进行修正直到一致为止。需要强调的是：在同样的基本地层类型条件下，不同的边界条件或要求可能导致不同的支护和开挖方法（图 1.4.2.1）软弱地层条件下的浅埋隧道也许可作为一个例子。当其修建在空旷区域时，地表沉降是一个小问题，开挖和支护只针对施工成本进行优化。而在建筑林立区，开挖和支护措施的设计必须要限制地表沉降。这两种情况的开挖方法和支护措施以及成本都将差别很大。

关于安全性因素、假设荷载和初期支护寿命等方面的规则条例，每个国家都各不相同。因此在不同环境条件下，针对相同地层特性也必定会出现不同的设计方法。

一旦确定了开挖方法和支护措施，就应进行风险和经济性分析以便在投标过程中对其进行适当的评估。

4. 土工技术报告——基础施工计划

在上述三个步骤的基础上，定线被分为开挖和支护要求相似的几个"均匀"区段。基

准施工计划示明了每一区段可采用的开挖和支护方法。包括现场可能出现方案变更或修订的极限条件和标准。

该计划是对土工技术设计的一个概括，应包括有关地质条件、相关土工技术特征、极限值（例如地表沉降和爆破振动等）和超出特性极限值时的报警标准和补救措施。

5. 确定开挖等级

在设计过程的最后一个步骤，必须将土工技术设计转化成投标过程中的成本和时间估算。在开挖方法和支护措施评估的基础上确定开挖等级。在标书中，开挖等级构成补偿条款的基础。在奥地利，开挖等级以 ONORM B2003—1（2001）为基础。在其他地方，应采用当地或得到认可的规则条例，沿地下结构定线预计的开挖等级分布为投标期间制定工程数量清单和标价提供了基础。

1.4.2.3 施工

即使进行了很好的土工技术和地质勘察以及不断更新设计，但在现场还是必须针对局部条件对开挖和支护进行调整以便实现经济、安全的隧道施工。随着覆盖层的增厚和地质条件复杂性的增强，地层模型中的不确定性也增大了。因此需要做大量的努力并请专家继续对地层模型进行改进，预测掌子面前方地层条件，识别可能出现的破坏模式并预计和验证系统特性。施工期间不断增多的信息使得能够更准确地判定地层特性，从而根据地层特性和要求的系统特性对施工方法进行最佳调整。

隧道施工期间出现的许多严重问题都源自所谓的未预料地质条件。这可能包括对断层和断层带及地下涌水发现太晚。为了将此损害降至最小，需进行充分、连续的现场设计工作。

成功应用动态设计法，必须满足几个技术、组织条件。在施工期间，也应采用与设计阶段类似的程序步骤。它包括设计地层类型的鉴别、相关地层特性评估和特定条件下正确施工方法的确定。通过对持续勘察结果和监测过程的评估来进一步完善这个过程。在现场，针对预计特性的监测计划必须按一定密度实施，必须迅速对监测结果进行处理、评估和判读以便及时采取风险减缓措施。最后，但是同样重要的是现场组织机构应能有效决策并快速实施所要求的措施。

尽管在施工前可能对地层特性有了基本了解，但是不可能对其内在结构进行准确的预计。因此在施工期间必须不断改进地层模型。监测与数据收集工作必须集中在与工程有关的具体问题上。地质学者和土工技术工程师在现场的一个重要任务就是对隧道掌子面前方和隧道周围具有代表性的地层条件进行预测。只有模型相对准确，才能选择合适的开挖、支护方法。第二个比较重要的任务是监测开挖后的系统特性并判定其是否与预计情况相符。

1. 地质任务

在许多施工现场，地质学者的工作仅仅是对实际地质条件进行记录，这通常以工作面地质素描的形式进行，然后将其转换成纵断面图和平面图。这也许有助于防止索赔，但对于按照实际情况选择合理的施工方法来说还不够。为了满足动态设计法的要求，地质学者必须不断更新地质模型，将现场观察值包括进去。由于开挖前就必须制定施工期间的许多决策，例如，循环进尺、超挖和衬砌厚度等。因此地质学者还必须对隧道掌子面前方和隧道周围具有代表性的地层条件进行预测。为了提高预测的准确性，要求对某些参数的变化趋势进行连续观察。为了对数据进行有效管理和评估，可采用具有先进统计和概率特性的数据库系统。掌子面前方地质建模的基础是在已开挖段所记录的结均变化趋势观察值。传统的手工掌子面素描图现在越来越多地得到现代 3D 图形系统的支持。一个隧道掌子面的 3D 模型实例，包含了从图像截取的不连续体方位的测量。这样就可能对地质条件进行比较公正的评估。不同于手工素描和采用罗盘进行的不连续体方位测量，从图像所得到的信息是全面且准确的，因为图像是经过校准和按比例绘制的。根据节理面或节理轨迹可测得节理产状。评估软件也为测量层理厚度、节理面积和节理距离提供了方法。

根据一系列连续开挖掌子面图像评估，通过外插法可预测隧道周围和掌子面前方具有代表性的岩体结构和岩体质量。而将其与结构性地质评估结合可得到一个非常可靠的地质模型，该地质模型作为地层特性预计的基础，而且也是确定相应施工方法的基础。

2. 土工技术任务

现场地质学者收集的信息将由土工技术工程师进行进一步的处理，形成有关施工方法、监测布局和读取频率等决策的基础，这里只列举了土工技术方面的几个任务。为了及时制定决策，所有的数据记录和评估都必须按准实时形式进行，而且所有相关数据必须能为施工所涉各方使用。为此可利用基于互联网的信息平台，使施工现场外的专家也能了解其动向。在地质模型的基础上，土工技术工程师必须通过确定地质特征对地质模型进行更新。然后对前面开挖段的地质特性（无支护情况下地层对开挖的反应）、可能出现的破坏模式、开挖及支护方式进行评估。为了验证土工技术模拟，可利用已开挖段的监测结果。接下来对系统特性（地层和施工措施的综合特性）进行预计并将其与要求进行对比，例如，适用性和极限要求（沉降和振动等）。考虑合同方面的咨询工程师将根据土工技术工程师的建议，对施工措施进行修订。当其与土工技术工程师的建议有异议时，必须对预计的系统特性进行重新评估。

土工技术工程师还必须确定详细的监测布局图和方案，其目的是为了获得所预计的特性。一旦确定了预计的系统特性并实施监测，将对观察特性和预计值进行比较。出现与正常或预计的特性偏离情况时必须对其进行评估，而且如果结果不满意，建议采取减缓措施。土工技术安全管理计划中列出了警告和报警标准以及各种减缓措施，这是由设计者和土工技术工程师在现场共同制定的。

3. 位移监测数据超前分析

地质模拟最好通过监测位移分析来进一步补充。监测到的位移矢量空间方向趋势可用来确定隧道掌子面前方岩体质量的变化情况。

在一个穿越阿尔卑斯山隧道的例子中，当隧道掌子面在距断层带几十米的地方时，其位移矢量方向趋势就发生了很大变化。在此项目中，准匀质地层中的正常位移矢量方向与掘进方向形成的角度范围为 $4°\sim9°$。在 1100m 里程处可观察到矢量方向与正常范围发生了偏离。在从完整岩层过渡到断层带时矢量方向偏离达到峰值。随着隧道在断层带的进一步开挖，位移矢量方向趋势又倾向于正常范围。当上部导坑位于断层带中时，位移矢量方向趋势偏离到正常范围的另一侧，表明断层带的后面是更坚硬的岩体。对于延伸的断层带，位移矢量方向一般又回到"正常"范围，直到出现另一个偏离，表示其影响边界已延伸到更坚硬的岩体。为此可利用此信息估计断层带延伸范围。

一般而言，断裂岩与相邻岩体间的硬度差别越大，断层带就越长，位移矢量方向与正常范围偏离也就越大。Grossauer（2001）已表明这对一定临界长度的断层带而言是有效的。对于其范围小于大约 3～5 个隧道直径的断层带，发现在更加坚硬的岩体之间形成了一定的成拱现象，而且断层带的位移也比延伸范围更大的断层带内的位移小。

采用立体投影显示空间位移矢量方向，可得到隧道断面以外具有一定精度的断层产状。一般来说，岩体的原始应力场和各向异性将影响位移矢量方向。因此对于各个工程项目而言，其"正常"位移矢量方向范围是有一定差异的。

4. 位移预测

一旦建立起掌子面前方区域的地质-土工技术模型，就可确定支护和开挖方法，并对位移发展情况进行预测。Sellner 在 Sulem 等人的研究结果基础上开发出一软件——Geofit，能在考虑不同开挖顺序、掘进速率和不同支护的情况下预计其位移情况。采取此软件不仅可以预测位移发展情况和最终位移程度，而且还能预测不同支护的效果。

在假设的施工顺序基础上对无临时仰拱的上部导坑位移发展进行预测（虚线）。加上临时仰拱后，位移呈现下降趋势。第三步是预计由台阶和仰拱开挖引起的额外位移情况。此方法使其能在项目的初期对各种支护类型的效果和施工顺序对位移发展的影响进行评估。拥有一定经验后，如果读数间隔时间足够短的话，那么在隧道开挖几小时后就能预计其位移发展情况。如果表明位移超出可接受范围，那么可加强支护，并立即模拟其效果。

在开挖期间，可将位移测量值与位移预计值相比较。与传统位移曲线图相比，这种软件工具的一个较大优点就是对于不稳定的掘进也可对其系统特性的正常状态进行清晰的评估。

大量应用表明，GeoFit 采用的预计位移的经验公式很好地反映了地层的反作用。偏离预计位移发展方向可归因于异常特性或地层—衬砌系统遭到破坏。不过，软件的合理应用需要一定经验。

前面的例子都表明开挖掘进速率非常稳定。在这种情况下，对位移曲线图的解释非常简单，因为位移速率应随掌子面与量测断面之间距离的增大而不断降低。比较具有挑战性的是在不稳定掘进情况下对系统特性的正常性进行评估。

5. 衬砌应力检查

对于城市地区的浅埋隧道，通常采用非常坚硬的衬砌以将地层位移降至最小。由于这种衬砌在低变形情况下容易发生脆性破坏，因此仅对位移进行评估不能提供一个可靠的应力状态说明。为此可采用 3D 光学监测结果对其应变发展情况进行评估。

拥有了合适的材料模型后，考虑随时间变化的硬化和强度发展以及收缩、温度及蠕变等影响因素，可对衬砌的实际应力水平进行评估。

衬砌应力评估不仅可以在获得监测结果后进行，而且还能在位移发展预计值的基础上进行预测。这对必须修建在具有较高初始应力的软岩隧道而言非常重要。在这种情况下刚性衬砌的损坏非常普遍。因此可建议将刚性衬砌改成可延展性衬砌。图 1.4.2.2 示出了在预计位移基础上的衬砌使用预计情况，从该图可以看出，采用刚性衬砌，大约一天后就会超过喷混凝土的承载能力。如果采用可延展性衬砌，衬砌应力将下降大约 50％。合理利用这些可对监测数据进行处理和解释的工具能对隧道开挖过程进行连续控制，从而将"意外"减至最少。

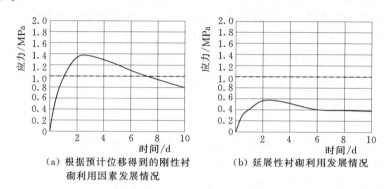

（a）根据预计位移得到的刚性衬　　　（b）延展性衬砌利用发展情况
砌利用因素发展情况

图 1.4.2.2　在预计位移基础上的衬砌使用预计情况

1.4.2.4　对本工程动态设计的启示

（1）成功地应用动态设计大型地下水封洞群的前提条件，一是要有一个合理的基本设计方案包括对付各种困难条件的措施与预案；二是要采用适当的监测系统以及时获取准确数据；三是在钻爆法开挖期间及时对获得的大量第一手数据作及时的处理、评估和判释。

（2）当下互联网使施工现场外的专家的实时介入成为可能，奥地利的隧道工程动态设计方法告诉我们，在工程保密范围外的数据均可以通过服务器获得，这就使得能在世界的任何一个地方跟踪洞群施工情况。这样，现场外的专家能在一个合理的平台上在任何时候给出建议而无须亲临现场。

（3）工程所在地层及系统特性模拟以及监测技术的进步能降低大型地下工程的风险。动态设计法改变了以往"边施工、边设计"导致一些意外与代价和延误工期情况，是一种借鉴于本工程依据施工实际采取灵活优化的设计方法。

1.4.3　本工程精致施工要点

在一定意义上，精致建筑即是精致施工。因为，在英语单词里，"建设"与"施工"均以（construction）来表示。本工程精致施工包括三方面内容：

（1）9 条平行的 20m 宽、30m 高、长度 484～717m 不等的主洞室精致施工。

（2）5 个分布于三组罐、九洞室的 5m×4.5m 断面的水幕巷道及 ϕ120、长 5～6m 到 105m 共计 529 个水幕孔精致施工。

（3）6 个 ϕ3m 和 ϕ6m、深 100～110m 不等的竖井精致施工。

上述三方面施工，均以断面 8m×9m、长 5819m 施工巷道为纽带，全部采用钻爆法实施。由于施工揭示的地质情况与设计不同的变化，使技术设计与施工设计数值有所变更（表 1.4.3.1）。另外，特别强调的是，三罐组九洞库的施工是在自然地下水位以下进行的。为避免自然地下水位因开挖出现地下水位下降时，施工期内随时采用预先的水幕（钻）孔进行人工补给以平衡原有地下水位线。

表 1.4.3.1　　　　　　　　本工程钻爆法施工前后分项工程规模比较

序号	分项工程名称		宽/m		高/m		长/m		高程/m		开挖量/万 m³		备注
			设计	施工	设计	施工	设计	施工	设计	施工	设计	施工	
1	1罐组	1号洞库	20		30				−60				
2		2号洞库	20		30				−60				
3		3号洞库	20		30				−60				
4	2罐组	4号洞库	20		30				−60				
5		5号洞库	20		30				−60				
6		6号洞库	20		30				−60				
7	3罐组	7号洞库	20		30				−60				
8		8号洞库	20		30				−60				
9		9号洞库	20		30				−60				
10	水幕巷道	1号水幕巷道	5	5	4.5	4.5			±0	±0			设计1~4号水幕巷道总长
11		2号水幕巷道	5	5	4.5	4.5			±0	±0			2835m；施工1~5号水幕
12		3号水幕巷道	5	5	4.5	4.5			±0	±0			巷道总长m
13		4号水幕巷道	5	5	4.5	4.5			±0	±0			实际水幕孔529个 ϕ120
14		5号水幕巷道	—	5	—	4.5			—	±0			
15	油井	1号注抽油井	ϕ3	ϕ3	H110				100				ϕ—直径
16		号注抽油井	ϕ3	ϕ3	H110				100				H—深度
17		号注油井	ϕ3	ϕ3	H110				100				
18	管线风通井	号管线通风井	ϕ5	ϕ6	H110				100				
19		号管线通风井	ϕ5	ϕ6	H110				100				
20		号管线通风井	ϕ5	ϕ6					100				
21	施工巷道		9		8		5819		70~30				平均坡降13.3%

以上三个施工内容希冀获得"精致施工"品质，有必要作施工前的准备（图

1.4.3.1）。重点准备工作如下：

（1）本工程的构造地质、水文地质和工程地质勘察各阶段的基本资料掌握到熟识。

（2）SY/T 0610—2008《地下水封洞库岩土工程勘察规范》的学习与针对本工程施工应用要点的列目到熟练应用准备。

（3）吃透本工程施工图设计及施工阶段勘察成果的设计意图和勘察深化的要点。

（4）GB 50455—2008《地下水封石洞油库设计规范》的学习与针对本工程施工贯彻要点的列目到熟练采取准备。

（5）明确地下水封石洞油库设计与施工的原则，为编制本工程施工组织设计打好基础。

（6）编制本工程施工组织设计文本并组织施工参与者共同讨论与取得实施的共识。

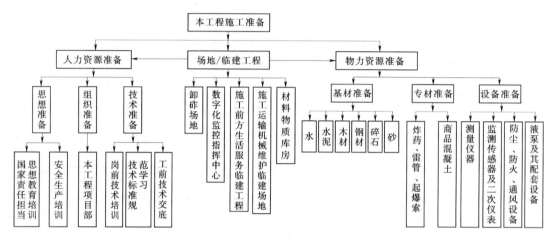

图 1.4.3.1 本工程钻爆法施工准备内容框图

1.4.3.1 精致施工前的准备

（1）本区域构造地质、库址区水文地质和洞库区工程地质信息的掌控与应用要点。

1）本工程的区域构造地质环境，主要指以本工程洞库为中心、半径在百千米甚至上千千米的范围内地质构造诸如主要断裂带尤其是断裂活动带认真调查了解。重点搜集该区域内原位地应力场实例资料、历史地震记录等。

2）本库地区水文地质条件，主要指以本工程洞库埋深中心为中心、半径在 $10\sim100/$km 范围内的地面以上大气降水与地面以下地下水的变化规律与特性调查。重点搜集大气降水量及四季变化；地下水常年水位线、地下水类型、地下水"补、径、排"保持天然状态的条件；以及地下水质等。

3）本洞库区工程地质条件，主要指以本洞库复连通孔口区的中心为中心、半径在几千米至十几千米范围内围岩力学与水力学参数特性调查。重点是围岩质量特性指标、钻爆法开挖后围岩沿临空面朝面背覆深（厚）度的分区（带）、围岩在水幕包围尤其是水饱和状态下的变化监测信息、围岩在时效作用即本工程生命周期 50 年以上的流变特性和长期强度变化规律的了解。

（2）针对本工程上述（1）要点，在即定库址前提下，根据设计任务书或设计单位所提出的勘察任务书，对照 SY/T 0610—2008《勘察阶段工作内容》，熟悉开工必备的地质信息和差距以定具体施工方法和提出施工期补充勘察计划。其重点如下：

1）明确选址范围、洞库性质、洞库规模、储存介质种类及有关工艺要求对"预可研阶段勘察"信息是否充分齐全？对区域稳定性和库址稳定性评价是否合理？对区域水文地质条件及稳定地下水位、洞库涌水是估算及洞库埋深选择是否正确？

2）明确"可研阶段勘察"内容，包括以下内容：

a. 初步查明库址的地形地貌条件和物理地质现象。

b. 初步查明库址区的岩性（层）、构造，岩（土）物理力学性质及不良地质现象的成因、分布范围、发展趋势和对工程的影响程度；重点查明松散、软弱层的分布。

c. 初步查明岩层的产状，主要断层、破碎带和节理裂隙密集带的位置、产状、规模及其组合关系。

d. 初步查明库址区的地下（地表）水位、水压、渗透系数、影响半径、水温和水化学成分及对混凝土的侵蚀性等。初步查明涌水量丰富的含水层、汇水构造、强透水带以及与地表溪沟连通的断层、破碎带和节理裂隙密集带，预测洞室掘进时突然涌水的可能性，估算最大涌水量。

e. 进行围岩工程地质预分类，确定适宜建库的可用岩体的范围，提供场区地应力状态分布规律。

f. 按围岩工程地质预分类结果提出适宜建库岩体范围和有关地下工程部署的建议，如洞轴线方位、洞跨、洞间距、巷道口位置等。

g. 初步确定设计地下水位标高，并综合岩体工程地质条件和储存介质压力要求，提出合理洞库埋深建议。

h. 初步查明主要软弱结构面的分布和组合情况，并结合岩体应力评价洞顶、边墙和洞室交叉部位岩体的稳定性，提出处理建议。

i. 初步建立地下水动态观测网。

确认"可研阶段勘察"分析的重点，包括以下内容：

a. 库址围岩分段预分类及可用岩体的范围。

b. 库址可行性分析评价，确定库址方案。

c. 地下工程部署的初步建议。

d. 设计地下水位、洞库涌水量与洞库埋深分析和估算。

e. 建立地质初步模型。

f. 洞室稳定性初步分析评价。

g. 存在问题及对下步勘察工作的建议。

3）明确"初步设计阶段勘察"内容，包括以下内容：

a. 基本查明库址的地形地貌条件和物理地质现象，巷道进出口边坡的稳定条件。

b. 基本查明库址区的岩性（层）、构造，岩（土）物理力学性质及不良地质现象的成因、分布范围、发展趋势和对工程的影响程度；重点查明松散、软弱层的分布。必要时应调查岩层中有害气体或放射性元素的赋存情况。

c. 基本查明岩层的产状，主要断层、破碎带和节理裂隙密集带的位置、产状、规模及其组合关系。

d. 基本查明库址地段的地下水位、水压、渗透系数、影响半径、水温和水化学成分及对混凝土的侵蚀性和对储存介质质量的影响等。特别是要查明涌水量丰富的含水层、汇水构造、强透水带以及与地表溪沟连通的断层、破碎带和节理裂隙密集带，预测洞室掘进时突然涌水的可能性，估算最大涌水量。

e. 进行围岩工程地质分类并建立适当的地质模型。

f. 按围岩工程地质分类结果提出适宜建库岩体范围和有关地下工程部署的优化建议，如洞轴线方位、洞跨、洞间距、巷道口位置等。

g. 确定设计地下水位标高，并综合岩体工程地质条件和储存介质压力要求，提出合理洞库埋深建议。

h. 查明主要软弱结构面的分布和组合情况，并结合岩体应力评价洞顶、边墙和洞室交叉部位岩体的稳定性，提出处理建议。

i. 建立地下水动态观测网。

4）确认"初步设计阶段勘察"分析的重点，包括以下内容：

a. 库址围岩分段分类及范围。

b. 地下工程部署优化建议。

c. 设计地下水位、洞库涌水量与洞库埋深分析和估算。

d. 完善地质模型。

e. 洞室稳定性分析评价。

f. 巷道口稳定性及洞室轴线布置。

g. 存在问题及对下步勘察工作的建议。

5）熟悉"施工图设计及施工阶段勘察"的任务与目的。

a. 任务。

（a）随巷道、竖井、洞库的开挖，进行围岩地质编录，校核并确定围岩分类。

（b）按围岩地质编录结果编制巷道、竖井、洞库的地质展示图和洞库顶、底板基岩地质图以及洞库围岩富水程度图等图件。

（c）配合围岩分类或为测定爆破松动圈、检查喷锚质量和注浆效果等进行岩体声波测试。

（d）为了确定围岩应力状态，判别或预报顶板压力，洞室稳定性分析和衬砌支护设计计算，应进行岩体表面应力测量。

（e）采用先进的地质预报系统进行超前地质预报。

（f）实测洞库涌水量，预测洞库投产后地下水位恢复动态，为评价"水封条件"提供依据。

（g）继续进行地下水动态观测和资料整理分析工作。

（h）随着巷洞开挖，尚应进行下列工作：

a）对水封洞库的重要地下工程部位或新揭露的地质现象，补充必要的钻探工作量，钻孔深度应达设计洞库底板以下5m（当为斜孔时，应钻穿目的层以下2～5m）。

b）对新发现的岩性应采取岩样，进行岩矿鉴定和岩石物理力学性质试验。

c）根据水封洞库的施工特点，利用施工巷道或洞库第一层开挖所揭露的围岩，提出本阶段的补充勘察资料。

（i）应编制以下综合工程地质基本图件：

a）巷道、竖井、洞库的地质展示图，应标出围岩的岩性（层）界线、风化程度、断层和软弱夹层的性质规模及分布状况。

b）洞库围岩富水程度图，应标出含水裂隙带分布与宽度、出水点位置及出流状态等。

c）围岩结构面组合形态分布图，应标出掉块、塌方、片帮等发生处的结构面组合性状与规模，并简要说明其发生原因，必要时附素描图或照片。

d）底图比例尺应采用1∶100，成图比例尺采用1∶200。

（j）随着开挖工作的进行，不断分析研究地质规律，为洞、巷工作面前方一定范围内提供超前地质预报。对工程地质条件的可能变化段或工程重要部位，为各次爆破开挖提供地质预报。其内容应包括绘有岩性（层）、构造、结构面组合形态等的图件，并以简要文字说明可能发生的开挖障碍、施工注意事项等。

a）对危岩成因进行分析及处理，地质人员应分析危岩产生的原因，判断其稳定状态，并相应提出排除或加固的建议。

b）配合围岩分类或为测定爆破松动圈、检查喷锚质量和注浆效果等进行岩体声波测试。

Ⅰ．配合围岩分类的岩体声波测试，宜在地质编录基础上在围岩表面进行，以取得岩体弹性波速指标。

Ⅱ．爆破松动圈、检查喷锚质量和注浆效果等的声波测试，应在设计、施工提出要求时进行，其测试工作均应在测试孔中进行。

c）根据施工图设计及施工阶段勘察成果，协同设计、施工人员逐段研究具体的工程处理措施，对各处理段应作大比例尺（1∶50～1∶20）的平面或剖面图，在图上标明岩性（层）、构造、各种结构面的组合形态和具体处理方法，并简要说明处理的原因及处理后效果等。

d）检验地下工程部署的合理性，在施工中根据所揭示的水文地质、工程地质规律，应不断地复核地下工程部署的合理性，当发现规模较大的隐伏构造或由于地下工程部署不合理而严重影响围岩稳定时，经充分研究应提出工程处理或调整的建议。

e）应按下列要求实测洞库涌水量：

Ⅰ．可用容积法逐一测定各出水点的水量，然后累计求得总涌水量或逐段测定排水量与施工用水量，求得洞库涌水量，即洞库某段涌水量等于施工排水量与施工用水量之差。

Ⅱ．实测洞库涌水量工作除在施工中逐段进行外，在整个洞库竣工后尚应统一测定一次并进行水质分析，测定时间宜选择在丰水季节。

f）在施工中不断整理分析地下水动态资料，以便为投产后的水位恢复预测提供资料，并根据对地下水动态规律的新认识，提出观测网的补充或调整的建议。

g）当遇到新的工程地质问题而影响施工时，应根据地质问题的复杂性利用各种施工开挖工作面观察和搜集地质情况，必要时可进行专门性工程地质问题勘察。根据勘察结果可建议修改施工方案，必要时可建议把全断面开挖改为导洞或分部开挖。及时进行地质编录和预报工作，并提出相应处理措施建议。

h）勘察资料整理与分析的重点如下：

Ⅰ. 总结库区水文地质、工程地质条件与规律，并对施工前地面岩土工程勘察成果做出复核。

Ⅱ. 分析施工中出现的岩体失稳原因、处理措施与效果，同时对各类围岩的支护措施、施工方案和施工注意事项等提出建议。

Ⅲ. 结合工程地质条件对地下工程部署提出工程处理或调整的建议并作出评价。

Ⅳ. 对洞库投产后的地下水动态或岩体稳定性监测工作等提出建议。

Ⅴ. 估算洞库、巷道涌水量，为施工排水设计提供依据，为洞库投产后的排水设计提供预测值。

Ⅵ. 提出针对不同性质、类型的含水裂隙的注浆封堵措施的建议。

i）综合工程地质测绘应包括下列内容：

Ⅰ. 地貌形态和成因类型。

Ⅱ. 地层岩性、产状、厚度、风化程度。

Ⅲ. 断裂和主要节理、裂隙的性质、产状、充填、胶结、贯通及组合关系。

Ⅳ. 不良地质作用的类型、规模和分布。

在 i）内容中，岩石结构面发育程度与岩石风化两项尤为重要。

j）根据结构面的量测及统计结果，可按表 1.4.3.2 确定结构面发育程度分级。

表 1.4.3.2　　　　　　　　结构面发育程度分级

发育程度等级	结构面基本特征		
	结构面组数及平均间距	主要结构面的特征	岩体结构类型
不发育	1～2 组，平均间距大于 1m	多为密闭节理	巨块状结构
较发育	2～3 组，平均间距大于 0.4m	多数为闭合，部分微张，呈 X 形，较规则，以构造型为主，少有充填物	大块状结构
发育	3 组以上，平均不大于 0.4m	不规则，呈 X 形或米字形，以构造型或风化型为主，大部分张开，部分有充填	小块状结构
很发育	3 组以上，杂乱，平均间距不大于 0.2m	以风化型和构造型为主，均有充填	碎石状

k）岩体风化程度及分类标准见表 1.4.3.3。

表 1.4.3.3　　　　　　　　岩体风化程度分带

风化程度	野 外 特 征	速波比 K_v
未风化	岩质新鲜，偶见风化痕迹	0.91～1.00
微风化	结构基本未变，仅节理面有渲染或略有变色，有少量风化裂隙	0.81～0.90
中等风化	结构部分破坏，沿节理面有次生矿物，风化裂隙发育，岩体被切割成岩块。用镐难挖，干钻不易钻进	0.61～0.80
强风化	结构大部分破坏，矿物成分显著变化，风化裂隙很发育，岩体破碎。用镐可挖，岩芯钻方可钻进	0.41～0.60

续表

风化程度	野 外 特 征	速波比 K_v
全风化	结构基本破坏，但尚可辨认，有残余结构强度，可用镐挖，干钻可钻进	0.21～0.40
残积土	组织结构全部破坏，已风化成土状，锹镐易挖掘，干钻易钻进，具可塑性	≤0.20

注　波速比 K_v 为风化岩与新鲜岩压缩波（纵波）速度之比。

l）水文地质测绘应以对泉的调查作为重点，其主要内容如下：

Ⅰ．泉的位置、标高及与当地侵蚀基准面的相对高差，均标在图上。

Ⅱ．泉出露的岩层及上下岩层的岩性和构造，重要的泉应作裂隙率的统计。

Ⅲ．做泉的剖面图与素描图，描述或拍照泉四周的地形地貌景观，划分泉的成因类型，描述泉的出露特点，测量泉的流量（宜用容积法、三角堰法或流速法进行实测，不应利用目估法）、气溢、水溢、物理性质、水温、气温等。

Ⅳ．对泉水作简易水质分析并记录与泉水有关的物理地质现象，可通过调查取得枯水期与丰水期泉的涌水量资料。泉水动态类型可按表 1.4.3.4 进行划分，泉水溶解性总固体❶分类可按表 1.4.3.5 进行，水化学类型可按布氏分类法进行。

表 1.4.3.4　　泉水动态类型划分

类型	最小涌水量与最大涌水量的比值
极稳定的	1.00
稳定的	0.99～0.50
变化的	0.49～0.10
多变的	0.09～0.03
极不稳定的	<0.03

表 1.4.3.5　　泉水溶解性总固体分类

类别	总矿化度/(g·L^{-1})
淡水（低溶解性总固体水）	≤1.0
微咸水（弱溶解性总固体水）	1.1～3.0
咸水（中溶解性总固体水）	3.1～10.0
盐水（高溶解性总固体水）	10.1～50.0
卤水	750.0

m）室内试验内容如下：

Ⅰ．岩石物理力学性质试验。

Ⅱ．岩石声波试验。

Ⅲ．岩矿鉴定。

Ⅳ．水质分析。

n）现场测试内容包括：

Ⅰ．钻孔弹性波测试。

Ⅱ．声波测井或地震测井。

Ⅲ．超声成像测井或孔内数字成像。

Ⅳ．钻孔地震 CT 或钻孔电磁波 CT 测试。

Ⅴ．孔内地温测试。

Ⅵ．钻孔应力测定。

b．目的。施工图设计及施工阶段勘察应达到如下目的：

---

❶　溶解性总固体（旧称矿化度），英文缩写 TDS。

（a）根据开挖获得的勘察资料校核施工前向设计、施工提供的勘察成果，深入认识和总结库区地质规律并积累经验。

（b）配合设计、施工及时解决对施工安全、工程质量有影响的水文地质、工程地质问题。

（3）针对本工程设计对施工的要求，熟悉 GB 50455—2008《地下水封石洞油库设计规范》，重点掌握以下规定。

1）水封洞库的地质、水文条件应符合下列规定：

a. 岩体的岩质应坚硬，完整性和稳定性应好，不应有张性断裂分布，岩石矿物成分不应影响储存油品质量。

b. 应具有相对稳定的地下水位，地下岩体渗透系数应小于 10^{-5} m/d。

c. 封堵后的洞库涌水量每 100 万 m^3 库容不宜大于 $100 m^3$/d。

2）水封洞库不应在下列地区内选址：

a. 发震断裂或地震基本烈度 9 度及以上的地震区。

b. 水源保护区。

c. 国家级自然保护区。

3）水封洞库地上设施与周围居住区、工矿企业、交通线等的安全距离不得小于表 1.4.3.6 的规定，表中未列设施与周围建筑物和构筑物的安全距离应按现行国家标准 GB 50074《石油库设计规范》的有关规定执行。

表 1.4.3.6　　　水封洞库地上设施与周围居住区、工矿企业、交通线等的安全距离

序号	名 称		安全距离/m		
			竖井	油气回收装置	火炬
1	居住区及公共建筑		60	75	120
2	工矿企业		40	50	120
3	铁路	国家铁路	200	200	200
4		企业铁路	30	30	30
5	公路	高速公路和一级公路	30	30	80
6		二、三级公路	25	30	80
7		其他公路	15	20	60
8	国家一、二级架空通信线路		40	40	80
9	架空电力线路和不属于国家一、二级的架空通信线路		1.5 倍杆高		80
10	爆破作业场地		300		300

4）施工勘察应包括下列内容：

a. 编制巷道、竖井、洞室的地质展示图和洞室顶、壁、底板基岩地质图以及洞室围岩含水实况展示图等。

b. 测定岩体爆破松动圈及岩体应力。

c. 进行超前地质预报。

d. 实测洞库涌水量，预测洞库投产后地下水位恢复情况。

e. 对复杂地质问题应进行工程地质论证，提出施工方案建议，必要时进行补充勘察。

f. 编写施工勘察报告。

5）水封洞库地上设施之间的最小防火距离应符合表 1.4.3.7 的规定。

表 1.4.3.7　　　　　水封洞库地上设施之间的最小防火距离　　　　　单位：m

序号	名　称	竖井	油气回收装置	火炬
1	油罐（地面）	40	25	90
2	油泵站	20	15	90
3	油气回收装置	25	—	90
4	油品装卸车鹤管	20	30	90
5	隔油池	20	20	90
6	消防泵房、消防站	30	30	90
7	有明火及可散发火花的建筑物及场所	20	30	60
8	中心控制室、独立变配电室	20	25	90
9	其他建筑物	15	15	90
10	火炬	90	90	—
11	围墙	10	10	10

6）道路的设置应符合下列规定：

a. 水封洞库地面上的主要道路宜为郊区型，宽度不应小于 7m。

b. 地上油罐组的道路设置应符合现行国家标准 GB 50074《石油库设计规范》的有关规定。

c. 地上竖井操作区之间应设置道路；道路的宽度不应小于 7m，转弯半径不应小于 12m，并应与其他道路相通。受地形限制时可设置有回车场的尽头式道路。

d. 应设置通向地下水监测孔的人行通道。

7）洞室设计应符合下列规定：

a. 当岩体处于低地应力区时，洞室的设计轴线方向应与岩体主要结构面走向成大角度相交；当岩体处于高地应力区时，洞轴线与近水平最大主应力方向宜平行或小角度相交。

b. 洞室断面形状应根据岩体质量、地应力大小及施工方法确定。岩体自稳能力强时宜采用直墙圆拱式断面，岩体自稳能力差或地应力值较高时宜选用马蹄形或椭圆形断面。

c. 洞室的断面宽度宜为 15～25m，高度不宜大于 30m，相邻洞室的净间距宜为洞室宽度的 1～2 倍。

d. 洞室拱顶距微风化层顶面垂直距离不应小于 20m。

e. 洞室拱顶距设计稳定地下水位垂直距离应按下式计算且不宜小于 20m。

$$H_w = 100P + 15 \tag{1.4.3.1}$$

式中：H_w 为设计稳定地下水位至洞室拱顶的垂直距离，m；P 为洞室内的气相设计压力，MPa。

　f. 洞室分层掘进高度应根据施工机具等条件确定。

　8）施工巷道设计应符合下列规定：

　a. 施工巷道洞口应设置在标高低、岩体完整性好的位置。

　b. 施工巷道的数量应根据洞罐的数量和施工工期确定。

　c. 巷道的断面应满足施工机具双向通行、施工人员单侧通行，以及通风、给排水、电力和其他设施占用空间的要求。断面形状宜采用直墙拱形断面，底板宜铺设钢筋混凝土路面。

　d. 施工巷道的转弯半径和纵向坡度应满足施工机具工作的要求。最大纵坡不宜大于 13%。

　e. 巷道口附近宜设置施工需要的场地。

　f. 地下库区施工完成后，施工巷道口应封闭。

　9）连接巷道设计应符合下列规定：

　a. 连接巷道应保证相邻洞室内油品的流动通畅，最上方连接巷道的顶面标高应与洞室顶面标高一致。

　b. 连接巷道和施工巷道宜合并设置。

　c. 连接巷道断面形状宜采用直墙拱形，断面大小及数量可根据实际需要确定；连接巷道用作施工巷道时，应满足施工巷道的要求。

　10）洞罐上方宜设置水平水幕系统，必要时，在相邻洞罐之间或洞罐外侧应设置垂直水幕系统。水幕系统布置应符合下列规定：

　a. 应满足洞库设计稳定地下水位的要求。

　b. 水平水幕系统中，水幕巷道尽端超出洞室外壁不应小于 20m，水幕孔超出洞室外壁不应小于 10m。垂直水幕系统中，水幕孔的孔深应超出洞室底面 10m。

　c. 水幕巷道底面至洞室顶面的垂直距离不宜小于 20m。

　d. 水幕巷道断面形状宜采用直墙拱形，断面大小应满足施工要求，跨度及高度不宜小于 4m。

　e. 水幕孔的间距宜为 10～20m，水幕孔直径宜为 76～100mm。

　11）竖井设计应符合下列规定：

　a. 竖井宜靠近洞室的端头或边墙布置，地面竖井口宜设置在操作便利、地面标高较低的位置，竖井断面宜取圆形，直径应满足所安装的管道及施工的要求。

　b. 竖井毛洞的尺寸设计应包括支护所占用的空间。

　12）泵坑设计应符合下列规定：

　a. 泵坑应设置在竖井正下方洞室的底板上。

　b. 泵坑的尺寸应满足设备安装及操作的要求。

　c. 泵坑应分成两个槽，应分别设置潜油泵和潜水泵。

　d. 泵坑四周应设计高度不小于 0.5m 的挡水墙。

　13）操作巷道设计应符合下列规定：

　a. 操作巷道底板标高宜设置在稳定地下水位上方。

　b. 操作巷道纵向宜设坡度，坡度应向外，坡度不宜小于 5‰。

c. 操作巷道净宽不应小于 5m，净高不应小于 7m。

d. 操作巷道口应设置密封防护门。

e. 操作巷道内应采取防水和通风等措施。

f. 操作巷道内竖井的上方应设置固定的起吊设施。

14）支护设计应符合下列规定：

a. Ⅰ级围岩，洞室的跨度不大于 10m 时不宜支护，大于 10m 时，在不危及施工安全的情况下可不支护，遇有局部不稳定块体时，应采用喷射混凝土及锚杆加固；Ⅱ级围岩，洞室的跨度不大于 5m 时不宜支护，大于 5m 时宜采用喷混凝土支护，遇有局部不稳定块体时，应采用锚杆加固。

b. Ⅲ、Ⅳ级围岩，可采用锚喷、挂网或钢架等联合支护，对Ⅴ、Ⅵ级围岩的支护应根据围岩的具体情况确定。

c. 锚喷支护宜按工程类比法设计，并应根据监控量测的结果修正，对于洞室应辅助以理论计算。

d. 预可行性研究阶段的锚喷支护设计，可按附录 B 选择支护类型及其参数。其他阶段的支护设计，应根据各阶段的地质勘察结果修正围岩级别、调整支护类型和参数。

e. 施工巷道口应根据地质情况采用加固措施。

f. 竖井的井壁在中风化围岩以上部分应采用钢筋混凝土及锚杆重点支护；在中风化围岩及以下部分应采用加强锚杆喷射混凝土支护。

g. 操作巷道顶、壁应采用喷射混凝土及锚杆支护，在操作巷道口围岩风化的部位，应加强支护。

15）喷射混凝土支护设计应符合下列规定：

a. 喷射混凝土的强度等级不应低于 C20。喷层与围岩的黏结强度，Ⅰ、Ⅱ级围岩不宜低于 1.0MPa，Ⅲ级围岩不宜低于 0.8MPa。

b. 喷射混凝土的抗渗等级不应小于 S6。喷射混凝土宜掺入速凝剂、减水剂、膨胀剂或复合型外加剂、钢纤维与合成纤维等材料，其品种及掺量应通过试验确定。

c. 喷射混凝土的厚度可按附录 B 初选，并应按监控量测结果修正，厚度不应小于 50mm，最大厚度不宜大于 200mm。

16）掘进时，塑性变形较大及高地应力的围岩和产生岩爆的围岩，宜采用喷钢纤维混凝土支护，喷钢纤维混凝土支护应符合下列规定：

a. 普通碳素钢纤维材料的抗拉强度设计值不宜低于 380MPa。

b. 喷钢纤维混凝土 28d 龄期力学性能指标，宜符合下列规定：

（a）重度宜为 $23kN/m^3$。

（b）抗压强度设计不宜小于 32MPa。

（c）抗折强度设计不宜小于 3MPa。

（d）抗拉强度设计不宜小于 2MPa。

c. 钢纤维直径宜为 0.3～0.5mm，长度宜为 20～25mm，掺量宜为混合料重的 3%～6%。

d. 喷钢纤维混凝土厚度应按喷射混凝土厚度选取，钢纤维混凝土表面应喷普通混凝土，普通混凝土厚度不宜小于 30mm。

17）锚杆设计应符合下列规定：

a. 对存在局部掉块的情况，锚杆的承载能力极限状态设计应符合下列规定：

a）拱腰以上的锚杆对不稳定块体的抗力，按下列公式计算：

$$S \leqslant R \tag{1.4.3.2}$$

$$S = r_G G_k \tag{1.4.3.3}$$

水泥砂浆锚杆：

$$R = n A_x f_y \tag{1.4.3.4}$$

预应力锚杆：

$$R = n A_x \sigma_{con} \tag{1.4.3.5}$$

式中：S 为荷载效应组合的设计值；R 为锚杆抗力的设计值；r_G 为不稳定块体的作用分项系数，取 1.2；G_k 为不稳定块体自重标准值，N；n 为锚杆根数；A_x 为单根锚杆的截面积，mm^2；f_y 为单根锚杆的抗拉强度设计值，MPa；σ_{con} 为预应力锚杆的设计控制抗拉力设计值，MPa。

b）拱腰以下边墙上的锚杆对不稳定块体的抗力，按下列公式计算：

$$S \leqslant R \tag{1.4.3.6}$$

$$S = r_{G1} G_{1k} \tag{1.4.3.7}$$

水泥砂浆锚杆：

$$R = f r_{G2} G_{2k} + n A_s f_{gv} + CA \tag{1.4.3.8}$$

预应力锚杆：

$$R = f r_{G2} G_{2k} + P_t + f P_n + CA \tag{1.4.3.9}$$

式中：G_{1k}、G_{2k} 分别为不稳定块体平行、垂直作用滑动面的分力的标准值，N；A_s 为单根锚杆的截面积，mm^2；A 为岩块滑动面的面积，mm^2；n 为锚杆根数；C 为岩块滑动面上的黏结强度，MPa；f_{gv} 为锚杆的设计抗剪强度，MPa；f 为滑动面上的摩擦系数；P_t、P_n 分别为预应力锚束或锚杆作用于不稳定块体上的总压力在抗滑动方向及垂直于滑动方向上的分力，N；r_{G1}、r_{G2} 为不稳定块体的作用分项系数，分别取 1.2。

b. 拱腰以上锚杆的布置方向宜有利于锚杆的受力，拱腰以下的锚杆宜逆着不稳定块体滑动方向布置。

c. 对于裂隙较发育的围岩，锚杆在横断面上应垂直于主结构面布置，当主结构面不明显时，可与洞周边轮廓线垂直；在围岩表面上宜按梅花形布置；锚杆间距不宜大于锚杆长度的 1/2，Ⅳ、Ⅴ 级围岩中的锚杆间距宜为 0.5～1m，并不得大于 1.25m。

18）岩体破碎、裂隙发育的围岩，宜采用锚喷挂网支护，锚喷挂网支护设计应符合下列规定：

a. 钢筋网的布置宜符合下列规定：

（a）钢筋网的纵、环向钢筋直径宜为 6～12mm，间距宜为 150～200mm。

（b）钢筋网与锚杆的连接宜采用焊接法，钢筋网的交叉点应连接牢固，宜采用隔点焊接，隔点应绑扎。

b. 钢筋网喷混凝土保护层厚度不宜小于 50mm。

19）防水应符合下列规定：

a. 渗水部位应采用喷射混凝土或注浆进行处理。

b. 处理后的日涌水量，每 100 万 m^3 库容不宜大于 $100m^3$。

c. 应选择抗地下水及储存油品侵蚀的注浆材料。

20）在工程掘进前，预计涌水量大的地段和断层破碎带，宜采用预注浆；掘进后有较大渗漏水时，应采用后注浆。注浆应符合下列规定：

a. 预注浆钻孔，应根据掘进面前方岩层裂隙状态、地下水情况、设备能力、浆液有效扩散半径、钻孔偏斜率和对注浆效果的要求等，综合分析后确定注浆孔数、布孔方式及钻孔角度。

b. 预注浆的段长，应根据工程地质、水文地质条件、钻孔设备及工期要求确定，宜为 10～50m，但掘进时应保留止水岩垫的厚度。

c. 后注浆应在断层破碎带、裂隙密集带、围岩与岩脉接触带或水量较大处布孔，注浆加固深度宜为 3～5m；大面积渗漏，布孔宜密，钻孔宜浅；裂隙渗漏，布孔宜疏，钻孔宜深。

d. 后注浆钻孔深入围岩不应小于 1m，孔径不宜小于 40mm，孔距可根据渗漏水的情况确定。

e. 预注浆或后注浆的压力，应大于静水压力 0.5～1.5MPa。

21）密封塞厚度的设计，应符合下列规定：

a. 密封塞在荷载组合作用下不应产生与围岩之间的相对移动和泄漏。

b. 密封塞厚度设计值应满足混凝土与围岩界面处的剪切应力和混凝土抗压承载力验算、泄漏阻抗路径、容许的压力梯度变化值的要求。

c. 有条件时，宜根据现场试验数据设计。

22）密封塞的构造设计应符合下列规定：

a. 密封塞的定位应根据当地的地质和水文条件确定，不应布置在风化、断层、强渗透和不利节理倾向的地带上。密封塞键槽处应合理选取爆破技术，并应减小对岩体的扰动。

b. 密封塞宜采用素混凝土结构，并宜在上下表面对称配置双层双向限裂钢筋，裂缝宽度不宜大于 0.2mm。

c. 密封塞所用混凝土强度等级宜为 C20～C35。上下表面的钢筋直径不应小于 14mm，间距不宜大于 200mn，混凝土保护层厚度不宜大于 50mm。

d. 管道和套管穿过密封塞时，应靠近密封塞中心，穿过部位应增加补强钢筋，配筋应采用有限元数值模型进行应力验算。

e. 密封塞混凝土内部宜埋设水冷散热管道。

f. 密封塞键槽嵌入围岩的深度不宜小于 1000mm。

g. 密封塞键槽的周边围岩应进行锚杆支护及注浆密封。

23）竖井密封塞应与穿过的管道或套管进行稳固、密封连接。

24）下列部位应支护：

a. 密封塞周边的键槽。

b. 密封塞中心起每侧 10m 范围内的施工巷道或竖井。

c. 竖井外侧壁沿洞室轴线不小于 5m 范围内的洞室拱顶。

25）密封塞浇筑后边缘的混凝土应进行后注浆密封。

26）竖井密封塞上部应设置不小于 10m 的防渗填层。

27）洞罐与施工巷道之间的密封塞应设置人孔，在施工巷道充水前应将人孔封闭。

28）密封塞以外的施工巷道和竖井施工、安装完成后，宜用淡水充注至不低于设计稳定地下水位标高。

29）地下水监测应符合下列规定：

a. 地下洞罐的四周应设置地下水位及水质监测孔，每边不应少于 2 个，地下水异常变化的部位应加密。

b. 地下水监测孔深度应低于洞室底面 10m。

30）其他监测应符合下列规定：

a. 在施工中应对围岩变形及围岩应力进行监测，在生产中宜对围岩稳定继续监测。

b. 当设置有水幕时应对水幕的压力或水位进行监测。

31）水封洞库库区应设置独立消防给水系统。消防给水系统应符合现行国家标准 GB 50074《石油库设计规范》的有关规定。消防用水量应经计算确定，且不应小于 45L/s。火灾延续供水时间应按 3h 计算。

32）操作巷道内和每座竖井口附近应布置消火栓，消火栓之间的距离不应大于 60m。

33）消防水泵应采用双动力源。

34）水封洞库水源工程供水量的确定，应符合下列规定：

a. 洞库的生产用水量和生活用水量应按最大的小时用水量计算。

b. 洞库的生产用水量应根据生产过程和用水设备确定。

c. 洞库的生活用水量宜按 25～35L/(人·班)、8h 用水时间和 2.5～3.0 的时间变化系数计算。洗浴用水量宜按 40～60L/(人·班) 和 1h 用水时间计算。

d. 消防、生产及生活用水采用同一水源时，水源工程的供水量应按最大消防用水量的 1.2 倍计算确定。采用消防水池时，应按消防水池的补充水量、生产用水量及生活用水量总和的 1.2 倍计算确定。

e. 消防与生产采用同一水源、生活用水采用另一水源时，消防与生产用水的水源工程的用水量应按最大消防用水量的 1.2 倍计算确定。采用消防水池时，应按消防水池的补充水量与生产用水量总和的 1.2 倍计算确定。生活用水水源工程的供水量应按生活用水量的 1.2 倍计算确定。

f. 消防用水采用单独水源、生产和生活用水合用另一水源时，消防用水水源工程的供水量应按最大消防用水量的 1.2 倍计算确定。设消防水池时消防用水水源工程的供水量应按消防水池补充水量的 1.2 倍计算确定。生产与生活用水水源工程的供水量，应按生产用水量和生活用水量之和的 1.2 倍计算确定。

35）水封洞库的含油与不含油污水，应采用分流制排放。含油污水应采用管道排放。未被油品污染的地面雨水和生产废水应在排出水封洞库围墙前设置水封装置。

36）含油污水管道应在下列位置设置水封井：

a. 建筑物、构筑物的排水管出口处。

b. 支管与干管连接处。

c. 干管上每隔 300m 处。

37）水封洞库处理后的污水自流排放管道在通过水封洞库围墙处应设置水封井。

38）水封井的水封高度不应小于 0.25m。水封井应设置沉泥段，沉泥段自最低的管底算起，其深度不应小于 0.25m。

39）雨水排放宜采用明沟系统。

40）污水处理宜依托邻近污水处理设施。

41）污水应经处理达到排放标准。

42）含油污水处理设施应设置污水调节池，其容积可按洞库裂隙水 5d 的排出量进行计算。

43）污水处理后宜回用。

44）含油污水的构筑物和设备宜封闭设置。

45）污水排放口应设置取样点和检测水质、测量水量的设施。

46）库区内应设置电视监视系统，监视系统应能覆盖竖井操作区、操作巷道及地上生产区。

47）库区内应设置火灾报警系统。地上生产区及操作巷道内应设置火灾报警设施。

48）水封洞库应设置中心控制室，并应采用微机监控管理系统对整个库区的生产进行集中操作、控制和管理。

49）水封洞库的控制、通信等电子信息系统设备的防雷击电磁脉冲设计，应符合下列规定：

a. 信息系统设备所在的建筑物应按第三类防雷建筑物进行防直击雷设计。

b. 进入建筑物和进入信息设备安装房间的所有金属导电物，在各防雷区界面处应做等电位连接，并宜采取屏蔽措施。

c. 低压配电母线和不间断电源装置电源进线侧，应分别安装电涌保护器。

d. 当通信线、数据线、控制电缆等采用屏蔽电缆时，其屏蔽层应做等电位连接。

e. 在多雷区，仪表及控制系统应设置防雷保护设施。

50）防静电接地装置的接地电阻，不宜大于 100Ω。

51）水封洞库防雷接地、防静电接地、电气设备的工作接地、保护接地及信息系统的接地等，宜采用共用接地系统，其接地电阻不应大于 4Ω。

52）工作区的劳动卫生条件应利用有组织的自然通风改善。当自然通风不能满足要求时，应采用机械通风。

53）竖井操作区通风应符合下列规定：

a. 当竖井上部为封闭建筑物时，除应采用有组织的自然通风外，尚应设置机械通风，换气次数不得小于 10 次/h。计算换气量时，房间高度小于 6m 时应按实际高度计算，房间高度大于 6m 时应按 6m 计算；

b. 建筑物通风应按下部区域排出总排风量的 2/3、上部区域排出总排风量的 1/3 设计，机械通风装置的吸风口应靠近漏气设备或设置在窝气地面 0.3m 以下。

54）在爆炸危险区域内，风机应选用防爆型，并应采用直接传动或联轴传动。机械通风系统应采用不燃烧材料制作。风管、风机及其安装方式应采取导静电措施。

55）在设置有可燃气体浓度自动检测报警装置的房间内，其报警装置应与机械通风设备联动，并应设置手动开启装置。

56）操作巷道内，每座竖井口处应设置固定式通风设施，换气次数不应小于 10 次/h，出风管口应设置在操作巷道外，出风管口与洞口水平距离不应小于 20m，且应高出洞口，并应采取防止油气倒灌的措施。

57）水封洞库排放的大气污染物无组织排放的烃类应符合现行国家标准 GB 20950《储油库大气污染物排放标准》的有关规定；锅炉烟气污染物的排放应符合现行国家标准 GB 13271《锅炉大气污染物排放标准》的有关规定。

58）水封洞库设计应符合现行国家标准 GBJ 87《工业企业噪声控制设计规范》的有关规定，噪声辐射源到达库区界墙外的噪声应符合现行国家标准 GB 12348《工业企业厂界噪声标准》的有关规定。

59）水封洞库生活污水、生产污水及事故废水在排放前应经过处理，污水排放应符合现行国家标准 GB 8978《污水综合排放标准》的有关规定。

60）水封洞库产生的各种固体废弃物应进行无害化处理。

61）水封洞库建设应对影响到的自然保护区、文物保护区采取预防和保护措施。

62）水封洞库进油时排出的油气应进行处理。

63）库区的作业环境设计应符合现行国家标准 GBZ 1《工业企业设计卫生标准》和 GBZ 2《工作场所有害因素职业接触限值》的有关规定。

64）在操作巷道及中心控制室应配备便携式有毒有害气体检测仪和空气呼吸器等防护用具。

65）库区内易发生事故的区域和部位应设置安全标志，安全标志应符合现行国家标准 GB 2894《安全标志》的有关规定。

66）水封洞库设计应进行综合能耗分析。

67）水封洞库设计应采用节能设备，严禁使用国家明令淘汰的高能耗设备，宜利用太阳能、风能及水能。

68）水封洞库储满油后，待洞罐内油品的温度、压力恒定时，应关闭通气管的阀门密闭储存。

69）在技术经济合理的情况下应采取减少裂隙水的渗出量的措施。含油裂隙水经处理达标后宜回用。

（4）本工程施工组织设计要点❶。由地下水封洞库工程的特点可知，本工程施工组织设计需重点解决的技术要点是：主体施工方案确定（洞库开挖施工规划）、施工进度控制、洞库通风、地下水处理、开挖和支护措施、施工管理以及施工平面布置等。

1）主体施工方案。本地下水封洞库工程主要由主洞室群、竖井、水幕系统、施工巷

---

❶ 周福友，许文年，周正军，杨平. 地下水封洞库工程施工组织设计要点分析［J］. 三峡大学学报（自然科学版）2011, 33（6）：49-53.

道及相应的临建设施项目等组成，工程量庞大且洞库构造复杂，针对洞库主体工程，选择合适的施工方案以协调各施工程序是工程得以顺利展开的前提条件。

本工程开挖土石方量大并且洞库施工相互影响，因此施工巷道和通风巷道根据围岩级别不同采用适当的爆破方法进行开挖，已开挖的范围应及时进行安全处理并进行支护。此外，围岩在开挖过程中应密切监测地下水位变化并采取相应的注浆防渗措施，围岩开挖程序如图1.4.3.2所示，竖井用以改善地下各洞室的通风排烟条件，基于工程地下施工环境的复杂性考虑，采用正井法自上而下进行施工，此施工方法便于开挖后土石渣的清理、通风排烟以及地下水的监测。

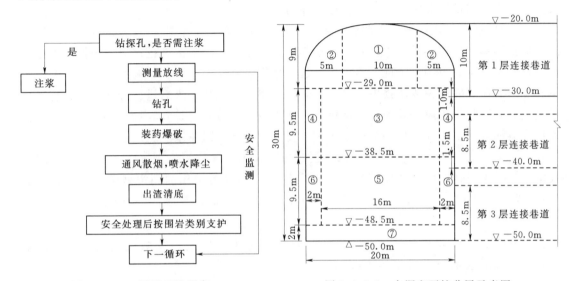

图1.4.3.2　围岩开挖程序　　　　图1.4.3.3　主洞室开挖分层示意图

主洞室开挖规模较大，为确保开挖过程围岩稳定，按照4层分别进行施工，如图1.4.3.3所示，主洞室在开挖过程中需重点做好开挖过程中的探水和控制渗流工作，开挖后应根据围岩地质情况进行合理的支护。

水幕系统工程施工为地下洞库提供稳定的地下水位以满足水封条件，本工程在覆盖洞库上方高程25m设水幕系统，由水幕巷道和水幕孔组成，水幕孔间距10m，水幕巷道轴线与主洞轴线垂直，水幕孔轴线与主洞室轴线平行，水幕孔覆盖整个洞库上方，旨在保证稳定的地下水位线。

2）施工进度控制。该地下水封洞库工程，工作量大，工期紧，因此要进行严格的施工进度控制，以确保工程保质保量地完成。在本工程中，首先利用网络计划以正常的工期估算编制工程施工进度计划，再采用关键线路压缩法，得到最优方案。

以工程工期为目标、以最优的资源配置和合理科学的施工组织安排为标准，经优化和研究后将工程分为施工巷道开挖支护、水幕巷道及注水孔、竖井、通风巷道和通风竖井、主洞室和施工巷道封堵等6个分部工程共计23个关键工序，工程总工期约31个月，2011年4月15日工程开工，2013年11月中旬竣工。工期要求的施工总体程序安排见表1.4.3.8。

表 1. 4. 3. 8　　　　　　　　　施工总体程序安排

项目	开工日期/（年-月-日）	竣工日期/（年-月-日）
施工巷道施工	2011 - 4 - 15	2012 - 5 - 20
水幕巷道施工	2011 - 7 - 26	2012 - 10 - 1
主洞室施工	2012 - 2 - 26	2013 - 10 - 15
通风巷道及通风竖井施工	2011 - 4 - 15	2013 - 9 - 30

工程以施工巷道和主洞室施工为主，同时协调处理好水幕巷道、通风巷道、通风竖井及主洞室进、出油竖井施工，确保工程总体协调推进。

3）洞库通风。该地下水封洞库工程主要依靠通风系统供给地下洞室群的施工开挖用风，包括洞罐、连接巷道、水幕巷道、操作竖井、施工巷道等的开挖用风。根据洞库施工多样性以及施工巷道的复杂性，施工用风设备采用潜孔钻、手风钻、湿喷机，按照施工方案和工作面需求并考虑风压损失、管道摩阻损失及管道漏风损失后进行合理布置，施工用风采用分阶段集中供风，并辅以移动供风，施工用风量按式（1.4.3.10）进行计算。根据通风方案和通风量，计算得到工程施工中主要通风设备用风需求量。

$$\sum Q = \sum (NqK_1K_2K_3) \tag{1.4.3.10}$$

式中：$\sum Q$ 为同时工作的钻孔等机具总耗风量；N 为同时工作的同类型钻孔等机具的数量；q 为每台机具的耗风量；K_1 为凿岩机同时工作时的折减系数，1～10 台取 1～0.85，11～30 台取 0.85～0.75，其他用风设备 1～2 台取 1～0.75，本设计钻具取 0.85；K_2 为机具损耗系数，钻具取 1.15，其他取 1.10；K_3 为管路风量损耗漏风系数，1km 内取 1.1，1～2km 取 1.15，2km 以上取 1.2。

4）地下水处理。地下水位是影响该地下水封洞库工程施工的关键因素之一。地下水的渗流会影响巷道、洞库和竖井等工程的开挖施工进度，但是水封洞库却必须位于充分的地下水位之下，利用"水封"的方式储存油（气）品。因此，严密监测洞库施工中地下水位及其渗流量变化，对围岩采取适当的注浆处理保证围岩的密封性，是工程施工的关键技术之一。

a. 涌水量预测。在本洞库工程中，不考虑各洞室之间的干扰和施工巷道、水幕巷道的施工影响，以及丰水和枯水季节的变化，洞长（L）均按 5549m 计算。预测主洞室单位长度最大涌水量（q_0）在 0.0818～0.138m^3/d 之间，最大涌水量（Q）在 455.63～768.52m^3/d 之间；预测洞库施工巷道最大涌水量见表 1.4.3.9，水幕巷道单位长度最大涌水量（q_0）在 0.0412～0.0637m^3/d 之间，单组最大涌水量（Q）在 111.193～172.064m^3/d 之间，施工期间，根据预测涌水量采取相应的排水和注浆措施。

表 1. 4. 3. 9　　　　　　　预测洞库施工巷道最大涌水量

施工段	高程/m	单位长度最大涌水量 q_0/($\text{m}^3 \cdot \text{d}^{-1}$)	最大涌水量 Q/($\text{m}^3 \cdot \text{d}^{-1}$)
第 1 段	80.57～0	0.0596～0.0619	80.98～114.524
第 2 段	0～-37.5	0.0552～0.0834	31.425～47.444
第 3 段	-37.5～-60	0.0610～0.0930	112.9～172.164

b. 开挖施工中地下水处理措施。施工巷道及通风巷道洞身开挖前，首先在洞身四周打钻探孔，测量水流量，并根据水流量大小决定是否先进行预注浆。不需要注浆的部位可开始爆破施工，需注浆的部位需等注浆凝固后（最少6h）才能开始爆破施工。对于主洞库，在开挖施工过程中，重点做好开挖过程中的探水和控制渗流工作，在开挖施工过程中出现超标准渗流时滞后开挖工作面30m进行固结（堵水灌浆）施工，主洞室在开挖过程中对地下水渗流量保持持续的监测，如图1.4.3.4所示。

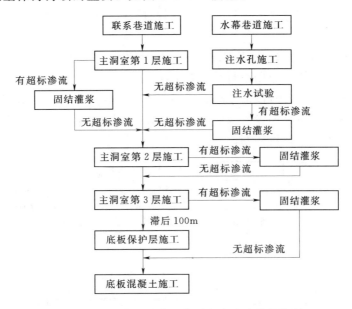

图 1.4.3.4 主洞室在开挖过程中渗流量的控制

5）工程开挖。主体工程施工方案中选用钻爆法对土石进行开挖。根据围岩类型和施工安全性采用相应的爆破方法。

施工巷道开挖运用三臂凿岩台车和自制钻爆台车，Ⅱ、Ⅲ、Ⅳ类围岩采用全断面钻爆法施工，Ⅴ类围岩采用中下导洞先行再扩挖的方式进行施工。通风巷道采用自制钻爆台车，先进行洞口土石方明挖施工，再进行巷道洞挖施工，采用全断面钻爆法。

主洞室（开挖分层如图1.4.3.3所示）第1层采用中导洞先行与两侧扩挖跟进的方式进行施工，中导洞宽度10m，拱顶高度9m，两侧宽度均为5m，拱顶高度8m，第2、3层开挖施工采用中部施工预裂梯段抽槽先行与两侧保护侧预装药滞后光面爆破开挖跟进的方式进行开挖。

水幕巷道开挖及水幕孔造孔应先于其下部主洞室第1层开挖，以便进行水幕孔注水并处理洞室顶拱防渗堵漏工作，各组洞罐主洞室第2层开挖前其上部水幕孔注水要全部完成。由于水幕巷道埋深较深，除层内、层间错动带外，岩性较好，大部分均为Ⅲ类以上围岩且断面较小，拟采用全断面开挖法；对于Ⅱ、Ⅲ类围岩每循环进尺2.5m，对局部Ⅳ类围岩坚持"短进尺，弱爆破"的原则，每循环进尺取1.9m。

6）围岩支护处理。洞库在开挖过程中应根据围岩的稳定评价结果进行支护处理。本工程中竖井开挖时，Ⅳ、Ⅴ类围岩采用"一掘一支护"的循环方式，Ⅰ、Ⅱ、Ⅲ类围岩采用"两掘一支护"的循环方式。水幕巷道开挖按照围岩类别进行随机锚杆支护或锚喷支护。

主洞库开挖，Ⅱ类围岩在开挖作业循环中只考虑部分临时支护施工；Ⅲ类围岩洞段滞后开挖工作面30m左右，在开挖作业循环中只考虑岩面初喷及部分锚杆支护将部分占用直线工期；Ⅳ类围岩按照紧急支护程序随洞挖及时跟进，支护施工采用先喷后锚的工序组织作业。地质条件较差洞段采取超前锚杆和型钢拱架联合支护措施。对围岩条件较差的部位，经过地质工程师判别综合考虑后对断面顶拱进行挂网喷护或安装临时钢支撑进行支护或减小开挖断面。

7）施工管理。本地下水封洞库工程施工过程复杂，技术难度大，基于项目的重要性考虑，全面按照项目法施工原则进行管理，利用矩阵式进行项目结构组织以达到有效利用资源的目的，预先对施工各阶段的人力、机械设备、材料物资及资金供应进行计划，确保在施工过程中应能对不适合的设备及时更换，不影响施工进度安排，以满足施工强度的要求，图1.4.3.5为项目管理机构图。

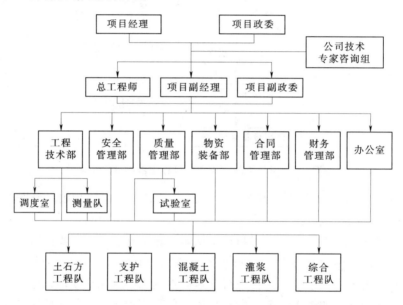

图1.4.3.5 项目现场施工管理组织机构框图

8）施工平面布置。本地下水封洞库采用多层面作业，施工干扰大，施工平面布置的合理性是后续施工工序顺利展开的保障。本工程中按因地制宜、紧凑实用、交通运输畅通、施工方便、减少干扰、节约用地、调度灵活等原则进行施工图平面布置。

a. 道路布置。道路布置时根据洞库施工要求，有利于机械化强度施工，结合施工分区进行布置以减少干扰，修建环形道路以保证交通通畅，满足坡度、照明排水等条件以及主洞室开挖高峰时段的运输要求。

b. 施工用水、用电。水源从市政供水系统接入，水管按行程最短、效率最高的原则进行布置。工程施工用电主要是施工照明、排水等用电，在排水作业中考虑工程用电量的需求，自设变电站以及配备柴油发电机组备用电源。

c.制浆站和混凝土搅拌站。本地下水封洞库为地下工程，为解决施工过程中存在的漏水、渗流等情况以及隧洞混凝土衬砌、施工巷道及竖井封堵，需要采取相应的灌浆措施，本工程钻孔灌浆主要包括回填灌浆、固结灌浆（含堵水灌浆）、接触灌浆、排水孔施工等。考虑到本工程的钻孔灌浆工作面、工程量比较分散的特点，制浆站随灌浆部位变化进行移设。

本工程混凝土施工项目主要包括施工巷道、主洞室、水幕巷道、通风巷道Ⅳ、Ⅴ类围岩的洞身混凝土衬砌，竖井衬砌混凝土，施工巷道、连接巷道路面混凝土浇筑，施工巷道、主洞室找平混凝土，竖井、施工巷道封塞混凝土等，考虑到钻孔灌浆工作面、工程量比较分散的特点，全部采用商品混凝土，不在施工现场另建混凝土拌和系统。

1.4.3.2 精致施工

本工程水封洞库由洞罐组、水幕系统为主体工程，辅以施工巷道及竖井等组成（图1.4.3.6）。

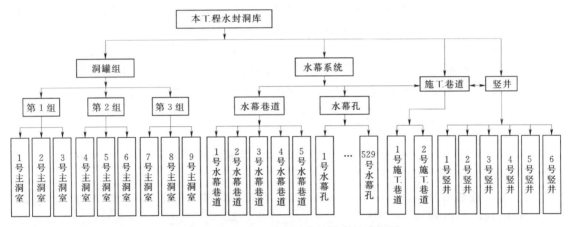

图 1.4.3.6 本工程地下水封洞库组成框图

在动态设计理念下，本工程的精致施工流程与方法如图1.4.3.7所示。

图1.4.3.2所表述的主要施工特征如下：

（1）以洞库围岩分级为纲。

（2）以施工中的地质判识信息为手段。

（3）以规范、专家系统和工程经验类比等为决策方法。

1.精细爆破为主导的精致施工

所谓精细爆破〔3P（Precise, Punctilious and Perfect）Blasting〕，指通过定量化的爆破设计和精细化的爆破施工、自动化的爆破监测与可视化的爆破管理以炸药爆炸产生的能量

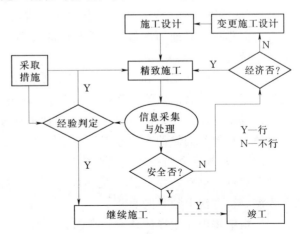

图 1.4.3.7 本工程精致施工流程与方法框图

释放使岩石等介质破碎、抛掷等过程精密控制，最终达到预期的爆破效果，并实现爆破有害致密的控制，使爆破作业完全可靠、绿色环保和经济合理。具体而言，就是爆破设计、施工、监测与管理做到规范化、程序化和制度化，综合利用预裂爆破、光面爆破技术，采取"薄层开挖、随层支护"的流程让爆破开挖的围岩半孔率：Ⅰ类围岩 100％；Ⅱ类围岩 95％以上；Ⅲ类围岩 90％以上；Ⅳ类围岩 80％以上；Ⅴ类围岩 60％以上。不平整度精确控制在 10cm 以内。

精细爆破概括起来就是爆破作业"定量设计、精细施工、实时监控、科学管理"。

（1）精细爆破为主导的定量设计创新技术，体现在下列诸创新点：

1）基于 Holmberg－Persson（1978）爆破冲击波引起的质点峰值振动速度控制原理建立起轮廓爆破设计法：A 计算钻孔周围岩石中的质点峰值振动速度分布；B 确定不同爆破质点峰值振动速度值对应的爆破损伤影响程度；C 预测爆破损伤影响范围。

2）基于 Hustrulid（1999）轮廓爆破理论深化、借助爆破前后的声波对比检测或/及压水试验确定爆破影响深度后，建立类似于开挖轮廓线与主爆区之间的"需谨慎作业的爆破区（cautious blasting zone）"即洞室预留保护层厚度。

（2）精细爆破为主导的精细施工创新技术，体现在下列诸创新点：

1）基于 3S 技术（RS——遥感、GIS——地理信息系统和 GPS——全球定位系统），使爆破工程测量放线、钻孔定位与精度、装药堵塞等工序的可靠性极大提高，使大型地下水封石洞储油库钻爆法施工高效、顺利实施。

2）基于钻孔电视、岩石 CT（计算机断层成像）技术，使爆破信息的"总体一致、细节突出"即爆破震动的低频信号可比性与高频信号的清晰度大为提高，为爆破效果与爆破损伤效应的检测与量化评价创造了条件。

3）基于现场爆破不良地质条件、抵抗线大小与方向等的变化，利用反馈信息作爆破施工优化设计，并精心装药、堵塞、联网和起爆作业调控，为大型地下水封石洞储油库爆破施工克服了困难，促进了"日控万方"并"零事故"的记录。

（3）精细爆破为主导的实时监控创新技术，体现在下列诸创新点：

1）基于 Mierosoft Windows 操作系统、应用 Delphi 开发工具及 C/S 架构体系，建立了一套专业程度高且通用性强、标准化好的大型地下水封石洞储油库占爆法开挖的安全监控数值系统。

2）基于 ArrGIS Engine 和 SQL SERVER 2000，在 NET 平台上，开发出石油化工与水电地下工程相结合的监测空间数据库系统，实现了对监测的相关地理、地质信息、工程设计信息及施工动态反馈信息以 GIS 空间数据建模和可视化技术与智能分析相结合，达到大型地下水封石洞储油库的施工开挖始终处于安全监测可视并场景化状态。

3）基于常规安全监控数学模型的分析评价，结合花岗片麻岩构造地质、水文地质和工程地质特点，创新地提出了"WJHD 300"实时监控模型，并在因子选取方法、因果关系和预测分析方法上独具匠心。

（4）精细爆破为主导的科学管理创新技术，体现在下列诸创新点：

1）基于 F. W. 泰罗（Frederick Winslow Taylor，1856—1915）《科学管理原理》，制定科学的爆破工程分及作业方法；科学地选择和培训施工作业的工人；实行有差别的计件工资制；将"计划职能"即管理职能与"执行职能"即劳动职能分开；实行"职能工长制"，以及在管理上实行例外原则即施工企业的高级管理人员把处理一般现场钻爆法事务的权限下放给下级管理人员，自己只保留对"例外事项"的决策权和监督权。

2）基于科学管理的目标是最大限度地提高工作效率，制定爆破作业与爆破安全的管理与奖惩制度。

综上所述，以精细爆破为主导的精致施工所彰显的技术创新，如图1.4.3.8所示。

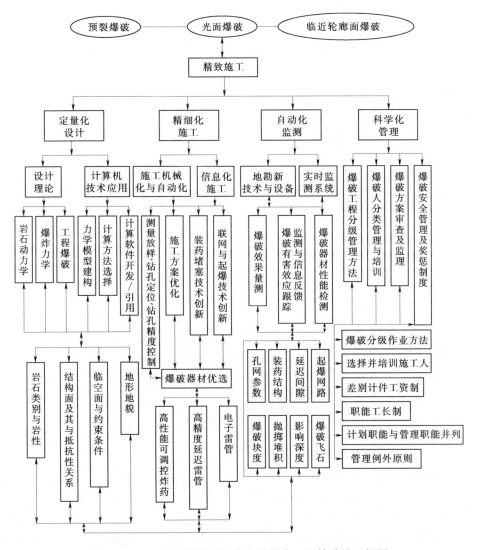

图1.4.3.8　精细爆破理论为主导的本工程精致施工框图

2. 岩石水力学为主导的水幕系统施工

本工程水幕系统的施工，其核心创新技术旨在岩石水力学性质、岩石力学性质与本区初始地应力场三者博弈的掌控（图1.4.3.9）。

本区初始地应力场是岩石水力学性质与岩石力学性质的共同博弈的主体，也是岩石视为一工程材料时，区别于金属、混凝土、木材与土工合成材料的主要特点。

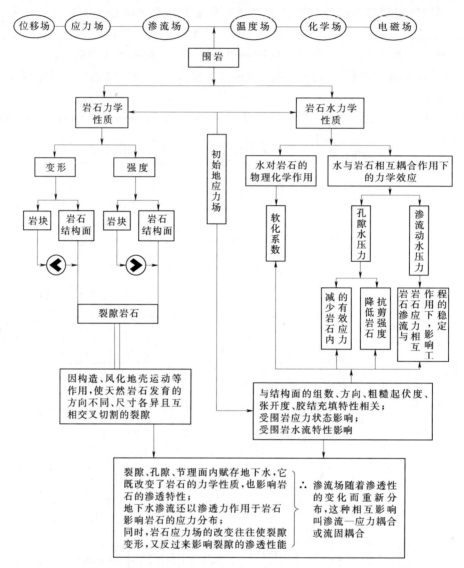

图 1.4.3.9 水封洞库围岩性状分析框图

正由于地下水封洞库围岩赋存有初始地应力，故围岩具有自稳能力和钻爆法开挖后一定的自支撑能力。为此，采用新奥法（NATM）22条原则，就能有效地解决开挖-支护问题。极个别情况（$Q<0.01$）下，也可采用挪威法（NMT）辅以喷钢纤混凝土。

本工程钻爆法开挖，是在地下水位以下水幕作用状态的一种施工，它既不同于水利水电地下工程施工，也不同于金属矿山地下采空场场的施工，后两者均尽量避开地下水。

另外，本工程不同于水利水电地下工程与金属矿山地下采空场施工支护型式，即水利水电地下电站工程围岩需钢筋混凝土永久衬砌；金属矿山采空场一般只要施工期稳定，人员设备能安全通过为原则，很少支护和不衬砌。为此，本工程的施工特点如下：

（1）洞库始终处于稳定的地下水位线以下设计深度进行钻爆法开挖和运营，即洞室开挖前，地下水通过围岩节理裂隙等渗透到岩层的深部并完全充满岩层空隙（图

1.4.3.10)。

当石洞储油库钻爆法开挖形成后，围岩中的裂隙水就向被挖空的洞室流动并充满洞室。在洞室中注入原油后，原油周围会存在一定的压力差，因而在任一原油油面上，水压力都大于原油油压力，使原油不能从裂隙中漏走。同时，利用原油比水轻以及油水相混的性质，流入洞室内的水沿洞壁汇集到洞底部形成"水垫层"。"水垫层"按设计给出一定厚度并固定时，叫"固定水垫层法"水封储油。

当水垫层液位上升到设计值高限时，自动启动排水系统进行排水；当水垫层液位降至设计低限值时，则自动停止排水，循环往复以此来保持水垫层的固定设计厚度。

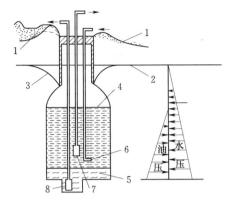

图 1.4.3.10　本工程地下水封面洞
储油库原理示意图

1—裂隙岩石；2—地下水位；3—地下水降落漏斗；
4—库存所储原油；5—水垫层；6—原油注入管；
7—抽取原油的潜液泵；8—抽取地下水的潜液泵

鉴于上述，本工程施工前提必须具备下列四条：

1）库址的地质岩体应在构造上满足区域稳定性。

2）石洞库群的工程地质岩体应满足完整性。

3）石洞库群的水文地质围岩应具有水封条件的保证性。

4）本工程还应具备水资源的保证性，即保证充足的供水水源以满足水幕系统的要求。

（2）水封洞库围岩的流变特性决定了钻爆法施工必须采用预裂加光面爆破法并精致施工。

围岩的流变特性，一般指外部条件作用下应力和应变随时间缓慢变化的过程与现象。

作为本工程花岗片麻岩，其四类岩性中煌斑岩及闪长岩的流变性较明显。室内单轴压缩蠕变试验表明，混合花岗岩的长期强度低于瞬时抗压强度[1]。该岩石在较低应力水平下，蠕变变形较小；高于某一应力水平时，加速蠕变至破坏。研究结果表明，其长期强度是瞬时强度的 0.8～0.9 倍。由于岩石的蠕变是指岩石在恒定应力条件下，变形随时间逐渐增长的力学现象，它是岩石流变中的一种，一般软弱岩石比坚硬岩石的流变现象明显，而坚硬岩石又往往在低应力水平条件下流变较小，但到一定的应力（高应力）水平后，其流变性就明显了。混合花岗岩的高应力水平是 70.56～79.38MPa 之后蠕变明显。

另外，同为坚硬的花岗岩，水对岩石的流变性能的影响是非常显著的，孙钧等[2]进行的完整岩石试件在饱水情况下岩石的流变试验，均发现有水的情况下，岩石的流变速率显著增加，含水量对岩石的极限蠕变变形量的影响极为显著，干燥试件和饱和试件两者可以

---

❶　袁义，等．混合花岗岩蠕变特性研究［J］．采矿技术，2008，8（3）：28－30.

❷　孙钧．岩土材料流变及其工程应用［M］．北京：中国建筑工业出版社，1999；朱和华，叶斌．饱水状态下隧道围岩蠕变力学性质的试验研究［J］．岩石力学与工程学报，2002，21（2）：1791－1796；刘雄．岩石流变学概论［M］．北京：地质出版社，1994；申林方，冯夏庭，等．单裂隙花岗岩在应力—渗流—化学耦合作用下的试验研究［J］．岩石力学与工程学报，2010，29（7）：1379－1388.

相差 56 倍；含水量还将影响岩石到达稳定蠕变阶段的时间，饱和试件进入稳定蠕变阶段的时间要比干燥试件长很多。

为此，本工程除了在现场与室内补充进行流变试验外（图 1.4.3.11），在钻爆法施工中，采取预裂爆破和光面爆破尽量降低成形的围岩应力水平和缩短进入稳定蠕变阶段的时间势在必然。

图 1.4.3.11 为轴向应变及侧向应变随时间的变化曲线（由于后期试验曲线变化稳定，因此以前 1000h 的情况作为对比）。轴向变形在荷载到达稳定值后，历经较短的一个初始蠕变阶段后，变形速率降低直至进入稳定阶段。

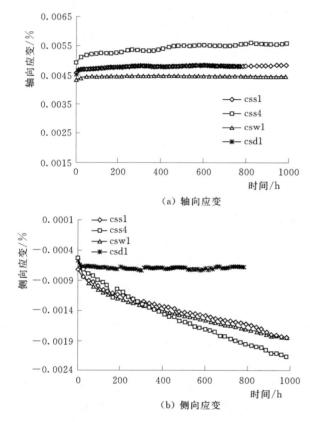

（a）轴向应变

（b）侧向应变

图 1.4.3.11　应变随时间的变化曲线

从图 1.4.3.11（b）中可知，有无渗流作用时存在明显区别。无渗流岩样的侧向变形基本处于稳定状态，波动范围不大，而有渗流岩样的侧向应变则随时间的推移一直以稳定的速率发展下去，变形没有停止的迹象。这种现象表明了渗透压作用对裂隙面侧向变形的巨大影响。同时，可以发现，以蒸馏水为渗流溶液的变形曲线与以酸性硫酸钠为渗流溶液的变形曲线相差不大，表明裂隙面上的化学反应对岩样整体变形行为影响不大。

从图 1.4.3.11 可知，无论是单裂隙面渗流情况还是无渗流情况的曲线，其轴向应变很快进入稳定蠕变阶段，渗流情况下的侧向变形却一直增长。从岩石力学的角度分析，侧向变形的增长表现体积发生了扩容。扩容通常理解为岩石内部微裂纹的发展及损伤程度的加剧。当扩容接近一定值后，岩石将发生破坏。

（3）人工水幕精致施工。本工程的人工水幕精致施工包括水幕巷道与水平水幕钻孔精致施工两部分。

1）水幕巷道施工创新技术。水幕巷道开挖断面较小，施工工期较紧，为加快施工进度，在施工工艺和施工机具上进行了优化，在采取了技术、管理综合措施后，在水幕巷道施工的关键线路上，实现了月综合开挖、支护 120m 进尺，确保了水幕系统及时投运。

a. 针对小型断面在钻爆开挖措施上进行优化。由于开挖断面较小，机械化造孔设备不便展开，针对手持式凿岩机特点，采用立体扇形掏槽爆破方式配合周边结构面光面爆破一次成型技术，提高每一个循环的开挖爆破效率。经过爆破设计对钻孔布置和爆破网络的优化，Ⅱ、Ⅲ类围岩每个开挖循环进尺达到了 3.0m 以上，钻孔利用率达到了 98% 以上。

b. 针对小型断面优化钻爆台车，合理配置设备压缩循环时间。针对小型断面钻爆台车高度较低影响出渣设备运行的情况，优化传统的台车加工方式，自制了伸缩式台车，在造孔作业时降低台车高度、增加宽度，以适应造孔需要；出渣时提升台车高度、缩小宽度，以适应台车运输及出渣设备运行。极大程度地减少了台车在洞内的运输距离，提升了运输的便捷性，缩短了占用的工序循环时间。

合理选配体型小、功率大的反铲，以及灵活方便的小型装载机，配合 10t 的小型载重汽车出渣，并且沿水幕巷道合理布置了装渣侧洞，极大地提高了出渣效率，缩短了出渣占用的工序循环时间。

c. 强化了工序循环管理措施提高时间利用率。配备了高功率、大流量的通排风设备，增加了通风作业时长，确保了洞内作业环境，减少了污浊空气对施工的干扰。采用工序时间定额的管理措施，提升了作业人员的工作主动性和积极性，实现了各个工序的无缝连接。

2）水平水幕钻孔创新技术。由于水幕钻孔深度大，最大深度为 105.4m，近水平布置，为保证水幕的渗流压力，要求孔口和孔底的高度差小于 5m。同时由于总体工程安排，水幕钻孔需要在相应洞室开挖前完成，工期较紧，库区岩石主要为花岗岩，硬度大、强度高，要求钻孔机具功率大。

在实际施工中通过合理优化施工工艺，优化改造造孔机具，配置灵活的辅助设备提高了造孔精度和施工效率。

a. 针对钻孔和岩石情况优化造孔机具。根据岩石特性和水幕巷道的断面，选用英格索兰 MZ165 型锚索钻机，配备了高锰钢材质 ϕ89 钻杆以适应大扭矩的需要，选择了黑金刚 ϕ115 钻头以适应花岗岩地层的特性。

为提高钻机定位施工精度和效率，改造了 MZ165 型锚索钻机，增加了钻机的侧向、后向支撑液压装置，确保了钻机各个方向的稳固性。配备了数显调平装置，可以即时测量钻机的三维状态，确保钻机开钻精度，缩短了钻机就位的时间。

为了随时了解转进的速度和转进进尺，增配了钻速和孔深数显装置，在钻进过程中可以随时根据转进情况对转速进行调整，以确保在遇到特殊地质段及时降低钻速，控制钻进速度，保证钻孔效率。

同时为了保证在钻进过程排渣正常，施工工作面环境满足正常施工要求，改进了除尘和排渣设施和钻进工艺，采用高压水间隙式排渣等方式，保证了高效施工。

b. 钻孔施工工艺改进。

（a）转速控制。开钻后 0～10m 内钻速不大于 30r/min，掌握好钻机推进压力，风压。在钻进过程中及时记录钻进速度，回风，返渣等情况，并以之为依据及时调整钻速、推进力、风压等，防止风压，钻速过大而造成飘孔。

（b）优化扶正器使用。为防止孔斜发生过大，不符合要求，钻机入岩 1m 后开始使用扶正器、降斜器，并根据现场实际开发了随钻的钻杆定心装置，大幅度提高了作业效率和造孔质量。由钻工、机长、现场技术员复核倾角、方位角、钻机是否有移动，若有偏差，则利用数显罗盘仪及时调整偏差，在 5m、10m、30m、40m、50m 时分段进行孔精度检查，若满足精度要求继续钻进，不满足则进行封孔，重新开孔。

(c) 加强钻进过程控制及时调整钻进方案。在钻进过程中操作手在操作平台，根据钻机数显屏幕提供的各种数据，结合经验、钻进手感及返渣情况，判断岩石变化，做出相对应的钻进方案。钻进中，当发现岩层换层时，不论是软变硬还是硬变软，均要减压，减速钻进，推进力均加以适当调整，遇岩层稳定性较差地段，利用低压、低速、小推进力钻进；遇裂隙水发育的富水带，则关闭高压水泵，利用孔内流水降尘，低压、低钻速、高推进力钻进，遇破碎带层应低压、高钻速、高推进力钻进。

(d) 加强巡查。在钻进中，勤检查钻机有无移动，加固筋是否松动，如发现有移动、松动现象，及时停机，重新加固，调整角度。以满足施工要求。

c. 水幕钻孔实施效果。水幕共计造孔529个，根据水幕钻孔偏差曲线，总结得出一般在钻进20m左右时就开始下垂的规律，采取以上的优化措施，水幕钻孔偏差能满足要求，水幕钻孔的施工效率能满足施工进度的要求，单台钻机综合钻进速度达到90m/d。

水幕孔钻孔偏差-深度关系曲线如图1.4.3.12所示。

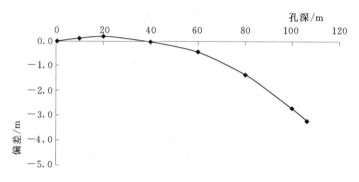

图1.4.3.12 水幕孔钻孔偏差-深度关系曲线

3. 以三维可视化为主导的安全施工

由于本工程系由9个大跨度、高边墙主洞室分成3组洞罐平行并列，加上主洞之上有5个水幕巷道529条水幕钻孔、6个竖井和一条长达5819m，横截面9m×8m的施工巷道连接，可谓"百孔千'窗'""纵横交错"，在数学力学上是一个典型的"复连通区域"。所有这些孔洞的产生均用钻孔爆破法施工，显而易见，在"平面多工序、立体多层次"的施工流程中，施工人员与机械和工艺等信息众多，施工工序与进程繁复，动静变化、前方后方、监测仪表网络重重，洞内洞外、水、土、岩、混凝土、锚杆、钢筋等材料济济……总之，"中国第一"的大型地下水封石洞储油库建设施工项目与流程林林总总，采用传统的二维静态施工理念是难以奏效的。为此，本工程开发出"全生命周期一体化数字系统平台（简称DKDAP）"以调控施工全过程并取得安全、健康的建造本工程"零死亡"的奇迹。

（1）DKDAP概述。DKDAP以基于知识的管理与控制（KMC）为核心，将洞库不同阶段的静态和动态数据和信息在数字化技术层面上进行融合加工，开发有数量众多、针对性强的人工智能及专家系统和分析模型作为安全评估和风险识别的工具，为洞库建设过程和运行控制提供实时决策支持。

DKDAP采用数据库、数据融合加工分析模型库、专家评估与风险识别模型库、动态信息采集系统、用户交互界面5级架构。数据库在充分研究洞库结构的基础上，深入挖掘工程结构数据之间的内在联系，抽象并整合出工程特征参数和动态信息特征，完全取消图形存储，消耗存储空间极小，数据查询响应极快；数据融合加工分析模型库对数据库存储的特征数据进行各种应用加工，为计算分析、专家评估与风险识别模型库以及用户界面提供特征数据、派生数据以及图形数据；专家评估与风险识别模型库利用数据库内的静、动态数据和信息，实时进行施工安全评估与风险识别、施工进度监控，及时提出施工安全预警及进度预警；动态信息采集系统采用人工和自动化方式收集施工过程中的各种实时信息，包括地下水水位、围岩变形、洞室断面收敛、洞室空气质量、水幕水压试验数据、班组生产数据等；用户交互界面采用 WEB 网页，结合当前最新的网络图形技术，不仅无须在用户计算机上安装程序，同时又可以利用用户计算机的 GPU 并行快速显示图形。

（2）动态施工控制（DC）。动态施工模块包括洞室工作面施工计划、断面开挖与支护工法、安全监测、开挖安全控制与进度预警等部分。

DC 的洞室工作面开挖计划部分根据洞室结构、沿线岩体质量、临近工作面影响因素等，以资源均衡配置为原则，拟定工作面开挖计划，供施工设计工程师参考。对于确定的工作面，评估施工强度，制定日工作计划，并据此编制周计划、月计划以用于施工进度动态控制。任何根据班组生产记录动态调整计划。

断面开挖与支护工法部分根据实际采用的工法和安全监测信息，分析评估有效性以及对临近工作面的影响或受临近工作面的影响等，提出工法改进建议。

安全监测部分实时获得洞室围岩、支护等反馈信息，是动态调整的基础。这部分包括已安装传感器的管理、数据采集、安全风险识别等。

开挖安全控制与进度预警部分根据当前实际进度，结合 3D 断层模型和地质模型、工作面施工计划，动态监控开挖遭遇断层的时间和评估施工进度的符合性，及时提出开挖安全预警和进度预警。

（3）动态安全控制（DS）。动态安全控制模块是洞库施工期动态安全风险控制系统，包括空气质量监控、爆破影响区管理、人机动态监控、非稳定区域识别等。

空气质量监控部分监控洞室群各节点的空气压力和污染负荷，结合人工智能模型，对每一炮产生的污染物进行跟踪分析，预测洞室群内空气质量，并以不同颜色在预警图形上对各洞段进行标记，为通风设施运行提供依据，也可以自动控制通风设备的启闭。

爆破影响区管理包括爆破影响范围界定、避炮区域识别与引导、中控室监控与爆破硬件互锁等，旨在强化爆破过程控制。

人机动态监控为施工人员和机械设备的位置监控，采用主动闭锁的方式，只要爆破影响区内有施工人员或机械设备，爆破指令主动闭塞，不能下达。而在无主控室爆破指令情况下，现场爆破开关按钮不起作用，以达到爆破安全控制的目的。

非稳定区域识别部分采用人工智能模型对监测信息进行分析评估，识别洞室非稳定围岩区域、非稳定支护区域，并在预警图形上进行标识，提请注意。

DS 采用 WiFi 局域网为地下洞室提供全方位通讯，包括语音通信、数据传输以及视频监控，避免使用公共网络带来的工程数据安全隐患。其中人机定位采用 WiFi 指纹技术，洞内可实现 3～5m 的定位精度，并实现洞内和洞外统一定位。目前正在开发基于 Android 手机平台和 iPhone 手机平台的定位系统。

1.5 首座大型水封洞库建设的国家责任担当与对未来的启示

1.5.1 国家责任的定义与分类

1.5.1.1 国家责任的定义

所谓国家责任（national responsibility），即一个国家不仅要为其国民的生存、发展、安全、健康、幸福生活和可持续发展承担和履行责任，同时，国家作为国际社会中的一员，出于道义和社会责任，应为全人类的安全、健康、幸福和可持续发展承担和履行责任。

1.5.1.2 国家责任的分类及其释义

广义的国家责任分为国际责任和国内责任两大类。

狭义的国家责任就是国际责任。

国际责任是国家违反国际义务而应承担的法律责任，或者国家对国际不法行为所承担的责任。

国家责任包括侵犯损害外国人的人身和财产等一般国际不法行为，也包括侵犯他国主权、从事侵略战争、破坏国际和平与安全等严重国际罪行。

国际责任指国家违反其国际义务时须承担的法律责任，也称"国家的国际责任"。根据国际法，构成国家责任的首要条件是必须有国际不法行为，其次是这种国际不法行为是可以归因于一个国家的不法行为。个人的不法行为，除非能证明有关国家事先疏于防止或事后疏于惩治，一般不构成国家责任。国家一般也不为叛乱团体的国际不法行为负责。

（1）国际不法行为。在一般国际关系中，国际不法行为时有发生。凡违反条约义务或国际法义务的行为都是国际不法行为，国家须为此承担法律上的后果。1979 年联合国国际法委员会草拟的《关于国家责任的条文草案》，将国际不法行为（国际法委员会工作报告中文文本中称为"国际不当行为"）区分为"国际罪行"和"国际侵权行为"（国际法委员会上述文本中称为"国际不法行为"）。国际罪行指违背对保护国际社会的根本利益至关重要的一项义务的行为，如侵略、武力建立殖民统治、实行奴隶制、灭绝种族、大规模污染大气或海洋等。其他违反国际法的行为为国际侵权行为。对于两类不同的不当行为，国家应负的责任也有所不同。对任何国家机关的违反国际义务的行为或不行为，国家都须为之负责。如国家应给外国人司法救济而没有给予，就构成"司法的拒绝"，国家因此而须承担国际责任。

（2）从国际法上看国家责任。从广义上讲"国家责任是指国家的国际不法行为或损害行为所应承担的国际法律责任"。从狭义上讲，国家责任是国家的国际不法行为所引起的法律后果。《奥本海国际法》（第九版）认为："不遵守一项国际义务即构成国家的国际不法行为，引起该国的国际责任，由此对该国产生某些法律后果。"约翰·奥布赖恩指出："国家责任的主题涉及国家可能被判定违背国际义务的情况和由此而可能产生的结果。"

1.5.2 本工程的责任担当

责任是一种激励集体与个体的力量，是一种担当的情怀。通俗地讲，所谓"责任"就是他人、集体、社会对个人或多或少地牺牲自己，来满足他人、集体、社会的正当要求；

所谓"担当"就是牺牲自我来满足这种要求的行为，或者说尽你作为社会的一分子的义务。

林肯当选美国总统后说过一句话："每一个人都应该有这样的信心，人所能负的责任，我能负，人所不能负的责任，我亦能负，如此，你才能磨炼自己。"

责任担当属于道德哲学中的一个范畴，是指个体作为社会关系中的一员，对社会行为规范的体认与践行，以及对相应行为后果的承担。这个概念包含两方面：一是个体应当履行的义务即分内应该做的事；二是个体要对自己的行为的实施承担后果即在责任面前不回避，不推诿。

"责任担当"通俗地讲，是仁人志士的誓言："天下兴亡，匹夫有责"；也是普通百姓的壮语："一人做事一人当"！

在我国，以儒家文化为代表的中国文化传统元素把责任担当作为理想人格的追求：孔子的"当仁不让"；孟子的"舍我其谁"；张载的"为天地立心，为生民立命，为往圣继绝学，为万世开太平"等，无不显示了对国家、社会、个人的责任担当的精神境界。

在外国，维克多·弗兰克说过："每个人都被生命询问，而他只有用自己的生命才能回答此问题；只有以'负责'来答复生命。因此'能够负责'是人类存在最重要的本质"；易卜生讲过："社会犹如一条船，每个人都要有掌舵的准备"。

本工程是由警民共建的"中国第一"大型地下水封石洞储油库典型工程，既满怀"国家战略石油储备库应该建在地下"的梦想，又肩负着国家的责任。本工程能否经得起历史与人心的检验，能否"不负祖国重托"建成安全、健康的优质工程，施工全过程告诉了施工的警民："爱在于奉献，责任在于担当"！

本工程的国家责任担当的概念，是在借鉴中外前人"责任担当"研究成果的基础上提出来的，既有林则徐的诗"苟以国家生死以，岂因祸福避趋之"——中国人民武装警察部队三峡水电工程指挥部本工程项目部——施工人的"国家责任担当"的态度；又有"警民共建""中国第一"大型地下水封石洞储油库的"国家责任担当"的决心；还有中国人在地球村73亿全球人面前"明知山有虎，偏向虎山行""投身石化事业，维护能源生态，爱我绿色家园"的"国家责任担当"的壮志；更有"以人为本"、坚持"可持续发展"科学观、"造福当代、功在千秋"的"国家责任担当"的意识。

1.5.2.1 本工程的国家责任担当

本工程的国家责任担当体现在下列几点：

（1）本工程的建设者——警民共建的本工程"以物喻人"，是理想远大、信念坚定的"施工人"。"施工人"是有责任的生命体集合，其成长的标志就是勇于担当责任。300万 m^3 的地下水封"中国第一"石洞储油库在"施工人"脑海里，就是"国家战略石油储备应该建在地下"的"中国梦"要在自己手上"梦想成真"。

（2）本工程的建设者——警民共建的本工程"以物喻人"，是品德高尚、意志顽强的"施工人"。面对元古的花岗片麻岩赋存三大断层、五组节理、天然年均降水量仅700多 mm 的近乎贫瘠地下水水源条件下，创造出日均万方开挖量且"零死亡"爆破奇迹，凸显了"施工人"国家责任担当的现实应对。

（3）本工程的建设者——警民共建的本工程"以物喻人"，是视野开阔、知识丰富的

"施工人"。背负着大跨度、高边墙、九个半行并列群洞而且在水封条件下钻爆法施工复杂技术要求中将其"精雕细刻"，使地下工程在我国岩石力学领域朝岩石水力学向前跨越一大步，不可否认地为中国石油岩石力学发展做出了"施工人"国家责任担当的卓越贡献。

（4）本工程的建设者——警民共建的本工程"以物喻人"，是开拓进取、艰苦创业的"施工人"。借助当代三维可视技术、自主开发并投入施工全程监控的前方数值模拟调度管理，为本工程的优质高效钻爆法开挖提升了一个新的平台，为"中国第一"的大型地下水封石洞储油库工程建设创新技术给予了安全、健康支撑。

每位"施工人"都是一个圆心，他被许多同心圆所环绕。

从自身的圆心出发，第一圈由家庭与亲朋组成；第二圈由集体中的警民干部、战士组成；第三由国家、社会组成；最后一圈由整个"地球村"人类生存环境组成。每一个圈都靠"责任"来维系，并靠"责任"向外延伸。

本工程的国家责任担当就是通过"中国首座大型地下水封石洞储油库"工程建设活动，向全人类宣示我们中国人"修身、齐家、治国、平天下"责任担当的教育理念。

1.5.2.2 本工程的环境责任担当

环境污染是一种高危险性活动，往往与高科技有关，其损害涉及面广，且有无国界性，经常带来无法弥补的损失且无法预料，也难预计其损失的程度。

环境污染是多方面的，既有天空的微粒飘尘比喻烟霾，又有海洋里的油污与核泄漏，还有固体废弃物比如垃圾等，水封石洞储油库充分利用了地下水的特性，环境污染风险较小，但也有不测风云，主要是在建设施工期间，如果不采取可靠措施，有可能对环境造成一定程度的危害；再者在储油运行期间，有进、出油过程由于操作和人为破坏带来的输油管路破损，导致的原油泄漏，但该类情况出现的几率较低。

针对出现几率较高的建设施工期风险，在项目建设伊始，本工程的建设者就制定了如下环境管理目标：防止水土流失，不发生环境破坏事故；废弃物按规划有序堆放；加强噪声控制，声环境保护达标；加强对水资源的有效利用，污水排放达标；加强地下工程施工通风、除尘工作，施工粉尘污染防治达标；加强卫生检疫，防止传染病发生，保护施工人群健康；最大可能节约水、电、油料、纸张等资源，节约钢材、水泥等施工原材料。

本工程的建设者在建设过程中始终将本项目的环境责任至于首要位置，成立了 HSE（Health Safety Environment）管理专职部门负责环境保护工作，并制定了由各个参建单位第一首长负责的环境保护责任制，由全体工程建设者分工协作控制环保风险，将环境污染危害控制在范围内。

第2章 基础技术理论

2.1 地下水封石洞储油库的地质基础

作为地下水封石洞储油库工程建设的载体是地质岩石，而岩石所处环境包括区域构造地质、库址水文地质和洞库工程地质以及它们共处的岩性、地形地貌等四部分。

2.1.1 本工程所在地的岩性与地形地貌

本工程库址区内所在的岩性有4大类：

（1）第四系残坡积和洪积层，多为褐黄-褐红色砂质黏性土或含黏性土碎块石，其厚度为0.55～5.00m。

（2）早白垩世二长花岗岩，呈浅肉红色-灰白色，主要矿物有斜长石、钾长石、石英、角闪石黑云母，中细粒花岗结构、块状构造，岩石较完整、强度高，属坚硬岩石。

（3）新元古界花岗片麻岩，呈浅肉红色-浅青灰色，主要矿物有钾长石、斜长石、石英、角闪石、黑云母，细粒花岗岩片麻结构，块状构造，岩石从较破碎-较完整过渡，占本工程洞库围岩80%以上，属坚硬岩石。

（4）早白垩世煌斑岩、闪长岩，呈灰绿-深灰色，结晶-隐晶结构，块状构造，其强度略低于花岗片麻岩，抗风化能力也差，当其遇水和空气后强度丧失快，还易出现崩解。

以上四类岩石，从本工程载体数量上讲，新元古界花岗片麻岩最多，次为早白垩世二长花岗岩和早白垩世煌斑岩与闪长岩，最少的是第四系因坡积与洪积带来的砂质黏性土与含黏性土的碎块石；从本工程载体质量上分析，花岗片麻岩→二长花岗岩→煌斑岩与闪长岩→含黏性土碎块石逐渐强度变低。总之，本工程载体的主要岩性或花岗片麻岩为代表，分析研究本工程成岩、建造、变化时，重点放在新元古界花岗片麻岩就抓住了大型地下水封洞库工程的"牛耳"。

从微（细）观角度看，本工程所涉及的主要岩性特征，归纳如下：

花岗片麻岩体形成于新元古界（P^3tgg），颜色主要为浅肉红色-浅青灰色，片麻理倾向大多为SW方向，局部地段倾向S，倾角一般为$30°\sim60°$。主要矿物为钾长石、斜长石、石英、角闪石、黑云母等（图2.1.1.1）。根据矿物组成、结构和形成历史等的不同，该花岗片麻岩体可分为两种：南华系小河西组及苏家沟组残斑状细粒花岗片麻岩［图2.1.1.1（a）］和青白口系庙山组细纹状细粒花岗片麻岩［图2.1.1.1（b）］。庙山组的细纹状细粒花岗片麻岩多为熔融残留岩体，南华系的残斑状细粒花岗片麻岩为后期侵入岩体。

在花岗片麻岩体区的局部接触产出早白垩世煌斑岩和闪长岩（$K_1\chi$、δ），主要以脉状接触为主。脉岩颜色主要为灰绿-深灰色，细晶-隐晶结构，块状构造（图2.1.1.2）。

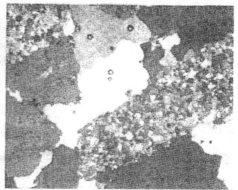

（a）中细粒残斑状黑云母正长花岗片麻岩岩芯及显微镜薄片照片

（b）细纹状细粒二长花岗片麻岩岩芯及显微镜薄片照片

图 2.1.1.1　花岗片麻岩岩芯及显微镜薄片

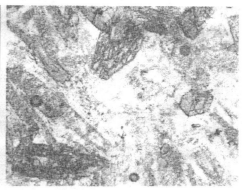

图 2.1.1.2　细粒黑云闪斜煌斑岩脉岩芯及显微镜薄片

2.1.1.1　花岗片麻岩简述

1. 定义及分类

花岗片麻岩（granitic gneiss）：指矿物成分与花岗岩相似，具有片麻状构造的变质岩石。

包括三种不同类型：

（1）区域变质作用形成的碱性长石片麻岩。

（2）混合岩化作用形成的花岗质混合片麻岩。

（3）与造山运动同时在强应力作用下，由压力结晶作用形成的片麻状花岗岩。

2. 成岩时代及矿物组分

（1）花岗片麻岩区是指早前寒武纪的、主要由深变质花岗岩类与各类已变质的沉积岩组成的片麻岩区。

（2）早前寒武纪的、主要由深变质花岗岩类与各类已变质的沉积岩组成的片麻岩区。它占世界各古老地台、地盾区面积的90％左右，与花岗绿岩区共同组成早期大陆地壳。

通常把大陆地壳称为花岗岩壳就是对构成陆壳主体的花岗片麻岩区的概括。世界上古老花岗片麻岩区，如南极克拉通的安德伯区的内皮尔片麻岩，年龄高达39亿年。

（3）构成花岗片麻岩区的主要岩石类型，大体上是以富钠的英云闪长岩、奥长花岗岩和花岗闪长岩（TTG）岩类的片麻岩为主，其中英云闪长岩质片麻岩占大多数，间有紫苏花岗岩和斜长岩体，并有一些基性岩。它们大都呈层状体。间夹的变质沉积岩大多为铁石英岩，砂泥质碎屑岩及少量大理岩，呈肢解的残片状分布于不同时代的花岗质岩类侵入岩体之间。这些成岩很早的岩石都经受过高级区域变质作用而成为角闪岩相至麻粒岩相岩石，或叠加区域性的退变质角闪岩相。

花岗片麻岩区的构造复杂，具均匀而普遍的透入性强韧性变形，不同尺度的同斜褶皱及透镜体构造最为常见，并整体上具有比较均匀的片麻理的面状构造。也常可见到区域性片麻理突然中止而使地块呈残块状，特别是与晚前寒武纪以来的造山带接触，常为突然截断的交切关系。一个大的花岗片麻岩区可能由若干个不同时代的花岗片麻岩区所组成。

（4）花岗片麻岩区的岩石成岩时代和变质年龄很不相同。关于花岗岩质陆壳的生长速率的估算，有很多方案。这些概念结合地球热历史、早期花岗片麻岩的岩石成因以及构造环境的研究，对认识大陆早期形成和演化是非常重要的。

3. 构造、结构与成分

（1）构造：片麻状构造。

（2）结构：颗粒结构（细＼中＼粗粒）。

（3）主要成分：同花岗岩一样，含长石、黑云母、石英、角闪石等矿物。

2.1.1.2 本工程大区域（花岗）片麻岩各化学成分及 Sm-Nd 同位素[1]

为后续流固分析计，尤其是花岗片麻岩为主体的本工程岩性的化学成分，可能给水封原油带来直接或间接影响，有必要搜集本工程大区域——胶南区段片麻岩原岩成因相关信息备考。

出露于苏鲁造山带胶南区段的片麻岩主要包括三种类型：黑云斜长片麻岩、二长花岗片麻岩和 A 型花岗质片麻岩，地球化学判别结果表明它们的原岩均为火成岩。不同类型片麻岩的地球化学特征各不相同，反映它们的原岩具有不同的形成与演化历史。其中黑云斜长片麻岩以负 Eu 异常弱，甚至出现明显的正异常（$\delta_{Eu} = 0.60 \sim 1.45$）、强的 Ba 正异

---

❶ 薛怀民，刘福来，孟繁聪·苏鲁造山带胶南区段片麻岩原岩的成因：地球化学及 Nd 同位素证据 [J]. 岩石学报，2007，23（12）：3239－3248.

常、无明显的 Sr 异常为特征而明显不同于其他类型的片麻岩。其地球化学的总体特征类似于扬子克拉通北缘新元古代双峰式火山岩的酸性端员；与黑云斜长片麻岩类似，二长花岗片麻岩中轻、重稀土元素之间的分馏程度也较强（$La_N/Yb_N=6.3\sim17.2$），但以强的负 Eu 异常（$\delta_{Eu}=0.27\sim0.54$）、强的 Sr 负异常和弱的 Ba 负异常为特征明显不同于黑云斜长片麻岩；A 型花岗片麻岩的稀土模式及蛛网图的形态类似于二长花岗片麻岩，所不同的是前者 Nb、Ta 负异常相对较弱。区内几种类型片麻岩的 ε_{Nd}（t）值差别不大，反映它们的原岩之间可能有一定的成因联系。它们的 Nd 同位素模式年龄 T_{DM} 都集中在 2.0Ga 左右，表明它们的源区主要为古元古代的地壳物质，且岩性比较均一。推测二长花岗片麻岩与黑云斜长片麻岩的原岩是同源异相，而 A 型花岗岩是在大规模 I 型花岗质岩浆形成后，由脱水的紫苏辉石质残留下地壳物质再次发生部分熔融形成的。

1. 样品采集位置与描述

为尽可能避免地表风化对岩石成分的影响，用作化学分析的样品均为露头上所能采到的最新鲜的岩石。具体采样位置见图 2.1.1.3。

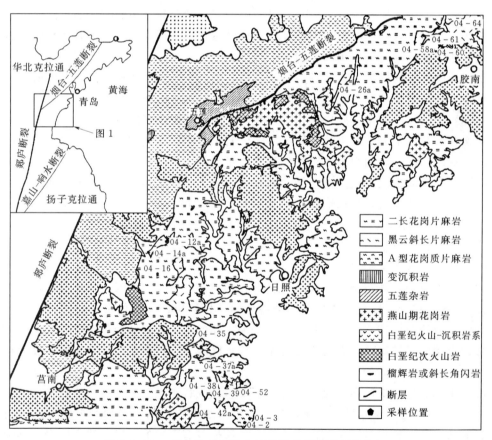

图 2.1.1.3　苏鲁造山带胶南区段地质简图及样品位置

黑云斜长片麻岩类，包括样品 04-12a、04-58a、04-61a 和 04-64，主要由斜长石（60%～65%）和石英（20%～30%）组成，次要矿物为黑云母（5%～10%）和绿帘石，样品 04-12a 中还含有较多的角闪石（5%）。样品 04-12a 和 04-64 中片麻状构造发育，其中的暗色矿物集中组成条带，但粒状矿物斜长石和石英的定向性不明显。样品 04 - 58a 和 04 - 61a 有糜棱岩化，其中的石英已发生动态重结晶并相对集中组成团块。

二长花岗片麻岩类，包括样品 04 - 14、04 - 16、04 - 26a、04 - 38b 和 04 - 60，主要由斜长石（30%～35%）、钾长石（30%）和石英（30%～35%）组成，除样品 04 - 26a 中含有较多的角闪石（5%）外，其他样品中的暗色矿物含量普遍不高，为少量的黑云母、绿泥石或绿帘石。岩石呈花岗变晶结构，矿物颗粒普遍较粗大，片麻理不发育。样品 04 - 16 为糜棱岩化二长花岗片麻岩，其中有些大的斜长石残留碎斑而显示眼球状构造。

有关 A 型花岗质片麻岩的岩相学特征，周开富等（2007）已进行过较详细的描述，其最特征的是岩石中普遍出现碱性暗色矿物霓石。

2. 样品分析

全岩成分是在北京国家地质测试分析中心分析的。其中主元素是用 X 射线荧光光谱法（XRF）完成，所用仪器为日本理学 3080，误差小于 0.5%；微量元素 Zr、Sr、Ba、Zn、Rb 和 Nb 也是用 X 射线荧光光谱法完成，所用仪器为 Rigaku - 2100，误差分别为 Ba＝5%，其他元素小于 3%；稀土元素及 V、Cr、Ni、Co、Cu、Pb、U、Th、Ta 和 Hf 用 TJA-PQ-ExCell 等离子体光质谱仪分析，误差小于 5%。分析结果列于表 2.1.1.1。表 2.1.1.1 中所分析的样品的挥发分量均不高，表明样品成分受地表风化的影响不大。

表 2.1.1.1　　　　　苏鲁造山带胶南区段片麻岩的常量和微量元素成分

岩性 样品号	黑云斜长片麻岩类				二长花岗片麻岩类				
	04 - 12a	04 - 58a	04 - 61a	04 - 64	04 - 14	04 - 26a	04 - 38b	04 - 16	04 - 60
SiO_2/%	66.50	70.81	68.06	2.44	72.09	75.05	76.00	74.42	75.82
TiO_2/%	0.40	0.37	0.44	0.70	0.36	0.30	0.16	0.24	0.10
Al_2O_3/%	16.97	14.85	15.26	17.83	13.69	12.19	12.52	13.16	12.84
Fe_2O_3/%	1.89	1.75	1.86	1.92	1.01	1.46	0.64	1.23	0.84
FeO/%	0.93	0.68	1.17	2.12	0.64	0.59	0.57	0.40	0.20
MnO/%	0.09	0.05	0.07	0.10	0.07	0.09	0.03	0.02	<0.01
MgO/%	0.83	0.57	0.78	1.04	0.52	0.25	0.17	0.27	0.08
CaO/%	2.75	1.66	1.87	2.84	1.23	0.58	0.56	0.83	0.39
Na_2O/%	5.56	4.29	4.47	5.51	5.20	4.89	3.91	4.00	3.88
K_2O/%	2.94	4.20	4.71	4.21	3.49	4.14	4.33	4.24	4.82
P_2O_5/%	0.13	0.12	0.14	0.22	0.05	0.03	0.05	0.05	0.03
H_2O^+/%	0.56	0.46	0.42	0.92	0.60	0.22	0.44	0.40	0.38
CO_2/%	0.09	0.10	0.09	0.09	0.35		0.17	0.23	0.17
总量	100.22	100.45	99.79	100.92	100.21	100.34	100.02	100.12	100.09
$Y/(\mu g \cdot g^{-1})$	16.9	14.4	22.0	20.4	35.1	42.7	31.3	12.2	5.60
$Hf/(\mu g \cdot g^{-1})$	6.68	7.06	8.35	11.5	10.1	4.90	4.80	5.14	3.65
$Zr/(\mu g \cdot g^{-1})$	206	209	227	438	278	171	99.2	134	77.6
$Sc/(\mu g \cdot g^{-1})$	4.46	3.01	5.59	7.01	4.65	11.7	2.85	1.99	2.14

续表

岩性 样品号	黑云斜长片麻岩类				二长花岗片麻岩类				
	04 - 12a	04 - 58a	04 - 61a	04 - 64	04 - 14	04 - 26a	04 - 38b	04 - 16	04 - 60
$Cr/(\mu g \cdot g^{-1})$	4.58	5.27	5.35	4.86	5.39	4.14	4.18	3.31	3.97
$Co/(\mu g \cdot g^{-1})$	3.74	3.22	4.06	5.05	2.77	0.48	0.89	1.10	0.62
$Ni/(\mu g \cdot g^{-1})$	1.67	1.43	1.59	1.63	4.73	0.75	0.95	1.03	1.31
$Ga/(\mu g \cdot g^{-1})$	22.2	19.1	20.3	19.1	21.3	24.2	16.0	17.3	16.7
$Rb/(\mu g \cdot g^{-1})$	55.5	74.6	74.5	37.8	85.1	47.2	122	98.4	88.8
$Sr/(\mu g \cdot g^{-1})$	474	340	322	425	102	47.0	58.5	163	148
$Nb/(\mu g \cdot g^{-1})$	7.37	8.98	10.8	9.57	13.6	7.78	15.4	9.69	8.95
$Ba/(\mu g \cdot g^{-1})$	1657	2078	1778	3838	896	285	682	791	905
$Ta/(\mu g \cdot g^{-1})$	0.39	0.34	0.40	0.45	0.77	0.43	1.13	0.70	0.42
$Pb/(\mu g \cdot g^{-1})$	16.3	17.2	16.4	12.3	19.1	6.65	33.8	14.9	10.3
$Th/(\mu g \cdot g^{-1})$	6.56	5.11	4.33	1.25	16.4	5.20	9.68	12.4	10.5
$U/(\mu g \cdot g^{-1})$	0.92	0.40	0.50	0.37	1.41	0.45	1.06	0.80	0.47
$La/(\mu g \cdot g^{-1})$	30.6	60.5	47.8	23.7	76.7	73.7	34.5	40.0	20.7
$Ce/(\mu g \cdot g^{-1})$	64.3	108	98.0	55.5	143	170	70.5	53.3	55.8
$Pr/(\mu g \cdot g^{-1})$	7.17	10.9	10.8	7.34	14.3	19.9	7.58	7.16	5.13
$Nd/(\mu g \cdot g^{-1})$	26.7	36.8	40.6	32.4	48.0	74.4	27.4	23.6	18.4
$Sm/(\mu g \cdot g^{-1})$	4.61	5.39	7.07	6.37	7.98	13.3	5.31	3.60	3.18
$Eu/(\mu g \cdot g^{-1})$	1.29	1.17	1.30	2.65	0.95	2.13	0.37	0.50	0.28
$Gd/(\mu g \cdot g^{-1})$	3.78	4.72	5.85	4.45	6.76	10.1	4.44	2.99	2.28
$Tb/(\mu g \cdot g^{-1})$	0.58	0.60	0.90	0.79	1.04	1.54	0.88	0.42	0.30
$Dy/(\mu g \cdot g^{-1})$	3.33	3.08	4.93	4.33	6.31	8.54	5.79	2.53	1.48
$Ho/(\mu g \cdot g^{-1})$	0.66	0.58	0.96	0.84	1.28	1.71	1.17	0.51	0.26
$Er/(\mu g \cdot g^{-1})$	2.17	2.01	3.00	2.67	4.43	5.71	3.91	1.79	0.90
$Tm/(\mu g \cdot g^{-1})$	0.29	0.25	0.36	0.33	0.63	0.75	0.57	0.25	0.12
$Yb/(\mu g \cdot g^{-1})$	1.89	1.66	2.40	2.06	4.28	4.79	3.69	1.86	0.81
$Lu/(\mu g \cdot g^{-1})$	0.31	0.28	0.36	0.32	0.69	0.70	0.54	0.30	0.13
$REE/(\mu g \cdot g^{-1})$	147.68	235.94	224.33	143.75	316.35	387.27	166.65	138.81	109.77
$(La/Yb)_N$ $/(\mu g \cdot g^{-1})$	10.94	24.63	13.46	7.77	12.11	10.40	6.32	14.53	17.23
Eu/Eu^* $/(\mu g \cdot g^{-1})$	0.92	0.69	0.60	1.45	0.39	0.54	0.27	0.45	0.30
DF	5.9	3.7	4.5	6.8	4.4	3.4	2.3	2.6	2.6
CIA	60	59	58	59	58	59	59	59	59

注 DF 和 CIA 的含义见正文。

Sm-Nd 同位素是在中国地质科学院地质与地球物理研究所用常规方法测定的，具体流程参见 Cohen et al.（1988），Chavagnac & Jahn（1996）及 Jahn et al.（1996）的有关描述。分析结果列于表 2.1.1.2。

表 2.1.1.2 苏鲁造山带胶南区段片麻岩的 Sm-Nd 同位素组成

样号	岩性	Sm	Nd	$\frac{^{147}Sm}{^{144}Nd}$	$\frac{^{143}Nd}{^{144}Nd}$	$\varepsilon_{Nd}(0)$	$\varepsilon_{Nd}(t)$	$f_{Sm/Nd}$	T_{DM}(Ga)	T_{2DM}(Ga)
04-58a	黑云斜长片麻岩	5.703	38.08	0.0905	0.511498	-22.24	-12.08	-0.540	2.04	2.40
04-61a		7.213	40.05	0.1089	0.511608	-20.09	-11.70	-0.446	2.33	2.37
04-14	二长花岗片麻岩	8.267	49.67	0.1006	0.511748	-17.36	-8.16	-0.489	1.88	2.09
04-16		3.760	23.97	0.0949	0.511608	-20.09	-10.35	-0.518	1.97	2.27
04-26a		13.97	77.26	0.1093	0.511692	-18.45	-10.09	-0.444	2.12	2.24
04-38b		5.484	27.74	0.1195	0.511908	-14.24	-6.85	-0.392	2.00	1.98
04-60		3.491	20.03	0.1054	0.511686	-18.57	-9.84	-0.464	2.05	2.22
04-2	A 型花岗质片麻岩	8.519	35.71	0.1442	0.511988	-12.68	-7.66	-0.267	2.54	2.05
04-3		5.490	38.01	0.0873	0.511692	-18.45	-7.98	-0.556	1.75	2.07
04-5a		11.75	57.47	0.1236	0.511950	-13.42	-6.42	-0.372	2.02	1.95
04-35		10.17	57.77	0.1064	0.511603	-20.19	-11.55	-0.459	2.19	2.36
04-37a		6.960	37.36	0.1126	0.511837	-15.63	-7.58	-0.428	1.97	2.04
04-39		5.678	32.07	0.1070	0.511553	-21.17	-12.59	-0.456	2.27	2.45
04-41a		3.581	14.61	0.1482	0.511973	12.97	-8.34	-0.247	2.72	2.10
04-42a		6.054	35.47	0.1032	0.511660	-19.08	-10.13	-0.475	2.05	2.25
04-52		10.36	55.58	0.1126	0.511778	-16.78	-8.73	-0.428	2.06	2.13

注 T_{DM} 为相对于亏损地幔单阶段演化的模式年龄，T_{2DM} 为相对于平均陆壳两阶段演化的模式年龄（$t=750$Ma），取地壳第一阶段的 ^{147}Nd 值为 0.118。

3. 原岩属性的地球化学判别

对于长英质片麻岩的原岩属性（是沉积岩还是火成岩），目前已提出了多种基于岩石的化学成分加以区分的方法。如 Shaw（1972）根据主元素成分提出了一个判别函数（DF）用以区分片麻岩的原岩是沉积岩还是火成岩：

$$DF=10.44-0.21SiO_2-0.32Fe_2O_3（全铁）-0.98MgO+0.55GaO$$
$$+1.46Na_2O+0.54K_2O$$

若 $DF>0$，指示原岩可能是火成岩；而若 $DF<0$，则原岩为沉积岩。区内片麻岩的 DF 值均为正值（表 2.1.1.1），指示它们的原岩应具有火成岩的属性。

另一个对判断长英质片麻岩原岩属性比较有效的化学参数是 Nesbitt 和 Young（1982）提出的变异化学指数（CIA）：

$$CIA=100Al_2O_3/(Al_2O_3+CaO+Na_2O+K_2O)$$

该指数指示的是化学风化过程中 Al_2O_3 相对于活泼的碱金属和 CaO 的增加情况。一般地，未蚀变的花岗岩和花岗闪长岩的 CIA 值为 44～45，而页岩的 CIA 平均值则高达 70～75（Nesbitt & Young，1982）。区内不同类型片麻岩的 CIA 值很相似，集中在 58～60

之间，略高于花岗岩－花岗闪长岩的 CIA 值，指示它们的原岩可能主要为长英质的火成岩，或可能指示超高压变质作用过程中有少部分碱金属被迁出而使得岩石中的 Al_2O_3 相对于碱金属略有增加。但该值远低于页岩等沉积岩中的 CIA 值，表明这些片麻岩的原岩不可能是典型的沉积岩。

2.1.1.3　本工程所在地的地形地貌

本工程库址区属濒临黄海的低山丘陵区，属低山丘陵地貌。洞库山体为龙雀山，近东西走向，山脊高程 280～350m，山脊北侧为陡崖，南侧为陡坡，地形坡度一般为 35°～55°，山脊南北两侧发育近南北向及北东向冲沟。洞库主体位于龙雀山南侧，地面平均高程为 220m，最高点位于大顶子，高程为 350.9m，最低点位于 ZK12 钻孔处的竖井口位置，高程为 97.50m，相对高差为 253.40m。

库址区处于胶南台隆北缘，属低山丘陵地貌。洞库山体为龙雀山，近东西走向，山脊高程 280～350m，山脊北侧为陡崖，南侧为陡坡，地形坡度一般为 35°～55°，山脊南北两侧发育近南北向及北东向冲沟。洞库主体位于龙雀山南侧，地面平均高程约 220m，最高点位于大顶子，高程为 350.9m，最低点位于 ZK12 钻孔处的竖井口位置，高程 97.50m，相对高差 253.40m。库址区大面积分布松树、槐树及杂树林，为一级防火森林，部分区域基岩裸露，竖井口附近的山脚处有少量农田分布（图 2.1.1.4）。

图 2.1.1.4　本工程所在地的地形地貌图

2.1.2　区域构造地质

本工程的区域构造地质主要表现为：①韧性剪切带；②脆性断裂构造；③节理构造；④岸脉等。

2.1.2.1　韧性剪切带

研究区属于胶（南）—威（海）造山带（为华北板块与扬子板块结合带），韧性剪切带和脆性断裂构造比较发育，褶皱不发育。构造单元地处牟（平）—即（墨）断裂带南缘，断裂构造主要沿北东向及近东西向发育，在其外围，东西两侧分别为北东走向的孙家沟断裂和老君塔山断裂，北侧为近东西走向的前马连沟断裂（图 2.1.2.1）。

韧性剪切带（ductile shear zone）是构造地质中结晶基底及变质条件下最常见的构造，它由两盘的塑性流动来完成其位移；露头尺度上无不连续面；标志层可以在剪切带内追索，它能改变方向但不断裂。

在花岗片麻岩的韧性剪切带特征是：似断非破，错而似连。

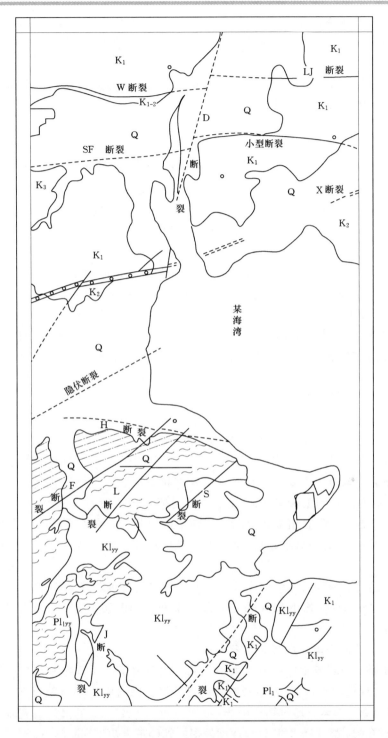

图 2.1.2.1 区域构造纲要图

1—第四系；2—上下白垩统；3—下白垩统；4—滹沱系；5—早白垩纪侵入岩；
6—新元古代片麻岩；7—中深成构造相；8—剪切运动方向

R. H. Rclmsay 将韧性剪切带定义为"高应变的岩石所构成的线形地带"。

M. Mattaucr 将韧性剪切带区分为：①韧性逆冲推覆剪切带；②韧性平移剪切带；③垂直节理带。

按区域构造应力性质区分为：①挤压型诸如韧性逆冲推覆剪切带；②伸展型诸如剥离断层；③平移型诸如走滑韧性剪切带。

典型的韧性剪切带如图 2.1.2.2 所示。

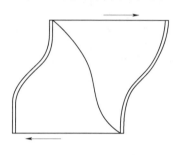

图 2.1.2.2　典型的韧性剪切带示意图

由图 2.1.2.2 可见，韧性剪切带是岩石在塑性状态下发生连续变形的狭窄高剪切应变带。它的产生往往伴生带内的动力变质岩——糜棱岩。而糜棱岩见水后很易泥化，使围岩强度降低，对工程稳定性有负面影响。

2.1.2.2　脆性断裂构造

1. 区域主要断裂

区域主要断裂有北东走向的 L 断裂、S 断裂及近东西向 Q 断裂，如图 2.1.2.1 所示。

（1）L 断裂。主要分布于元古宙片麻状花岗岩中，长约 9km，走向 NE40，大多倾向 SE，倾角 60°～80°，在 L 山可见断裂出露。破碎带宽约 3m，主要为压碎岩。各期岩脉完整，未遭断裂再次活动而破碎，因此判定断裂为前第四纪断裂，早、中更新世可能有所活动，但很微弱。属压性断裂，对地下水传导作用甚微。

（2）S 断裂。该断裂展布于元古宙片麻状花岗岩体与燕山期花岗岩体分界沿线附近，长约 7km，走向 NE55°，倾向 SE，倾角 75°，破碎带宽约 3m，主要由节理密集带及压碎岩组成，破碎带已硅化且胶结较好。在燕山期花岗岩中发育的断裂，表现出 10m 多宽的断裂带，内有三条断面及密集节理和压碎岩，显示其力学性质是右旋压扭性。

（3）Q 断裂。该断裂主要发育在元古宙片麻状花岗岩中，已知长度约 10km，走向介于 90°～96°，倾向南，倾角较陡，近直立。断裂破碎带一般宽 5～10m，主要为具劈理、片理的构造角砾岩、压裂岩组成。该断裂为前第四纪断裂，在晚更新世以来未再活动。以上三条断裂在第四纪以来总体未再活动，尤其晚更新世以来未再活动，具较好稳定性，导水能力较差。

另外，上述三条断裂均位于洞库外围，它主要是对选址起影响作用。

对本工程的洞库建设影响较大的是七条次生断裂即断层 F_1、F_2、F_3、F_4、F_7 及 F_8、F_9 断裂破碎带。

2. 五个断层及两个断裂破碎带产状、规模

（1）F_1 断层。为北东走向，位于大顶子北，倾向南东，倾角约为 50°～55°。该断层带具有右行位移（规模较小），地表围岩破碎程度轻微，围岩中主要裂隙仅在陡坡裸露可见，宽度约数厘米至数十厘米。通过钻孔探查，在约 139.5～140.5m 处揭露出破碎带，初步推断倾角约为 50°；在约 273.16～274.41m 深度处揭露破碎带，初步推断倾角约为 52°。通过对钻孔信息综合分析，认为断层破碎带的宽度小于 1.0m，其影响带宽度小于 10m。

（2）F_2 断层。呈北东走向，位于大顶子北东，倾向南东，倾角约为 68°左右。根据已有地质资料显示，该断层北端有平行于断层方向，即北东走向的闪长岩脉发育。通过钻孔探

查，在约147.28～148.52m深度处揭露出破碎带，初步分析推测该断层影响带宽度小于10.0m。

（3）F₃断层。斜穿洞库区，呈北东走向，倾向南东，倾角约为53°～70°。该断层主要呈冲沟负地形，并有露头出现在南北两端冲沟中，闪长岩脉出露在山脊鞍部位置，通过量测，地表破碎带宽度约为0.40～1.00m，具右行压扭性质。通过钻孔探查，在约211～214.2m深度处揭露出夹泥破碎带，初步推断倾角约为57.5°。通过对钻孔信息综合分析，认为该夹泥破碎带宽度小于2.50m，其影响带宽度小于25.0m。

（4）F₄断层。为小型破碎带，位于灵雀山北西侧，宽约0.50m，该断层破碎带岩石破碎程度强烈，但尚未形成构造角砾岩，可见延伸约1km。该断层前期为压扭性，现为张扭性，沿断层走向有岩脉侵入。新元古界花岗片麻岩与早白垩系二长花岗岩分界线位于该断层区域南端，其中山脊北侧倾向北东，倾角约为72°，山脊南侧近直立。该断层对本工程影响不大，未见钻孔揭露。

（5）F₇断层。位于大顶子南侧，通过地质探查，对区域次级节理与主断面的夹角和局部拖拽现象进行分析推测，其力学性质主要为右旋走滑，地貌特征不明显。该断层未钻孔揭露，初步推测受其影响围岩质量变差的宽度小于10.0m。

（6）F₈断层破碎带。位于F₃断层南侧，地表无完好露头，主要为冲沟负地形，初步推测其倾向北东东，倾角约为80°，破碎带的水平宽度约为1.25m，受该断层破碎带影响围岩质量变差的宽度小于10.0m。

（7）F₉断层破碎带位于大顶子北西侧，倾向南东，倾角约为52°，其地表破碎带出露宽度约为60～100m。该破碎带向西南延伸并逐渐变窄，至洞库西侧地表破碎迹象已不明显。通过分析，F₉破碎带对洞库的西北角洞室以及施工巷道的影响较大。

2.1.2.3　节理构造

本区山势较陡，中等覆盖，大面积分布新元古代花岗质片麻岩，东部还分布部分中生代伟德山超单元花岗岩。航片显示明显的北东东、北东、北西向线形影像，野外验证，多见同方向的节理构造，密度介于2～15条/m之间，一般规模较小，部分规模较大，其中部分具位移现象，已演变为小断裂。不同位置、不同地质体中节理方向各异，其密度也不一。对节理进行统计分析，显示节理优选性较强。

节理成因主要包括：构造成因、物质分异成因和岩脉侵入成因。通过区域内断层、结构面等的调查分析，该区结构面在平面上存在如下的分布特征：该区主要发育5组结构面，其产状见表2.1.2.1。

表2.1.2.1　　　　　　　　　结 构 面 产 状

结　构　面	产　状
1 号	走向60°～75°，倾向70°～80°
2 号	走向83°～88°，倾向75°～82°
3 号	走向约为112°，倾向约为56°
4 号	走向136°～143°，倾向74°～85°
5 号	缓倾角结构面

注　5号结构面物质分异形成，规模较大，地表延伸长度20～30m，产状一般与地形一致，由于地表卸荷作用，该组结构面隙宽在0.5～1cm，露头间距为3～6m。

5 组结构面事关本工程水封条件的选择，即不能依靠天然地下水而必须采用人工水幕来密闭洞库以正常与长期储备原油。

2.1.2.4　岩脉

本区岩脉主要为闪长岩、闪长玢岩、煌斑岩等岩脉，少量石英正长斑岩、细粒二长花岗岩脉，且分布不均匀，中东部岩脉较发育，而西部则较稀少，以北东、北东东走向为主，且产状、规模变化较大。岩脉的关键是其流变特性影响洞库的长期稳定性，因为闪长岩与煌斑岩的流变特性明显，故重视岩脉和现场流变试验，应高度关注。建议在本工程后期，选择合适的地点，采用美国试验材料学会现场蠕变试验标准补充花岗片麻岩的流变性能试验以评估本工程生命周期内及以后的围岩长期强度。

根据断层分布和结构面成因，以及区内相似，区间相异的原则，将洞库区为为五个区，如图 2.1.2.3 所示。其中，Ⅰ区主要为 NW345°；Ⅱ区可视为过渡区，结构面主要为近南北方向，并出现优势方向 NE45°的结构面，由于受 F$_3$ 断层和 F$_8$ 断层的影响，Ⅱ区出现较多 NW300°的结构面；Ⅲ区内的结构面主要为近南北方向和 NE45°；Ⅳ区内结构面主要为 NE30°、NE45°～60°和近南北方向。Ⅴ区结构面主要为 NW330°～345°，北东方向较少。总体趋势为：由正北逆时针旋转，结构面整体走向自 NW（NW330°～345°）向 NE（NE45°～60°）变化趋势。

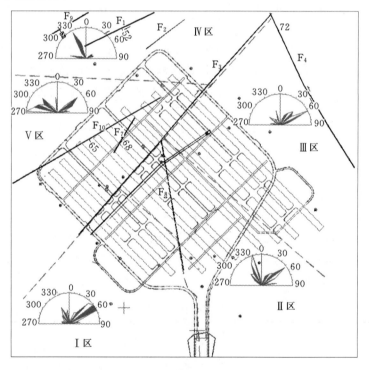

图 2.1.2.3　本工程库址区结构面分区图

2.1.2.5　区域地震历史

花岗片麻岩体位于郯庐地震带内，区域内共有 $M_s \geqslant 4.7$ 级的地震记录 44 次，其中最大的为 1668 年山东郯城 8.5 级地震，在未来 100 年内可能发生 6～7 级地震，最大震级可达 7.5 级。附近地震活动较弱，无强震记录，自 1970 年以来仅有 3 次里氏 2.0 级以上地震。区内经历的最大历史地震烈度为 9 度，是由 1668 年郯城地震引起的。依据第四代区划图及其对应的地震动参数关系（国家地震局，2002），该区的地震设防烈度为 6 度，地震基本加速度为 0.05g。

2.1.2.6 岩石应力特征

岩石原位应力确定采用水压致裂法，这是目前国际上能较好地进行深孔应力直接测量的先进方法，也是国际岩石力学学会试验方法委员会推荐方法之一。

通过三个钻孔（ZK2、ZK6 和 ZK8）的岩石地应力测试（野外测试由中国地震局地壳应力研究所完成），得到了其现今地应力场分布特征。钻孔 ZK2 在高程 180～－65m 内，最大水平主应力为 9.0～16.0MPa，最小水平主应力 6.0～10.0MPa，垂直应力为 4.0～10.0MPa；钻孔 ZK6 在高程 100～－30m 内，最大水平主应力为 9.0～14.0MPa，最小水平主应力 5.0～8.0MPa，垂直应力为 4.0～7.0MPa；钻孔 ZK8 在高程 50～－50m 内，最大主应力为 5.0～13.0MPa，最小水平主应力 4.0～8.0MPa，垂直应力为 3.0～6.0MPa（图 2.1.2.4）。

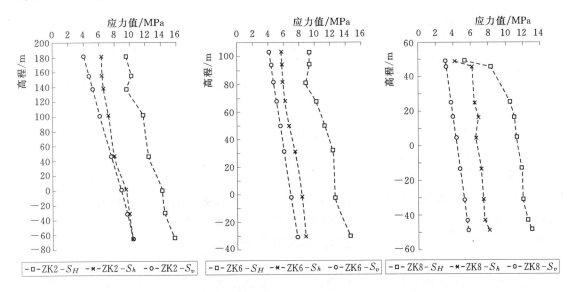

图 2.1.2.4　测试钻孔岩石应力随孔深分布图

S_H—最大水平主应力；S_h—最小水平主应力，S_v—上覆岩石自重应力

应力测试结果分析表明：

（1）地下水封洞库工程深度范围内，最大水平主应力为 13～16MPa，最小水平主应力为 6～9MPa，垂直应力为 3～10MPa。三个主应力之间的大小关系为 $S_H > S_h > S_v$，水平主应力为最大主应力。

（2）最大主应力方向为 NWW，优势方位为 N73°W。

（3）水压致裂得到的孔壁岩体抗拉强度一般为 4～9MPa。

（4）库址区现今构造应力强度不高，岩层所承受的差应力不大，因此有利于地下洞室围岩稳定，对洞库工程的建设较为有利。

2.1.3　库址水文地质❶

本工程库址水文地质包括区域气候、地下水赋存条件及其分布、地下水类型及其水文地质特征以及地下水补给、径流、排泄及动态特征四方面内容。

2.1.3.1　区域气候特征

区域气候为华北暖温带季风型大陆气候，并有明显海洋性气候特点。年平均气温为12.2℃，平均霜期90d，平均结冰期为82.1d，多年平均冻土深度约为43cm。

多年平均降水量为711.2～798.6mm。由于2010—2011年间山东多处出现百年一遇的"大旱"，因此，统计的降雨量较少，2010年3月26日—2011年7月26日累计488d的降雨量为710.4m，最大降雨量为2011年7月2日的109.1mm。降雨时间集中，主要是6—9月，多集中几次暴雨。年均陆地蒸发量为1410mm，大于年均降雨量。

由此可见，本工程的区域气候环境条件，对人工水封显而易见带来"先天不足"的窘境，因为多年平均降水量只798.6mm，而年均陆地蒸发量却高达1410mm，二者相差约611mm。

2.1.3.2　地下水赋存条件及其分布

地下水的赋存与分布主要和地质构造、地质体、地形地貌等因素密切相关。

研究区内有三种不同类型的岩性，其赋存规律各不相同，现分述如下。

1. 变质岩地区

研究区基岩以变质岩为主，形成低山，且山体陡峻。岩石片麻理发育，风化较弱，裂隙发育，多数规模较小，赋存地下水类型为结晶岩体裂隙水。因裂隙空间小，且地形坡度大，水力坡降也大，地下水赋存条件普遍较差。

2. 侵入岩地区

区内块状侵入岩少，其中发育花岗质片麻岩，形成较陡的山坡及次级小山包。岩石表面具风化裂隙，所赋存的地下水为结晶岩体裂隙水。因地形坡度较大，岩石裂隙不发育，不利于地下水的蓄积，故该岩石的地下水赋存条件很差。

3. 松散沉积物

第四纪松散沉积物分布于近东西向展布的山脉南北两侧，坡度趋小，其厚度多不超过5m，孔隙度大，属松散沉积物孔隙水。因厚度小，下伏地质体坡度大，冲沟切割深，地下水易于排泄，故不利于赋存地下水。

2.1.3.3　地下水类型及其水文地质特征

根据地下水赋存条件、水理性质、水力特征分析，工作区地下水主要分为松散沉积物孔隙水及基岩裂隙水（包括层状岩类裂隙水和结晶岩体裂隙水）。

1. 松散沉积物孔隙水

松散沉积物孔隙水主要分布于近东西向山脉南北两侧，厚度小于5m，赋水介质为第四纪山前组含砾砂土或亚砂土，地下水位埋深1～3m，年变幅1～2m，属孔隙潜水。因地

---

❶　韩曼. 地下水封石油洞库渗流场及溶质运移模拟研究［D］. 中国海洋大学硕士学位论文.2007.

形坡度大，岩石厚度小，冲沟发育且切割深，地下水排泄迅速，不利于地下水富集，其富水性弱，单井涌水量小于 $10m^3/d$。地下水化学类型多属重碳酸、氯化物钙、钠型，溶解性总固体多小于 0.4g/L。

2. 基岩裂隙水

(1) 层状岩类裂隙水。研究区基岩裂隙水主要为层状岩类裂隙水，其赋存空间介质为新元古代二长花岗质片麻岩，岩石片麻理、节理发育，风化较强，覆盖区风化带厚度小于 30m。地下水分布不均匀，山腰以上富水较少，以下则富水较多。整体因裂隙细小，岩石富水性较弱。因受构造影响及谷底切割深，地下水常成细小泉水出露，其流量多小于 $10m^3/d$。在构造破碎带分布有水井，单井涌水量常于 $100m^3/d$。在多水、少雨季节则有所增减，因泉、井数量少、水量小，无供水意义。该类地下水水质良好，水化学类型为重碳酸氯化物钙型水，溶解性总固体一般小于 0.3g/L，多为 0.198～0.216g/L。

(2) 结晶岩体裂隙水。研究区东部发育部分结晶岩体裂隙水，赋存空间介质为中生代石英二长岩，岩石完整性好，裂隙微弱，风化带发育深度较小，覆盖区一般为 3～20m，裸露区多小于 3m。地下水水位埋深小于 10m，沟谷底部可见泉水溢出，泉的类型为下降泉。因裂隙不发育，补给来源贫乏，富水性极弱。受上述诸多因素的影响，泉水流量常小于 $10m^3/d$，而在干旱季节则几乎无水，在谷底、岩脉穿插、构造破碎带分布区，其流量相对增加。该类地下水水质较好，水化学类型一般为重碳酸氯化物钙钠型水，泉水溶解性总固体为 0.070～0.124g/L。

3. 地下水位 ❶

本工程在地质勘察期间对库址区内的 15 个钻孔进行了地下水位测量，水位埋深 -0.18～143.00m，高程 93.07～268.48m，地下水位标高基本受地形控制；对库址区及其周围的水井、地表水体的水位进行了观测测量，水位埋深 0.00～10.77m，高程39.00～124.35m，水位高程变化基本与地形基本一致。

地下水以大气降水为主要补给来源，由于花岗岩裂隙发育，地形较陡，地面坡度大，使大气降水多以地表径流形式排泄，渗入量很小，补给贫乏。据该地下水封洞库工程水资源论证报告，该区山丘区 1980—2000 年期间降水入渗补给量的多年平均值即为山丘区近期下垫面条件下多年平均地下水资源量，计算得出山丘区地下水资源模数为 5.38 万 m^3/km^2。即多年平均降水入渗补给量为 53.8mm，该区多年年平均降水量736.2mm，故该区降水入渗系数为 0.073。由上可见，在山区，降水入渗补给地下水的量是相当少的，主要降水都通过地表径流排泄至水塘或水库。库址区地下水以大顶子山至灵雀山一线作为分水岭，向南北两侧流动。因地下水水力梯度较大，风化裂隙和构造裂隙发育，地下水径流通畅。地下水向谷底和山麓流动汇集，并以潜流或下降泉的形式排泄于山沟或山麓残坡积层中。脉状裂隙水循环深度较大，径流途径长，以潜流形式沿节理裂隙排泄于下游残坡积层中。随着地表坡度的减缓，地下水的水力梯度减小，等水位线密度变稀疏，反映了地下水随地形变化的特征。

---

❶ 吕晓庆 . 大型地下水封石洞油库变形监测与围岩稳定性评价 [D]. 山东大学硕士学位论文 . 2012.

2.1.3.4　地下水补给、径流、排泄及动态特征

1. 基岩裂隙水的补给特征

研究区为低山丘陵区，主要含水类型为变质岩、花岗岩裂隙水，地下水以大气降水为主要补给来源。

花岗岩裂隙细小且不发育，地形较陡；变质岩虽裂隙发育但地面坡度大，使大气降水多以地表径流形式排泄，渗入量很小，补给贫乏。据某地下水封洞库工程水资源论证报告，该区山丘区 1980—2000 年期间降水入渗补给量的多年平均值即为山丘区近期下垫面条件下多年平均地下水资源量，计算结果山丘区地下水资源模数为 5.38 万 m^3/km^2。即多年平均降水入渗补给量为 53.8mm，该区多年年平均降水量 736.2mm，故该区降水入渗系数为 0.073。

由上可见，在山区，降水入渗补给地下水的量是相当少的，主要降水都通过地表径流排泄至河流、最后注入海洋。

2. 基岩裂隙水的径流特征

地下水水位随地形急剧起伏，流向与地形坡降及地表水系近于一致。

研究区地下水以大顶子山和灵雀山为中心，向四周流动，在两山之间的沟谷中分布着许多小泉，地下水是从两侧向沟谷中排泄，地下水到沟谷中后转变为地表水而向下游径流。q21、q22、q23 就是大顶子山和灵雀山在向西径流的同时，分别向东北和西北径流而形成的。在两山以东，地下水基本上是向东运动的。在大顶子山和灵雀山附近，地下水水力梯度较大，地下水水位下降速度较快，随着地表坡度的减缓，地下水的水力梯度也减小，等高线密度变稀疏，反映了地下水随地形变化的特征。

研究区丰水期地下水流场地下水位高于平水期和枯水期，由于地形起伏较大，丰、平、枯三个时期的地下水流场基本相似。

3. 基岩裂隙水的排泄与动态特征

研究区地下水水位埋藏浅，一般在 1～8m 之间，部分钻孔例如 ZK3、ZK12 和 ZK9 埋深在 9m 以上，而 ZK3、ZK12 达 18m。因地形陡、水力坡度大、岩石裂隙发育，故径流通畅，地下水向谷底流动汇集迅速，并以潜流或下降泉的形式排泄于山麓残坡积层中。在断裂、节理发育地带，径流较通畅，循环深度较大，裂隙水以潜流形式沿节理裂隙排泄于下游残坡积层中。

地下水水位动态随季节性变化明显，年变幅 0.5～4m。一般在 6 月底左右地下水位达最低值，随后由于接受降水的补给，地下水位迅速升高，到 9 月底达到最高，随后地下水位逐渐降低，到来年的 6 月降至最低。

4. 孔隙潜水的补、径、排与动态特征

山腰以下第四纪松散岩类孔隙水具有两种主要补给形式，即大气降水入渗补给和上游基岩裂隙水的侧向补给。该孔隙水因透水性较强，地形坡度大，径流较通畅，一部分部位地下水以径流形式补给下伏基岩裂隙水，另一部分则呈径流、表流排泄，在低注部位，以水库、水井等形式排泄。由于分布面积大、地下水位埋深浅，植被发育，地面蒸发、植被蒸腾也是孔隙水不可忽视的排泄方式。研究区因无地下水长期观测资料，其动态特征不能详细论述，但基本与基岩裂隙水的动态特征一致。

2.1.3.5 本工程的水文地质赋值评估 ❶

根据库址区前期的钻孔水位观测资料以及库址区外围水文地质调查资料显示：钻孔地下中水位为 93.07～268.48m，库址区外围水井及地表水体水位为 39.00～124.35m，地下水水位变化幅度一般小于 5m，且地下水水位变化与地形变化基本一致（地下水水位最小值为 39.00m，为远离洞库的殷家河水库水位，基本属于洞库影响区域的地形最低处）。

（1）地下水水位。本工程洞库区地面平均高程约 100m，地下水平均埋深约 70m，依据建库适宜性理论，可以对该区域地下水水位赋值 100 分。

（2）岩体渗透性。本工程洞库区在勘察阶段进行了抽水、水位恢复、注水消散、压水等水文地质试验，经试验得到洞库区内岩体平均渗透系数为 10^{-4} m/d 左右，据此可以对该区域岩体渗透性赋值 80 分。

（3）水文地质单元位置。根据前期水文地质调查，黄岛洞库库址区地下水的赋存类型主要为松散岩类孔隙水和基岩裂隙水，库址区位于当地地下水的补给区，据此可以对该区域水文地质单元位置赋值 60 分。

（4）地下水水质。勘察资料表明，黄岛洞库区地下水化学类型为 $SO_4 \cdot HCO_3 - Ca \cdot Na$ 型，地下水对混凝土及混凝土中钢筋无腐蚀性，对钢结构具弱腐蚀性，此外地下水无色、无味、透明，溶解性总固体低，水质很好，可以作为施工及运行期用水。根据建库适宜性理论，可以对区域内地下水水质赋值 60 分。

在本研究中，评价因子全部采用评分法进行百分赋值，最终评价结果均在 100 分以内。按最终评价得分值将地下水封洞库建库适宜性分为 3 类：适宜、基本适宜、不适宜。其中，评估结果在 80 分以上为适宜；评估结果在 60 分至 80 分之间为基本适宜；评估结果在 60 分以下为不适宜。

综上水封条件评价可知，本工程地下水封洞库库址建库适宜性评估得分为

$$E = \sum_{i=1}^{n} b_i f_i = 0.47 \times 80 + 0.11 \times 100 + 0.26 \times 60 + 0.16 \times 60 = 73.8$$

由评估结果可知，建库区的水文地质条件是基本适宜的。

2.1.4 洞库工程地质

对于地下水封油库建设，首先要进行工程地质条件和水文地质条件的勘察，筛选适合的库址。从工程地质条件来讲，库址选择应考虑区域稳定、山体稳定和围岩稳定等重要因素，需避开地震烈度 9 度以上的地区，不应选用风化壳很厚、新鲜岩体很薄的山体；储罐罐体的建设应避开大断层和断层破碎带以及岩体零乱破碎、裂隙交叉、节理密集的地段。

2.1.4.1 不同工期的工程地质工作内容 ❷

1. 前期工程地质的勘探工作

目前，洞库工程前期勘探中一般只开展了钻探、地质测绘、物探等工作。勘探工作均按照中石油行业标准 SY/T 0610—2008《地下水封洞库岩土工程勘察规范》中相关规定进

---

❶ 季惠彬. 水文地质条件对地下水封洞库选址的影响研究 [J]. 安全与环境工程，2013，20（2）：138-141.
❷ 郭伟，张炳银. 大型地下水封石洞油库施工地质判别与综合分析 [J]. 中国科技纵横，2012（19）：159-160.

行。由于勘探方法与手段的局限性和地下工程地质环境条件的复杂性，洞室开挖揭露的地质条件会或多或少地与前期勘察结论存在一定的差异，特别是通过钻孔进行节理裂隙统计存在一定的局限性，一是无法区分长大裂隙与细小裂隙，而对洞室围岩稳定影响较大的往往是长大裂隙；二是结构面的性质特征会随着延伸有较大的差异性，而洞室围岩的稳定跟结构面特征及组合有很大的关系，尤其是顶拱部位；三是铅直钻孔揭露缓倾角结构面比陡倾角结构面的概率要大得多，场区发育的小断层亦难以通过钻探完全查明。地质测绘受场地环境条件的限制，如即将开工建设的某洞库项目场地第四系发育，地表均为覆盖层，单从平面地质测绘中搜寻断层、蚀变岩脉、长大节理裂隙难度较大；而物探虽具有方便、经济快捷等优点，但易受外界因素的干扰，一般情况下仅供参考。因此，加强施工期的现场地质情况判别与综合分析工作，进行地质测绘、超前地质预测与预报等是保证施工安全和进行工程动态设计是必不可少。

  2. 施工期的工程地质工作

  施工期现场地质工作是对前期勘察成果的验证与核定；施工期现场地质提供的工程地质资料，对石油洞库的设计、施工和工程安全运行均有十分重要的意义。其主要工作内容包括：专门性地质勘察、地质巡视与观测、地质编录、超前地质预测预报、施工监控量测等。其中，超前地质预测与预报是保证施工安全、为合理施工方案的制定及实施争取时间以及确保工期的必要条件，而地质巡视与观测、地质编录是超前地质预测与预报的基础，各项施工地质工作之间密切相关。

  （1）专门性地质勘察。由于前期勘察中可能遗留某些专门性工程地质问题需要补充勘察，洞室施工开挖过程中，也可能会出现某些新的地质问题。因此，应对这些遗留的和新发现的专门性工程地质问题进行勘察或补充勘察。其勘察的内容和方法根据具体工程地质问题确定。

  （2）地质巡视与观测。应重点巡视已有断层及施工开挖过程中可能揭露的其他断层，调查断层破碎带的分布、产状、破碎带的宽度、组成物质及性状、风化与蚀变情况、沿断层破碎带涌水或渗水情况及涌水量，以及断层破碎两侧岩体的节理裂隙发育情况与岩体完整性等；岩脉的分布位置、延伸、风化蚀变情况及宽度、与洞室的交切关系，以及两侧岩体的节理裂隙发育情况与岩体完整性、风化等蚀变情况；长大裂隙的分布位置、产状、延伸、风化情况与洞室的交切关系；岩体透水性，地下水的出露位置及出露形式（潮湿、渗水、滴水、线状流水、涌水）、流量、流量变化及其与降雨或地表径流的关系，地下水与地表水的水力联系；洞室开挖过程中场区地下水位的变化情况；洞室围岩工程地质类型及分界线桩号，围岩变形、失稳的位置、形态、规模、机制及其危害；收集地温、洞温和有害气体监测资料。

  （3）地质编录。对地下工程最终开挖面进行地质编录。重点编录内容包括：地层岩性、岩脉、断层、裂隙密集带及节理裂隙、地下水出露情况等，施工巷道和竖井进口岩体风化卸荷情况，围岩变形的位置和范围，不利块体的位置、形态和规模，围岩工程地质类型等。

  （4）施工地质预测与预报。通过施工巷道、主洞分段分层开挖过程中的地质调查与测绘，并与前期勘察资料和成果进行对比分析。当开挖揭露的地质条件与前期勘察资料有较大出入时，或预计开挖前进方向可能遇到重大不良地质现象（如断层破碎带、风化蚀变严重的岩脉、较大规模的球状强风化岩体、可能产生突水、由不利结构面组合可能产生较大规模的块体失稳等）时，需进行超前地质预报，并对施工方案和支护处理措施提出建议。此外，当围岩产生异常变形，出现涌水、涌砂、涌水量增大、变浑浊或地下水化学成分产生明显变化等现象时，需对其产生原因、性质和可能的危害进行分析判断，并及时进行预报。

（5）施工期监控量测。为了解正在施工洞室围岩的岩石力学性质和支护结构的受力状态，保证施工安全和工程安全，采用各种量测仪器对围岩和支护结构所进行的量测工作。应包括地质观察（洞内、洞外观察）；围岩位移（围岩收敛、拱顶沉降、地表沉降、围岩内部位移）；支护结构（锚杆、钢支撑内力、混凝土应变、围岩应力、衬砌间压力）；地下水（地下水位、孔隙水压力、水质变化）；爆破效果（围岩爆破松动范围、爆破震动）等。

做好地质工作，一要加强人员队伍建设，配备高知识＋经验丰富的地质人员；二要采用定性＋定量分析相结合的手段，加强对开挖洞室地质巡视及平面地质测绘工作，对洞室围岩收敛情况进行监控量测，尽量减少误差，提高数据的正确率。对于现场出现的不良地质问题，施工人员必须能及时到达现场，对现场进行查勘，结合前期勘察的成果及施工期所做的超前地质预报资料，对现场不良地质问题进行判别，并提出必要处理措施建议。支护必须在不良地质体还未完全出现塑形变形前进行。

2.1.4.2 本工程的地质背景

本工程库址区属低山丘陵地貌。洞库山体近东西走向，山脊高程 280～350m，地形坡度一般为 35°～55°，地面平均高程为 220m，最高点高程为 350.9m。储库洞室区呈北偏西方向展布，东西宽 600m，南北长约 838m。

本工程库址区主要发育北东走向及近东西向两条断裂带，褶皱构造不发育。断裂仅对库址区选址有影响，对洞库工程建设影响不大。库址区内探明的次级断裂及节理将在洞室开挖前进行注浆加固处理，对地下水流动和洞库稳定性影响有限。根据地质勘察报告，库址区内的地层主要为新元古界花岗片麻岩，浅肉红色—浅青灰色，主要矿物为钾长石、斜长石、石英、角闪石、黑云母，细粒花岗片麻结构，块状构造，岩体较破碎—较完整，占洞库岩体 80% 以上，属坚硬岩。

根据试验成果，按岩性并考虑对洞库的影响程度，对围岩物理力学参数进行分类统计，统计结果如表 2.1.4.1 所示。以高程 20m 为界，将不同深度的花岗片麻岩试样分别进行统计。

表 2.1.4.1　　　　　　　　本工程围岩物理力学参数

类别	块体密度 /(g·cm⁻³)	弹性模量 /GPa	泊松比	抗剪强度指标	
				黏聚力 /MPa	摩擦角 /(°)
20m 高程以上	2.64	48.3	0.18	8.14	58.79
20m 高程以下	2.63	52.7	0.19	10.17	71.14

按照 GB 5218—94《工程岩体分级标准》对该区域岩体分级，在洞库影响范围内各级

岩体所占百分比如表 2.1.4.2 所示。在该分级中，Ⅰ级围岩稳定性最好，Ⅴ级围岩稳定性最差。由表 2.1.4.2 可以看出，洞库围岩多为Ⅱ级和Ⅲ级，整体稳定性较好。

表 2.1.4.2　　　　　　　　　　　洞库围岩各级岩体所占百分比

岩体级别	Ⅰ	Ⅱ	Ⅲ	Ⅳ	Ⅴ
百分比/%	8	56	21	8	7

另外，从本工程洞库围岩——埋深约 180m 的花岗片麻岩三轴试验结果（图 2.1.4.1 和图 2.1.4.2）看：

（1）在围压为 5MPa 下，试样峰值强度和残余强度分别为 173MPa 和 30MPa，表现出显著的应变软化现象。

（2）试验过程中，试件体积先缩小后增大，在轴向应变为 0.004 时，试验开始出现剪胀现象。

结合试件的应力-应变曲线和体积应变-轴向应变曲线，试验过程中试件的宏观变形过程大体可分为 3 个阶段：①初始压密阶段（Ⅰ阶段）：该阶段内，随着应力水平增加试样体积缩小，试件表现为应变硬化现象；②硬化剪胀阶段（Ⅱ阶段）：该阶段内，随着应力水平增加，试件体积增大，试件表现为应变硬化现象；③软化剪胀阶段（Ⅲ阶段）：该阶段内，试件出现软化现象，但体积持续增加。

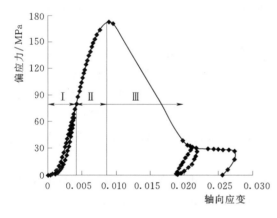

图 2.1.4.1　花岗片麻岩试件偏应力-轴向
应变曲线

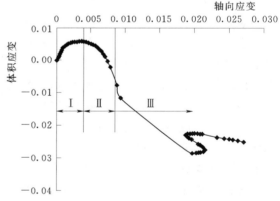

图 2.1.4.2　花岗片麻岩试件体积应变-轴向
应变曲线

从微观角度考虑，Ⅰ阶段内，试件受剪压密导致试件体积减小；而在Ⅱ阶段内，由于试件中微裂纹萌生和延伸，引起试件体积增大；而在Ⅲ阶段，试件中裂纹贯通引起了试件体积增大，同时由于破裂面出现，试件表现出应变软化现象。从上述分析不难看出，虽然试件在峰值处出现宏观破裂面，但是试件中裂纹是从剪胀开始处萌生，并逐渐扩展，因此围岩的完整性从剪胀出现处开始受到破坏。

在地下工程稳定性分析中，通常采用峰值强度对应的摩擦角来描述围岩的性质，但此仅适用于较高应力水平。针对地下水封石油洞库工程完整性分析，峰值强度对应的摩擦角不能满足要求。图 2.1.4.3 为偏应力-平均主应力空间剪缩区和剪胀区分布图。根据三轴试验结果，在偏应力-平均主应力空间，峰值线下存在一条剪胀线。在剪胀线以下，岩石受剪切力作用，体积变小，岩石密实程度增加；而在剪胀线以上，岩石受剪切力作用，体积增大，岩石密实程度减低。图中，d、φ_d 为剪胀线对应参数；c、φ_p 为峰值线对应参数。因此，可采用剪胀线描述围岩密实度变化情况。图 2.1.4.3 还给出了常规三轴试验中试件和工程实践中围岩的应力路径示意图。

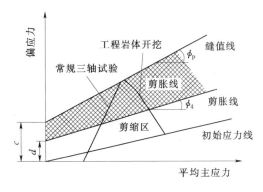

图 2.1.4.3　偏应力-平均主应力空间剪缩区和剪胀区分布图

2.2　地下水封石洞储油的基本作用原理

地下水封石洞储油的基本作用原理很简单，即利用地下水的压力大于所开挖出的洞库内储环保介质诸如原油等的最大压力，这个压力差的存在使得只能是地下水向洞库内移动，而洞库内的储存介质却无法向外运移。

需要特别指出的是，地下水天生并非是地下水封石洞储油库的必要条件，只是地质岩石赋存有孔隙或裂隙时才使得地下水成为地下水封石洞储油库的必要条件。换句话说，如果地质岩石完整无隙，在其内开挖石洞储油是不需要地下水来作为地下水封石洞储油库的必要条件的，反之亦然。

通常是，有隙围岩与其隙内的地下水共同构成密闭空间，将原油等油气介质封闭储存在洞库里面，这正是地下水封石洞储油（气）的真谛。

2.2.1　水与地下水

既然地下水封石洞储油的基本作用原理离不开地下水和岩石两个载体，为此，在论述该原理之先，将水与地下水的定义、分类及性质进行透彻了解是非常必要的。

2.2.1.1　水的定义与性能指标

1. 水的定义

水（Water）：指氢和氧的最普遍的化合物。（《辞海》1999 年缩印本第 1940 页）如是说。

2. 水的性能指标

（1）水的物理性能指标（表 2.2.1.1）。水通常是无色、无味的液体。

沸点：100℃ ［海拔为 0m，气压为一个标准大气压时（101325Pa）］。

凝固点：0℃。

最大相对密度时的温度：3.98℃。

比热容：4.186J/（g・℃）0.1MPa，15℃。

2.05J/(g・℃)0.1MPa,100℃。

密度：1000kg/m³（3.98℃时）。冰的密度比水小。

临界温度：374.2℃。

浮力分类：悬浮、漂浮、沉底、上浮、下沉。

表 2.2.1.1　　　　　　　　　不同温度下水的各类物理参数

温度 $t/℃$	压力 p/kPa	比热容 c $[kJ・(kg・K)^{-1}]$	导热率 $λ$ $/[W・(m・K)^{-1}]$	热扩散率 a $/(m^2・s^{-1})$	动力黏度 $μ$ $/(10^{-6}Pa・s)$	运动黏度 $σ$ $/(10^{-6}m^2・s^{-1})$
0	98	4.2077	0.558	4.8	1789.71	1.780
10	98	4.1910	0.563	4.9	1304.28	1.300
20	98	4.1826	0.593	5.1	1000.28	1.000
30	98	4.1784	0.611	5.3	801.20	0.805
40	98	4.1784	0.623	5.4	653.12	0.659
50	98	4.1826	0.642	5.6	549.17	0.556
60	98	4.1826	0.657	5.7	470.72	0.479
70	98	4.1910	0.666	5.9	406.00	0.415
80	98	4.1952	0.670	6.0	355.98	0.366
90	98	4.2077	0.680	6.1	314.79	0.326
100	101	4.2161	0.683	6.1	382.43	0.295
110	143	4.2287	0.685	6.1	254.97	0.268
120	198	4.2454	0.686	6.2	230.46	0.244
130	270	4.2663	0.686	6.2	211.82	0.226
140	361	4.2915	0.685	6.2	198.13	0.212
150	476	4.3208	0.684	6.2	185.35	0.202
160	618	4.3543	0.683	6.2	171.62	0.190
170	792	4.3878	0.679	6.2	162.79	0.181
180	1003	4.4254	0.675	6.2	152.98	0.173
190	1255	4.4631	0.670	6.2	145.14	0.166
200	1555	4.5134	0.663	6.1	138.27	0.160

注　黏度即黏滞系数。

（2）水的化学性质"三态"（图2.2.1.1）。

化学式：H_2O。

结构式：H—O—H（两氢氧间夹角104.5°）。

相对分子质量：18.016。

化学实验：水的电解。方程式：$2H_2O \xrightarrow{\text{通电}} 2H_2\uparrow + O_2\uparrow$（分解反应）

化学成分组成：氢原子、氧原子字义解释。

CAS号：7732-18-5。

水具有以下化学性质：

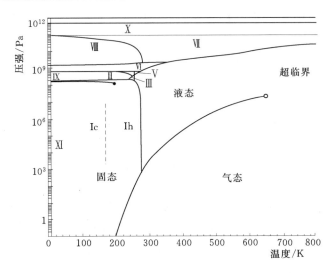

图 2.2.1.1 水的化学性质"三态"

1）稳定性：在 2000℃ 以上才开始分解。

水的电离：纯水中存在下列电离平衡：$H_2O \Longrightarrow H^+ + OH^-$ 或 $H_2O + H_2O \Longrightarrow H_3O^+ + OH^-$。

"H_3O^+" 为水合氢离子，为了简便，常常简写成 H^+，纯水中氢离子的浓度为 10^{-7} mol/L。

2）水的氧化性。水跟较活泼金属或碳反应时，表现氧化性，氢被还原成氢气。

$2Na + 2H_2O \Longrightarrow 2NaOH + H_2\uparrow$。$Mg + 2H_2O \Longrightarrow Mg(OH)_2 + H_2\uparrow$。

$3Fe + 4H_2O(水蒸气) \Longrightarrow Fe_3O_4 + 4H_2\uparrow$。

$C + H_2O \Longrightarrow CO\uparrow + H_2\uparrow$（高温）。

3）水的电解（图 2.2.1.2）。水在电流作用下，分解生成氢气和氧气，工业上用此法制纯氢和纯氧 $2H_2O \Longrightarrow 2H_2\uparrow + O_2$。

4）水化反应。水可跟活泼金属的碱性氧化物、大多数酸性氧化物以及某些不饱和烃发生水化反应。

$$Na_2O + H_2O \Longrightarrow 2NaOH$$
$$CaO + H_2O \Longrightarrow Ca(OH)_2$$
$$SO_3 + H_2O \Longrightarrow H_2SO_4$$
$$P_2O_5 + 3H_2O \Longrightarrow 2H_3PO_4$$
$$CH_2{=}CH_2 + H_2O \Longrightarrow C_2H_5OH$$

5）水解反应。

盐的水解氮化物水解：$Mg_3N_2 + 6H_2O(加热) \Longrightarrow 3Mg(OH)_2\downarrow + 2NH_3\uparrow$

$NaAlO_2 + HCl + H_2O \Longrightarrow Al(OH)_3\downarrow + NaCl$（NaCl 少量）

碳化钙水解：$CaC_2(电石) + 2H_2O(饱和氯化钠) \Longrightarrow Ca(OH)_2 + C_2H_2\uparrow$

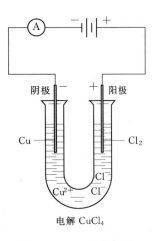

电解 $CuCl_4$

图 2.2.1.2 水的电解

卤代烃水解：$C_2H_5Br + H_2O$（加热下的氢氧化钠溶液）$\Longrightarrow C_2H_5OH + HBr$

醇钠水解：

$$C_2H_5ONa + H_2O \rightarrow C_2H_5OH + NaOH$$

酯类水解：

$$CH_3COOC_2H_5 + H_2O（铜或银并且加热）\Longrightarrow CH_3COOH + C_2H_5OH$$

多糖水解：$\quad (C_8H_{10}O_5)\, n + nH_2O \Longrightarrow nC_8H_{12}O_8$

6）水分子的直径数量级为 10^{-10}，一般认为水的直径为 $2\sim3$ 个此单位。

7）水的电离。在水中，几乎没有水分子电离生成离子。

$$H_2O \Longrightarrow H^+ + OH^-$$

由于仅有一小部分的水分子发生上述反应，所以纯水的 pH 值十分接近 7。

8）水的密度。水的密度在 3.98℃时最大，为 $1\times10\mathrm{m}^3/\mathrm{kg}$，温度高于 3.98℃时（也可以近似为 4℃），水的密度随温度升高而减小，在 $0\sim3.98$℃时，水热缩冷涨，密度随温度的升高而增加。

原因：主要由分子排列决定。也可以说由氢键导致。由于水分子有很强的极性，能通过氢键结合成缔合分子。液态水，除含有简单的水分子（H_2O）外，同时还含有缔合分子 2（H_2O）和 3（H_2O）等，当温度在 0℃水未结冰时，大多数水分子是以 3（H_2O）的缔合分子存在，当温度升高到 3.98℃（101kPa）时水分子多以 2（H_2O）缔合分子形式存在，分子占据空间相对减小，此时水的密度最大。如果温度再继续升高在 3.98℃以上，一般物质热胀冷缩的规律即占主导地位了。水温降到 0℃时，水结成冰，水结冰时几乎全部分子缔合在一起成为一个巨大的缔合分子，在冰中水分子的排布是每一个氧原子有四个氢原子为近邻两个氢键这种排布导致成一种敞开结构，冰的结构中有较大的空隙，所以 0℃时冰的密度反比水的小。

9）水在离子中是两性物质，即有氢离子（H^+），也有氢氧根离子（OH^-）。但纯净蒸馏水是中性的。

2.2.1.2　地下水的定义及分类

1. 地下水的定义

地下水（ground water）泛指存在于地下多孔介质即包气带以下地层空隙，包括岩石孔隙、裂隙和溶洞之中的水。

地下水是水资源的重要组成部分，据估算，全世界的地下水总量多达 1.5 亿 km³，几乎占地球总水量的 1/10，比整个大西洋的水量还要多！由于水量稳定，水质好，是农业灌溉、工矿和城市的重要水源之一，也是大型地下水封石洞储存石油、天然气等必需水源。

包气带水指潜水面以上包气带中的水，这里有吸着水、薄膜水、毛管水、气态水和暂时存在的重力水。包气带中局部隔水层之上季节性地存在的水称上层滞水。

潜水是指存在于地表以下第一个稳定隔水层上面、具有自由水面的重力水。它主要由降水和地表水入渗补给。

承压水是充满于上下两个隔水层之间的含水层中的水。它承受压力，当上覆的隔水层被凿穿时，水能从钻孔上升或喷出。

2. 地下水的分类

（1）按含水空隙的类型，地下水又被分为孔隙水、裂隙水和岩溶水。

孔隙水是储存于第四系松散沉积物及古、新近系少数胶结不良的沉积物的孔隙中的地下水。如松散的砂层、砾石层和砂岩层中的地下水。沉积物形成时期的沉积环境对于沉积物的特征影响很大，使其空间几何形态、物质成分、粒度以及分选程度等均具有不同的特点。

裂隙水是存在于坚硬、半坚硬基岩裂隙中的重力水。裂隙水的埋藏和分布具有不均一性和一定的方向性；含水层的形态多种多样；明显受地质构造的因素的控制；水动力条件比较复杂。

岩溶水又称喀斯特水，指存在于可溶岩石（如石灰岩、白云岩等）的洞隙中的地下水。水量丰富而分布不均一，在不均一之中又有相对均一的地段；含水系统中多重含水介质并存，既有具统一水位面的含水网络，又具有相对孤立的管道流；既有向排泄区的运动，又有导水通道与蓄水网络之间的互相补排运动；水质水量动态受岩溶发育程度的控制，在强烈发育区，动态变化大，对大气降水或地表水的补给响应快；岩溶水既是赋存于溶孔、溶隙、溶洞中的水，又是改造其赋存环境的动力，不断促进含水空间的演化。

（2）根据地下埋藏条件的不同，地下水可分为上层滞水、潜水和承压水三大类。

上层滞水是由于局部的隔水作用，使下渗的大气降水停留在浅层的岩石裂缝或沉积层中所形成的蓄水体。

潜水是埋藏于地表以下第一个稳定隔水层上的地下水，通常所见到的地下水多半是潜水。当地下水流出地面时就形成泉。

承压水（自流水）是埋藏较深的、赋存于两个隔水层之间的地下水。这种地下水往往具有较大的水压力，特别是当上下两个隔水层呈倾斜状时，隔层中的水体要承受更大的水压力。当井或钻孔穿过上层顶板时，强大的压力就会使水体喷涌而出，形成自流水。

（3）按起源不同，地下水分为渗入水、凝结水、初生水和埋藏水。

渗入水：降水渗入地下形成渗入水。

凝结水：水汽凝结形成的地下水称为凝结水。当地面的温度低于空气的温度时，空气中的水汽便要进入土壤和岩石的空隙中，在颗粒和岩石表面凝结形成地下水。

初生水：既不是降水渗入，也不是水汽凝结形成的，而是由岩浆中分离出来的气体冷凝形成，这种水是岩浆作用的结果，成为初生水。

埋藏水：与沉积物同时生成或海水渗入到原生沉积物的孔隙中而形成的地下水成为埋藏水。

（4）按矿化程度不同，可分为淡水、微咸水、咸水、盐水、卤水。

淡水：总溶解固体<1g/L。

微咸水：总溶解固体 $1\sim3g/L$。

咸水：总溶解固体 $3\sim10g/L$。

盐水：总溶解固体 $10\sim50g/L$。

卤水：总溶解固体>50g/L。

地下水由于埋藏于地下岩土的空隙之中可以流动的水体，因而其分布、运动和水的性质，要受到岩土的特性以及储存它的空间特性的深刻影响。与地表水系统相比，地下水系统显得更为复杂多样，并表现出立体结构的特点。

2.2.1.3 地下水水流系统

地下水虽然埋藏于地下，难以用肉眼观察，但它像地表上河流湖泊一样，存在集水区域，在同一集水区域内的地下水流，构成相对独立的地下水流系统。

绝大多数地下水的运动属层流运动。在宽大的空隙中，如水流速度高，则易呈紊流运动。

地下水主要有降水入渗、灌溉水入渗、地表水入渗补给，越流补给和人工补给。在一定条件下，还有侧向补给。

地下水的排泄主要有泉、潜水蒸发、向地表水体排泄、越流排泄和人工排泄。泉是地下水天然排泄的集水区域。

在一定的水文地质条件下，汇集于某一排泄区的全部水流，自成一个相对独立的地下水流系统，又称地下水流动系。处于同一水流系统的地下水，往往具有相同的补给来源，相互之间存在密切的水力联系，形成相对统一的整体；而属于不同地下水流系统的地下水，则指向不同的排泄区，相互之间没有或只有极微弱的水力联系。此外，与地表水系相比较，地下水流系统具有如下的特征：

（1）空间上的立体性。地表上的江河水系基本上呈平面状态展布；而地下水流系统往往自地表面起可直指地下几百米上千米深处，形成空间立体分布，并自上到下呈现多层次的结构，这是地下水流系统与地表水系的明显区别之一。

（2）流线组合的复杂性和不稳定性。地表上的江河水系，一般均由一条主流和若干等级的支流组合而成有规律的河网系统。而地下水流系统则是由众多的流线组合而成的复杂的动态系统，在系统内部不仅难以区别主流和支流，而且具有多变性和不稳定性。这种不稳定性，可以表现为受气候和补给条件的影响呈现周期性变化；亦可因为开采和人为排泄，促使地下水流系统发生剧烈变化，甚至在不同水流系统之间造成地下水劫夺现象。

（3）流动方向上的下降与上升的并存性。在重力作用下，地表江河水流总是自高处流向低处；然而地下水流方向在补给区表现为下降，但在排泄区则往往表现为上升，有的甚至形成喷泉。

除上述特点外，地下水流系统涉及的区域范围一般比较小，不可能像地表江河那样组合成面积广达几十万乃至上百万平方千米的大流域系统。根据托思的研究，在一块面积不大的地区，由于受局部复合地形的控制，可形成多级地下水流系统，不同等级的水流系统，它们的补给区和排泄区在地面上交替分布。

地下水域就是地下水流系统的集水区域。它与地表水的流域亦存在明显区别，地表水的流动主要受地形控制，其流域范围以地形分水岭为界，主要表现为平面形态；而地下水域则要受岩性地质构造控制，并以地下的隔水边界及水流系统之间的分水界面为界，往往涉及很大深度，表现为立体的集水空间。如以人类历史时期来衡量，地表水流域范围很少变动或变动极其缓慢，而地下水域范围的变化则要快速得多，尤其是在大量开采地下水或人工大规模排水的条件下，往往引起地下水流系统发生劫夺，促使地下水域范围产生剧变。

通常，每一个地下水域在地表上均存在相应的补给区与排泄区，其中补给区由于地表水不断地渗入地下，地面常呈现干旱缺水状态；而在排泄区则由于地下水的流出，增加了地面上的水量，因而呈现相对湿润的状态。如果地下水在排泄区以泉的形式排泄，则可称这个地下水域为泉域。

2.2.1.4 地下水垂向结构基本模式

如前所述，地下水流系统的空间上的立体性，是地下水与地表水之间存在的主要差异之一。而地下水垂向的层次结构，则是地下水空间立体性的具体表征。

典型水文地质条件下，地下水垂向层次结构的基本模式。

自地表面起至地下某一深度出现不透水基岩为止，可区分为包气带和饱和水带两大部分。其中包气带又可进一步区分为土壤水带、中间过渡带及毛细水带等3个亚带；饱和水带则可区分为潜水带和承压水带两个亚带。

从储水形式来看，与包气带相对应的是存在结合水（包括吸湿水和薄膜水）和毛管水；与饱和水带相对应的是重力水（包括潜水和承压水）。

以上是地下水层次结构的基本模式，在具体的水文地质条件下，各地区地下水的实际层次结构不尽一致。有的层次可能充分发展，有的则不发育。如在严重干旱的沙漠地区，包气带很厚，饱和水带深埋在地下，甚至基本不存在；反之，在多雨的湿润地区，尤其是在地下水排泄不畅的低洼易涝地带，包气带往往很薄，甚至地下潜水面出露地表，所以地下水层次结构亦不明显。至于像承压水带的存在，要求有特定的储水构造和承压条件。而这种构造和承压条件并非处处都具备，所以承压水的分布受到很大的限制。但是上述地下水层次结构在地区上的差异性，并不否定地下水垂向层次结构的总体规律性。这一层次结构对于人们认识和把握地下水性质具有重要意义，并成为按埋藏条件进行地下水分类的基本依据。

2.2.1.5 地下水力学结构

地下水在垂向上的层次结构，还表现为在不同层次的地下水所受到的作用力亦存在明显的差别，形成不同的力学性质。如包气带中的吸湿水和薄膜水，均受分子吸力的作用而结合在岩土颗粒的表面。通常，岩土颗粒越细小，其颗粒的比表面积越大，分子吸附力亦越大，吸湿水和薄膜水的含量便越多。其中吸湿水又称强结合水，水分子与岩土颗粒表面之间的分子吸引力可达到几千甚至上万个大气压。因此不受重力的影响，不能自由移动，密度大于1，不溶解盐类，无导电性，也不能被植物根系所吸收。薄膜水又称弱结合水。它们受分子力的作用，但薄膜水与岩土颗粒之间的吸附力要比吸湿水弱得多，并随着薄膜的加厚，分子力的作用不断减弱，直至向自由水过渡。所以薄膜水的性质亦介于自由水和吸湿水之间，能溶解盐类，但溶解力低。薄膜水还可以白薄膜厚的颗粒表面向薄膜水层薄的颗粒表面移动，直到两者薄膜厚度相当时为止，而且其外层的水可被植物根系所吸收。当外力大于结合水本身的抗剪强度（指能抵抗剪应力破坏的极限能力）时，薄膜水不仅能运动，并可传递静水压力。

毛管水。当岩土中的空隙小于1mm，空隙之间彼此连通，就像毛细管一样，当这些细小空隙储存液态水时，就形成毛管水。如果毛管水是从地下水面上升上来的，称为毛管上升水；如果与地下水面没有关系，水源来自地面渗入而形成的毛管水，称为悬着毛管水。毛管水受重力和负的静水压力的作用，其水分是连续的，并可以把饱和水带与包气带联起来。毛管水可以传递静水压力，并能被植物根系所吸收。

重力水。当含水层中空隙被水充满时，地下水分将在重力作用下在岩土孔隙中发生渗透移动，形成渗透重力水。饱和水带中的地下水正是在重力作用下由高处向低处运动，并传递静水压力。

综上所述，地下水在垂向上不仅形成结合水、毛细水与重力水等不同的层次结构，而且不同层次上所受到的作用力亦存在差异，形成垂向力学结构。

2.2.1.6 地下水体系作用势

所谓"势"是指单位质量的水从位势为零的点，移到另一点所需的功，它是衡量地下水能量的指标。根据理查兹（Richards）的测定，发现势能（Φ）是随距离（L）呈递减趋势，并证明势能梯度（$-d\Phi/dL$）是地下水在岩土中运动的驱动力。地下水总是由势能较高的部位向势能较低的方向移动。

地下水体系的作用势根据其力源性质，可分为重力势、静水压势、渗透压势、吸附势等分势，这些分势的组合称为总水势。

(1) 重力势（Φ_g）。指将单位质量的水体，从重力势零的某一基准面移至重力场中某给定位置所需的能量，并定义为 $\Phi_g = Z$，式中 Z 为地下水位置高度。具体计算时，一般均以地下水位的高度作为比照的标准，并将该位置的重力势视为零，则地下水位以上的重力势为正值，地下水面以下的重力势为负值。

(2) 静水压势（Φ_p）。连续水层对它层下的水所产生的静水压力，由此引起的作用势称静水压势，由于静水压势是相对于大气压而定义的，所以处于平衡状态下地下水自由水面处静水压力为零，位于地下水面以下的水处于高于大气压的条件下，承载了静水压力，其压力的大小随水的深度而增加，以单位质量的能量来表达，即为正的静水压势，反之，位于地下水面以上非饱和带中地下水则处于低于大气压的状态条件下。由于非饱和带中有闭蓄气体的存在，以及吸附力和毛管力的对水分的吸附作用，从而降低了地下水的能量水平，产生了负压效应，称为负的静水压势，又称基模势。

(3) 渗透压势（Φ_o）。又称溶质势，它是由于可溶性物质在溶于水形成离子时，因水化作用将其周围的水分子吸引并作走向排列，且部分地抑制了岩土中水分子的自由活动能力，这种由溶质产生的势能称为溶质势，其势值的大小恰与溶液的渗透压相等，但两者的作用方向正好相反，显然渗透压势为负值。

(4) 吸附势（Φ_a）。岩土作为吸水介质，所以能够吸收和保持水分，主要是由吸附力的作用，水分被岩土介质吸附后，其自由活动的能力相应减弱，如将不受介质影响的自由水势作为零，则由介质所吸附的水分，其势值必然为负值，这种由介质吸附而产生的势值称为吸附势，或介质势。

(5) 总水势。总水势就是上述分势的组合，即 $\Phi = \Phi_g + \Phi_p + \Phi_o + \Phi_a$，但处于不同水带的地下水其作用势并不相等。

2.2.1.7 地下水水质级别

一类水质：水质良好。地下水只需消毒处理，地表水经简易净化处理（如过滤）、消毒后即可供生活饮用者。

二类水质：水质受轻度污染。经常规净化处理（如絮凝、沉淀、过滤、消毒等），其水质即可供生活饮用者。

三类水质：适用于集中式生活饮用水源地二级保护区、一般鱼类保护区及游泳区。

四类水质：适用于一般工业保护区及人体非直接接触的娱乐用水区。

五类水质：适用于农业用水区及一般景观要求水域。超过五类水质标准的水体基本上已无使用功能。

2.2.1.8　地下水的用途

地下水与人类的关系十分密切，井水和泉水是我们日常使用最多的地下水。

不过，地下水也会造成一些危害，如地下水过多，会引起铁路、公路塌陷，淹没矿区坑道，形成沼泽地等。同时，需要注意的是：地下水有一个总体平衡问题，不能盲目和过度开发，否则容易形成地下空洞、地层下陷等问题。

赋存在地下岩土空隙中的水。含水岩土分为两个带，上部是包气带，即非饱和带，在这里，除水以外，还有气体。下部为饱水带，即饱和带。饱水带岩土中的空隙充满水。狭义的地下水是指饱水带中的水。

地下水可开发利用，作为居民生活用水、工业用水和农田灌溉用水的水源。

地下水具有给水量稳定、污染少的优点。含有特殊化学成分或水温较高的地下水，还可用作医疗、热源、饮料和提取有用元素的原料。

在矿坑和隧道掘进中，可能发生大量涌水，给工程造成危害。

在地下水位较浅的平原、盆地中，潜水蒸发可能引起土壤盐渍化；在地下水位高，土壤长期过湿，地表滞水地段，可能产生沼泽化，给农作物造成危害。

本工程水幕系统主要使用的是地下水，只是在地下水位下降至难以密闭洞库时则补充城市用自来水。

2.2.2　含水介质、含水层和隔水层

2.2.2.1　含水介质含水层隔水层定义

1. 含水介质

自然界的岩石、土壤均是多孔介质，在它们的固体骨架间存在着形状不一、大小不等的孔隙、裂隙或溶隙，其中有的含水，有的不含水，有的虽然含水却难以透水。通常把既能透水，又饱含水的多孔介质称为含水介质，这是地下水存在的首要条件。

2. 含水层

所谓含水层是指储存有地下水，并在自然状态或人为条件下，能够流出地下水来的岩体。由于这类含水的岩体大多呈层状，故名含水层，如砂层、砂砾石层等。亦有的含水岩体呈带状、脉状甚至是块状等复杂状态分布，对于这样的含水岩体可称为含水带、含水体或称为含水岩组。

3. 隔水层

对于那些虽然含水，但几乎不透水或透水能力很弱的岩体，称为隔水层。如质地致密的火成岩、变质岩，以及孔隙细小的页岩和黏土层均可成为良好的隔水层。

实际上，含水层与隔水层之间并无一条截然的界线，它们的划分是相对的，并在一定的条件下可以互相转化。如饱含结合水的黏土层，在寻常条件下，不能透水与给水，成为

良好的隔水层。但在较大的水头作用下，由于部分结合水发生运动，黏土层就可以由隔水层转化为含水层。

2.2.2.2 含水介质的空隙性与水理性

1. 含水介质的空隙性

含水介质的空隐性是地下水存在的先决条件之一。空隙的多少、大小、均匀程度及其连通情况，直接决定了地下水的埋藏、分布和运动特性。通常，将松散沉积物颗粒之间的空隙称为孔隙，坚硬岩石因破裂产生的空隙称裂隙，可溶性岩石中的空隙称溶隙（包括巨大的溶穴，溶洞等）。

（1）孔隙率（n）。又称孔隙度，它是反映含水介质特性的重要指标，以孔隙体积（V_n）与包括孔隙在内的岩土体积（V）之比值来表示，即 $n=V_n/V\times100\%$。孔隙率的大小，取决于岩土颗粒本身的大小，颗粒之间的排列形式、分选程度以及颗粒的形状和胶结的状况等。

必须指出，孔隙率只有孔隙数量多少的概念，并不说明孔隙本身的大小（即孔隙率大并不表示孔隙也大）。孔隙的大小与岩土颗粒粗细有关，通常是颗粒粗则孔隙大，颗粒细则孔隙小。但因细颗粒岩土表面积增大，因而孔隙率反而增大，如黏土孔隙率达到 45%～55%；而砾石的平均孔隙率只有 27%。

（2）裂隙率（K_T）裂隙率即裂隙体积（V_T）与包括裂隙在内岩石体积（V）之比值：$K_T=V_T/V\times100\%$。与孔隙相比裂隙的分布具有明显的不均匀性。因此，即使是同一种岩石，有的部位的裂隙率 K_T 可能达到百分之几十，有的部位 K_T 值可能小于 1%。

（3）岩溶率（K_k）溶隙的多少用岩溶率表示，即溶隙的体积（V_k）与包括溶隙在内的岩石体积（V）之比值：$K_k=V_k/V\times100\%$。溶隙与裂隙相比较，在形状、大小等方面显得更加千变万化，小的溶孔直径只几毫米，大的溶洞可达几百米，有的形成地下暗河延伸数千米。因此岩溶率在空间上极不均匀。

综上所述，虽然裂隙率（K_T）、岩溶率（K_k）与孔隙率（n）的定义相似，在数量上均说明岩土空隙空间所占的比例，但实际意义却颇有区别，其中孔隙率具有较好的代表性，可适用于相当大的范围；而裂隙率囿于裂隙分布的不均匀性，适用范围受到极大限制；对于岩溶率（K_k）来说，即使是平均值也不能完全反映实际情况，所以局限性更大。

2. 含水介质的水理性质

岩土的空隙，虽然为地下水提供了存在的空间，但是水能否自由地进出这些空间，以及岩土保持水的能力，却与岩土表面控制水分活动的条件、性质有很大的关系。这些与水分的储容、运移有关的岩石性质，称为含水介质的水理性质，包括岩土的容水性、持水性、给水性、储水性、透水性及毛细性等。

（1）容水性。指在常压下岩土空隙能够容纳一定水量的性能，以容水度来衡量。容水度（W_n）定义为岩土容纳水的最大体积 V_n 与岩土总体积 V 之比，即 $W_n=V_n/V\times100\%$。由定义可知，容水度 W_n 值的大小取决于岩土空隙的多少和水在空隙中充填的程度，如全部空隙被水充满，则容水度在数值上等于孔隙度；对于具有膨胀性的黏土，充水后其体积会增大，所以容水度可以大干孔隙度。

(2) 持水性。饱水岩土在重力作用下排水后，依靠分子力和毛管力仍然保持一定水分的能力称持水性。持水性在数量上用持水度表示。持水度 W_r 定义为饱水岩土经重力排水后所保持水的体积 V_r 和岩土总体积 V 之比。即 $W_r = V_r/V \times 100\%$，其值大小取决于岩土颗粒表面对水分子的吸附能力。在松散沉积物中，颗粒越细，空隙直径越小，则同体积内的比表面积越大，W_r，越大。

(3) 给水性。指饱水岩土在重力作用下能自由排出水的性能，其值用给水度（μ）来表示。给水度定义为饱水岩土在重力作用下，能自由排出水的体积 V_g 和岩土总体积 V 之比，即 $\mu = V_g/V \times 100\%$。

由上述可知：岩土持水度和给水度之和等于容水度（或孔隙度），即 $W_n = W_r + \mu$ 或 $n = W_r + \mu$。式中 n 为孔隙度。

(4) 透水性。指在一定条件下，岩土允许水通过的性能。透水性能一般用渗透系数 K 值来表示。其值大小首先与岩土空隙的直径大小和连通性有关，其次才和空隙的多少有关。如黏土的孔隙度很大，但孔隙直径很小，水在这些微孔中运动时，不仅由于水与孔壁的摩阻力大而难以通过，而且还由于黏土颗粒表面吸附形成一层结合水膜，这种水膜几乎占满了整个孔隙，使水更难以通过。

透水层与隔水层虽然没有严格的界限，不过常常将渗透系数 K 值小于 0.001m/d 的岩土，列入隔水层，大于或等于此值的岩土属透水层。

(5) 储水性。上述岩土的容水性和给水性，对于埋藏不深、厚度不大的潜水（无压水）来说是适合的，但对于埋藏较深的承压水层来说，往往存在明显的误差。主要原因是在高压条件下释放出来的水量，与承压含水介质所具有的弹性释放性能以及来自承压水自身的弹性膨胀性有关。

通常，埋藏越深，承压愈大则误差越大。因而需要引入储水性概念。承压含水介质的储水性能可用储水系数或释水系数表示，其定义为：当水头变化为一个单位时，从单位面积含水介质柱体中释放出来的水体积，称为释水系数（s），它是一个无量纲的参数。大部分承压含水介质的 s 值大约从 10^{-5} 变化到 10^{-3}。

2.2.2.3 蓄水构造

所谓蓄水构造，是指由透水岩层与隔水层相互结合而构成的能够富集和储存地下水的地质构造体。一个蓄水构造体需具备以下 3 个基本条件：第一，要有透水的岩层或岩体所构成的蓄水空间；第二，有相对的隔水岩层或岩体构成的隔水边界；第三，具有透水边界，补给水源和排泄出路。

不同的蓄水构造，对含水层的埋藏及地下水的补给水量、水质均有很大的影响。尤其在坚硬岩层分布区，首先要查明蓄水构造，才能找到比较理想的地下水源。

坚硬岩层中的蓄水构造主要有单斜蓄水构造、背斜蓄水构造、向斜蓄水构造、断裂型蓄水构造、岩溶型蓄水构造等。

在松散沉积物广泛分布的河谷、山前平原地带，有人根据沉积物的成因类型、空间分布及水源条件，区分为山前冲洪积型蓄水构造、河谷冲积型蓄水构造、湖盆沉积型蓄水构造等。

2.2.3 人工水幕的油气密闭基本原理❶

所谓水幕，就是在储油气洞室上方设置一充水隧洞（或巷道）并由此辐射一系列充满压力水的钻孔，从而形成一覆盖整个储油气洞室的伞状水幕如图 2.2.3.1 所示。

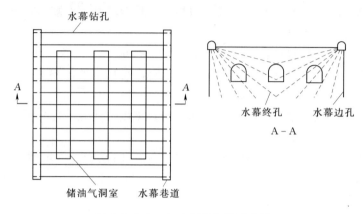

图 2.2.3.1　人工水幕布置示意图

人工水幕之所以能密闭储油气洞室，是因为人工水幕可使储油气洞室围岩缝隙中形成指向洞室的渗流，当这些渗流的水力坡降大于某一临界值时，就可阻止油气进入岩石缝隙或阻止已进入缝隙的油气向外运动。在寻找这一临界水力坡降值方面，国外许多学者都作了大量的试验和理论研究，其中做出突出贡献的有瑞典人 B. Aberg 和挪威人 D. C. Goodall。然而，目前尚未有一致认可的临界水力坡降值 I_0 表达式，唯一可接受的准则就是 $I_0 > I$ 或 $I_a > 1 - \rho_g / \rho_w$（$\rho_R$、$\rho_w$ 分别为油气和水的密度），同时，专家们一致认为这一准则相对来说比较保守，图 2.2.3.2 给出了该准则的简单推导过程。

根据伯努利（Bernouli）方程，则

$$\Delta Z = (P_2 - P_1)/(\rho_w g) + h_f \tag{2.2.3.1}$$

因为

$$\Delta Z = L \sin\alpha, h_f = IL$$

现在，式（2.2.3.1）可写成

$$\sin\alpha = (P_2 - P_1)/(\rho_w g)L + I \tag{2.2.3.2}$$

根据油气密闭的基本准则，有 $P_1 \geqslant P_2$，因此该准则又可表示成

$$I \geqslant \sin\alpha \tag{2.2.3.3}$$

引入垂直水力坡降 I_a，令 $I_a = I/\sin\alpha$，则表达式（2.2.3.3）可简化为

$$I_a \geqslant I \tag{2.2.3.4}$$

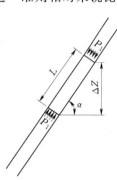

图 2.2.3.2　用水力坡降表示的油气密闭基本准则

式中：ρ_w 为水的密度，kg/m^3；h_f 为沿长度 L 的水头损失，cm；I 为沿缝隙面的水力坡降；g 为重力加速度，m/s^2。

尽管这一判别标准非常简单，但是由于岩石缝隙的天然不规则，使得其实际应用有很

---

❶ 高翔，谷兆祺．人工水幕在不衬砌地下贮气洞室工程中的应用 [J]．岩石力学与工程学报，1997，16（2）：178－187．

大困难。因此，工程上水幕的设计应该结合理论计算、现场试验和实践经验，然后进行经济技术优化。

从数理力学角度分析，图 2.2.3.1 可用图 2.2.3.3 来等效考虑[1]。

一般地下水的渗流属稳定流，可用达西公式描述，渗入洞库内的单位流量 q 可写为式（2.2.3.5）：

$$q = KAgrandU \qquad (2.2.3.5)$$

式中：$grandU$ 为水力坡降；A 为过水断面；K 为渗透系数。

在如图 2.2.3.4 形式的洞库中，对于充满各种微裂隙的岩体，且水幕隧道的四周又设置了通水钻孔的情况，直观上是可以接受的。为此，式（2.2.3.5）可改写成式（2.2.3.6）：

$$g = K2\pi r\frac{dP}{dr} \text{ 或 } q\frac{1}{r}dr = 2\pi rdP \qquad (2.2.3.6)$$

积分式（2.2.3.6）得式（2.2.3.7）：

$$q = 2\pi K\frac{P_w - P_0}{\ln\dfrac{R}{R_0}} \qquad (2.2.3.7)$$

式中：q 为渗入洞库内的单位流量；P_0 为洞内储气压力；R 为水幕近似的圆形断面半径；R_0 为洞室近似的圆形换算半径，$R_0 = \sqrt{\dfrac{A}{\pi}}$；$r$ 为洞库的当量半径；A 为洞库的横截面积；P_w 为水幕压力；其余符号同前。

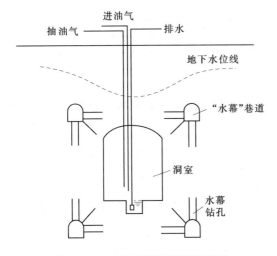

图 2.2.3.3 油气洞库周围布置的高压水幕示意图

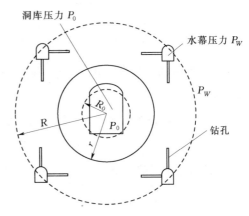

图 2.2.3.4 洞库的等效断面图

在图 2.2.3.4 的洞库中，渗入洞库的总流量可用式（2.2.3.8）表示：

$$Q = 2\pi KL\frac{P_w - P_0}{\ln\dfrac{R}{R_0}} \qquad (2.2.3.8)$$

[1] 崔京浩·四周有水幕的高压气库渗流量分析 [J]. 油气储运.1990，9（4）：19-26.

式中：Q 为渗入洞库的总流量；L 为洞库纵向长度；其余符号同前。

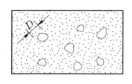

图 2.2.3.5 多孔岩体
示意图

以上各式中的 K 值与岩体的类型不同而取不同的数值：

（1）对于完整而且连续性好的岩体。取 $K=K_m$，K_m 的值可由表 2.2.3.1 选取。

（2）对于非完整而且不连续的岩体。其 K 值按 C. Jaege 和 G. Gudehus 建议的针对不同情况按如下情况选取：

1）如图 2.2.3.5 所示的多孔岩体，其渗透系数可按式（2.2.3.9）求取：

$$K=K_p+K_m \qquad (2.2.3.9)$$

式中：K_p 为附加系数项，$K_p=\dfrac{\alpha D^2\gamma}{\mu}$；$D$ 为岩石空隙的有效直径；μ 为动力黏滞系数，从表 2.2.3.1 中查；γ 为水的重度；α 为取决于空隙几何形状的无量纲参数；其余符号同前。

表 2.2.3.1　　　　　　　不同岩土平均空隙率、单位出水量及渗透系数

岩土类型	空隙率 /%	单位出水量 /%	渗透系数 /(m·s^{-1})
黏土	45	3	$\leqslant 1\times10^{-9}$
砂土	35	25	$1\times10^{4}\sim1\times10^{-6}$
卵石	25	22	$>1\times10^{-4}$
含砂卵石	20	16	$1\times10^{-5}\sim1\times10^{-7}$
砂岩	15	8	$1\times10^{-4}\sim1\times10^{-7}$
石灰岩	5	2	$1\times10^{-5}\sim1\times10^{-6}$
花岗岩	0.5	0.25	$\leqslant 1\times10^{-7}$

2）如图 2.2.3.6 所示，在岩体中有一组裂隙，渗透系数可按式（2.2.3.10）求取：

$$K=K_f+K_c \qquad (2.2.3.10)$$

式中：K_f 为附加系数项，$K_f=\dfrac{e_f^3\gamma}{12d\mu}$；$e_f$ 为裂隙的平均宽度；d 为两个裂隙之间的距离；其余符号同前。

3）对于节理分布不规则的岩体（图 2.2.3.7）；则渗透系数可用式（2.2.3.11）求取：

$$K=K_f'+K_m \qquad (2.2.3.11)$$

式中：K_f' 为附加系数项，$K_f'=\dfrac{ge_f^3}{12\gamma}$；$g$ 为重力加速度；γ 为水的运动黏滞系数，可根据不同温度由表 2.2.3.1 中选取。

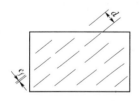
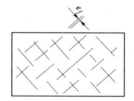
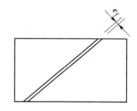

图 2.2.3.6 多组裂隙岩体
示意图

图 2.2.3.7 节理分布不规则的
岩体示意图

图 2.2.3.8 单独裂隙岩体
示意图

4）对于单独一条裂隙（图2.2.3.8），其渗透系数可由式（2.2.3.12）求取：

$$K = K_j + K_m \qquad (2.2.3.12)$$

式中：K_j 为附加系数项，$K_j = \dfrac{e_f^{-2r}}{12\mu}$；$e_f$ 为裂隙宽度；其余符号同前。

通常洞室的纵轴总要选为垂直于岩体的主要裂隙，因此，由单独一条裂隙渗入洞室的渗水量，可参照式（2.2.3.8）改写为式（2.2.3.13）：

$$Q_i = 2\pi K_i e_j \frac{P_w - P_0}{\ln \dfrac{R}{R_0}} \qquad (2.2.3.13)$$

式中：Q_i 为代表沿该裂隙渗入的渗流量；K_i 为代表该裂隙的渗透系数；e_j 为代表该裂隙的平均宽度；其余符号同前。

如前在岩体中沿洞室的纵向分布着若干条裂隙，则式（2.2.3.13）可进一步改写为式（2.2.3.14）：

$$Q_i = 2\pi \sum_{i=1}^{m} K_{ji} e_{ji} \frac{P_w - P_0}{\ln \dfrac{R}{R_0}} \quad (i = 1, 2, 3, \cdots, m) \qquad (2.2.3.14)$$

式中：m 为代表沿洞室纵向分布的裂隙的数目；其余符号同前。

当岩体中并列开挖若干个洞室（图2.2.3.9）时，则式（2.2.3.8）仍然适用，但应改写成式（2.2.3.15）：

$$Q_p = \sum Q_i = 2\pi K \frac{\sum\limits_{i=1}^{n} L_i}{n} \frac{P_w - P_0}{\ln \dfrac{R}{R_0'}} \quad (i = 1, 2, \cdots, n) \qquad (2.2.3.15)$$

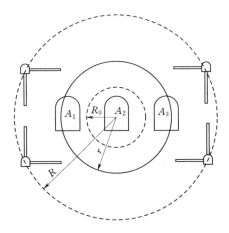

图2.2.3.9　并列开挖若干个洞室的岩体示意图

式中：Q_p 为渗流量；R_0' 为图2.2.3.9型岩体的换算半径，$R_0' = \sqrt{\sum\limits_{i=1}^{n} \dfrac{A_i}{\pi}} \ (i = 1, 2, \cdots, n)$；$n$ 为代表并列洞室的个数；其余符号同前。

如果沿洞室纵向尚有若干裂隙横穿，则式（2.2.3.15）改写为式（2.2.3.16）：

$$Q = Q_p + Q_j = 2\pi \frac{P_w - P_0}{\ln \dfrac{R}{R_0'}} \left[K \frac{\sum\limits_{i=1}^{n} L_1}{n} + \sum_{i=1}^{m} K_{ji} e_{ji} \right] \qquad (2.2.3.16)$$

一旦渗流量求得之后，则每一个洞室的渗流量可用式（2.2.3.17）表示：

$$Q_i = Q \frac{L_i A_i}{\sum\limits_{i=1}^{m} L_i A_i} \qquad (2.2.3.17)$$

式中：Q_i 为某个洞室的渗流量；A_i 为某个洞室的横截面积；L_i 为某个洞室的纵向长度；其余符号同前。

2.3　地下水封石洞储油的关键技术机理

2.3.1　密封主要方式

20 世纪末，挪威 H・Kjφrhalt 和 E. Broch 在其《水幕——防止不衬砌石洞中高压气体泄漏的成功措施》一文中❶，介绍了限制或消除气体从储气库中的方法有两类（图 2.3.1.1）：一是渗透性控制，二是地下水控制。虽然讲的是储气密封机理，对本工程储存原油同样适用。因为气体的泄漏比液体原油的泄漏要求密闭更苛刻。本质上讲，地下储库往往将被储介质油气二者相提并论也在文献中广为盛行。

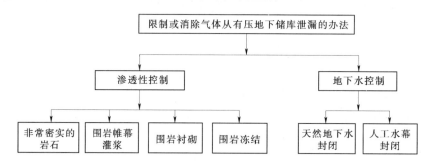

图 2.3.1.1　限制或消除气体从有压储库泄漏的方法示意框图

2.3.2　渗透性控制密封机理

渗透性控制密封，是地下储库一种物性保存和围岩改善机理作用的结果。

从深部油气成藏机理分析❷，本工程若采用渗透性控制密封洞库以防止或消除有压油气从洞库内向围岩扩展泄漏方案，其设计依据的储备油（气）机理有两种方式：

（1）油气充注保存和改善储库。

（2）超压保存储库和超压产生的微裂隙改善储库。

两种方法的共同点，就是以"改善储库"为主导，采取如图 2.3.1.1 中"围岩帷幕灌浆"或"围岩衬砌""围岩冻结"办法来控制渗透性。

渗透性控制，意味着靠确保储库围岩具有最低的渗透性，来消除泄漏或限制泄漏在许可范围内。

图 2.3.1.1 中所列的渗透性控制的第一种办法，是选择"非常密实的岩石"，也就是理想化的"无隙岩石"或常说的完整性最好的致密岩石作为围岩来控制渗漏，这是设计工程师和施工工程师共同的"一厢情愿"，实际上难以奏效。除非是像南非共和国桌山上的"坚如磐石"连现代炸药都炸不动的坚硬完整岩石，否则，只要按 GB 5128—94《工程岩

---

❶　H. Kjφrhalt，E. Broch. The Water Curtain-a Successful Means of Freventing Gas Leakage from High-Pressure, Unlin ed Rock Caverns，Tunnelling and Underground Space Technology，1992，Vol. 7 NO2，pp127－132.

❷　胡海燕・深部油气成藏机理概论［J］. 大庆石油地质与开发，2006，25（6）：24－26.

体分级标准》划分有Ⅱ、Ⅲ类甚至Ⅳ与Ⅴ类的花岗片麻岩，并且它们的占有百分比在90%以上，这种岩石就无法靠自身条件满足密封的要求。

图2.3.1.1中所列的渗透性控制的第二种办法，是采取"围岩帷幕灌浆"。这在理论与实施技术上均不是问题，但在经济分析上耗资、费时无可置疑，显而易见不可取。

图2.3.1.1中所列的渗透性控制的第三种办法，是采用"围岩衬砌"甚至早先的原始想法，采用钢板衬砌，虽然施工简便，但成本过高，同样不可取。

图2.3.1.1中所列的渗透控制的第四种办法，是进行"围岩冻结"，这是早先北欧瑞典的想法，虽然理论与实践均有可能，但其方案是否最优？效果怎样？北欧冻结容易，中国位处东北亚甚至南海热带地区冻结是否合适，尚须商榷探讨。

总之，以物性保存和围岩改善机理为主导的渗透性控制密封，有其理论上成熟、实施技术上简便的优势，只是在经济评价上，可能比地下水控制密封稍逊一筹。

为比较研究计，在这里将渗透性控制的核心技术机理——超压及其与成藏储备关系列举如此，以飨读者。

2.3.2.1 超压与油气关系

1. 基本概念

(1) 孔隙流体压力、静水压力和剩余孔隙流体压力。孔隙流体压力是孔隙中的流体对岩石孔隙实际产生的压力；静水压力是上覆流体柱作用于沉积物孔隙中流体的压力；剩余孔隙流体压力是在某一深度上孔隙压力超出静水压力的部分。三者的关系是：孔隙流体压力是静水压力和剩余孔隙流体压力之和。

(2) 超压。当孔隙流体压力超过静水压力时，定义为超压。

(3) 压力梯度。深度 H 处的压力 p 与深度的比值定义为该处的压力梯度，即 p/H。

(4) 压力过渡带。依照压力梯度的大小，介于超压与常压之间的地带。

2. 超压与含油气系统各要素与作用的关系

超压与含油气系统中的各要素与作用过程密切相关，油气生成，油气运聚、储、盖能力等均存在各种联系。

(1) 超压与生烃的关系[1]。超压与生烃是相互作用，互相影响的。一方面，生烃会导致超压的形成；另一方面，超压对生烃有抑制作用。大多数的学者研究认为超压对有机质的成熟——成烃起抑制作用。陈善勇等对歧北地区沙三段演化程度低的暗色泥岩样品进行的封闭式累积受热模拟实验结果表明：在 R_0 值为 $0.55\% \sim 1.5\%$ 的干酪根大量降解生油阶段，超压在抑制液态烃向气态烃转化的同时还抑制干酪根降解，扩展了液态烃演化窗的深度下限；在 R_0 值为 $1.5\% \sim 2.25\%$ 的高成熟演化阶段早期，超压抑制部分液态烃向气态烃转化，至高成熟演化阶段晚期压力的滞烃作用才减弱。

(2) 超压与油气运移聚集的关系。油气运移必须达到临界运移的饱和度并克服一定的毛细管阻力，在有足量的油气聚集并在异常高压作用下地层产生裂缝或断层，油气才可以发生运移，可见超压是油气运移的动力来源。但如果超压主要是由烃类生成造成的，表明烃类处于一个相对封闭的系统，未能顺利排出进入输导层，这对油气运移产生不利影响。

---

❶ 闫桂京，等. 超压与油气的关系 [J]. 海洋地质动态. 2005，21 (9)：1-2.

流体作为油气运移的载体，决定了油气运移的方向，断裂系统是超压体系中流体运移的主要通道，故沿着泄压的断裂系统才是油气聚集的有利地带。另外研究表明，压力过渡带是油气聚集的有利场所。

（3）超压与盖层的关系。超压表示岩石中流体的排出不畅，所以超压层本身就是一个良好的封闭隔层。这里主要谈一下盖层为超压即超压盖层的特点。吕延防等通过对超压盖层的研究表明：盖层中超压形成的本质因素是盖层岩石中毛细管孔隙的吸附阻力；超压盖层的封闭能力为盖层底部岩石的排替压力与二倍盖层超压值之和；超压盖层不仅增强了盖层封闭游离相烃类的能力，同时也导致了阻止水溶烃、扩散烃的逃逸作用；超压盖层的存在，减少盖层被裂缝、断层破坏的风险。很显然，盖层的封堵性与超压的历史有关，若超压盖层形成在排烃之后，则对油气的保存毫无作用；另外，地质历史过程中的超压体可能通过盖层的渗透而消失，因此压力史的研究对盖层评价至关重要。

综上所述，超压虽然源于深部油气成藏现实与历史，但它在地下油气储库中的作用是明显的：①超压几乎是全世界范围内含油气盆地的普遍现象，超压的存在对油气的生成、运移和聚集产生重要的影响；②超压与油气的作用主要有：对烃源岩的热演化有抑制作用，是油气运移的重要动力，使盖层的封闭性更好，压力过渡带是油气聚集的有利场所；③研究超压与油气关系的发展方向；综合地质、地质物理、地球化学和油藏工程等各方面的知识进行全面研究，使研究更趋于综合性，从试验出发，定量研究超压的形成机制及对含油气系统各因素及过程的影响，对本工程后续的利用地下水进行水封密闭机理研究可资借鉴与参考。

2.3.2.2　构造应力超压机理[●]

构造应力一直被认为是超压形成的重要机制，但对其研究还处于定性的分析阶段。罗晓容利用以有限元方法为基础的盆地数值模型，在一维的剖面上考虑构造应力强度、构造作用时间及方式、地层的物理成岩特征及其岩石渗透率等因素的变化，对构造应力在地层压力演化中的作用进行了模拟分析。获得了一些构造应力作为超压形成机制的新认识：①构造应力在水平方向上增加了地层的压实作用；②在极端条件下，构造应力所引起的超压增量可达构造应力的一半；③上覆地层因构造应力的作用而发生的更为强烈的压实结果对其下伏地层内压力的演化也很重要，其增加的超压增量可达构造应力的 $15\% \sim 20\%$。

1. 以重力场为主导的原岩应力状态

一般地，以重力场为主导的地质岩石，其原岩应力状态可用式（2.3.2.1）来表述：

$$\sigma_H = \sigma_h = \nu \sigma_v \tag{2.3.2.1}$$

式中：ν 为应力比系数；σ_H 和 σ_h 分别为最大和最小水平应力；σ_v 为垂直应力。

若岩石在水平方向上的应变为 0，ν 值可由岩石的泊松比 μ 计算获得

$$\nu = \frac{\mu}{1 - \mu} \tag{2.3.2.2}$$

一般情况下，岩石的塑性越强，μ 值越大；若岩石为完全塑性的，$\mu = 0.5$，则 $\nu = 1$。实际上，地质岩石既不是全塑的，也不是全弹的，而是弹、塑、黏兼而有之。

● 罗晓容. 构造应力超压机制的定量分析 [J]. 地球物理学报. 2004，47（6）：1086 - 1093.

对于类似于沉积盆地内作用在水平方向的花岗片麻岩构造应力，其应力场可以被看作是重力场所引起的地下应力场与构造应力场之和。取重力派生的应力场中一个水平主应力轴方向与构造应力平行，则有

$$\left.\begin{array}{l} \sigma_v = \rho g z \\ \sigma_H = \nu \sigma_v + \sigma_T \\ \sigma_h = \nu \sigma_v \end{array}\right\} \qquad (2.3.2.3)$$

式中：ρ 为岩石的平均密度；g 为重力加速度；σ_T 为构造应力；z 为地层埋藏深度。

对于各种应力状态，沉积地层内流体压力的增加都使得有效应力降低，但既不改变各应力之间的差值也不改变其方向。

2. 构造应力建模

（1）水平应力。在不考虑构选应力的条件下，水平应力在各个方向上基本相同，可由式（2.3.2.2）计算获得。对于任一地层，泊松比 μ 值可根据其成岩程度计算获得：

$$\mu = (\mu_{\max} - \mu_{\min}) \frac{\phi}{\phi_0} + \mu_{\min} \qquad (2.3.2.4)$$

式中：$\mu_{\max}$ 和 $\mu_{\min}$ 分别为该类岩层在地表和埋藏到现今基底深度后的泊松比值；ϕ_0 和 ϕ 分别为岩层在其表面和观察点深度上的孔隙度值；μ 值可以在 $0.50 \sim 0.27$ 的范围内变化，其对应的应力比值从 $1.0 \sim 0.5$。

（2）构造应力。模型中，设构造应力随深度的变化主要表现在浅部，在一定的深度之下为常数：

$$\left.\begin{array}{l} \sigma_T = \sigma T_{\max} e^{b(z - z_m)} \ (z < z_m) \\ \sigma_T = \sigma_{T_{\max}} \ (z \geqslant z_m) \end{array}\right\} \qquad (2.3.2.5)$$

式中：$\sigma_{T_{\max}}$ 是最大的构造应力；z_m 为一给定深度；b 为系数。

构造应力随时间的变化可用一个三角函数来表示：

$$\sigma_T = \sigma_{T_{\max}} \left| \sin\left(\pi \frac{t(t_1, t_2) - t_2}{t_3 - t_4} \right) \right| \qquad (2.3.2.6)$$

式中：t_3、t_4 分别是一次构造活动开始和结束的时间；t_1、t_2 分别是作用于岩层的构造应力开始和结束的时间，且 $t_3 \geqslant t_1 \geqslant t_2 \geqslant t_4$；$t$ 为观察时间。

为保证模型运算正常，取三角函数值的绝对值。这样通过改变 t_i 的值，可以模拟一个或多个周期为（$t_3 \sim t_4$）的构造活动，也可以模拟地层发育历史只是一个更长的构造运动过程一部分的情况。

（3）构造应力对孔隙度的影响。沉积物的压实作用可以用一孔隙度随有效应力变化的公式表示：

$$\phi = \phi_0 e^{\frac{c}{(\rho_b - \rho_f) g} \sigma'} \qquad (2.3.2.7)$$

式中：c 为由孔隙度-深度关系获得的压实系数；ρ_b 和 ρ_f 分别为沉积物和孔隙充体的密度；σ' 为有效应力。

为考虑构造应力对沉积物压实作用的影响，在该式中须引入平均有效应力的概念。由式（2.3.2.1）得

$$\bar{\sigma}' = \frac{1}{3}(\sigma_v + 2\nu\sigma_v) - P \qquad (2.3.2.8)$$

式中：$\bar{\sigma}'$ 为平均有效应力；P 为沉积地层的孔隙充体压力。

将式（2.3.2.8）代入式（2.3.2.7），得

$$\phi = \phi_0 e^{\frac{c}{[\rho_b(1+2\nu)/3-\rho_f]g}\bar{\sigma}'} \qquad (2.3.2.9)$$

（4）考虑构造应力条件下的孔隙流体压力模型。利用平均应力替代了垂直应力后，水动力学的方程为

$$\left(\beta\phi + \frac{\alpha'_\phi}{1-\phi}\right)\frac{dP}{dt} = \frac{1}{\rho_f}\nabla\left[\frac{k\rho_f}{\mu}(\nabla P - \rho_f g)\right] + \frac{\alpha'_\phi}{1-\phi}\frac{d\bar{\sigma}}{dt} + \alpha\phi\frac{dT}{dt} + Q \qquad (2.3.2.10)$$

式中：β 为孔隙水的压缩率；α 为孔隙水膨胀率；∇P 表示 P 梯度；Q 为孔隙流体源；$\bar{\sigma} = \bar{\sigma}' + P$ 为平均应力；α'_ϕ 为孔隙度压缩率，在应力比为常数的情况下：

$$\alpha'_\phi = -\frac{\phi_C}{[\rho_b(1+2\nu)/3-\rho_f]g} \qquad (2.3.2.11)$$

平均应力对时间的导数表示了压实作用对流体压力演化的影响，由式（2.3.2.3），有

$$\frac{d\bar{\sigma}}{dt} = \frac{d}{dt}\left(\frac{\sigma_v(1+2\nu)+\sigma_T}{3}\right) \qquad (2.3.2.12)$$

模型中渗透率与孔隙度的关系采用简化的 Kozeny-Carmen 公式：

$$k = \lambda\phi^n \qquad (2.3.2.13)$$

式中：k 为渗透率；λ 为渗透率系数；n 为一接近 5.0 的经验指数。

3. 模拟分析结果

（1）根据岩石力学的理论，岩石体积因压实作用而发生的变化完全是外力作用的结果，不论是垂向的重力还是侧向的构造应力。构造应力并不直接作用于地层孔隙流体，而是作用于沉积物颗粒。它对地层压力的作用通过压实作用而显现出来。因而构造应力对地层压力的作用可视为侧向的压实作用，表现在两个方面：压实作用使得孔隙体积降低，岩石的渗透能力因孔隙度的减小而降低。

（2）构造应力的增压作用可视为水平方向的地层压实增压作用，所产生异常压力的机制与压实作用机理完全一致，只是方向不同，并随着构造应力值而变化。

（3）构造应力对于异常流体压力演化的效应取决于地层的渗流力学特征和岩石物理性质，也受控于地层经受构造应力的时间和方式。在合适的条件下，构造应力可有效地增加地层内的异常压力，若地层的封闭性良好，构造应力引起的异常流体压力增量可达构造应力的 50%。

（4）构造应力对于异常流体压力演化的作用不只限于产生异常压力的地层，而且也作用于上覆地层，使之补充压实、密度增加。因构造应力作用于下伏地层压力而产生的影响可以达到其强度的 15%～20%。

2.3.2.3 超压机理及其对油气成藏影响 [1]

地下岩石中所含的任何流体都在压力作用下。压力由骨架和流体共同作用产生，它包括静水压力（P_h）、孔隙流体压力（P_p）、剩余孔隙流体压力（P_e）和总压力（P_t）。如果孔隙流体压力超过静水压力，就定义为超压，相反则为负压。

---

[1] 胡海燕. 超压的成因及其对油气成藏的影响 [J]. 天然气地球科学. 2004, 15 (1): 99-102.

1. 超压形成机理

总的来说，超压的形成是由于形成了相对比较封闭的系统，其中的流体不易排出，同时伴随着压力增大、温度增高和应力升高，流体膨胀受压而形成超压。

(1) 欠压实作用。一般，随深度的增加，浅层泥岩压实速度先是递减快，而后逐渐减慢。孔隙度或密度与深度表现为一平缓曲线，然而，在一定深度下有时会出现偏离压实趋势的异常。这种异常常常表现为孔隙度比按正常趋势推测的高，密度比正常趋势推测的低（图 2.3.2.1），且常见异常高的孔隙流体压力以及低的声波传播速度、低的电阻率和低的机械强度（钻速加快）等特殊物理现象。这种特殊物理现象带常被称为异常压实带或高压异常带、超压带，即所谓的欠压实带。

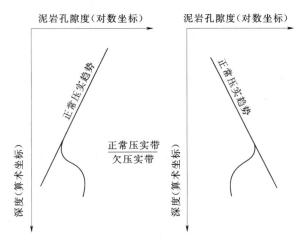

图 2.3.2.1　泥岩空隙度-深度与容积密度-深度半对数关系曲线示意

在泥质岩类被压实过程中，由于压实流体排出受阻或来不及排出，孔隙体积不能随上覆负荷增加而减少，导致孔隙流体承受了部分上覆沉积负荷，使孔隙流体压力高于其相应的静水压力，于是就出现了超压现象。

(2) 蒙脱石脱水作用。蒙脱石是一种膨胀性黏土，结构水较多，一般含有 4 个或 4 个以上的水分子层。这些水分按体积计算可以占整个矿物的 50%，按重量算可占 20%。结构水在压实和热力作用下部分甚至全部会成为孔隙水，在泥岩排液困难情况下，蒙脱石的脱水作用很容易产生孔隙异常高压，超压形成有 3 个因素：一是伊利石对孔隙孔道产生堵塞，增加了泥质岩的非渗透性；二是伴随这个过程所释放出水的体积可达原始孔隙体积的15%；三是蒙脱石层间吸附水的密度一般高于自由孔隙水。因此，蒙脱石吸附水脱出后必然要膨胀，这种膨胀导致地层产生附加孔隙压力，加之上覆地层迅速增厚，静载急剧增加和流体的驱替受阻，泥质岩超压体系于是形成。

(3) 生烃作用。干酪根成熟后生成大量油气（还有水），它们的体积大大超过原干酪根本身的体积。这些不断生成的流体使孔隙中的压力越来越高，形成超压。据计算有机碳含量为 1% 的烃源岩，所生流体的净增体积大约是 $0.15 \sim 0.18$ t/(m² · m)，相当于孔隙度为 10% 的页岩总孔隙度体积的 $4.5\% \sim 5\%$，可大大增加孔隙流体压力。此过程生成的烃类和水使地层中的单相流动变为多相流动，烃类从地层中析出，可能会降低泥质岩对水的有效渗透率而导致孔隙流体排出速率的降低，这是因为当地层孔隙流体由单相流动变为多相流动时，其中两种流体渗透率之和（即它们的相对渗透率之和）降低到单相流动的1/10时，会导致流体排出受阻，形成超压。

（4）流体热增压作用。在许多盆地中，地温随深度增大而升高，流体受热膨胀，使压力升高造成高孔隙流体压力。Barker 等指出：在固定体积的封闭含水系统中，温度每变化 0.56℃，内部压力的变化范围为 0.76MPa（饱和盐水）～0.86MPa（淡水）；这样，在一个含有淡水的地层中，当温度升高 4.4℃时，可产生 6.90MPa 的过剩压力。

（5）渗析作用。渗析作用是在渗透压差作用下流体通过半透膜从盐度低的向盐度高的方向运移，直到浓度差消失为止。含盐量越大，产生的渗透压也越大。前人计算表明，页岩与砂岩盐度相差 50000×10^{-6} 时，可产生 4.25MPa 的渗透压差，如果两者相差 150000×10^{-6} 时，可产生 22.7MPa 的渗透压差。盐离子很容易被页岩吸附过滤，页岩孔隙水的盐度常比砂岩高，在页岩中易形成超压。

（6）液态烃类的热裂解作用。在高温条件下，液态烃类受催化反应、放射性衰变及细菌作用热解为气态烃的过程中，其体积可增加到原来的 2～3 倍或更大，从而导致地层压力增加。另外，在超压地层中，残余油没有排出生烃岩，这些残余油转换为气，引起地层压力增加，也可形成超压。根据动力学参数，计算出粉河盆地中心超压体中油变成气和干酪根变成气的转换比，说明超压体内干酪根转化为气的转换比很小，主要是油转换为气，转换比相差 10 倍。

（7）构造作用。区域性抬升、折皱、断层、滑坡、崩塌和刺穿（盐岩或泥、页岩）均可造成异常压力体系。区域性抬升和隆起是造成异常压力的重要因素。道理很简单，某一深度下的正常压力系统整体抬升，而压力保持原状，就会在相对浅层造成超压系统。相反，当某一深度的正常压力系统抬升后，上覆地层剥蚀，原始条件发生变化，如温度下降、裂缝或断层引起流体泄漏等因素则可导致低压异常。对原始超压体系来说，由于泄漏作用，断裂的发育可导致低压异常；而对非超压系统来说，断裂发育对高压流体起输导传递作用而可能产生超压异常。褶皱、滑坡、崩塌和刺穿作用，均可使压力失去平衡而导致超压。

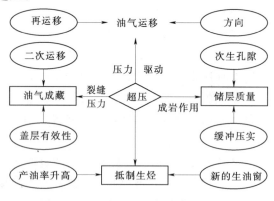

图 2.3.2.2　超压对油气成藏影响示意

2. 超压对油气成藏的影响

超压可以促使烃类运移，超压使孔隙度变高成为有效的储层，超压也可以使盖层破裂形成优势运移通道，使油气幕式运移成藏。超压对油气成藏的影响如图 2.3.2.2 所示。超压可产生烃类运移的动力。当超压达到一定程度便会产生裂缝，为烃类运移提供优势运移通道，烃类进入超压改造的良性储集层，在合适的地质条件下就会聚集成藏。

（1）超压是烃类初次运移的动力。烃类主要以游离相态进行初次运移。Barker 提出："当母岩中生成的烃类数量足以使水饱和并能满足克服颗粒和有机质的吸附能力时，就会在孔隙空间中形成连续性的游离烃相。"但烃类将受到泥岩细小孔径中巨大毛细管阻力的束缚，只有当泥岩与邻近储集层和输导层孔隙流体间的压差超过了油气运移的阻力时，油气才能从母岩中排出。因此，异常高的孔隙流体压力无疑为烃类的运移提供了动力条件。同时异常高压还起到减缓泥岩压实进程，使泥岩在深部仍保留有相对较大的孔隙度及渗透性，为烃类运移提供畅通的渠道，加快烃类排驱。

（2）超压可改善储集层性能。由于孔隙流体超压系统的形成和发育，大大削弱了正常压实作用对深部地层的影响，使得深部地层中一部分原生孔隙得以保存下来。同时由于有机质热演化过程中有机酸和 CO_2 的释放，降低了孔隙水的 pH 值，这些酸性孔隙水在高温高压作用下，对易溶矿物的溶解作用进一步加强，可以形成较好的次生孔隙。例如，美国东 Delaware 盆地 War-Wink 油田中，深部地层的异常压力带出现在地下 3500~5000m 深度段；按理论计算，这个深度段的孔隙度应为 2%~6%，但实际孔隙度为 10%~35%，相同深度段的渗透率也异常高。

（3）超压层可成为良好的盖层。超压层往往具有物性封闭和超压封闭的作用，压力封闭与物性封闭在超压带往往是一对孪生兄弟，但压力封闭明显优于物性封闭。根据刘方槐计算，压力系数为 1.3 的欠压实泥岩，依靠异常孔隙流体压力封闭的气柱高度比依靠毛细管阻力封闭的气柱高度大 11 倍。

压力封闭的实质是一种动态封闭。在超压层内的润湿性超压流体存在着克服毛细管力向低势方向流动的趋势（包括向气层方向），而在储层中非润湿性的气体，在运移散失的过程中，不仅要克服储、盖层间的毛细管压差，还要克服在盖层中由于超压润湿性流体形成的巨大势差。由此可知，压力封闭的实质就是储层与盖层间由于压力差异形成的不同润湿性流体的势差与毛细管力的综合体现，只不过其中流体势差起主导作用而已。超压体内储层孔隙流体压力的大小与盖层破裂压力的关系是影响超压体油气富集的重要条件。储层内流体压力不能过高，太高时容易影响盖层的有效性和气体从水溶液出溶聚集成藏。

（4）超压可引起幕式排烃成藏。在高温高压地层中，随着埋深的加大，成熟的烃类由源岩向储层运移，烃类以溶解状态存在孔隙水中。当储层孔隙流体压力大于盖层破裂压力时，即超压体系中的孔隙压力大约达到上覆地层静压力的 70%~80%（此压力大致等于上覆地层的平均压力梯度 $0.23 \times 10^5 Pa \times$ 地层深度），超压体系开始产生裂缝，且裂缝带可达数千英尺[1]形成优势运移通道。随着裂缝的产生，烃类和其他孔隙流体沿优势运移通道排出地层，压力逐渐降低。当孔隙流体压力下降到上覆地层的大约 60% 时，裂缝合拢而形成新的封闭系统。然后，再开启裂缝—释放压力和排出烃类—再闭合裂缝。周而复始，循环往复，排出烃类，在合适的地质条件中聚集成藏。在得克萨斯湾页岩和中国的莺歌海盆地中就存在幕式排烃的现象。

2.3.2.4 幕式成藏的机理与特征[2]

根据国内外油气成藏特点及盆地流体动力学综合分析，赵靖舟认为幕式成藏也是含油

---

[1] 英尺（1ft）=0.3048m，全书下同。

[2] 赵靖舟. 幕式成藏的机理和规律探讨 [J]. 天然气工业. 2006，26（3）：9-11.

气盆地一种普遍存在的成藏方式，特别是对于多构造运动，断裂发育的盆地以及异常压力比较发育的盆地，幕式成藏往往占有重要地位。幕式成藏的机理主要有构造幕和构造泵作用、断层阀效应或地震泵作用以及超压积聚效应等 3 种作用。但与渐进式成藏不同，幕式成藏在时间上并不完全受生烃窗控制，而主要受控于区域构造运动、断裂活动或异常压力的演化，因此盆地的构造演化史、断裂活动史和异常压力发育史往往决定了幕式成藏史。

1. 幕式成藏的机理

幕式成藏主要有 3 种机理，即构造幕（构造泵）作用、断层阀效应以及超压积聚效应。

（1）构造幕（构造泵）作用。众所周知，地壳运动是一种相对稳定与相对强烈不断交替的过程，存在着明显的阶段性或节律性。在构造活动期，地下流体的运动也比较活跃，而构造稳定期地下流体的活动则相对较弱。因此，构造稳定期与活动期的不断交替，必然造成地下流体的周期性活动，从而形成流体的幕式流动现象。

首先，在构造活动期，油气运移的动力除了水动力、浮力外，构造应力也是一个重要的动力来源，而且，由于强烈的构造运动常常造成盆地一些地区的强烈抬升和相邻地区的强烈沉降，从而在盆地内的坳陷与隆起之间形成较大的流体势梯度。因此，构造活动期油气运移的动力相对较强，运移速度因而相对较快。而在构造稳定期，构造应力一般较弱，油气运移的动力主要来自水动力和浮力，因而运移的速度一般较小。所以，相对于构造稳定期缓慢的、渐进式的油气运移而言，构造活动期的油气运移是快速的、幕式性的。而且，一般在主生烃期之后发生的构造运动有几期，油气运移聚集就有几期，如库车前陆盆地古、新近纪以来的构造运动主要有 3 期，其油气运移主要也就有 3 期（幕）（图2.3.2.3）。

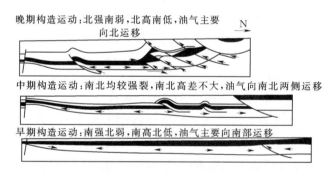

图 2.3.2.3　库车前陆盆地幕式成藏的构造幕作用示意图

其次，每一次较强烈的构造运动都将打破盆地原有的、在构造稳定期已形成的流体平衡，并改变了油气运移的格局，从而常常造成盆地内油气重新发生运移和聚集，直到形成新的平衡。因此，在构造运动较弱的盆地，油气藏的形成期次一般较少，并以形成原生油气藏为主，且在成藏时间上主要受生烃窗控制。而在多构造运动的盆地，油气藏的形成往往具有多期性，早期形成的油气藏常常受到后期构造运动的调整和改造，油气藏的形成时间也往往与构造运动时间相一致。我国中西部盆地油气藏的形成普遍具有这一特点。

对于天然气藏的形成来说，构造泵作用是一种重要的成藏机理，这种机理可用于解释水溶相天然气的脱气成藏问题。当盆地因构造运动而发生抬升时，由于温度和压力降低，导致水溶气脱溶而形成游离气，并沿隆升带聚集成藏。这种作用被苏联学者涅斯基诺夫等（1987）称为"构造泵效应"。

（2）断层阀效应或地震泵作用。油气沿断层发生幕式运移与成藏是幕式成藏最主要的方式，许多大中型油气田主要沿断裂分布的事实说明，断裂特别是规模较大的断裂带曾是油气运移的主要通道。油气沿断裂带发生幕式运移和聚集成藏的现象可以用 Sibson 的地震泵吸作用或断层阀作用解释。

Hooper 指出当断层活动时，其渗透率和流体势增大，流体沿断层向上运移成为可能；但当断层处于休眠状态时，渗透率降低，流动减慢乃至停滞，从而提出流体沿断层的流动具有周期性。并据此得出，一个断层在不同的时间，可以既是流体运移的林荫大道，又是油气运移的屏障。在断层活动初期，其渗透率增大，流体势减小，流体（油气）由断层两侧向断层带汇聚，造成断裂带的流体势增大，然后随着断裂活动加剧，流体便快速沿断层发生向上运移；而在断层活动结束后，渗透率降低，流动减慢乃至停滞。因此，流体沿断层的运移是幕式的。

如南得克萨斯铀矿省的 Wilcox 断层，现今为一非渗透性断层，断裂带的渗透率比围岩低；但该断裂带附近是铀矿床的主要分布地区，且含矿砂岩中至少有 3 期还原作用（硫化作用）被氧化作用流体冲洗的现象，说明该断裂带存在着渗透率的周期性变化以及深部流体相应的周期性流动。Bodner and Sharp 对南得克萨斯 1600 口井的温度资料分析发现，不同地区的地温梯度差异较大，但最高的地温梯度位于 Wilcox 断层带，达 5℃/100m。根据反演模拟估计，要形成 Wilcox 断层附近如此高的热异常，沿该断层向上流动的流体流速应比在周围岩石中的流速大 13 倍。根据 Bethke（1985）估算，流体要对一个地区的地温产生干扰，其在该地区的流速至少要比在周围岩石中的流速大 4 倍。但墨西哥湾地区古、新近系岩石压实所产生的流体数量并不足以使流体在整个断层活动期间以这样的流速向上流动。因此，流体在 Wilcox 断层带附近的流动必然是快速的和周期性的。

（3）超压积聚效应。这是超压流体封存箱式成藏的主要机理。由于无论是由成烃增压或是其他原因形成的超压封存箱，其内部流体都要经历一个压力积聚的过程。因此一旦压力达到静地压力或者达到封存箱边缘封闭层的破裂压力梯度时，便可能造成封闭层的破裂和封存箱内流体的迅速向外排出，直到封存箱内的流体压力降至正常的静水压力时，封闭层才重新愈合，从而进入新的超压积聚—封闭层破裂旋回。许多封存箱内及箱外均有油气藏形成的现象即属于这种机理，如美国湾岸地区、北海盆地、莺歌海盆地、四川盆地等。而且，在超压的封闭层中，常常发现有裂缝存在，且封闭层孔隙及裂缝中普遍存在方解石和（或）硅质充填的现象，是流体自封存箱内部向外泄露的重要证据。另外，在一些封闭层中，还发现渗透层与非渗透层交互出现的条带状现象。如在阿纳达科盆地奥陶系 Simpson 群砂岩中，Tigert 和 AI-Shaicb 注意到其中碳酸盐和（或）硅质胶结砂岩与多孔渗透性砂岩、受原油浸染与无原油浸染岩石均呈交替出现，从而形成鲜明的条带状，而且硅质胶结砂岩与碳酸盐胶结砂岩之间的界线十分明显，反应亦与封存箱内流体向外的周期性释放有关。

2. 幕式成藏的特征与规律

分析认为，幕式成藏主要具有以下特征和规律。

（1）幕式成藏是一种普遍存在的成藏方式。相对而言，多构造运动、断裂发育的盆地以及异常压力比较发育的盆地，幕式成藏往往占有重要地位；而在构造稳定、断裂和异常压力均不发育的盆地，渐进式成藏可能居主导地位。总体而论，由于前陆盆地构造活动相对强于克拉通盆地，因而前陆盆地一般以幕式成藏为主，而克拉通盆地则多以渐进式成藏为主。

然而，由于世界绝大多数含油气盆地都不同程度存在一定的构造运动与断裂活动，或者即使构造比较稳定也往往存在一定的异常压力，因此幕式成藏应当是一种普遍存在的现象。相反，那种构造稳定、缺乏断裂活动、且异常压力也不发育的盆地，则是极少数的，由此认为，与渐进式的成藏相比，幕式成藏是含油气盆地一种十分重要的成藏方式。

（2）幕式成藏主要受控于区域构造运动、断裂活动和异常压力演化。其在油气藏的形成时间上并不完全受控于烃源岩的热演化历史，而主要取决于烃源岩大量排烃后构造运动的时间。一般来说，烃源岩中生成的油气并不总能够在生烃高峰期之后立即由烃源岩中排出并发生二次运移，而取决于是否具备大量排烃并发生大规模二次运移的外界条件，只有当发生强烈的构造运动或断裂活动时，油气的大规模排烃和二次运移才有可能，而这种排烃往往是突然的、快速的和幕式发生的。正因如此，许多盆地大规模的油气运移与聚集成藏几乎总是与区域性的构造运动和断裂活动相伴随。

由于幕式成藏主要受控于区域性的构造运动、断裂活动和异常压力演化趋势，因此盆地的构造演化史、断裂活动史和异常压力发育史往往决定了幕式成藏史。

（3）幕式成藏是一种快速、高效的成藏方式。与渐进式的成藏相比，幕式成藏的最大特点是快速、高效、运移损失小，并常常具有周期性。特别是沿断裂的幕式运移与成藏，由于泄流面积小、流体比较集中、运移动力较强、流速高，因而是效率最高的一种运聚成藏方式。

2.3.3　地下水控制密封机理

地下水控制的原理是以地下水的存在可减少气体泄出的事实为根据的。泄出的减少或地下水控制的程度取决于地下水压力与储藏压力相比的大小。

通过地下水控制与防止泄漏有两种可能性：①控制是以天然的地下水压力为基础；②使用水幕人工提高地下水压力为基础。水幕的密闭作用是有条件限制的，钻孔水压力要较储库中稍高。这样，可造成足以防止油气向外泄出的向内水压梯度。水幕至少应该覆盖在储库的拱顶。在极个别情况下，在储库周围完全设置水幕才是必要的。

完全防止渗泄应用地下水控制，从储库直接向上所有可能的泄水途径中的地下水压力。至少在短距离内（极短）必须超过储库的压力。

整个油气的不渗透性一般取决于天然地下水，对高压储库这不是一个经济的方案。必要条件是要使储库的允许压力，必须低于有关的覆盖层厚度。因此，应该利用水幕人为地提高地下水压力。这类安排将允许储库压力和深度之间的比值较高，并且将提高操作的灵活性。经验表明在储库的压力比地下水头的静水压高两倍时，可成功地使用水幕防止油气泄出。

2.3.3.1　地下水控制的水幕设计

1. 水幕特征内容

（1）钻孔间隔。

（2）钻孔与储库间的距离。

（3）水幕的范围。

（4）水幕压力（或位能）与储库压力（位能）的比。

2．控制水幕设计的主要因素

（1）储库压力与地下水压力和覆盖层的关系曲线。

（2）储库的几何形状。

（3）密封要求。

3．应该考虑的其他因素

（1）岩体节理。

（2）进行水幕钻孔的通路。

（3）由于液压顶起的危险，水幕压力应有上限。

（4）储库附近岩体的应力情况。

（5）与施工和运营有关的经济补偿。

（6）对耗水量或流入储库水的限制。

（7）最大钻孔长度。

（8）预期钻孔偏差（钻孔长度的函数）。

水幕设计不是确切科目，甚至全部密封的准则也是简单的一种，实际应用于破碎岩体涉及到的困难与岩石破裂的不规则性有关。因此，实际设计时应该以综合既有储库的经验，理论计算和现场水力学试验的结果为依据。

4．地下水控制的水幕设计关注的典型数据

（1）小洞室时储库与水幕之间的距离不应该小于10m，大洞室时要增加到30m。

（2）实际的钻孔间距为5～20m。

（3）水幕至少要覆盖在洞室的顶板。当洞室压力（水头以m计）与覆盖层压力（以m计）之比接近2.0时，还需要覆盖储库的侧壁，就像托罗帕的情况一样（图2.3.3.1）。

（4）合理设计水幕所需要的压力，一般不超出储库压力0.5MPa。

水幕的例行的运转压力为4.6MPa，最小覆盖层厚度为207m。托罗帕是唯一在初步设计时有水幕的空气缓冲调压室。水幕由36个冲击钻孔（$\phi64$）组成，从洞室顶板上方开挖10m处的坑道钻孔。利用了穿过洞室顶板的竖井坑道，并以竖井中的混凝土堵塞物按水力原理将坑道和调压室分开。

在托罗帕调压室进行的试验表明：未使用水幕时泄气量达400nm³/h，当水幕位能高出空气缓冲调压室上部位能有20m的水头时就未出现泄气。

在托罗帕水幕中，耗水量稍低于1.0L/s。用的是饮用水未经处理。

2.3.3.2 地下水控制的水幕安全问题

有关油气储库设施的典型安全问题涉及油气泄漏及其可能引起财务上的损失、火灾、爆炸、或危及人们健康以及其他的环境问题。

使用水幕隔绝油气储库时出现油气泄漏的可能途径如下：

（1）不正确的水幕设计或施工。

（2）长期效果。

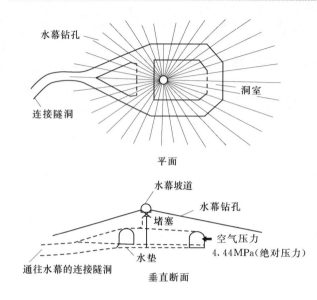

图 2.3.3.1　有水幕的托罗帕空气缓冲调压室的平剖面图
在托罗帕，空气缓冲调压室的最大压力为 4.44MPa，而洞室
覆盖层厚仅为 220m，水幕的压力情况更为极限

（1）水中微粒。

（2）化学沉淀。

（3）细菌繁殖。

使用净化水，可减少或消除上述现象。Andersson 等人（1989）探讨了可能采用的操作。

如果水幕效率急剧地减少，就应立即增加水幕的压力或限制最大的储库压力。

在细菌堵塞的情况下，可在各个钻孔中进行高压冲洗来重新建立水幕（Barbo & Danidelsen，1980）。

使用中，水幕失败的第三种可能是把水幕压力保持在预期的水平上时，典型的问题是水或动力的供应不足和水泵、管路和监测系统的故障。可以相信，通过使用备用设备能防止这种失败并获得预期的效果。

2.3.3.3　地下水控制的水幕作用机理

修建于坚硬岩石中的不衬砌岩储洞一般采用水幕密封法实现储品的安全储存。

当洞周水压大于洞内储压时，就可以保证储品不发生泄漏，这就是水幕的工作原理。但在实际设计当中，有一个问题需要弄清楚，当洞周水压与洞内储压符合什么样的关系时可以将成本降到最低。在最初的设计中，一般都是根据经验来确定。靠自然水位实现密封效果深埋储洞，只要洞内压力小于洞顶的水头就可以保证储品的安全储存。不过随着洞室埋深的增加，由于造价也随之大幅增加，所以一般会对储存压较大的洞室设置水幕，实现水幕与自然水位联合密封的方式以减少洞室的埋深。

1. 储存容量

由于气体体积随储压、温度而变化，不是一个常量，为了便于问题的阐述，引入储存

（3）操作问题。

不正确的水幕设计或施工可能在水幕孔眼之间或钻孔扩展范围外造成较小的泄漏。通过施工期间准确的液压试验，理论分析将这种风险减至最低程度。还有，如果在交付使用后出现泄漏，可利用水幕压力的增加或储库压力的减少来消除。

长期效果主要是与钻孔有可能慢慢被堵塞有关。堵塞将导致钻孔壁附近水头损失增加，从而降低钻孔间的地下水压力。如果出现这种情况，地下水压力将在以后的时间达到临界值，最终储库将出现泄漏。可减少水幕的耗水量和流入储库内的水量来发现堵塞与否。

至少有三种因素造成堵塞：

容量的概念。气体储存容量定义为：在标准状况［一个大气压下，在 0℃（273K）］时，给定储存设施的最大当量气体体积。在温度和洞室容积一定的情况下，气体储存容量可以通过储存压来确定，对于液化气储存问题，储存压一般小于 1.0MPa。

理想气体的储存容量可以按照下式计算：

$$\frac{PV}{T} = \frac{P_0 V_0}{T_0} = \text{const} \tag{2.3.3.1}$$

式中：P、V、T 分别是气压、体积及绝对温度；下标 0 表示是标准状况。

则在特定状况下的储存容量可以按下式计算：

$$V_0 = \frac{P}{P_0} \frac{T_0}{T} V \tag{2.3.3.2}$$

从式（2.3.3.2）可以看出，储存压 P 越高，则储存设施的储存容量越大，不过当储存压太大时，会使密封措施及洞室稳定性产生影响；另一方面，从安全及经济方面考虑，储存压也不能太大，这个上限储压就是临界气压，也称为储存压。

2. 临界气压

岩洞储存的气体体积一般达到数千万立方米，气压更是达到近 10MPa，如何合理地在经济效益和安全性之间取舍是一个很重要的问题，而储存压力的确定则是该问题的关键。

Ling 等人是这样定义临界气压力的：给定储存设施的临界气压指不产生任何泄漏的最大容许储存压。

3. 临界气压的确定方法

在储洞周围，水压与气压比较接近时，会在储洞周围的裂隙附近形成弯月面，在弯月面的两边，在毛细压力的作用下，弯月面保持平衡。但当弯月面的平衡条件被破坏时，气体将会发生泄漏。

气体发生泄漏时首先要满足两个条件：一是气体能够进入岩体中，这也就是所谓的准入条件；二是进入岩体后气泡可以继续运动，也就是所谓的运动条件。如何合理地确定这两个条件对于判断临界气压至关重要。

（1）气体的准入条件。Codall 采用有限元方法分析了下面几种情况：第一种情况是裂隙与具有锯齿形洞顶的长洞室相交，即裂隙扩展方向与洞轴线相同，洞室无限长，属于一维问题；第二种情况是裂隙与圆柱形洞室相交，属于二维问题。同时还对与单个裂隙相关的问题作了探讨，如不同倾角的裂隙、不同开度的裂隙情况下考虑毛细力时的气体准入条件。经过数值分析发现，洞室的几何形状、裂隙的连通情况、裂隙的宽度、裂隙内毛细水压力的大小及裂隙走向与洞室的关系等因素都对气体的准入条件有很大影响。但要完全实测这些参数，显然困难很大，由于这些参数的不确定性，所以该准则不适合应用于实际工程设计之中。

（2）气体的运动条件。对于一个位于倾角为 α 的裂隙中的气泡来说，根据裂隙中气泡的平衡条件可以用水力梯度表示的气体运动判断准则：

$$I > \left(1 - \frac{\rho_g}{p_w}\right)\sin\alpha + \frac{h_{c2} - h_{c1}}{L} \tag{2.3.3.3}$$

式中：ρ 为密度；L 为气泡大度；α 为气泡与水平面的夹角；下标 g，w，c 分别表示气体、水和毛细压力，$h_c = p_c / \rho_w g$（这里用水柱高度来度量毛细压力），气泡受力图如图 2.3.3.2 所示。

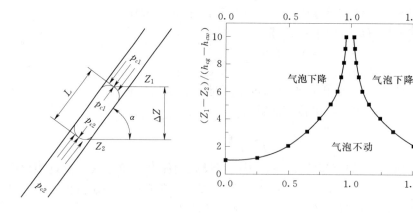

图 2.3.3.2　裂隙中气泡受力图　　　　图 2.3.3.3　毛细水头对临界水力梯度的影响

由式（2.3.3.3）可知，临界状态时，气泡会受到上下端毛细压力的影响，毛细压力的大小还取决于是气驱水还是水驱气，对于空气（及大多数气体）来说，前者会产生更大的毛细水头。因此毛细水头的作用趋向于维持气泡的稳定。气泡越小，越需要更大的力作用才会运动。为了说明毛细水头对水力梯度的影响，图 2.3.3.3 给出了水驱气和气驱水情况下毛细水头与水力梯度的关系曲线。

在实际应用中，为了方便，一般对式（2.3.3.3）作了一些简化。由于气泡一般都比较小，可以认为气泡两端的毛细压力相同，另外气体密度大约是水密度的 10^{-3}，所以如果忽略这两项的影响，则式可以简化为

$$I > \sin\alpha \tag{2.3.3.4}$$

式（2.3.3.4）在应用中更简洁方便。

图 2.3.3.3 中纵轴为 $\dfrac{Z_1 - Z_2}{h_{cg} - h_{cw}}$，$h_{cg}$、$h_{cw}$ 分别指气驱水和水驱气时的毛细水头；横轴为 I_V，这里 $I_V = \dfrac{I}{\sin\alpha}$，定义为垂直水力梯度。

为了了解单个气泡在裂隙中的运动情况，Goodall 作了试验研究，在试验中发现，气泡的分布主要有两种情况，第一种情况是气-水界面处气体呈手指状分布，但仍与气源相连，连续分布；第二种情况是呈气泡状，气体被水体分割。根据气泡的运动情况，又可以进一步分为动态和静态两种形式。对于动态气泡，主要发生在气泡刚进入裂隙时，由于气泡具有较高的速度，且受到较大的压力梯度作用，这时气泡会继续运动。当气泡运动一段时间之后，在指向气源的梯度作用下，在某个位置气泡就会静止下来，如果此时气泡受到更大的梯度作用，有可能会反向运动，图 2.3.3.3 给出了气泡的不同运动区间。

Liang 在采用数值方法对临界气压问题进行了研究并提出了一些半经验公式。对于不布置水幕的情况，他提出了下面的半经验公式：

$$P_{gc} = a + bH \tag{2.3.3.5}$$

式中：P_{gc} 是临界气压力；a、b 是与洞室形状及其布置相关的常数，a 一般在 $-0.5 \sim$

—2.0MPa 之间取值，b 一般在 9.5～8.5kPa/m 之间取值；H 为静止地下水位。

对于布置水幕的储气室，则提出了下面的表达式：

$$P_{gc} = \begin{cases} P_{ux} & (0 < \Delta P_{ux} < 1.0 \sim 1.5\text{MPa}) \\ \psi P_{ux} & (1.5 < \Delta P_{ux} < 2.0 \sim 3.0\text{MPa}) \\ P_0 + c \cdot P_{ux} & (\Delta P_{ux} > 3.0\text{MPa}) \end{cases} \tag{2.3.3.6}$$

式中：P_0、c 是与洞室形状、水幕布置及洞室埋深有关的常数，P_0 在 0～3.5MPa 间取值，c 在 0.3～1 之间取值；ψ 为修正系数，小于 1 但大于零；P_{ux} 为水幕压；ΔP_{ux} 水幕超压（定义为水幕压力 P_{ux} 与洞室内气压 P_g 之差，即 $\Delta P_{ux} = P_{ux} - P_g$）。

Liang 在分析中发现，临界气压显著地小于自然地下静止水压，稍小于水幕压。由于 Liang 在数值分析中，采用了 Goodall 等人提出的水力梯度准则，所以在实质上二者是一致的，只不过是将 Goodall 和 Aberg 的准则半经验化，更适宜于工程应用。

4. 水幕超压计算

所谓水幕超压 ΔP_{ux} 就是水幕水压 P_{ux} 与洞室储气压力 P_g 之差，即 $\Delta P_{ux} = P_{ux} - P_{so}$。这里的 P_{ux} 是指储气室顶上方的水幕压力（此处水幕压力最小）。

水幕的设计超压 P_{ux} 是一个有关储气洞室和水幕的几何形状以及储气压力的函数。同时，对于任一水幕及储气洞室，有如下关系：

$$\Delta P_{ux} = \Delta P_{stoc} + \Delta P_{\Delta L} + \Delta P_{exp} \tag{2.3.3.7}$$

式中：ΔP_{stoc} 为当围岩均质且各向同性时，并假设水幕钻孔间距为零时，为确保形成连续的水幕槽且保证洞室完全密闭所必需的水幕超压；$\Delta P_{\Delta L}$ 为当连续的水幕槽由实际间距为 ΔL 的水幕孔替代时所必须增加的水幕超压；ΔP_{exp} 为水幕超压的修正值。

因为实际岩石的不均匀性和各向异性，以及水幕密闭准则中存在的各种保守因素等，所以水幕超压还要做一定调整，一般 ΔP_{exp} 取零值。

ΔP_{stoc} 和 $\Delta P_{\Delta L}$ 两部分则可利用孔隙介质中稳定流场计算的标准程序而轻易求得，图 2.3.3.4 及图 2.3.3.5 是 5 个典型水幕布置及其水幕超压计算。

图 2.3.3.4　水幕超压计算模型

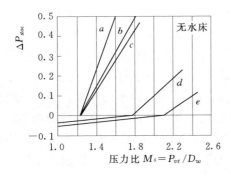
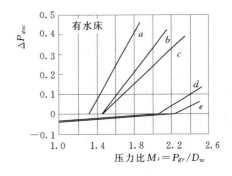

图 2.3.3.5　ΔP_{stoc}-M_s 关系图

图 2.3.3.5 表明：①ΔP_{stoc} 随着压力比 M_s 增加而增加；②水幕包围洞室越多，则所需超压 ΔP_{stoc} 越低，然而一旦 $\Delta P_{stoc}=0$ 后，水幕的继续延伸就没有多大意义了；③ΔP_{stoc} 随着洞室中水床高度的增大而减小。

图 2.3.3.4 所示模型为二维问题，对于三维问题（即洞室有限长），只要水幕能像二维问题中一样覆盖整个洞室，其所需 ΔP_{stoc} 值较之对应的二维问题要小些，但差别不大，因此对于实际洞室进行二维计算就足够了，且偏于安全。

在水幕设计中，一般使 $\Delta P_{stoc}=0$，并在此基础上计算 $\Delta P_{\Delta L}$。图 2.3.3.6 和图 2.3.3.7 给出了 $\Delta P_{\Delta L}$ 一个算例的模型计算结果。

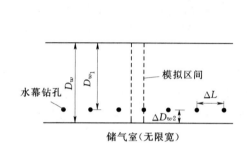

图 2.3.3.6　$\Delta P_{\Delta L}$ 的计算模型

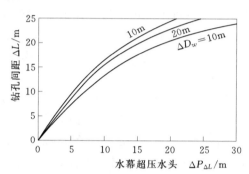

图 2.3.3.7　$\Delta P_{\Delta L}-\Delta L$ 关系图
（$\Delta P_{stoc}=0$，$M_s=2.0$）

5. 水幕设计准则

在水幕实际设计中，对于完全密闭可以遵从下面一些准则。

（1）水幕的覆盖范围。所设计的水幕覆盖范围应使 $\Delta P_{stoc}\approx0$，以 $\Delta P_{stoc}=0$ 的水幕覆盖范围为基准范围，由于水幕末端的水力下降将有所增加，为补偿这一点，水幕孔还应在基准范围基础上有所延伸，一般认为，延长距离等于钻孔间距一半是合理的。

（2）水幕超压。如前所示，水幕超压 $\Delta P_{ux}=\Delta P_{stoc}+\Delta P_{\Delta L}+\Delta P_{exp}$，一般取 $\Delta P_{stoc}=0$，$\Delta P_{exp}=0$，由 $\Delta P_{ux}=\Delta P_{\Delta L}$，而 $\Delta P_{\Delta L}$ 可按上节所述方法计算而得。实际选取 ΔP_{ux} 时还应有一定完全余度，一般要比计算所得 $\Delta P_{\Delta L}$ 大 0.2~0.5MPa。

（3）最大水幕压力。最大水幕压力必须以岩石的水力劈裂压力为上限，岩石的水力劈裂压力可由多种途径求得，例如，数值计算，经验准则，应力测量和水力试验等。

（4）钻孔间距 ΔL。建议采用密布的水幕钻孔，因为，第一，气体最大储存压力等于水幕最大允许压力减去水幕超压 ΔP_{ux}，而 ΔP_{ux} 决定于 $\Delta P_{\Delta L}$，即决定了钻孔间距 ΔL，因此减少钻孔间距可提高洞室最大储气压力，换句话说，当储气压力一定时可降低洞室埋深，节约投资。第二，ΔL 越小，ΔP_{ux} 越小，则水幕与储气洞室间的水力坡降也越小。因此水幕中耗水量也越小，从而减少了水的泵送以及对渗入洞室的水的处理。第三，密集的钻孔布置可以减小钻孔间气体渗漏路径存在的可能性，从而提高了安全运行的概率。

然而，ΔL 也不能无限度的小，至少应该大于或等于钻孔的平均偏差值。水幕钻孔完成后，应进行压水试验检查相邻钻孔间的水力接触性，对于钻孔间水力接触性差的，要补加钻孔。

（5）钻孔方向。一般来说，应使钻孔能与渗透性最强的裂隙组相交成一定角度，以便获得钻孔与渗透裂隙或渗透区形成最佳水力接触。而实践发现，钻孔方向对水幕的运行并不关键，在挪威 Kvilldal 和 Torpa 两个气垫式调压室水幕中，水幕的孔向有许多组，运行效果仍然很好。

（6）储气洞室与水幕的间距 ΔD_{ux}。ΔD_{ux} 应尽可能的小，以确保水幕能作用到所有可能渗漏路径上，但 ΔD_{ux} 又不能太小，过小的 ΔD_{ux} 可能导致水幕与洞室的水力短路，当然 ΔD_{ux} 也不能过大，因为较大的 ΔD_{ux} 会降低洞室的最大储气压力或迫使储气洞室增加埋深。影响 ΔD_{ux} 最小值的因素有：洞室开挖引起的"张开"裂缝的长度，岩锚长度以及钻孔的可能偏差。

我们知道，洞室开挖后，将形成高切向应区和低切向应力区并分别平行于最大主应力和最小主应力，如图 2.3.3.8。高切向应力区可能导致岩爆或影响围岩稳定，需要用锚杆支护，Myrvang（1988 年）认为 2m 长的锚杆就足够了；在低切向应力区，可能导致剪切位移或形成张开裂缝。水幕应布置在锚杆区以及张开裂缝区外。

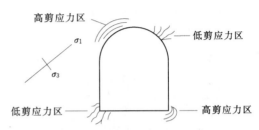

图 2.3.3.8　开挖洞室剪应力区分布

挪威 Halvor Kjoholt 建议用公式（2.3.3.8）确定 ΔD_{ux} 的最小值为

$$\Delta D_{ux} = \Delta D_{lnt} + \Delta D_{dev} + \Delta D_{dist} \tag{2.3.3.8}$$

式中：ΔD_{int} 为洞室开挖引起围岩渗透性增大的最大范围，一般取开挖洞径的一半；ΔD_{dev} 为预计的钻孔平均偏差值；ΔD_{dist} 为安全余度，等于钻孔间距的一半。

一般来说，ΔD_{ux} 可取 10（小洞室）～30m（大洞室）。对于冷冻存储，水幕还应避开冰冻区。

6. 地下水封洞库水跃值计算

水跃（hydroulie jamp）一词源自水力学，其原意是把"短距离内由射流迅速转变为缓流，因水深急剧增加而产生涡流和混乱现象"。在地下水动力学中，则把井壁和井内的水头差称为"水跃"。也有人称之为渗出面，其原因是由含水层内以及由井的透水部分产生的附加阻力造成的。这些阻力可产生于井壁的毛细力，由渗透途径增长，导致损失增大，以及潜水流入井内时，由层流转变为紊流时的摩阻力等诸方面。我们可暂时把"裂隙渗流在其运动过程中，因各种附加阻力而使连续的渗流面在短距离内发生突变或不连续的现象"称为水跃。

（1）水跃值产生原因及计算方法。❶

1）水跃值的产生原因。水跃值主要影响因素包括地层渗透系数、水位降深、涌水量、孔径大小、成孔工艺、填充物、过滤器骨架管透水性及其下置深度等。

水跃值的组成主要包括 3 部分：①井损的存在，渗透水流由井壁外通过过滤器或缝隙进入抽水井时要克服阻力，产生一部分水头损失 h_1；②水进入抽水井后，井内水流井水

---

❶　凌造. 水跃值对计算渗透系数的影响［J］. 广东水利水电 . 2012（6）：15－17.

向水泵及水龙头流动过程中要克服一定阻力，产生一部分水头差 h_2；③井壁附近的三维流也产生水头差 h_3，即水跃值 $h = h_1 + h_2 + h_3$。

2）水跃值的计算。水跃值的影响因素复杂，要精确地计算其理论值难度很大。因此，考虑到工程应用上的精度要求，推荐选用阿勃拉莫夫潜水井水跃值经验计算公式：

$$\Delta h = 0.01a \sqrt{\frac{SQ}{KF}} \qquad (2.3.3.9)$$

式中：Δh 为水跃值，m；S 为抽水孔内水位降深，m；Q 为钻孔涌水量，m^3/d；K 为渗透系数，m/d；F 为滤水管的有效面积，m^2，$F = 2\pi r_0 h_0$，其中 r_0、h_0 分别为滤水管的半径及有效高度；a 为滤水管结构经验系数，对于完整井，网状和砾石滤水管的 a 值为 15～25，穿孔、缝隙及金属丝滤水管的 a 值为 6～8，对于不完整井，水跃值较完整井大，可将 a 值乘以 1.25～1.50 系数。

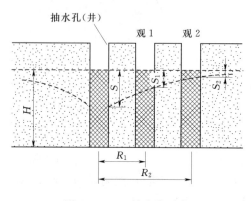

图 2.3.3.9 抽水孔示意

由公式（2.3.3.9）可知出水量越大，水跃值越大，降深越大，水跃值也越大，井的直径越大，水跃值越小，含水层透水性越强，水跃值也越小。这些参数间的关系和施普德进行的试验研究结果是一致的，说明了阿勃拉莫夫公式从结构形式上，正确反映水跃值与上述各种参数之间的关系，因而具有一定的实际应用价值。

在初步估算水跃值时，渗透系数可选取当地岩土层经验值或不考虑水跃值计算的渗透系数。

（2）水跃值对计算渗透系数的影响分析。当地下水为层流运动时，可根据观测孔的布置情况选用裘不依渗透系数式（2.3.3.10）、式（2.3.3.11）、式（2.3.3.12）计算岩土体渗透系数，以潜水完整井情况加以说明（图 2.3.3.9）。

1）单井抽水，无观测孔：

$$K = \frac{0.732Q}{(2H-S)S} \lg \frac{R}{r} \qquad (2.3.3.10)$$

2）1 个观测孔：

$$K = \frac{0.732Q \lg \frac{r_1}{r}}{(S-S_1)(2H-S-S_1)} \qquad (2.3.3.11)$$

3）2 个观测孔：

$$K = \frac{0.732q \lg \frac{r_2}{r_1}}{(S_1-S_2)(2H-S_1-S_2)} \qquad (2.3.3.12)$$

以上式中：Q 为涌水量，m^3/d；K 为渗透系数，m/d；r 为抽水孔半径，m；R 为影响半径，m；S 为抽水孔水位降深，m；H 为潜水含水层厚度，m；S_1、S_2 为观测孔 1、2 水位降深，m；r_1、r_2 为观测孔 1、2 距主孔距离，m。

在抽水试验中测量的抽水孔的水位降深为孔内水位降深，若采用单孔或单观测孔计算渗透系数的公式（2.3.3.10）、式（2.3.3.11）中采用井内的水位降深，其数值大于井壁外的水位降深，所以计算的渗透系数偏小。水跃值随降深增大而变大，计算的渗透系数值也随降深的增大而减小。

为了得到较合理的渗透系数，根据实践经验，消减水跃值可选用以下 3 种方法：

1）提倡进行群孔抽水试验。条件允许可布置多个观测孔，根据 2 个观测孔计算渗透系数公式式（2.3.3.12），能避开抽水孔水位降深，利用 2 个观测孔的水位降深来消除水跃值的影响。

2）对于只能进行单孔抽水情况，利用式（2.3.3.11）进行渗透系数计算时，选用井壁外的水位降深，另外应适当控制降深。井壁外的水位降深在工程中可通过在钻井附近设置水位观测孔直接量测，或在进行室内数据分析时选用阿勃拉莫夫公式式（2.3.3.10）得到水跃值，进而进行估算。

3）根据水跃值与水井结构的关系，可以选择合理的水井及滤水管结构，减小水跃值。其中扩大井径，增强滤水管的透水性能和减小滤水管的下置深度及长度是有效措施。

7. 地下水封洞库稳定流最大涌水量计算

（1）抽水后井孔内的变化。地下水封洞库在抽水过程中由于井壁阻力等原因必然要产生水跃值，对于不同的井孔会产生不同的水跃值（图 2.3.3.10），就是同一个井孔随着降深值的不同其水跃值也在变化。

对于图 2.3.3.10 中的潜水井（稳定流）来讲，其含水层厚度为 H，降深值为 S，产生的水跃值为 Δh，这时地下水流入井孔的进水断面为

$$\omega = 2\pi r(H + S + \Delta h) \tag{2.3.3.13}$$

下面我们再分析抽降后井孔内的进水速度与降深值的关系。

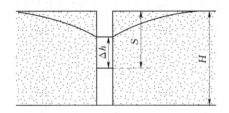 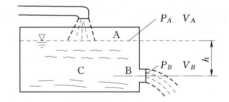

图 2.3.3.10　潜水井（稳定流）水跃示意图　　　　图 2.3.3.11　地下水在饱和岩层中的
　　　　　　　　　　　　　　　　　　　　　　　　　　　　　运动示意图解

从水力学可知，地下水在饱和的岩层中，在重力和压力的作用下从水头高处向水头低处运动，如图 2.3.3.11，有一容器 C，在离液面 h 处有一小孔 B，使水面的高度保持不变，这样小孔出流就是一种常流。

这时根据实际流体运动的能量方程则有

$$\frac{V_A^2}{2g} + \frac{P_A}{\gamma} + h = \frac{V_B^2}{2g} + \frac{P_B}{\gamma} + \Delta h' \tag{2.3.3.14}$$

式中：P_A、P_B 分别为液面 A 和液面 B 的大气压力；V_A、V_B 分别为水在液面 A 液面 B（出口处）的流速；g 为重力加速度；γ 为水的密度（$\gamma = 1$）。

解此方程 $V_B=\sqrt{2g(h-\Delta h)}$ 在流体力学中 V_B 也可写成 $V_B=\varphi\sqrt{2gh}$，φ 为速度修正系数。

这样图 2.3.3.10 中的潜水井，在抽水过程中地下水通过孔壁某一孔隙流入井内就相当于图 2.3.3.11 中水体在重力作用下的小孔出流。此时图 2.3.3.10 中的孔内水位以上和以下的进水速度分别为

$$V_{\text{上}}=\frac{1}{2}\varphi\left[\sqrt{2gS}+\sqrt{2g(S-\Delta h)}\right] \tag{2.3.3.15}$$

$$V_{\text{下}}=\varphi\sqrt{2gS} \tag{2.3.3.16}$$

（2）潜水井（稳定流）涌水量的计算。知道某井的进水断面 ω 和进水速度 V，就可求出此井的涌水量。根据 $Q=\omega V$，设此井含水层均匀，且有效孔隙率为 μ_n，则此潜水井的涌水量为

$$Q=2\pi r\Delta hu_n\frac{1}{2}\varphi\left[\sqrt{2gS}+\sqrt{2g(S-\Delta h)}\right]+2\pi r(H-S)u_n\varphi\sqrt{2gS} \tag{2.3.3.17}$$

将上式整理后为

$$Q=2\pi r\mu_n\varphi\sqrt{2g}\left[\frac{\Delta h}{2}(\sqrt{S}+\sqrt{S-\Delta h})+(H-S)\sqrt{S}\right] \tag{2.3.3.18}$$

此式即是根据流体运动的能量变化推导出的潜水井涌水量与降深值的关系式。

从此式可以看出，如含水层均匀，则 $2\pi ru_n\varphi$ 可视为一个不变值，这样潜水井涌水量的大小就取决于降深值 S 和水跃值 Δh 的变化。

Δh 是怎样随 S 而变化，或者说 S 和 Δh 是怎样的关系，应该说是不同的地层不同的成井结构，其 Δh 和 S 的关系也各不相同。这就要根据具体情况进行具体计算，对于潜水井的最大涌水量由于 Δh 的不同，其降深值 S 也不会相同。

（3）不同水跃值时最大涌水量的计算。如前所述，不同的地层不同的成井结构，其产生的水跃值不尽相同，就是在同一降深的情况下由于水跃值的不同其井孔的进水断面和进水速度也会随之而变化，也就是说由于水跃值的不同潜水井最大涌水量的降深值也不相等。这样我们也就只能根据不同的水跃值来分别计算最大涌水量的降深值。

如果我们视潜水含水层的厚度为 1，分别将 $\Delta h=0.2S$、$0.4S$、$0.6S$、$0.8S$ 代入式（2.3.3.18）即可得出相应的计算式。如将 $\Delta h=0.2S$ 代入式（2.3.3.18）可得

$$Q=2\pi r\mu_n\varphi\sqrt{2g}\left[\frac{0.2S}{2}(\sqrt{S}+\sqrt{S-0.2S})+(H-S)\sqrt{S}\right]$$

$$=2\pi r\mu_n\varphi\sqrt{2gS}[H-0.81S] \tag{2.3.3.19}$$

如果我们以降深值为横坐标，涌水量为纵坐标，且 $2\pi r\mu_n2g$ 视为不变，则其不同水跃值的涌水量与降深值的关系曲线如图 2.3.3.12。

通过计算和上述关系曲线得出，在 Δh 分别为 $0.2S$、$0.4S$、$0.6S$、$0.8S$ 时其最大涌水量的降深值分别是 $0.4H$、$0.5H$、$0.6H$、$0.8H$。

如果我们再以 Δh 为横坐标，S 为纵坐标，画出上述不同水跃值最大涌水量的降深值曲线（图 2.3.3.13），我们可清楚地看出最大涌水量时降深值与水跃值的关系。

由图 2.3.3.13 关系曲线还可以看出，抽水过程中如没有水跃产生，其最大涌水量是

水位降深为 $0.31H$ 时即 $S=0.31H$，如水跃值最大即 $\Delta h=S$，也就是水跃值与降深值相等时，则最大涌水量是在降深值达到井底时即 $S=H$ 时涌水量最大。

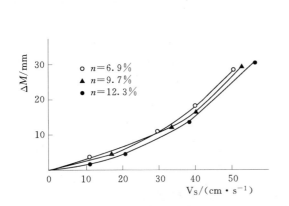

图 2.3.3.12　不同水跃值时涌水量与
降深值的关系曲线

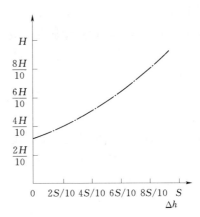

图 2.3.3.13　涌水量最大时水位降深与
水跃的关系曲线

2.4　实施地下水封石洞长期储油的设备与工艺机制

地下水封石洞能否长期储油，主要取决于洞库的水封可靠性和围岩的长期稳定性。而这两者，又基于施工的质量。

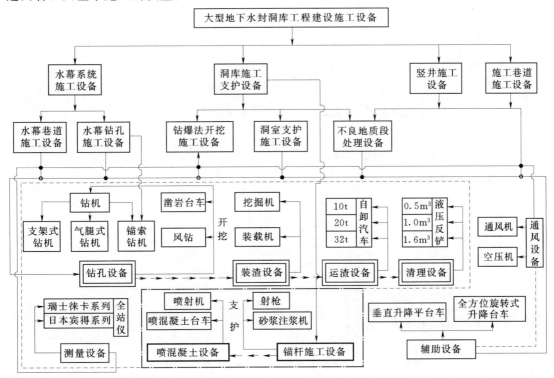

图 2.4.1.1　大型地下水封洞库工程建设施工设备与流程框图

常言道,"工欲善其事,必先利其器"。地下水封石洞施工质量能否在合理的投资与适当的工期内可靠,很大程度上又依赖于施工设备及其合理配置,以及相应的施工效率如何最大限度地发挥。

2.4.1 大型地下水封洞库施工设备

大型地下水封洞库施工,主要由水幕系统、洞室群(洞罐组)、竖井三大类以及连接它们的施工巷道等组成。洞室群(洞罐组)的钻爆法开挖与支护是主体,水幕系统的施工是关键。所有施工设备及其优化配置(流程)是保证。如图 2.4.1.1 所示的是大型地下水封洞库施工的设备一览。

2.4.1.1 洞室群(洞罐组)施工设备

大型地下水封洞室群(洞罐组)的钻爆法施工开挖及支护设备见表 2.4.1.1~表 2.4.1.4。

表 2.4.1.1　　　　　　　水封洞室群钻爆法施工开挖支护用钻机配置表

名称	代表产品	使用条件	主要性能、参数
三臂凿岩台车	BOOME R353E	大型地下洞室开挖及锚杆造孔	工作范围(宽×高)14.3m×12m,钻孔 ϕ45~102,COP1838 凿岩机:钻杆长度 5530mm、凿岩机功率 20kW、最大钻孔深度 18~24m
	T11-315		工作范围(宽×高)13m×11m,钻孔 ϕ45~102;凿岩机 HLX5T,钻机功率 21kW;最大钻孔深度 16~22m
两臂凿岩台车	BOOMER282	大、中型地下洞室开挖及锚杆造孔	工作范围(宽×高)8.7m×6.3m,钻孔 ϕ45~86,COP1238 凿岩机,钻杆长度 3405mm,凿岩机功率 15kW,最大钻孔深度 8~11mm
锚杆台车	Rabolt 530-60P 汤姆洛克	大、中型地下洞室锚杆选孔及安装	钻孔 ϕ32~65,最大工作高度 12.4m,单кой钻孔深度 5.3m,最大接杆钻孔深度不小于 15m,安装锚杆长度 3~6m,HL510S 凿岩机,凿岩机功率 16kW
锚索钻机	KR803-1C	适用于各种方向钻孔	最大钻孔深度不小于 60m,钻孔孔径 ϕ76~180,液压动力锤(风动、液压驱动均可)KD1215R;发动机 CAT3056DI-T EPA
露天履带钻机	ROC D7	大、中型地下洞室,中下层垂直钻孔开挖及露天开挖钻孔	工作范围 15m²,钻孔 ϕ64~115,最大钻孔深度不小于 29m,凿岩机 COP1838,发动机 BF6M1013EC(或卡特彼勒 C7)
	古河 HCR1200-ED		工作范围 12m²,钻孔 ϕ76~102,最大钻孔深度不小于 26m,凿岩机 HD712,发动机 6BTA5.9-C
	RANGER700		工作范围 17.6m²,钻孔 ϕ64~115,最大钻孔深度不小于 25.6m,凿岩机 HL700,发动机 CAT3116,功率 145kW
潜孔钻	CM-351	大、中型地下洞室二层开挖、锚杆、锚索造孔及露天开挖钻孔	钻孔 ϕ78~165,钻杆长度 3660mm,冲击器 DHD-340A,配用空压机 XHP750W,工作风压 2.0MPa
	ROC 460HF		钻孔 ϕ89~140,钻杆长度 3050mm,冲击器:潜孔锤 COP54,配用空压机 XRH385MD,工作风压 2.0MPa
手风钻	YG-60 YT-24.28	适用于各种型式的开挖	最佳孔深 0~5m,孔径 60mm
地质钻机	XY-2PC XY-Ⅲ SGB-150	适用于垂直深孔及需取岩芯时,岩石灌浆时用,钻进速度慢	孔深 50~150m,孔径 90~127mm

表 2.4.1.2　　　大、中型洞室钻爆法施工开挖支护用装载机配置表

名称	代表产品	使用条件	主要性能、参数
装载机	L150E 沃尔沃	适用于大、中型地下洞室	最大前卸载高度 3800mm，铲斗容量 3.4m³（侧卸斗），外形尺寸（长×宽×高）8575mm×2950mm×3580mm，发动机 D12DLDE3，发动机额定功率 210kW
	ZL856		普通卸载高度 3100mm±50mm，加长卸载高度 3503mm±50mm，额定功率 162kW，铲斗容量 2.5m³（侧卸斗）
	KLD85ZIV－2		斗容 3m³（侧卸斗），发动机 Nissan PE6T，发动机额定功率 168kW，外形尺寸（长×宽×高）8180mm×3120mm×3475mm
	KLD90ZIV－2		斗容 3.2m³（侧卸斗），发动机 NissanPE6T
	CAT 966G		铲斗容量：3m³（侧卸斗），最大侧卸高度 3005mm，发动机 C11ACERT，功率 213kW
	WA380－3		铲斗容量 2.7m³（侧卸斗），卸载高度 2900mm，发动机小松 S6D114，额定功率 146kW，外形尺寸 7965mm×2780mm×3380mm

表 2.4.1.3　　　地下洞室/巷道钻爆法施工开挖支护用挖掘机配置表

名称	代表产品	使用条件	主要性能、参数
反铲（正铲）	PC200－63XCEL	适用于地下洞室开挖及道路修建，安全处理	标准挖斗容量 0.8m³，最大挖掘半径（标准）9875mm，标准最大卸载高度 6475mm，发动机 S6D102E－1－A，额定功率（kW/r·min⁻¹）96/2000
	PC400－6	适用于地下洞室开挖及道路修建，洞内安全处理	标准挖斗容量 1.8m³，最大挖掘高度 11.505m、最大装载高度 8.155m，最大旋转半径 13.335m
	EX750－5（正铲）		标准挖斗容量 4m³，最大挖掘半径 13990mm，发动机 N14C，额定功率（kW/r/min）324/1800，外形尺寸（长×宽×高）14160mm×4310mm×4570mm
	EX300－5（反铲）		标准最大卸载高度 7130mm，最大挖掘半径 11100mm，尾部回转半径 3290mm，铲斗容量 1.4m²
	R954（利勃海尔）		发动机输出功率 240kW，铲斗容量 2.7m³
扒渣机（立式扒渣机）	SDZL－160	适用于小断面隧洞	最大装载能力 160m³/h，最大挖掘高度 4600mm，最大挖掘深度 1000mm，挖掘力 5.5t，工作臂偏摆角±55°，爬坡能力（硬地面）不大于 22°，电机功率 75kW，卸载距离 2400mm，卸载高度 1300～2750mm
	LWZ120		左转 50°、右转 20°，装渣宽度（不转运槽时）3180mm，卸渣高度（轨面以上）1650mm，扒取高度（轨面以上）2000mm，下挖深度（轨面以下）450mm，电机功率 45kW

表 2.4.1.4   主洞室内、外的钻爆法施工开挖支护用喷车配置表

名称	代表产品	使用条件	主要性能、参数
混凝土喷车	Meyco potenza	适用于洞内洞外施工，支护，喷湿式混凝土。特别适用于喷钢纤维混凝土，聚胺纤维混凝土，钢纤维最大添加量 40kg/m² （混凝土）	喷射生产率 30m³/h，喷射高度 14m，喷射宽度 20m，最大骨料粒径 22mm，喷射机械手 MEYCO Robojet，喷射机 MEYCO Wet spaying，外加剂计量添加装置 MEYCO Dosa TDC，发动机 8045SE00，功率 79kW，空压机 Mattei C450
	诺表特 Spraymec 9150 wpc		喷射生产率 35m³/h，喷射高度 15m，喷射宽度 16m，最大骨料粒径 20mm，喷射机械手 SB300，外加剂计量添加装置 NORDOZER 900，发动机 BF4M1012C，功率 82kW
	阿尔瓦 SIKA PM500PC		喷射生产率 4～30m³/h，喷射高度 16.1m，喷射宽度 28.2m，最大骨料粒径 16mm，喷射机 BSA1005，添加剂输送能力 30～700L/h，计量装置 Aliva403.5

2.4.1.2 地下水封洞库工程竖井施工设备

抽、充油及通风管路竖井开挖设备见表 2.4.1.5。

表 2.4.1.5   地下水封洞库的钻爆法竖井及反井开挖设备配置表

名称	代表产品	使用条件	主要性能、参数
反井钻机	LM-200	适用于打深竖井、陡斜井的导井	导孔 φ216，扩孔 φ1400～2000，最大钻孔深度 200/150m，钻孔倾角 60°～90°，主机功率 82.5kW
	ZFY2.0/400		导孔 φ270，扩孔最大 φ2.0m，钻孔深度 400m，钻孔倾角：60°～90°，适用岩石单轴抗压强度小于 250MPa，额定推力 1650kN，额定拉力 2400kN，额定扭矩 101.5kN·m
	Rhino 400H		导孔 φ229，扩孔 φ1200～1800，钻孔深度不小于 400m，钻孔倾角 0°～90°，推进速度先导 0～15m/h，扩孔 0～8m/h，主机总功率 100kW，380V，50Hz

2.4.1.3 地下水封洞库工程钻爆法施工用空压机及通风设备

大型地下水封洞库施工用空压机及通风设备分别见表 2.4.1.6 和表 2.4.1.7。

表 2.4.1.6   地下水封洞库工程钻爆法空压机配置表

名称	代表产品	使用条件	主要性能、参数
空压机	XA S405	适用于其他风动工具所需的空气动力	排气量 23.6m³/h，正常工作压力 7×10⁵Pa，发动机 OM336LA （奔驰），外形尺寸 4210mm×1810mm×2369mm
	XAMS 355		排气量 21m³/h，正常工作压力 8.6×10⁵Pa，发动机 OM336LA （奔驰），外形尺寸 4210mm×1810mm×2369mm
	XAHS 365		排气量 21.5m³/h，正常工作压力 12×10⁵Pa，发动机 OM441LA （奔驰），外形尺寸 4210mm×1810mm×2369mm
	P600		排气量 17m³/h，额定工作压力 7×10⁵Pa，发动机 B/F6L913C 柴油机，发动机功率 131kW，外形尺寸 4490mm×1900mm×1860mm
	XP900		排气量 25.5m³/h，额定工作压力 8.6×10⁵Pa，发动机 CAT3306 柴油机，发动机功率 209kW，外形尺寸 4100mm×1900mm×1950mm
	VHP400		排气量 11.5m³/h，额定工作压力 12×10⁵Pa，发动机 B/F6L913C 柴油机，发动机功率 131kW，外形尺寸 4490mm×1900mm×1860mm

名称	代表产品	使用条件	主要性能、参数
空压机	750	适用于其他风动工具所需的空气动力	排气量 21.2m³/h，额定排气压力 $7×10^5$Pa，工作压力范围 5.5～$7×10^5$Pa，发动机 6CTA8.3－230 柴油机，额定功率 172kW，外形尺寸 3300mm×2210mm×1830mm
	750H		排气量 21.2m³/h，额定排气压力 $10.3×10^5$Pa，工作压力范围（5.5～10.3）×10^5Pa，发动机 6CTA8.3－260 柴油机，额定功率 194kW，外形尺寸 3300mm×2210mm×1830mm
	750HH		排气量 21.2m³/h，额定工作压力 $12×10^5$Pa，工作压力范围（5.5～12）×10^5Pa，发动机 M11—C300 柴油机，发动机功率 224kW，外形尺寸 3300mm×2210mm×1800mm

表 2.4.1.7　　　　　　　　　地下水封洞库工程钻爆法通风设备配置表

名称	代表产品	使用条件	主要性能、参数
防爆隧道通风机	DXB88－1	适用于厂房、隧道通风换气	管径 φ1000，流量 1000m³/min，电动机 YBFd250，功率 55＋55kW
	DXB90－1		管径 φ600，流量 500m³/min，电动机 YBFd200，功率 30＋37kW
隧道通风机	93－1		管径 φ1250，流量 2000m³/min，电动机 YBFd200，功率 110（4）×2kW
	SDDY－1No7.0		通风管径 φ702，流量 630m³/min，电机 V200L2－2，功率 37×2kW
	SDDY－5No11.0		通风管径 φ1106，流量 1020m³/min，电机 V250M－2，功率 55×2kW
	SDDY－5No12.5		通风管径 φ1256，流量 2000m³/min，电机 V31SS－4，功率 110×2kW

2.4.2　水幕系统施工工艺

2.4.2.1　大型地下水封洞库水幕系统施工工艺

如图 2.4.2.1 所示的水幕系统包括水幕巷道施工和水幕钻孔两部分。

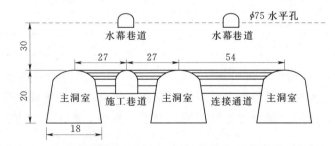

图 2.4.2.1　水幕巷道、水平水幕钻孔与洞室位置关系（单位：m）

1. 水幕巷道宽 4m，高 4m；施工巷道宽 8m，高 7m；2. 水平水幕钻孔位于主洞室上方 30m 处，孔深以超出主洞室外轮廓 10m 为基准，沿水幕巷道纵向 10m 间距布设。

一般大型地下水封石洞储油气库水幕巷道及水幕钻孔施工技术，施工人多就本企业固有设备，进行水幕巷道的钻爆法开挖和水幕孔的钻孔优化配置。

1. 水幕巷道的施工技术 [1]

为比较计，列举 BP 珠海地下液化石油气储库洞室采用人工水幕密封方式典型案例（图 2.4.2.1）来研讨人工水幕系统的施工工艺。

BP 水幕巷道位于主储库洞室上方 30m，巷道为 4m×4m 拱形隧道，周壁设水平孔。由于巷道断面较小，施工采用人工手持风钻开挖方式，斜眼掏槽，全断面开挖。开挖根据围岩和支护形式，确定爆破循环进尺；人工装药、周边光面控制爆破；采用 LZL-120 立爪装渣机装渣，5t 自卸汽车运渣。巷道直角处开挖成半径大于 10m 圆弧状，洞身设置一定数量施工错车道，便于装渣机及运输机械进出。

2. 水平水幕钻孔的施工技术工艺

水幕巷道净空为 4.0m，巷道侧墙距底板 1.2m 高位置设水平钻孔，孔深 32.0～79.0m，间距 10.0m，孔径 75mm，共设 158 个孔（其中丁烷侧巷道 86 个，丙烷侧巷道 72 个），钻孔方向与水平面平行。水幕巷道开挖完成后，分四个工作面同时进行水平钻孔施工，钻孔完成后即进行水幕临时注水，最后进行储库洞室开挖作业。

（1）设备选用。

1）钻孔设备。由于水幕巷道空间狭窄，操作空间有限，因此钻孔设备必须具备钻孔一次成型、作业占用空间小、结构轻便、容易安装搬迁等特点。经多方面性能比选，最终选用 MD-50 全液压水平钻机（参数见表 2.4.2.1），钻杆长度 1.5～2.0m，钻杆采用螺纹连接，并配备相应的振动冲击器、钎头等钻进工具。

表 2.4.2.1　　　　　　　　　　　MD-50 全液压水平钻机参数

参数	项目	规　格
钻进能力参数	孔径	75～180mm
	孔深	100m
	钻杆规格	直径 60mm，长度 1.5～2.0m
	钻孔角度	−1°～90°（正反）
钻机性能参数	转速	正、反：20r/min、40r/min、56r/min、60r/min、111r/min、167r/min
	给进行程	1700mm
	推进力	17kN
	电动机	Y180 M-4，18.5kW，1470r/min

2）孔检测设备。孔检测项目包括方位角和仰角，检测选用 DS-3 型钻孔测斜仪。其工作原理：利用磁电阻传感器作为固态罗盘测钻孔方位角，利用集成加速度传感器矢量合成方法测钻孔仰角。测试过程中配备增压泵、水管、高压流量计、压力表、控制阀、秒表等配套设备。

3）动力设备。钻孔动力一般采用空压机供给。该工程配备 2 台 25m³/min 电动空压机，作为 MD-50 水平钻机工作的动力源。

---

[1]　陈锡云. 地下液化石油气储库人工水幕施工技术 [J]. 路基工程. 2010 (5)：164－167.

（2）钻孔施工工艺。水平钻孔施工工艺详见图2.4.2.2。

1）施工准备。水幕廊道开挖完成后，人工配合机械清理平整底板。测量放线定出水平孔位置，并在廊道侧壁上做好标识。接通风、水、电管路，安装并调试钻机。备足孔口装置，加工好孔口塞及连接螺栓。

2）钻孔控制。

a. 水平孔分两段成型。孔口段长度3m，孔径90mm，主要用于位于止水塞安装，采用低压、低速钻进成孔；测试段为孔口3m以后部分，孔径75mm，采用高压、高速钻进成孔。

b. 选用直径60mm的钻杆，避免因钻杆过细而在孔内旋转摆动过大而导致钻孔偏差超限。

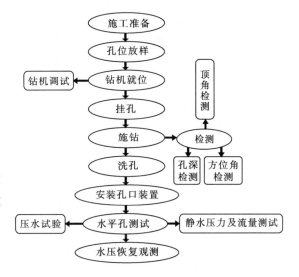

图2.4.2.2　水平钻孔工艺流程

c. 不同地质条件下的钻进措施。岩层稳定性较差的破碎带，采用低速、低压钻进；裂隙水发育的富水带，采用低速、高推进力钻进；钻孔内出水压力大于钻机额定推进力的地段，采用先注浆堵水，后重新开孔钻进方式。

3）成孔偏差检测。

a. 成孔技术要求。成孔中轴线偏差小于3°；成孔长度偏差小于5.0%L（L为设计钻孔长度）；孔直径不小于75mm；检测频率不少于总钻孔数的20%。

b. 成孔检测。在钻孔过程中，采用DS-3型钻孔测斜仪对孔方位角、仰角进行偏差检测；检测时先退出钻杆，取下振动冲击器，将测斜仪固定在钻杆端头，调整好测试时间；然后将钻杆放入孔内，通过钻杆将测斜仪送入孔内需检测的位置，读取数据（方位角、顶角）；最后退出钻杆卸下测斜仪即可。

2.4.2.2　本工程水幕系统施工工艺

1. 本工程的水幕钻孔布置

根据本工程洞库详细勘察阶段地质资料，库区周围主要发育有四组结构面即第一组产状为65°～75°∠70°～80°；第二组产状为83°～88°∠75°～82°；第三组产状为112°∠56°；第四组产状为136°～143°∠74°～85°。

水幕巷道内结构面产状如图2.4.2.3所示。水幕巷道内倾角大于60°的陡倾结构面占总数的67%。因此，洞库水幕巷道高程处围岩结构画多为陡倾，结构面产状与图2.4.2.4所示情况类似。在此条件下，采用水平向水幕孔是适合的。

本项目水封系统的设计即是在上述设计原则的基础上形成的。

（1）水幕系统的设计高程。本洞库的设计储存压力为0.1MPa，洞库主洞室拱顶高程为-20m，据此，理论上水幕系统高程应至少高于主洞室拱顶10m，考虑到工程保险系数及余量，本次水幕系统的水幕巷道底板高程为+5.0m（高出主洞室拱顶25m），水幕孔高

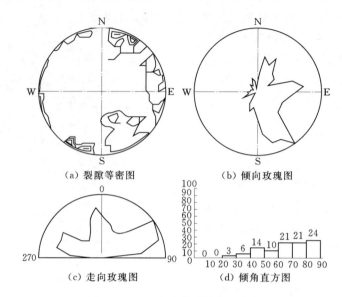

（a）裂隙等密图　　　　　（b）倾向玫瑰图

（c）走向玫瑰图　　　　　（d）倾角直方图

图 2.4.2.3　水幕巷道结构面产状

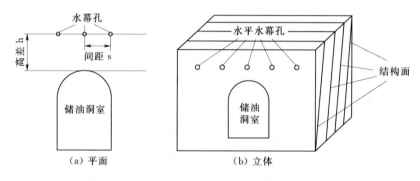

（a）平面　　　　　（b）立体

图 2.4.2.4　陡倾结构面条件下水幕孔布置方式

程为＋6.5m，水幕系统的高程设计可保证在设计储存压力为 0.1MPa 的工况下洞库内油气不泄露、不外逸。

（2）水幕系统的平面覆盖设计。本洞库的水幕孔孔距为 10m，伸向洞库区外部的孔向洞库外延伸 10m，洞库区内部的孔相互搭接约 5m，保证了洞库上方的全覆盖。

（3）水幕孔的设计。根据"水幕孔的布置应与库区主结构面大角度相交"的原则，本洞库的水幕孔设计为与主洞室轴向相平行，即水平布置，方向为 NW45°。这样就使水幕孔能最大限度地将岩体裂隙相连通，可在地下水位严重下降时形成一个人工保证水封的地下水位。

2. 水幕钻孔的施工要求

（1）水幕孔在任何点倾斜偏差均不得超过孔深 5%。

（2）在钻孔钻进过程中，应避免钻孔因钻具和钻杆的自重引起的自然往下倾斜，保证钻孔精度要求，开孔倾角应上仰 1°～2°。钻孔及钻井超出偏差范围的孔应采用水泥进行封堵，并在旁边另钻一孔替代。

（3）每个水幕孔钻进期间，每 10m 要测量一次地下水流量，如水量较大影响钻进时，宜用栓塞封堵该孔，并适当调整钻孔位置。

（4）钻孔不得钻入储库周围 10m 的缓冲区，个别不满足精度要求进入缓冲区域的孔必须注浆封堵。

（5）孔深误差不大于孔深的 1‰，孔底位置偏差值不得大于监理人指示的控制标准。开孔位置误差不大于 10cm。

（6）每个水幕孔钻孔完成后，应立即进行彻底清洗，清除泥浆和碎屑。

3．水幕巷道施工技术

水幕巷道开挖断面较小，施工工期较紧，为加快施工进度，在施工工艺和施工机具上进行了优化，即在水幕巷道施工的关键线路上作了创新，实现了 120m/月的综合开挖、支护进尺，确保了水幕系统及时投运。

（1）针对小型断面在钻爆开挖措施上进行优化。由于开挖断面较小，机械化造孔设备不便展开，针对手持式凿岩机特点，采用立体扇形掏槽爆破方式配合周边结构面光面爆破一次成型技术，提高每一个循环的开挖爆破效率。经过爆破设计对钻孔布置和爆破网络的优化，Ⅱ、Ⅲ类围岩每个开挖循环进尺达到了 3.0m 以上，钻孔利用率达到了 98% 以上。

（2）针对小型断面优化钻爆台车，合理配置设备压缩循环时间。针对小型断面钻爆台车高度较低影响出渣设备运行的情况，优化传统的台车加工方式，自制了伸缩式台车，在造孔作业时降低台车高度、增加宽度，以适应造孔需要；出渣时提升台车高度、缩小宽度，以适应台车运输及出渣设备运行。极大程度的减少了台车在洞内的运输距离、提升了运输的便捷性，缩短了占用的工序循环时间。

合理选配体型小、功率大的反铲，以及灵活方便的小型装载机，配合 10t 的小型载重汽车出渣，并且沿水幕巷道合理布置了装渣侧洞，极大地提高了出渣效率，缩短了出渣占用的工序循环时间。

（3）强化了工序循环管理措施提高时间利用率。配备了高功率、大流量的通排风设备，增加了通风作业时长，确保了洞内作业环境，减少了污浊空气对施工的干扰。采用工序时间定额的管理措施，提升了作业人员的工作主动性和积极性，实现了各个工序的无缝连接。

4．水幕钻孔施工技术

由于水幕孔钻孔深度大，最大深度为 105.4m，近水平布置，为保证水幕的渗流压力，要求孔口和孔底的高度差小于 5m。同时由于总体工程安排，水幕孔需要在相应洞室开挖前完成，工期较紧，库区岩石主要为花岗片麻岩，硬度大、强度高，要求钻孔机具功率大。

在实际施工中通过合理优化施工工艺，优化改造造孔机具，配置灵活的辅助设备提高了造孔精度和施工效率。

（1）针对钻孔和岩石情况优化造孔机具。根据岩石特性和水幕巷道的断面，选用英格索兰 MZ165 型锚索钻机，配备了高锰钢材质 $\phi89$ 钻杆以适应大扭矩的需要，选择了黑金刚 $\phi115$ 钻头以适应花岗片麻岩地层的特性。

为提高钻机定位施工精度和效率，改造了 MZ165 型锚索钻机，增加了钻机的侧向、后向支撑液压装置，确保了钻机各个方向的稳固性。配备了数显调平装置，可以即时测量钻机的三维状态，确保钻机开钻精度，缩短了钻机就位的时间。

为了随时了解转进的速度和转进进尺，增配了钻速和孔深数显装置，在钻进过程中可以随时根据转进情况对转速进行调整，以确保在遇到特殊地质段及时降低钻速，控制钻进速度，保证钻孔效率。

同时为了保证在钻进过程排渣正常，施工工作面环境满足正常施工要求，改进了除尘和排渣设施和钻进工艺，采用高压水间隙式排渣等方式，保证了高效施工。

（2）钻孔施工工艺改进。

1）转速控制。开钻后 0～10m 内，钻速不大于 30r/min，掌握好钻机推进压力和风压。在钻进过程中及时记录钻进速度，回风，返渣等情况，并以之为依据及时调整钻速，推进力，风压等，防止风压，钻速过大而造成飘孔。

2）优化扶正器使用。为防止孔斜发生过大，不符合要求，钻机入岩 1m 后开始使用扶正器、降斜器。由钻工，机长，现场技术员复核倾角，方位角，钻机是否有移动，若有偏差，则利用数显罗盘仪及时调整偏差，在 5m、10m、30m、40m、50m 时分段进行孔精度检查，若满足精度要求继续钻进，不满足则进行封孔，重新开孔。

3）加强钻进过程控制及时调整钻进方案。在钻进过程中操作手在操作平台，根据钻机数显屏幕提供的各种数据，结合经验、钻进手感及返渣情况，判断岩石变化，做出相对应的钻进方案。钻进中，当发现岩层换层时，不论是软变硬还是硬变软，均要减压，减速钻进，推进力均加以适当调整，遇岩层稳定性较差地段，利用低压，低速，小推进力钻进，遇裂隙水发育的富水带，则关闭高压水泵，利用孔内流水降尘，低压，低转速，高推进力钻进，遇破碎带层应低压，高钻速，高推进力钻进。

2.4.3　洞室群（洞罐组）施工方法及技术

大型地下水封石洞储油气库工程的主体工程——洞室群（洞罐组）系隐伏在复杂地质岩石里的建筑结构受天然形成的地质状态和人工开挖施工影响很大。从力学上讲，地下洞室的施工开挖，是不可逆非线性演化过程，其最终状态不是唯一的，而是与应力路径或应力历史相关联的。因此，为了保证地下洞室的稳定性，必须选择安全稳妥的施工方案。

大型地下洞室结构复杂、地质条件多变、施工条件恶劣。施工过程中，不但工序配合与相互干扰错综复杂，而且受到众多因素影响与限制。这些因素都对大型地下洞室开挖施工过程和建成服役期的围岩稳定性造成重大影响，特别是大型地下洞室遇到较差围岩和较大构造地应力作用时，矛盾更为突出。为了保证洞室开挖稳定，必须对施工顺序进行优化，保证在经济合理的范围内，使工程有足够的安全性。因此，研究大型地下洞室合理的施工开挖方式及施工开挖动态过程的围岩稳定特性意义重大。

2.4.3.1　开挖方案与施工方法

大型地下洞室不仅有跨度大、边墙高等特点，而且在施工过程中层次及工序繁多、技术要求高，受施工机械性能和围岩地质条件影响大。在地下洞室开挖过程中，确定合理的开挖程序和开挖方法，是保证地下洞室开挖工作安全进行的关键。大型地下洞室施工常见的施工方案有：分层逆作法和多层耦合法。

1. 分层逆作施工方法

大型地下洞室的传统开挖方法是将开挖掌子面分成若干水平开挖层，采用由上至下逐层开挖，即分层逆做法施工。图 2.4.3.1（a）中洞室分为 7 个分块，图 2.4.3.1（b）～（g）为开挖顺序。该方法工序简单，组织方便，工作面少，在条件允许、工期宽松和施工通道方便灵活的情况较为常用。已经在我国交通、水利水电等多个行业积累了大量的施工经验，是比较成熟的施工方法。

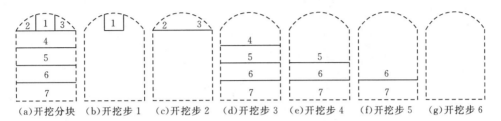

图 2.4.3.1　分层逆作法开挖顺序

2. 多层耦合施工方法

多层耦合施工方法，是在施工中采用导洞先行，顶层、中层、底层平行立体交叉的开挖方案。这种方案工序多，组织复杂，可创造多个工作面。该工法化大断面为小导洞开挖，从而有效减小洞室规模，有利于维护围岩稳定。典型开挖步骤如图 2.4.3.2 所示。

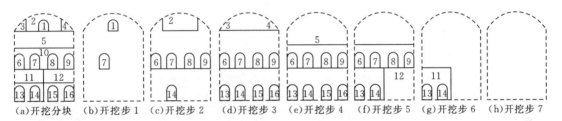

图 2.4.3.2　多层耦合法开挖顺序

2.4.3.2　常用的地下水封洞室群（洞罐组）主要开挖方法

常用的地下水封洞室群（洞罐组）施工方法有两类五种：对于中、小型巷道诸如施工巷道、水幕巷道等，一种是全断面开挖法；另一种是台阶开挖法和第三种的环形开挖预留核心土法。对于储库即大跨度、高边墙并列多个洞室，则有第四种开挖法——上部一次开挖、下部分部开挖法；第五种即顶部中导洞、下部分层开挖法（表 2.4.3.1）。

表 2.4.3.1　　　　　地下水封石洞主要施工（开挖）方法示意表

序号	名称	断面示意图	纵断面示意图
1	全断面开挖法（巷道）		

续表

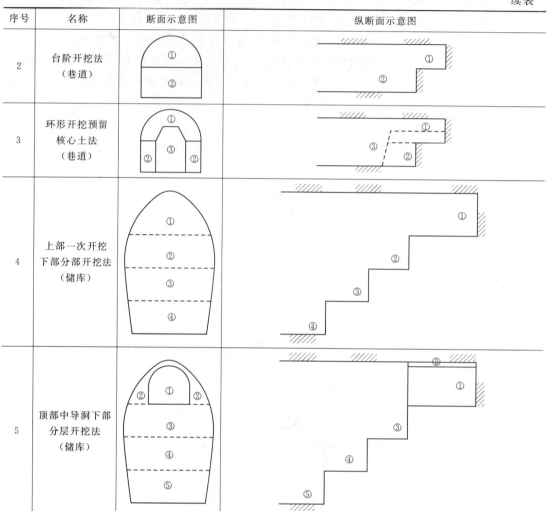

序号	名称	断面示意图	纵断面示意图
2	台阶开挖法（巷道）		
3	环形开挖预留核心土法（巷道）		
4	上部一次开挖下部分部开挖法（储库）		
5	顶部中导洞下部分层开挖法（储库）		

在表 2.4.3.1 中，据设计断面的大小与不同的地质岩石，两类五种开挖法集中反映在下列三类洞室尺寸上：

（1）洞室断面面积 50m² 以下，高度小于 8m 的巷道，一般采用全断面开挖法。

（2）洞室宽度在 10m 以内、高度大于 8m 者，一般采用分上、下层的台阶开挖法。

（3）洞室宽度大于 10m、断面面积在 80m² 以上的中型洞库，一般采用两层或多层开挖法。

（4）洞室宽度 20m 及以上、高度在 28m 及以上的大型洞库，一般采用四层及五层的上部一次开挖、下部分部开挖法。或者采用顶部中导洞、下部分层开挖法。

不论何种开挖方法，首要确保的是开挖质量控制前提下的施工效率，或者说爆破效率和光面爆破效果。其质量控制，旨在采用直孔掏槽以施工于Ⅰ、Ⅱ、Ⅲ_上陡倾角岩石实践有效。

在具体地地下水封石洞洞库开挖中，除由表 2.4.3.1 所列 5 种开挖法外，下列 6 种开挖方法也不失为实践证明为好的施工方法❶。

1. 交叉中隔壁法

交叉中隔壁法又称 CDR 法，该法原创日本，是日本地铁吸取德国 CD 法而改进的两侧交叉开挖步步封闭成环的一种施工方法。交叉中隔壁法施工工序见图 2.4.3.3。

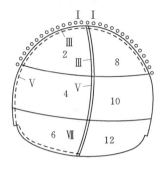

图 2.4.3.3 中：Ⅰ、Ⅲ、Ⅴ、Ⅶ为支护；2、4、6、8 为开挖；Ⅰ为管棚或超前锚杆；2 为首区开挖；Ⅲ为洞室壁墙和中隔壁墙支护。以此类推以后的施工程序。

该方法使用的中隔壁和临时仰拱均需做临时强支撑，在混凝土浇筑前（围岩已稳定）或浇筑后拆除，且同一层左右两部掌子面相距不宜大于 15m，上下层开挖工作面保持 3～4m 距离，因此，工序多，花费材料多，施工速度极其缓慢。由于机械化作业受到极大限制，每一开挖部位空间都狭小，这种开挖方法并不是一种好的方法，因此即使在极其松散的围岩中我们也极少使用。该法可以阻止洞室坍塌的可能，但

图 2.4.3.3　交叉中隔壁法施工工序图

对围岩变形的限制作用不大，在同一断面内反复开挖多次反而会增大围岩的总体变形量，水电施工场所几乎不采用这类方法。

2. 中隔壁法

中隔壁法即 CD 法，最初起源于德国慕尼黑地铁开挖，而该方法我们国内也早有使用，只是程序略有不同而已。中隔壁法施工工序见图 2.4.3.4。

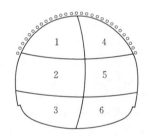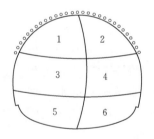

图 2.4.3.4　中隔壁法施工工序（支护程序省略）图

图 2.4.3.4 中两图开挖以右图更为合理。

德国的开挖程序即先左后右法，因开挖高度问题，增加施工难度。自上而下分层先后左右法更为合理。

该方法的中隔壁构件可以是锚杆，喷混凝土，甚至可用钢构件，必要时需要强支护。中隔壁一般在混凝土衬砌前拆除。该方法在水利水电工程施工中也常常使用，但一般都不用在松散地层中，因为在这类地层中对中隔壁的支护必须强势，否则不能稳定，这样就造成支护、拆除的重复作业，成本浪费很大。如若中隔壁用简单支护就能稳定（如素喷混凝土）的围岩，大断面时使用该方法是合理和经济的。

❶　于涛．地下洞室开挖方法综述［J］．云南水力发电．2012，28（2）：19－20，37.

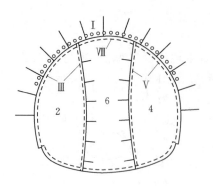

图 2.4.3.5 双侧壁导坑法施工工序图
Ⅰ—超前管棚或锚杆；2—左侧开挖；Ⅲ—洞室
壁墙一次支护和中侧壁临时支护；4—右侧开
挖；Ⅴ—洞室壁墙一次支护和中侧壁临时
支护；6—中部开挖并拆除侧壁支护；
Ⅶ—顶拱一次支护

3. 双侧壁导坑法

双侧壁导坑法在特大断面，一般跨度大于 18m 情况下使用是合适的，根据模型试验和计算，使用该方法围岩变形量最小。双侧壁导坑法施工工序见图 2.4.3.5。

该法两侧壁导坑超前中槽 10～15m 以上，也可分层开挖。使用该方法有两个难点：

（1）若使用钢拱架支撑，则中部钢拱架的连接是个难点，一是钢构件制作精度困难，二是围岩变形使中段钢架尺寸精度难掌握，三是先两边侧后架中部的施工安装极度困难。

（2）在Ⅳ、Ⅴ类围岩中两侧壁的临时支护（要拆除部分）也必须强势，否则就无法保证施工期安全。

由于以上问题的存在，因此双侧壁导坑法适用大断面Ⅲ类以上较好的围岩中使用，如龙滩地下厂房跨度 32m 开挖。对Ⅳ、Ⅴ类围岩不适用该方法。

4. 中隔墩法

这是一种地铁车站开挖时时而使用的方法，将特大跨度的开挖断面，中部有结构钢筋混凝土的构筑物则先构筑中部，使其开挖跨度减为一半的施工方法。中隔墩法施工工序见图 2.4.3.6。

这类开挖方法适用于地质条件差，且跨度特别大（如超过 18～20m），但其开挖高度不太大的地下车站等工程中，水电站系统中的导流洞进水口偶尔也用该方法，如糯扎渡右岸导流洞进水口跨度 27m 开挖。

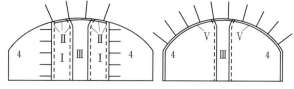

图 2.4.3.6 中隔墩法施工工序图
Ⅰ—中部开挖；Ⅱ—两侧壁及顶拱支护；Ⅲ—中柱结构墙施工；
4—两侧开挖；Ⅴ—全断面支护

一期中部开挖后，两侧壁留待二期开挖部分需要进行强支护，必须时需要使用钢构架、锚杆。而二期开挖后又要拆除，地下洞室高度大于 20m 时，产生高边坡。该法不仅工序复杂，施工速度缓慢，在软岩中使用该方法成本极高，因此也不是一种常用的开挖措施，但该方法安全可靠度高。

5. 分层台阶法开挖

这是一种使用方便、工序简单、施工速度最快的安全可靠方法。在软岩中，跨度不超过 20m 的地下洞室，使用该方法较为科学。分层台阶法开挖施工工序见图 2.4.3.7。

该方法的要点是：短进尺，每一循环进尺，不超过 1～1.5m，须将开挖成型后围岩进行完整的支护结束，方可进行下一步开挖。

软岩中使用该方法能够成功的原因除了进行预支护如管棚外，很重要的是短进尺。因为进尺短，能够让未开挖的掌子面岩体和开挖后已进行系统支护的围岩，对未支护而又开

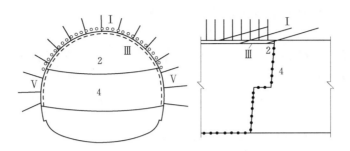

图 2.4.3.7   分层台阶法开挖施工工序图

Ⅰ—预支护；2—上层开挖；Ⅲ—上室支护；4—中下层开挖；Ⅴ—两侧壁支护

挖了的围岩有一个抑制作用，其作用范围是在已支护好段到未开挖段。这种方法不存在临时支护部分被拆除现象，是稳扎稳打步步为营的施工方法。

在软岩中，围岩收敛变形量大，而分层开挖有可能使钢构架因收敛变形而侵占开挖断面，这种情况，每一层可以设置临时仰拱，封闭成环。待全断面开挖支护结束后拆除中部的临时仰拱。这方法比 CRD 法把一个较大断面分割成数个小块反复支护反复拆除的工法相比不仅节省工序，而且作业空间大得多，易施工操作，施工速度快得多。

6. 留核心土法开挖

由于断面大常会遇到掌子面不能直立的情况，这时就要采用留核心土法开挖。

留核心土法开挖是分层开挖的一种，它是将沿开挖规格线内侧周围（底除外）先挖出一槽，安装钢构架，再施作短的浅层锚杆，喷混凝土，在下一排掘进时再挖除核心土。留核心土法施工工序见图 2.4.3.8。

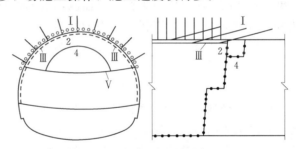

图 2.4.3.8   留核心土法施工工序图

Ⅰ—超前支护；2—周边圈开挖；Ⅲ—支护；4—核心土开挖；Ⅴ—仰拱（临时）

留核心土法适用于开挖后掌子面不能自稳而向前坍塌的地层中，利用核心土来阻挡掌子面的坍塌，使用该方法的缺点是施工速度慢，锚杆作业时操作空间受到限制，因此要预先安置一些浅层锚杆以稳定围岩，待核心土挖除后再按设计要求施作系统锚杆。

留核心土法一般只是受限于第一层开挖，中下层的开挖一般不拘形式，根据围岩地质条件可分左、右两半先后开挖，也可薄层层层下挖，下挖时做到及时支护，原则上不会存在什么问题。需设置仰拱的地层，宜短进尺一个循环一个循环地完成。

2.4.3.3   大型地下水封洞室不良地质段常用施工工艺❶

1. 地下洞室不良地质段施工的基本原则

（1）降低地下水位，提高围岩自稳能力。

（2）加强渗水控制，完善洞室排水管道，建立应急排水系统，利用超前探孔、掌子面

---

❶   舒晓东. 地下洞室不良地质段常用施工方法综述［J］. 四川水力发电. 2008，27（2）：37-40.

爆破孔、超前锚杆孔等探测前方地下水状况，发现渗水异常则立即采取灌浆等防渗措施，"堵排"结合，控制渗水。

（3）为查明岩体变化趋势，必要时在掌子面钻设超前探测孔或探洞，超前获得岩体变化资料，为施工提供依据。

（4）采用地质雷达探测仪对掌子面前方进行探测，其有效判别范围可达 20～40m，以掌握前方工程地质及水文地质情况。

（5）按"新奥法"原则组织地下洞室的开挖支护施工，洞室爆破采用非电毫秒雷管微差起爆网络，开挖边线按光面爆破设计，控制最大一响起爆药量，尽可能地减小爆破施工对围岩的扰动，加强现场量测，适时进行喷锚支护。

（6）爆破试验。在开挖前，结合工程的具体情况进行必要的爆破试验，内容包括火工材料性能试验、爆破振动试验、光面及预裂爆破试验、深孔梯段爆破试验、平洞开挖爆破试验等，每一工作面初期爆破施工均具有试验性质。

（7）在不良地质段，视实际情况采用超前固结灌浆、超前锚、综合支护等安全支护技术，提高围岩的自稳定能力。必要时，采取分步开挖，减小一次开挖断面尺寸、分部及时支护的施工方法。

（8）在施工时对围岩进行实时监测，根据检测成果，及时调整施工程序、开挖方法，选取合适的支护方式，以保证围岩的稳定。

（9）采用"缓冲层"爆破技术开挖洞室，减小爆破振动波对保留岩体的影响，提高半孔率，确保围岩的稳定性。

2. 不良地质段常用的开挖施工工艺

（1）"眼镜法"开挖。"眼镜法"开挖并配合临时联合支护是组织断层段施工的重要手段。其施工原则为：先灌浆、再护顶、短开挖、严支护、快衬砌。隧洞断面划分为三个部位开挖：首先开挖两侧边导洞（第一部分）；其次开挖顶拱部分（第二部分），再次处理中心岩体（第三部分）。第一部分开挖后，立即喷混凝土对开挖面进行初期封闭，并做好整体支护的基础。如混凝土拱脚、钢支撑、钢格栅等的下半部分，之后利用喷混凝土对钢支撑、钢格栅进行第二次封闭。然后随第二部分的开挖，顺序施工初喷混凝土、安装钢格栅钢支撑、二次喷混凝土封闭，形成整体支护。在整体支护的防护下，最后开挖核心部位的岩体。

（2）先导洞后扩挖。先导洞后扩挖的施工技术，其原理是分次开挖隧洞，减小一次起爆药量，降低爆破振动速度，减轻保留岩体的破坏程度。同时利用导洞，超前探测前方围岩的变化趋势，为调整施工方案提供依据。

3. 不良地质段常用的支护施工工艺

（1）超前锚杆及超前锚注法。在不良地质段采用顶拱超前锚杆预支护（必要时配合超前灌浆）施工技术。纵向循环与开挖循环进尺一致。超前锚杆施工方法为应用钻机沿隧洞纵向在拱上部开挖轮廓线外 10～20cm 范围内向前上方钻设倾斜 5°～30° 的外插角孔，安装快硬水泥卷锚杆，锚杆直径为 25mm，长度 $L=350cm$，间距 30cm。该锚杆起插板作用，用以支托爆破后掌子面上部临空的岩体。超前锚杆的作用机理是：

1）超前锚杆孔起到了释放或削弱掌子面围岩应力的作用。

2）及时提供支护抗力，改善围岩应力状态。

3）早期发挥锚固岩体作用，防止掉块、塌方。

（2）超前小导管注浆。超前小导管注浆的施工方法为预先按开挖轮廓钻孔，打入钢制小导管，导管直径为 42mm，长度 $L=350cm$。环向间距 30cm。导管向上倾角为 20°，管口布置在开挖轮廓线外 5～10cm 处，小导管搭接长度 1.0m，将水泥浆液强制注入岩石裂隙，浆液在与钢导管间相互交错渗透凝固后，迅速形成一个具有良好整体性的拱壳，从而极大地改善了在壳下从事开挖作业人员的安全度，避免了塌方。小导管配合钢支撑或钢拱架支护，也起到了管棚的作用。

1）小导管注浆工艺流程。小导管双液注浆系统见图 2.4.3.9，小导管注浆工艺流程见图 2.4.3.10。

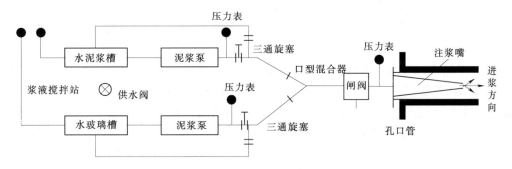

图 2.4.3.9　双液注浆系统示意图

2）小导管注浆施工方法。

a. 止浆岩盘（止浆墙）。对掌子面及其后部 3m 范围内喷 10cm 厚的混凝土进行封闭。

b. 注浆孔布置。沿开挖轮廓线单排布置。孔距为 30～50cm，外插角 10°～15°。

c. 注浆孔。采用多臂钻钻设，孔深 3.5m。

d. 小导管。管径 42mm，采用热轧无缝钢管制成，前部钻注浆孔，孔径 6～8mm，孔间距 10～20cm，呈梅花形布置。前端加工成锥形，尾部长度不小于 30cm，其构造见图 2.4.3.11。

e. 小导管安装。小导管安装应在钢支撑架立后进行。将加工好的小导管插入已钻好的眼孔，为充分发挥小导管的支护作用，将小导管尾部焊接在已架好的钢支撑上。然后，用塑胶泥（40Be′水玻璃拌和 525 号水泥），封堵导管周围孔口以及工作面上的裂缝。

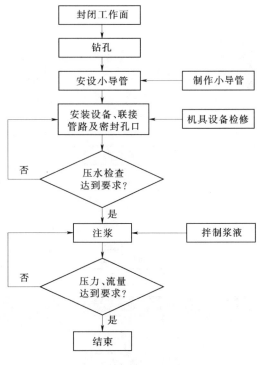

图 2.4.3.10　小导管注浆工艺流程框图

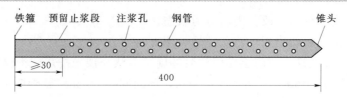

图 2.4.3.11　小导管构造示意图（单位：cm）

f. 小导管注浆。采用水泥-水玻璃双液注浆。水泥-水玻璃双液注浆参数如下：

注浆终压：1～2MPa；水泥浆浓度（水灰比）：1.25：1～0.8：1；扩散半径：0.50m；水泥浆与水玻璃体积比：1：1～1：0.6；导管间距：30～50cm；浆液初凝时间：1～2min；导管长度：4.00m；缓凝剂（Na_2HPO_4）掺量：水泥重量的 2%～2.5%；导管外插角：10°～15°；水泥等级：525 号普通硅酸盐水泥；孔深：3.50m；开挖长度：2.4m（0.8m×3m）；水玻璃浓度：35Be′；注浆范围：拱部周边。

g. 注浆方式。全孔一次注入式。

h. 注浆顺序。先注无水孔，后注有水孔，从拱顶顺序向下，如遇窜浆或跑浆，则间隔一孔或几孔注浆。

i. 注浆与开挖的关系。注浆结束后，待 4～8h 方可开挖。每次注浆开挖 3 个循环，每循环进尺 0.8m，预留 1.0m 作为止浆岩盘。开挖采用"短进尺、弱爆破"。其开挖工艺流程见图 2.4.3.12。

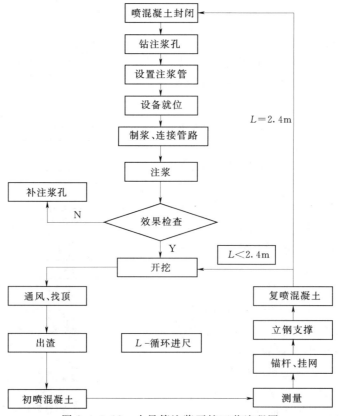

图 2.4.3.12　小导管注浆开挖工艺流程图

3）施工技术保障措施。

a. 小导管施工前应作压浆试验，以确定合理的设计参数，据以施工。

b. 正确布设导管孔，并控制好外倾角和孔深。

c. 注浆前一定要封闭工作面，防止漏浆、跑浆。

d. 防止浆液溢出有效范围。如发现注浆量持续增长而注浆压力稳定时，应停止注浆，等待一段时间后再注。

e. 注浆结束后，应及时清洗泵、阀门和管路，保证机具完好，管路畅通。

（3）预注浆。预注浆的作用是将水泥浆液压入需加固的地层中，经过凝胶硬化作用后充填和堵塞地层中的裂隙，减小注浆区地层的渗水系数，并固结软弱和松散岩体，使围岩强度和自稳能力得到提高。该方法与管棚法、锚杆法等结合，可作为处理断层破碎带等不良地质段的重要措施。

（4）管棚预支护。管棚支护结构由钢管及钢架组成，在掌子面上，以钢架为支点，按设计的间距和角度打设一定深度的钢管，使钢管和钢架一起组成超前支护结构。预灌浆与管棚预支护相结合的技术是进行断层及破碎带等不良地质段施工的重要手段。可根据围岩特性，采用以下几种方式施做管棚：

a. 先注浆后下管。在围岩破碎、成孔困难时采用该种施工方式。

b. 先下管后灌浆。其目的是采用注浆加固围岩，以减轻管棚承受的荷载。

（5）格栅钢架。格栅钢架与喷混凝土结合形成肋拱可单独用于支护，也可与超前小导管、超前锚杆等联合使用进行受地质构造影响严重、节理裂隙发育、岩石破碎等不良地质段的施工。

（6）围岩喷锚支护技术。喷锚支护是对不良地质条件隧洞的最好的加固措施，它能与围岩紧密结合，具有一定的刚度，可以提供一定的抗力，限制围岩变形的自由发展，以适应围岩所产生的一定值的变形。喷锚支护的关键是通过现场实地量测围岩变形的发展情况，掌握实施喷锚的良好时机，以使在围岩变形尚未达到失稳破坏前完成喷锚工作，维护围岩的稳定。

2.4.3.4　喷射混凝土施工工艺

喷射混凝土是用于本工程洞室支护形式之一，具有一定的抗渗性能和良好的黏结性能。其施工工艺在下列三个工序中体现：①拌和工艺。②运输工艺。③喷射施工工艺。

1. 室内喷射混凝土的配合比设计与拌和性能

通过喷射混凝土试验，获得表 2.4.3.2 的配合比。

表 2.4.3.2　　　　　　　　　　喷射混凝土试验配合比表

编号	砂率 /%	水胶比	混凝土材料用量/(kg·m⁻³)									减水剂 掺量/%	减水剂 种类
			水泥	纤维素	矿渣	粉煤灰	硅粉	砂	石	水	减水剂		
C1-1	60	0.43	465	—	—	—	—	960	642	200	6.51	1.40	FDN
C2-1	60	0.43	465	4.65	—	—	—	960	642	200	6.51	1.40	FDN
C3-1	60	0.43	372	—	93	—	—	962	641	200	6.51	1.40	FDN
C3-2	60	0.43	325	—	140	—	—	960	640	200	6.51	1.40	FDN

编号	砂率/%	水胶比	混凝土材料用量/(kg·m⁻³)									减水剂掺量/%	减水剂种类
			水泥	纤维素	矿渣	粉煤灰	硅粉	砂	石	水	减水剂		
C3-3	60	0.43	279	—	186	—	—	957	638	200	6.51	1.40	FDN
C3-4	60	0.43	279	—	140	46	—	955	637	200	6.51	1.40	FDN
C3-5	60	0.43	279	—	46	140	—	951	634	200	6.51	1.40	FDN
C4-1	60	0.43	442	—	—	—	23	962	642	200	6.51	1.40	FDN
C4-2	60	0.43	428	—	—	—	37	959	640	200	6.51	1.40	FDN
C5-1	56	0.41	465	—	—	—		923	725	190	6.51	1.40	FDN
C6-1	56	0.41	465	—	—	—		923	725	190	18.60	4.00	SRA
C6-2	56	0.41	325	—	140	—		916	720	190	18.60	4.00	SRA
C6-3	56	0.41	325	—	93	47		914	718	190	*18.60	4.00	SRA

（1）拌和物工作性能。试验表明，表2.4.3.2的拌和物工作性能如下：

1）矿渣和粉煤灰均有利于混凝土拌和物工作性能的提高，掺量越大改善效果越好。

2）硅粉在一定程度上降低了混凝土拌和物的工作性能，掺量越大降低越明显。

3）甲基纤维素降低混凝土工作性能，减水型减缩剂（SRA）可改善混凝土拌和物的工作性能，与矿渣及粉煤灰同掺时，效果更佳。

（2）混凝土力学性能。不同胶凝体系混凝土的基本力学性能如下：

1）矿渣虽降低混凝土3d龄期强度，但能提高其28d龄期强度。

2）粉煤灰均降低混凝土3d和28d龄期强度。

3）硅粉可提高混凝土3d和28d龄期强度。

4）掺SRA有助于混凝土强度的提高。

（3）混凝土砂浆的黏结强度。不同胶凝体系砂浆性能见表2.4.3.3。

表 2.4.3.3　　　　　　　　　不同胶凝体系砂浆性能检测结果

编号	扩展度/mm	黏结强度/MPa		抗压强度/MPa		备　注
		3d	28d	3d	28d	
NJ-0	10.5	0.82	1.23	26.55	39.81	空白
NJ-1	18.0	3.88	5.90	36.92	49.42	掺FDN
NJ-2	17.8	4.02	5.98	37.02	50.21	掺甲基纤维素+FDN
NJ-3	20.5	4.28	5.80	36.25	51.09	掺30%slag+FDN
NJ-4	22.0	4.88	5.88	36.26	52.83	掺20%slag+10%FA+FDN
NJ-5	26.0	4.38	6.83	38.39	50.68	掺SRA

（4）混凝土干缩性能。室内混凝土干缩率与龄期关系见图2.4.3.13。

（5）混凝土耐油气腐蚀性。油气腐蚀混凝土抗压强度及油气浸入深度试验结果见表2.4.3.4。

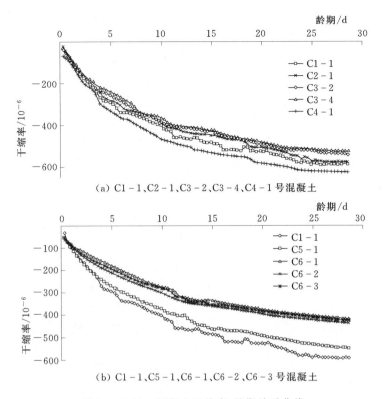

(a) C1-1、C2-1、C3-2、C3-4、C4-1 号混凝土

(b) C1-1、C5-1、C6-1、C6-2、C6-3 号混凝土

图 2.4.3.13 混凝土干缩率-龄期关系曲线

表 2.4.3.4 油气腐蚀混凝土抗压强度及油气浸入深度值

编　　号	抗压强度/MPa	抗压强度相对值/%	内部浸入深度/mm
C5-1（空白）	63.5	100.0	—
C5-1（浸油）	63.0	99.3	10.7
C6-1（空白）	68.5	100.0	—
C6-1（浸油）	70.5	102.9	6.7
C6-2（空白）	65.7	100.0	—
C6-2（浸油）	64.7	98.4	4.0
C6-3（空白）	63.2	100.0	—
C6-3（浸油）	32.1	98.2	2.7

（6）对比结果。

1）由表 2.4.3.3 可见：

a. 掺有矿物掺合料砂浆黏结强度低于对照组砂浆，但相差不大。

b. SRA 可增加砂浆黏结强度。

c. 不同胶凝材料砂浆的黏结强度与其扩展度和抗压强度正相关。

2）由图 2.4.3.13 可见：

a. 硅粉增大混凝土的干缩率，矿渣和粉煤灰减小混凝土的干缩率。

b. 不同混凝土在 7d 龄期时干缩率差异最大，有必要加强混凝土早期养护。

c. 优化配合比及掺 SRA 均可减小混凝土干缩率。

d. 28d 龄期时，SRA 可减小混凝土干缩率 30% 左右。

3）由表 2.4.3.4 可见：

a. 油料对混凝土的抗压强度基本没有影响。

b. 矿物掺合料可以降低油料在混凝土内部的渗透，其中以复掺矿渣和粉煤灰最佳。

2. 现场喷射混凝土配合比选择

（1）选择原则。综合性能最佳（高强、高抗渗、高黏结性能）＋现场试可操作性。

（2）现场试验结果（表 2.4.3.5）。

表 2.4.3.5　　　　　　　　　现场喷射混凝土不同体系配合比

编号	砂率 /%	水胶比	混凝土材料用量/(kg · m⁻³)						减水剂掺量/%	减水剂种类
			水泥	矿渣	硅粉	砂	石	水		
GD－1	56	0.41	324	139		911	716	190	1.4	FDN
GD－2	56	0.41	440		23	914	718	190	1.4	FDN
GD－3	56	0.41	463			918	721	190	4	SRA
GD－4	56	0.41	451			931	732	185	1.4	FDN

注　GD－1—单掺矿渣胶凝体系；GD－2—单掺硅粉胶凝体系；GD－3—单掺 SRA 胶凝体系；GD－4—降低胶凝材料总用量胶凝体系。

3. 现场喷射混凝土的工作性能与回弹率

（1）不同胶凝材料喷射混凝土坍落度检测结果见表 2.4.3.6。

表 2.4.3.6　　　　　　　　　不同胶凝材料喷射混凝土坍落度

编号	砂率/%	水胶比	单方用水量	坍落度/cm
GD－1	56	0.41	190	20.20
GD－2	56	0.41	190	17.00
GD－3	56	0.41	190	21.60
GD－4	56	0.41	185	18.20

（2）不同胶凝材料喷射混凝土回弹率试验结果见表 2.4.3.7。

表 2.4.3.7　　　　　　　　　不同胶凝材料喷射混凝土回弹率

| 编　号 | 回弹率/% | | 备　　注 |
	边墙	拱顶	
GD－1	13.5	18.3	掺 30% 矿渣
GD－2	9.7	14.6	掺 5% 硅粉
GD－3	11.4	15.5	掺 SRA
GD－4	12.4	17.8	降水泥用量

由表 2.4.3.7 可见：

1）硅粉和 SRA 均可降低喷射混凝土的回弹率，其中以硅粉性能较佳。

2）矿渣可提高喷射混凝土的回弹率，但相差并不明显，仅提高 1% 左右。

4. 现场喷射混凝土的抗压强度

现场喷射混凝土的抗压强度见表 2.4.3.8。

表 2.4.3.8　　　　　　　　现场喷射混凝土抗压强度试验结果

编　号	龄期/d	抗压强度/MPa	备　注
GD-1	28	43.7	掺 30% 矿渣
GD-2	28	47.6	掺 5% 硅粉
GD-3	28	45.3	掺 SRA
GD-4	28	41.4	降水泥用量

由表 2.4.3.8 可见：

（1）矿渣、硅粉及 SRA 均可改善喷射混凝土的抗压强度，其中以掺硅粉性能最佳，掺 SRA 次之。

（2）与室内抗压强度相比，现场喷射混凝土抗压强度降低率较小，保持在 10% 左右。

（a）黏结前

（b）黏结后

（c）不同试件的黏结强度示意

图 2.4.3.14　试件 GD-1～GD-4 与黏结强度关系对比

5. 现场喷射混凝土与岩石的黏结强度

由图 2.4.3.14 可见，胶凝材料对黏结强度的影响结果是：减水型减水剂（SRA）和硅粉均可提高喷射混凝土与岩石的黏结强度，矿渣对黏结强度无不利影响，此结论与室内试验结论一致。

6. 现场喷射混凝土渗透性

现场喷射混凝土的渗透性能见表 2.4.3.9 和图 2.4.3.15。

表 2.4.3.9 不同时间段喷射混凝土吸水性能及混凝土稳定吸水量

编号	龄期/d	稳定吸水量/$(g \cdot m^{-2})$	不同时间段吸水系数/$(g \cdot m^{-2} \cdot h^{-0.5})$		备 注
			0~4h	4~47h	
GD-1	90	2640	846	226	掺30％矿渣
GD-2	90	3280	1049	295	掺5％硅粉
GD-3	90	2980	714	336	掺 SRA
GD-4	90	2730	892	238	降水泥用量

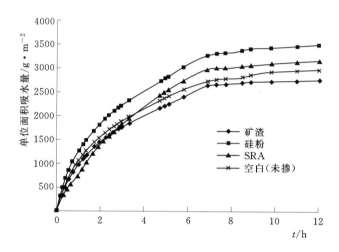

图 2.4.3.15 不同胶凝体系喷射混凝土吸水曲线

由表 2.4.3.9 和图 2.4.3.15 可见：

（1）90d 龄期不同胶凝材料喷射混凝土吸水过程分为快速吸水阶段和慢速吸水阶段。

（2）矿渣在一定程度上降低了喷射混凝土的稳定吸水量和吸水系数，即矿渣可改善喷射混凝土的渗透性。

2.5 实施地下水封石洞储库的全员安全技术培训

2.5.1 安全释义

安全（safety）：指不受威胁，没有危险、危害、损失。

人类的整体与生存环境资源的和谐相处，互相不伤害，不存在危险、危害的隐患。是免除了不可接受的损害风险的状态。

安全是在人类生产过程中，将系统的运行状态对人类的生命、财产、环境可能产生的损害控制在人类能接受水平以下的状态。

安全具有特定功能或属性的事物，在外部因素及自身行为的相互作用下，足以保持正常的、完好的状态，免遭非期望的损害现象。

安全的定量描述用"安全性"或"安全度"来反映，其值用不大于 1 且不小于 0 的数值来表达。

2.5.2　地下水封洞库施工安全技术

1. 安全技术的含义

安全技术是指在生产过程中为防止各种伤害，以及火灾、爆炸等事故，并为全员提供安全、良好的劳动条件而采取的各种技术措施。

2. 安全技术措施的目的

安全技术措施的目的是，通过改进安全设备、作业环境或操作方法，将危险作业改进为安全作业、将笨重劳动改进为轻便劳动、将手工操作改进为机械操作。

各种安全技术措施，都是根据变危险作业为安全作业、变笨重劳动为轻便劳动、变手工操作为机械操作的原则，通过改进安全设备、作业环境或操作方法，达到安全生产的目的。

3. 安全技术的内容

安全技术主要包括以下容：

（1）研究防止各种事故的办法。

（2）分析造成各种事故的原因。

（3）提高设备的安全性。

（4）研讨新技术、新工艺、新设备的安全措施。

（5）钻爆法开挖水封洞库的安全技术。

2.5.2.1　钻爆法安全技术

钻爆法安全技术，包括下列两个方面的内容：

（1）爆破器材运输、储存、保管与施工现场装药、连网等方面的安全。爆破器材是危险品，当其受热、撞击、振动、辐射、静电放电乃至相互摩擦等均有可能发生意外爆炸。爆炸物品从运输到使用的整个过程都必须严格按国家《爆破安全规程》的规定与要求进行操作。运输中做到绝对安全，万无一失。在储存和保管时，要制定行之有效的安全管理措施和制度。尤其是对于自己不够熟悉的器材，不要过分相信自己的经验去冒险操作。

（2）对爆破本身危害影响的控制和防护。爆破的危害效应：飞石、冲击波、地震波、粉尘、噪声、有害气体等都应加以控制与防护。要合理布置检测仪表，及时进行上述各种不良影响的参数测定，准确分析与研究这些参数的变化与分布规律，进而确定相应的控制方法及措施。爆破作业中的早爆、拒爆以及处理拒爆作业发生的事故同样是爆破安全技术的重要方面。

爆破工程发生的事故和爆破本身出现的危害，与岩土工程其他事故相比，具有破坏性大、人身伤亡重等特点。因此，爆破安全与防护的重要性也显得格外突出。

鉴于钻爆法在地下水封洞库施工中贯穿始终，本章节作为重点介绍❶；同时，也是全员安全培训的重点。

1. 爆炸冲击波传播特征与破坏作用

钻爆法施工时巷道空气中的冲击波传播特征如下：

（1）冲击波超压沿直线巷道传播时要衰减。冲击波超压在爆区附近巷道衰减最快；距

---

❶ 张正宇，等. 现代水利水电工程爆破［M］. 北京：中国水利水电出版社，2003.

离稍远时，冲击波的衰减要比在空气中的衰减慢些。巷道断面一定时，冲击波超压衰减率主要取决于巷道表面的糙率，糙率高，则衰减快；反之亦然。

（2）冲击波超压通过巷道分岔与转弯变向时的衰减率高于沿直线巷道传播的衰减率。冲击波通过巷道分岔口时，其超压沿岔口各自向前分流传播并衰减，此未分岔时更严重。冲击波通过转弯变向巷道时，其超压也会减弱。试验表明，通过单向转弯变向时，波阵面超压略有降低；通过双向转弯变向时，超压大为降低。

（3）巷道断面的缩小和扩大均对冲击波超压带来明显影响。当巷道断面突然由大变小时，冲击波在此情况下将出现一个反射面并产生一个压缩空气层，此层向小断面巷道流动时，会产生比大断面超压要大的冲击波。当冲击波突然由小断面巷道进入大断面巷道时，由于波阵面迅速扩大，相应其超压很快减小。

（4）冲击波冲量随巷道糙率、断面尺寸的变化而变化。巷道表面糙度越大，冲击波冲量衰减快；反之亦然。巷道断面愈小，冲击波冲量衰减愈快；反之亦然。巷道发生转弯、交叉变化，冲击波冲量也相应衰减变小。

（5）冲击波沿巷道传播时的正压区作用时间是大气中的 1.3 倍。

钻爆法施工时，爆炸冲击波在巷道内的超压对构筑物、设备与人员的破坏见表 2.5.2.1 和表 2.5.2.2。

表 2.5.2.1　　　　　巷道内冲击波超压与有关构件和设备等的破坏情况

结 构 类 型	$\Delta P/$ 万 MPa	破 坏 情 况
25cm 厚的钢筋混凝土挡墙	268.912～336.140	强烈变形，混凝土脱落，出现大裂缝
30.5cm 厚砖墙	47.040～53.802	强烈变形，混凝土脱落，出现大裂缝
24～36cm 厚的素混凝土挡墙	13.426～20.188	出现裂缝，遭到破坏
14～16cm 直径的圆木支撑	9.604～12.446	因弯曲而破坏
1t 重的设备	38.416～57.624	被翻倒脱离基础而受到破坏
提升机械	134.456～240.100	被翻倒，部分变形的零件损坏
风管	14.406～33.614	因支撑折断而变形
电线	33.614～40.376	折断

表 2.5.2.2　　　　　空气冲击波超压对人体的杀伤作用

$\Delta P/$ 万 MPa	杀 伤 程 度
19.208～28.812	轻微（轻度挫伤）
28.812～48.020	中等（听觉器官损伤、中等挫伤、骨折等）
48.020～96.040	严重（内脏严重挫伤，可引起死亡）
＞96.040	极严重（可能大部分死亡）

2. 防止产生强烈冲击波的措施

（1）采用先进的深孔台阶微差爆破技术来削弱空气冲击波的强度。实践证明，采用排间微差间隔时间为 15～100ms 的深孔微差爆破技术效果最佳。

（2）严格按设计抵抗线施工可防止强烈冲击波的产生。实践证明，准确开凿爆破钻孔可以保持设计抵抗线，防止因钻孔位偏斜使爆炸物从钻孔薄弱部位过早泄漏而产生较强冲击波。

（3）在进行地下大爆破时，可利用一个或多个反向布置的辅助药包与主药包同时起爆，以削弱主药包产生的空气冲击波的强度。

（4）预设阻波墙以削减空气冲击波强度。实践证明，在地下爆破区附近的巷道中，构筑不同形式和不同材料（诸如混凝土、岩石、金属或其他材料）的阻波墙，可在空气冲击波产生后立刻削减其98％以上的强度，这样有利于附近的施工机械、管线等设施的安全。

3. 爆破飞石的安全距离估算

一般讲，只要知道了飞石的初速度以及飞石的抛射角和其他一些主要参数，就可以计算出飞石的距离。然而，这些参数通常情况下均难以获得。

目前，常用下述经验公式来估算飞石的安全距离 R_f：

$$R_f = 20K_f n^2 W \qquad (2.5.2.1)$$

其中
$$n = r/W$$

式中：K_f 为安全系数，通常取 1.0～1.5，当风速大而又顺风方向时取 1.5～2.0，定向或抛掷爆破正对最小抵抗线方向时取 1.5，山间或垭口地形取 1.5～2.0；n 为爆破作用指数；r 为爆破漏斗半径，m；W 为最大药包的最小抵抗线，m。

需要指出的是，式（2.5.2.1）适用于单侧抛掷爆破 $W < 25m$ 的情况。而对于双侧抛掷爆破、单侧松动的爆破、抵抗线较大的药包爆破以及土中爆破等，用式（2.5.2.1）计算出的结果往往偏大。

4. 防止产生飞石的措施

在爆破设计与施工中大多采用如下措施防止产生飞石：

（1）用控制飞石方向的办法避免对人身的安全危害。当爆区有几个自由面时，可设计合适的自由面作起爆前沿。利用爆破岩石一般倾向于前沿自由面飞射的规律，让人员与建（构）筑物或机械设备处于侧向与后向部位较为安全。

如果没有合适的自由面，则应先行开挖形成要求的爆破前沿，达到控制飞石方向取得人员与目标物安全的目的。

（2）改变局部装药结构与增强堵塞办法来减少飞石。对于因地形地貌或钻孔误差造成的局部抵抗线过小，或遇有断层、节理、夹层等弱面时，炮孔装药应适当减少。

在洞室爆破时，可对弱面进行处理或加以回避，以减少飞石产生的可能性。另外，炮孔顶部应有足够的堵塞长度，并用砂、岩粉组成的炮泥填满，必要时改用黏土堵塞。堵塞尺寸过短或堵塞质量不好，均会增加爆破飞石数量，造成对人身及目标物等不必要的威胁。尤其是大爆破与定向爆破，加强堵塞更为重要。

此外，爆区表面的浮石或松散岩块，尤其是炮孔孔口附近的浮石与松散岩块必须事前清除，以免爆破时被抛射远方，导致人身伤亡或破坏目标物。

（3）合理设计起爆次序与间隔时间来减少飞石。实践证明，合理的起爆次序是减少飞石的重要技术措施之一。爆破时要确保岩石向前沿临空方向抛掷，必须设计炮孔自前排开始向后逐排依次起爆。否则当抵抗线未完全裂开或发生一些盲炮或爆破中发生迟发错段等，导致炮孔中那些不足以裂开抵抗线的气体压力迅速向孔口地表冲出，也会增加爆破飞石。

再者，对深孔台阶微差爆破，当各段间隔时间设计较短时，则可减少飞石。经验表明，相邻两排炮孔之间延时应不大于 100ms。如果抵抗线小于 1m，台阶高度又较小，其延时应更短为宜。

（4）减少装药集中量来控制爆破飞石。实践证明，单位尺寸装药量过大，同样会产生爆破飞石。换言之，大孔径爆破比小孔径爆破更易产生飞石。

一般情况下，单位尺寸装药药量与孔径的平方成正比关系。如果在岩体内遇有断层、节理或夹层等弱面结构，以及炮孔孔位出现较大误差时，采取高密度集中装药的爆破，必然增强其抛掷效应，甚至很大的石块也会抛射很远。为此，改用多钻小炮孔并分散装药或不耦合装药以减少装药集中量，就可避免上述飞石的产生。

（5）进行覆盖处理以减少飞石。在飞石有可能危及生命财产安全的爆破作业中，可进行覆盖处理来减少和制止飞石：采用弹性（柔性）较好的橡胶防护垫、铁丝网等进行被爆区覆盖；采用工业毡垫、爆破防护网、旧布垫、帆布、高分子材料、草垫之类进行覆盖；对易出飞石的工点进行的控制爆破，采取重型覆盖材料以确保无飞石；对允许有一定数量抛射的工点，采用一些透气材料进行覆盖，以减少飞石抛射的距离。

（6）采取可靠的防护措施是避免飞石危及生命财产安全的根本。上述 5 种措施能减少或基本避免飞石对人身等安全的危害，但在实施这些措施的同时，一定要伴以可靠的防护措施：

1）爆破时，人员一定在爆前撤离飞石危险区，并加强警戒。

2）因施工等需要，人员不能撤离或无法撤离时，应修建坚固可靠能抵御飞石冲射的"避炮棚"，以便及时躲避。

3）分期施工的水利水电工程基坑开挖爆破中，应在上、下游最小安全距离以外设立封锁线并明示其警戒信号，以防止飞石对过往船舶、木筏等的危害。

4）对飞石可能抛及的地区的建（构）筑物，应采取覆盖，如采用竹笆、装有锯木屑等松散材料的草袋来覆盖房顶等处，以减缓飞石对其的危害。

总之，尽管爆破飞石产生的原因很多，计算其安全距离与研究其分布规律的工作尚待深入，但在实际爆破作业中，因地制宜、切实可靠地采取多种防护飞石的措施，仍旧是每个水封洞库爆破工作者的神圣职责。

2.5.2.2 爆破对地下洞室（巷道）的影响[1]

1. 单药室爆破对临近巷道洞室的地震安全距离 R_1

（1）计算公式：

$$R_1 = K_1 W \sqrt[3]{f(n)} \tag{2.5.2.2}$$

式中：R_1 为地震安全距离，m；W 为药包最小抵抗线，m；$f(n)$ 为爆破作用指数 n 的函数，$f(n) = 0.4 + 0.6n^3$；K_1 为经验系数，与巷道围岩有关，取值可参照表 2.5.2.3。

---

[1] 刘殿中. 工程爆破实用手册 [M]. 北京：冶金出版社，1999.

表 2.5.2.3 K₁ 经 验 取 值

围岩	坚硬稳固	中等坚硬稳固	破碎围岩
K_1	≤2	2～3	3～4

（2）参照表 2.5.2.4，预估安全状态。

表 2.5.2.4 在不同的 K₁ 值时，爆破对巷道破坏的实际资料

地质条件	巷 道 位 置	K_1	破坏情况描述
花岗片麻岩节理发育	试验巷道终端，迎药包一侧试验巷道拐角	1.76 / 3.1	崩落 0.4m³，出现爆破裂隙绿泥石夹层，有掉块
风化辉长岩	装药坑道在药包侧方试验巷道，在药包下侧方	1.0 / 2.0	顶板冒落，清除后仍可使用迎头有部分掉块，少量塌方
稳固的白云岩磁铁矿	2m×2.2m 巷道，药包前下方 3.5m×3.5m 进路，药包前下方 药包前下方切割槽 药包前下方切割槽 采空场，药包下方 暴露面>800m²	1.56 1.84 2.06 0.815 1.35～1.40 1.55	仅掉少量小块夹层中高岭土塌落并出现 4～5cm 宽的裂隙 夹层高岭土冒落 大量矿石冒落 有较大冒落 有少量掉块
破碎粉砂岩	试验巷道 药包下侧	0.57 2.78	塌方 0.3m³ 洞室产生裂隙
中等风化石英斑岩裂隙发育	水平观测洞，直径 2.0m	1.42 2.0	沿全长掉块、裂隙增加最大塌方 2～2.5m³，最小塌方 0.5m³，裂隙增加
片麻花岗岩	药包下方	1.73	洞壁塌方较多裂隙张开

2. 计算质点振动速度 v，按计算 v 值评估巷道安全与否
（1）计算公式：

$$v = K\left(\frac{Q^{\frac{1}{3}}}{R}\right)^{\alpha} \tag{2.5.2.3}$$

式中：v 为质点振动速度，cm/s；Q 为药量，kg，对单药包爆破指总药量；多药包爆破指单响药量；R 为巷道至药包的距离，m；K、α 为与地质有关的参数，参见表 2.5.2.5 或由现场试验定出。

表 2.5.2.5 K、α 值 表

工 程 名 称	地 质 条 件	实际参数 K	实际参数 α	备 注
某露天矿加强松动大爆破	变质岩系 花岗片麻岩大理岩	48 150	1.76 2.0	巷道内 巷道内
某地下铜矿回采矿柱深孔爆破	铜矿石 $f=8～10$ 围岩片麻岩 $f=12～14$	180	1.83	微差多段深孔爆破
某矿井下深孔爆破		155	1.96	微差多段深孔爆破
南水定向爆破	粉砂岩、砂岩	240	2.0	巷道内
大安山定向爆破筑堤	辉绿岩	115	2.0	巷道内

（2）一般矿山巷道安全标准见表 2.5.2.6。

表 2.5.2.6　　　　　　　　　　一般矿山巷道安全标准

围岩	岩石坚硬稳固	中等稳固	不稳固围岩但有良好支护
允许 v 值/$(cm \cdot s^{-1})$	40	30	20

（3）参照实际工程预估巷道安全状况（表 2.5.2.7）。

表 2.5.2.7　　　　　　　不同垂直振动速度（v_1）对巷道破坏情况

巷道种类	爆前简况	破坏情况	v_1/$(cm \cdot s^{-1})$
水平试验巷道	不稳定花岗片麻岩，节理发育	有 0.4m^3 的岩块塌落，岩石节理张开，出现裂隙	25.8
	不稳定花岗片麻岩，节理发育	塌方 5.5m^3，节理张开宽 20mm，有小错动	27.6
	交叉点绿泥石片岩	有掉块，节理张开	14.9
穿脉巷道	超基性岩石，破碎	有局部小片落	13.8
采场平巷	2m×2.5m，在稳固的白云岩中	仅有少量掉块	87.5
水平电耙道	混凝土砌面完整，两壁有裂隙	两壁原有裂隙扩大并向拱顶延伸	46.8
电耙巷道	围岩良好，有裂隙	爆后小块松石掉落	22.7
水泵房	局部支护	进口有块石掉落，迎爆面拱座有较多掉石	16.4
电耙巷道	转角岩柱有碎裂	岩柱有较多掉落	23.6
穿脉口	基岩坚硬，有闭合裂隙，顶部有碎裂	顶产生裂隙有少量碎石掉落	13.5
废石溜井	侧壁裂隙发育	有裂隙张开，断裂面充填物掉落	11.5
902 巷道毛洞		有 10 多处少量冒顶现象	21.2
一般窑洞	黄土	有掉土现象	0.03
运输巷道导洞 (2.5m×2.4m)	稳固的辉绿岩	边墙和顶板有个别落石，塌方量小于 0.5m^3	28.2
	$f=14$	有几厘米小块岩石掉落	12.7
	石灰石节理中等发育	导硐与横穿拐角处塌 0.3m^3，两帮和顶的松石下落，原有裂隙个别张开	27.3
隧道上导坑		顶板及两帮松动岩块下落	23.4
水平电耙道	石英岩	浮石大面积掉落，原有裂隙严重扩张	80～88
脉内巷道	石英岩	浮石震落，原有裂隙有所扩张	32
	石英岩	在岩石不稳固地段，仅有小块浮石震落，稳定地段无变化	5.5～7.3

3. 用综合系数法评价巷道安全状况

（1）外荷载用计算振速 v 值表示，计算方法同前。

（2）巷道的"抗力"用综合系数 K 表示，K 越大，巷道"抗力"越差，在选择 K 值时，考虑了 6 个"抗力"因素：

$$K = \sum_1^6 K_i \tag{2.5.2.4}$$

式中：K_1 为岩石强度系数，对应特坚石 $K_1=0$；坚石 $K_1=1$；次坚石 $K_1=2$；软岩 $K_1=3$；K_2 为裂隙发育系数，对偶见裂隙的岩石 $K_2=0$；裂隙不发育者（节理距大于 1.0m，节理组数 1～2 组），$K_2=1$；裂隙中等发育（有 2～3 组节理，节理距大于 0.5m）者，$K_2=2$；节理裂隙发育（3 组以上节理，岩体被切割成小块）者，$K_2=3$；在断层影响带，K_2 按上述取值加 1，裂隙组合不利时，再加 1；裂隙张开时，再加 1；K_3 为覆盖岩石厚度系数，覆盖厚度大于 3 倍巷道跨度时，$K_3=0$；小于 3 倍跨度时，$K_3=1$；两个方向（上向和侧向）都小于 3 倍跨度时，$K_3=2$；K_4 为巷道断面系数，当巷道断面小于 $10m^2$ 时，$K_4=0$；当巷道断面大于 $10m^2$ 时，$K_4=1$；K_5 为巷道走向系数，当巷道走向与地震波传播方向一致时，$K_5=0$，垂直时，$K_5=1$；K_6 为衬砌系数，无衬砌时，$K_6=0$；木支护、喷射混凝土支护或仅用锚杆加固时，$K_6=-1$；混凝土支护或钢筋网喷锚支护，$K_6=-2$；钢筋混凝土支护，$K_6=-3$。

（3）把巷道的破坏状况按修复条件分成 5 个等级：

Ⅰ级（毁灭）——围岩大体积破坏或抛掷，使巷道不复存在。

Ⅱ级（严重破坏）——严重塌方，但从塌方空隙尚可通行，无修复价值。

Ⅲ级（破坏）——拱和壁均有塌方、开裂，但尚有修复价值（修复、加固费用低于重建）。

Ⅳ级（轻度破坏）——围岩基本完整，裂隙张开和错动的距离不大于 10mm，稍加修整即可使用。

Ⅴ级（无破坏）——除个别浮石掉落外，无其他可见破坏痕迹。

（4）根据计算的 K，v 值，判定巷道破坏程度按表 2.5.2.8 所列数值判定。

表 2.5.2.8　　　　　　　　　　　　K、v 和破坏等级的关系

	K	2	3	4	5	6	7	8
对应 v 值/ (cm·s⁻¹)	Ⅰ～Ⅱ级分界线			450	300	200	150	100
	Ⅱ～Ⅲ级分界线			230	150	100	70	50
	Ⅲ～Ⅳ级分界线	500	400	100	70	50	35	25
	安全界线	100	70	45	30	20	15	10

2.5.2.3　早爆及其预防

早爆就是炸药在预定的起爆时间之前起爆。早爆往往是在人员尚未撤离工作地点之前发生的，此时，起爆的各项准备工作还没有做完，早爆是一种意外事件，是一种严重的爆破事故。

经验证明，导致早爆的原因是多方面的，如爆破器材质量不合格，像导火索速燃，雷管速爆；工作面上杂散电流的存在；使用装药机械时的静电积聚；炸药自燃导致的自爆；感度高的炸药或起爆器材的机械能作用，像冲击、摩擦引起的意外早爆等。

1. 杂散电流引起的早爆及其预防

杂散电流也叫漏电流。它是存在于电气网路之外（如大地、风水管、矿体和其他金属

物体的杂乱无章的电流）。这种电流分布广，一旦进入雷管或爆破网路，就容易引起早爆事故。

杂散电流是爆破人员最担心的一种早爆因素，国内外都曾多次发生这方面的事故。1959 年 10 月，寿王坟铜矿在掘进平巷时，连接雷管的导线，一根掉在铁轨上。另一根正准备接爆破干线，恰与巷道帮接触，结果使 19 个炮孔中的 7 个发生爆炸，死亡 1 人，重伤 1 人。事故后进行模拟试验表明，同样是 19 个雷管爆炸 7 个。

国外在使用电力起爆的初期，早爆事故尤为频繁，血的教训不少。因此，各国对杂散电流都比较重视。在杂散电流的测量、预防等方面做了不少工作。

杂散电流对电雷管的危险程度，就是要看其是否超过单发雷管的最小起爆电流，如果杂散电流大于雷管的最小起爆电流，就是爆炸危险，因此，在杂散电流大于安全电流时，必须采取预防措施。

（1）杂散电流的来源。

1）架线式电机车牵引网络漏电。金属矿山架线式电机车的电源电流来自直流变电所，经配电盘输至架空裸线。通过受电弓和电动机之后，由铁轨返回。实践证明，当轨道接头电阻较大，轨道与巷道底板之间的过渡电阻较小的情况下，就会有大量电流流入大地，形成杂散电流。

2）动力或照明线路漏电。井下电气设备或照明线路的绝缘破坏时，容易发生漏电，尤其在潮湿环境和有金属导体时，杂散电流就更大些。

3）化学电。装药过程中，散落在底板上的硝铵炸药，遇有水时可形成化学电源。这是因为，硝酸铵溶于水后离解成为带正电荷的铵离子和带负电荷的硝酸根离子，在大地自然电流作用下，铵离子趋向负极，硝酸根离子趋向正极，在铁轨、风水管等导体之间形成电位差，即成为杂散电流，其值可达几十毫安。

（2）杂散电流的测量。由于杂散电流是杂乱无章的，被测的两点间介质的复杂多变，如有岩石矿物、金属物体、流体等。不同介质的电阻值相差很大。因此，杂散电流的测量是十分困难的。为了准确有效地测定杂散电流，杂散电流测定仪的工作原理与普通电表不同，不是测定电压和电阻。而是采用等效电阻线路，直接测定出电流值。而对雷管有威胁的正是杂散电流的大小。

具体来说，杂散电流测定仪的工作原理是：根据效等电阻受到电流作用后，两端电压降的数值，换算成杂散电流的大小，由测定仪直接读出杂散电流的数值，原理图可参见图 2.5.2.1。图中 R 为等效电阻，其电阻值相当于一个电雷管的电阻，用电压表或万用表电压挡测出图中 A、B 两点的电压降，然后按下式算出杂散电流 I 值：

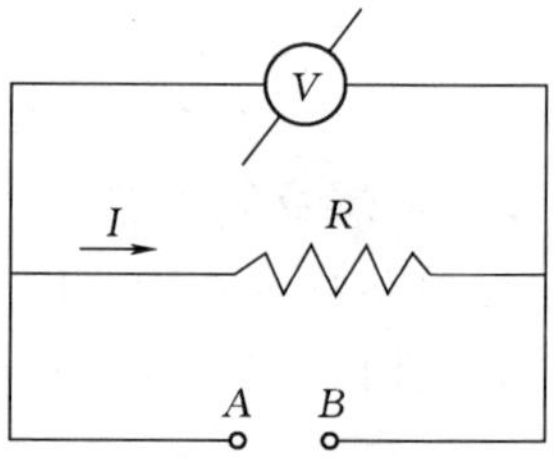

图 2.5.2.1　杂散电流测定原理
V—电压表；R—雷管的等效电阻；I—杂散电流；A、B—测杂端点

$$I = \frac{V}{R} \tag{2.5.2.5}$$

式中：I 为杂散电流值，A；V 为被测两点间的电压降，V；R 为等效电阻，一般仪表作成 R 等于 1Ω。

为了减少测量时的接触电阻和人为降低电压的不良现象，保证测量结果的精确性。可用测杂棒去接触被测物。测杂棒如图2.5.2.2所示。

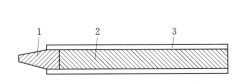

图 2.5.2.2 测杂棒
1—高导电率的合金柱；2—铜棒；
3—橡皮或塑料管

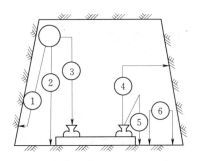

图 2.5.2.3 杂散电流测量对象
1—风管对巷道帮；2—风管对地；3—风管
对铁轨；4—铁轨对巷道帮；5—铁轨
对地；6—地对地

杂散电流是随地变化的，为了测出对电雷管有威胁的杂散电流的最大值，应根据杂散电流的基本特点和主要来源，正确选择测点和测量对象。否则就不能测出具有危险的杂散电流。杂散电流的测点分临时测点和固定测点两种。固定测点是一个有代表性的测点，平时只要通过这些固定测点的测量，就能掌握爆区周围杂散电流的基本概况和变化规律。临时测点是根据某次爆破的需要临时选择。测量对象共有三种，即导体（如风、水管、铁轨等）、半导体和非导体，如井下巷道杂散电流的测量对象见图2.5.2.3。

（3）杂散电流的预防。杂散电流的预防措施有：

1）减少杂散电流的来源。

a. 采取不用铁轨作回路的运输方式，如内燃无轨运输、畜电池机车、电缆机车等运输方式，都能降低杂电来源。

b. 采用绝缘道碴或疏干巷道的方法，增加铁轨与大地的过渡电阻，减少牵引网路的泄漏电流。

c. 降低架线电机车运输网路的总电阻，也就是降低铁轨的接头电阻，使回馈电流尽量沿铁轨返回负极，不流散于大地。此外，合理选择回馈点，敷设与铁轨平行的回馈电缆并多次与铁轨连接，这些都能降低杂散电流。

d. 电源变压器中心点不接地，消除单相接地现象，不用两相一地供电制，加强电路绝缘等方法均可以减少交流漏电流。

2）采用防杂散电流的电爆网路。杂散电流引起早爆一般发生在接成网路后爆破线接触杂散电流源。在电雷管与爆破线连接的地方，接入一个降低电压的元件，如氖灯、电容、二极管、互感器、继电器、非线性电阻等元件，这些元件的特点是低压时能阻止交流或直流通过，高电压时能瞬间通过较大电流而起爆雷管。

3）采用抗杂散电流的电雷管。国产无桥丝抗杂毫秒电雷管和低阻大电流电雷管，具有5V安全电压和2.8A的安全电流，能满足一般爆破工程要求。

4）采用非电起爆。非电起爆有导火索——火雷管起爆系统，导爆索——继爆管起爆系统，导爆管起爆系统，此外还有低能导爆索起爆系统，气体导爆管起爆系统。

5）掌握杂散电流的基本特点。撤出爆区的风、水管和铁轨等金属物体，采取局部停电的方法进行爆破。

6）加强爆破线路的绝缘。不用裸线连接，使爆破线没有机会接触杂散电流源，如电雷管的一根脚装在塑料套内，一般都不会接触杂散电流源，在有杂散电流的水孔中爆破时，此法不能预防，更应加强接头处的绝缘。

2. 静电早爆事故的预防

两物体间相互发生摩擦时，或者发生接触，会使原有物体正负电荷的均势被打破，使之带有正负电，这种现象产生的电荷叫静电。静电可以被利用来除尘、选矿等。但它对爆破工作来说，却是一种能引起电雷管早爆的有害因素。

近年来在条件适合的爆破地点，已推广了压气装药器装药，当作业地点相对温度小而炸药与输药管之间的绝缘程度高时，则药粒以高速在输药管内运行所产生的静电电压可达2 万～3 万 V，会引起火花放电，对电雷管有一定的引爆危险。

静电危害性主要表现在三个方面，能引起电雷管早爆，当静电在雷管壳与接地脚线之间放电时是最大的危险；能直接引起瓦斯和矿尘、药尘爆炸；对人体产生冲击，使作业人员受到二次伤害，如引起高空坠落。

（1）爆破施工中产生的静电有如下一些规律：

1）炸药粉从管内喷出时，电压可高达 3 万 V 以上，用手触之有触电感，并有放电的响声。

2）静电的大小与湿度有关，湿度小则静电大；当药粉和工作面上相对湿度超过 60％～80％以后，静电就不会产生了。

3）喷药速度增大，静电电压升高。

4）炮孔壁表面的岩石的导电性能好时，静电电荷不易积累。

5）分布不均匀，一般在出药口处静电电压高；输药管外壁的静电电压高于内壁；在炸药内部也有静电。

6）静电以泄漏和火花放电两种形式释放能量，在输药管导电性能不好时，往往可聚集很高的静电压。导致瞬间击穿放电，极易引爆雷管。当输药管的导电性能好时，多以泄漏方式释放能量减少了早爆的威胁。

静电引起雷管或粉尘等爆炸，其产生的能量必须大于雷管或粉尘的最小起爆能。雷管或粉尘的最小爆炸能量可用式（2.5.2.6）求得

$$W = \frac{1}{2}CV^2 \tag{2.5.2.6}$$

式中：W 为爆炸能量，J；C 为试验电容，F；V 为静电电压，V。

若测出的静电小于雷管、粉尘最小起爆能的 5～10 倍，认为是安全的。若大于此值，就要采取安全措施。

静电的测量可用静电测定仪，目前常用的静电测定仪有两种：Q3－Ⅴ型高压静电电压表和 KS－325 型集成式电位测定仪。它们的工作原理是相同的，在这里我们仅介绍前者的工作原理和使用方法。

Q3-V型高压静电电压表是可携带式室内用光标指示仪表，适用于高电压测量，量程为7.5kV、15kV和30kV三挡。任何一挡输入电容均不超过$12\mu F$。仪器上有活动电极和固定电极各一个，当被测电压加到两个电极上时，由于电极间的静电作用力，使活动电极发生转动，转矩的大小与外加电压平方成正比。活动电极转动时，其上的反射镜也随之偏转。它将发火器发射出来的带有光标的影像反射到带标度尺的屏幕上，由标度尺可直接读出所测的电压值。

对爆破来说，静电测定仪主要用来测定炸药流的静电。方法有网测法和箱测法两种，它们的区别在于静电聚集的方式不同。前者采用金属集电网，后者采用金属集电板。测量时要保证整个装置与地绝缘，以免泄漏静电，使测量不准。

网测法的装置及仪表如图2.5.2.4所示，集电用的金属网可用良导体金属制成，如用银合金或铜丝焊成网状。网度可以作成直径$d=18cm$和$d=8cm$两种。间距7cm焊牢成双网。

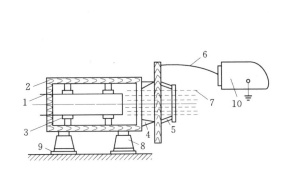

图2.5.2.4　静电网测法

1—输药管；2—木架；3—绝缘垫；4—绝缘子；5—集电网；6—铜芯塑料线；7—炸药流；8—高压瓷瓶；9—绝缘橡皮；10—静电电压表

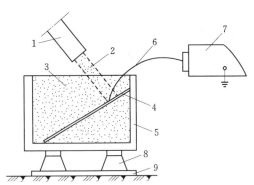

图2.5.2.5　静电箱测法

1—输药管；2—炸药流；3—炸药堆；4—铜棒；5—木箱；6—铜芯塑料线；7—静电电压表；8—高压瓷瓶；9—绝缘橡皮

图2.5.2.5所示为用高压静电电压表进行箱测法测定炸药流静电的装置和设备，这种方法比较简单。

值得指出的是，测定输药管的静电还可以用内外两个集电环的方式进行。

（2）为了防止静电引起早爆事故，可采取下列技术措施：

1）采用半导体输药管。压气装药用的一般输药胶管，其体积电阻值很高，极易聚集静电，改用半导体输药管进行良好接地之后，静电不容易聚集起来。

2）采用防静电装药工艺。在装药过程中，装药器和输药管都必须接地以防止静电聚集。操作人员应穿半导体胶靴，始终手持装药管，随时导走身上的电荷等。深孔装药完毕，再在孔口处装电雷管，以免在装药过程中引起电雷管的早爆。

3）在有静电危险区进行爆破，应采用抗静电的电雷管或非电起爆网路。

4）爆破现场操作人员不要穿戴化纤制成的工作服。

3. 雷电引起早爆事故的预防

自古以来，人们总怀着恐惧的心理观察雷电，它的确能给人们带来灾难和不幸。雷电能使人畜触电伤亡、供电中断、电气设备损坏，在矿山能引起瓦斯和煤尘爆炸。1963 年 8 月，英国一煤矿在离地表 170m、距井底 2200m 处，雷电由 20kV 高压线传至井下设备。设备对地放电引起瓦斯爆炸，造成重大伤亡。广东海南露天铁矿，1977 年 7 月进行深孔爆破，每个孔装两个起爆药包，用铜壳微差雷管并串联起爆，装完药后爆破网路接成短路放在地上等待起爆，至下午 2 时许，爆区附近发生雷击，使 9 个孔全部起爆。

(1) 雷电引爆雷管有以下三种情况：

1) 电磁场的感应。电爆网路被雷电磁场的磁力线切割后，在电爆网路中产生的电流强度足以引起电雷管爆炸。

2) 静电感应。在有雷电的情况下，通过带电云块的电场作用，电爆网路中的导体能积蓄感应电荷，这些电荷在云块放电后就成为自由电荷，它以较高的电势沿导体传播，因而可引起电雷管的早爆。

3) 直接雷击。爆破网路和电雷管脚线在遭受直接雷击时，雷管产生热效应以及机械和电磁作用，在无避雷设施情况下，有可能引起早爆。

(2) 为了防止雷电引起早爆事故，除了在爆区设立雷电报警装置外，还可以采用下列方法：

1) 及时收听天气预报，并用宏观的方法观察气象。禁止在雷雨天进行电气爆破。

2) 采用屏蔽线连接爆破网路。

3) 在爆区设立避雷针系统或防雷消散塔。

4) 缩短爆破作业时间，特别是从连线到起爆的时间争取在雷电来临之前起爆。

5) 采用非电起爆系统起爆。

4. 射频引起的早爆事故的预防

未屏蔽的电雷管和电爆网路，在无线电广播电台、雷达和电视台发射的强大的射频场内，不论短路或开路，也不论是否连接到电路中，都起到接收机天线的作用。电雷管起爆网路会在射频场内感生、吸收电能，如果这种电能超过了安全允许值，即可引起电雷管早爆和误爆事故。

为了防止电雷管早爆，在雷管运入爆区之前，应对爆区附近具有潜在危险的射频能源进行调查和用仪表对爆区的射频能进行检测。

在射频能源附近进行爆破作业时，采取下列预防措施，将大大增强作业的安全性：

(1) 查明爆破区附近是否有射频能源，如电视台、广播电台、雷达、发报机等。需长期进行爆破作业的采石场、矿山或其他工地，应与射频能源保持一定的安全距离。安全距离与发射机的频率、功率及导线布置方式有关。频率高，安全距离小；功率大安全距离大。同样的功率，频率不同安全距离也不同。表 2.5.2.9 的安全距离值对各种频率都有参考价值。若是先建矿山后设发射天线时，应先进行检测以便确定安全距离。

(2) 采用屏蔽线爆破。

(3) 电雷管在射频源附近运输、储存时，脚线应折叠或绕成卷，并装在金属箱内。

(4) 采用非电起爆系统，能有效地防止射频电的危害。

表 2.5.2.9　　　　　　　　　　　射 频 安 全 距 离

发射功率/W	安全距离/m
4～20	30
20～99	60
100～249	150
250～999	300
1000～4999	600
5000～50000	1500

2.5.2.4　炮烟及盲炮的预防

1. 炮烟的危害性及允许浓度

炮烟是指炸药爆炸后产生的有毒气体生成物。工业炸药爆炸后产生的毒气主要是一氧化碳和氧化氮，还有少量的硫化氢和一氧化硫。

一氧化碳（CO）是无色、无味、无嗅的气体，比空气轻。它对人体内血色素的亲和力比对氧的亲和力大 250～300 倍，所以当吸入一氧化碳后，将使人体组织和细胞因严重缺氧而中毒，直至窒息死亡。

氧化氮主要是指一氧化氮（NO）和二氧化氮（NO_2）它对人的眼、鼻、呼吸道和肺都有强烈的刺激作用，其毒性比一氧化碳大得多，中毒严重者因肺水肿和神经麻木而死亡。

我国爆破安全规程规定，井下爆破作业地点，有毒气体的浓度不得超过表 2.5.2.10 中的数值。

表 2.5.2.10　　　　　　　爆破作业地点有毒气体允许浓度

有毒气体名称	最 大 允 许 浓 度	
	按体积/%	按重量/($mg \cdot m^{-3}$)
CO	0.0024	30
氮氧化合物（换算为 NO_2）	0.00025	5
SO_2	0.0005	15
H_2S	0.00066	10
NH_3	0.0040	30

2. 预防炮烟中毒的措施

为了防止炮烟中毒，可采取下列措施：

（1）采用零氧平衡的炸药，使爆后不产生有毒气体；加强炸药的保管和检验工作，禁用过期变质的炸药。

（2）保证填塞质量和填塞长度，以免炸药发生不完全爆炸。

（3）爆破后，必须加强通风，按规定，井下爆破需等 15min 以上，露天爆破需等 5min 以上，炮烟浓度符合安全要求时，才允许人员进入工作面。

（4）露天爆破的起爆站及观测站不许设在下风方向，在爆区附近有井巷、涵洞和采空区时，爆破后炮烟有可能窜入其中，积聚不散，故未经检查，不准入内。

（5）井下装药工作面附近，不准使用电石灯、明火照明，井下炸药库内不准用电灯泡烤干炸药。

（6）设有完备的急救措施，如井下设有反风装置等。

3. 盲炮产生原因、处理及预防

盲炮又称瞎炮，系指炮眼或深孔中的起爆药包经点火或通电后，雷管与炸药全部未爆，或只爆雷管而炸药未爆的现象。当雷管与部分炸药爆炸，但在孔底剩留有未爆的药包，则称为半爆或残炮。

盲炮是爆破作业中常遇到的一种爆破事故，必须认真按照爆破安全规程操作，采取措施竭力避免产生盲炮，如果此种事故一旦发生，必须严格遵照爆破安全规程的规定进行处理。在表 2.5.2.11 中列出了盲炮产生的原因、处理方法及预防措施，以供实际爆破参考。

表 2.5.2.11 　　　　　　　　盲炮产生的原因、处理与预防

现 象	产 生 原 因	处 理 方 法	预 防 措 施
孔底剩药	1. 炸药变潮变质，感度低 2. 有岩粉相隔，影响传爆 3. 管道效应影响；传爆中断，或起爆药包被邻炮带走	1. 用水冲洗 2. 取出残药卷	1. 采取防水措施 2. 装药前，吹净炮眼 3. 密实装药 4. 防止带炮，改进爆破参数
只爆雷管火药未爆	1. 炸药变质或受潮 2. 雷管起爆力不足或半爆 3. 雷管与药卷脱离	1. 掏出炮泥，重新装起爆药包起爆 2. 用水冲洗炸药	1. 严格检验炸药质量 2. 采取防水措施 3. 雷管与起爆药包应绑紧
雷管与炸药全部未爆	对火管雷起爆： 1. 导火索与火雷管质量不合格 2. 导火索切口不齐或雷管与导火索脱离等 3. 装药时导火索受潮 4. 点火遗漏或爆序乱，打断导火索对电雷管起爆： 1. 电雷管质量不合格 2. 网路不符合准爆要求 3. 网路连接错误，接头接触不良等导爆索（管）同上	1. 仔细掏出部分炮泥重新装起爆药包起爆 2. 同 1. 装聚能药包进行殉爆起爆 3. 查出错联的炮孔，重新联线起爆 4. 距盲炮 0.3m 以远，钻平行孔装药起爆 5. 水洗炮孔 6. 用风水吹管处理	1. 严格检验起爆器材保证质量 2. 保证导火索与火雷管质量。装药时，导火索靠向孔壁。禁止用炮棍猛烈冲击 3. 点火注意避免漏点 4. 电爆网路必须符合准爆条件，认真连接，并按规定进行检测 5. 点火及爆序不乱 6. 保护网路

2.5.3　地下水封洞库爆破安全监理

1997 年《建筑法》规定推行建设工程监理制度，从而使建设工程监理在全国范围内全面推行。2003 年出台的 GB 6722—2003《爆破安全规程》明确要求对各类 A 级爆破、B 级洞室爆破工程以及有关部门认定的重要或重点爆破工程应由工程监理单位实施爆破安全监理。目前，爆破工程安全监理仅限于爆破工程施工期间，今后，爆破监理将在工程项目规划期发挥作用，监理工作范围也将从安全监理扩展到项目的全面监理。

爆破工程监理是代表建设管理方监控爆破工程安全和质量，是建设管理方和承包商之间的桥梁。爆破工程安全监理是通过监理者运用综合工程管理手段，监督爆破工程项目各

参与方的建设行为，从而达到爆破工程安全顺利实施的目的。爆破对周边人员及设施的安全影响直接关系到爆破工程的成败，结果一般不可逆转。因此，安全工作是爆破工程项目管理的重点，也是工程监理的重点，即爆破工程监理着重对爆破工程项目的实施过程进行安全监督，按照安全管理的程序进行安全管理，并对爆破工程实施后对周边的影响进行安全评价，提供爆破工程安全的见证服务。

2.5.3.1　爆破工程安全监理内容

GB 6722—2003《爆破安全规程》之 4.5.3 款对爆破工程安全监理的内容进行了如下简述：

（1）检查施工单位申报爆破作业的程序，对不符合批准程序的爆破工程，有权停止其爆破作业，并向建设管理方和有关部门报告。

（2）监督施工企业按设计施工；审验从事爆破作业人员的资格，制止无证人员从事爆破作业；发现不适合继续从事爆破作业的，督促施工单位收回其安全作业证。

（3）监督施工单位不得使用过期；变质或在未经批准在工程中应用的爆破器材，监督检查爆破器材的使用、领取和清退制度。

（4）监督、检查施工单位执行爆破安全规程的情况，发现违章指挥和违章作业，有权停止其爆破作业，并向建设管理方和有关部门报告。

以上内容是爆破工程监理中安全监理部分工作。从概念上解释，监理的任务是质量、进度、投资三控制，安全、合同、信息三管理和组织协调。爆破工程类别的不同，具体的监理内容和工作重点也不同，但共同之处是爆破工程都特别强调安全管理。爆破工程安全监理的主要工作内容是监理人员依据现行的法律法规、施工合同、经批准的爆破方案设计，对爆破工程项目行为进行的安全监督管理。即按各项工作标准，进行计划、检查、对比、纠正等管理。

2.5.3.2　监理工作依据

有关爆破工程监理的主要依据有：

（1）GB 50319—2000《建设工程监理规范》。

（2）《中华人民共和国民用爆炸物品管理条例》。

（3）JGJ 59—99《建筑施工安全检查标准》。

（4）《建筑施工高处作业安全技术规范》。

（5）GB 6722—2003《爆破安全规程》。

（6）GBJ 201—83《土方爆破工程施工及验收规范》。

（7）施工合同、监理合同及其他相关合同、协议。

（8）经批准的有关本工程设计文件和施工组织设计。

（9）与本工程有关的会议记录、备忘录、来往函件。

（10）国家和当地政府颁布的有关法规、有关工程管理规定。

2.5.3.3　施工阶段质量安全控制内容

（1）督促施工单位严格执行国家建设标准、规范、工程质量检验评定标准、工程承发包合同及有关技术标准。

（2）对工程试爆、爆破等工序进行检查和办理签证。各种工程检表相关内容必须检查。对重点难点地段工程要派人员驻点监理，关键工序要进行旁站监理。对爆破施工中出现的各种问题，及时监督施工单位认真处理，必要时邀请设计单位参加处理，重要及重大问题需及时通报委托人。

（3）禁止监理工程师委托代检工程质量。

（4）检查爆破器材、爆破设备等出厂合格证，并监督检查爆破施工单位的各种爆破器材试验，如有异议，应对爆破器材进行各类取样抽检或复查，对不符合要求的爆破材料和设备，有权禁止进入工地和投入使用，已进场的不合格材料应坚决清离施工现场。检查爆破器材使用记录台账是否真实、及时、完整，督促加强爆破器材的管理。

（5）监督施工单位严格按施工规范、规程和设计图纸施工。对工程主要工序的施工，按国家有关爆破规定进行检查签证。监督爆破施工单位按规定进行各类试验，同时进行一定数量的平行抽检试验，并对施工单位的试验结果进行抽样检查。

（6）对爆破施工单位的检测仪器设备进行全面监督，保证设备的准确性、可靠性和安全性。

（7）施工中发现质量问题，应立即书面通知施工单位进行处理，并记入工程监理日志。对发生重大工程质量事故要参加事故分析会，督促施工单位及时处理，有权否定施工单位对质量事故的处理意见，责成其重新研究事故处理方案，并及时书面报告建设单位。

（8）对合同范围内的工程建设项目，应实施经常性的质量检查，对工程的施工检查要保证不漏检，对邻近边坡的爆破应增加检查频率。

2.5.3.4　施工安全控制

1. 制定安全目标

杜绝大、重大事故，减少一般事故，杜绝人身伤亡重大、大事故；控制爆破对周围的震动危害。

2. 安全施工的基本要求

（1）必须将确保爆破安全放在十分重要的地位。施工中要始终坚持"安全第一"的方针，预防和监控相结合，确保工程安全。

（2）严格执行《爆破安全规程》和施工合同要求，督促施工单位强化安全保证体系，对施工和监理人员都要进行安全培训。将安全监控作为监理的重要任务之一。布置监理工作要布置安全，对工地进行各种检查要同时检查安全，总结监理工作要总结安全。

（3）在施工前必须编制完善的施工方案和安全防护措施报有关部门审批，经批准后实施。

（4）保持信息畅通，发生安全事故立即报告，立即抢险。

3. 施工安全保障措施

（1）督促施工单位强化安全保证体系。对参与施工的人员和监理人员都要进行岗前安全培训，所有人员应持证上岗。

（2）注意保护周边设施。严格控制药量，及时反馈爆破效果，防止爆破飞石和爆破震动损害周围建筑物和设备。

（3）监理部针对以上各种突出问题制定安全检查制度。

（4）监理在每日工程安全检查以外，还应定期对施工项目部进行安全生产大检查，及时全面消除安全隐患。

2.5.4　爆炸物的安全管理

为了保障国家和人民生命财产安全，消除安全隐患，根据《民用爆炸物品安全管理条例》的要求，进一步规范民爆物品使用、储存、购买、运输等环节的管理。

民用爆炸物品是指符合《民用爆炸物品安全管理条例》（国务院 2006 第 446 号令）规定的用于非军事目的、列入民用爆炸物品品名表的各类火药、炸药及其制品和雷管、导火索等点火、起爆器材。具体品名由国务院国防科技工建设管理部门会同国务院公安部门制定、公布。

爆破作业，是指利用炸药的爆炸能量对介质做功，以达到预定工程目标的活动。国家对爆破作业实行许可制度。爆破作业单位应当向有关公安机关申请领取《爆破作业单位许可证》后，方可从事爆破作业活动。未经许可，任何单位或者个人不得从事爆破作业。爆破作业单位分为非营业性爆破作业单位和营业性爆破作业单位两类。非营业性爆破作业单位是指仅为本单位合法的生产活动需要，在固定区域内自行实施爆破作业的单位。营业性爆破作业单位是指具有独立法人资格，承接爆破作业设计施工、安全评估、安全监理项目的单位。

2.5.4.1　爆破器材的购买与运输许可

爆炸物品属于国家严格管制的物资，严禁自由买卖和自产自销，也不准以物易物或倒卖。对爆炸物品购买、运输的管理，是管理好爆炸物品的重要环节。如果这一环节管理不力或控制不严，则会影响其他环节的安全管理，甚至会使爆炸物品失去控制，严重影响社会治安。

严禁任何单位和个人私拿、私用、私藏、赠送、转让、转卖、转借爆破器材。严禁使用爆破器材炸鱼、炸兽。

依照最高人民法院司法解释，非法制造、买卖、运输、邮寄、储存炸药、发射药、黑火药 1kg 以上或烟火药 3kg 以上、雷管 30 发以上或者导火索、导爆索 30m 以上的，处以 3 年以上 10 年以下有期徒刑；对造成严重后果等其他恶劣情节的，处以 10 年以上有期徒刑、无期徒刑或者死刑。

一切爆破器材的购买与运输，一定依照国务院令第 466 号《民用爆炸物品安全管理条例》实施。

2.5.4.2　爆破器材的运输安全要求

公路运输民用爆破器材时，应严格按照 JT 618—2004《汽车运输、装卸危险货物作业规程》和 JT 617—2004《汽车运输危险货物规则》的要求及有关交通安全规则执行。

公路运输爆破器材时，禁止使用翻斗车、自卸汽车、拖拉机、拖车、独轮车、自行车、摩托车、机动三轮车和电瓶车。

严禁同车搭载其他无关人员，同载其他物品。同一车内装载的爆破器材要符合表2.5.4.1 的规定。严禁同车运载性能相抵触的爆破器材。各种车辆的装载量不应超过额定负荷。

表 2.5.4.1 不同品种民用爆破器材同库存放、同车运输表

民用爆破器材名称	雷管类	黑火药	导火索	炸药及其制品
雷管类	○	×	×	×
黑火药	×	○	×	×
导火索	×	×	○	○
炸药及其制品	×	×	○	○

注 1. ○表示可同库存放或同车运输，×表示不应同库存放或不应同车运输。

2. 雷管类包括火雷管、电雷管、导爆管雷管、继爆管。

3. 炸药及其制品包括：硝铵类炸药（指铵梯类炸药、铵油类炸药、乳化炸药、水胶炸药等）、单质炸药类炸药〔指苦味酸、梯恩梯、黑索金、太安、奥克托金和上述单质炸药为主要成分的混合炸药或炸药柱（块）〕、导爆索类（指导爆索和爆裂管等）、石油射孔器材类（指以上述单质炸药为主要装药的油井射孔器材）等。

汽车司机除取得公安部门批准的与驾驶车辆相对应的正式驾照外，还应具有 5 万 km 或 3 年以上安全驾驶经历，并由企业安全部门考核批准后方可上岗。

从事运输、装卸民用爆破器材的作业人员，对所运的民用爆破器材应掌握其危险性质及应急措施。

运输民用爆破器材应配备押运人员。押运员应随车携带符合行政许可审批要求的有关证件，应掌握押运产品的数量、质量、规格、批次和装载等情况，了解所载物品的主要危险特性和安全防护知识。押运员在接收民用爆破器材时应与库房管理人员当面点清数量，运至接收地时应与接受人员办理好有关交接手续。

运输民用爆破器材的车辆，不应在人口密集的地方、宿舍区、交叉路口或火源附近停车。当车辆通过铁路道口时，应注意铁路信号和加强观察。遇有火车通过时，车辆应停于停车线以外的地方，无停车线的，应停在距钢轨 5m 以外，严禁超车抢行。行驶速度应按 JT 618—2004 的有关规定执行。

1. 爆破器材运输途中的要求

运输爆破器材的途中不准投宿，如果需要中途停歇、吃饭时，停车地点要与人烟稠密地区、重要建筑设施、交通要道等保持 200m 以上的距离，并设专人看管爆破器材，防止发生意外。要选择在气候较好的时间运输爆破器材，以防遇险。如果中途遇暴风雨和雷电时，要将车辆停靠在安全的地区避险。

2002 年 11 月 1 日上午，某区化轻公司刘某与其司机徐某 2 人从公司仓库提出 100 发电雷管，准备送往某采石场。下午 1 时 40 分，运输车辆在路经区化轻公司总部时发生故障，在对车辆进行维修之前，刘、徐 2 人未将雷管退回公司仓库，就近存放到区化轻公司总部的一杂物间内，当晚 100 发电雷管被盗。刘某被依法治安拘留 15 日。

2. 运输工具的要求

运输爆破器材的运输工具包括汽车，也可用人力搬运。人力搬运爆破器材只限于在仓库内部或爆破作业场地内的短途运输。

（1）爆破器材机动车运输。采用汽车运输危险品时，应使用符合《爆破器材运输车安全技术条件》（科工爆〔2001〕156 号）规定的专用运输车。不应采用三轮汽车和畜力车运输，严禁采用翻斗车和各种挂车运输。运输车应执行下列规定：

1）运输车辆严禁带病出车，车辆应按时接受检验，逾期未经检验的车辆不应行驶。

2）车厢内应有防止移动和撞击的固定装置。

3）车身外应有符合 GB 13392《道路运输危险货物车辆标志》规定的标志。

4）采用厢式运输车，要有良好的散热装置。

5）车厢的黑色金属部分应用导静电胶皮、木板等不易产生静电的非金属材料衬垫（用木箱或纸箱包装者除外）。

6）允许雷管装在保险箱内用普通车辆运输时，保险箱应符合 GB 2702《爆炸品保险箱》的规定。

7）各种车辆的装载量不应超过额定负荷。

（2）爆破器材人工搬运。采用人工搬爆破器材时，炸药与雷管必须分别放在两个专用包或木箱内、禁止装在衣袋内；领到爆破器材后应直接送到爆破地点，禁止乱丢乱放；不得提前班次领取爆破器材，不得携带爆破器材在人群聚集的地方停留。

2.5.4.3 爆破器材的检验安全要求

1. 常用工业炸药的检验

工业炸药在运输和储存期间，常因温度、湿度以及其他环境因素的影响，而发生物理和化学性质的变化。这种变化导致炸药的变质。使用变质的炸药，不仅会降低爆破效果，而且经常发生爆破事故。例如，不含水的硝铵类炸药，如果受潮和结块严重，就可能降低爆炸性能，甚至完全丧失爆炸作用。可见，对变质的炸药不进行及时处理，对炸药库和使用者的安全是一种严重的威胁。因此对炸药的质量进行检验是保证爆破安全和爆破效果的一项重要措施。

（1）包装检查。凡进库的炸药，要逐箱（袋）地检查包装情况，不得有以下情况：①包装箱（袋）破损；②捆扎和铅封不良；③箱（袋）上的厂名，炸药名称、规格、批号、制造日期、净重、毛重、体积、"防火、防潮、轻放、不得与雷管放在一起"字样、爆炸危险品标志不清楚等；④箱（袋）有浸湿和渗油痕迹。

当发现有上述毛病时，要将有毛病的箱（袋）挑出单独堆放，并对其进行内包装检查。如果内包装完好，则仍为合格品，与正常产品一样，作爆炸性能检验。如果内包装有毛病，则从所有箱（袋）中抽样进行爆炸性能检验，由爆破工作领导人确定能否使用。

（2）外观检查。工业铵梯炸药、铵油和铵松蜡炸药等药卷和散状炸药均能用手指捻开，无硬块。

2. 工业雷管的检验

（1）包装检查。凡进库的雷管都要逐箱检查外包装情况：

1）包装箱不应有腐蚀和破损现象。

2）箱外应有明显的厂名、产品名称、数量、批号、毛重、体积、制造日期、"轻拿轻放""防火防潮"和爆炸危险品标志。

3）秒延期和毫秒延期雷管还应有段别和秒量标志。

当箱外标志不清时，应将有毛病的箱挑出，单独堆放，并逐箱进行内包装检查。如果内包装完好，盒上品名、批号、数量、段别、秒量、出厂日期等字样清楚，无受潮现象，则仍视为包装检验合格，按正品抽样作爆炸性能检验。如果内包装检验仍有毛病，则应从每箱中任意抽取 4% 的雷管做性能检验,符合标准时方准使用。

(2)产品外观检查。从每次进库的箱中任意抽取 200 发雷管作外观检查,雷管表面不允许有浮药、锈蚀、裂缝、纸层开裂(但允许有轻微的污垢)、砂眼、药柱损坏和管壳机械损伤等疵病。火雷管的管口内部不得有杂物堵住传火孔,加强帽不得松动。电雷管的脚线不允许有绝缘皮损坏和影响性能的芯线锈蚀,以及封口塞松动或脱出。若有上述缺陷,应对整批雷管进行一发一发的检查,挑出有缺陷的加以销毁。

2.5.4.4　爆破器材的储存与保管安全

为了防止发生爆炸事故,保障国家和人民生命财产安全,生产、销售、使用爆炸物品的单位必须设立储存爆炸物品的专用库房或储存室,以防丢失和被盗。储存爆炸物品的仓库,须按照《爆破安全规程》、GA 838—2009《小型民用爆炸物品储存库安全规范》的要求和标准建设。

1.对爆破器材仓库的要求

(1)民爆器材经营公司仓库。必须按照《爆破安全规程》的要求,完善仓库硬件设施建设。其主要标准是:(不大于 5t)

1)仓库距离居民区不得少于 300m。

2)炸药库与雷管库及值班室间的安全距离不得少于 30m。并建有防爆堤(墙)将炸药库与雷管库隔开。

3)仓库有必要的防静电和防小动物设施。

4)库区外划有警戒线,库区内设有警示牌。

5)有不少于 70m³ 储水量的水源。

6)消防器材定期更换,灵敏有效。

7)起爆器材与炸药严格分库存放。

8)库区外无杂草,并有 5m 宽的隔火带。

9)库房安装具有一级防雷标准的避雷设施。

10)仓库装有电视监控系统,并配有犬防强化夜间守护。

(2)民爆物品管理服务站和爆破队仓库。对于不大于 3t 的民爆器材库必须符合 GA 838—2009《小型民用爆炸物品储存库安全规范》的要求,其主要标准是:

1)炸药库与雷管库安全距离不得少于 12m,值班室与库室距离不得少于 30m;并建有防爆堤(墙)将炸药库与雷管库隔开。

2)有不少于 15m³ 储水量的消防水源,消防器材灵敏有效。

3)起爆器材与炸药严格分库存放。

4)仓库有必要的防静电和防小动物设施。

5)安装经气象部门鉴定有效的避雷设施。

6)库室空高不少于 3m,距离院墙不少于 5m。

7)配有犬防,以强化夜间守护。

8)警示符号醒目。

9)雷管库需配备防爆箱。

10)安装电视监控系统。

2. 仓库的安全管理

民爆物品仓库的安全管理，包括以下基本内容：

（1）严禁超量和混存。

对达标经验收合格的民爆物品仓库，公安机关对每个库房储存的品种和最大允许存放数量须做出了明确规定，并填写在标示牌上。平时储存的民爆物品不准超过规定的存量。

民爆物品仓库内不准与下列物品同库存放：

1）易燃、易爆物品。

2）军用弹药。

3）失效变质的爆炸物品。

4）有毒、腐蚀性和放射性物品。

5）食物、饲料，生活用品。

同一库房内允许共存的爆破器材要符合 GA 838—2009《小型民用爆炸物品储存库安全规范》中的有关规定。

（2）民爆物品的堆放。库房内储存的民爆物品，要做到堆放整齐、牢稳、便于通风和便于搬运。雷管等机械感度较高的爆破器材要单排单箱摆放在货架上。箱顶与上层货架的底板要留有不少于 4cm 的间距，货架的高度不应超过 1.6m，架宽不超过两箱（袋）的宽度。袋装的黑火药或烟火剂不应叠放；黑索金炸药的堆垛高度不应超过五箱，导火索、导爆索、硝铵炸药等均应装箱，严禁散包堆垛，堆垛的高度不应超过 1.6m。

爆破器材的货架或堆垛与墙壁的距离不应小于 20cm，货架、堆垛相互之间的通道宽度不应少于 1.3m。

（3）库内通风。储存民爆物品时，库内要确保通风良好，相对湿度不能过大，一般应控制在 45%～70% 的范围内。当库内通风不良和湿度过大时，会增加炸药中的水分，导致炸药失效变质。如硝酸铵具有很强的吸湿性，吸湿后会使硝酸铵类混合炸药潮解，潮解后又失掉水分的硝酸铵类混合炸药又会产生硬化结块现象。潮解和硬化结块的硝酸铵类混合炸药会导致使用过程中爆炸不完全或拒爆，从而影响爆破作业的安全。黑火药受潮后会失去燃烧力。在通风不良或湿度过大时，导火索表面会发霉，药芯燃速不正常在使用时会发生事故。雷管受潮后，金属部件会生锈，纸壳发霉。含有铝、镁组分的药物在水分作用下会导致自然自爆。所以，库房内要经常通风，而且需要在库外温度低于库内温度时才能通风。

3. 保管员的主要安全职守

（1）负责守卫库房的安全。

1）坚守岗位，不准擅离职守，严防民爆物品丢失被盗或使库房受到破坏。

2）对出入库的民爆物品验证。

3）严防无关人员进入库区。对进入库区的人员和车辆实施安全监督，严防将火具、火种、易燃、易爆等危险物品带入库区。

4）经常对库房的防盗报警装置进行检测，切实保证有效。

5）及时消除库区的安全隐患。

（2）收发民爆物品的主要工作。负责对民爆物品的收发和管理库房的保管员收、发民爆物品要记账，做到四不入和四不发，经常进行安全检查，做到日清月结，账物相符。

（3）收存民爆物品要坚持四不入。

1）没有公安机关签发的《爆炸物品运输证》的手续不入库。

2）民爆物品的品种、数量不清不入库。

3）库内混存、超量不入库。

4）过期、失效、变质的民爆物品不入库。

（4）发放民爆物品要坚持四不发。

1）没有公安机关签发的《爆炸物品运输证》或没有本单位的发料单据不发。

2）运输民爆物品的工具不当和没有押运人员不发。

3）品种、数量与单据不符不发。

4）过期失效、变质的民爆物品不发。

（5）安全检查的主要内容。民爆物品的货架、堆垛是否牢稳；库内温度、湿度是否正常；所存物品是否失效、变质；民爆物品有无短少、丢失或被盗；防火用具是否齐全有效，水源是否充足；库房建筑、防护土堤、围墙是否完好；对雷电防护系统进行检测，并保证接地电阻合格；及时清理易燃物品，保持库内整洁。

第3章 人工水封法及其评价标准

3.1 岩石水力学原理简述

自 1974 年 C. Louis 在其《岩石力学中的岩石水力学》（Rock hydraulics in rock mechanics）首次提出岩石水力学概念以来，相继在岩石边坡设计、水利水电工程渗流与控制、水库诱发地震的预测、核废料的处理、矿山井巷的疏干降压排水、石油与地热能的开发以及地下水资源的开发与利用诸领域获得应用，而将岩石水力学拓展到大型地下水封石洞储油库还是进入 21 世纪的事。其间出现过将土力学的渗流场移植到岩石力学的裂隙水力学与孔隙介质渗流学的误区。为此，本章节重点简述岩石水力学原理以澄清在中国首座大型地下水封石洞原油库中应用的本质真相。

3.1.1 岩石水力学定义及特点

岩石水力学（Rock hydraulics）是一门自然科学与工程应用科学相互交叉的学科，它主要研究岩石中地下水的运动规律，以及地下水与岩石流固耦合作用时岩石变形与破坏规律的岩石力学重要分支。

为强调计，岩石水力学包括裂隙水力学与孔隙介质渗流学两大部分（图 3.1.1.1）。

岩石水力学主要是利用岩石力学与水力学的基本理论，以动态的地质结构体为基础，研究自然岩石（未人工扰动的岩石）和工程岩石（人工扰动后的岩石）与地下水（天然的与人工水幕的）相互作用的科学。它包含：

（1）研究原位应力场（In-situ stress field）作用下，岩石中地下水的运动规律。

（2）研究在地下水渗透力（seepage forces）作用下的岩石渗透稳定性问题。

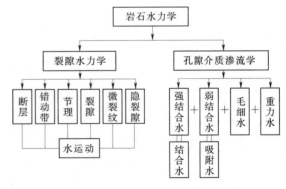

图 3.1.1.1 岩石水力学及其分支框图

以上两点反映在图 3.1.1.1 中的左右两分支框图里。

如果针对大型地下水封石洞储备库储存的天然气、原油不同介质时，则围岩与它们就构成气-液-固耦合关系。于是，这时的岩石水力学变为岩石系统中气体-液体-固体之间的相互力学作用规律的科学。

岩石水力学的特点，我国学者张有天归纳为如下[1]：

---

[1] 张有天.《岩石水力学与工程》，北京：中国水利水电出版社，2005，pp298 - 299.

1. 岩石水力学的样本单元体积（representative element volume，REV）非常大

REV 是介质力学性质的样本单元体积，其尺度是衡量该介质力学性质获取准确度的底线，例如，土是孔隙介质，很小的 REV 就包含有大量的孔隙，因而在测试小 REV 的渗透试验获得的渗流参数时即可代表大范围土体的渗透性。然而岩石却不能，尤其是裂隙岩石，它必须采用大尺度的 REV 才能获得岩石水力学的参数，这是因为，地下水在裂隙岩石中主要是在裂隙内流动，无裂隙的完整岩石或俗称的"岩块"（rock-block）几乎可以忽略其透水性；即使在裂隙岩石中，因其所含的裂隙数量很少，故要求其渗透性的 REV 非常大。这也就是岩石水力学常常不能按连续介质（continuous medium）处理的缘故。

2. 岩石水力学具有明显的各向异性

所谓各向异性（anisotropy），在这里是指将地下水封石洞的围岩视为一种材料时，在各方向的物理-力学-化学性能呈现差异的特性。各向异性亦称"非均质性"。指围岩的全部或部分物理-力学-化学性质随方向的不同而各自表现出一定差异的特性，或者说，在测试结果中所测得的性能数值的不同。

作为地下水封石洞的围岩，它既具部分晶体尤其是花岗岩、片麻岩等这类硬岩的晶体各向异性，又兼备地质岩体的"视各向异性"特性。

以抽水试验法来测求的各向异性含水层参数为例[1]即可说明裂隙岩石的渗透张量各向异性（表 3.1.1.1，图 3.1.1.2、图 3.1.1.3）。

表 3.1.1.1　　　　　　　　　　　含水层参数计算结果汇总

含水层参数		T_X /(m²·s⁻¹)	T_Y /(m²·s⁻¹)	T_{xx} /(m²·s⁻¹)	T_{yy} /(m²·s⁻¹)	T_{xy} /(m²·s⁻¹)	T_e /(m²·s⁻¹)	μ
算例 1	各向异性	4.512×10^{-3}	0.906×10^{-3}	2.609×10^{-3}	2.809×10^{-3}	-1.80×10^{-3}	2.023×10^{-3}	0.860×10^{-4}
	各向同性	2.020×10^{-3}	2.020×10^{-3}	2.020×10^{-3}	2.020×10^{-3}	2.020×10^{-3}	2.020×10^{-3}	OW1 1.975×10^{-6} OW2 2.519×10^{-6} OW3 2.622×10^{-6}
算例 2	各向异性	0.0109	2.609×10^{-3}	8.776×10^{-3}	4.74×10^{-3}	-3.625×10^{-3}	5.332×10^{-4}	5.645×10^{-4}
	各向同性	0.533×10^{-3}	0.533×10^{-3}	0.533×10^{-3}	0.533×10^{-3}	0.533×10^{-3}	0.533×10^{-3}	OW1 0.536×10^{-3} OW2 1.148×10^{-3} OW3 1.096×10^{-3}
算例 3	各向异性	1.064×10^{-3}	2.672×10^{-4}	1.064×10^{-3}	2.672×10^{-4}	0	5.329×10^{-4}	5.781×10^{-4}
	各向同性	0.533×10^{-3}	0.533×10^{-3}	0.533×10^{-3}	0.533×10^{-3}	0.533×10^{-3}	0.533×10^{-3}	OW1 0.458×10^{-3} OW2 0.98×10^{-3}

（摘自刘燕等，2012）

表 3.1.1.1 中，T_X、T_Y 为全域坐标系中导水系数张量的分量；T_{xx}、T_{yy}、T_{xy} 为导水系数当地坐标系的张量分量；T_e 为等效导水系数；μ 为含水层的弹性释水系数。

由表 3.1.1.1 可见，如果按各向同性情况进行含水层参数计算，计算得到各个观测孔的弹性释水系数值差异较大，而导水系数值是相等的；而按各向异性的情况进行计算，则

---

[1]　刘燕，等. 抽水试验确定各向异性含水层参数的实例讨论 [J]. 勘察科学技术，2012（6）：5-9.

各个观测孔的弹性释水系数也是相等的。那么，究竟哪种情况更为符合含水层的实际情况呢？为了回答这个问题，利用两种情况下得到的含水层参数计算了相应各孔的水头降深，计算结果见图 3.1.1.2 和图 3.1.1.3。由图 3.1.1.2 可以看出，按各向异性情况下的含水层参数进行计算，各个观测孔的计算降深值与观测值吻合非常良好。而按各向同性含水层情况进行计算，计算结果如图 3.1.1.3 所示，计算降深值与实际观测值差别非常大，可以说降深的计算结果基本完全"失真"。

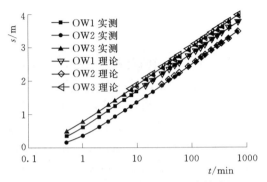

图 3.1.1.2　按各向异性理论在计算降深和实测降深随时间变化过程

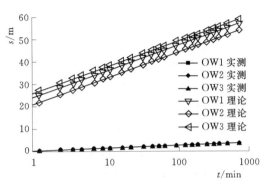

图 3.1.1.3　按各向同性理论在计算降深和实测降深随时间变化过程

表 3.1.1.1 中有关参数的表述为：设在无限延伸的承压含水层中，以定流量 Q 进行抽水，如果初始水头水平，则在含水层中任一点处的水头降深随时间 t 的变化过程可用如下形式的各向异性解析表达式描述[1]：

$$s = \frac{Q}{4\pi T_e} W(u_{xy}) \tag{3.1.1.1}$$

$$T_e = \sqrt{T_{xx} T_{yy} - T_{xy}^2} \tag{3.1.1.2}$$

式中：s 水头降深，m；Q 抽水井中的抽水流量，m^3/s；T_e 可以定义为含水层的等效导水系数，m^2/s；T_{xx}、T_{yy} 和 T_{xy} 为导水系数当地坐标系的张量分量，m^2/s；x、y 为当地坐标系的坐标分量，m；$W(u_{xy})$ 为与泰斯公式形式相同的井函数，其中无量纲时间为

$$u_{xy} = \frac{\mu}{4t}\left(\frac{T_{xx} y^2 + T_{yy} x^2 - 2T_{xy} xy}{T_e^2}\right) \tag{3.1.1.3}$$

对于当地坐标系中的第 j 个观测孔，对应的位置坐标为 (x_j, y_j)，相应的无量纲时间，即式（3.1.1.3）可以改写为

$$u_j = \frac{\mu}{4t T_e^2}(T_{xx} y_j^2 + T_{yy} x_j^2 - 2T_{xy} x_j y_j), j=1,2,3,\cdots \tag{3.1.1.4}$$

另一方面，在全局坐标系中，导水系数张量的分量分别为

$$T_X = \frac{1}{2}\left[T_{xx} + T_{yy} + \sqrt{(T_{xx} - T_{yy})^2 + 4T_{xy}^2}\right] \tag{3.1.1.5}$$

$$T_Y = \frac{1}{2}\left[T_{xx} + T_{yy} - \sqrt{(T_{xx} - T_{yy})^2 + 4T_{xy}^2}\right] \tag{3.1.1.6}$$

---

[1]　Vedat Batu，phD，PE. Aquifer Hydraulics：A Comprehensive Guide to Hydrogeologic Data Analysis. A Wiley—Interscience Publication，1998：pp206－223.

而当地坐标系的 x 轴与全局坐标系 X 轴间的夹角为

$$\theta = \arctan \frac{T_X - T_{xy}}{T_{xy}} \quad (3.1.1.7)$$

式中：X 和 Y 为导水系数张量的全局坐标，m。

在全局坐标系中，各向导性条件下的水头降深计算公式可以写为

$$s = \frac{Q}{4\pi \sqrt{T_X T_Y}} W(u_{XY}) \quad (3.1.1.8)$$

其中

$$u_{XY} = \frac{\mu}{4t} \left(\frac{T_X Y^2 + T_Y X^2}{T_X T_Y} \right) \quad (3.1.1.9)$$

一般情况下，人们预先并不知道局部坐标轴与全局坐标轴间的夹角值。也就是说，在进行抽水试验后，可以利用 3 个不在一条观测线上的观察孔中的降深-时间数据，确定出局部坐标系中的导水系数张量分量 T_{xx}、T_{yy} 和 T_{xy} 值，然后利用式（3.1.1.5）和式（3.1.1.6）计算出全局坐标系中的导水系数张量分量 T_X 和 T_Y 的值，并利用式（3.1.1.7）计算出两个坐标系间的夹角，即可以确定出最大导水系数和最小导水系数的方向。传统的标准曲线配线法可以用于确定局部坐标系下的导水系数张量分量。在此，我们介绍类似于雅可比直线图解法的计算公式。即在无量纲时间 $u < 0.01$ 条件下，式（3.1.1.1）可以简化为

$$s = \frac{2.303Q}{4\pi T_e} \lg \frac{2.25t}{\mu} \left[\frac{T_e^2}{T_{xx} y^2 + T_{yy} x^2 - 2T_{xy} xy} \right] \quad (3.1.1.10)$$

显然，在 s-$\lg t$ 半对数坐标系中，式（3.1.1.10）为一条直线方程。该直线斜率为

$$m_j = \frac{2.303Q}{4\pi T_e} \quad (3.1.1.11)$$

由此能够得到计算等效导水系数的公式为

$$T_{e,j} = \frac{2.303Q}{4\pi m_j}, j = 1, 2, 3, \cdots \quad (3.1.1.12)$$

该直线与横坐标轴的交点坐标为

$$t_{0,j} = \frac{\mu}{2.25 T_e^2} (T_{xx} y_j^2 + T_{yy} x_j^2 - 2T_{xy} x_j y_j)(j = 1, 2, 3, \cdots) \quad (3.1.1.13)$$

式（3.1.1.13）显示为三元一次方程组，联立求解这个方程组，就可以求出 (μT_{xx})、(μT_{yy}) 和 (μT_{xy}) 的值，然后就能够利用下式计算含水层的弹性释水系数 μ：

$$\mu = \sqrt{(\mu T_{xx})(\mu T_{yy}) - (\mu T_{xy})^2} / T_e \quad (3.1.1.14)$$

在计算出 μ 值后，就可分别利用 (μT_{xx})、(μT_{yy}) 和 (μT_{xy}) 的值计算 T_{xx}、T_{yy} 和 T_{xy} 的值，再分别利用式（3.1.1.5）和式（3.1.1.6）计算全局坐标系中的 T_X 和 T_Y 的值，最后利用式（3.1.1.7）计算两个坐标系间的夹角 θ 值。

关于花岗岩类的结晶岩石各向异性渗透特征，在此列举我国最大的水电站——长江三峡水利枢纽工程的闪云斜长花岗岩案例以资与本工程花岗岩佐证其各向异性渗透特征[1]。

长江三峡水利枢纽工程的基岩/坡岩/围岩，主要为元古宙闪云斜长花岗岩及其中更古

---

[1]　吴旭君，潘别桐．结晶岩体各向异性渗透特征的评价［J］．勘察科学技术，1991（1）：19-24.

老的片岩捕房体与细粒闪长岩包裹体以及酸—基性岩脉。它们的绝对年龄分别如下：

（1）闪云斜长花岗岩　　　（832±12）Ma；

（2）片岩捕房体　　　　　（3362±176）Ma；

（3）细粒斜长岩包裹体　　2946Ma；

（4）花岗-伟晶岩脉　　　　801Ma；

（5）辉绿岩脉　　　　　　（781±36）Ma；

（6）煌斑岩脉　　　　　　（801±3）Ma。

坝址区上述岩石（含捕房体、包裹体及各种岩脉）所占的比例见图3.1.1.4。

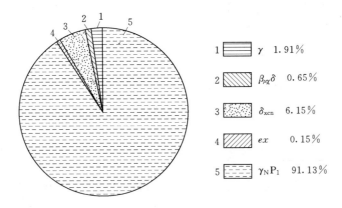

图 3.1.1.4　三峡工程坝址区各类岩石比例示意图❶

1—花岗岩脉；2—辉绿岩、煌斑岩脉；3—闪长岩（包裹体）；4—片岩
（捕房体）；5—闪云斜长花岗岩

坝址区各类岩石主要矿物成分见表3.1.1.2。

表 3.1.1.2　　　　　　三峡工程坝址区各类岩石主要矿物成分

岩石名称	产状	颜色	结构	主要矿物含量/%					
				石英	钾长石	斜长石	黑云母	角闪石	辉石
闪云斜长花岗岩	岩基	灰白至浅灰	中粗粒	25±	0～3	55±	10～15	10±	
细粒闪长岩	包裹体	灰至深灰	细粒	5±		>50	5	25～30	
角闪石英片岩	捕房体	深灰		55～60		3	3	30～35	
细粒花岗岩	岩脉	灰白或浅红	细粒	30	45	20	1～2		
闪斜煌斑岩	岩脉	灰黑及绿黑	细粒	5±		40～45		45～50	5
			中粗粒	5±	1	25±		65±	
辉绿岩		灰绿或暗绿	细粒	2		65			30
角闪辉绿岩		灰绿或暗绿	细粒			68		10	20
辉绿玢岩			斑状			70～75		<5	15～20

❶　熊进，等.《长江三峡工程灌浆技术研究》北京：中国水利水电出版社，2003.

坝址区各类岩石的主要化学成分见表 3.1.1.3。

表 3.1.1.3　　　　　三峡工程坝址区各类岩石的主要化学成分

岩石名称	产状	颜色	结构	主要化学成分含量/%									
				SiO_2	Al_2O_3	Fe_2O_3	FeO	MgO	CaO	Na_2O	K_2O	P_2O_3	MnO
闪云斜长花岗岩	岩基	浅灰或灰白	粗粒	65.94	16.32	4.55	2.83	1.73	4.45	4.12	1.43	1.70	0.05
角闪石英片岩	捕房体	浅灰至深灰		53.20	10.48	14.66	5.60	7.31	9.40			0.13	0.37
细粒闪长岩	包裹体	灰或黑灰	中细粒	61.59	16.66	6.70	3.02	1.96	5.37	3.91	1.03	0.23	0.08
细粒花岗岩	岩脉	黄或肉红	细粒	74.37	14.45	1.54	0.56	0.14	1.33	7.60	0.68	0.06	0.02
伟晶岩		肉红	文象	71.41	11.02	0.55		0.07	0.54				0.05
闪长岩		浅灰	中细粒	49.33	8.60	9.67	4.05	5.01	6.24			0.15	0.14
粗粒闪长岩		黑	粗粒	44.35	6.85	10.78	1.68	13.32	10.55			0.06	0.11
辉绿岩		灰绿或浅绿	似斑状	50.08	15.8	9.51		6.62	7.50			0.19	0.17
辉绿岩		暗绿	斑状	52.82	16.8	9.25		3.42	4.51			0.36	0.14
辉绿岩		紫红或绿		58.0	7.46	6.34	0.38	1.78	8.81			0.15	0.13
绿帘石		黄绿	细粒	51.45	19.35	3.58	2.07	1.16	15.17	2.70	0.78	0.11	0.08

表 3.1.1.4 所示的各风化带及新鲜岩体的透水性，主要由沿断裂等局部风化加剧所致（图 3.1.1.5）。

表 3.1.1.4　　　　　　　三峡工程坝址区岩体透水性统计

风化分带	地貌单元	透水性分级占试段总长度的百分数/%				
		极微透水 $\omega<0.01$ L/(min·m·m)	微透水 $\omega=0.01\sim0.05$ L/(min·m·m)	中等透水 $\omega=0.05\sim0.1$ L/(min·m·m)	较严重透水 $\omega=0.1\sim1.0$ L/(min·m·m)	严重透水 $\omega=1.0\sim10.0$ L/(min·m·m)
弱风化带	河床	23.7	6.8	3.3	30.5	35.7
	漫滩	29.3	25.5	12.3	29.0	3.9
	Ⅰ 级阶地	45.5	21.9	14.9	14.2	3.5
	山体	46.0	29.3	8.3	16.4	0
	总平均	39.0	27.7	10.0	21.7	1.6
微风化带	河床	39.0	20.1	15.4	23.0	2.5
	漫滩	68.8	16.7	6.5	6.8	0.2
	Ⅰ 级阶地	86.1	9.7	1.7	2.1	0.4
	山体	87.2	8.6	2.0	1.9	0.3
	总平均	79.4	12.0	3.8	4.4	0.4
新鲜岩体	河床	48.8	41.7	7.1	2.4	0
	漫滩	78.4	17.6	1.7	2.3	0
	Ⅰ 级阶地	88.0	9.6	1.3	1.1	0
	山体	94.5	5.5	0	0	0
	总平均	83.5	15.5	1.7	1.3	0

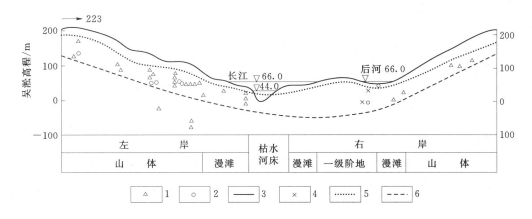

图 3.1.1.5　坝址局部加剧风化发育深度散点分布投影图

1—沿断裂局部加剧风化；2—沿裂隙局部加剧风化；3—自然风化临空面横剖面线；4—沿岩脉的破碎面局部加剧风化；5—弱风化带下限；6—局部加剧风化发育深度理想界面下限

由图 3.1.1.5 可知，坝址区左岸主要是沿断层与裂隙局部加剧风化导致非均一性和各向异性的渗透特性；而右岸则主要是沿断层、裂隙和岩脉局部加剧风化带来的渗透性各向异性与非均一性。

在上述表 3.1.1.2～表 3.1.1.4 中，当采用吴旭君等修正渗透率张量法时，则获得坝址区各向异性渗透特征玫瑰图（图 3.1.1.6）。

该图 3.1.1.6 是据 34 条测线的计算结果。

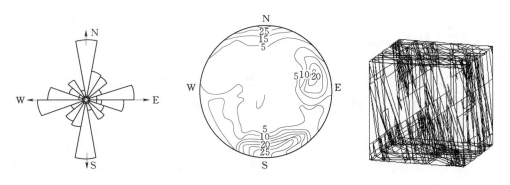

图 3.1.1.6　坝址区岩体渗透主　　图 3.1.1.7　坝址区导水裂隙　　图 3.1.1.8　左坝肩导水裂隙
　　　　　　方向玫瑰图　　　　　　　　　　等密度图　　　　　　　　　　　网络图

如果将坝址区导水裂隙法获得的等密度图（图 3.1.1.7）、导水裂隙网络图（图 3.1.1.8）与图 3.1.1.6 的坝址区岩体渗透主方向玫瑰图对比，三种方法的结果具有很好的一致性，即坝址区花岗岩的三个主要导水方位为 NNW、NEE 和 NWW，详见表 3.1.1.5。

综上所述，结晶花岗岩的各向异性渗透特征无疑可置。

为学术研讨和本工程应用计，有关修正渗透率张量法的一般原理简述如下。

表 3.1.1.5 坝址区导水裂隙参数的统计特征

裂隙分组	倾角/(°)		走向/(°)			删半迹线长/m			隙宽/cm			平均间距/m
	均值	方差	均值	方差	服从分布	均值	方差	服从分布	均值	方差	服从分布	
NWW	81.408	5.456	274.57	9.348	均匀	1.5599	0.3164	正态	0.345	0.296	负指数	8.475
NEE	79.042	7.821	249.54	7.277	均匀	1.527	0.294	正态	0.404	0.465	负指数	13.423
NNW	68.371	9.666	169.57	8.699	均匀	1.801	0.693	正态	0.299	0.363	负指数	13.643

1. 单裂缝的渗透率

综合国内外有关单裂缝渗流方面的研究成果，单裂缝中的流量（q）和水力梯度（J）的关系式可表示为[1]（q）$=KJ^a$，（$a=1$，$1/2$ 或 $4/7$），$a=1$ 表示裂隙中的渗流为层流，上式可化为 $q=KJ$。

与达西定律比较，可得平滑裂缝的渗透系数为[2]

$$K=k_f g/v=e^2/12g/v \qquad (3.1.1.15)$$

对粗糙裂缝，渗透系数为

$$K=k_f(g/v)S=e^2/12g/vS \qquad (3.1.1.16)$$

式中，$S=[1+8.8D_r^{3.5}]^{-1}$（Louis）或 $S=[1+17D_r^{1.5}]^{-1}$（Lomize）

式中：K 为单裂缝的渗透系数；k_f 为渗透率；g 为重力加速度；v 为运动黏滞系数；S 为试验常数；D_r 为裂缝的相对粗糙度；e 为裂缝的隙宽；q 为裂缝中的渗流量。

2. 裂隙组的渗透率

（1）一组平行裂隙岩体的渗透率。对一组隙宽为 e，间距为 b 的平行裂隙岩体，如果裂隙面光滑，则岩体的渗透率为

$$k_f=e^3/12b \qquad (3.1.1.17)$$

如果裂缝面粗糙，则岩体的渗透率为

$$k_f=e^3/12bS \qquad (3.1.1.18)$$

式（3.1.1.17）、式（3.1.1.18）没有考虑岩石介质本身的渗透率，如果岩石介质本身的透水性较大，设岩石的透水率为 k_m，则岩体的渗透率为

$$k=k_f+k_m \qquad (3.1.1.19)$$

（2）几种平行裂隙岩体的渗透率。对结晶岩体而言，可忽略岩石介质本身的透水性（$k_m=0$），设某组平行裂隙的频率为 λ_l，隙宽为 e_l，则岩体中某组裂隙的单宽流量为[3]

$$\vec{q}_i=-(e_i^3 g/12v)\lambda_i(\nabla\psi\vec{m}_i)\vec{m}_i$$

总单宽流量为

$$\vec{q}=\sum_{i=1}^n q_i=\frac{-g}{12v}\sum_{i=1}^n e_i^3\lambda_i(\nabla\psi\vec{m}_i)\vec{m}_i$$

将 $\nabla\psi$ 分解成平行裂隙和垂直裂隙两个方向为

---

[1] 潘别桐、吴旭君，岩体渗透性的研究现状及发展方向，地质科技情报，(2) 1988.

[2] C. W. Fetter, JR., Applied Hydrogeology, 1980.

[3] Roberto Aguilera, Naturally Fraetured Resevoirs, 1980.

$$\nabla \psi = (\nabla \psi \vec{m}_i) \vec{m}_i + (\nabla \psi \vec{n}_i) \vec{n}_i$$

则 $\vec{q}$ 可表示为

$$\vec{q} = -\frac{g}{12v} \sum_{i=1}^{n} e_i^3 \lambda_i [\nabla \psi - (\nabla \psi \vec{n}_i) \vec{n}_i]$$

上式可化为

$$\vec{q} = -\frac{g}{12v} \sum_{i=1}^{n} e_i^3 \lambda_i [l - (\vec{n}_i \vec{n}_i)] \nabla \psi$$

设 $\vec{n}_i = \{n_{xi}, n_{yi}, n_{zi}\}$，将上式与达西定律比较可得岩体的渗透率为

$$k = \frac{1}{12} \sum_{i=1}^{n} e_i^3 \lambda_i [I - (\vec{n}_i \vec{n}_i)] \tag{3.1.1.20}$$

式（3.1.1.20）可化为

$$k = \frac{1}{12} \begin{vmatrix} \sum_{i=1}^{n} e_i^3 \lambda_i (1-n_{si}^2) & -\sum_{i=1}^{n} e_i^3 \lambda_i (n_{xi} n_{yi}) & -\sum_{i=1}^{n} e_i^3 \lambda_i (n_{xi} n_{zi}) \\ \text{对} & \sum_{i=1}^{n} e_i^3 \lambda_i (1-n_{pi}^3) & -\sum_{i=1}^{n} e_i^3 \lambda_i (n_{yi} n_{zi}) \\ & \text{称} & \sum_{i=1}^{n} e_i^3 \lambda_i (1-n_{zi}^2) \end{vmatrix}$$

$$\vec{n}_i = \{\cos\alpha \sin\beta, \cos\alpha \cos\beta, \sin\alpha\}$$

一倾角为 α_i，倾向为 β_i 的裂隙面法线的方向余弦为

$$\vec{n}_i = \{\sin\alpha_i \sin\beta_i, \sin\alpha_i \cos\beta_i, \cos\alpha_i\}$$

测线与裂隙面法线夹角 θ_i 的余弦为

$$\cos\theta_i = \sin\alpha_i \cos(\beta_i - \beta) \cos\alpha + \sin\alpha \sin\alpha_i$$

一般情况下，勘探平洞中测线布置成水平状，上式可化为

$$\cos\theta_i = \sin\alpha_i \cos(\beta_i - \beta)$$

设测线长为 L，则第 i 条裂隙的间距为

$$L_i = L|\cos\theta_i| = L\sin\alpha_i |\cos(\beta_i - \beta)|$$

频率为

$$\lambda_i = 1/\alpha \sin\alpha_i |\cos(\beta_i - \beta)|$$

该测线上第 i 条裂隙的渗透率张量为

$$k_i = \frac{1}{12} e_i^3 \lambda_i \begin{vmatrix} 1-n_{xi}^2 & -n_{xi} n_{yi} & -n_{xi} n_{zi} \\ \text{对} & 1-n_{yi}^2 & -n_{yi} n_{zi} \\ & \text{称} & 1-n_{zi}^2 \end{vmatrix}$$

设该测线上有 m 组裂隙，则测线范围内岩体的渗透率张量为

$$k = \sum_{i=1}^{m} k_i = \begin{vmatrix} k_{xx} & k_{xy} & k_{xz} \\ \text{对} & k_{yy} & k_{yz} \\ & \text{称} & k_{zz} \end{vmatrix} \tag{3.1.1.21}$$

上式中的各符号同式（3.1.1.20）。该方法的优点在于：①典型测线的选取避免了大

范围内的平均性；②减小了裂隙资料整理过程中的误差及工作量；③若在压水试验钻孔中量测裂隙，可将计算结果与压水试验结果进行对比，确定修正系数。

3.1.2　岩石裂隙水力学原理

岩石裂隙水力学中，单裂隙水流立方定律（cubic law of flow in single fracture）是最基本和最重要的定律。仵彦卿从不变形平直等宽单裂隙水流运动为题，讨论了受应力作用岩石单裂隙、一组平行裂隙、一组正交裂隙以及岩石裂隙系统中水流运动的规律[1]，可为大型地下水封石洞分析单裂隙中水流渗透压力与裂隙变形之关系提供岩石水力学基础理论。

3.1.2.1　不变形岩石中单裂隙水流定理

不变形岩体是指岩石中的裂隙形状、体积既不受地应力影响，又不受渗透压力影响。

根据质量守恒原理，一般流体的运动方程式为

$$\frac{\partial V}{\partial t}+(V\,\nabla)V=f-f_p+1/\rho\,\nabla P \tag{3.1.2.1}$$

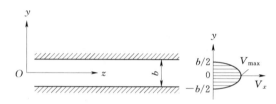

图 3.1.2.1　单裂隙水流示意图

式中：V 为流体运动速度矢量；f 为作用在单位质量流体上的质量力矢量；f_p 为流体的动力压力矢量；ρ 为流体的密度；P 为流体的应力张量。

假定在岩石中存在单一裂隙，裂隙隙宽为 b（等宽），隙面光滑，且无限延伸，裂隙长度远远大于隙宽，把该裂隙可看作平行板状窄缝，裂缝壁无水流交换，即 $V_y\approx0$，如图 3.1.2.1 所示。

根据上述假定，可将式（3.1.2.1）简化成适合单裂隙水流的泛定方程，即

$$\frac{\partial^2 V_x}{\partial y^2}=\frac{1}{\mu}\frac{\partial P}{\partial x} \tag{3.1.2.2}$$

其单裂隙水流的边界条件为

$$V_x\,|_{y=\frac{b}{2}}=0 \tag{3.1.2.3}$$

$$V_x\,|_{y=-\frac{b}{2}}=0 \tag{3.1.2.4}$$

式（3.1.2.2）、式（3.1.2.3）和式（3.1.2.4）构成了单裂隙水流稳定运动的数学模型，该模型可用解析法求解，其解为

$$V_x=\frac{1}{8\mu}\frac{\partial P}{\partial x}(4y^2-b^2) \tag{3.1.2.5}$$

这就是单裂隙中水流沿 X 方向流动时的流速分布函数。由于水流压力梯度：

$J_p=-\dfrac{\partial P}{\partial x}=-\gamma\dfrac{\partial(H-Z)}{\partial x}=\gamma J_f$，则式（3.1.2.5）可变成

$$V_x=\frac{\gamma}{8\mu}J_f(b^2-4y^2) \tag{3.1.2.6}$$

式中：J_f 为裂隙水流的水力梯度；γ 为地下水的相对密度。

---

[1]　仵彦卿. 岩体水力学基础（二）——岩体水力学的基础理论 [J]. 水文地质工程地质，1997（1）：24-28.

当 $y=0$（沿单裂隙中心轴线）时，最大流速为

$$(V_x)_{\max}=\frac{\gamma b^2}{8\mu}J_f \qquad (3.1.2.7)$$

显然，通过裂隙断面的单宽流量为

$$q=\frac{\gamma}{4\mu}J_f\int_0^{b/2}(b^2-4y^2)\mathrm{d}y=\frac{b^1\gamma}{12\mu}J_f \qquad (3.1.2.8)$$

这就是著名的裂隙水流立方定律。它说明裂隙断面上的单宽流量与裂隙隙宽的立方成正比。从而得出流经单裂隙的水流平均流速为

$$V=\frac{b^2\gamma}{12\mu}J_f=K_fJ_f \qquad (3.1.2.9)$$

式中：$K_f=\dfrac{\gamma b^2}{12\mu}$ 为裂隙的渗透系数。

式（3.1.2.9）就是著名的 Bernoullis 窄缝水流公式，后来被 Ломиэе 在实验室进一步证明。式（3.1.2.8）和式（3.1.2.9）反映了单裂隙中水流呈层流时的运动规律。当裂隙中水流呈紊流状态时，其单裂隙水流流速为

$$V=K_fJ_f \qquad (3.1.2.10)$$

式中，$1/2\leqslant\alpha\leqslant1$，当 $\alpha=1$ 时，为层流状态；当 $\alpha=1/2$ 时，裂隙中水流呈完全紊流状态。

实际岩石裂隙的隙宽是变化的，影响裂隙隙宽的因素有：裂隙隙面粗糙度、裂隙的充填程度以及岩石所处的应力状态。处于一定应力环境下的裂隙面两壁是凸凹不平的，两壁面的形状是不一样的，否则，压力的存在早使这些裂隙闭合。在实际中，对粗糙裂隙水流问题处理，一般采用两种修正方法：

一是修正裂隙隙宽。Witherspoon（1981）建议对典型裂隙测得其最大隙宽 $b_{\max}$ 及宽度频率分布函数 $E(b)$，用下式求得裂隙的等效宽度：

$$\vec{b}^3=\frac{\displaystyle\int_0^{b_{\max}}b^3E(b)db}{\displaystyle\int_0^{b_{\max}}E(b)db} \qquad (3.1.2.11)$$

式中：$\vec{b}$ 为裂隙等效宽度。

还可以用实测裂隙隙宽的算术平均值作为等效宽度，即

$$b=\frac{1}{N}\sum_{i=1}^{N}b_i \qquad (3.1.2.12)$$

用等效隙宽代入式（3.1.2.8），可计算粗糙单裂隙岩石水流单宽流量。

另一种方法是运用岩石裂隙粗糙度（Roughness）来修正单裂隙水流公式。Louis（1967）提出粗糙单裂隙单宽流量公式为

$$q=\frac{\gamma b^3}{12\mu}\frac{J_f}{(1+8.8R^{1.5})} \qquad (3.1.2.13)$$

式中：$R=\dfrac{1}{N(2b)}\sum_{i=1}^{N}|b_i-b_{i+1}|>0.033$，且水流阻力系数 $\lambda=\dfrac{96}{Re}(1+8.8R^{1.5})$，$Re$ 为雷诺数；R 为裂隙相对粗糙度；N 为隙宽测量总次数；b_i 为 i 测点裂隙宽。

若裂隙中存在充填物时，给相应的流量公式乘以充填物的渗透系数；若充填物的渗透

系数难于确定。在实际裂隙测量时，若发现裂隙充填，测量裂隙隙宽时应去掉充填部分宽度，测得未充填的裂隙隙宽，代入相应裂隙流量公式中计算裂隙渗流量。

在实际岩石渗流研究中，如何选择单裂隙公式，国内外许多学者进行了大量研究。根据 Huitt 的试验和梁尧驰（1988）野外单裂隙水力试验成果，在层流状态下，单裂隙中渗流与隙壁性质关系不大，无论壁面的相对粗糙度多大，在雷诺数小于 1800 范围内，实验结果与用滑裂隙渗流公式计算结果基本吻合，在天然岩石单裂隙试验中也得到证明。当裂隙的渗流在层流范围内（$Re \leqslant 2300$），裂隙渗流满足立方定律，这已被许多学者证明。但对于微裂隙渗流来说，水流运动不再满足立方定律，这是因为水力梯度增大时，微裂隙中渗流速度的增加高于线性递增，呈现类似非牛顿流体特性。当裂隙隙宽很小时，流体与固体壁之间除了通常意义下的摩擦阻力作用之外，还存在固体壁面吸附作用力，而通常意义下的摩擦阻力在层流范围内与水力梯度是线性关系，由于吸附力的存在，且吸附力随着动能增大，其增长速率降低。

3.1.2.2　变形岩石中单裂隙的渗流规律

变形岩石中单裂隙渗流是指岩体受正应力或剪应力作用时，岩石中裂隙发生变形，主要是裂隙隙宽改变，从而影响裂隙渗流规律。应力环境对裂隙隙宽影响的情况有：在沟谷或河流岸坡上的岩体，由于沟谷或河流下切，造成边坡岩体应力释放回弹而产生卸荷节理，这种应力环境的改变引起裂隙隙宽增大；岩石从地表向地下深处，自重应力逐渐增加，岩石裂隙隙宽逐渐变窄，以至闭合；在工程活动作用下，岩石应力场发生改变，从而使岩石裂隙隙宽改变。因此，研究变形岩石中单裂隙渗流特征，具有重要的理论和实际意义。

Louis（1974 年）在试验的基础上，提出了裂隙岩石渗透系数与正应力（normal stress）之间关系式，即

$$K_f = K_f^0 \exp(-\alpha\sigma) \tag{3.1.2.14}$$

式中：K_f^0 为 $\sigma = 0$ 时裂隙岩石渗透系数；α 待定参数。

仵彦卿（1995）在研究某水电站坝址岩体的渗流与应力关系时，根据实验数据得出了 $K_f - \sigma$ 之间具有分形关系，即

$$K_f = K_f^0 \sigma^{-D_f} \tag{3.1.2.15}$$

式中：D_f 为岩石裂隙分布的分维数。

当岩石中仅存在单一裂隙，且裂隙面上承受正应力（σ）和水流渗透压力（P）作用时，单裂隙渗流速度公式可表示为

$$V = \frac{\gamma b_0^2}{12\mu} J_f \exp[-\alpha(\sigma - P)] \tag{3.1.2.16}$$

式中：b_0 为裂隙初始隙宽（L）；P 为裂隙中渗透水压力；其他符号同前。

实际中难以给出裂隙面上的正应力，可给出（试验）或计算出岩石承受的主应力，应根据主应力方向与岩体中裂隙展布方向确定裂隙面上承受的正应力，再应用式（3.1.2.16）计算单裂隙渗流速度。

岩石中仅存在单一裂隙，且当岩体承受二向主应力（σ_x，σ_y）作用时，其中 σ_x 的方向与裂隙走向垂直，而 σ_y 的方向与裂隙走向平行，则裂隙面上承受的正应力为 $\sigma = \sigma_x$ 此时，

单裂隙渗流速度公式可写成

$$\nu = \frac{\gamma b_0^2}{12\mu} J_f \exp[-\alpha(\sigma_x - P)] \tag{3.1.2.17}$$

岩石中仅存在单一裂隙，且当岩石承受单向主应力（σ_x）作用时，其中 σ_x 的方向与裂隙走向斜交，其夹角为 β，则裂隙面上承受的正应力为 $\sigma = \sigma_x \cos^2 \beta$。此时，单裂隙渗流速度公式为

$$\nu = \frac{\gamma b_0^2}{12\mu} J_f \exp[-\alpha(\sigma_x \cos^2 \beta - P)] \tag{3.1.2.18}$$

岩石中仅存在单一裂隙，且当岩石承受二向主应力（σ_x 和 σ_y）作用时，其中 σ_x 和 σ_y 的方向均与裂隙走向斜交，σ_x 的方向与裂隙走向之间的夹角为 β，则裂隙面上承受的正应力为 $\sigma = \sigma_x \cos^2 \beta + \sigma_y \sin^2 \beta$。此时，单裂隙渗流速度公式为

$$\nu = \frac{\gamma b_0^2}{12\mu} J_f \exp[-\alpha(\sigma_x \cos^2 \beta + \sigma_y \sin^2 \beta) + \alpha P] \tag{3.1.2.19}$$

岩石中仅存在单一裂隙，且当岩石承受剪应力（r）和二向主应力（σ'_x 和 σ'_y）共同作用时，首先运用下式计算最大主应力 σ_x、最小主应力 σ_y 以及最大主应力方向，即

$$\frac{\alpha_x}{\alpha_y} = \frac{\sigma'_x + \sigma'_y}{2} \pm \sqrt{\left(\frac{\sigma'_x - \sigma'_y}{2}\right) + \tau^2} \tag{3.1.2.20}$$

$$\tan 2\alpha_n = \frac{-2\tau}{\sigma'_x - \sigma'_y} \tag{3.1.2.21}$$

式中：α_n 为最大主应力的方向角。

其次，根据计算的最大主应力方向，确定裂隙面正应力方向与最大主应力方向 α_0 的夹角 β，再运用下式计算裂隙面上的正应力值，即

$$\sigma = \sigma_x \cos^2 \beta + \sigma_y \sin^2 \beta \tag{3.1.2.22}$$

然后，将式（3.1.2.22）代入单裂隙渗流公式（3.1.2.16）中，可确定此问题下的单裂隙渗流问题。

3.1.2.3　单裂隙中渗透压力与岩石变形的关系

这里主要讨论单裂隙中地下水渗透压力与单裂隙岩石变形的关系，这种变形可应用弹性力学方法研究。

假定单个裂隙面在空间上的展布呈近似圆形，圆形裂隙面的半径为 r，仅研究裂隙面一侧承受的静水和动水压力问题。渗透力看作均布荷载，裂隙面一侧受渗透力问题可近似看作半无限球体表面圆形区域内受均匀分布压力作用。在静水压力作用下，裂隙面法向位移量表达式为

$$\Delta b = 2U_x = \frac{8(1 - \nu^2)r(H - Z)r}{\pi E} \int_0^{x/2} \sqrt{1 - \frac{R^2}{r^2} \sin^2 \alpha \, \mathrm{d}\alpha} \tag{3.1.2.23}$$

当 $R = 0$，即在圆心处裂隙变形量最大 $(\Delta b)_{\max} = 4(1 - \nu^2)r\gamma(H - Z)/E$；当 $R = r$，即在圆周处裂隙变形量最小 $(\Delta b)_{\max} = 8(1 - \nu^2)r\gamma(H - Z)/(\pi E)$；其平均变形量 $\Delta b \approx 3.28(1 - \nu^2) \times r\gamma(H - Z)/E$。

在动水压力作用下裂隙面的切向位移量为

$$U_x = \frac{8(1-\nu^2)}{\pi E(2-\nu)}\gamma J_f r\cos\delta\int_0^{x/2}\sqrt{1-\frac{R^2}{r^2}\sin^2\alpha}\,\mathrm{d}\alpha \tag{3.1.2.24}$$

$$U_y = \frac{8(1-\nu^2)}{\pi E(2-\nu)}\gamma J_f r\sin\delta\int_0^{x/2}\sqrt{1-\frac{R^2}{r^2}\sin^2\alpha}\,\mathrm{d}\alpha \tag{3.1.2.25}$$

式中：ν 为泊松比；γ 为地下水的容重；H 为裂隙岩石中水头高程；Z 为位置高程；E 为裂隙附近综合弹性模量；δ 为裂隙中水流梯度方向与 X 方向的夹角。

单裂隙的平均切向位移量分别为

$$U_x \approx \frac{3.28(1-\nu^2)}{E(2-\nu)}\gamma J_f r \ \text{及}\ U_y \approx \frac{3.28(1-\nu^2)}{E(2-\nu)}\gamma J_f r \tag{3.1.2.26}$$

从上述可看出，岩石裂隙中地下水的静水压力作用使裂隙产生垂向位移，即使裂隙隙宽加大。岩石裂隙中地下水的静水压力和岩石应力组成有效应力。岩石裂隙中地下水的动水压力作用使裂隙产生切向位移，即使裂隙产生切向位移量。岩石裂隙中地下水的动水压力作用产生的应力为剪切应力。

3.1.2.4　应力作用下岩石中一组平行裂隙渗流公式

假定岩石内有两条平行裂隙，裂隙中水流为层流、稳定流、岩石受二向应力作用。由力学分析知：$\sigma_1 = \sigma_{\text{II}} \doteq \sigma_f\cos^2\beta = \sigma_y\cos^2\beta$ 于是，两裂隙的渗透系数分别为

$$K_{f1} = \frac{\gamma b_1^2}{12\mu}\exp[-\alpha(\sigma_x\cos^2\beta+\sigma_y\sin^2\beta)+aP_1] \tag{3.1.2.27}$$

$$K_{f2} = \frac{\gamma b_2^2}{12\mu}\exp[-\alpha(\sigma_x\cos^2\beta+\sigma_y\sin^2\beta)-aP_2] \tag{3.1.2.28}$$

由水流叠加原理得岩石中水流单宽流量为

$$q = q_1 + q_1 = (K_{f1}b_1 + K_{f2}b_2)J_f \tag{3.1.2.29}$$

当忽略裂隙中渗透压力 P_1 和 P_2 时，则

$$q = \frac{\gamma}{12\mu}(b_1^3+b_2^3)J_f\exp[-\alpha(\sigma_x\cos^2\beta+\sigma_y\sin^2\beta)] \tag{3.1.2.30}$$

从式（3.1.2.30）中可推出，岩石中有一组平行裂隙（裂隙条数为 N）时渗流公式为

$$q = K_f J_f\sum_{i=1}^{M}b_i \tag{3.1.2.31}$$

式中：$K_f = \dfrac{\gamma}{12\mu}\exp[-a(\sigma_x\cos^2\beta+\sigma_y\sin^2\beta)]\sum\limits_{i=1}^{M}b_1^2$，为平行的一组裂隙综合渗透系数。

当岩石中分布较密集的一组平行裂隙（N 条裂隙）时，裂隙的平均初始隙宽为 $\vec{b}$，平均隙间距为 S，则岩石的单宽流量公式为

$$q = N\vec{b}K_f J_f \tag{3.1.2.32}$$

式中：$K_f = (\overline{N\gamma b'})/(12\mu S)\exp[-a(\sigma_x\cos^2\beta-\sigma_f\sin^2\beta)]$。

当考虑岩石中岩块的渗透性能时，式（3.1.2.32）中的 K_f 可变为

$$K = K_f + K_m \tag{3.1.2.33}$$

式中：K 为岩石的渗透系数；K_m 为岩块的渗透系数。

用式（3.1.2.33）中的 K 代替式（3.1.2.32）中的 K_f，可求得考虑岩块渗透性能的岩石渗透系数。

3.1.2.5 应力作用下岩石中一组正交裂隙渗流公式

假定岩石内有两条互相垂直的裂隙，裂隙水流为稳定流，流态为层流，岩体受二向应力 σ_x 和 σ_y 的作用。水流沿Ⅰ裂隙流入Ⅱ裂隙排出。Ⅰ裂隙初始隙宽为 b_1，Ⅱ裂隙初始隙宽为 b_{II}。由于 $\sigma_{\text{I}}=\sigma_x\cos^2\beta+\sigma_y\sin^2\beta$；$\sigma_{\text{II}}=\sigma_x\sin^2\beta+\sigma_y\cos^2\beta$，则受二向应力作用时岩石中两条正交裂隙渗透系数分别为

$$K_{f1}=\frac{\gamma b_1^2}{12\mu}\exp\left[-\alpha(\sigma_x\cos^2\beta+\sigma_y\sin^2\beta)+\alpha P_1\right] \tag{3.1.2.34}$$

$$K_{f2}=\frac{\gamma b_2^2}{12\mu}\exp\left[-\alpha(\sigma_x\cos^2\beta+\sigma_y\sin^2\beta)+\alpha P_2\right] \tag{3.1.2.35}$$

由于水流沿Ⅰ裂隙流入Ⅱ裂隙，根据水流连续定理得裂隙中单宽流量为

$$q=q_1=q_{\text{I}}=\frac{\gamma b_1^3 J_f}{12\mu}\exp\left[-\alpha(\sigma_x\cos^2\beta+\sigma_y\sin^2\beta)+\alpha P_2\right]$$

$$=\frac{\gamma b_1^3 J_f}{12\mu}\exp\left[-\alpha(\sigma_x\sin^2\beta+\sigma_y\cos^2\beta)+\alpha P_2\right] \tag{3.1.2.36}$$

从式（3.1.2.36）可推出

$$D_0=K_{f1}/K_{f2}=\frac{b_1^2}{b_2^2}\exp\left[-\alpha(\sigma_x-\sigma_y)\cos^2\beta+\alpha(P_1-P_2)\right] \tag{3.1.2.37}$$

式中：D_0 为裂隙各向异性渗透度；P_1、P_2 分别为裂隙Ⅰ、Ⅱ中渗透水压力。

当两裂隙隙宽相等，且忽略裂隙中渗透水压力时，式（3.1.2.37）可简化为

$$D_0=K_{f1}/K_{f2}=\exp\left[-\alpha(\sigma_x-\sigma_y)\cos^2\beta\right] \tag{3.1.2.38}$$

从式（3.1.2.36）中可推出，若体中有一组正交裂隙（裂隙条数为 N）时的渗流公式为

$$q=K_{f1}J_f\sum_{i=1}^{N}b_{1i}=K_{f2}J_f\sum_{i=1}^{N}b_{2i} \tag{3.1.2.39}$$

式中

$$K_{f1}=\frac{\gamma}{12\mu}\exp\left[-\alpha(\sigma_x\cos^2\beta+\sigma_y\sin^2\beta)+\alpha P_1\right]\sum_{i=1}^{M}b_{1i}^2$$

$$K_{f2}=\frac{\gamma}{12\mu}\exp\left[-\alpha(\sigma_x\cos^2\beta+\sigma_y\sin^2\beta)+\alpha P_2\right]\sum_{i=1}^{M}b_{2i}^2$$

3.1.2.6 应力作用下多组裂隙岩石的渗流公式

若实际岩石内存在多组裂隙，组与组相互交叉形成裂隙网络系统，忽略其中岩块渗流时，且假定岩石系统内空隙是由数组不同方向裂隙组组成。即使不同方向裂隙组在裂隙网络交叉空间相互连通，一个方向裂隙组的裂隙中的水流丝毫不受另一方向裂隙组的裂隙中的水流的影响。这样可把实际岩石按裂隙网络的各方向裂隙组解析成几个只有唯一方向裂隙组的虚构介质。则实际岩石系统的水流等于这些虚构介质的水流的叠加，即

$$V=\sum_{i=1}^{M}V_1=K(\sigma)J_f \tag{3.1.2.40}$$

式中：$K(\sigma)J_f=\exp\left[-\alpha(\sigma-P)\right]\sum_{i=1}^{M}\frac{b_1^3\gamma}{12\mu S_i}\left[I-\alpha_i\alpha_1\right]$，$K$ 为把裂隙岩石看作等效连续介质时的渗透系数张量，S_i 为第 i 组裂隙隙间距（L）；M 为裂隙组数；J_f 为裂隙岩石中地下水水力梯度矢量；其他符号同前。

实际岩石系统不只是一种类型，有的岩石裂隙分布很密集，如风化带岩石；有的岩石内大裂隙很少，只存在一些密集的小裂隙、微裂隙及孔隙，如完整的砂岩岩石。这些岩石中的渗流问题可近似用多孔连续介质或等效连续介质渗流来处理，不至于造成大的误差。

当考虑岩石裂隙系统内岩块的渗透性时，岩石系统的渗流问题可描述为双重介质渗流问题。双重介质可分为狭义双重介质和广义双重介质两种。狭义双重介质被定义为由孔隙介质和裂隙介质共存于一个岩石系统中形成的含水介质。在狭义双重介质中裂隙导水，由孔隙组成的岩块储水，岩块与裂隙之间存在水流交换，形成双重介质渗流模式。广义双重介质被定义为由连续介质和非连续裂隙网络介质共存于一个岩体系统中形成的具有水力联系的含水介质。这里所说的连续介质可以是均质各向同性或非均质各向异性的孔隙介质。这里所说的非连续裂隙网络介质是连通或部分连通的裂隙网络介质。

3.1.3　岩石孔隙介质渗流原理

岩石除赋存裂隙外，在地表以下至 3000m 深度范围内还存在孔隙，这已成为岩土科学家、工程师们所共识[1]。近地表的岩石遭风化成土，随着地层埋深的增加，岩石孔隙度相应递减至直 3000m 后，岩石孔隙度为常数。

3.1.3.1　岩石孔隙介质的渗透系数

Darcy 在 1856 年通过试验研究了水在砂土中的流动，发现通过的流量 Q 与水力梯度 J 成正比，即

$$Q=-kA(h_2-h_1)/L=-kAJ \tag{3.1.3.1}$$

式中：k 为比例系数，也称为渗透系数，对岩石裂隙则称为水力传导系数；A 为既包括孔隙，也包括颗粒在内的与流速方向垂直的试件断面积；L 为试件沿水流方向的长度。

式（3.1.3.1）即为达西定律。由于水头 h 与压力有关系：$h=\dfrac{p}{\gamma}+z$，对水平流动，式（3.1.3.1）可写为

$$Q=-kA(\Delta P/\Delta L)/\gamma \tag{3.1.3.2}$$
$$u=Q/A$$

式中：γ 为水的重度；u 为平均流速，也称为达西流速或概化流速。对于孔隙介质，一般情况下达西流速略小于水在孔隙中流动的实际流速。

应注意，水力梯度系指水头的梯度，而非水压力梯度。静止的水中水头处处相等，水力梯度为零，但水压力梯度不为零。

渗透系数 k 与颗粒直径 d、水的黏滞系数 μ、重度 ρ 和重力加速度 g 有关（Hermance，1999），通过量纲分析可得

$$k=Cd^2\rho g/\mu \tag{3.1.3.3}$$

式中：C 为与骨架特性有关的常数，Cd^2 仅和介质本身有关，令

$$k_{in}=Cd^2 \tag{3.1.3.4}$$

式中：k_{in} 为内在渗透系数（intrinsic permeability），石油工程及水文地质常采用此值。

---

[1]　张有天. 岩石水力学与工程 ［M］. 北京：中国水利水电出版社，2005；刘铁成，等. 地层条件下岩石孔隙度变化研究 ［J］. 石油天然气学报，2010，32（2）：299-301.

由式（3.1.3.2）～式（3.1.3.4）得

$$k_{in} = -\frac{Q}{A}\frac{\Delta L}{\Delta p}\mu \qquad (3.1.3.5)$$

k_{in} 的单位为 Darcy[1]，其定义为：孔隙被黏度为 1cP[2]（1P=1dyne·s/cm^2）的单相流体所充满，在每厘米 1atm[3]（标准大气压）或与此相当的水力梯度作用下，通过横截面为 1cm^2 的流量为 1cm^3/s（Bear，1972），即

$$1Darcy = \{[1(cm^3/s)/cm^2] \times 10^{-2} dyne \cdot s/cm^2\}/(1atm/cm)$$

由于 1atm=0.101325×10^{5}Pa，可得

$$1Darcy = 9.8697 \times 10^{-7} cm^2$$

当温度为 20℃时，1Darcy=9.613×10^{-4}cm/s。

由达西定律可知：流速与水力梯度成正比。在水力学中，这种水流属于层流流态。当孔隙较大，流速较大，水流就进入紊流流态，流速与水力梯度不再是线性关系。对于完整岩石，其孔隙尺寸非常小，一般不会越出层流界限，因而不必对大雷诺数的渗流进行研究。但是，由于孔隙的尺寸甚小，孔隙中的水受到固体骨架的吸附作用，达西定律同样不再适用而需要修正。

3.1.3.2 岩石孔隙介质初始水力梯度

李生林（1980）认为，孔隙介质中的水有 4 种类型：①强结合水：紧贴于固体颗粒表面，约 2～3 个分子层，具有特种结构和高密度；②弱结合水：在强结合水周围，为多层分子水膜，具有定向排列和渗透吸附特性；③毛细水：在颗粒孔隙边角部位和填充于管状孔隙之中；④重力水：处于颗粒间大孔隙中，在重力作用下可产生运动。

在一些文献中，将强结合水称为结合水（combined water），这种水进入晶体网格结构。弱结合水又称为吸附水（bound water），受分子吸力作用，不因重力而产生运动。由于固体和水界面的物理化学作用，使紧靠颗粒表面的水层具有半晶体的性质，其剪应力与应变速率之间的关系并不服从牛顿黏滞定律，它仅在作用力超过吸附强度后才开始流动，因而存在一个初始水力梯度。对于黏土，在双电层内，随水与固体表面距离的增大，相互作用的引力逐渐减小。当作用的水力梯度增大时，参与流动的水层将增多，使孔隙中的渗流通道逐渐扩大（蒋国澄，1983）。从土力学观点，据 Bear（1972）引用 Irmay 的文献，认为存在一个初始水力梯度 J_0，当实际水力梯度小于 J_0 时，水不会流动。黏土的 J_0 可大于 30。对这类孔隙介质，Darcy 定律应修正为

$$Q = KA(J - J_0) \qquad (3.1.3.6)$$

岩石虽与黏土不同，但许多致密岩石的渗透系数比黏土的渗透系数（10-6～10^{-8} cm/s）小很多，见表 3.1.3.1，说明其孔隙尺寸更小，且连通孔隙更少，会有初始水力梯度的限制。在坚硬、致密、新鲜岩石中开挖隧道，即使地下水位比隧道高程高很多，除裂隙有水渗出或有湿痕外，经常可以看到干燥的岩壁。分析其原因，应是实际的水力比降小

---

[1] 达西为旧用单位，1Darcy=9.869×10^{-13}m^2。

[2] 厘泊为旧用单位，1P=0.1Pa·s。

[3] 标准大气压为旧用单位，1atm=10^{5}Pa。

于初始水力比降，虽经多少万年，水仍未进入完整岩块。当然也可能是由于蒸发量大于渗水量。1955 年，Von Engelhardt and Tunn 研究了水在砂岩中的流动，认为颗粒表面存在一种不动的吸着水层，牛顿流只在吸着水层之外才占有优势（Bear，1972）。岩石初始水力比降对岩石水力学的研究具有重要意义，但又缺少这方面的理论和试验研究，尚无肯定的结论，本节提出这一问题，以期引起学术界和工程界同行们的重视。

表 3.1.3.1　　　　　　　　　　　各种岩石的渗透系数

岩石类别	$K/(cm \cdot s^{-1})$	岩石类别	$K/(cm \cdot s^{-1})$
砂岩（白垩系复理层）	$10^{-8} \sim 10^{-10}$	砂岩	$1.6 \times 10^{-7} \sim 1.2 \times 10^{-5}$
粉砂岩（白垩系复理层）	$10^{-8} \sim 10^{-9}$	硬泥岩	$6 \times 10^{-7} \sim 2 \times 10^{-6}$
花岗岩	$5 \times 10^{-11} \sim 2 \times 10^{-10}$	黑色片岩（有裂隙）	$10^{-4} \sim 3 \times 10^{-4}$
板岩	$7 \times 10^{-11} \sim 1.6 \times 10^{-10}$	细砂岩	2×10^{-7}
角砾岩	4.6×10^{-10}	鲕状岩（Oolitio rook）	1.3×10^{-6}
方解岩	$7 \times 10^{-10} \sim 9.3 \times 10^{-8}$	布雷德弗德（Bradfort）砂岩	$2.2 \times 10^{-5} \sim 6 \times 10^{-7}$
灰岩	$7 \times 10^{-10} \sim 1.2 \times 10^{-7}$	格伦罗兹（Glenrose）砂岩	$1.5 \times 10^{-3} \sim 1.3 \times 10^{-4}$
白云石	$4.6 \times 10^{-9} \sim 1.2 \times 10^{-8}$	蚀变花岗岩	$0.6 \times 10^{-5} \sim 1.5 \times 10^{-5}$

（实验室测定，据 Serafim，1968）

3.1.3.3　地层条件下岩石孔隙度变化

1. 多孔介质岩石体积-应力微分方程

多孔介质岩石有 3 个体积（孔隙体积 V_p、骨架体积 V_s 和外观体积 V_b），通常受 3 种应力（上覆压力 P_c、孔隙压力 P_p 和骨架应力 σ）的作用。
其中：

$$V_b = V_p + V_s \qquad (3.1.3.7)$$

$$P_c = \phi P_p + (1 - \phi)\sigma \qquad (3.1.3.8)$$

式中：V_p、V_s、V_b 分别为岩石的孔隙体积、骨架体积及外观体积，m^3；P_c、P_p、σ 分别为上覆压力、孔隙压力及骨架应力，MPa；ϕ 为孔隙度，%。

多孔介质岩石形变随应力变化关系比较复杂：外观体积、孔隙体积是上覆压力和孔隙压力的函数；岩石骨架体积是上覆压力、孔隙压力和骨架应力的函数。当压力变化时，相应的体积变化为

$$dV_b = \frac{\partial V_b}{\partial P_c}dP_c + \frac{\partial V_b}{\partial P_p}dP_p \qquad (3.1.3.9)$$

$$dV_p = \frac{\partial V_p}{\partial P_c}dP_c + \frac{\partial V_p}{\partial P_p}dP_p \qquad (3.1.3.10)$$

$$dV_s = \frac{\partial V_s}{\partial P_c}dP_c + \frac{\partial V_s}{\partial P_{p\,\text{数}}}\,dP_p + \frac{dV_s}{\partial \sigma}dP_c\Big|_{P_p=\text{常数}} + \frac{\partial V_s}{\partial \sigma}dP_p\Big|_{P_c=\text{常数}} \qquad (3.1.3.11)$$

由此引入文献❶中定义的多孔介质的 8 个压缩系数，得到多孔介质岩石体积-应力微分方程：

---

❶　窦宏恩，等. 低渗透和高渗透储层都存在应力敏感性［J］. 石油钻采工艺，2009，31（2）：121 - 124.

$$\frac{dV_b}{V_b} = C_{bp} dP_p - C_{bc} dP_c \tag{3.1.3.12}$$

$$\frac{dV_p}{V_p} = C_{pp} dP_p - C_{pc} dP_c \tag{3.1.3.13}$$

$$\frac{dV_s}{V_s} = C_{sp} dP_c + C_{sc} dP_p + C_{\sigma p} dP_c \big|_{P_p = 常数} + C_{\sigma c} dP_p \big|_{P_c = 常数} \tag{3.1.3.14}$$

式中：C_{bc} 为孔隙压力不变上覆压力变化引起的岩石总体积的变化；C_{bp} 为上覆压力不变孔隙压力变化引起的岩石总体积的变化；C_{pc} 为孔隙压力不变上覆压力变化引起的岩石孔隙体积的变化；C_{pp} 为上覆压力不变孔隙压力变化引起的岩石孔隙体积的变化；C_{sp} 为上覆压力不变孔隙压力变化引起的岩石骨架体积的变化；C_{sc} 为孔隙压力不变上覆压力变化引起的岩石骨架体积的变化；$C_{\sigma p}$ 上覆压力不变孔隙压力变化产生的骨架应力引起的岩石骨架体积的变化；$C_{\sigma c}$ 为孔隙压力不变上覆压力变化产生的骨架应力引起的岩石骨架体积的变化，MPa^{-1}。

2. 地层条件下储层孔隙度变化

文献[1]导出了岩石弹性变形过程中孔隙度变化表达式。然而，在油藏工程研究中，一般假定上覆压力不变，故有

$$dV_b = V_b C_{bp} dP_p \tag{3.1.3.15}$$

$$dV_p = V_p C_{pp} dP_p \tag{3.1.3.16}$$

由文献 [14] 有

$$C_{pp} = \frac{C_b - C_s(1-\phi)}{\phi} \tag{3.1.3.17}$$

式中：C_b 为岩石压缩系数，MPa^{-1}；C_s 为岩石骨架压缩系数，MPa^{-1}。

由弹性力学理论可证明关系式：

$$C_{bp} = C_{bc} - C_s \tag{3.1.3.18}$$

$$C_{pp} = [C_{bc} - (1+\phi)C_s]/\phi \tag{3.1.3.19}$$

由孔隙度定义有

$$\frac{d\phi}{\phi} = d\ln\phi = d\ln\frac{V_p}{V_b} = \frac{dV_p}{V_p} - \frac{dV_b}{V_b} \tag{3.1.3.20}$$

将式（3.1.3.15）～式（3.1.3.19）代入式（3.1.3.20），可得

$$d\phi = [C_s\phi(1-2\phi) + (C_b - C_s)(1-\phi)]dP_p \tag{3.1.3.21}$$

式（3.1.3.21）就是地层条件下岩石孔隙度变化表达式。由此可知孔隙度的变化与岩石压缩系数、岩石骨架压缩系数和地层压力紧密相关。

由式（3.1.3.21）计算得油藏岩石孔隙度随地层压力变化结果见图 3.1.3.1。

由图 3.1.3.1 可知，地层条件下，岩石孔隙度随地层压力的降低而减小；孔隙度随地层压力的降低均匀变化。

定义岩石孔隙度与初始孔隙度之比为岩石无因次孔隙度。图 3.1.3.2 为地层中初始孔隙度分别为 ϕ_1 和 ϕ_2 的岩石的无因次孔隙度随地层压力变化关系。由图 3.1.3.2 易知，岩

❶ 任勇，等. 岩石弹性变形中孔隙度变化的研究 [J]. 新疆石油地质，2005，26（3）：336-338.

石初始孔隙度越大，孔隙度随地层压力下降变化幅度越小，说明和高孔隙度岩石相比，低孔岩石有更强的应力敏感性；地层条件下，孔隙度绝对变化量不大。

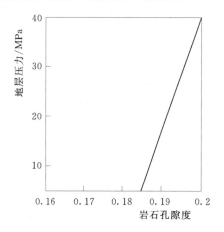

图 3.1.3.1　地层压力-孔隙度关系图

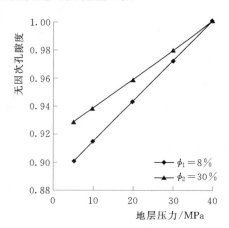

图 3.1.3.2　无因次孔隙度-地层压力关系图

3.1.3.4　岩石渗透试验

国外有关完整岩石渗透试验的报道并不多。法国对这项技术的发展比较重视，巴黎试验室仿照土样渗透试验的方法，对岩样进行纵向（轴线方向）渗透试验，试验装置及试样备制都比较简单。图 3.1.3.3 为沿岩样纵向进行渗透试验的装置。纵向渗透试验不能用于渗水性微弱的岩石，其渗透系数的极限值为 10^{-8} cm/s（Lama and Vutukuri，1978）。

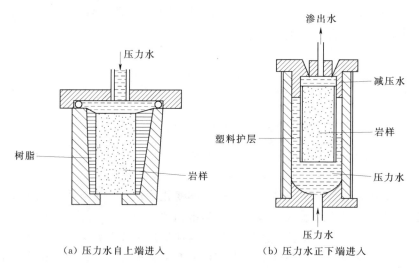

（a）压力水自上端进入　　　　　（b）压力水正下端进入

图 3.1.3.3　沿岩样纵向渗透试验装置

（据 Jaeger，1979）

巴黎试验室研制出了完整岩石径向渗透试验技术，试件为标准圆柱体，其高度为150mm，直径为60mm。其中心钻深度为125mm、直径为12mm的圆孔（图 3.1.3.4），将圆孔顶部25mm封死，但留有排水口。径向试验时，试件的壁厚只有24mm，1MPa水压力的水力梯度达 4167，因而可以忽略初始水力梯度的影响。渗透试验既可以试件外侧加水压，称为辐合状态（convergent），也可由孔内侧加水压，称为辐散状态（divergent）。由流量 Q（进水量应与出水量相等）可以求得渗透系数 K 为

$$K = \frac{Q}{2\pi l p} \ln \frac{r_2}{r_1} \qquad (3.1.3.22)$$

式中：l 为试验段长，$l = 100$mm；p 为试验用水压力；$r_2 = 30$mm；$r_1 = 6$mm。

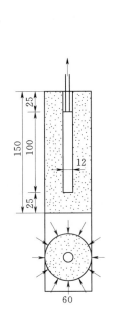

图 3.1.3.4　沿岩样径向的渗透试验
（据 Jaeger，1979）

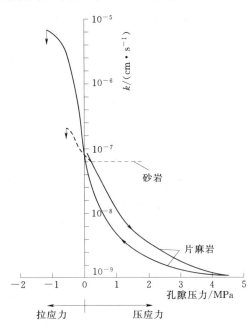

图 3.1.3.5　Malpasset 片麻岩渗透系数与
应力的关系

图 3.1.3.5 中实线代表以微裂纹孔隙为主的片麻岩。可以看出，水压力越大，渗透系数越小，而且加压过程与退压过程路径不同。在孔内加压时，岩样承受环向拉应力，裂纹张开，渗透系数急骤增大，直到试件破坏。图 3.1.3.5 中虚线代表孔隙为近似球体的砂岩，在辐合状态下，其渗透系数不随水压力变化，为一常值；在辐散状态，渗透系数突然加大，直到试件破坏。Jaeger（1979）建议用指标 S 表示岩样的渗透特性，令 k_{50} 表示辐合状态下外水压力为 5MPa 时的渗透系数，K_{-1} 表示辐射状态下内水压力为 0.1MPa 时的渗透系数，则

$$S = K_{-1} / K_{50}$$

当 $S = 1$ 时，表示岩石孔隙为圆球状；一般有微裂纹的岩石，$S = 1 \sim 5$；有微裂隙的岩石，$S = 10 \sim 20$。Malpasset 拱坝基岩的片麻岩，S 值达 $7 \sim 200$，见图 3.1.3.5，说明这种岩石渗透系数受应力环境影响极大。

3.1.3.5　水对岩石的影响

1. 水对岩石的作用

水对岩石强度有化学作用、物理作用及力学作用的影响。化学过程是不可逆的

201

（Шрейнер，1950），水对岩石中的充填物的溶蚀和溶解、对铁的氧化、对碳酸盐岩的侵蚀和潜蚀都属于化学作用（仵彦卿、张倬元，1995）；物理作用的过程一般是可逆的，如软岩浸水后内摩擦角降低，失水后又恢复；力学作用在介质的弹性范围内是可逆的。应该强调，化学作用、物理作用和力学作用常常是不可分割的，如岩石的渗透稳定性问题，其中一些就是三类作用的综合结果。中国天荒坪抽水蓄能电站高压隧道的围岩中有方解石岩脉，在高水力梯度作用下会因溶蚀而有渗透稳定问题。伊拉克 Mosul 坝建基于泥石岩和石灰岩互层岩层地基上，层间含有石膏，蓄水后在下游泉水处测得溶质含量高达 2g/L，每天总量达 40～80t（Guzina，1991）。一般来说，化学作用对岩石力学性质的影响是一个相对缓慢的过程，且不属于岩石水力学范畴，故本书不予讨论。

2. 孔隙压力和有效应力

（1）孔隙压力。水在孔隙介质中形成的水压力称为孔隙压力，用 p 表示。在非饱和状态下，孔隙压力为负值；在饱和状态下，孔隙压力为正值。水在介质中流动形成以水头 h 表示的渗流场，则孔隙压力 $p=\gamma h$。

孔隙压力是体积力，它作用于整个介质空间。以颗粒组成的土体，由于颗粒与颗粒的接触面积很小，理论上是点接触。研究力的平衡时，对任何一个设定的面，均可用一个邻近的穿过颗粒接触点的曲面代替，见图 3.1.3.6。在这个曲面上，孔隙压力是 100% 作用的，孔隙压力作用面积系数 $\alpha=1$。但对于岩石，因为有结晶作用或胶结作用，一般不存在 100% 的曲面，故孔隙压力系数 $\alpha<1$。

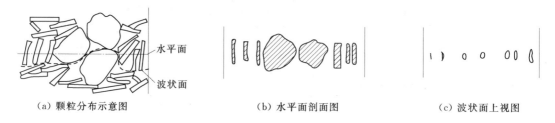

（a）颗粒分布示意图　　　　　（b）水平面剖面图　　　　　（c）波状面上视图

图 3.1.3.6　土类介质孔隙压力系数 $\alpha=1$ 示意图
（据姜朴，1980）

（2）有效应力。孔隙介质的荷载产生的总应力 σ_{ij}^{t} 由介质骨架和孔隙中的水共同承受，前者称为有效应力 σ_{ij}^{e}，后者称为孔隙压力 p，两者之间有如下关系：

$$\sigma_{ij}^{e}=\sigma_{ij}^{t}-\delta_{ij}\alpha p \tag{3.1.3.23}$$

式中：δ_{ij} 为 Kroneckerδ 符号；α 为孔隙压力作用面积系数。

式（3.1.3.23）是太沙基于 1923 年提出的（$\alpha=1$）。有效应力定义为单位面积上颗粒接触力的合力，与达西流速的定义相同，是一种概化的平均值。1960 年，Skempton 在试验的基础上提出了孔隙压力系数的表达式：

$$\alpha=1-E_s/E_g \tag{3.1.3.24}$$

式中：E_s 为孔隙介质骨架的有效模量；E_g 为颗粒材料的体积模量。

Nur 和 Byerlee（1971）对式（3.1.3.24）给出了理论上的证明。

对于土体，$E_s \ll E_g$，可以认为 $\alpha=1$。对于岩石，E_s 值较大，因而 $\alpha<1$。但当所研究

的岩石为裂隙孔隙材料且裂隙相对发育时，可以用裂隙内的孔隙压力代替岩块内的孔隙压力，仍可认为孔隙压力作用面积系数 $\alpha=1$。正因为这一特点，混凝土坝的扬压力及隧道衬砌的外水压力的作用面积系数均采用 $\alpha=1$。

（3）孔隙压力对岩石应力状态的影响。

1）各向同性岩石。一般假定岩石的强度服从莫尔-库仑准则。当存在孔隙压力 p 时，岩石应力状态发生改变：有效主应力减小 p 值，莫尔圆向左平移，更接近或达到屈服极限 [图 3.1.3.7 (a)]。

2）各向异性岩石。岩石中因有裂隙而使其在力学上具有各向异性的特点。对各向异性材料，孔隙压力作用面积系数更具复杂性，它不是简单的等于 1 或小于 1，有时可以大于 1，甚至为负值。3 个有效主应力方向的 α 值各异，致使有孔隙压力后莫尔圆向屈服极限靠近的概率更大 [图 3.1.3.7 (b)]。具有各向异性的岩石为数众多，在增量孔隙压力作用下容易发生破裂，很可能是水库蓄水后产生触发地震的原因之一（易立新，2003）。

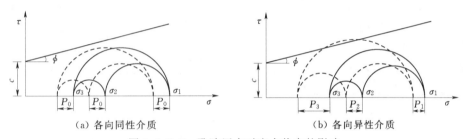

（a）各向同性介质　　　　　　　　　　　（b）各向异性介质

图 3.1.3.7　孔隙压力对应力状态的影响

（4）孔隙压力对岩石结构面抗剪强度的影响。有效应力减小后，结构面有效法向应力将减小，其抗剪强度亦将减小。

$$\tau=c+(\sigma_n-p)\tan\varphi$$

式中：c 为黏聚力；φ 为内摩擦角。

3. 水对岩石的软化作用

岩石遇水后强度降低的现象称为水对岩石的软化作用。软化作用形成的原因有：化学作用、物理作用或力学作用。浸水后软岩的 c、φ 值减小，属于物理作用；而水对硬岩的 c、φ 值无显著影响；化学作用是一个较缓慢的过程。本节主要讨论水对岩石软化的力学作用。

当对岩样突然加载，孔隙压缩使部分孔隙中的水达到饱和，产生孔隙压力，有效法向应力减小，因而抗剪强度也相应减小。试验表明，对岩石试样浸水 24h 后加压，各类岩石湿抗压强度较干抗压强度均有不同程度的降低。湿抗压强度与干抗压强度之比在工程上称为软化系数。范景伟与何江达（1992），朱珍德与胡定（2000）研究了水对裂隙岩石强度的影响。他们从断裂力学观点推导了在单一裂纹、一组等间距裂纹及多组裂纹条件下，当裂纹内有孔隙压力时初裂强度 $[\sigma_l]$ 计算公式。当孔隙压力加大时，$[\sigma_l]$ 减小。该研究将孔隙压力作为独立变量处理，即未考虑孔隙压力与荷载或应力场的关系。

Hoek and Bray（1977）认为，孔隙压力会减少岩石结构面的抗剪强度；高含水量增加岩石重度，并加速其风化；水结冰产生压力，对岩石产生类似楔子的作用。

Chugh and Missavage（1981）研究了温度对岩石力学性能的影响。他们从矿业坑道观察，发现夏季塌方比冬季明显增多，认为这是由于夏季天气潮湿，坑道岩面在吸热的同时也在吸湿，从而得出湿度对岩石强度有影响的印象。通过研究和调查，得出以下一些认识：①岩石单轴抗压强度 R_c 与弹性模量 E 随湿度加大而减小。将岩石试件浸在水中或在 100% 湿度条件下放置 24h，与天然湿度的试件相比，R_c 将减小 50%～60%；②在弹性模量减小的同时，泊松比加大；③平均硬度与断裂韧度随相对湿度加大而减小；④页岩吸湿主要在表面，吸湿量与试件大小有关；⑤沿层面的吸湿率比垂直层面的吸湿率大很多。

表 3.1.3.2 是 Chugh 收集到的各种岩石性质与湿度的关系。表 3.1.3.2 的实验成果表明，大理岩、灰岩、花岗岩、片岩等致密岩石湿度对其弹性模量的影响很小。

表 3.1.3.2　　湿度对各种岩石强度与变形特性的影响（100%湿度与干状态之比）

岩石种类	单轴抗压强度	弹性模量	单轴抗拉强度	岩石种类	单轴抗压强度	弹性模量	单轴抗拉强度
粉砂岩	0.34		0.62	片岩	0.80		
砂岩	0.45～0.89	0.70～0.84	0.56	煤页岩	0.25～0.65	0.43	
大理岩	0.95			含石英页岩	0.52		
灰岩	0.72～0.83			页岩	0.53～0.55		0.55～0.70
花岗岩	0.86						

White and Mazurkiewicz（1989）对煤、康红普（1993、1994）对泥岩进行了实验研究，也都得出了当含水率增加，抗压强度及弹性模量显著减小的成果，见图 3.1.3.8。

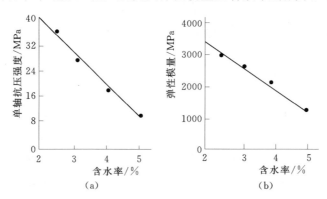

图 3.1.3.8　泥岩单轴抗压强度、弹性模量与含水率的关系
（据康红普，1994）

Ojo and Brook（1990）就湿度对岩石性质的影响除进行试验研究外，还总结了前人的研究成果。对于砂岩，湿度越大，抗压强度及抗拉强度越小。但他引用的成果也有相反的情况，即湿度大，抗拉强度也加大，这些岩石是石英岩、灰岩，也有砂岩。

铃木光（1973）认为，随着含水量 w' 增加，岩石的弹性模量 E 降低。两者的关系可用式 $E = ae^{bw'}$ 表示，a，b 为与岩石性质有关的常数，由试验决定。

山口梅太郎与西松裕一（1982）认为水对砂岩的胶凝物质有溶解作用，从而使其强度降低。弹性模量的降低是否与此有关，值得进一步研究。

本书仅针对新鲜完整岩石在不受水的化学作用的条件下，其湿抗压强度降低的现象进行讨论，并试图对工程上常用的软化系数给出准确的定义。

4. 对软化系数的讨论

(1) 软化系统的表达式。按 Mohr-Coulomb 准则，干燥岩石单轴抗压强度 R_d 与黏聚力 c、内摩擦角 φ 有如下关系

$$R_d = 2c\cos\varphi/(1-\sin\varphi) \tag{3.1.3.25}$$

当岩石内有孔隙压力 p 时，经按有效应力推导，其单轴湿抗压强度 R_w 为

$$R_w = R_d - 2p\sin\varphi/(1-\sin\varphi) \tag{3.1.3.26}$$

当 p 不为零时，岩石湿抗压强度恒小于岩石干抗压强度。软化系数 λ_s 为

$$\lambda_s = R_w/R_d = 1-(p/c)\tan\varphi \tag{3.1.3.27}$$

c 必须大于 $p\tan\varphi$，否则 λ_s 为负值。式（3.1.3.27）表明，孔隙压力愈大，软化系数愈小。当 $p=0$ 时，$\lambda_s=1$。

由于岩石渗透系数很小，且其初始水力梯度较大，在浸水条件下甚至在水压力条件下，岩石很难达到饱和状态。为了对饱和与非饱和状态加以区别，对非饱和状态岩石强度降低用非饱和软化系数表示。如岩石达到饱和状态，则用饱和软化系数表示饱和抗压强度。且均统称为软化系数。

(2) 各类岩石单轴湿/干抗压强度试验资料。表 3.1.3.3 列出了若干岩石单轴湿/干抗压强度试验资料（叶金汉等，1991）。干抗压强度是岩石试样在烘箱内经 105℃ 烘烤 24h 后进行试验的结果；将岩石在水中浸泡 24～48h 再进行试验，可得岩石湿抗压强度。由表 3.1.3.3 可见，各类岩石均有小于 1 的软化系数。岩石浸泡吸水率越大，其软化系数则越小。由此可得出一个概念：同一类岩石的饱和度越大，其湿抗压强度则越小。

表 3.1.3.3　　　　　　　　　　各类岩石干/湿抗压强度试验值

岩石名称	性状	重度 /(kN·m⁻³)	吸水率 /%	抗压强度/MPa		湿干 强度比	变形模量 /GPa	工程名称
				干	湿			
流纹岩	新鲜	26.0	0.14	239.5	214.3	0.89	70.0	古田一级
	微风化	25.1	1.97	149.0	97.0	0.65	57.9	张湾
玄武岩	新鲜	30.8	0.06	216.0	197.3	0.91	13.0	二滩
	蚀变	30.9	0.19	201.5	176.5	0.88	13.0	二滩
混合岩	新鲜	27.1	0.01	176.2	144.4	0.82	84.3	红石
	弱风化	27.0	0.14	120.4	83.0	0.69	7.6	李家峡
花岗岩	新鲜	26.2	0.17	166.8	133.7	0.80	52.9	三峡
	微风化	25.8	0.28	125.9	104.7	0.83	60.1	三峡
	蚀变	24.4	2.47	23.3	10.0	0.43	7.6	广蓄
灰岩	新鲜	26.5	0.32	64.7	59.6	0.92	74.2	乌江渡
	微风化	26.9	0.09	130.0	112.0	0.86	63.2	柘林
砂岩	新鲜	27.3	0.11	183.0	155.2	0.85	77.3	龙滩
	微风化	27.5	0.19	57.8	53.2	0.92	66.1	大坳
	弱风化	25.2	2.77	47.0	13.9	0.30	19.8	大坳

(3) 先饱和后加载工况岩石的饱和软化系数。设水的体积模量为 E_w，岩石弹性模量

为 E_R，令 $\lambda_w = E_w / E_R$，对饱和岩石，在荷载增量 $\Delta\sigma_1$ 及 $\Delta\sigma_3$ 快速作用下，岩石内产生的孔隙压力增量 Δp 为 (Skempton，1954)

$$\Delta p = B[\Delta\sigma_3 + A(\Delta\sigma_1 - \Delta\sigma_3)] \tag{3.1.3.28}$$

式 (3.1.3.28) 中，系数 B 接近于 1，当岩石为弹性材料 $A = 1/3$，试样单轴加载时 $\Delta\sigma_3 = 0$，则孔隙压力增量 $\Delta p = \Delta\sigma_1/3$。由 Mohr-Coulomb 准则可以求得单轴饱和抗压强度为

$$R_w = \frac{6c\cos\varphi}{3 - \sin\varphi} \tag{3.1.3.29}$$

由此可求得先饱和后加载工况下的饱和软化系数为

$$\lambda_s = 3(1 - \sin\varphi) / (3 - \sin\varphi) \tag{3.1.3.30}$$

岩石饱和软化系数仅与 φ 值有关，φ 值越大，λ_s 值越小，见表 3.1.3.4。

表 3.1.3.4　　　　　　　　　　　　岩石饱和软化系数

$\varphi/(°)$	0	10	20	30	40	50
λ_s	1	0.877	0.743	0.6	0.455	0.314

通过试验求得的软化系数远高于表 3.1.3.4 给出的值，主要原因是浸泡时试样承受的水力梯度非常小，岩石经浸泡后远未能达到饱和状态，仅在靠近表面处的孔隙吸入了少量水。对于地下水位特别高的深埋地下洞室，如锦屏二级水电站深埋引水隧道，在开挖以前洞室部位的裂隙就有很大的水压力，完整岩石内孔隙压力若较小，则可能形成很大的水力梯度，使岩石饱和。洞室开挖产生应力集中，使岩石饱和强度降低，从而可能遭到破坏。因此，对如花岗岩、大理岩一类的坚硬岩石，实际可能的软化系数远小于浸水试验得到的岩石湿/干强度比。

3.1.4　地下水数值模拟在人工水封洞库中的作用与发展

地下水在人工水封洞库中的保护、调控和防治三重性极为重要。事实上，所有大型地下水封石洞储油（气）库的开挖与油（气）储存活动都将遇到数量不等的地下水，并且地下洞库的建设最大难题可能也是地下水带来的水文地质防治、调控与保护问题，突发的地下水问题既会影响整个工程的经济效益，又会影响人工水封洞库的安全、健康即群洞长期稳定并且始终有效保障原油密封不外泄。显然，在对大型地下水封石洞储油库开工建造这前，尽可能全面地弄清洞库附近的地下水动态是非常必要的。

3.1.4.1　地下水数值模拟的概念与应用

1. 地下水数值模拟的概念

本质上讲，地下水数值模拟就是借助地下水数值模型求解一组描述所研究物理系统的方程之计算机程序。

如果用传统的办法，即用手工计算法不能符合实际地评价十分复杂的地下水系统时，用模拟技术就能完成这一任务。

地下水数值模型在认识、分析和预测地下水运动规律中起着越来越大的作用，就是在地下水的勘察调查研究中，地下水的数量与其水质这两大点也是不可或缺的内容。

2. 地下水数值模拟在地下水封洞库中的应用

（1）规划、可行性研究的优化。

（2）水幕系统与地下水系统的设计与优化。

（3）洞库疏干排水网络系统的设计与优化。

（4）渣场引起的污染问题的评价。

（5）钻爆开挖群洞并封闭水幕巷道、施工巷道、竖井等活动直至储库运营期地下水活动规律的分析等。

通过上述五个方面的应用，地下水数值模型最终要回答：

（1）未钻爆开挖洞库前，地下水量多大？地下水位线在何水平？天然地下水随当地四季变化怎样？

（2）开挖中估计泄出多少地下水？

（3）为洞室稳定计，是否疏干排水？对地下水又有何关系？

（4）潜在的环境影响是什么？

（5）大型群洞开挖活动会影响附近海水水位变动吗？反之，附近海水水位变化对大型群洞开挖活动带来何影响？

（6）洞库封闭后对地下水动态将有什么影响？

3. 地下水封石洞储油库应用数值模型技术定量评价地下水位变化规律需要具备的条件

（1）当前地下水状态。

（2）潜水面状态。

（3）水平衡的各个因素有关的状态。

（4）有关含水层特征信息即那些影响水在地下运动的参数等。

实际上，模型将有助于最大限度地减少所需收集的信息量[1]。通常，用能够获得的数据就可以建立初期模型，然后，模型将用不同的参数值检验一系列开挖水幕巷道及水幕钻孔方案，用以评价所研究的问题对参数不同分布的敏感性。这就使研究者的工作，集中于这些参数或特定的范围。这些范围对调查研究特别重要，后续一步的数据收集将集中于那些区域范围。

接着，把任何新数据补充结合到模型中去。

模型既可定量评价整体洞库开挖过程中由围岩沿裂隙或/和孔隙流向洞室的地下水流量，又可分析研究一些可能疏干排水方案进行试验以确定最佳的疏（积）水井位置和最佳的稳定或变动水垫层厚度。

利用初勘与初查的钻探、地质、地球物理和水文地质调查获得的大量信息数据，这些数据被应用到一个三维模型，它可被用来预测性地模拟疏水和检查不同含水层中抽水的效果。预测若干年后洞库附近地下水向洞内渗入水量从 $10^5\,\mathrm{L/d}$ 增至 $10^8\,\mathrm{L/d}$，最终天然地下水会被完全疏干，届时就得靠外界注水才能保障设计要求的地下水位线或回复到该潜水面。

3.1.4.2 地下水数值模拟现状[2]

近几十年来，随着地下水科学和计算机科学的发展，地下水数值模拟也得到了快速发

❶ T. Lewis. The role of groundwater simulation. Mine and Quarry, 1992 (3).

❷ 徐娟花. 地下水数值模拟现状. 工程地质计算机应用. 2012 (4).

展，主要体现在：加拿大 Borden 基地、美国 Cape Cod 基地与 Columbus 基地开展的大型野外试验场研究，大大丰富了地下水溶质运移的理论和方法，取得不少新的认识，并为发展和检验溶质运移理论和相应数学模型提供了大量数据；随机方法在非均质介质渗流和溶质运移的模拟中得到比较多的应用，从而加深、甚至改变了人们对此类介质中流体运动和溶质运移的认识；通过多孔介质中水流运动、溶质运移和化学反应，甚至生物过程的耦合建立模型来集成地研究这些过程也取得很多进展。此外，计算方法也取得不少进展，但溶质运移模拟中数值弥散和振荡问题的解决和地下水模拟逆问题的求解进展比较缓慢。

现如今我国地下水数值模拟的应用已遍及与地下水有关的各个领域。主要的地下水数值模型有：各类常系数、变系数水流模型、地下水污染模型、海水入侵模型、高浓度（大于 $100\sim200g/L$）咸/卤水入侵模型、地下水中某些组分运移行为的模型（如海水入侵条件下，交换阳离子运移行为模型）、大区域地面沉降模型（面积超过 $17000km^2$）、地下水中热量运移和含水层储能模型、地下水资源管理模型和井渠合理布局模型、各类坝体渗漏模型、渠道渗漏模型、地下水-地表水联合评价调度模型等。运移和化学反应耦合模型以及其他一些耦合模型也有人着手考虑了。它们涉及的地质条件多种多样，有潜水，也有承压水，有单个含水层，也有多个含水层存在越流的情况，以及种种复杂的地质构造和岩相变化等。它们有二维的，也有三维的和准三维的。

国外针对数值模拟提出了不少新思维方法，采用了新的数学工具，分析了不同尺度下的变化情况，合理的描述了地下系统中大量的不确定性和模糊因素。国外开发了许多功能多样的地下水系统数值模拟软件，以其模块化、可视化、交互性、求解方法多样性等特点得到广泛的使用。

3.1.4.3　地下水数值模拟的步骤及注意事项[1]

任何水文地质计算目的之一，是将地下水系统的水文机制（地下水补、径、蓄、排及其影响因素）定量化，要使水文地质问题成为数学方法能处理的对象，必须将水文地质条件理想化，必然要数学模型的刻画能力，即数学模型的特点，将水文地质条件模型化，以适合定量探讨的形式，这是建立水文地质模型必须遵循的一个重要原则。

地下水数值模型一般由两个部分组成：①包括若干个描述研究区域地下水及地下水溶质运移动态规律的数学微分方程；②刻画研究区域定解条件（初始条件和边界条件）的数学表达式。模型能够刻画出实际系统的数量关系和空间形式，因此在很大程度上具有再现系统的功能，这也是所谓数值模拟的由来。

地下水数值模拟的一般过程如下：

（1）背景资料的获取。数值模拟的第一个环节是获取必要的地质和水文地质勘探资料。这些资料一般包括：研究区域的范围和边界条件、含水层的空间展布特征、观测孔的位置与观测资料、抽水井（或注水井）的位置及流量、含水层的水文地质参数（包括渗透系数、导水系数、储水系数和弥散系数等）和分区等。

（2）模型的概化。这一阶段的主要任务是对地下水系统作适当的简化。忽略那些与研究问题无关的或者关系很小的因素，根据获取的背景资料，分析含水层的边界条件、补给

排泄关系、地下水水动力系统特征和溶质运移特征及其相应参数的空间分布特征等，从而确定数值模型的类型，建立相应的数学微分方程。

（3）模型的识别。在大多数情况下，数值模型、水文地质参数以及一些边界条件不一定符合实际情况，需要用勘探资料和抽水资料等来确定，这个过程就是模型识别亦称反演问题，是数值模型建立中的一个重要阶段。

（4）模型的应用。模型经过识别后，就可以用于地下水开采的动态预测、地下水溶质运移及其污染状况的预测、地下水开采方案和评价方案的设计等方面。

具体的，在实际操作中，地下水数值模拟要建立一个正确且有意义的地下水流数值模型，应进行以下12个方面的工作：确定模型目标、水文地质概念模型的建立、数学模型的建立、模型设计及模型求解、模型校正、校正灵敏度分析、模型验证、预报、预报灵敏度分析、模型设计与模型结果的给出、模型后续检查以及模型的再设计，这12个步骤之间的关系见图3.1.4.1。

模型模拟是对野外资料进行整理和消化的一种非常有效的方法，但应认识到模拟只是水文地质勘察工作的一部分，而且不是这一工作的终结。灵敏度分析包括校正灵敏度分析和预报灵敏度分析。校正后的模型受到了参数值时空分布、边界条件、开采量等因素不确定性的影响，校正灵敏度分析的目的就是为了确定这种不确定性对校正模型的影响程度。

类似地，模型的预报结果也受到了参数、未来开采量及其时空变化不确定性的影响，预报灵敏度分析可定量地给出这些不确定性对预报结果的影响。灵敏度分析（包括校正灵敏度分析和预报灵敏度分析）的方法是：把水文地质参数、开采量、边界条件在所确定的可能变化区间内系统地改变，以新条件下计算水头与校正（预报）水头的差作为模型的解对该参数灵敏度的度量。

3.1.4.4 地下水数值模拟常用方法

众所周知，地下水数学模型是根据地下水动力学原理，由一个泛定方程（通常为描述地下水运动的三维偏微分方程）加定解条件（边界条件与初始条件）组成。

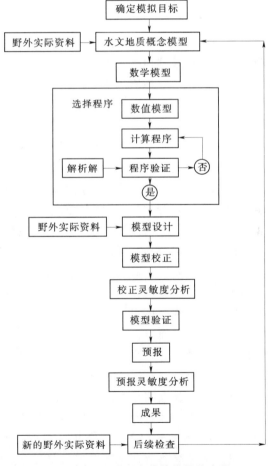

图 3.1.4.1 地下水数值模拟的步骤

描述地下水运动规律的三维偏微分方程（泛定方程）的建立，遵循两条基本原理，即质量守恒与能量守恒及其转换定律。具体地讲，就是大家熟知的水均衡原理和达西定律，它是地下水（确定性渗流模型）模型建立的地质背景条件，上述地下水模型按照对数学模型的不同求解方法，分为解析解和数值解。

数值计算是将随时间变化具无穷维矢量的三度空间渗流场（即其状态是由无穷个点的参数综合而成）根据勘探技术的控制和测量条件，在分割近似原理的指导下，通过人为剖分，以有限个结构近似均一的子系统（单元）模拟整个地下水系统的渗流场，并以有限个参数的参数群（即参数的非均质分区）作为整体系统参数分布的代表，以近似模拟地下水系统的参数分布特点，通过运用数学方法将复杂的连续性地下水模型离散为简单的对应有限个子系统组成的网状结点的线性数值公式，用离散值代替连续解，以刻画解析解难以描述的各种复杂系统，这就是对数值计算地质背景特征的简要概括。

地下水模拟主要有解析法、数值法和试验法。目前，水文地质领域常用的数值模拟方法有：有限差分法、有限元法、边界单元法和有限分析法。

有限差分法的基本思想是用差商近似控制方程中的微商，然后耦合初始条件及边界条件求解封闭的线性代数方程组。该方法具有物理概念清晰、直观、易懂、计算简单、编制计算程序容易等特点。它最早盛行于工程科学中，20 世纪 40 年代后期开始应用于解决土工渗流问题。但差分法求解微分运算量大，在计算机未出现前，有限差分法在水温地质计算中仅限于小规模的地下水模拟。60 年代初始，随着电子计算机运行速度和容量的提高，数值模拟才开始广泛地应用于大规模实际地下水流的计算。但是，由于差分法是用正立网格剖分渗流区域，很多水文问题拟合自然边界及非均质界限的灵敏度较差，此外，该法本身要求水头函数必须具有二阶连续导数，这一条件对地下水流容易突变的部位往往很难满足。为了弥补上述不足，便产生了不规则网格有限差分法，它克服了规则网格差分法在拟合自然边界及非均质界限上的不足，丰富了有限差分法理论。

有限元法的基本思想是采用插值近似是控制方程通过积分形式在不同意义下得到近似满足，把研究区域转化为有限数目的单元二列出计算格式。该方法早在 20 世纪 60 年代后期就开始应用于地下水流计算中，后来发现释水矩阵非对角性所构成的缺点使有限元格式有时会得出和物理概念有矛盾的水释水头值，对之进行了改进，将释水矩阵对角化，产生了改进的有限单元法，避免了不规则网格有限差对均衡区域面积的复杂计算依据对三角行剖分内角的限制。我国在用有限元法模拟地下水方面，虽然起步较晚，但是其应用范围及规模和发展水平都很可观。

边界单元法事通过格林公式和定解问题的格林函数化微分方程为边界几分方程，使用离散化技术离散边界，当求出边界上的水位之后，对计算区内的水位可依靠边界上的水位用简单公式求出，与有限元相比，由于离散化引起的误差仅来源于边界，不仅提高了精度，而且使输入数据简化，避免了有限元数据的准备和核对等繁琐工作，减少了工作量。

以上三种方法各有优缺点，他们都不可能有效解决所有的数学物理方程，因此，美国 Iowa 大学的陈景仁教授提出了有限分析法。有限分析法的基本思想是将控制方程的局部解析解组成整体数值解，这样得到的解可以比较好的保持原有问题的物理特性，既能准确地模拟对流效应，又能消除有限元方法中造成的数值振荡现象，计算稳定性好，收敛速度较快。因此，自从有限分析问世以来，受到国内外学者的重视，并在流体力学、热传导等方面取得了较为理想的效果。

3.1.4.5 地下水数值模拟常用的软件简介

地下水模拟在地下水研究中发挥着越来越重要的作用，目前地下水模拟及其相关软件已达数百个，各种软件都有各自优缺点。国际流行的地下水模拟软件主要有 GMS、Visual MODFLOW、Visual Groundwater、PHREEQC、HST－3D、TNTmips 等，现对上述模拟软件的主要功能与特点进行介绍。

GMS 是地下水模拟系统（groundwater modeling system）的简称，GMS 由 MODF-LOW、MODPATH、MT3D、FEMWATER、SEEP2D、SEAM3D、RT3D、UTCHEM、PEST、UCODE、MAP、SUBSU RFACECHARA CT ERIZAT ION、Borehole Data、TINs（Triang ulated Irregular Nets）、Solid、GEOSTATIST ICS 等模块组成。可进行水流模拟、溶质运移模拟、反应运移模拟；建立三维地层实体，进行钻孔数据管理、二维（三维）地质统计；可视化和打印二维（三维）模拟结果。

其中，MODFLOW 是世界上使用最广泛的三维地下水水流模型。MODFLOW 可以模拟水井、河流、溪流、排泄、水平水障、蒸散和补给对非均质和复杂边界条件的水流系统的影响。MODPATH 是确定给定时间内稳态或非稳态流中质点路径的三维质点示踪模型。MT3D 是模拟地下水中单项溶解组分对流、弥散、源/汇和化学反应的三维溶质运移模型。FEMWAT ER 是用来模拟饱和流和非饱和流环境下有限单元密度驱动的三维水流与污染物运移耦合模型。SEEP2D 是用来计算坝堤的剖面渗漏（如尾矿库）的二维有限单元水流模型，SEAM3D 是在 MT3D 模型基础上开发的碳氢化合物降解模型，RT3D 是模拟地下水中多组分三维反应运移的软件包，UTCHEM 是多相水流与运移模型，PEST 和 U CODE 可在给定的观察数据及参数区内，自动调整参数，MAP 可使用户快速地建立概念模型及相应的数值模型。SUBSU RFACECHARA CT ERIZAT ION（地质特征）被用来建立三角形不规则网（TINs）和实体（So lid）模型，显示钻孔数据。Bo rehole Data（钻孔数据）用来管理钻孔数据，包括地层数据和样品数据，TINs 是表示相邻地层单元界面的面，它是由钻孔内精选的地层界面组成的。Solid 被用来建立三维地层模型，任意切割剖面，产生逼真的图像。GEOST ATISTICS（地质统计）模块提供了多种插值法，包括线性法、Cloug h－Techer 法、反距离加权法、自然邻近法、克立格法和对数法等，将已有的野外数据转化成可使用的数据类型，然后被作为输入值分配给模型。

Visual MODFLOW 是综合已有的 MODFLOW、MODPAT H、MT3D、RT3D 和 WinPEST 等地下水模型而开发的可视化地下水模拟软件，可进行三维水流模拟、溶质运移模拟和反应运移模拟。合理的菜单结构、友好的界面和功能强大的可视化特征和极好的软件支撑使之成为许多地下水模拟专业人员选择的对象。Visual MODFLOW 分为输入模块、运行模块和输出模块。这些模块之间紧密连接以建立或调整模型输入参数、运行模型、显示结果（以平面和剖面形式）。输入模块作为建模之用，输入模块包括网格设计、抽水井、参数、边界条件、质点、观察井、区段预算等。运行模块可使用户选择、调整 MODFLOW、MODPAT H、MT3D 和 R3D 的运行时间，开始模型计算并进行模型校正。模型校正既可用手工进行，也可用 WinPEST 自动进行。WinPEST 是 PEST 的 WIN-DOWS 版本。输出模块可自动地阅读每次模拟结果，可输出等值线图、流速矢量图、水流路径图、区段预算和打印，并可借助 Visual Groundwater 软件进行三维显示和输出，如三维等值面和三维路径。

Visual Groundwater 是由加拿大 Waterloo 水文地质公司开发的地下数据和地下水模拟结果三维可视化与动画软件。可显示和打印地层、土壤污染、水头、地下水物质浓度和地下水模拟的三维结果，计算污染土壤和地下水的体积。

PHREEQC 是用 C 语言编写的进行低温水文地球化学计算的计算机程序，可进行正向模拟和反向模拟，几乎能解决水、气、岩土相互作用系统中所有平衡热力学和化学动力学问题，包括水溶物配合、吸附-解吸、离子交换、表面配合、溶解-沉淀、氧化-还原。

HST3D 是一个三维热及溶液运移模型（3DHeat ＆ Solute Trasport Model）。可以模拟三维空间地下水流及有关的热、溶液运移，进行地质废物处置、填埋物浸出、盐水入侵、淡水回灌与开采、放射性废物处理、水中地热系统和能量储藏等问题的分析。

TNT mips 为图像处理系统，是用于地质空间统计的最先进的软件，包括光栅、矢量、TIN、CAD、地域、数据库和文本等目标模块。可以制作地貌、地质、水文地质、地形、地质构造、卫星遥感、土壤及农业等图，定量刻画出模拟目标的体积、面积、深度和形状等。

最后，特别强调的是，地下水模型的建立是一个非常复杂的过程，需要充分了解模拟区的构造、地质、水文地质、水文地球化学、岩石矿物、气象、水文、地形地貌、工农业利用等一切与地下水的关系，并明确模拟的任务后，才能建立一个比较合理可靠的概念模型。任何用于预测的模型都必须经过校正和验证，未经校正和验证的模型观测是不能被认可的。由于含水层地质结构通常比较复杂、尺度多种多样，因而给解地下水模拟的逆问题带来很多困难，甚至成为建立和应用数学模型的瓶颈，需要对模型结构的确定、尺度选择、参数识别、可靠性分析等问题加强研究，尽快取得突破。

3.1.5　地下水封洞库区域地下水模拟的基本原理与方法

为合理地保护、调控与防治地下水，首要问题是要对大型地下水封洞库的区域地下水进行符合实际的数值模拟以弄清其运动规律。然而在区域地下水数值模拟中，往往存在时空尺度选择和信息量不足的问题。我国学者张祥伟和日本学者竹内邦良在融合地质统计、逆问题理论和地下水运动理论的基础上，提出了建立大区域地下水运动模拟的方法[1]，该法可在本工程地下水运动数值模拟分析研究和评价时借用。

3.1.5.1　地下水有限元计算的时空尺度的选择

对于地下水有限元计算的时空尺度（时空步长）的选择，1977 年，Newman 等对二维地下水运动方程的有限元解法中的不稳定流问题进行了分析，推测不合理的时间步长导致了地下水流动的有限元离散中混合型差分的出现，由此导致了解的不稳定问题。针对 Newman 等的推测，Zhang 和 Wood 提出了二维地下水运动有限元计算的时间步长的条件。2002 年，张祥伟等运用最大最小原理对大尺度二维和准三维地下水有限元计算的不稳定问题进行了理论分析，提出了二维和准三维地下水运动有限元计算的时空步长的理论公式。即对于准三维地下水有限元计算的时空步长分别为

（1）空间步长条件。

---

[1]　（中）张祥伟，（日）竹内邦良．大区域地下水模拟的理论和方法．水利学报，2004（3）.

$$L_{max} < \min\left(\sqrt{\frac{8T_1 m' \Delta t}{\Delta t k' + \mu m'}}, \sqrt{\frac{8T_2 m' \Delta t}{\Delta t k' + Sm'}}\right) \tag{3.1.5.1}$$

式中：L_{max} 为准三维地下水有限元计算的三角形网格中的最小三角形最小边长；Δt 为时间步长；m'、k' 分别为层间弱透水层的厚度和渗透系数；T_1、T_2 为非承和承压含水量和导水系数；μ、S 分别为非承和承压含水层的给水度和弹性释水系数。

（2）二维的情况下，空间步长的条件为

$$L < \sqrt{8T_i \Delta t / S}\,(i = 1 \text{ 或 } 2) \tag{3.1.5.2}$$

3.1.5.2 初始地下水位的推定

在进行区域地下水计算中，需要根据实测的地下水位推定初始流场，以便检验地下水数值计算精度、进行非稳定流地下水计算以及识别含水层参数。初始流场的推定方法，通常有 Universal Kriging 方法（简称 UK 法），UK 法的计算行列比较大，计算比较复杂。Newman 等和 Sun 运用 Residual Kriging（RK）法进行区域地下水位的推定，也就是将实测地下水趋势面去除得到正态残差，将正态残差运用 Ordinary Kriging 法进行面上残差的推定，再加上实测地下水面的趋势得到三角形网格上各点的推定地下水位值。

上述方法在大区域地下水计算中遇到信息不足的问题，当实测地下不位信息不足时，推定的初始流场会带来较大的误差。张祥伟等根据地形水文学的原理，即地下水与地形之间存在一定的相关性，提出运用数值地形模型（DEM）中的地形标高作为辅助信息，修正实测地下水位得到的地下水趋势面。然后，运用 Ordinary Kriging 方法对修正后趋势面的正态残差推定三角形网格点上的残差，每个网格点上推定残差再加上修正的趋势值得到面上地下水位的推定值。具体可描述为地下水位由以下两部分构成：

$$h(x) = m(x) + \varepsilon(x) \tag{3.1.5.3}$$

$$m(x) = a_0 + a_1 x + a_2 y + a_3 z + a_4 x^2 + a_5 xy + a_6 xz + a_7 y^2 + a_8 yz + a_9 z^2 + \cdots$$
$$\tag{3.1.5.4}$$

式中：$\varepsilon(x)$ 为实测地下水位的趋势面残差，$m(x)$ 为 DEM 修正后的地下水趋势面；$a_0 \sim a_9$ 为趋势方程系数；x、y 为坐标；z 为 DEM 的地形标高。

当残差 $\varepsilon(x)$ 满足正态性条件时，用 Ordinary Kriging 法进行推定，再加上式（3.1.5.4）即可计算得到大区域地下水的水位推定值。大区域地下水位推定的方法如图 3.1.5.1 所示。

3.1.5.3 区域地下水渗透系数的识别

在地下水流动模拟中，一般根据含水层的水文地质条件和岩土特性，选定导水系数的取值。在区域地下水计算中，含水层物理特性的信息常常十分有限，即使知道含水层的岩土类型，但由于同类岩土的导水系数的变化范围很大，最小值与最大值之间甚至有 100 倍以上的变化幅度。这为正确选择地下水参数带来困难，张氏等针对式（3.1.5.5）的二维地下水运动，根据推定的地下水位值，运用 Guass-Newton 法对区域地下水含水层导水系数进行识别。

二维稳定流地下水运动的基本方程为

$$\frac{\partial}{\partial x}\left(T \frac{\partial h}{\partial x}\right) + \frac{\partial}{\partial y}\left(T \frac{\partial h}{\partial y}\right) + q = 0 \tag{3.1.5.5}$$

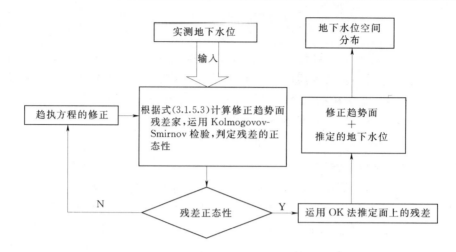

图 3.1.5.1　地下水空间分布的推定流程图

式中：h 为地下水位；T 为导水系数；q 为地下水源汇项。

式（3.1.5.5）的导水系数的识别有直接法和间接法。直接法是根据已知的地下水位值，直接从式（3.1.5.5）中反求导水系数 T。直接法的问题是，由于地下水位中含有误差，细小的误差将导致水位的偏微分很大的误差，计算稳定性差，而且往往引起不适定问题，大大降低了参数的计算精度。本文运用间接法识别水文地质参数。即给定含水层导水系数 T 的初始值进行迭代计算，根据推定的地下水位值和反复计算得到的计算水位值的残差平方和最小作为目标函数，计算最优的导水系数值 T。目标函数为

$$f_1(T_1,\cdots,T_m)=\sum_{l=1}^{m}\left[h(T^k)+\frac{\partial h}{\partial T}\Big|_{T=T^k}(T^{k+1}-T^k)-h^{obs}\right]^2 \quad (3.1.5.6)$$

式中：h^{obs} 为 ROKMT 法的推定地下水位值；T^{k+1} 为第 k 次迭代的导水系数。通过下式计算：

$$T^{k+1}=T^k+\frac{\partial h}{\partial T}\Big|_{T=T_j^k}\left[h(T^k)-h^{obs}\right] \quad (3.1.5.7)$$

根据含水层的物理特性，导水系数需满足以下限制条件：

$$T_{j\min}\leqslant T_j\leqslant T_{j\max} \quad (3.1.5.8)$$

式中：$T_{j\min}$ 和 $T_{j\max}$ 为导水系数的下限和上限值。

当导水系数识别完成后，运用不规则三角形差分（TFDM）法进行区域地下水计算。综合 3 和 4 的计算步骤，区域地下水计算方法的如图 3.1.5.2 所示。

3.1.6　地下水封石洞围岩渗流场与应力场耦合的双重介质模拟分析❶

岩石渗流场与应力场耦合模型研究是目前国内外研究的热点。由于岩石中存在大量的不连续的地质结构面，如节理、断层、裂隙、岩层层面、片理面等，使得岩石水力学问题的研究带来了一定的难度。为了处理这些不连续的地质结构面，Goodman et al.（1968）开发了用于研究裂隙岩石力学问题的节理元方法（joint element method），Wittke（1966）

---

❶　仵彦卿·岩体水力学基础（六）——岩体渗流场与应力场耦合的双重介质模型 [J]. 水文地质工程地质，1998（1）：43—46.

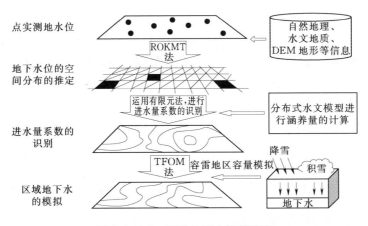

图 3.1.5.2　区域地下水模拟流程

开发了用于研究裂隙岩石渗流问题的线元素方法（line element method）。Noorishad et al.（1982），Ohnishi 和 Ohtsu（1982）提出了岩石渗流场与应力场耦合的有限元法（finite element method），仵彦卿等（1995、1997），提出了岩石渗流场与应力场耦合的裂隙网络模型模型。对于存在稀疏的结构面像断层的岩石而言，节理元方法实际上是一种处理裂隙岩石水力学的强有力的工具。事实上，并不是所有裂隙岩石都是由稀疏结构面控制渗流的，对于由密集裂隙控制渗流的岩石系统而言，Oda（1986）·提出了岩石渗流场与应力场耦合的等效连续介质模型，仵彦卿（1996）提出了岩石渗流场与应力场耦合的改进等效连续介质模型。在多数情况下，岩石往往是由稀疏的结构面像断层形成的裂隙网络和其间的由多孔隙的或密集小裂隙岩块组成，对于这种岩石的水力学问题，应采用狭义双重介质系统渗流场与应力场的耦合模型和广义双重介质渗流场与应力场的耦合模型。

3.1.6.1　双重介质的基本概念

　　双重介质渗流模型是由 Barenblatt（1960）首次提出来的。Barenblatt 把岩石看作由孔隙和裂隙组成的双重介质空隙结构，孔隙介质和裂隙介质均布在渗流区域内，形成连续介质系统。在该系统内，孔隙介质储水，裂隙介质导水，由裂隙介质的导水作用（流动速度快），在双重介质系统内形成两个水头，即孔隙介质中水头和裂隙介质中水头，两种介质之间通过水流交换项联系。实质上，双重介质可分为狭义双重介质和广义双重介质。狭义双重介质被定义"为孔隙介质与裂隙介质共存于一个岩石系统中形成的具有水力联系的含水介质"。而广义双重介质（generalized double porosity media）则定义为"连续（或等效连续）介质与非连续网络介质共存于一个岩体系统中形成的具有水力联系的含水介质"。这里的连续介质可以是均质各向同性或非均质各向同性的孔隙介质，也可以是由密集裂隙构成的具有非均质各向异性渗流特点的裂隙网络介质（可看作等效连续介质）。这里非连续介质是连通或部分连通裂隙网络介质，这两种介质的渗流特点是不相同的。

3.1.6.2　狭义双重介质体系中的渗流模型

　　该模型按照实际岩石裂隙展布及岩块形状，分别建立裂隙网络系统和孔隙岩块系统渗流数学模型，裂隙壁作为沟通两个系统的边界条件，裂隙交叉点作为数值计算的节点。

　　假定裂隙以 i 节点为中心的表征单元域内通过裂隙节点 i 的流量为 $\left(\sum\limits_{j=1}^{N} q_i\right)_i$；通过裂

隙段两侧隙壁的流体交换量为 $\left(\sum_{j=1}^{N} W_j\right)_i$；节点 i 上的源汇项为 Q_t；节点围成的裂隙表征单元域内流体贮集量的变化量为 d，$\dfrac{\mathrm{d}H_{fz}}{\mathrm{d}t}$，那么裂隙网络系统的渗流方程式可表述为

$$\left(\sum_{j=1}^{N} q_j\right)_i - \left(\sum_{j=1}^{N} W_j\right)_i + Q_t = -d_t \frac{\mathrm{d}H_{fz}}{\mathrm{d}t} \,(i=1,2,\cdots,M) \tag{3.1.6.1}$$

式中：N 为节点 i 的度数，即交于 i 节点线元的总数；M 为裂隙交叉的总数；$d_i = \dfrac{(S_s)_i}{2} \sum_{j=1}^{N} b_j l_t m_t$，$(S_s)_i$ 为裂隙以 i 点为中心的表征单元域内储水率；W_j 为 j 裂隙沿倾向方向的长度；$q_j = (K_f)_j b_j m_j (\Delta H)_j / L_j$，$b_j$ 是第 j 裂隙的隙宽，l_j 是第 j 裂隙的隙长，$(K_f)_j = \dfrac{\rho g b_j^2}{12\mu}$ 是第 j 裂隙的渗透系数，$(\Delta H)_j$ 是第 j 裂隙上的水头差。

式（3.1.6.1）可进一步写成矩阵形式，即

$$[G]\{H_f\} - [A^*]W + [D]\{\mathrm{d}H_f/\mathrm{d}t\} + \{E_f\} = 0 \tag{3.1.6.2}$$

$$[G] = \begin{bmatrix} (A_1 F A_1^T)(A_1 F A_2^T) \\ (A_2 F A_1^T)(A_2 F A_2^T) \end{bmatrix}$$

式中：A_1、A_2 和 A_5 分别是与内节点、第二类边界和第一类边界有关的裂隙网络衔接矩阵；$F = \mathrm{diag}(F_1, F_2, \cdots, F_J)$，$J$ 为裂隙的总条数，$F_j = (K_f)_j b_j m_j / l_{j1}$ $\{H_f\} = \begin{Bmatrix} H_{f1} \\ H_{f2} \end{Bmatrix}$，$H_{f1}$、$H_{f2}$ 和 H_{f3} 分别是与内节点、第二类边界第一类边界有关的裂隙节点水头矢量；$\{E_f\} = \begin{Bmatrix} Q_1 + (A_1 F A_3^T) H_{f3} \\ Q_2 + (A_2 F A_3^T) H_{f3} \end{Bmatrix}$，$Q_1$、$Q_2$ 分别是与内节点、第二类边界有关的裂隙节点流量；$[A^*] = \begin{bmatrix} A_* \\ A_2^* \end{bmatrix}$，$A_1^*$、$A_2^*$ 分别是 A_1、A_2 的关联阵，W 是岩块与裂隙之间水量交换项向量；$[D] = \begin{bmatrix} D_1 & 0 \\ 0 & D_2 \end{bmatrix}$，$D_1$、$D_2$ 分别是与内节点、第二类边界有关的储水率矢量；$\{\mathrm{d}H_f/\mathrm{d}t\} = \{\mathrm{d}H_{f1}/\mathrm{d}t, \mathrm{d}H_{f2} \mathrm{d}t\}^T$。

岩块系统的渗流泛定方程式为

$$\nabla(K_1 \nabla H_1) = S_1 \frac{\partial H_1}{\partial t} \tag{3.1.6.3}$$

式中：K_i 为岩块多孔连续介质的渗透系数；H_1 为岩块中的地下水水头；S_1 为岩块多孔连续介质的储水率。

耦合岩块系统和裂隙网络系统，得双重介质体系中渗流数值模型为

$$[G]\{H_f\} - [A^*]W + [D]\{\mathrm{d}H_f/\mathrm{d}t\} + \{E_f\} = 0 \tag{3.1.6.4}$$

$$[R_f(H_f)]_1 + (R_1 H_1)_1 + (B \mathrm{d}H_1/\mathrm{d}t)_1 = \{E_1\}_i \qquad (i=1,2,\cdots,N_1) \tag{3.1.6.5}$$

式中：N_1 为渗流域内岩块总数；B 为岩块的储水矩阵；$W = (R_f)_1 \{H_f\} + (R_1)_1 (H_1)'_1 + (R_1)_1 (H_1)''_1$，$R_1$、$R_f$ 分别为孔隙岩块和裂隙系统的渗透矩阵；e 下标表示与隙壁相接的单元，上标 $'$、$''$ 分别表示裂隙一壁与另一壁。

3.1.6.3 双重介质体系中岩石应力场模型

由于节理裂隙的存在，将岩石分成裂隙网络和其间的岩块，使得岩石的力学特性具有高度的非均质各向异性。对岩块而言，用有限元数值方法计算其应力分布时，其数值模型（考虑其间的渗透力）可表述为

$$[K_R]\{U\}=\{F\} \tag{3.1.6.6}$$

$$\{\sigma\}=[D][B]\{U\}+\{P_j\}_1 P_1=\gamma(H_1-Z) \tag{3.1.6.7}$$

式中：$[K_R]$ 为岩块的总刚矩阵；$\{\sigma\}$ 为岩块中的应力列阵；$[D]$ 为岩块的弹性矩阵；$[B]$ 为岩块的几何矩阵；$\{U\}$ 为岩块的位移列阵；$\{P_j\}$ 为岩块中渗透水压力列阵；$\{F\}$ 为岩块受到的外力。

对裂隙网络而言，其中的应力分布在运用有限元计算时可用节理元（joint elements）处理，其数值模型（考虑其间的渗透力）可陈述为

$$[K_k]\{U^j+U_P\}=\{F^j\} \tag{3.1.6.8}$$

$$\{\sigma^j\}=[D^j][B^j]\{U^j+U_P\} \tag{3.1.6.9}$$

式中：$[K_k]$ 为裂隙网络节理元的总刚性矩阵；$\{\sigma^j\}$ 为裂隙网络中的应力列阵；$[D^j]$ 为裂隙网络的弹性矩阵；$[B^j]$ 为裂隙网络的几何矩阵；$\{U^j+U_P\}$ 为裂隙网络的位移列阵，其中 U_P 为裂隙网络中地下水渗透压力产生的岩体裂隙位移量；$\{F^j\}$ 为裂隙网络受到的外力。

3.1.6.4 岩石裂隙网络系统应力与渗流关系模型

岩石中的应力与渗透水压力之间的作用是相互的，即岩石应力的改变引起岩石空隙几何形状的变化，导致岩石的渗透系数的改变，从而使岩石中的渗透水压力变化；岩石中的渗透水压力的变化引起岩石空隙的变形，从而又影响岩石应力场的分布。下面从两个方面介绍岩石应力与其中的渗透水压力的相互作用。

1. 岩石应力与渗透系数的关系

对于孔隙岩块而言，受应力作用时孔隙压密引起渗透系数的改变，应力与渗透系数的关系可用 Louis（1972）提出的试验关系式来描述，即

$$K_s(\sigma-P_s)=K_{s0}\exp[-a_1(\sigma-P_1)] \tag{3.1.6.10}$$

$$n(\sigma-P_s)=\pi_0\exp[-a_2(\sigma-P_1)] \tag{3.1.6.11}$$

式中：K_s 为岩块受岩石有效应力作用时的渗透系数 $[LT^{-1}]$；K_{s0} 为岩石初始有效应力作用下岩块的渗透系数，其量纲为 $[LT^{-1}]$；σ 为岩块中的应力，MPa；P_s 为岩块中的渗透水压力，MPa；a_1、a_2 为待定系数。

对于裂隙岩石而言，受应力作用时裂隙变形是主要的，裂隙的变化引起渗透系数的改变，应力与渗透系数的关系可用仵彦卿（1995）提出的实验关系式来描述，即

$$K_f(\sigma'-P_f)=K_{f0}(\sigma'-P_f)^{-D_f} \tag{3.1.6.12}$$

式中：K_f 为岩石裂隙网络受岩体有效应力作用时的渗透系数 $[LT^{-1}]$；K_{f0} 为岩石初始有效应力作用下裂隙网络的渗透系数，其量纲为 $[LT^{-1}]$；σ' 为岩石裂隙网络的应力，MPa；P_f 为岩石裂隙网络中的渗透水压力，MPa；D_f 为与裂隙分布有关的分维数。

2. 渗透水压力与裂隙位移的关系

假定裂隙面在空间的展布呈近似圆形，其半径为 r，圆形裂隙面上承受的均布静水压

力为 γH_f，动水压力为 γJ_f。在静水压力作用下裂隙面法向位移量为

$$U_{P2} \approx 3.28\gamma H_{fr}(1-v^2)/E \tag{3.1.6.13}$$

式中：v 为裂隙岩石的泊松比；E 为裂隙岩石的弹性模量；H_f 为岩石裂隙中地下水的水头；γ 为地下水的容重。

在动水压力作用下裂隙面的切向位移量为

$$U_{PX} \approx 3.28\gamma rJ_f\cos\delta(1-v^2)/[E(2-v)] \tag{3.1.6.14}$$

$$U_{PY} \approx 3.28\gamma rJ_f\sin\delta(1-v^2)/[E(2-v)] \tag{3.1.6.15}$$

式中：δ 为地下水水力梯度矢量方向与 X 轴的夹角；J_f 为裂隙中的地下水的水力梯度。

3.1.6.5 双重介质体系中岩石应力场与渗流场耦合模型

从上述，很容易地推出双重介质体系中岩石应力场与渗流场与应力场的耦合模型为

$$[G]\{H_f\}-[A^*]W+[D]\{dH_f/dt\}+\{E_f\}=0 \tag{3.1.6.16}$$

$$(R_f\{H_f\})_1+(R_3H_3)_3+(BdH_3/dH)_3=\{E_r\}_1(i=1,2,\cdots,N_t) \tag{3.1.6.17}$$

$$F_0=\frac{\rho gb_j^3(\sigma_a)m_j}{12\mu l_j},d=(S_s/2)\sum_{j=1}^N b,l_jm_1 \tag{3.1.6.18}$$

$$\{\sigma\}=[D][B]\{U\}\{P_1\} \tag{3.1.6.19}$$

$$[Kk]\{U^3+U_P\}=\{F^3\} \tag{3.1.6.20}$$

$$\{\sigma'\}=[D'][B']\{U'+U_P\} \tag{3.1.6.21}$$

$$K_f=K_{j0}(\sigma'-P_f)^{-D_f},P_f=\gamma(H_f-Z) \tag{3.1.6.22}$$

$$U_{P2} \approx 3.28\gamma H_{fr}(1-v^2)/E \tag{3.1.6.23}$$

$$U_{PX} \approx 3.28\gamma rJ_f\cos\delta(1-v^2)/[E(2-v)] \tag{3.1.6.24}$$

$$U_{PY} \approx 3.28\gamma rJ_f\sin\delta(1-v^2)/[E(2-v)] \tag{3.1.6.25}$$

$$K_1=K_0\exp[-a_1(\sigma-P_1)] \tag{3.1.6.26}$$

$$n=n_0\exp(-a_2\sigma_2),S_3=\rho g\{\beta n+a[1-n]\} \tag{3.1.6.27}$$

3.1.6.6 双重介质体系中岩体应力场、地温场与流体渗透压力场的耦合模型

当考虑温度场对应力场和渗流场的影响时，可推出双重介质体系中岩石应力场、地温场与渗流场的耦合模型为

$$[G]\{H_f\}-[A^*]W+[D]\{dH_f/dt\}+\{E_f\}=0 \tag{3.1.6.28}$$

$$(R_f\{H_f\})_1+(R_3H_1)_t+(BdH_1/dt)_1=\{E_r\}_1(i=1,2,\cdots,N,) \tag{3.1.6.29}$$

$$F_0=\frac{\rho(T)gb_j^3m_j}{12\mu(T)l_j},d=\frac{S_r}{2}\sum_{j=1}^N b_j(\sigma_0)l_jm_j \tag{3.1.6.30}$$

$$\{\sigma\}=[D][B]\{U\}+\{P_s\},P_s=\rho(T)g(H_f-Z) \tag{3.1.6.31}$$

$$[Kk]\{U^j+U_P\}=\{F^j\} \tag{3.1.6.32}$$

$$\{\sigma'\}=[D^j][B^j]\{U^j+U_P\} \tag{3.1.6.33}$$

$$K_f=K_{f0}(\sigma^j-P_f)^{D_f},P_f=\rho(T)g(H_f-Z) \tag{3.1.6.34}$$

$$U_{PZ} \approx 3.28\gamma H_{fr}(1-v^2)/E \tag{3.1.6.35}$$

$$U_{PX} \approx 3.28\gamma_rJ_f\cos\delta(1-v^2)/[E(2-v)] \tag{3.1.6.36}$$

$$U_{PY} \approx 3.28\gamma_rJ_f\sin\delta(1-v^2)/[E(2-v)] \tag{3.1.6.37}$$

$$K_1=\rho(T)gk_{s0}/\mu(T)\exp[-a_1(\sigma-P_1)] \tag{3.1.6.38}$$

$$n = n_0 \exp[-a_i(\sigma - P_1)] \qquad (3.1.6.39)$$

$$S_s = \rho(T)g[\beta(T)n + a(1-n)] \qquad (3.1.6.40)$$

$$[K_1]\{T\} - [C_v]\{T\} = [S_c]\{dT/dt\} \qquad (3.1.6.41)$$

$$v = -[\rho(T)gk_{s0}/\mu(T)]\nabla\{Z + P/[\rho(T)g]\} \qquad (3.1.6.42)$$

$$\mu(T) = \mu_0 \exp[-a_3(T - T_0)] \qquad (3.1.6.43)$$

$$\rho(T) = \rho_0 \exp[-a_4(T - T_0)] \qquad (3.1.6.44)$$

$$\beta(T) = \beta_0 \exp[-a_5(T - T_0)] \qquad (3.1.6.45)$$

式中：$[K_1]$ 为岩石的导热矩阵；$\{T\}$ 为岩石的温度列阵；$[C_v]$ 为流体的热流矩阵；$[S_c]$ 为岩石的储热矩阵；$\mu(T)$、μ_0 分别是温度为 T 和 T_0 时流体的动力黏滞系数；$\rho(T)$、ρ_0 分别是温度为 T 和 T_0 时流体的密度；$\beta(T)$、β_0 分别是温度为 T 和 T_0 时流体的压缩系数；k_{s0} 为岩块的初始应力状态下的渗透率；v 为流体的渗流速度。

3.1.6.7 广义双重介质渗流场与应力场耦合模型

该模型认为，基岩地区（除岩溶区及部分水平层状岩石外）分布的岩石，其空隙结构是由大、小裂隙网络组成的。大裂隙是一些大的、稀疏的、很容易测量的断裂构成；小裂隙是由断裂派生的节理、劈理、裂缝以及微裂隙组成，把大裂隙看作非连续介质，把小裂隙看作非均质各向异性的等效连续介质，它们之间的水量交换通过大裂隙隙壁进行。

大裂隙网络其间的岩块小裂隙的渗流数学模型为

$$\frac{\partial}{\partial x_1}\left[K_{kj}^i \frac{\partial H_s}{\partial x_j}\right] = S_1 \frac{\partial H_s}{\partial t} \qquad (3.1.6.46)$$

式中：K_{nj}^i 为岩块的等效渗透系数张量。

用数值方法进行广义双重介质渗流场分析时，其数值模型类似式（3.1.6.4）和式（3.1.6.5），所不同的是，在求解式（3.1.6.5）时，渗透矩阵 R_1 是由岩块的渗透系数张量 K_{1j}^1 和渗流域的几何量组成，储水矩阵 B 是由岩块的储水系数和渗流域的几何量组成。

大裂隙网络的应力场同式（3.1.6.8）和式（3.1.6.9），而由小裂隙组成的岩块的应力场由下式计算（Oda，1986）：

$$\sigma_{ij}^1 = T_{ifht}^{-1}\varepsilon_{kt}^1 + T_{ifht}^{-1}C_{kl}P_s \qquad (3.1.6.47)$$

式中：σ_{ij}^1 为岩块的等效应力张量（equivalent stress tensor）；T_{ifht}^{-1} 为 T_{ifht} 的逆阵（inverse matrix），$T_{ifht} = M_{ifht} + C_{ifht}$ 为包括小节理裂隙的岩块的弹性柔度张量，M_{ifht} 岩石骨架的弹性柔度张量（elastic compliance tensor of solid matrix），C_{ifht} 为裂隙的弹性柔度张量；ε_{kt}^1 为岩块的等效应变张量（equivalent strain tensor）；$P_s = \gamma(H_1 - Z)$ 为岩块中的渗透水压力。

大裂隙网络的应力与渗透系数及渗透水压力与裂隙位移的关系式同式（3.1.6.12）、式（3.1.6.13）、式（3.1.6.14）及式（3.1.6.15），岩块的和等效应力张量与渗透系数张量（equivalent coefficient of permeability tensor）的关系为

$$K_{1j}^1 = K_{1j}^{i0}(\sigma_{ij} - C_{ij}P_i)^{-D_f} \qquad (3.1.6.48)$$

从以上分析可推出广义双重介质渗流场与应力场耦合模型：

$$[G]\{H_f\} - [A^*]W + [D]\{dH_f/dt\} + \{E_f\} = 0 \qquad (3.1.6.49)$$

$$(R_f\{H_f\})_1 + (R_1H_1)_1 + (BdH_1/dt)_1 = (E_r)_1, (i = 1,2,\cdots,N_1) \qquad (3.1.6.50)$$

$$\sigma_{ij}^1 = T_{ifht}^{-1}\varepsilon_{hl}^3 + T_{ifht}^{-1} + C_{hl}P_s, H_s = Z + P_s/\gamma \tag{3.1.6.51}$$

$$\{\sigma^j\} = [D^j][B^j]\{U^j + U_P\} \tag{3.1.6.52}$$

$$K_{ij}^1 = K_{ij}^{s0}(\sigma_{1j} - C_{ij}P_1)^{-D_f} \tag{3.1.6.53}$$

$$F_j = \frac{\gamma_w b_j^3 m_j}{12\mu l_j}, d = \frac{S_1}{2}\sum_{j=1}^N b_j l_j m_j \tag{3.1.6.54}$$

$$K_f = K_{j0}(\sigma^j - P_f)^{-D_f}, P_f = \gamma(H_f - Z) \tag{3.1.6.55}$$

$$U_{PZ} \approx 3.28\gamma H_f r(1-v^2)/E \tag{3.1.6.56}$$

$$U_{PX} \approx 3.28\gamma r J_f \cos\delta \cdot (1-v^2)/[E(2-v)] \tag{3.1.6.57}$$

$$U_{PY} \approx 3.28\gamma r J_f \sin\delta \cdot (1-v^2)/[E(2-v)] \tag{3.1.6.58}$$

上式中忽略了储存项应力与渗流的相互作用关系，这主要考虑了这个量相对较小，且为了减少计算工作量。上述广义双重介质渗流场与应力场耦合模型，可用有限元方法计算，在计算中用迭代法求解，其收敛准则如下式所述：

$$\max_{j\in R}|P_j^{(R)} - P_j^{(R-1)}| \leqslant \varepsilon_P \tag{3.1.6.59}$$

$$\max_{j\in R}|\sigma_j^{(R)} - \sigma_j^{(R-1)}| \leqslant \varepsilon_r \tag{3.1.6.60}$$

式中：n 为迭代数；ε_P 和 $\theta = \theta_b$ 分别为给定的渗透水压力和应力计算精度；R 为计算区域。

岩石系统渗流场与应力场耦合的双重介质模型，比较全面的刻画了岩石水力学问题。该模型计算工作量较大。为了简化计算，便于应用，在有限元单元剖分时，可把大裂隙网络和小裂隙岩块一起剖分，在裂隙上细部分，在岩块中较粗剖分。计算时一起计算，只是参数给法不同。在岩块中按实际的岩块渗透系数张量给出，在大裂隙单元上按裂隙的渗透系数分段给出。

3.2　"隙存水补"的人工水封内涵与实施

在论述"隙存水补"之先，有必要将涉及本工程围岩中的空隙作一交代。因为，"隙存"就是围岩的"空隙赋存"简称。

3.2.1　围岩中的空隙

所谓"空隙（void）"，在此专指围岩中的下列各类空洞的总称。包括：

（1）孔隙（pore）——赋存于固结、半固结岩石和松散沉积物（为主）中的颗粒或颗粒集合体中的空隙即"松散岩石中的孔隙"。

（2）裂隙（fracture）——赋存于固结、半固结岩石（为主）中的空隙即"坚硬岩石中的裂隙"。

（3）溶穴（或溶隙）（solution fissure, vugular pore space）——赋存于可溶岩石中的空隙即"可溶岩石中的溶穴（或溶隙）"。

评价围岩的空隙指标，通常采用岩石空隙性来界定，即围岩中空隙的大小、多少、形状、连通与分布情况等作调查、分析后评价。

1. 围岩孔隙

衡量围岩孔隙的指标，用孔隙度（n）来界定，即

$$n = \frac{V_n}{V}$$

式中：V_n 为岩石孔隙的体积；V 为包括孔隙在内的岩石体积。

或

$$n = \frac{V_n}{V} \times 100\% \tag{3.2.1.1}$$

（1）n 值通常与颗粒大小无关。

（2）影响 n 的因素包括：

1）颗粒分选。

2）颗粒排列。

3）孔隙形状。

4）胶结程度。

5）充填性状。

6）孔隙连通状况等。

（3）n 的理想模型有：

1）立方体排列（约占 47.64%）。

2）四面体排列（占 25.95%）。

（4）松散岩石（土）的 n 值。

1）砾石：25%～40%。

2）粉砂：25%～50%。

3）砂：35%～50%。

4）黏土：40%～70%。

2. 围岩裂隙

衡量围岩裂隙的指标，用裂隙率（K_r）来界定，即

$$K_r = \frac{V_r}{V}$$

式中：V_r 为岩石裂隙的体积；V 为包括裂隙在内的岩石体积。

（1）裂隙率（K_r）包括：

1）线裂隙率

$$K_l = \frac{\sum bl}{l}$$

式中：K_l 为与裂隙走向⊥方向上单位长度内裂隙所占的比例；$\sum bl$ 为裂隙宽度总和；l 为量测线段长度。

2）面裂隙率

$$K_a = \sum b_l l_1 / F$$

式中：K_a 为单位面积岩石上裂隙面积所占的比例；$\sum b_l l_l$ 为裂隙宽度和长度乘积之和；F 为进行裂隙测量的岩石面积。

3）体裂隙率即 K_r。

（2）影响裂隙率（K_r）的因素包括：

1）裂隙方向。

2）裂隙宽度。

3）裂隙延伸长度。

4）裂隙充填情况。

5）裂隙构造等。

3. 围岩溶穴（或溶隙）

衡量围岩溶穴（或溶隙）的指标，用岩溶率（K_k）来界定，即

$$K_k = \frac{V_k}{V}$$

式中：V_k 为岩石溶穴或溶隙的体积；V 为包括溶穴（或溶隙）在内的岩石体积。

影响围岩溶穴（或溶隙）的主要因素有：可溶岩石、水和构造等。

3.2.2 围岩空隙特征比较

一般地，围岩空隙特征用其连通性、空隙的空间分布、空隙大小、空隙比率以及空隙渗透性这五大指标表征。其围岩空隙特征比较如下。

1. 围岩空隙的连通性比较

从连通的角度看，所有围岩，均以孔隙介质的围岩空隙连通性较好，其他介质较差。

2. 围岩空隙的空间分布比较

三类围岩空隙的空间分布不一，其中：

（1）孔隙介质空隙空间分布最均匀。

（2）裂隙介质空隙空间分布不均匀。

（3）溶穴（或溶隙）的空隙空间分布极不均匀。

3. 围岩空隙大小比较

三类围岩空隙大小不等，其中：

（1）孔隙介质的空隙大小均匀。

（2）裂隙介质的空隙大小悬殊。

（3）溶穴（或溶隙）的空隙大小极悬殊。

4. 围岩空隙比率的比较

（1）孔隙介质的空隙率最大。

（2）裂隙介质的空隙率最小。

5. 围岩空隙渗透特征比较

（1）孔隙介质的渗透性为各向同性。

（2）裂隙介质与溶穴（或溶隙）的渗透性为各向异性。

3.2.3 围岩空隙中的水

1. 地质岩石中的水

地质岩石中的水由岩石实体（或称"骨架"）中的水与岩石空隙中的水两部分组成，前者包括沸石水、结晶水和结构水三种，三者统称"矿物结合水"；后者由矿物表面结合水、液态水、气态气和固态水四种组成。在矿物表面结合水中，又分强结合水与弱结合水两种。在液态水中又分重力水与毛细水两种（图 3.2.3.1）。

2. 围岩水的水理性质

围岩水的水理性质主要由容水度（n_r）与含水量（W）两部分表述。

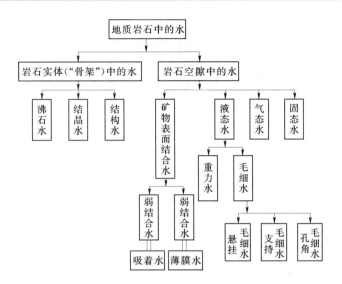

图 3.2.3.1　地质岩石中的水示意框图

（1）容水度（n_r）。一般 $n_r \leqslant n$（或 K_r 或 K_k）。

容水度（n_r）是指岩石完全饱水时所能容纳的最大的水体积与岩石总体积之比。或者说，是岩石空隙完全被水充满时的含水量。

（2）含水量（W）。

1）重量含水量（W_g）。重量含水量（W_g）等于水重（G_W）除以干重（G_S），即

$$W_g = \frac{G_W}{G_S} \tag{3.2.3.1}$$

2）体积含水量（W_V）。体积含水量（W_V）等于水的体积（V_w）除以总体积（V），即

$$W_V = \frac{V_W}{V} \tag{3.2.3.2}$$

在体积含水量中，又分为天然（实际）含水量与饱和含水量两种。于是，在体积含水量中因有饱和含水量这个分支。就伴随出现饱和度（θ）术语，（θ）等于天然含水量除以饱和含水量即

$$\theta = \frac{W_天}{W_饱} \tag{3.2.3.3}$$

或者

$$\theta = \frac{V_W}{V_n} (当空隙完全含水时) \tag{3.2.3.4}$$

为此，体积含水量（W_V）可表示为

$$W_V = \theta_n [(V_W/V_n)(V_n/V)] \tag{3.2.3.5}$$

3. 围岩水的工程性质

围岩水的工程性质包括给水度（μ）和持水度（S_t）两个概念，加上孔隙水压力（u）三种。

（1）给水度（μ）。给水度是指地下水位下降一个单位深度并稳定后，从下降后地

下水位延伸到地表面的单位水平面积岩石柱体，在重力作用下释出的水的体积，称为给水度。例如，地下水位下降 2m，1m² 水平面积岩石柱体，在重力作用下释出的水的体积为 0.2m³（相当于水柱高度 0.2m），则给水度（μ）为 0.1 或 10%。

$$给水度(\mu)＝容水度(n_r)持水度(S_t)$$

影响给水度（μ）的因素主要如下：

1）岩性。

2）初始水位埋深。

3）水位降速。

（2）持水度（S_t）。持水度是指地下水位下降一个单位深度并稳定后，从下降后地下水位延伸到地表面的单位水平面积岩石柱体，反抗重力作用下而保持在岩石中的水量。

（3）给水度（μ）、持水度（S_t）与孔隙度（n）关系。给水度（μ）、持水度（S_t）与孔隙度（n）的关系由式（3.2.3.6）所示：

$$n＝\mu＋S_r \qquad (3.2.3.6)$$

（4）孔隙水压力 [$u(\rho h)$]。孔隙水压力是总应力（P）与有效应力（P_z）之差，即

$$u(\rho h)＝P－P_z \qquad (3.2.3.7)$$

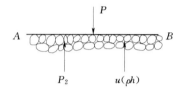

图 3.2.3.2　有效应力（P_z）图示

式中：ρ 为水重度；h 为埋藏深度。

式（3.2.3.7）由图（3.2.3.2）所示。

3.2.4　围岩地下水运动基本规律

1. 地下水的运动形式

（1）地下水在土中的孔隙或微小裂隙内以不大的速度作连续渗透运移，属层流运动。

（2）地下水在岩石中的裂隙或空洞中流动、速度较大，会有紊流发生，其流线有互相交错的现象。

所谓层流，是指水质点有秩序地呈相互平行而互不干扰的运动。

所谓紊流，是指水质点相互干扰而呈无秩序的运动。

为此，地下水的运动主要是层流与紊流两种运动形式，个别情况是二者的主次结合运动形式。

2. 地下水在土中的运动规律——达西定律

地下水在土中的运动规律，可用达西 Darcy 定律来表述：

$$v＝Ki＝K\frac{h}{L} \qquad (3.2.4.1)$$

$$q＝vA＝KiA \qquad (3.2.4.2)$$

式中：v 为渗流速度，m/d 或 cm/s；K 为渗透系数，m/s 或 cm/s；i 为水力梯度，m；h 为水头损失，m；L 为渗透长度，m；q 为渗流量，m³/d 或 cm³/s；A 为截面积，cm² 或 m²。

需要指出的是，v 不是地下水在土中的实际流速，而是在一个单位时间（s）内流过一单位土截面（cm²）的水量（cm³）。

另外，K 表征的是土透水能力的大小；i 表示的是沿渗流方向单位距离的水头损失即

水力梯度。

理论与实践证明，1856 年由法国学者达西命名的达西定律适用于层流运动的砂土。

在式（3.2.4.1）和式（3.2.4.2）中，引入临界水力梯度（i_σ）后，当 $i < i_\sigma$ 时，土处于稳定状态；

当 $i = i_\sigma$ 时，土处于临界状态；

当 $i > i_\sigma$ 时，土处于失稳状态，如流沙。

3. 地下水在岩石中的运动规律——紊流运动规律

基于地下水在岩石中的运动形式，紊流规律可视其为地下水在岩石中的主要运动规律，其基本表达式为

$$v = K i^{1/2} \tag{3.2.4.3}$$

由式（3.2.4.3）可见，紊流规律系一非线性的不稳流。

1868 年，法国水力工程师裘布依（J. Dupuit）提出圆岛状含水层中心一口完整抽水井条件下地下水稳定流方程，使达西定律与紊流规律二者有一搭桥作用，也就是说，利用裘布依方程可部分解答围岩地下水的运动规律。

裘布依公式：

$$q = 1.366K \frac{(2H - S_w) S_w}{\lg \dfrac{R}{r_w}} \tag{3.2.4.4}$$

$$S_w = H - h, \ m$$

式中：H 为潜水含水层天然水位，m；h 为井内动水位至含水层底板的距离，m；R 为影响半径，m；r_w 为井半径或管井过滤器半径，m；其他符号意义同前。

1935 年，美国学者泰斯（C. V. Theis）首次提出地下水向井孔的不稳定流动公式，简称"泰斯公式"，这是地下水动力学发展的一个里程碑。泰斯公式不仅在理论上，而且在应用上为研究类似于地下水流向井孔的大型地下水封洞库运动奠定了基础。

泰斯公式为

$$h = \frac{Q}{4\pi T} \int_u^\infty \frac{e^{-u}}{u} \, du = \frac{Q}{4\pi T} W(u) \tag{3.2.4.5}$$

$$u = \frac{r^2 S}{4Tt}$$

$$W(u) = \int_u^\infty \frac{e^{-u}}{u} du$$

式中：Q 为水井抽水量，m^3；T 为含水层的导水系数；r 为井半径；cm 或 m；S 为含水层的储水系数；t 为抽水延续时间，min 或 h；h 为离钻井井轴 r 处的水位降深，m。

4. 地下水在岩土空隙中的流动规律——径流模数（M）计算公式

径流模数（M），是指单位（$1km^2$）含水层面积上的地下水流量（$m^3/S \cdot km^2$），又叫径流率。

一般采用年平均地下径流模数（M）即年平均地下径流率公式计算分析地下水在岩土

空隙中的流动规律。公式为

$$M=\frac{q}{365\times86400A}\qquad\text{(3.2.4.6)}$$

式中符号意义同前。

3.3　人工水封法施工技术

3.3.1　人工水幕施工创新技术

根据地下水封油库的设计原理，原油洞罐建设在稳定的地下水位线以下一定的深度，利用洞室周边岩石裂隙水包裹油，实现水封效果。当洞库周围地下水的渗透压力、渗流量超过一定标准时，就会影响地下水封洞库的功能。本工程储存洞库设计在地下高程−20～−50m，为了给地下洞库系统提供稳定的地下水位，满足水封条件，在洞库上方 25m 设水幕系统，系统由水幕巷道和水幕孔组成。水幕巷道由 5 条洞室组成，总长度为 2720m，洞室宽 5m，高 4.5m，直墙圆拱形，水幕巷道底板高程为＋5m，在水幕巷道内垂直水幕巷道轴线方向每隔 10m 钻布设孔径 120mm 的水幕孔，孔深覆盖主洞室壁以外 10m，覆盖整个洞库，水幕孔高程 6.5m。

水幕孔把洞罐 A、洞罐 B、洞罐 C 分为 8 个区（具体分区见图 3.3.1.1），最大设计孔深 105.4m，最小设计孔深 5.12m，水幕孔总长度为 44435m。

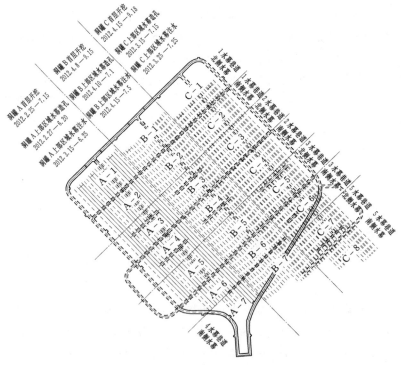

图 3.3.1.1　水幕系统分区图

鉴于人工水封法的关键技术在于人工水幕体系的建造，而人工水幕体系的建造又重点在长水平深孔造孔方法的创新。为此，本章节的重心放在下列三关键技术上的突破上。

（1）分析国内外类似工程长水平深孔对钻孔设备型号要求。

（2）根据本工程现场实际情况选用钻机具有重量大、平衡性好、造孔精度高的英格索兰 MZ165 型锚固钻机、威尔普 165 型锚固钻机两种机型。

（3）通过现场数次生产性试验测定数据进行分析研究、改进总结，再进行现场生产性试验，摸索出一套较完整的能有效控制长水平孔钻孔偏差的施工工艺和施工方法，为今后类似工程提供参考。

创新技术路线如图 3.3.1.2 所示。

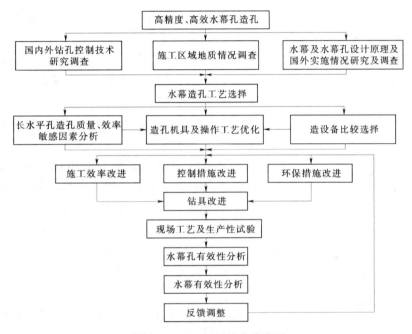

图 3.3.1.2 创新技术线路图

3.3.1.1 长水平深孔造孔的围岩分类

水幕巷道岩层条件为较坚硬的花岗岩，并伴有黑岩和灰岩等破碎带裂隙较发育，岩体较破碎，围岩类别主要以Ⅱ类和Ⅲ类为主，根据地勘单位提供资料，围岩类别统计情况见表 3.3.1.1。

表 3.3.1.1　　　　　　　　　围 岩 类 别 统 计 表

序号	施工部位	施工名称	Ⅰ类围岩/m（占比例）	Ⅱ类围岩/m（占比例）	Ⅲ类围岩/m（占比例）	Ⅳ类围岩/m（占比例）	施工总长度/m	备注
1	水幕系统	1号水幕巷道	60(10%)	378(65%)	126(22%)	17(3%)	581	
2		2号水幕巷道		300(52%)	281(48%)		581	
3		3号水幕巷道		186(33%)	373(66%)	8(1%)	567	
4		4号水幕巷道		34(14%)	215(86%)		249	
5		5号水幕巷道		334(45%)	408(55%)		742	
	小计		60(2%)	1232(45%)	598(52%)	25(1%)	2720	

3.3.1.2　国内外造孔设备分析研究选型

鉴于岩土预应力锚杆偏斜精度对于岩土锚固工程的整体力学效应和使用效果有重大影响，因此国内外相关工程技术规范对钻孔偏斜的允许值均提出了明确要求：

美国后张预应力混凝土协会（PTI）主编的《岩土预应力锚杆指南》规定，锚杆孔入口端与预定方位的偏差不应大于±2°。

英国 BSI 制定的《岩土锚杆的实践规范》（1989）规定，锚杆钻孔在任意方向最大偏差角应不大于 2.5°或不大于钻孔长度的 1/30。

日本建筑学会制定的《岩土锚杆设计施工规程（指南）》（2001）规定：锚杆钻孔方向的允许偏差为±2°。

国际预应力混凝土协会（FIP）编制的岩土锚杆规范规定：钻孔入口点与锚杆轴线的倾角的允许偏差应不大于±2.5°；钻孔在任何长度上偏离轴线的允许偏差应不大于钻孔长度的 1/30。

我国国标 GB 50086—2001《锚杆喷射混凝土支护技术规范》规定：预应力锚杆的钻孔方位与锚杆设计预定方位的偏差不应大于 3°。

在国内，近 20 年来，长尺寸的预应力锚杆、锚索在边坡、大型地下洞室中的应用日益普遍，工程建设对深钻孔的偏斜控制技术要求日益突出，在这方面，尤其以水利水电系统取得的技术进步较为显著。如三峡永久船闸高边坡锚固工程，长 35～45m 对穿锚索的钻孔在任意方位的偏斜精度达到钻孔长度的 1%（优良）和 2%（合格），长度为 40～60m 的端头锚的钻孔偏斜精度为钻孔长度的 2%；中国水电 1478 联营体在广西龙滩电站地下厂房长 17.5～42.75m 的对穿锚钻孔施工中，控制钻孔偏斜精度 0.8%。

3.3.1.3　专用设备研制

水幕系统运行的稳定，关键在于水幕孔造孔精准度，其精准度是设计根据系统岩石特性与地质渗流场及地质裂隙水变化要求，通过计算提出孔斜偏斜允许值（本工程水幕造孔偏斜值设计提出 5%）而在如此超深孔钻进中保证偏斜精度采用现有的钻进设备是难以达到。针对本工程要求，钻具采用反循环冲击器与双壁钻杆和钻头结合水平孔研发的钻杆气动滑移定心跟进器，此器具试验研究是利用钻机钻进初期 5～10m 的稳定精度形成的孔洞导轨，将机身稳定向孔内前移缩短钻头与机身间钻杆长度引起的弯矩和柔度导致钻进偏差。这种约束器能充分消除偏斜。同时在钻杆气动滑移定心跟进器与机身间钻杆按 2m 一个加装滑动式扶正器约束避免因长深度钻杆自重引起摆动，从而达到精度要求。

同时为了适应水幕巷道断面小、钻机体型和自重较大、交通不便的特点，以及为满足钻机稳固需求高的要求，结合施工效率提高的需求、造孔排渣的环保措施以及钻进过程的控制和监控措施的改进，开发研制了专用设备（图 3.3.1.3、图 3.3.1.4）。

3.3.1.4　造孔辅助设备配套研究与实施

施工中引进 CQ 型单点式磁球定向测斜仪和 JL-IDOI（A）智能钻孔电视成像仪，对成孔过程中岩石情况进行时时观测分析指导钻进控制。采用钻孔电视成像，可以清晰地掌握钻孔长度范围内不同区段的岩石结构及岩性状况（图 3.3.1.5～图 3.3.1.7）。据此，与钻孔内各区段钻进时所采用的钻压、钻速、推进力等工艺参数对照比较，以进一步优化钻进工艺参数。

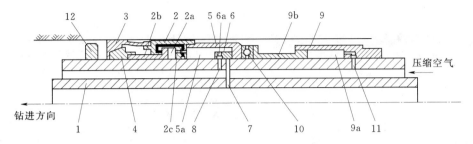

图 3.3.1.3 气动滑移定心跟进器示意图

1—双壁钻杆；2—驱动气缸；2a—驱动腔；2b—驱动缸杆；2c—通气孔；3—定心爪；4—锥型环；5—控压腔体；5a—控压腔；6—引气滑环；6a—径向气孔；7—第一泄气孔；8—第一引气孔；9—复位气缸；9a—复位腔；9b—复位缸杆；10—轴承；11—第二引气孔；12—限位环

图 3.3.1.4 水幕孔造孔设备

图 3.3.1.5 施工人进行水幕孔内成像

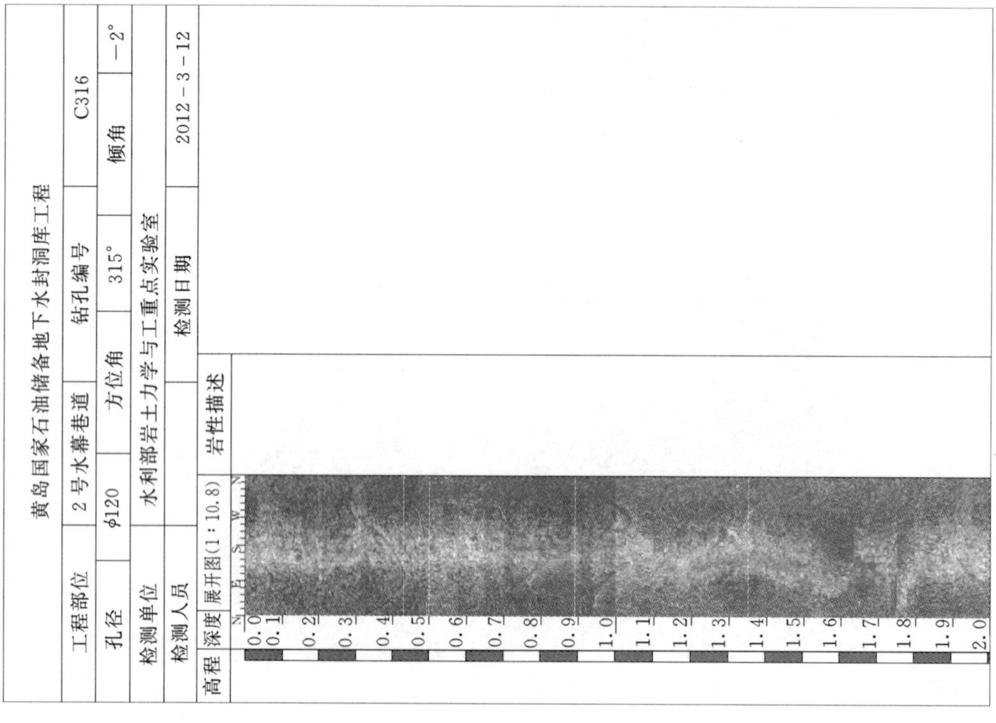

图 3.3.1.7　A 区 A306 水幕孔进行孔内试验示意图

图 3.3.1.6　2 号水幕 C316 水幕孔孔内成像示意图

工程部位	黄岛国家石油储备地下水封洞库工程		
工程部位	2 号水幕巷道	钻孔编号	C316
孔径	Φ120	方位角	315°	倾角	−2°
检测单位	水利部岩土力学与工重点实验室		
检测人员		检测日期	2012－3－12

在钻孔钻进过程中，当钻至5m、10m、20m、30m、40m、50m、60m、80m、100m及孔底时，采用CQ型单点式磁球定向测斜仪分段测斜方法，进行钻孔偏斜测定（图3.3.1.8）。若在终孔前的过程中，测得的成孔精度已接近于设计要求的偏斜率时，则要调整相关钻进参数；若测得的钻孔精度不满足设计要求，则立即封孔、重新开孔。

在水幕孔施工过程中不配置龙工FD30T叉车二台，用于钻杆等材料设备移位（图3.3.1.9）

图3.3.1.8　CQ型单点式磁球定向测斜仪　　　图3.3.1.9　叉车转移杆

螺旋式扶正器66根，降斜器6个，两台英格索兰ARHP825E空压机等设备。

3.3.1.5　造孔工艺及主要施工方法

1. 造孔工艺

施工准备→测量放线→钻机平台修整→钻机就位→钻杆定位、定向校核→钻进→孔口段校核→中孔段校核→终孔验收→下一钻。

2. 主要施工方法

（1）测量放样。测量人员对每孔都要放出实际孔位点、俯视点（图3.3.1.10）和后视点（图3.3.1.11），以便于钻机就位和确定方位角。

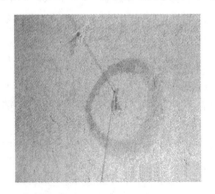
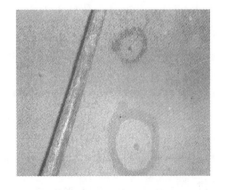

图3.3.1.10　孔位点及俯视点　　　图3.3.1.11　后视点

（2）钻机固定。

1）水幕巷道开挖结束后，人工配合机械清理平整地面，并由25t压路机碾压密实平整。测量人员放线，复测，并在墙上做好标记，放出后视点，以保证方位角和孔位高程偏差。接通风水，电路，调试钻机（图 3.3.1.12、图 3.3.1.13）。

图 3.3.1.12　水幕孔造孔设备　　　　　　图 3.3.1.13　方位角校正

2）钻机就位后，将孔位点和后视点人工连线，通过微调液压杆，使该线与钻杆轴线重合。调整好倾角及方位角，采用全站仪检查校核。

（3）造孔。

1）转速。开钻后 0~10m 内钻速不大于 30rpm，掌握好钻机推进压力、风压。在钻进过程中及时记录钻进速度、回风、返渣等情况，以便及时调整钻速、推进力、风压等，防止风压、钻速过大而造成飘孔。

2）扶正器。钻机入岩 1m 后停机，为防止孔斜发生过大，不符合要求，开始使用扶正器、降斜器。由钻工、机长、现场技术员复核倾角、方位角、钻机是否有移动，若有偏差，则利用罗盘仪及时调整偏差，在 5m、10m、30m、40m、50m 时分段进行孔精度检查，若满足精度要求继续钻进，不满足则进行封孔，重新开孔。

3）记录。在钻进过程中记录员详细记录钻进长度、返渣、岩石变化情况，现场技术员和机长根据记录情况对岩石变化做出相对应的钻进方案。

4）调整。在钻进过程中操作手不能离开操作平台，凭借经验靠手感结合返渣情况，判断岩石变化，做出相对应的钻进方案。钻进中，当发现岩层换层时，不论是软变硬还是硬变软，均要减压，减速钻进，推进力均加以适当调整，遇岩层稳定性较差地段，利用低压、低速、小推进力钻进，遇裂隙水发育的富水带，则关闭高压水泵，利用孔内流水降尘，低压、低钻速、高推进力钻进，遇破碎带层应低压、高钻速、高推进力钻进，如在 2 号水幕巷道南侧钻进过程中，B406 在 6m 以后遇高岭土，我们将风压调至 1/3，钻速调为 60rpm，推进力为满负荷推进，到 30m 后停机退杆测斜，孔底为 1°完全符合要求。

5）巡查。在钻进中，勤检查钻机有无移动，加固筋是否松动，如发现有移动、松动现象，及时停机，重新加固，调整角度。以满足施工要求。

（4）验收。

1）在钻孔结束后，采用清洁压水气联合方式冲洗，由技术员测斜，做电视成像，分析此区域岩石结构，保证测斜率为 100%，电视成像为 60%。

2）当钻孔偏差不符合要求时，报告设计、监理对该孔封堵注浆，重新布置孔位开孔。若该孔符合要求，验收合格后，进行后续工序直至全部水幕孔施工完结。

3.3.2　人工水幕体系效果

本工程人工水幕体系实施效果，从现场试验效果与数值模拟分析成果两个测度予以评介。

3.3.2.1　人工水幕体系的现场试验效果

1. 水幕钻孔实施效果

水幕巷道水幕孔造孔分片区进行，共计造水幕孔 529 个孔，主要从钻孔深度、垂直偏斜、水平偏斜以及钻进速度等方面对水幕孔钻孔质量进行评价。

（1）垂直偏斜率。

1）水幕孔钻进 20m 深的钻孔偏斜率，可控制在 0.45％。从图 3.3.2.1、图 3.3.2.2 和表 3.3.2.1 中可知，当钻孔深度到 20m 时，钻孔偏斜率均小于 0.45％。

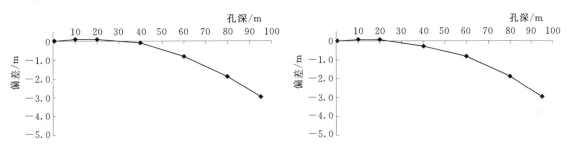

图 3.3.2.1　A503 水幕孔偏斜-深度关系曲线　　　图 3.3.2.2　B201 钻孔偏斜-深度关系曲线

表 3.3.2.1　　　　　　　　　　水幕孔钻孔深度为 20m 时测量偏斜率

孔号	孔径/mm	倾角/(°)	孔深/m	偏斜量/m	偏斜率/％
A503	120	0	20	0.08	0.40
B201	120	0	20	0.08	0.40

本工程 523 个水幕孔在钻进至 20m 时，其倾斜率都能保持这一精度。均优于国内外同等长度水平钻孔的偏斜控制精度。

水幕孔钻进 40～45m 深钻孔偏斜率，可控制在 0.25％～0.8％的范围内。

2）图 3.3.2.3 和图 3.3.2.4 分别为 C108 和 C203 钻孔偏斜-深度的关系曲线，表 3.3.2.2 为部分长 40～45m 的钻孔的实际偏斜率。由此可见，钻孔深度 40～45m 时，钻孔偏斜率可控制在 0.25％～0.8％的范围内。该钻孔偏斜精度，同样优于国内外相同长度钻孔偏斜控制的精度。

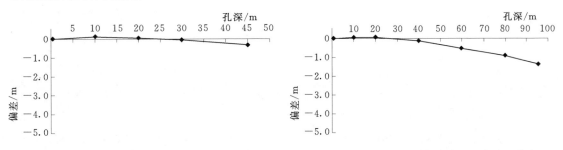

图 3.3.2.3　C108 水幕孔偏斜-深度关系曲线　　　图 3.3.2.4　C203 水幕孔偏斜-深度关系曲线

表 3.3.2.2　　　　　　　　水幕孔钻孔深度 40～45m 时测量偏斜率

孔号	孔径/mm	倾角/(°)	孔深/m	偏斜量/m	偏斜率/%
C108	120	1	45	−0.36	0.80
C203	120	0.5	40	−0.10	0.25

3）水幕孔钻进 60m 深时，钻孔偏斜率可控制在 0.73%～1.32%。表 3.3.2.3 为黄岛国家石油储备地下水封洞库工程部分水幕孔的偏斜情况，从表 3.3.2.3 及图 3.3.2.5、图 3.3.2.6 可以看出，长 60m 钻孔的偏斜率约为 0.73%～1.32%。该偏斜率远小于三峡永久船闸高边坡锚固工程对端头锚钻孔偏斜率的要求，并不逊于国际上同等长度钻孔偏斜控制的先进水平。

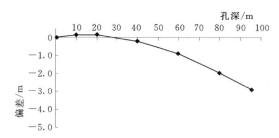

图 3.3.2.5　A503 水幕孔偏斜-深度　　　　　图 3.3.2.6　C203 水幕孔偏斜-深度
　　　　　　关系曲线　　　　　　　　　　　　　　　　　关系曲线

表 3.3.2.3　　　　　　　　水幕孔钻孔深度 60m 时测量偏斜率

孔号	孔径/mm	倾角/(°)	孔深/m	偏斜量/m	偏斜率/%
A503	120	2	60	−0.79	1.32
C203	120	1	60	−0.44	0.73

4）水幕孔钻进 95.5～105.5m 深时钻孔偏斜率可控制在 3.0%～4.5%。表 3.3.2.4 及图 3.3.2.7、图 3.3.2.8 表明，钻孔长度对钻孔偏斜率有重要影响，当钻孔长度大于 60m，则钻孔偏斜率有明显上升的趋势；当钻孔长度达 95.5～105.5m 时，个别钻孔偏斜率为 1.25%，但多数钻孔偏斜率达 3.0%～4.5%。但该钻孔偏斜率满足了国家石油储备地下水封洞库工程对水幕孔偏斜的控制精度要求。

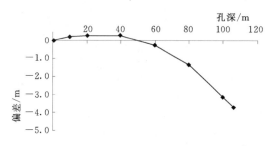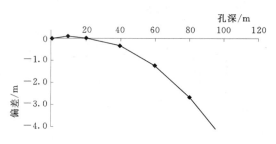

图 3.3.2.7　A118 水幕孔偏斜-深度　　　　　图 3.3.2.8　A301 水幕孔偏斜-深度
　　　　　　关系曲线　　　　　　　　　　　　　　　　　关系曲线

表 3.3.2.4　　　　　　　　水幕孔钻孔深度 95.5～100m 时测量偏斜率

孔号	孔径/mm	倾角/(°)	孔深/m	偏斜量/m	偏斜率/%
A118	120	5	100	−3.07	3.07
A301	120	5.5	95.5	−4.11	4.30

（2）水平偏斜度。水平偏斜由于不受钻头和钻杆自重影响，带有更大的随机性，而不是像垂直偏斜那样具有明显的趋势性和规律性。表 3.3.2.5 中给出了部分水幕孔在不同孔深处方位角的实测结果，从表 3.3.2.5 可知，随水幕孔钻进深度增加，方位角总体是在最初设定的初始方位角的基础上左右波动，而且波动幅度普遍小于 2°。

表 3.3.2.5　　　　　　　　水幕孔在不同孔深处方位角实测结果示例

孔深/m	各个孔在不同孔深处的方位角/(°)										
	A101	A102	A104	A105	A106	A108	A109	A110	A111	A112	A113
1	315	314	315	314	314	315	314	314	315	315	314
10	314	315	314	315	315	315	315	315	314	314	315
20	313	315	313	314	314	314	314	313	313	313	315
30	314	315	315	315	315	315	313	314	314	314	315
40	315	316	316	316	316	316	314	316	316	316	316
60	315	315	315	315	315	315	315	315	315	315	315
80	316	314	314	314	314	316	314	316	316	316	314
100	315	314	314	314	314	316	316	316	315	315	314

依据方位角的实测结果，可以绘制各水幕孔在平面投影图上的实际延伸情况，图 3.3.2.9 给出了 1 号水幕部分水幕孔在水平面上的实际投影图，如图 3.3.2.9 的粗黑线所示，可以看出，水幕孔的水平偏斜量非常有限，完全能够达到国家石油储备地下水封洞库工程对水幕孔水平偏斜的控制精度要求。

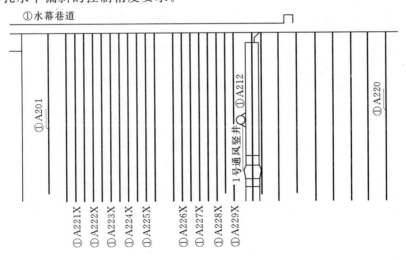

图 3.3.2.9　部分水幕孔在水平面上的实际投影图

（3）钻孔速度控制。开钻后 0～10m 钻速控制在 30r/min 以内，防止风压过高，钻速过快而造成飘孔。在钻进过程中操作手凭借经验靠手感结合返渣情况，判断孔内围岩变化情况，做出相对应的钻进方案。钻进中，当发现岩层变化时，不论是软岩变硬岩还是硬岩变软岩，均要减压，减速钻进，推进力均加以适当调整，遇岩层稳定性较差地段，利用低压、低速、小推进力钻进；遇裂隙水发育的富水带，则关闭高压水泵，利用孔内流水降尘，低压、低钻速、高推进力钻进；遇破碎带层应低压、高钻速、高推进力钻进。如在 2 号水幕巷道南侧钻进过程中，水幕孔 B406 在钻进 6m 深以后遇高岭土，将风压调至 1/3，钻速调为 60r/min，推力为满负荷推进，到 30m 后停机退杆测斜，孔底为 1°，完全符合要求。钻进过程中，及时记录钻进速度、回风、返渣等情况，按规定如实填写钻孔记录。根据钻进过程岩石变化，控制调整每段岩层区的钻速和推进压力，确保成孔率，从而达到高效。

综上所述，可以获得如下结论：

（1）根据大型地下水封石洞油库储油功能的要求，本工程水幕系统深水幕孔偏斜控制技术试验研究，取得了一定成果建立了一套较完整有效控制钻孔偏斜的综合方法，提高了深孔的造孔精度，解决了大型地下水封石油洞库建设施工关键技术难题。长 20m 的钻孔的偏斜率，总体可控制在 0.45%；长 40m 的钻孔的偏斜率，总体可控制在 0.9% 以内；长 60m 钻孔的偏斜率，总体可控制在 2% 以内；长 80m 钻孔的偏斜率总体控制在 3% 以内；长 100m 钻孔的偏斜率总体控制在 4% 以内。归纳而言，比国内外类似钻孔精度均优，从 0～105.4m 均满足设计要求。

（2）钻杆气动滑移定心跟进器的研发使用，克服了随钻孔深度增加钻杆长度引起的自重柔度及弯矩变化的影响，从而减少了累积误差。

（3）长水平深孔造孔的工程实践表明，对类似大型地下地下水封石洞的储油库工程施工，采用本工程综合创新施工工法，具有启迪示范作用。

2. 人工水幕技术实施对地下水位影响

本工程共计布置水文观测孔 17 个，其中 10 个为本工程前期布设，根据工程需要新增 7 个水文孔，按调整后的洞库平面布置对洞库工程地下部分进行水文地质、工程地质方在时综合分析评价。施工期地下水位观测孔见表 3.3.2.6、图 3.3.2.10。

表 3.3.2.6　　　　　　　　　　施工期地下水位观测孔

详勘钻孔				新增水文孔		
钻孔编号	孔口标高/m	钻孔深度/m	修复封堵后孔深/m	钻孔编号	孔口标高/m	钻孔深度/m
ZK001	341.04	406.18	406.18	XZ01	249.85	310.00
ZK002	334.08	415.20	415.20	XZ02	147.08	208.90
ZK003	310.10	376.26	376.26	XZ03	109.65	170.72
ZK004	300.24	366.04	366.04	XZ04	132.07	095.30
ZK005	218.06	284.07	284.07	XZ05	115.80	177.00
ZK006	258.87	324.10	263.87	XZ06	95.80	157.00
ZK008	166.50	233.13	171.50	XZ07	94.57	156.70
ZK009	141.12	222.07	146.12	—	—	—
ZK013	102.60	168.77	107.60	—	—	—

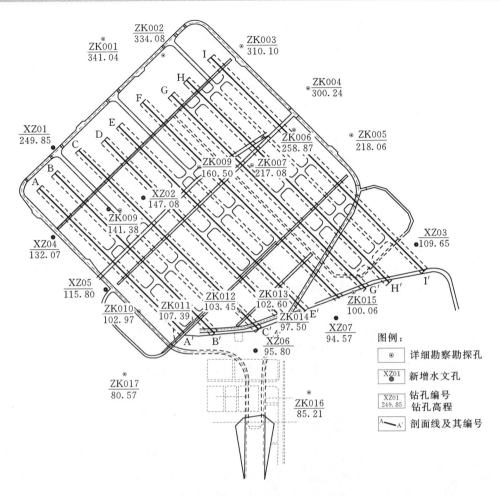

图 3.3.2.10 水文观测孔平面布置图

截止到 2012 年 3 月 31 日，本工程施工巷道、水幕巷道基本完成，主洞③、主洞⑨及主洞②开始施工，水幕孔没有充水前，各个观测水文孔水水位下降明显。2012 年 3 月 31 日各个水文观测孔水位见表 3.3.2.7。

表 3.3.2.7　　　　水幕孔充水前各个水文观测孔水位变化预计

钻孔编号	初始静止水位 /m	2012 年 3 月 31 日水位 /m	差值 /m	备　注
XL001	229.42	174.5	−54.92	
ZK003	229.12	19.23	−202.89	
ZK004	222.98	208.69	−14.29	
ZK005	181.82	165.91	−15.91	
ZK006	195.85	188.66	−7.19	
ZK008	157.96	91.1	−66.86	
ZK009	128.14	123.55	−4.59	

续表

钻孔编号	初始静止水位/m	2012 年 3 月 31 日水位/m	差值/m	备　注
ZK013	96.63	48.76	−47.87	
ZK5	84.65	80.22	−4.43	
XZ01	199.32	161.11	−38.21	
XZ02	145.08	46.489	−98.591	
XZ03	97.87	7.664	−90.206	
XZ04	97.83	44.8	−53.03	
XZ05	74.98	52.15	−22.83	
XZ06	71.11	45.95	−25.16	
XZ07	78.09	56.34	−21.75	

　　从表 3.3.2.7 得出水文观测孔水位下降较明显，主要受施工巷道，水幕巷道的开挖揭露饱和水裂隙，导致地下水沿裂隙不断渗出，造成水文孔水位及其附近区域水位大幅下降。

　　3. 单孔及群孔水力试验

　　单孔及群孔水力试验采取分区分处进行，流程如下：

　　水幕孔验收合格→注入→回落试验→水幕孔注水→有效性试验（检测是否增加水幕孔）→施工期水幕孔注水→下一片区注水试验（图 3.3.2.11）。

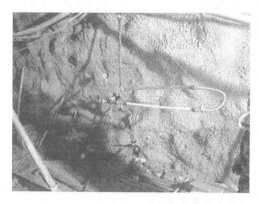

图 3.3.2.11　水表及压力表安装

　　（1）注入-回落试验，水幕孔注入-回落试验，主要是检查单孔的渗透性。根据试验数据，分析每个水幕孔平均渗透性。对 A3～A6 区、B3～B6 区、C3～C6 区进行统计分析，整个区域内共布设水幕孔 225 个，其中透水水幕孔 202 个，渗透性较差水幕孔 23 个。水幕孔进行注入-回落试验完成后，马上对该水幕孔注水，注水压力为施工前水幕所处位置的天然静水压（0.3MPa）。对该水幕孔注水直至进行水幕有效性试验为止。注水期间，每间隔 24h 记录一次注水压力和注入水量。

　　（2）有效性试验。有效性试验，主要检查水幕孔扩散半径及其与时间关系，研究单孔孔壁围岩及水幕系统围岩的渗透性，对比试验结果反算渗透系数。通过有效性试验，观测洞库围岩水文地质特征，根据观测结果，决定是否需要增加附加水幕孔来改善水幕系统效率。注水分区分片进行，A 组洞室上部水幕为 A 区，分 A1－A7 等 7 个批次进行注水，B 组洞室上部水幕为 B 区，分 B1－B7 等 7 个批次进行注水，C 组洞室上部水幕为 C 区，分 C1－C8 等 8 个批次进行注水，分区详见图 3.3.1.1。

　　有效性试验一完成即决定是否增加水幕孔，增加水幕孔完成钻孔后，该区域应采用同样方法再进行局部有效性试验，直至水幕系统符合设计要求为止。

本工程有效性注水试验，共计进行了 12 次，经过观测数据分析计算，其中有 5 次需要增加水幕孔，增加水幕孔 106 个，具体增加水幕孔区域详见表 3.3.2.8。

表 3.3.2.8　　　　　　　　　新增水幕孔个数统计表

序号	部位	孔径/mm	孔深/m	孔数/个	备注
1	A1 区	120	105.4	16	
2	A2 区	120	94.75	9	
3	B1 区	120	80.4	10	
4	B2 区	120	94.75	8	
5	B3 区	120	94.75	5	
6	B7 区	120	51.73	4	
7	B8 区	120	96.12	7	
8	C1 区	120	44.4	18	
9	C2 区	120	94.75	4	
10	C3 区	120	94.75	14	
11	C4 区	120	94.75	5	
12	C5 区	120	94.75	4	
13	C8 区	120	41.27	2	

4. 成孔水力有效性分析

截止到 2012 年 7 月 31 日，施工巷道及连接巷道已经开挖支护完成，主洞室上层全面进入开挖高峰期。揭露的岩石裂隙更多，岩石裂隙水渗流出较多，但是从 2012 年 4 月 1 日至 2012 年 7 月 31 日，水幕孔单孔注入回落试验及有效性试验全部结束，并对水幕孔进行充水。2012 年 8 月 9 日对水文观测孔进行测量，大部分水文观测也水位趋于上升趋势，说明水幕孔充水后效果明显。各个水文观测孔水位变化情况见表 3.3.2.9。

表 3.3.2.9　　　　　　　　　水文观测孔水幕孔充水前后对比表

钻孔编号	初始静止水位高程/m	2012 年 3 月 31 日水位高程/m	2012 年 8 月 9 日水位高程/m	差值/m	备注
ZK001	229.42	174.5	183.47	8.97	
ZK003	222.12	19.23	27.57	8.34	
ZK004	222.98	208.69	214.39	5.7	
ZK005	181.82	165.91	188.28	22.37	
ZK006	195.85	188.66	188.47	−0.19	
ZK008	157.96	91.1	92.83	1.73	
ZK009	128.14	123.55	124.02	0.47	
ZK013	96.63	48.76	48.67	−0.09	
ZK5	84.65	80.22	—	—	

续表

钻孔编号	初始静止水位 高程/m	2012 年 3 月 31 日 水位高程/m	2012 年 8 月 9 日 水位高程/m	差值 /m	备　注
XZ01	199.32	161.11	165.3	4.19	
XZ02	145.08	46.489	68.29	21.801	
XZ03	97.87	7.664	56.83	49.166	
XZ04	97.83	44.8	59.42	14.62	
XZ05	74.98	52.15	67.31	15.16	
XZ06	71.11	45.95	60.55	14.6	
XZ07	78.09	56.34	58.57	2.23	

由表 3.3.2.9 可见，未开挖前，初始水位处于一个相对高程水平；洞案开挖后，水位及时下降（见 2012 年 3 月 31 日水位）；当继续注入-回落止跌反升，表明水幕超地下水补给作用的功能见效。综上所述：

（1）在本工程区域中，地下水主要存在形式为基岩裂隙水，埋藏分布不均，特别是岩石较差的部位，渗透性具有不均匀性和明显方向异性，成层状、带状、脉状分布，各个水文观测孔水位上升或下降都与自己相连通的裂隙，破碎带，断层等有关系。

（2）水幕孔单孔平均渗透性较好，渗透扩散半径满足设计要求。

（3）水幕孔注水完成后水文观测孔水位变化明显上升，表明水文观测孔水位及其附近区域水位在上升，水幕孔充水效果显著。

3.3.2.2　人工水幕对地下水影响的数值模拟分析 [1]

1．地质与水文地质条件

本工程位于鲁中大断裂以东，属于鲁东地盾区。从地层构造看，古元古界胶南群的片岩、片麻岩、燕山晚期侵入岩等主要分布在小珠山山麓；中生界白垩系青山组砂岩、砂砾岩夹粉砂岩、页岩分布于薛家办事处东部、北部；新生界第四系冲积砂层主要分布在辛安东部平原，第四纪覆盖层厚不超过 10m，海滩为海蚀地形。区内冻土深度为 0.5m，地震烈度为 6 级。

库址区为低山丘陵区，具有变质岩、花岗岩裂隙水，水位埋藏浅，且随季节性动态变化明显，年变幅为 0.5～5m。地下水以大气降水为主要补给来源，但因花岗岩裂隙细小且不发育，地形较陡，变质岩虽裂隙发育但地面坡度大，使大气降水多以地表径流的形式排泄，渗入量很小，补给贫乏。

2．洞库涌水量计算

（1）钻孔提水试验。选取 5 个钻孔进行提水试验，从中选取精度较高的 ZK1，ZK4 与 ZK5 三个孔的数据进行分析，除 ZK1 孔反映出 2 个小型透水断裂不具代表性外，ZK4 与 ZK5 两个孔所得试验参数比较符合实际。

该次勘察勘探孔孔径为 56mm，由于孔径小、水量微，因此选择提桶进行简易提水试

---

❶　刘青勇，等．地下水封石洞油库对地下水的影响数值模拟分析 [J]．水利水电科技进展．2009，29（2）：61-65.

验。提水过程中采用万能表测量水位降深，按提水量确定涌水量，确保每一落程的提水量与降深稳定，提水试验结束3d后测量钻孔内的稳定静止水位。各勘探孔提水试验主要数据如表3.3.2.10所示。

表 3.3.2.10 本地下水封石洞油库工程提水试验数据

孔号	静水位埋深/m	动水位埋深/m	水位降深/m	涌水量/$(m^3 \cdot d^{-1})$	稳定时间/h
ZK1（第1落程）	5.25	25.47	20.22	10.11	5.5
ZK1（第2落程）	5.25	19.01	13.76	6.39	8.5
ZK1（第3落程）	5.25	14.22	8.97	4.67	8.0
ZK4	13.72	55.60	41.88	0.78	10.0
ZK5	5.55	30.88	25.33	0.78	8.5

注 数据引自中国地质大学（北京）地下工程研究所完成的工程地质勘察报告，2005。

根据提水试验结果，按下列公式计算渗透参数：

$$K = 0.733 \frac{Q(\lg R - \lg r)}{H'^2 - h^2} \qquad (3.3.2.1)$$

$$R = 2S\sqrt{KH'}$$

式中：K 为渗透系数，m/d；Q 为涌水量，m^3/d；R 为影响半径，m；r 为钻孔半径，m；H' 为含水层厚度（稳定水位至洞库底板）m；h 为孔内水位，m；S 为水位降深，m。

经试算求得 K 平均值为 9.577×10^{-5} m/d，R 平均值为 6.71m。

（2）洞库涌水量计算。计算出的洞库涌水量正确与否，不仅可以反映洞库岩体有否大的透水裂隙存在，而且可以间接地反映洞库断裂的发育程度。

洞库涌水量按照地下水动力学法进行计算[式（3.3.2.2）]，洞库涌水量计算示意见图3.3.2.12。

$$Q = LK \frac{H_0'^2 - h^2}{R} \qquad (3.3.2.2)$$

其中 $h = \Delta h' + h_0$

$\Delta h' = 0.9863 S_0 - 6.4310$

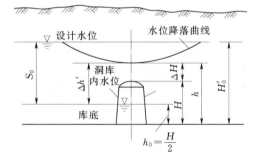

图 3.3.2.12 地下水动力学法洞库涌水量计算示意图

为比较计，取附近一小库容但同岩性的另一地下水封石洞油库为例来类比计算本工程洞库涌水量。已知洞库长度 $L = 5537$m，$K = 9.577 \times 10^{-5}$ m/d，$R = 6.71$m。经计算得 $H_0' = 172.001$m，$S_0 = 157.001$m（取设计地下水位至洞高的1/2进行计算），$h_0 = 15.00$m（取洞高的1/2进行计算），$h = 163.419$m，$Q = 227.49 m^3/d$。

研究区15万 m^3 库容的原石洞库于1976年建成，经过不断实测得出该库的涌水量为21m^3/d。其断面尺寸为跨度16m、高度25.5m。本工程设计的大型石洞库尺寸又增加至跨度20m、高度30m，经计算，300万 m^3 库容的油库涌水量为227.49m^3/d。该涌水量系主洞室未加封堵时的涌水量，符合 GB 50455—2008《地下水封石洞油库设计规范》中的

"洞库的涌水量每 10 万 m³ 库容不宜大于 50m³/d" 的规定。与 15 万 m³ 库容量原油库比较，这一结果是比较符合实际的。

3. 洞库涌水的影响分析

(1) 对地下水的影响。如上所述，拟选库址区为低山丘陵区，具有变质岩、花岗岩裂隙水，水位埋深浅并动态地随季节性呈明显变化，年变幅为 0.5～5.0m。地下水以大气降水为主要补给源，但因花岗岩裂隙细小且不发育，地形较陡，变质岩虽裂隙发育但地面坡度大，使大气降水多以地表径流排泄，渗入量很小，补给贫乏。由于岩体较厚，下部地下水具有半承压性质。对某剖分网格来说：当地下水水位在网格顶板以上时，作为承压水处理，即水位下降引起的释水根据储水系数计算；当水位继续下降，降到网格顶板标高以下时，作为潜水处理，即释水根据给水度计算；水位低于网格底板时则单元格发生疏干，后续计算过程中作为无效单元处理。模型垂直向上分层较多，但未划分不同的含水层（因为是花岗岩山体，并不是一个连续的储水结构），使用的参数也为均一参数。

采用地下水动力学数值模拟计算方法和 MODFLOW 软件对地下水封石洞油库涌水对地下水位的下降规律和地下水漏斗进行预测，目的是分析地下水封洞库施工期涌水对区域地下水位的影响。

1) 模型区范围。由于洞室开挖后的影响范围未知，模型区范围比洞室开挖区范围大。模型区东西向长 2600m、南北向宽 1800m、高 600m（海平面以上 330m，海平面以下 270m）。模型区 x 轴方向近东西向。模型区内地面标高由现有地形高程点高程数据插值得出。洞库位置如图 3.3.2.13 所示。

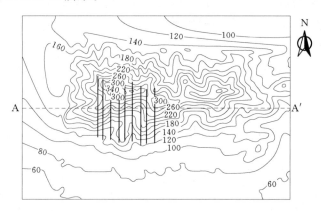

图 3.3.2.13　洞库位置及地面高程示意图（单位：m）

2) 模型网格剖分。在满足计算效率和精度的前提下，模型网格剖分如下：单元格东西向长 40m、南北向宽 20m、高 30m，并对洞室开挖区适当加密，网格加密后洞室所在单元格东西向长 20m、南北向宽 20m、高 30m，其尺寸与洞室横剖面尺寸吻合，最后剖分为 90 行、102 列、20 层。

3) 模型概化及边界条件。洞室开挖区为花岗岩山区，水文地质参数较为均一。要对洞室开挖期和运行期进行模拟，因此模型可概化为均质各向异性非稳定流来模拟。

洞室开挖后，洞壁地下水与大气相通，因此模型中可将洞室按照定水头处理，水头值取洞室中心标高（-45m）。洞室施工期（3a）分 3 次计算以模拟洞室分别开挖的过程。

自西向东将 9 个洞室划分为 3 组，每组 3 个洞。施工期分别开挖 3 组洞室。

模型区水平面两侧边界及垂向底部边界为隔水边界，上部边界接受降水入渗。

4）数学模型。根据以上所建概念模型，采用数学模型为

$$\left.
\begin{aligned}
&\frac{\partial}{\partial x}\left(K_x\frac{\partial h}{\partial x}\right)+\frac{\partial}{\partial y}\left(K_y\frac{\partial h}{\partial y}\right)+\frac{\partial}{\partial z}\left(K_z\frac{\partial h}{\partial z}\right)=S_s\frac{\partial h}{\partial t}+q_s \\
&h\{x,y,z,0\}|_{\Omega}=h_0' \\
&h\{t\}|_{\Gamma_1}=h_1 \\
&K_n\frac{\partial h}{\partial \vec{n}}\Big|_{\Gamma_2}=q(t)
\end{aligned}
\right\}
\qquad (3.3.2.3)$$

式中：Ω 为模型区；h_0' 为模型区天然条件下的水头分布；Γ_1 为水头边界；Γ_2 为流量边界；K_x 和 K_y 为水平向的渗透系数，对于该模型 $K_x=K_y$；K_z 为垂直向的渗透系数；S_s 为储水率；q_s 为降水入渗量。

5）模型参数及运行时间。由于模型区地处山区，地形及地下水水位变化较大，因此模型区洞室开挖前的潜水面分布按照地表标高减去模型区地下水观测孔地下水平均埋深（5.42m）处理。以此为基础进行稳定流模拟，得出洞室开挖前的地下水位初始水头分布。

根据模型区提水试验资料和经验数据可知，含水层水平渗透系数为 10^{-4} m/d，储水系数为 10^{-5}，给水度为 0.01。

整个模拟过程分 4 次进行，模拟时间共 50a。其中包括油库施工期 3a，分 3 次计算，模拟时间各为 1a；油库运行期 47a。第 1 次计算以稳定流模拟得到的水头分布为初始水头，并只设置 3 条定水头边界来代表第 1 组（3 个）洞室；第 2 次计算以第 1 次计算结束时刻得到的水头分布作为初始水头，并将定水头边界增加到 6 条，新增 3 条定水头边界代表第 2 组（3 个）洞室；第 3 次计算以第 2 次计算结束时刻得到的水头分布作为初始水头，并将定水头边界增加到 9 条，新增 3 条定水头边界代表第 3 组（3 个）洞室；第 4 次计算以第 3 次计算结束时刻得到的水头分布作为初始水头，保持 9 条定水头边界不变，代表 3 组共 9 个洞室同时运行。

（2）计算结果。

1）洞室中心水头变化。图 3.3.2.12 中洞室中心 A—A′ 剖面上的计算结果表明洞室开挖阶段，洞室上部地下水位下降不明显，近洞室周围地下水水头明显降低，说明在洞室开挖阶段涌水量主要来自洞室围岩的弹性释水。模型采用上述渗透系数等水文地质参数，短时间内洞室开挖不会造成洞室上方地下水位的明显下降。甚至在洞室开挖 10a 后（图 3.3.2.14），地下

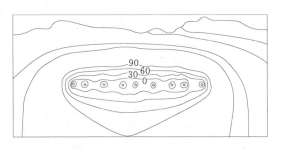

图 3.3.2.14 洞室开挖 10a 后洞库剖面水头分布示意图（单位：m）

水位虽发生一定程度的下降，但仍未形成大范围的降落漏斗。

2）地下水降落漏斗发展情况。由于模型网格在垂向上划分为 20 层，随洞室上部地下

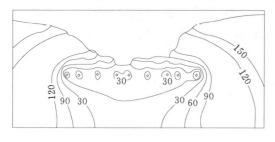

图 3.3.2.15　洞室开挖 40a 后洞库剖面水头
分布示意图（单位：m）

水降落漏斗的发展，地下水位低于模型网格单元底板高程后网格单元则发生疏干，因此从洞室上部模型网格单元的疏干情况也可看出地下水降落漏斗的发展情况。图 3.3.2.15 为洞室开挖 40a 后洞库的剖面水头分布。

图 3.3.2.16 为各组（每组 3 个）洞库的中心上方地下水位标高和埋深随时间变化情况。由图 3.3.2.16 可以看出，在前 3a 施工期中，第 1 组洞室先开挖，因此从第 1 年开始第 1 组洞室中心的地下水位持续下降，而其余 2 组洞室中心地下水位基本无变化；第 2 组和第 3 组洞室中心地下水位分别从第 2 年和第 3 年开始持续下降。3 组洞室中，第 2 组洞室的地下水位最低，下降速度也最快，预测至 50a 后地下水位标高为−45m，埋深为 275m。

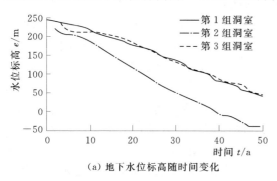

（a）地下水位标高随时间变化

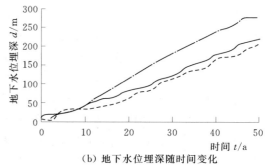

（b）地下水位埋深随时间变化

图 3.3.2.16　洞库中心地下水位随时间变化关系

图 3.3.2.17 为平面上地下水降落漏斗（地下水降深大于 1m 地区）扩展面积随时间变化情况。图 3.3.2.17 表明洞室开挖后地下水降落漏斗平面上展布范围变化较慢，在洞室开挖区基础上扩展面积也较小。前 10a 是平面上降落漏斗面积扩展最快的时期，10a 以后漏斗平面面积扩展速度明显变慢，且有趋于稳定的趋势。这也说明 10a 以后洞室涌水量主要来自洞室上部岩体的弹性释水以及地下水位下降引起的重力排水，两侧来水量都很小。

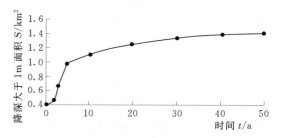

图 3.3.2.17　降落漏斗扩展面积随时间变化曲线

根据模拟计算结果，在洞室开挖区基础上，东、西两侧扩展最大距离分别为 200m 和 300m，南、北两侧扩展最大距离分别为 300m 和 250m。模拟结束时近东西向漏斗扩展长度最大为 1100m，南北向长度最大为 1200m，平面漏斗扩展面积为 1.4km²。

4. 结论

（1）采用提水试验资料求得渗透系数并按照地下水动力学法计算得出山东某地库容为

300 万 m^3 的石洞油库涌水量为 227.49m^3/d。该涌水量系主洞室未加封堵时的涌水量，符合 GB 50455—2008《地下水封石洞油库设计规范》中洞库涌水量每 10 万 m^3 库容不宜大于 50m^3/d 的规定。

（2）采用三维地下水数值模拟模型 MODFLOW 进行了水封石洞油库涌水对地下水位影响的数值模拟分析，阐明了地下水封石洞油库施工期和运行期洞库涌水对地下水的影响和发展规律。结果显示，由于洞室位于花岗岩山区，渗透系数较小，洞室开挖后洞库涌水中的大部分来自洞室上部岩体的弹性释水和重力排水，两侧来水量较少。

（3）在不考虑水平水幕和储油的情况下，模拟地下水封石洞油库 50a 后降落漏斗虽在垂向上发育深度很大，但在平面上展布范围并不大，主要位于洞室开挖区，在洞室开挖区基础上东、西两侧最大扩展距离分别为 200m 和 300m，南、北两侧最大扩展距离分别为 300m 和 250m；洞室中心处地下水位下降最大，降深为 270m。该工程参考国内外洞库的建设经验，考虑到北方地区干旱缺水，为保证安全，在洞顶上 30m 处设置了水平水幕系统，项目实施后地下水最大降落位置为水幕系统所在的标高 0.000m 处。

（4）洞库涌水量较小，该项目在施工 3a 期间涌水主要来自岩石的弹性释水，对地下水位基本无影响；不考虑水平水幕和储油的情况下，模拟 50a，地下水位在垂向上随时间线性下降，平面上影响范围不大。

3.3.2.3　水幕孔岩石渗流性数值分析

天然岩石中包含大量的裂隙，而裂隙开度和分布密度直接影响到岩石的渗透系数，岩石的渗透系数是岩石渗流和地下水模拟的重要参数。由于地质构造作用，岩石中的裂隙大都成组出现，每组的渗透性各不相同，使得裂隙的渗透性具有明显的非均质性和各向异性。对于渗流数值模拟计算来说，如何模拟裂隙岩石这种特点，对提高计算准确性影响很大。对于地下水封石油洞库中水幕孔的布置来说，节理裂隙的分布影响了水幕孔之间的连通性，在连通性好的区域，可适当减少水幕孔的数目，间距变大，相反，连通性差的区域水幕孔要加密布置。以水平和垂直裂隙为例说明，如图 3.3.2.18，对于水平方向布设的水幕孔，水平方向的连通率决定水幕孔的布设间距。

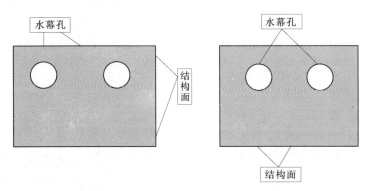

图 3.3.2.18　水幕孔布置示意图

本章内容主要是研究不同节理裂隙下水幕孔的布设规律，为不同的工程需要提供理论指导。分等效连续介质和双重介质模型两种方法进行分析。

1. 等效连续介质模型分析

（1）各向同性渗透性下水幕孔间距的确定。在水幕孔施工过程中，需要通过注水试验来确定水幕孔间距。设计判定标准为：在某一水幕孔注水时，相邻水幕孔可以水压上升。但该标准没有明确水压上升量值得大小和需要的时间。为解决这个问题，本节将着重讨论各向同性条件下水幕孔注水后围岩孔隙水压力时空变化规律，从而为确定水幕孔间距提供参考。而考虑到岩石中普遍发育有节理裂隙，下面将讨论在考虑节理裂隙影响下，即各向异性条件下水幕孔注水后围岩孔隙水压力时空变化规律。

为确定各向同性围岩不同渗透性条件下水幕孔间距，采用有限元分析软件 ABAQUS 模拟了注水后，围岩内孔隙水压力变化情况。具体分析步骤如下：

1）施加重力，实现在初始自重应力场下孔隙水压力平衡。

2）在水幕孔周围施加 0.2MPa 压力增量。

考虑到实际工程中，水幕孔注水压力不高（不超过 1MPa），计算中没有考虑流固耦合，而是将研究域内所有节点固定。对于流体相，研究域外边界均假定为不透水边界。

a. 稳态下孔隙水压力分布特点。在水幕孔施加水压力后，孔隙水压力由内而外逐渐减小。图 3.3.2.19 为水平方向孔隙水压力分布图。孔隙水压力在距离水幕孔 20m 处趋于稳定。图 3.3.2.20 为稳定孔隙水压力分布图。0°方向代表竖直向上，从图 3.3.2.20 中看，由于重力影响，孔隙水向下方渗透速度较快，引起的压力上升较为明显。

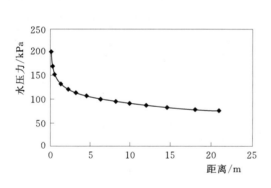

图 3.3.2.19　水幕孔周围孔隙水
压力分布曲线

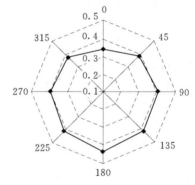

图 3.3.2.20　水幕孔周围孔隙水
压力分布图

b. 瞬态下孔隙水压力分布特点。为了对水幕孔有效性试验提供定量依据，需对水幕孔注水后孔隙水压力变化的时空变化规律进行分析。

图 3.3.2.21、图 3.3.2.22 和图 3.3.2.23 分别为渗透系数为 1×10^{-3} m/d、1×10^{-4} m/d 和 1×10^{-5} m/d 条件下无量纲水压力增量与距水幕孔距离关系曲线。图中给出了在水幕孔注水 1d、3d、10d、30d、100d 后孔隙水压力分布情况。为了便于工程实际操作，图中直线为孔隙水压力增量为 1% 和 5% 倍注水压力（注水压力为 0.2MPa）。

分析表明，在空间上孔隙水压力随距离增加而减小，当距离水幕孔足够远时，孔隙水压力逐渐稳定；稳定距离随渗透系数增加而减小。在时间上孔隙水压力随时间增加而逐渐增加，随时间增加，孔隙水压力增加速度逐渐变小。

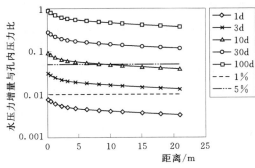
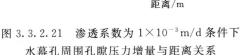
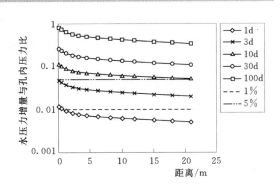

图 3.3.2.21　渗透系数为 $1 \times 10^{-3} \mathrm{m/d}$ 条件下水幕孔周围孔隙压力增量与距离关系

图 3.3.2.22　渗透系数为 $1 \times 10^{-4} \mathrm{m/d}$ 条件下水幕孔周围孔隙压力增量与距离关系

图 3.3.2.24 为不同渗透系数下注水 3d 后孔隙水压力分布图。若选定孔隙水压力增量为 1%，则在渗透系数为 $1 \times 10^{-3} \mathrm{m/d}$、$1 \times 10^{-4} \mathrm{m/d}$ 条件下，水幕孔间距为 10m，可满足要求；而渗透系数为 $1 \times 10^{-5} \mathrm{m/d}$，水幕孔间距为 10m 不满足要求。若选定孔隙水压力增量为 5%，则三种条件下均不能满足要求。

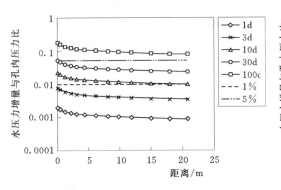
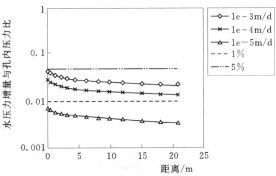

图 3.3.2.23　渗透系数为 $1 \times 10^{-5} \mathrm{m/d}$ 条件下水幕孔周围孔隙压力增量与距离关系

图 3.3.2.24　不同渗透系数条件下注水后 3d 水幕孔周围孔隙压力增量与距离关系

图 3.3.2.25 为不同渗透系数条件下注水 10d 后孔隙水压力分布图。若选定孔隙水压力增量为 1%，则在三种渗透系数条件下，水幕孔间距为 10m，均可满足要求。若选定孔隙水压力增量为 5%，则在渗透系数为 $1 \times 10^{-3} \mathrm{m/d}$、$1 \times 10^{-4} \mathrm{m/d}$ 条件下不能满足要求；而在渗透系数为 $1 \times 10^{-4} \mathrm{m/d}$ 条件下，可满足要求。若要选定孔隙水压力增量为 5%，观察时间为 10d，在渗透系数为 $1 \times 10^{-4} \mathrm{m/d}$ 条件下，水幕孔间距需缩小至 5m 左右，才能符合要求。

（2）各向异性渗透性下水幕孔间

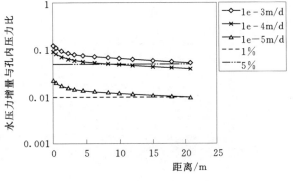

图 3.3.2.25　不同渗透系数条件下注水后 10d 水幕孔周围孔隙压力增量与距离关系

距的确定。岩石中节理裂隙的存在使得岩石渗透性表现为各向异性。本节将就岩石渗透性各向异性条件下，水幕孔注水后围岩内孔隙水压力变化情况进行分析，从而为水幕孔间距的确定提供参考。

选取水幕孔轴线方向为 z 向，竖直向上为 y 向，另一水平方向为 x 方向。为模拟节理裂隙不同产状条件下，注水后孔压变化情况，选取表 3.3.2.11 中渗透系数组合。工况一对应于发育有 x 方向节理裂隙的情况；工况二对应于 x 方向存在致密岩层情况；工况三对应于发育有 y 方向节理裂隙的情况；工况四对应于 y 方向存在致密岩层情况。计算采用瞬态算法。

表 3.3.2.11　　　　　　　　　　计 算 工 况 统 计 表

工况	$K_x/(\mathrm{m \cdot d^{-1}})$	$K_y/(\mathrm{m \cdot d^{-1}})$	$K_z/(\mathrm{m \cdot d^{-1}})$
一	1×10^{-3}	1×10^{-4}	1×10^{-4}
二	1×10^{-5}	1×10^{-4}	1×10^{-4}
三	1×10^{-4}	1×10^{-3}	1×10^{-4}
四	1×10^{-4}	1×10^{-5}	1×10^{-4}

图 3.3.2.26～图 3.3.2.29 分别为工况一、工况四计算所得孔隙水压力分布图。工况一和工况四中，距离水幕孔同样距离，水平方向孔隙水压力较大，而竖直方向较小。对同一点，工况一比工况四计算所得孔隙水压力大。工况二和工况三中，距离水幕孔同样距离，水平方向孔隙水压力较小，而竖直方向较大。且对同一点工况三比工况二计算所得孔隙水压力大。这与预期相符。

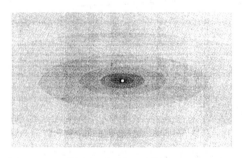

图 3.3.2.26　工况一

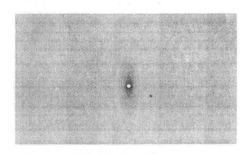

图 3.3.2.27　工况二

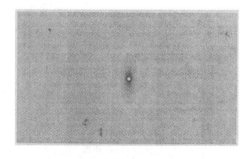

图 3.3.2.28　工况三

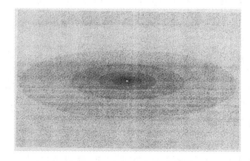

图 3.3.2.29　工况四

从保证水幕系统连通性看，存在水平方向节理裂隙或水幕孔下方岩层较为致密，会使得地下水在相邻水幕孔间流动比较容易；而竖直方向节理裂隙或相邻水幕孔之间存在较为致密岩层，会使得多数地下水流入主洞室，而不利于形成水幕。

图 3.3.2.30、图 3.3.2.31 和图 3.3.2.32 分别为工况一和工况二无量纲水压力增量与距水幕孔距离关系曲线，分别给出了在水幕孔注水 1d、3d、10d、30d、100d 后孔隙水压力分布情况。分析表明，各向异性条件下孔隙水压力的时空分布规律与各向同性条件下一致：在空间上孔隙水压力随距离增加而减小，当距离水幕孔足够远时，孔隙水压力逐渐稳定；稳定距离随渗透系数增加而减小。在时间上孔隙水压力随时间增加而逐渐增加，随时间增加，孔隙水压力增加速度逐渐变小。但工况一水压力在空间上分布较为平缓，而工况二中则随距离增加减小较快。

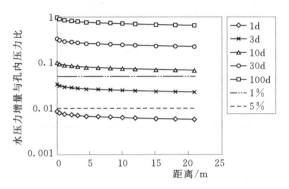

图 3.3.2.30　工况一水幕孔周围孔隙
压力增量与距离关系

图 3.3.2.31　工况二水幕孔周围孔隙
压力增量与距离关系

图 3.3.2.32 为注水 3d 后孔隙水压力分布图。若选定孔隙水压力增量为 1%，则在工况一条件下，水幕孔间距为 10m，可满足要求；而工况二条件下，水幕孔间距为 10m 不满足要求。若选定孔隙水压力增量为 5%，则两种工况下均不能满足要求。

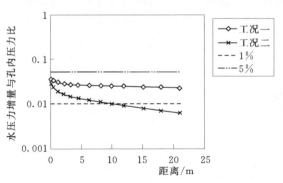
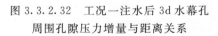
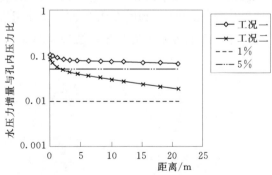

图 3.3.2.32　工况一注水后 3d 水幕孔
周围孔隙压力增量与距离关系

图 3.3.2.33　工况二注水后 10d 水幕孔
周围孔隙压力增量与距离关系

图 3.3.2.33 为注水 10d 后孔隙水压力分布图。若选定孔隙水压力增量为 1%，则在工况一和工况二均可满足要求；若选定孔隙水压力增量为 5%，工况一满足要求，而工况二不满足要求。通过现场水幕孔的有效性试验，检测水幕孔之间的渗透性，利用有限元分

析了各向同性和各向异性渗透性条件下，水幕孔注水后孔隙水压力的时空分布规律，得到了不同水压力增量和观察时间条件下，水幕孔间距应满足的条件。

2. 双重介质模型分析

节理裂隙的分布，是水幕孔的连通性很重要的控制因素，本小节应用 COMSOL，采用双重介质模型，简化为平面应变问题，分析了不同裂隙组合下，水幕孔周围渗流场的变化，得出一些规律，为不同工程提供理论指导。研究为避免平行与垂直裂隙这两种极限情况，采用单组节理裂隙倾角为 45°。分三个工况分析，见表 3.3.2.12。初始静压力为0.5MPa，水幕孔水压力为 0.8MPa。采用稳态进行计算。参数为表 3.3.2.13。

表 3.3.2.12　　　　　　　　　计 算 工 况 统 计

工况	裂隙分布
工况一	单组平行裂隙
工况二	两组小角度交叉裂隙（分为 30°和 45°）
工况三	两组大角度交叉裂隙（分为 60°和 90°）

表 3.3.2.13　　　　　　　　　参 数 取 值

岩石渗透系数/（m·d^{-1}）	$7.3×10^{-5}$
裂隙渗透系数/（m·d^{-1}）	25
岩体孔隙率	0.05
裂隙孔隙率	0.4
隙宽/mm	0.01
连通率	0.24
迹长/mm	10

（1）一组平行裂隙对水幕孔压力分布的影响。取一组 45°平行裂隙进行分析，裂隙贯穿水幕孔，模拟水幕孔在恒定压力下，水流向四周扩散的情况，周围渗流场的变化，模拟结果如图 3.3.2.34 和图 3.3.2.35。沿水幕孔半径方向，各取与水平方向呈 45°、90°的线，观察这些线上压力变化情况，结果如图 3.3.2.36 和图 3.3.2.37 所示。

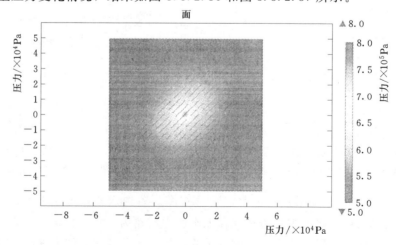

图 3.3.2.34　单一平行裂隙压力分布图

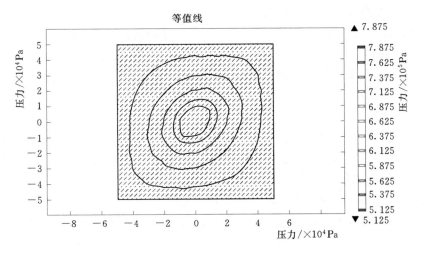

图 3.3.2.35 单一平行裂隙压力等值线图

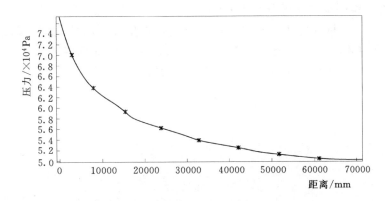

图 3.3.2.36 45°线图

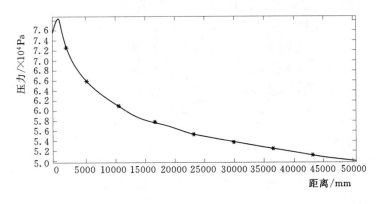

图 3.3.2.37 90°线图

通过模拟结果，可以得出以下结论：

1）定性分析。沿裂隙方向，导水性好，压力上升最大；垂直裂隙方向，透水性较差，水压力变化幅度小。因此，在已知节理裂隙分布情况下，沿裂隙方向可增大水幕孔间距，

251

在其他方向，可适当减小水幕孔间距。

2）定量分析。沿水幕孔半径 90° 和 45° 方向分析表明：45° 方向在距水幕孔 28m 处，水压力为 0.55MPa，如果将 0.55MPa 作为参考值，模型中设定初始静水压力为 0.5MPa，那么，在这个方向水幕孔间距不超过 28m 是合理的；90° 方向在距水幕孔 22m 处，水压力达到 0.55MPa，在这个方向，水幕孔间距不超过 22m 是合理的；其他区域，间距可选为 22～28m 之间。

（2）两组小角度裂隙对水幕孔压力分布的影响。两组小角度交叉裂隙指的是取其中一组平行裂隙的倾角为 45°，另一组平行裂隙与其相交，角度不超过 45°，本小节主要研究两组情况：30° 交叉裂隙与 45° 交叉裂隙。

1）30° 交叉裂隙。采用上述计算方法，计算结果如图 3.3.2.38 和图 3.3.2.39 所示，从压力分布图和等值线图可以看出，压力变化最大的区域是沿裂隙方向，此种情况有两组裂隙，沿裂隙方向即 45° 和 75 方向，压力变化大；通过压力分布图可以定性的获知，对于小角度交叉裂隙，角平分线区域 60° 方向变化也很大。以距水幕孔 10m 为例（图 3.3.2.40），在两组裂隙夹角平分线即 60° 方向，压力变化和裂隙方向相同，均由 0.5MPa 上升为 0.63MPa，分析其规律可得出：在两组裂隙夹角较小的情况下，两组裂隙以及锐角所夹区域变化基本一致，压力上升都较大；在垂直 60° 方向即沿水幕孔半径 150° 方向，压力变化较小，在 10m 处，由 0.5MPa 上升为 0.6MPa。

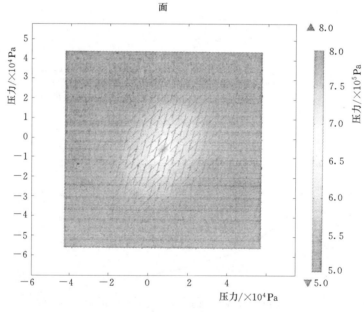

图 3.3.2.38　30° 裂隙压力分布图

2）45° 交叉裂隙。45° 交叉裂隙的计算结果如图 3.3.2.41 和图 3.3.2.42 所示，同样的，沿裂隙方向压力变化大，水幕孔间距可加大；垂直裂隙方向，水幕孔间距变小，需要多布设水幕孔。和上述结论一致，同样，取角平分线即 67.5° 和垂直角平分线即 75° 上的压力分布来分析，如图 3.3.2.43 示，以 10m 为例，67.5° 由 0.5MPa 上升为 0.63MPa，压力变化大；75° 线图由 0.5MPa 上升为 0.6MPa，压力变化小。

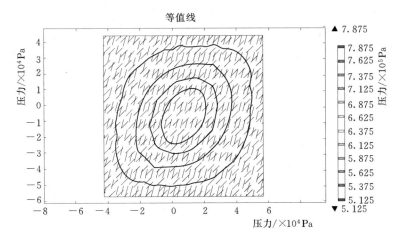

图 3.3.2.39 30°裂隙压力等值线图

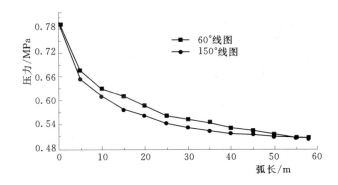

图 3.3.2.40 30°裂隙压力对比图

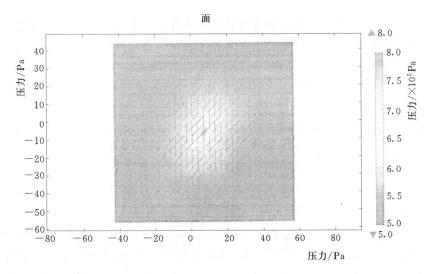

图 3.3.2.41 45°裂隙压力分布图

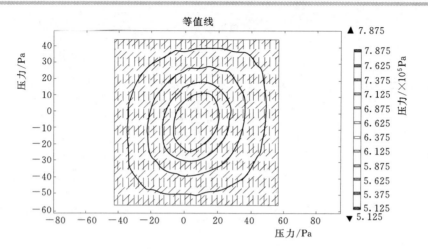

图 3.3.2.42　45°裂隙压力等值线图

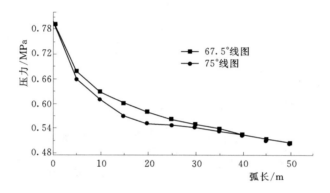

图 3.3.2.43　45°裂隙压力对比图

综合分析上述两种情况，在小角度交叉裂隙情况下，水幕孔布置在沿裂隙方向和两组裂隙较小夹角范围内是比较有利的，在这部分区域，压力传导快，水幕孔连通性好；而在其他区域水幕孔间距应适当变小。假定以压力由 0.5MPa 上升到 0.63MPa 为参考值，30°交叉裂隙情况下，在 60°线上水幕孔间距，可定为 10m；在 150°线上水幕孔间距，应减小为 7.5m。

（3）两组大角度裂隙对水幕孔压力分布的影响。两组小角度交叉裂隙指的是取其中一组平行裂隙的倾角为 45°，另一组平行裂隙与其相交，角度在 45°到 90°之间，本小节主要研究两组情况：60°交叉裂隙与 90°交叉裂隙。

1）60°交叉裂隙。对于大角度交叉裂隙分析方法和上述一致，模拟结果如图 3.3.2.44 和图 3.3.2.45 示。由图可见，压力变化仍在裂隙方向上变化最大，但是变化幅度明显变小，有接近均匀分布的趋势。分析角平线即 75°线和垂直角平分线即 165°线上压力的变化，如图 3.3.2.46 示，同样，取 10m 处的压力变化来讨论，75°线图，压力由 0.5MPa 变化为 0.6MPa；165°线图，压力由 0.5MPa 变化为 0.61MPa，压力变化差距在减小。

2）90°交叉裂隙。90°正交裂隙相对于 60°交叉裂隙，变化幅度进一步减小，模拟结果

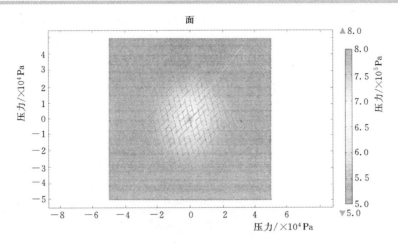

图 3.3.2.44　60°裂隙压力分布图

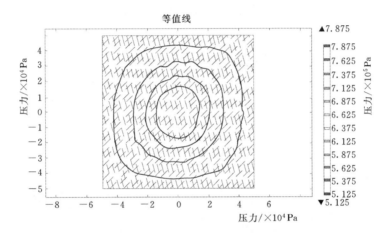

图 3.3.2.45　60°裂隙压力等值线图

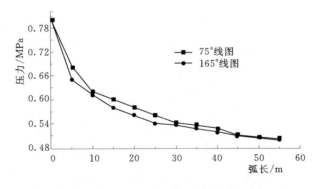

图 3.3.2.46　60°裂隙压力对比图

如图 3.3.2.47 和图 3.3.2.48 示。可近似认为，压力由水幕孔均匀向四周传播，在各个方向变化接近一致。取 0°和 90°线图来分析，如图 3.3.2.49 示。可以看出，在相同距离处，两条件的压力差越来越小；同样，取距水幕孔 10m 处的压力变化为例，压力基本上由

0.5MPa 变化为 0.61MPa。对于正交裂隙，在裂隙发育情况一致，各种参数取值相同的情况下，水幕孔的布置，在各个方向上，可以认为是一致的，故可以取相同的间距。

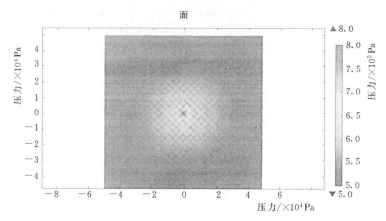

图 3.3.2.47　90°裂隙压力分布图

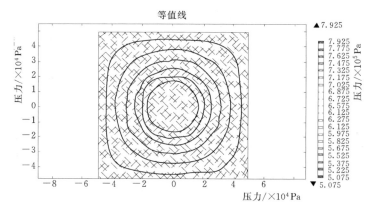

图 3.3.2.48　90°裂隙压力等值线图

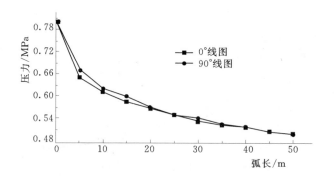

图 3.3.2.49　90°裂隙压力对比图

对于大角度交叉裂隙而言，在各组裂隙参数取值相同的情况下，水幕孔周围水压力变化比小角度交叉裂隙小，角度越大，变化越小，压力趋向均匀分布。因此，水幕孔的布置在各个方向间距变化较小。

综上分析，结果表明：

a. 通过现场水幕孔的有效性试验，检测水幕孔之间的渗透性，利用有限元分析了各向同性和各向异性渗透性条件下，水幕孔注水后孔隙水压力的时空分布规律，得到了不同水压力增量和观察时间条件下，水幕孔间距应满足的条件。

b. 单一裂隙下水幕孔周边压力的分布，主要控制因素为裂隙的走向。沿裂隙方向，导水性好，压力上升最大；垂直裂隙方向，透水性较差，水压力变化幅度小。因此，在已知节理裂隙分布情况下，沿裂隙方向可增大水幕孔间距，在其他方向适当减小水幕孔间距。

c. 在小角度交叉裂隙情况下，水幕孔布置在沿裂隙方向和两组裂隙较小夹角范围内是比较有利的，在这部分区域，压力传导快，水幕孔连通性好。而在其他区域，水幕孔间距应适当变小。

d. 对于大角度交叉裂隙而言，在各组裂隙参数取值相同的情况下，水幕孔周围水压力变化，比小角度交叉裂隙小，角度越大，变化越小，压力趋向均匀分布。因此，水幕孔的布置在各个方向间距变化较小。

e. 根据两种模型对比分析，黄岛洞库水幕孔间距为 10m 是合理的，符合工程实际需要。

f. 两种模型的建立，为同类工程提供理论依据。对于已知节理裂隙分布情况的工程，可参考以上模型，确定水幕孔的间距。

3. 结论

在综合国外已修建油气储库水幕孔布置方案基础上，对现场水幕孔注水回落试验、有效性试验及其理论进行分析，得到结论如下：

（1）根据已完成的 A、B、C 三个区水幕孔注水回落试验数据，分析试验曲线结果，将水幕孔水压力、流量与时间的关系曲线分为三类曲线。

（2）提出了水幕孔连通性分析方法，结合工程实践，给出了具体增补水幕孔方案。

（3）获得了不同渗透特性围岩中，孔隙水压力扩散与时间、空间的关系。

（4）单一裂隙下水幕孔周边压力的分布主要控制因素为裂隙的走向，沿裂隙方向，导水性好，压力上升最大，垂直裂隙方向，透水性较差，水压力变化幅度小。因此，在已知节理裂隙分布情况下，沿裂隙方向可增大水幕孔间距，在其他方向适当减小水幕孔间距。

（5）在小角度交叉裂隙情况下，水幕孔布置在沿裂隙方向和两组裂隙较小夹角范围内是比较有利的，在这部分区域，压力传导快，水幕孔连通性好。而在其他区域水幕孔间距应适当变小。

（6）对于大角度交叉裂隙而言，在各组裂隙参数取值相同的情况下，水幕孔周围水压力变化比小角度交叉裂隙小，角度越大，变化越小，压力趋向均匀分布。因此，水幕孔的布置在各个方向间距变化较小。根据两种模型对比分析，黄岛洞库水幕孔间距为 10m 是合理的，符合工程实际需要。

4. 存在问题与改进措施

（1）存在问题。通过本工程水幕系统施工期运营一段时间的观察，发现有诸多需改进的问题：

1）供水主水管，未按主洞室分区分别独立安装，导致各个分区水幕孔，不能独立调整压力段与是否注水的状态。

2）水幕孔压力表及流量计设备准确度不高，且部分已经损坏，对试验的成果，有较大的影响。

3）水幕孔的结构尚不合理，施工期，单个水幕孔注水时，往孔口塞入的栓塞并未封堵完全。

4）部分水幕孔内浅部裂隙与水幕巷道边墙裂隙联系紧密，导致水幕孔压入的水，直接从水幕巷道的边墙渗出。

（2）解进措施。

1）水幕系统按各分区安装独立的管路、控制阀及调压阀，这样有利于水幕试验的进行，和常注水阶段水幕孔的管理。

2）水幕孔的压力表、流量计等设备，进行标准率定，并选购适合地下洞室施工期潮湿、腐蚀等不利环境的设备。

3）调整水幕孔结构，使其水幕孔口有利于封堵，而不致漏水。

（3）调整目前水幕孔栓塞仅放在 1.5m 的深度，增大其深度，以减少水幕孔内裂隙与水幕巷道边墙直接联系的概率。

水幕系统的有效工作运行是保证了洞库周边渗流场的完整的重要措施，对其有效性的判断不能仅仅通过针对水幕孔的水试验成果来确定，应该结合洞库周边和库区内设置的水质、水位、渗流监测孔和其他监测仪器的监测情况，并设计水幕的不同运行方式及状态进行综合分析、综合判识，结合我国在岩体渗流方面取得的科研成果进行分析总结出综合试验和验证方法。

5．与国内外同类工程比较

目前，在世界范围内已建造数百座地下水封石洞储油库或储气库，主要分布在斯堪的纳维亚半岛、韩国、日本、德国、法国和沙特等国家和区域。早期的地下洞库一般都没有设置水幕系统，但随着规模的扩大和可靠性要求的提高，近期的建设的大型地下水封洞库工程都设置了水幕系统。

表 3.3.2.14 为国内外部分地下水封储库不定计统计。表中列出了挪威、韩国、中国、日本四个国家地下水封储库基本情况。储存物主要含压缩空气、液化石油气、原油等。水幕孔布置方式含有倾斜、水平和水平与竖直结合三种方式。表中挪威两个地下水封储库建造时间较早（Torpa 建成于 1989 年，Rafne5 建成于 1977 年），希腊、韩国、中国和日本储库均晚于挪威两个储库建造时间。表中注重对比了使用水平向水幕孔的地下水封储库水幕孔设计参数。由表 3.3.2.14 可见，本洞库与韩国 U-2 规模相当，设计参数接近。

表 3.3.2.14　　　　　　　　国内外部分地下水封储库一览表

储库位置	储存物	容积 /万 m³	岩性	水幕孔间距/m	水幕孔长度/m	与储室高度差/m	布置方式	备注
挪威 Torpa	压缩空气	1.4	泥砂岩	—	—	—	倾斜	
挪威 Rafnes	液化石油气	10	花岗岩	—	—	—	倾斜	
希腊 Perama	汽油、石油	20	灰岩	20	约 50	12	水平	

续表

储库位置	储存物	容积/万 m³	岩性	水幕孔间距/m	水幕孔长度/m	与储室高度差/m	布置方式	备注
韩国 Pyongtaek	液化石油气	22.4	片麻岩	10	100～120	25	水平、竖直	扩建工程
韩国 K-1	汽油	23.1	花岗岩	12	100～120	15	水平	
韩国 L-1	液化石油气	30	安山岩	10	100～110	25	水平	
韩国 U-2	原油	429.3	闪长岩	7，14	110	20	水平	
中国汕头	液化石油气	20.6	花岗岩	10	100	20	水平	
中国珠海	液化石油气	40	花岗岩	10	32～79	31.2	水平	
中国宁波	液化石油气	50	凝灰岩	10	100	10	水平	
本工程	原油	300	片麻岩	10	97～110	25	水平	
日本 Kuji	原油	175	花岗岩	—	—	—	—	设置了水幕系统，参数不详
日本 Kikuma	原油	150	花岗岩	—	—	—	—	设置了水幕系统，参数不详
日本 Kushikino	原油	175	安山岩	—	—	—	—	部分水封

注 "—"表示此项不详。

第4章 人工水封下的洞库钻爆法精细施工

4.1 精细爆破的概念及水封环境下的应用条件

4.1.1 精细爆破概述

4.1.1.1 精细爆破的概念

工程爆破是用炸药炸除岩石、破坏建筑物的一种瞬间作业，它是通过科学研究、理论探讨、现场试验及实际应用建立起来的一项专业学科与应用技术。在国民经济的诸多领域中广泛应用。

中国是发明黑火药的文明古国，对人类文明与进步有过重大贡献。新中国成立 60 多年来、特别是改革开放 30 年来，我国在爆破基础理论与技术领域不断取得进展，加之高精度、高安全性的爆破器材的生产和应用，工程爆破技术在矿山、铁路、交通、水利水电、城市基础建设和厂矿企业改扩建等工程建设中发挥了重要作用，我国的工程爆破事业取得了举世瞩目的成就，使得我国工程爆破行业的整体实力和国际影响力显著提高。

21 世纪是经济全球化和信息化的时代，日新月异的科技发展将给世界带来巨大的变革，为工业技术带来新的革命，工程爆破技术也必将产生新的飞跃。在新的机遇和挑战面前，一方面将有更多的爆破工程项目和新的爆破技术应用领域期待我们去完成；另一方面，为实现"可持续发展"的需求，工程爆破行业要进一步提高自主创新能力，为国民经济的发展和构建"和谐社会"做出更大的贡献。

在冯叔瑜院士、汪旭光院士等国内著名爆破专家的倡议和支持下，基于大量工程实践和理论研究工作，结合国内外爆破行业的技术发展现状，武汉爆破公司谢先启教授和武汉大学卢文波博士提出了精细爆破概念。精细爆破，即通过定量化的爆破设计和精心的爆破施工，进行炸药爆炸能量释放与介质破碎、抛掷等过程的精密控制，既达到预定的爆破效果，又实现爆破有害效应的有效控制，最终实现安全可靠、绿色环保及经济合理的爆破作业。

中国工程爆破协会于 2008 年 3 月 30 日在武汉组织召开了"精细爆破"研讨会；在该研讨会上，与会专家一致认为："精细爆破"作为一个有别于传统"控制爆破"的概念，它的适时提出，其意义十分深远；"精细爆破"代表了工程爆破行业的发展方向。精细爆破的产生和发展是市场的需求，随着国民经济的发展、城市化进程的加快，工程爆破技术越来越发挥重要的作用。精细爆破的提出不仅是技术发展的必然结果，更是源于工程建设对爆破技术的巨大需求。

在地下水封洞库岩石开挖中，对保留基岩的保护控制最严，对爆破的要求最多，在爆破规模的控制上最严，在地下水封洞库工程建设中，爆破开挖是影响施工质量和进度的一个重要因素，如何实现快速高效的爆破开挖一直是工程建设中的一个重要课题。要达到快速高效的开挖目的，就必须实现对爆破试验、设计、施工和安全监测的全过程精确控制，这种精确控制需要突破经验和模糊界限，达到量化的程度。这已经突破了传统控制爆破的范畴，是一种全新的爆破理念。本工程在施工过程中，切实践行了精细爆破的施工理念，使工程岩体开挖质量达到了一个极为优秀的水平。

4.1.1.2 精细爆破的含义

从精细爆破的定义可以看出，精细爆破秉承了传统控制爆破的理念，但与传统控制爆破又有明显的区别。精细爆破的目标与传统控制爆破一样，既要达到预期的爆破效果，又要将爆破破坏范围、建构筑物的倒塌方向、破碎块体的抛掷距离与堆积形状以及爆破地震波、空气冲击波、噪音和破碎物飞散等的危害控制在安全范围内，实现对爆破效果和爆破危害的双重控制。

与传统控制爆破相比，精细爆破在定量化的爆破试验、爆破设计、炸药能量释放和爆破作用过程控制、爆破效果的定量评价等方面，均提出了更高的要求。

精细爆破更注重利用爆炸力学、岩石动力学、结构力学、材料力学和工程爆破等相关学科的最新研究成果，并充分利用飞速发展的计算机技术、数值分析技术，采用定量化爆破设计计算理论、方法和试验手段，对爆破方案和参数进行优化，实现对爆破效果及有害效应的精确控制。

精细爆破更注重根据爆破对象的力学特性、爆破条件及工程要求，依赖性能优良的爆破器材及先进可靠的起爆技术，辅以精心施工和严格管理，实现爆破全过程的精密控制。

精细爆破不仅仅局限于传统控制爆破，其概念适用于土岩、拆除及特种爆破等工程爆破的方方面面，它不是一种爆破方法，而是含义颇广的概念。

4.1.1.3 精细爆破体系的组成

根据在多个国家大型岩石开挖工程中的爆破实践，精细爆破至少应包含如下几个部分：①定量化的工程爆破分析研究；②定量化的爆破设计；③高精度高可靠性的爆破器材；④精细化的爆破施工技术；⑤精细化的施工管理方法；⑥定量化的爆破效果评价等内容。其核心是定量化和精细化。

1. 定量化的工程爆破分析研究

随着爆炸力学、岩石动力学、工程力学等工程爆破的基础理论研究领域的不断进展，借助飞跃发展的计算机技术、爆破试验和量测技术，使得定量化的工程爆破分析研究成为可能。基于运动学和结构力学的基本理论，采用 FEM、DDA、AEM 和 LS—DYNA 等数值分析方法，已能对城市拆除爆破、土岩爆破、爆炸加工等进行较精确的预测和仿真，不再借助实体模型就可以实现对不同爆破方案的分析、比较和研究。此外，采用高速摄影及其三维数值分析系统，已经可以对爆破全过程实施数字化监测，可以定量化分析每一个破碎块体的运动过程和运动规律。

在土岩爆破方面，已经可以实现如下目的：①模拟爆破作用过程中裂纹的产生和发展；②预测爆破块度的组成和爆堆形态；③爆破效果的评价和参数的优化；④模拟和再现爆破过程。

2. 定量化的工程爆破设计

定量化工程爆破分析研究使定量化的爆破设计成为可能。一个完整的工程爆破设计包含开挖方案比较和选择，爆破参数确定，炮孔布置形式的确定，起爆网络设计。

定量化的爆破方案，包含开挖方式、开挖分区、开挖分层高度、掏槽方式、起爆方式、爆破规模等，通过数值优化分析，过程和结果都以定量化的方式给出。

定量化的爆破参数：主爆破孔参数包括炸药单耗、炮孔间排距、密集系数、炮孔孔径、炸药药径、炮孔堵塞长度；光爆孔爆破参数主要包括线装药密度、炮孔间距、堵塞长度等。在爆破参数的确定上，借助目前的数值分析和试验手段，已经基本摆脱以往凭经验确定的传统模式，精确定量化的选择目前已经成为现实。

精确化的起爆网路：传统的起爆系统，在设计方法上已经实现了定量化，但由于起爆器材的误差，无论是电起爆还是非电起爆，在实践中都很难满足精细化要求。近年来，高精度非电起爆系统和数码雷管起爆系统的成熟，才使精确化的起爆网络设计成为可能，高精度非电起爆系统和数码雷管起爆系统均可以达到精确毫秒级的起爆精度。

3. 高精度高可靠性的爆破器材选型

高精度非电雷管和数码雷管的研制成功，在控制结构倒塌过程、改善岩石破碎效果、实现抛掷堆积控制以及降低爆破振动效应等方面发挥了显著作用，基本实现了对爆破过程的精确控制。此外，适应不同岩性和爆破条件的高性能及性能可调控炸药、不同爆速导爆索、使得对炸药爆炸能量的释放、使用及转化过程的控制成为可能。例如，性能可调控炸药的出现，为真正实现炸药与岩石阻抗相匹配创造了条件，从而可以大大提高炸药能量的利用率；低爆速导爆索研制的成功，大大降低了开挖中的爆破损伤，可有效地节约资源。这些爆破器材的进步，加强了对爆破作用过程的控制能力，使在施工中达到精细化的要求成为可能。

4. 精细化的爆破施工技术

施工机械化和自动化水平的提高，为精细爆破施工提供了技术支持，尤其是以 3S 技术（RS、GIS、GPS）为代表的信息技术在爆破工程中的应用，使得爆破工程测量放线、钻孔精度、装药堵塞等各项工序的精细程度大大提高。满足精细爆破要求的施工机械和施工技术，从施工层面为精细爆破提供了技术保障。例如，国外大型矿山采用的潜孔钻机或牙轮钻孔设备，携带 GPS 系统，可实现钻孔的自动定位；依靠钻机上装备的测量及控制系统，可实现钻孔过程孔向及倾角的自动调整及控制。又如在水电工程开挖爆破中，通过钻机改造，增加限位板，加装扶正器，根据岩性特点定制钻杆直径等技术手段，实现了满足精细爆破技术要求的施工设备。

施工工艺流程控制上，水电行业总结出的"爆破设计及审批→开挖区域大面找平→清面→测量放线→布孔→技术交底→打设插筋、钻机就位、固定→钻孔→清孔→钻孔质量检查→钻孔保护→装药→网路连接→网路检查→起爆→出渣→坡面清理→开挖边坡测量检测→爆破效果分析→下一循环"的工艺流程，有效控制了施工质量，为最终实现对爆破过程的精细控制起到了重要作用。这些施工工艺控制技术，均不同程度地在水封地下洞库开挖爆破中得到了推广应用。

5. 精细化的施工管理方法

要实现对爆破过程的精确控制，离不开精细化的施工管理方法。施工管理方法包括建立规章制度和制定质量控制标准，质量控制标准包括爆破振动控制标准、声波波速衰减率标准、保留基岩面的超欠挖和平整度和残孔率要求等。

实施前的准备：包括从组织、技术、资源、进度、环保等管理环节的统筹安排。成立相应组织机构，对各自的职责进行明确分工，编制满足精细爆破要求的管理办法。

施工过程控制：严格按照设计施工，设置专职的工程爆破监理监督质量管理体系建立和运行情况，检查现场施工质量控制程序、环节、质量控制方法等是否到位，分析施工质量控制方面存在的问题，并在组织管理、技术工艺改进等方面提出具体措施和质量控制要求。例如，水利水电工程正在实施的"一炮一总结""一梯段一预验收""一坝段一验收"，及时对本梯坝段的经验教训进行总结，以指导改进下一梯段的施工。严格执行"三定"（定人、定机、定孔）、"三证"（准钻证、准装药证、准爆证）、"三次校钻"（0.2m、1.0m、2.0m）等各项制度等施工过程管理技术，都很好地贯彻了精细爆破的理念。

6. 精细化数值化的爆破效果评价等内容

爆破效果评价包括爆破振动的数值化监测，岩体爆破松弛深度的数值化测试、平整度和超欠挖检测、钻孔电视检测等数值化检测手段。爆破振动的数值化监测：例如，目前具有国际先进水平的加拿大 MiniMate Plus 测振系统以及国内的 EXP 3850 爆破振动测试系统，都可以对爆破振动进行及时有效的数值分析。武汉岩海的 RS—ST01C 一体化数字超声仪，实现了爆破前后保留岩体松弛层深度的及时检测。武汉岩海公司生产的 RS—DTV 数字彩色钻孔电视摄像系统可以对保留岩体的内部质量进行数值化的分析。另外，残孔率、平整度和超欠挖检测……提供了对爆破效果进行评估的定量化指标。

4.1.2　水封环境下洞库开挖爆破特点

4.1.2.1　地下洞室工程开挖研究现状

开挖爆破对地下水封洞库围岩的影响包括开挖卸荷引起的应力重分配和爆炸荷载作用（包括爆源近区的爆炸冲击波作用和中远区的爆破振动作用）引起的动力损伤作用。而且，地下洞库爆破开挖过程的卸荷作用和爆炸荷载的动力损伤作用间是一个耦合的过程。由于此耦合作用，围岩变形增加，应力松弛，原结构面松弛、张开，岩层错动加剧，围岩塑性区发展，将产生垂直结构面的张力或者产生近平行结构面的剪切力作用，可能导致沿结构面的张开或位移，块体掉落，围岩失稳。因此爆破荷载作用下，应特别注意断裂与岩层面交会处的锐角区松动块体、断层破碎带、节理密集带和含地下水的张性断裂组的局部围岩松动与稳定问题。

一般认为，开挖引起的卸荷松地（应力重分配）过程持续时间较长、涉及的范围较大，主要取决于岩性和岩体的结构特性；爆破荷载作用下的动力损伤过程为一瞬态过程，其持续时间短、作用范围对完整岩体一般仅限于表层，但对裂隙岩体，由于爆破振动对岩体结构面的松动作用，其爆破影响范围也可达数米至十米级。

由于爆破影响范围控制问题涉及爆炸力学、岩石动力学、断裂力学、损伤力学和爆破施工工艺等诸多方面，目前国内外对该问题的研究与解决主要依靠现场试验方法或采用结合工程施工过程的安全监测及信息反馈技术来实现。

在确定或评判爆破损伤影响范围过程中，国内外通常采用事后检测法。除了利用留在轮廓面上的半孔率来直接衡量开挖质量外，一般通过爆破前后的岩体力学参数如弹模、声波速度、岩石强度、透水率等的对比检测来确定爆破影响范围，也可直接采用钻孔电视直接判别。国内常用的是爆前爆后声波对测试法、地震波法或压水试验法。在我国水利水电行业，一般采用爆前爆后的声波对比检测来确定爆破影响范围。在本工程中，对开挖爆破质量的评价也借鉴了水电行业的爆破前后声波对比测试的方法。

大量的工程实践表明，爆破振动作用下结构的破坏与质点峰值振动速度有较好的相关性，因此目前国内外普遍以质点振动速度作为建筑物或构筑物的爆破振动安全控制标准。

如何控制爆源近区的爆破动力损伤也一直是国内工程界和学术界的重要研究课题。20世纪 70 年代末，Bauer 和 Calder 建议用质点峰值振动速度进行岩石开挖的爆破损伤控制并依据现场观测资料提出了爆破损伤控制的具体安全标准。Holmberg 和 Persson 更是提出了基于质点峰值振动速度控制的临近边坡开挖轮廓面的爆破设计方法。在我国，长江科学院、长沙矿山研究所等单位也在此方面也开展了许多卓有成效的研究工作。

Holmberg 和 Persson 提出的基于爆炸冲击波引起的质点峰值振动速度控制的轮廓爆破设计方法的要点如下：①首先计算钻孔周围岩体中的质点峰值振动速度分布；②在施工现场，开展系列试验并量测爆破振动速度场及相应的实际爆破损伤范围，由此确定不同爆破质点峰值振动速度值对应的爆破损伤影响程度；③确定爆破损伤的质点峰值振动速度经验判据后根据可能的实际质点峰值振动速度幅值就可预测爆破损伤影响范围；④反之，若已给定最大允许爆破损伤范围则可由质点峰值振动速度分布确定临近岩石开挖轮廓面的爆破开挖方式，核核设计爆破孔网参数及最大单响药量。由于 Holmberg-Persson 设计方法概念清晰，运用简便，这种方法在国际上得到了广泛应用。在 Holmberg-Persson 设计方法中，其关键是确定装药周围岩体中的质点峰值振动速度分布及确定爆破损伤的质点峰值振动速度经验判据。

国外的这种做法与我国所采取的利用现场爆破试验确定掏槽爆破参数、主爆破孔参数及轮廓爆破（包括光面爆破和预裂爆破）参数的过程基本一致，只是我国现行的利用现场试验方法确定爆破参数的过程没有形成完整的理论体系和严格的试验程序。

我国岩石爆破开挖技术近二三十年已取得了长足的进步，并且在岩石开挖爆破损伤影响范围控制方面取得了举世瞩目的成就。在地下厂房洞室群开挖中，龙滩、小湾、溪洛渡、锦屏等大型水电站均进行了系统的试验、监测和研究工作，确定了科学合理的爆破参数，并得出了相应的爆破振动衰减规律指导施工；在施工过程中，对地下厂房洞室群开挖爆破的全过程进行了安全监测，获取了大量资料和成果。

4.1.2.2　本工程的特点

本工程总占地面积约 $57.1hm^2$，包括地下工程和地上辅助设施两部分，设计石油储备库容 300 万 m^3。

地下工程主要由主洞群、竖井、水幕系统及施工巷道等组成，主洞室群分成 3 组，每组 3 个洞室，共 9 个洞室，每组洞室之间由施工巷道连通。洞室为直立边墙圆拱洞，跨度为 20m，高度 30m，长度在 484～717m 之间，底板高程 -50.0m。洞室群顶部设水幕系统，由注水巷道和水幕孔组成，覆盖整个洞库上方，注水巷道底板高程 5.00m，宽 5.0m，高 4.5m，为城门洞形。施工巷道为城门洞形，宽 8.5m，高 7.5m，入口位于洞库南侧，设计标高均为 70.0m（1956 年黄海高程系，下同），分别沿洞库东西两侧向北延展，至洞库北端交会，并沿主洞室方向分 3 个支叉向南延伸至洞库南部，终端与主洞室群底板相同，设计标高为 −50.0m。

工程共有 9 个主洞室，按北偏西 45°平行设置，洞罐区分成 3 组，每组 3 个洞室，每 3 个主洞室之间通过连接巷道组成一个罐体，每组罐体相邻主洞室壁间距为 40m。两个相邻主洞室之间设计净间距为 30m，主洞室壁与相邻施工巷道壁之间设计净间距为 25.25m。主洞室支护参数为：Ⅰ类围岩部位局部喷厚 80mm 的 C25 混凝土，随机锚杆支护；Ⅱ类围岩部位局部喷厚 80mm 的 C25 混凝土，系统锚杆支护；Ⅲ类围岩部位挂网喷厚 120mm 的 C25 混凝土，系统锚杆支护；Ⅳ围岩部位挂网喷厚 150mm 的 C25 混凝土，局部有钢筋格栅（或型钢）位置喷层加厚，系统锚杆支护，局部锚索。

洞室区以相对较完整的花岗片麻岩为主，花岗片麻岩洞室区出现岩爆的可能性极小，埋深相对较大地段的地应力相对较高，有发生岩爆灾害的可能，以轻微岩爆（Ⅰ级）为主。类比相似工程结合地应力测试结果，场区的最大主应力优势方向为 N73°W，洞室区的主应力 $\sigma_1 = 15.69$MPa，$\sigma_2 = 10.31$MPa（ZK002 附近，高程 −28.56 附近）。洞库岩体以Ⅱ、Ⅲ类岩体为主，各级岩体物理力学性质指标建议值见表 4.1.2.1。

表 4.1.2.1　　　　　　　　　各级岩体物理力学性质指标建议值

岩体分级	变形模量/MPa	泊松比	重度/(kN·m⁻³)	黏聚力/MPa	内摩擦角/(°)	抗拉强度/MPa
Ⅰ	37.3	0.19	26.4	2.3	64.3	10.0
Ⅱ	20.5	0.21	26.3	1.7	51.7	6.0
Ⅲ	7.2	0.26	25.1	0.8	41.2	4.5
Ⅳ	1.4	0.32	23.2	0.3	28.4	2.5
Ⅴ	0.8	0.36	22.3	0.05	24.1	1.5

注　《某国家石油储备基地地下水封洞库工程洞库整体开挖围岩稳定综合判识（成果报告）》（清华大学）分析结果：顶拱部位的最大主应力为 −14～−17MPa 左右，边墙中部围岩的最大主应力在 −7.0MPa 左右，应力差别较大，虽无拉应力产生，剪切破坏是容易发生；设计锚杆的允许应力值约为 200MPa（最大允许承载力 100MPa），主洞开挖完成后，顶拱部位的锚杆应力在 15～25MPa，边墙中部的锚杆应力最大，其值约 80～100MPa 左右，为允许承载值的 40%～50% 左右，个别边墙中部锚杆应力值达到 135MPa，为允许承载值的 70%。

地下洞库均采用爆破法开挖，特别是在第 2、3 层开挖采用深孔梯段爆破，单次爆破规模大。由于岩石爆破破碎过程的影响，爆破开挖后，在保留岩体表层不可避免地会产生爆破损伤影响区；而且由于爆破振动的重复影响，会降低岩体结构面的强度。在爆破振动与围岩应力松弛、调整的耦合作用下，当爆破振动达到一定强度后，有可能导致局部处于临界受力状态的高边墙岩体发生局部坍塌和失稳。因此，在地下洞库施工过程中，爆破振动控制是施工质量控制的关键，需要采取爆破振动控制综合措施，严格控制爆破振动对保留岩体的影响。

为加快施工进度，洞库群第 2、3 层开挖采用深孔梯段爆破，爆破规模及单段起爆药量均较第 1 层大，如果爆破振动控制不当，爆破振动将导致锚杆和锚索锚固力降低、喷混凝土开裂。喷混凝土与岩石间的黏结力的损失都将对洞库群的安全产生不利影响。因此，除了要严格控制爆破振动对保留岩体的影响外，还需要控制爆破振动对支护结构的影响。

爆破振动能否得到合理控制直接影响到洞库边墙的稳定，有必要通过爆破振动试验及施工过程中质点振动速度监测数据对比分析，科学评价爆破振动对洞库边墙稳定性安全影响程度，在此基础上，提出爆破振动控制标准，为选择合理的施工方法及爆破参数提供依据。

水封洞库工程建设作为"百年大计"，施工质量始终放在工程建设的首位。工程岩体开挖，不仅需要完成岩体的"破碎与抛掷"，更重要的是要实现"成型和保护"，通过控制爆破，按照设计要求形成开挖轮廓；同时，由于保留岩体需要作为地下洞室的承载围岩，爆破过程需要尽可能保护保留岩体的质量不受损伤或影响。因此水封洞库开挖具有如下特点：对爆破对保留岩体的控制严；在施工中要求的各种爆破控制技术多，在爆破规模的控制上严格；对各种开挖轮廓进行"雕琢"多等等，水封洞库开挖是对爆破技术要求最为苛刻的工程之一。

4.1.2.3　水封洞库工程爆破开挖质量要求

事实上，在地下洞室开挖爆破中，通过改革开放 30 多年来的爆破科研、实践和新技术应用推广，已经逐步形成了一套比较系统的爆破开挖质量评价与控制指标体系，为量化爆破设计和精细化爆破施工奠定了基础。

下面，就现有行业规程规范对岩体开挖偏差控制、基础岩体质量和爆破振动控制标准等共性问题的相关规定进行简要介绍，以对水封洞库工程爆破开挖技术的要求有全面的了解。

1. 岩体开挖偏差控制标准

主要参照水利水电行业的有关规程规范，针对基础面的开挖偏差，DL/T 5389—2007《水工建筑物岩石基础开挖工程施工技术规范》规定：水平建基面高程的开挖允许超挖 20cm、欠挖 10cm；设计边坡的整体平均坡度应符合设计要求；每一台阶的开挖允许偏差为其开挖高度的±2%。对预裂爆破和光面爆破，相邻两炮孔间岩面的不平整度，不应大于 15cm。

DL/T 5099—1999《水工建筑物地下开挖工程施工技术规范》规定：地下建筑物开挖一般不应欠挖，尽量减少超挖。平均径向超挖值，平洞不大于 20cm，斜井、竖井不大于 25cm。地下厂房中岩壁、岩台吊车梁因需充分利用岩石的承载能力，岩壁的开挖要求成型好，超挖少，爆破对围岩破坏小。采用预裂或光面爆破时，爆后岩面不平整度应不大于 15cm，壁面不得有明显的爆破裂隙。

DL/T 5135—2001《水电水利工程爆破施工技术规范》规定，钻孔质量宜符合下列要求：①孔位偏差。一般爆破孔为孔距、排距、抵抗线的 5%，预裂、光爆孔距为 5%；②倾角与方向偏差。一般爆破孔为±2.5%孔深（＋为超，－为欠）。预裂、光爆孔为±1.5%孔深；③终孔高程偏差。一般爆破孔 0～20cm。预裂、光爆孔±5cm；④爆后边坡壁面、建基面超欠挖应控制在 20cm 以内。

2. 建筑物基础岩体质量

主要参照水利水电行业的有关规程规范，DL/T 5389—2007《水工建筑物岩石基础开挖工程施工技术规范》规定：针对预裂爆破和光面爆破，在开挖轮廓面上，残留炮孔痕迹应均匀分布。残留炮孔痕迹保存率对节理裂隙不发育的岩体应达到80％以上；对节理裂隙较发育和发育的岩体应达到80％～50％；对节理裂隙极发育的岩体应达到50％～10％。炮孔壁不应有明显的爆破裂隙。紧邻水平建基面爆破效果，不应使水平建基面岩体产生大量爆破裂隙以及使节理裂隙面、层面等弱面明显恶化，并损害岩体的完整性；同时规定，用弹性波纵波波速观测方法判断爆破破坏或基础岩体质量时，同部位的爆后波速小于爆破前波速其变化率不得超过10％。

　　DL/T 5135—2001《水电水利工程爆破施工技术规范》规定，采用预裂或光面爆破时，其效果应达到下述要求：①预裂缝应贯通，在地表呈现的缝宽，沉积岩不宜小于1.0cm，坚硬的火成岩、变质岩不应小于0.3cm；②边坡轮廓壁面孔痕应均匀分布，残留孔痕保存率，微风化岩体为80％以上，弱风化中、下限岩体为50％～80％；弱风化上、中限岩体为10％～50％。

　　地下工程施工中，光面爆破与预裂爆破的残留孔迹保留率：光面爆破，弱风化岩体30％～50％，微风化和新鲜岩体应不小于50％；预裂爆破，弱风化岩体40％～80％，微风化和新鲜完整岩体应不小于80％。对孔壁的完整程度，光面爆破无明显爆破裂隙；预裂爆破肉眼不易发现爆破裂隙。

　　3. 保护层开挖的技术要求

　　对洞库工程建筑物要求，要求其必须建在坚硬、完整的基岩上，其建基面应具备足够的承载能力，良好的稳定性及防渗性能。因此，对于紧邻建基面石方爆破，世界各国都极为重视。苏联及中国等都采用预留保护层法，并对保护层开挖采取严格控制措施，分3～5层逐层用于手风钻爆除的方法。目前正在执行的DL/T 5389—2007规范中紧邻水平建基面的爆破有4条规定：

　　(1) 紧邻水平建基面的爆破效果，除其开挖偏差应符合有关的规定外，还应使水平建基面岩体不致产生大量爆破裂隙，以及不使节理裂隙面、层面等弱面明显恶化，并不损害岩体的完整性。

　　(2) 紧邻水平建基面的岩体保护层厚度，应由爆破试验确定，若无条件进行试验，保护层厚度宜为上一层台阶爆破药卷直径的25～40倍。

　　(3) 紧邻水平建基面的保护层宜选用下列一次爆破法予以挖除：①沿建基面采取水平预裂爆破，上部采用水平孔台阶或浅孔台阶爆破法；②沿建基面进行水平光面爆破，上部采用浅孔台阶爆破法；③孔底无水时，可采用垂直（或倾斜）浅孔，孔底加柔性或复合材料垫层的台阶爆破法；④以上任一种爆破方法均应经过试验证明可行后才可实施。

　　(4) 试验证明可行，水平建基面也可采用深孔台阶一次爆破法，该方法应采取以下措施：①水平建基面，应采用水平预裂爆破方法；②台阶爆破的爆破孔底与水平预裂面应有合适距离。

　　(5) 平建基面的保护层也可采用分层爆破。

　　对岩体保护层进行分层爆破，必须遵守下述规定：

　　第一层：炮孔不得穿入距水平建基面1.5m的范围；炮孔装药直径不应大于40mm；应采用梯段爆破方法。

第二层：对节理裂隙不发育、较发育、发育和坚硬的岩体，炮孔不得穿入距水平建基面 0.5m 的范围；对节理裂隙极发育和软弱的岩体，炮孔不得穿入距水平基面 0.7m 的范围。炮孔与水平建基面的夹角不应大于 60，炮孔装药直径不应大于 32mm。应采用单孔起爆方法。

第三层：对节理裂隙不发育、较发育、发育和坚硬、中等坚硬的岩体，炮孔不得穿过水平建基面；对节理裂隙极发育和软弱的岩体，炮孔不得穿入距水平建基面 0.2m 的范围，剩余 0.2m 厚的岩体应进行撬挖。炮孔角度、装药直径和起爆方法，均同第二层的规定。

（6）必须在通过试验证明可行并经主管部门批准后，才可在紧邻水平建基面采用有或无岩体保护层的一次爆破法。

保护层的一次爆破法应符合下述原则：应采用梯段爆破方法；炮孔不得穿过水平建基面；炮孔底应设置用柔性材料充填或由空气充任的垫层段。无保护层的一次爆破法应符合下述原则：水平建基面开挖，应采用预裂爆破方法；基础岩石开挖，应采用梯段爆破方法；梯段炮孔孔底与水平预裂面应有一定距离。

4. 爆破振动影响控制要求

参照 DL/T 5389—2007《水工建筑物岩石基础开挖工程施工技术规范》规定：如需在新浇筑大体积混凝土附近进行爆破，其新浇筑大体积混凝土基础面上的质点振动速度不得大于安全值安全质点振动速度，见表 4.1.2.2。

表 4.1.2.2　　　新浇筑大体积混凝土基础面上的安全质点振动速度标准

混凝土龄期/d	0～3	3～7	7～28
安全质点振动速度/(cm·s^{-1})	2.0～3.0	3.0～7.0	7.0—12.0

若装药量控制到爆破的最低需用量，新浇筑大体积混凝土基础面的质点振动速度仍大于安全值，应采取有效减震措施或暂停爆破作业。如需在新灌浆区、新预应力锚固区、新喷锚或喷浆支护区等部位附近进行爆破必须通过试验证明可行并经主管部门批准。

DL/T 5135—2001《水电水利工程爆破施工技术规范》规定，在混凝土浇筑或基础灌浆过程中，若邻近的部位还在钻孔爆破，为确保爆破时混凝土、灌浆、预应力锚杆（索）质量及电站设备不受影响，必须采取控制爆破。控制标准见表 4.1.2.3。

表 4.1.2.3　　　　　　　　允许爆破质点振动速度

项　　目	龄期/d			备　　注
	3	3～7	7～28	
混凝土/(cm·s^{-1})	1～2	2～5	6～10	
坝基灌浆/(cm·s^{-1})	1	1.5	2～2.5	含坝体、接缝灌浆
预应力锚索/(cm·s^{-1})	1	1.5	5～7	含锚杆
电站机电设备/(cm·s^{-1})		0.9		含仪表、主变压器

对岩石高边坡和地下洞室的爆破振动安全判据，现有的规程规范没有作明确的规定，表 4.1.2.4 为国内部分水电工程边坡开挖爆破控制标准。

表 4.1.2.4   国内部分水电工程边坡开挖爆破控制标准

工程名称	部　位	岩　性	允许峰值质点振动速度/（cm·s⁻¹）
隔河岩水电站工程	厂房进出口边坡	石灰岩	22
	坝肩及升船机边坡	石灰岩	28
	引航道边坡	石灰岩	35
长江三峡工程	永久船闸边坡	微风化花岗岩	15～20
		弱风化花岗岩	10～20
		强风化花岗岩	10
小湾	拱坝槽边坡	花岗岩	10～15
溪洛渡	拱坝槽边坡	柱状节理玄武岩	10

对未衬砌的水工隧洞和地下洞室围岩，允许的爆破质点振动速度大多采用 10cm/s；对已衬砌的水工隧洞和地下洞室围岩，允许的爆破质点振动速度一般为 15cm/s。

4.1.3　精细爆破理念在水封环境下的应用

随着西部大开发战略、南水北调和西气东输、战略石油储备等巨型工程的建设实施，面临复杂地质条件下修建大型水电枢纽工程、长距离输（调）水或交通隧道、高陡路堑边坡、大规模地下洞室群工程等艰巨任务，需要进行大规模、高强度岩体爆破开挖，出于地质与环境灾害控制的需要，对爆破施工质量、爆破效应控制等方面提出了更高的要求。正是基于近年我国爆破量化设计与信息化施工技术方面的快速发展，以及源于对传统爆破技术革新和进步的巨大需求，近年我国工程爆破行业内出现了"精细爆破"概念和与之配套的爆破设计与施工技术体系。

在水利水电行业，通过三峡工程永久船闸高边坡、左岸电站厂房钢管槽及坝基保护层开挖爆破实践，在"精雕细刻"型爆破与施工技术方面积累了丰富经验。而近 10 年来，随着龙滩、小湾、溪洛渡和向家坝等一大批特大型水电站的建设，在地下厂房洞室群和高陡边坡的爆破开挖实践中，采取了基于爆破影响范围控制的量化爆破设计，配合以精心的钻孔、装药及起爆施工，并辅助以爆破振动跟踪监测与监测信息快速反馈技术，使岩体开挖成型质量达到了完美的程度，并实现了爆破振动等有害效应的有效控制，逐步形成了具有水利水电行业特色的"精细爆破"概念及技术体系的雏形。

但是，石油石化行业，地下水封洞库工程有其自身的特点，一方面要有良好的成型要求，另一方面要求开挖爆破对围岩的影响降低到最低，同时要求对水封洞库的其他建筑物安全不得有影响，这对地下洞库工程的开挖爆破提出了更高的质量要求。开挖爆破的技术要求和难度随之大有提高，给我国爆破工作者提出了新的课题，即精细爆破技术在石油石化行业该如何应用如何创新。

精细爆破的目标与传统控制爆破一样，既要达到预期的破碎、压实、疏松等爆破效果，又要将爆破破坏范围、破碎块体的抛掷距离与堆积范围以及爆破地震波、空气冲击波、噪声和破碎物飞散等的危害控制在规定的限度之内，实现爆破效果和爆破危害的双重控制。针对本工程的特点，践行"精细爆破"，需要做定量设计、精心施工、实时监控和科学管理四个方面的工作。

　　定量设计的内容包括：①爆破设计理论与方法，包括临近轮廓面的爆破设计原理与计算方法，爆破孔网参数与装药量计算，炸药选型的理论与方法，装药结构设计计算理论，起爆系统与起爆网路的计算方法，段间毫秒延迟间隔时间选择等；②爆破效果的预测，包括给定地质条件和爆破参数条件下爆破块度分布模型及预测方法，爆破后抛掷堆积计算理论与方法等；③爆破有害效应的预测预报，包括爆破影响深度分布的计算理论与预测方法，爆破振动和冲击波的衰减规律，爆破飞石的抛掷距离计算等。

　　精心施工的内容包括：精确的测量放样与钻孔定位，基于现场爆破条件（包括抵抗线大小与方向的变化、不良地质条件情况等）的反馈设计与施工优化，精心的装药、堵塞、联网与起爆作业等。

　　实时监控的内容包括：爆破块度和堆积范围的快速量测；爆破影响深度的及时检测；爆破振动、冲击波、噪声和粉尘的跟踪监测与信息反馈；炸药与雷管性能参数的检测等。

　　科学管理：建立考虑爆破工程类型、规模、重要性、影响程度和工程复杂程度等因素的爆破工程分级管理方法；爆破工程设计与施工的方案审查与监理制度；爆破技术人员的分类管理与培训体系；爆破作业与爆破安全的管理与奖惩制度等。

　　针对地下水封洞库的开挖特点和高标准技术要求，采用精细爆破的理念来实施水封洞库的开挖可以确保开挖质量和工程效果。

4.2　精心施工下的信息反馈和优化设计

4.2.1　概述

　　地下水封洞库工程涉及大规模、高强度地下洞室群岩体爆破开挖。伴随着爆破开挖规模的增大和开挖强度的提高，爆破振动、冲击波、噪声、粉尘和飞石等有害效应问题突出。而"精细爆破"，视对爆破有害效应的预测及其监测与控制为其重要组成部分，是其核心内容之一。

　　从工程角度看，爆破地震效应公认居各爆破公害之首。在炮孔近区，由于爆炸荷载的作用，爆破后，在保留岩体表层不可避免产生爆破影响区；在距爆源的中远区，由于爆破振动的反复作用，会降低岩体强度，而且爆破振动达到一定强度后，最终可能导致处于临界稳定状态的岩体动力失稳或邻近的其他建（构）筑物及设施设备的破坏。因此，爆破振动效应的监测、评价及控制一直是工程爆破中需要解决的重要课题之一。

　　岩石爆破中，由于炮孔的堵塞不好、局部抵抗线过小或由于存在结构面，爆炸气体沿孔口、沿抵抗线过小方向或岩体中的破碎带、断层等岩体结构面冲出形成空气冲击波；在轮廓爆破过程裸露在表面的导爆索的起爆直接产生空气冲击波；空气冲击波传播在距爆源一定距离后衰减为噪声。空气冲击波会对邻近的建（构）筑物和设施设备产生破坏影响，爆破噪声会干扰邻近居民的正常生活。岩石爆破过程中，绝大多数爆落的岩块沿临空面方向抛掷形成爆堆，而少量岩块会脱离爆堆而飞散，形成飞石，威胁工程结构、施工人员和机械设备等的安全。爆破粉尘则为施工现场和邻近的居民区、工厂等的重要污染源。

　　爆破振动、冲击波、噪声、粉尘和飞石等有害效应的控制与防治成为工程建设过程中亟待解决的重要课题。工程建设中，需要寻求合理的施工技术及措施使这些有害效应控制在国家有关规程规范允许的范围内，确保云天化及水富县城居民生产生活环境的安全正常。地下洞库工程一般邻近大城市，爆破有害效应无疑会对周围的居民和重要保护物产生影响。因此需要严格控制爆破有害效应，爆破有害效应一般通过对开挖爆破的精心设计予以实现。

　　爆破设计的优化一般要通过反馈分析来实现，通过对爆破施工的实时监控并及时把监控数据和分析结论反馈用以优化爆破设计，再实施新的爆破设计，如此循环，反复优化，直到获得满意的开挖爆破效果。我国水电行业在葛洲坝枢纽工程施工中，在爆破振动监测和爆破影响范围测试方面积累了宝贵经验；三峡工程建设中，建立了比较完善的爆破安全监测与爆破安全控制体系，针对坝基、永久船闸岩石高边坡及地下输水系统岩体开挖，二期高土石围堰塑性混凝土心墙和三期碾压混凝土围堰爆破拆除，开展了爆破振动、动应变、水中冲击波、噪声、岩体爆破松动范围等项目的安全监测，通过监测信息的反馈，优化爆破设计和指导爆破施工。此后，龙滩、小湾、溪洛渡和向家坝等为代表的一大批大型水电工程，均建立了爆破安全监测与信息反馈机制。2005 年，随着 DL/T 5333—2005《水电水利工程爆破安全监测规程》的颁布和实施，进一步规范了水利水电工程爆破安全监测作业，促进了爆破安全监测技术的进步。目前，爆破安全监测在爆破安全控制标准确定、爆破安全控制效果评价、优化爆破设计与指导爆破施工等方面发挥着极其重要的作用，已成为大型水利水电工程施工期安全监测的重要组成部分，为水利水电精细爆破技术的实施提供了支撑。

　　"精细爆破"的核心是量化设计，在地下洞库开挖中量化爆破设计中需要体现以下要求或原则。

　　1. 个性化的爆破设计

　　由于洞库布置的多样性，岩体地质和地形条件的复杂性，加上岩体开挖类型、部位及配套技术要求的差异，对于重要的开挖对象和部位，应采用个性化的爆破设计，提出适合结构形态特点、爆破条件的爆破开挖方案、程序和爆破参数，这样才有针对性；另外在需要保护的建（构）筑物附近爆破，除了做专门设计外，尚需进行爆破安全评估和论证。

　　2. 兼顾邻近部位混凝土浇筑和岩体支护的并行施工需要

　　在大型地下洞库工程岩体开挖过程，为加快施工进度，邻近开挖部位往往要求进行混凝土浇筑和岩体支护的并行施工。需要优化爆破开挖程序，合理控制爆破振动、飞石和空气冲击波等负面效应，降低开挖与浇筑、支护间的相互干扰，实现安全、快速和高效的爆破开挖施工。

　　3. 注重爆破开挖设计和施工过程的科技创新

　　近年，岩体爆破计算机模拟技术的进步，高性能炸药、电子雷管和电子起爆系统的出现与推广，钻孔机具的改进，自动化现场装药车的应用等，为精细爆破的设计与施工提供了强有力的支撑。在工程条件许可的情况下，应注重设计新理论、新方法、新材料和新工艺的应用，促进水利水电工程爆破技术的创新。

　　针对大规模岩体开挖，主体开挖区的岩体爆破设计已有切实可用的半经验半理论设计方法可采用。对邻近岩体轮廓面的爆破开挖设计，我国虽然发展、形成了预裂爆破、光面爆破、增设缓冲孔和预留保护层等爆破技术，但尚未总结并形成系统的爆破设计理论体系。爆破效果的可控性和可预见性是量化设计的重要特征，其内容包括爆破块度、抛掷堆积、轮廓面的成型和爆破负面效应的预测与控制等多方面。计算机模拟技术是量化爆破设计的重要手段。现阶段，计算机模拟在工程爆破设计应用中尚停留在科学研究的阶段，此方面的发展与推广应用前景非常广阔。

4.2.2　洞库施工方法简介

根据对本工程地下水封油库开挖爆破施工的设计方案比较研究，确定以钻爆法（D&B）为主的作业方案，实践证明是切实可行的。在一般岩体隧洞开挖中，采用钻爆法主要取决其灵活性及 TBM 尤其是敞开型 TBM 难以胜任的不良地质段的施工。

4.2.2.1　预裂爆破

进行石方开挖时，在主爆区爆破之前沿设计轮廓线先爆出一条具有一定宽度的贯穿裂缝，以缓冲、反射开挖爆破的振动波，控制其对保留岩体的破坏影响，使之获得较平整的开挖轮廓，此种爆破技术为预裂爆破。预裂爆破不仅在垂直、倾斜开挖壁面上得到广泛应用；在规则的曲面、扭曲面以及水平建基面等也采用预裂爆破。

1. 预裂爆破要求

（1）预裂缝要贯通且在地表要有一定的开裂宽度。对于中等坚硬岩石，缝宽不宜小于1.0cm；坚硬岩石缝宽应达到 0.5cm；但在松软岩石上缝宽达到 1.0cm 以上时，减震作用并未显著提高，应多做些现场试验，以利总结经验。

（2）预裂面开挖后的不平整度不宜大于 15cm。预裂面不平整度通常是指预裂孔所形成之预裂面的凹凸程度，它是衡量钻孔和爆破参数合理性的重要指标，可依此验证、调整设计参数。

（3）预裂面上的炮孔痕迹保留率应不低于 80%，且炮孔附近岩石不出现严重的爆破裂隙。

根据预裂爆破的特性、要求经过反复研究和现场试验，对钻爆设计做适当优化，以做到动态控制。

2. 预裂爆破的主要技术措施、指标

（1）炮孔直径一般为 50～200mm，对深孔宜采用较大的孔径。

（2）炮孔间距宜为孔径的 8～12 倍，坚硬岩石取小值。

（3）不耦合系数（炮孔直径 d 与药卷直径 d_0 的比值）建议取 2～4，坚硬岩石取小值。

（4）线装药密度一般取 250～400g/m。

（5）炸药结构形式，目前较多的是将药卷分散绑扎在传爆线上。分散药卷的相邻间距不宜大于 50cm，最好小于药卷的殉爆距离。考虑到孔底的夹制作用较大，底部应加强装药，约为线装药密度的 2～5 倍。

（6）装药时距孔口 1m 左右的深度内不要装药，可用粗砂填塞，不必捣实。填塞段过短，容易形成漏斗，过长则不能形成裂缝。

3. 明洞施工及洞门施工

洞口边、仰坡和明洞开挖与支护应自上而下分层施工，而且要洞外永、临防、排水要先行，使地表水通畅，避免地表水冲刷坡面。必要时采取人工修坡，防止超挖，减少对洞口相邻地段的扰动；开挖暴露的边坡时及时施作设计的防护，降低围岩暴露而风化，支护要紧跟，辖区内都为高边、仰坡，如果不及时安全无法保证，况且会浪费很多的人力物力。

明洞衬砌必须检查、复核明洞边墙基础的地质状态和地基承载力，满足设计要求后，测量放样，架立模板支撑，绑扎钢筋，安装内外模板，先墙后拱整体浇注衬砌混凝土，集中拌和泵送入模，插入式振捣器配合附着式振捣器捣固密实。

洞门施工对于削竹式洞门，同明洞同时施作，削竹斜面按坡度安装木模板，用角钢将斜面端模与边模固定成整体。

4. 明洞防水层与回填

明洞衬砌完成后强度达到 50% 方可拆除外模，铺设防水层，回填要对称每层不大于 30cm，两侧高度差不得大于 50cm，回填至拱顶后，再分层满填至完成，做好表面隔水层。

5. 洞口Ⅴ级围岩浅埋、破碎段的开挖与支护

（1）进洞方式。洞口段覆盖层薄、地质条件差，当开挖深度至起拱线时，先施作进洞导向墙及大管棚，待明洞衬砌完成后，接长管棚尾端，搭接于明洞上，使管棚尾端形成一个固定支撑，在大管棚的保护下开口进内侧壁，两内侧壁导坑的进尺也要错开前后（5～10m）。如果是小间距还必须设置预应力对拉锚杆。

（2）Ⅴ级围岩破碎带开挖与支护。上断面内侧壁导坑先进，进尺 0.7m，立即对围岩面初喷，顺围岩安设第一层 $\phi 8$ 的钢筋网片，并连接成整体，架设主动及临时支护的型钢拱架，并用 $\phi 25$ 钢筋将拱架与上一榀连接成整体，打孔送入 $\phi 25$ 中空锚杆并压注浆，安设第二层钢筋网片，分层喷护至设计轮廓线，注意每榀拱架背面的密实情况，进尺约 5～10m 后，进行下断面的导坑开挖支护，同时外侧壁导坑也可开挖，当下断面环进尺约 20～35m 后，核心土上部弧形导坑开挖支护接拱，进尺 3～5m 后可开挖中部及支护。最后下部隧底与先前的左右导坑的下断面完全结合封闭成环，共分七部开挖支护，所有工序必须严格遵循开挖支护步序，必须是两内侧壁先行，后续工序跟进循序渐进的工艺。同时必须要有监控量测的数据为基础，应力的重新分配或转换，将增加支护与地层的位移、沉降、变形，拆除前后应加强洞身变形及支护受力的监控量测。

另外，爆破后开挖轮廓线必须采用人工配合风镐撬挖，严禁补炮，炮眼成孔应采用水钻，做好洞内的施工临时排水，必要时采用水泵排出洞外，石英、云母片岩在水浸泡后会加速丧失自稳能力，而且会加速围岩节理裂隙的形成，如果地下水压力太大会增加对支护的破坏作用。

4.2.2.2 光面爆破

光面爆破是先爆除主体开挖部位的岩体，然后再起爆布置在设计轮廓线上的周边孔炸药，将光爆层炸除，形成一个平整的开挖面，是通过正确选择爆破参数和合理的施工方法，达到爆后壁面平整规则、轮廓线符合设计要求的一种控制爆破技术。

隧洞全断面开挖光面爆破，是应用光面爆破技术，对隧洞实施全断面一次开挖的一种施工方法。它与传统的爆破法相比，最显著的优点是能有效地控制周边眼炸药的爆破破坏作用，从而减少对围岩的扰动，保持围岩的稳定，确保施工安全，同时，又能减少超、欠挖，提高工程质量和进度。

1. 光面爆破的技术要点

要使光面爆破取得良好效果，一般需掌握以下技术要点：

（1）根据围岩特点，合理选定周边眼的间距和最小抵抗线，尽最大努力提高钻眼质量。

（2）严格控制周边眼的装药量，尽可能将药量沿眼长均匀分布。

（3）周边眼宜使用小直径药卷和低猛度、低爆速的炸药。为满足装结构要求，可借助导爆索（传爆线）来实现空气间隔装药。

（4）采用毫秒微差顺序起爆。要安排好开挖程序，使光面爆破具有良好的临空面。

（5）边孔直径小于等于 50mm。

2. 光面爆破作用机理

光面爆破的破岩机理是一个十分复杂的问题，目前仍在探索之中。尽管在理论上还不甚成熟，但在定性分析方面已有共识。一般认为，炸药起爆时，对岩体产生两种效应：一是应力波拉伸破坏作用；二是爆炸气体膨胀做功所起的作用。光面爆破时周边眼同时起爆，各炮眼的冲击波向其四周作径向传播，相邻炮眼的冲击波相遇，则产生应力波的叠加，并产生切向拉力，拉力的最大值发生在相邻炮眼中心连线的中点，当岩体的极限抗拉强度小于此拉力时，岩体便被拉裂，在炮眼中心连线上形成裂缝，随后，爆生气体的膨胀使裂缝进一步扩展，形成平整的爆裂面。

（1）周边轮廓形成机理。光面爆破是使周边眼形成贯穿的裂缝。当两炮眼同时起爆时，炸药所引起的压缩应力波将在两孔中间相遇，两孔间的岩石在压缩应力的作用下产生垂直方向上的拉应力，如果此拉应力超过岩石的极限强度，周边就会沿两眼连线产生弧形裂缝。该裂缝产生情况与周边眼的间距、角度、装药结构及起爆方式均有关。故此，合理的周边眼间距及角度、合理的装药结构及起爆方式，使炸药所产生的拉应力刚好克服岩石动态抗拉强度，炸药的爆炸作用才能形成贯穿裂缝，岩层周边才能形成规整的轮廓形状，同时又不至于对保留岩体产生过度损伤。

（2）确定合理的岩石抵抗线（W）。大量的爆破实践证明：不同岩石光面爆破效果通常与岩石最小抵抗线大小有关。在每眼装药量一定的条件下，眼距（E）大于两倍最小抵抗线（W）时，即周边眼密集系数 $m=E/W>2$ 时，等于两眼分别单独起爆，结果在两眼之间形成阁墙，造成欠挖；当最小抵抗线过小时，爆轰作用过大，造成爆破过分破碎形成超挖。故此，根据岩性特征，经过多次爆破实践，确定合理的岩石抵抗线，是提高光面爆破效果的最有效途。

（3）确定合理的眼距（E）。在抵抗线（W）一定的条件下，眼距大小直接影响光爆效果。因为在爆破的瞬间其自由面处的反射拉应力等于入射的压应力，而两眼间所引起的拉应力则小于入射的压应力；同时在自由面方向上的岩石是处于双向应力状态，所以自由面方向的岩石易被拉坏。因此为了充分利用炸药能量，选择合理的眼距（E），产生满意的爆破效果，就要设法使自由面方向的反射拉压力与两眼间爆破拉应力相等。实践证明：只有当 $E/W=0.8\sim1.0$ 时，上述两应力才近似一改，光面爆破效果才有可能达到最佳。

此外，周边眼同时起爆，采用较小的装药集中系数，合理的装药结构也是消除爆震裂缝、保护围岩自身稳定、保证光面爆破效果的重要条件。

3. 光面爆破参数的确定

（1）掏槽方式的确定。由于该隧洞设计跨度大、净空高，采用全断面一次爆破开挖，没有大自由面掏槽爆破是很难实现的。通过多次掏槽试验，最后确定双楔形掏槽方式是该岩层爆破最佳的掏槽方式，掏槽的岩石在其掘进空间抛出最远，在岩层爆破空间能形成较大的楔形临空面，掏槽效果较好。

（2）周边眼间距的确定。Ⅳ类围岩节理裂隙较发育，爆破时裂缝方向多变，不易形成完整的曲面。通过观察光爆成型情况，根据围岩裂隙发育特点，总结发现周边眼间距在55～65cm 之间最佳。

（3）最小抵抗线的确定。最小抵抗线是影响光爆效果的主要因素，在爆破实践中，根据岩层的变化情况，在最小抵抗线65～75cm 范围内及时调整光爆层的厚度，取得了较好的爆破效果。

（4）装药系数的确定。经过多次爆破试验，确定掏槽眼的平均装药系数为 0.85，辅助眼的平均装药系数为 0.83，周边眼的平均装药系数为 0.31 是合理的。

（5）眼数及眼深的确定。该隧洞岩石爆破选用 MRB2 号岩石乳化炸药，毫秒雷管，起爆器人工引爆，爆破效率85%（y），每立方米岩石炸药耗量 1.4 kg，即 $q=1.4\text{kg/m}^3$，掘进断面积 $S=80.6\text{m}^2$、每孔线装药密度为 $r=1.1\text{kg/m}$，则炮眼个数为 $N=qS/(yr)=147$（个）。

（6）光面爆破经验参数（表 4.2.2.1、表 4.2.2.2）。

表 4.2.2.1 光面爆破经验参数（一）

序号	炮眼名称	眼数/个	眼深/m	眼角/(°)	段别	药卷直径/mm	装药系数	总装药量/kg	每孔装药量/kg
1	掏槽眼	6	2.9	70	1	32	1.8	10.8	0.83
2	掏槽眼	8	3.4	70	3	32	2.25	18	0.88
3	扩槽眼	22	3.2	90	5	32	3.85	84.7	0.85
4	掘进眼	15	3.2	90	7	32	1.53	22.95	0.81
5	掘进眼	17	3.2	90	9	32	1.275	21.6	0.81
6	内圈眼	27	3.2	90	11	32	1.95	52.7	0.81
7	周边眼	37	3.2	85	13	32	0.71	26.3	0.31
8	底板眼	17	3.2	80	15	32	2.1	35.7	0.87
	合计	147						272.75	

表 4.2.2.2 光面爆破经验参数（二）

序号	名称	单位	数量	序号	名称	单位	数量
1	炮眼深度	m	3.2	5	每延米炸药消耗量	kg/m	94.1
2	炮眼利用率	%	90.6	6	每 m³ 炸消耗量	kg/m³	1.17
3	每循环平均进尺	m	2.9	7	每 m³ 雷管消耗量	kg/m³	0.63
4	每炮装量	kg	272.75	8	每 m 雷管消耗量	kg/m	50.1

4. 2. 2. 3　钻爆法关键工序施工工艺

1. 大管棚、小管棚超前支护施工

隧洞进、出口均采用 ϕ89 壁厚、5mm 长、30m 间距、40cm 的大管棚进行压注浆对洞口浅埋的超前加强支护，角度为 1°～3°；洞内采用 ϕ50 壁厚、4mm 长、5m 间距、40cm 的小导管进行压注浆超前支护。角度为 6°。

大管棚施作的主要内容：施作导向墙预理导向管，设置钻机平台，测定孔位，钻孔，钻机退出，压注浆，封孔。

管棚采用无缝钢管加工成花管，以便灌浆加固岩体，前端加工成锥形，以便送入或打入，并防止浆液前冲。梅花形布设溢浆孔，孔径 8mm，间距为 15cm，其中大管棚尾部 5m，小导管尾部 1m 范围不钻孔，防止漏浆，末端最好焊接直径为 6mm 的环形箍筋，防止打入时管身开裂，影响注浆管每小段的连接。每节间丝扣连接。

钻孔采用电煤钻钻孔，在钻进过程中采用光耙测斜仪量测钻孔的偏斜度，小导管人工直接送入。

超前管棚安设后，用速凝砂浆封口，并用喷射混凝土封闭工作面，采用 KBY－50/70 型灌浆泵灌浆，灌浆参数为：

水泥浆水灰比：1：1。

灌浆压力：0.5～1.0MPa。

灌浆前进行灌浆试验，并根据试验的情况调整灌浆参数。

灌浆顺序两侧对称向中间，自下而上逐孔注浆，强度达到设计后方能开挖。

2. 系统锚杆施工

系统锚杆采用的中空注浆锚杆，锚杆长 4m（径向）或 5m（内侧水平），环向间距为 1m，采用手风钻钻孔，钻孔直径为 ϕ40mm。成孔后用高压风清孔，人工送入，用速凝砂浆封口，灌浆压力保证在 0.5～1.0MPa，此时扩散半径最大，对围岩加固的效果最佳，对裂隙较发育的不良地质 V 级围岩有很好的改善效果，抗拔力符合设计要求，锚杆的末端与拱架焊接。

3. 刚拱架支撑施工

在加工场地放出大样，采用弯曲机分节加工制作，主要在安设控制（中线、高程、垂直度）质量，施工中主要采用支距、悬距法来控制。

4. 钢筋网施工

主要注意控制加工尺寸和把每块网片连成整体。

5. 临时支护的施工（临时侧壁支护、临时仰拱）

临时侧壁支护采用 I16 型钢拱架，纵向间距与主动一致，网片尺寸 15cm×15cm，采用 ϕ22 砂浆锚杆，ϕ50 小导管超前支护的一个临时支护系统。

临时仰拱由于地质情况差，经过数据分析边墙收敛值超限。根据实际情况分析、研究和试验，为了确保安全，在上断面导坑开挖支护时，在主临支护每榀拱架间安设 I22mm 的水平支撑支护，很好地解决了开挖安全及后续接腿、上部接拱在应力重新分配过程出现的变形量过大应力释放失控而造成掉拱、掉块、开裂和坍塌情况。

4.2.2.4 钻爆法施工控制要点及经验

1. 隧洞钻爆法开挖超欠挖控制

隧洞开挖的超欠挖指开挖处至设计开挖轮廓线的垂直距离，及该点到设计圆心的距离与设计半径之差。开挖轮廓线的下限半径为：设计半径＋预留量（立拱架前的突变和拱架安设后的变形，按 3cm 考虑）＋二次衬砌模板变形加大量 5cm。开挖轮廓线的上限半径为：开挖下限半径＋监控量测动态管理的预留沉降量（设计及规范经验值：18cm、16cm、13cm）。

超欠挖检测采用悬高法和支距法，这两种方法操作简单方便快捷，但测点的距离不能过大，局部要加密，激光断面仪测量精度高，但是受导坑开挖、掌子面难架设的影响，实际操作不易。

2. 初期支护轮廓线净空断面控制

根据有关要求，隧洞 V 级围岩预留沉降量按 18cm、16cm 设置，Ⅳ 级围岩 13cm 设置，但必须加强监控量测动态掌握围岩实际的变形量来修正设计给出的沉降量参数，本工程区以 5m 为一个段落进行超前水平地质钻探探测（预报），并以前段开挖支护的参数正确性探讨研究和监控量测的数据分析来修正设计给出的沉降量参数，来保证在初期支护完成后二衬施作前的初期支护断面达到最理想的轮廓线（设计轮廓线），预留的变形量在浇筑完混凝土拆模后刚好符合二衬的设计轮廓线为最佳，是控制和节约隧洞工程施工成本和加大投入的重要控制环节。

初期支护轮廓线下限半径应该控制为：设计初期支护轮廓线半径＋二衬模板台车变形量 5cm。上限应为：初期支护轮廓线下限半径＋施工误差（3cm 考虑）＋残余变形沉降量（按 2～5cm 考虑）。

施工过程中还要严格控制刚拱架加工尺寸和比样误差，安装过程中严控拱架安设尺寸及误差，每个工作循环和各步序必须严格检查拱架平面位置、拱顶高程、垂直度、偏位等工序。

3. 二次衬砌轮廓线断面控制方法

为了保证二次衬砌混凝土厚度，施工时二衬外轮廓线半径定为：隧洞设计初期支护外轮廓线半径＋次衬砌模板台车预留变形 5cm。

二次衬砌施工前，根据本辖区三座隧洞对基本稳定的初期支护监控量测数据来看，V 级围岩拱顶下沉和收敛一般在 6～12cm，局部达到 16cm；Ⅳ 级围岩拱顶下沉和收敛一般在 2～7cm，局部达到 12cm。故验证设计的预留沉降量 13cm、16cm、18cm 为合理。

4. 围岩监控量测

监控量测是新奥法复合式衬砌设计、施工的核心技术之一，也是本区段隧洞衬砌采用信息化施工管理的重要工作和课题，通过施工现场监测掌握围岩和支护在施工过程中的力学动态及稳定程度，保障了施工安全，对评价和修正初期支护参数，力学分析及对二次衬砌施作时间提供了信息依据，根据本项目隧洞地质特点及要求，主要进行了以下项目的量测。

5. 超前地质预报

采用超前水平钻探，5m 为一个区段，为围岩动态情况、参数的修正提供了有力的信息依据。

（1）围岩变形量测。主要是通过洞内变形收敛量测、拱顶下沉量测、围岩内部位移量测来监控洞室稳定状态和评价隧洞变形特征，是隧洞施工日常量测的主要实测项目及工作。

（2）应力-应变量测。采用应变计、应力盒、测力计等对钢架支撑、锚杆和衬砌受力变形情况进行监控，进而检验和评价支护效果。本项目对支护的锚杆、拱架及二衬受力变形进行监控，经过数据分析评估设计的支护效果优良。

（3）围岩稳定性和支护效果分析。经过对隧洞量测数据的收集整理、回归分析，对Ⅳ、Ⅴ级大跨径不良地质围岩及支护取得了大量的数据信息，采用了位移反分析法，反求得围岩初始应力场及围岩综合物理力学参数，并与实际结果对比、验证，为今后的设计和施工提供了不少科学数据及类比依据。

（4）特殊地质条件的处理及预防措施。对于隧洞裂隙均较发育，围岩完整性、坚硬性差，而且山体裂隙水比较丰富的地段，施工中主要的难点，就是处理好大跨径的开挖步序、工艺和应力突变导致浅埋段及主洞交叉处塌方冒顶及散体、破裂状结构的边仰坡失稳或顺围岩层理走向的滑塌及涌水防排的治理。由于地质限制只能采用导坑开挖的工作方式。

隧洞施工中的塌方灾害坚持预报和治理结合的方针，以预防为主，对地质状况进行超前预报，已支护的进行量测监控，严格按设计工法施作，加强工序施工质量，严控各工序间的衔接，根据围岩情况依据规范控制步序拉开的长度，严密监控不良地质开挖后的边仰坡情况，及时加以必要的防护。

（5）涌、渗水处理。防、排相结合是洞内治水的原则，清刺沟、上喝组隧洞施工中都遇到了不同程度的涌水现象，施工中从两个方面来处理，第一步将涌出的水排出洞外，不至于影响正常施工环境，对于顺坡洞排水主要是挖临时排水沟自然排水，反坡采用挖积水坑，设置排水泵站机械排水管路排水，围岩的涌、渗水的治理非常关键。

4.2.2.5　不良地质条件下隧洞钻爆法经验

施工方法的选择应根据工程的性质、规模、地质和水文条件以及地面和地下障碍物、施工设备、环保和工期要求等因素，经全面的技术经济比较后确定。

隧洞通过特殊地质地段施工时应注意以下几方面：

（1）施工前应对设计所提供的工程地质和水文地质资料进行详细分析了解，深入细致地做施工调查，制定相应的施工方案和措施，备足有关机具及材料，认真编制和实施施工组织设计，使工程达到安全、优质、高效的目的。反之，即便地质条件并非不良，也会因准备不足，施工方法不当或措施不力导致施工事故，延误施工进度。

（2）特殊地质地段隧洞施工时，应以"先治水、短开挖、弱爆破、强支护、早衬砌、勤检查、稳步前进"为指导原则。根据地下水封洞库需要保水的要求，治水施工主要以"堵"为主，首先应考虑预注浆等预加固措施。并且在选择和确定施工方案时，应以安全为前提，综合考虑隧洞工程地质及水文地质条件、断面型式、尺寸、埋置深度、施工机械装备、工期和经济的可行性等因素而定。同时应考虑围岩变化时施工方法的适应性及其变更的可能性，以免造成工程失误和增加投资。

（3）在隧洞开挖方式选择上，无论是采用钻爆开挖法、机械开挖法，还是采用人工和机械混合开挖法，应视地质、环境、安全等条件来确定。如用钻爆法施工时，光面爆破和预裂爆破技术，既能使开挖轮廓线符合设计要求，又能减少对围岩的扰动破坏。爆破应严格按照钻爆设计进行施工，如遇地质变化应及时修改完善设计。

（4）隧洞通过自稳时间短的软弱破碎岩体、浅埋软岩和严重偏压、岩溶流泥地段、砂层、砂卵（砾）石层、断层破碎带以及大面积淋水或涌水地段时，为保证洞体稳定可采用超前锚杆、超前小钢管、管棚、地表预加固地层和围岩预灌浆等辅助施工措施对地层进行预加固、超前支护或止水。

（5）为了掌握施工中围岩和支护的力学动态及稳定程度，以及确定施工工序，保证施工安全，应实施现场监控量测，充分利用监控量测指导施工。对软岩浅埋隧洞须进行地表下沉观测，这对及时预报洞体稳定状态，修正施工方案都十分重要。

（6）穿过未胶结松散地层和严寒地区的冻胀地层等，施工时应采取相应的措施外，均可采用锚喷支护施工。爆破后如开挖工作面有坍塌可能时，应在清除危石后及时喷射混凝土护面。如围岩自稳性很差，开挖难以成形，可沿设计开挖轮廓线预打设超前锚杆。锚喷支护后仍不能提供足够的支护能力时，应及早装设钢架支护加强支护。

（7）当采用构件支撑作临时支护时，支撑要有足够的强度和刚度，能承受开挖后的围岩压力。围岩出现底部压力，产生底膨现象或可能产生沉陷时应加设底梁。当围岩极为松软破碎时，应采用先护后挖，暴露面应用支撑封闭严密。根据现场条件，可结合管棚或超前锚杆等支护，形成联合支护。支撑作业应迅速、及时，以充分发挥构件支撑的作用。

（8）围岩压力过大，支护受力下沉侵入衬砌设计断面，必须挑顶（即将隧洞顶部提高）时，其处理方法是：拱部扩挖前发现顶部下沉，应先挑顶后扩挖。当扩挖后发现顶部下沉，应立好拱架和模板先灌筑满足设计断面部分的拱圈，待混凝土达到所需强度并加强拱架支撑后，再行挑顶灌筑其余部分。挑顶作业宜先护后挖。

（9）对于极松散的未固结围岩和自稳性极差的围岩，当采用先护后挖法仍不能开挖成形时，宜采用压注水泥砂浆或化学浆液的方法，以固结围岩，提高其自稳性。松散地层结构松散，胶结性弱，稳定性差，在施工中极易发生坍塌。如极度风化破碎已是岩性的松散体；漂卵石地层、砂夹砾石和含有少量黏土的土壤以及无胶结松散的干沙等。隧洞穿过这类地层，应减少对围岩的扰动，一般采取先护后挖，密闭支撑，边挖边封闭的施工原则，必要时可采用超前注浆改良地层和控制地下水等措施。

（10）特殊地质地段隧洞衬砌，需要防止围岩松弛，地压力作用在衬砌结构上致使衬砌出现开裂、下沉等不良现象。因此，采用模筑衬砌施工时，除遵守隧洞施工技术规范的有关规定施工外，还应注意：当拱脚、墙基松软时，灌筑混凝土前应采取措施加固基底。衬砌混凝土应采用高标号或早强水泥，提高混凝土等级，或采用掺速凝剂、早强剂等措施，提高衬砌的早期承载能力。仰拱施工，应在边墙完成后抓紧进行，或根据需要在初期支护完成后立即施作仰拱，使衬砌结构尽早封闭，构成环形改善受力状态，以确保衬砌结构的长期稳定坚固。在隧洞的施工过程中，应把地质超前预报纳入隧洞施工的正常工序，使地质超前预报成为促进隧洞科学施工的有力手段。

在隧洞施工过程中遇到的地质问题往往千差万别，不尽相同，有时甚至是诸种不良地质叠加和组合。施工中要区别各种情况，具体问题具体对待，采取有针对性的处置措施，尽可能把不良地质给施工带来的损失降低到最低程度。不良地质虽然给隧洞施工造成了困难，但只要掌握了不良地质的性质、规模和在隧洞的出露位置，所采取的治理措施及时、得当，不仅可以避免任何地质条件下出现的地质灾害，而且可以用较小的代价弥补不良地质条件给施工造成的损失。

4.2.3 洞库钻爆法施工方法

根据有关规范对钻爆法的应用要求，通过类似工程隧洞钻爆法实施经验，关于洞库施工方法，初步获得如下共识。

4.2.3.1 钻爆法六种开挖方法的适用性

根据洞库的地质条件、断面尺寸，洞库可以采用全断面法、台阶法、环形开挖预留核心土法、中隔壁法（CD 法）、交叉中隔壁法（CRD 法）和双侧壁导坑法六种工法（表4.2.3.1）。

表 4.2.3.1　　　　　　　　　洞库开挖六种工法的适用性

开 挖 方 法	使用围岩级别	
全断面法	Ⅰ级、Ⅱ级、Ⅲ级围岩	Ⅰ级、Ⅱ级围岩（浅埋）
台阶法	Ⅳ级围岩	Ⅲ级围岩（浅埋）
环形开挖预留核心土法	Ⅳ级、Ⅴ级围岩	Ⅲ级、Ⅳ级围岩（浅埋）
中隔壁法（CD 法）	Ⅴ级围岩	
交叉中隔壁法（CRD 法）	Ⅴ级、Ⅵ级围岩	
双侧壁导坑法	Ⅴ级、Ⅵ级围岩，Ⅳ级、Ⅴ级、Ⅵ级围岩	

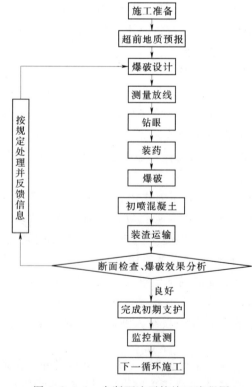

图 4.2.3.1　全断面法开挖施工流程图

4.2.3.2 全断面法钻爆施工

（1）全断面开挖法是按设计断面将隧洞一次开挖成型，再施作衬砌的施工方法，其施工流程可参照图 4.2.3.1。

（2）隧洞采用全断面法施工时应符合下列规定：

1）施工时应配备钻孔台车或台架及高效率装运机械设备，以尽量缩短循环时间，各道工序应尽可能平行交叉作业，提高施工效率。

2）使用钻孔台车宜采用深孔钻爆，以提高开挖进尺。

3）初期支护应严格按照设计及时施作。

（3）为控制超欠挖，提高爆破效率，有条件时可采用导洞超前的方法进行全断面开挖。

4.2.3.3 台阶法钻爆施工

（1）台阶开挖法是将隧洞设计断面分两次或三次开挖，其中上台阶超前一定的距离后，上下台阶同时并进的施工方法，其施工流程可参照图 4.2.3.2。

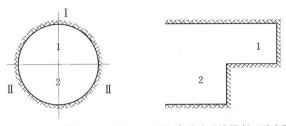

（a）台阶法开挖横断面示意图　　　（b）台阶法开挖纵断面示意图

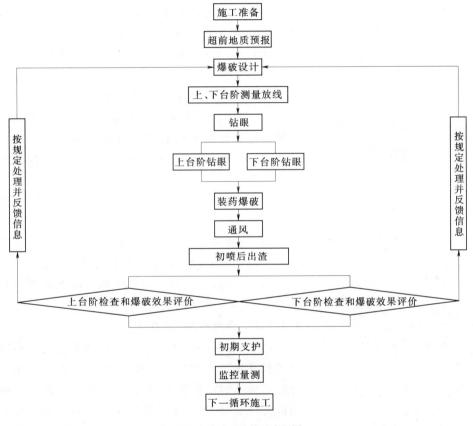

（c）台阶法开挖施工流程图

图 4.2.3.2　台阶法开挖法

（2）隧洞采用台阶法施工时应符合下列规定：

1）根据围岩条件，合理确定台阶高度，一般应不超过 1 倍洞径，以确保开挖、支护质量及施工安全。

2）台阶高度应根据地质情况、隧洞断面大小和施工机械设备情况确定，其中上台阶高度以 2～2.5m 为宜。

3）上台阶施作钢架时，应采用扩大拱脚或施作锁脚锚杆等措施，控制围岩和初期支护条件。

4）下台阶应在上台阶喷射混凝土达到设计强度 70％以上时开挖。当岩体不稳定时，应采用缩短进尺，必要时上下台阶可分左、右两部错开开挖，并及时施作初期支护和仰拱。

5）施工中应解决好上下台阶的施工干扰问题，下部施工应减少对上部围岩、支护的扰动。

6）上台阶开挖超前一个循环后，上下台阶可同时开挖。

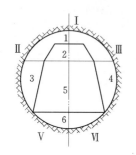

（a）环形开挖法横断面示意图

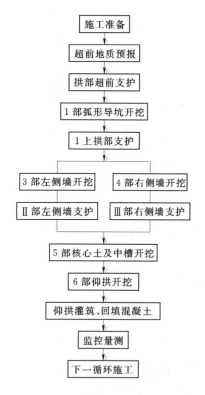

（b）环形开挖预留核心土法施工流程图

图 4.2.3.3　环形开挖预留核心土法

4.2.3.4　环形开挖预留核心土法钻爆施工

（1）环形开挖预留核心土法是在上部断面以弧形导坑领先，其次开挖下半部两侧，再开挖中部核心土的方法，其施工流程可参照图 4.2.3.3。

（2）采用环形开挖预留核心土法施工时应符合下列规定：

1）环形开挖每循环长度宜为 0.5～1.0m。

2）开挖后应及时施作喷锚支护、安装钢架支撑或格栅支撑，每两榀钢架之间应采用钢筋连接，并应加锁脚锚杆，全断面初期支护完成距拱部开挖面不宜超过 30m。

3）预留核心土面积的大小应满足开挖面稳定的要求。

4）当地质条件差，围岩自稳时间较短时，开挖前应在拱部设计开挖轮廓线以外进行超前支护。

5）上部弧形，左、右侧墙部，中部核心土开挖各错开 3～5m 进行平行作业。

4.2.3.5　中隔壁法（CD 法）

（1）中隔壁法（CD 法）是将隧洞分为左右两大部分进行开挖，先在隧洞一侧采用台阶法自上而下分层开挖，待该侧初期支护完成，且喷射混凝土达到设计强度 70％以上时再分层开挖隧洞的另一侧，其分部次数及支护形式与先开挖的一侧相同。其施工流程可参照图 4.2.3.4。

（2）采用中隔壁法施工时应符合下列规定：

1）各部开挖时，周边轮廓应尽量圆顺，减小应力集中。

2）各部的底部高程应与钢架接头处一致。

3）每一部的开挖高度应根据地质情况及隧洞断面大小而定。

4）后一侧开挖形成全断面时，应及时完成全断面初期支护闭合。

5）左、右两侧洞体施工时，纵向间距应拉开不大于 15m 的距离。

6）中隔壁宜设置为弧形，并应向左侧偏斜 1/2 个刚拱架宽度。

7）在灌注二次衬砌前，应逐段拆除中隔壁临时支护，拆除时应加强量测，一次拆除长度一般不宜超过 15m。

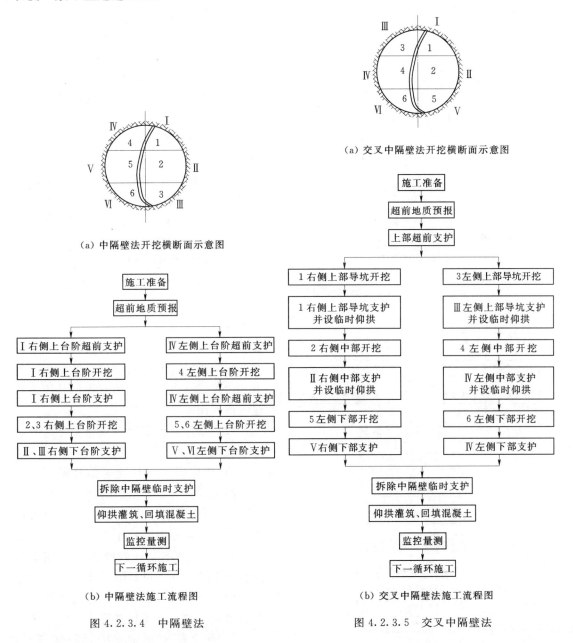

（a）中隔壁法开挖横断面示意图

（a）交叉中隔壁法开挖横断面示意图

（b）中隔壁法施工流程图

（b）交叉中隔壁法施工流程图

图 4.2.3.4　中隔壁法

图 4.2.3.5　交叉中隔壁法

4.2.3.6　交叉中隔壁法（CRD 法）

（1）交叉中隔壁法（CRD 法）仍是将隧洞分侧分层进行开挖，分部封闭成环。每开挖一部均及时施作锚喷支护、安设钢架、施作中隔壁、安装底部临时仰拱。一侧超前的上、中部，待初期支护完成且喷射混凝土达到设计强度 70％以上时再开挖隧洞的另一侧的上、中部，然后开挖一侧的下部，最后开挖另一侧的下部，左右交替开挖。其施工流程可参照图 4.2.3.5。

（2）采用交叉中隔壁法施工时应符合下列规定：

1）各部开挖时，周边轮廓应尽量圆顺，减小应力集中。

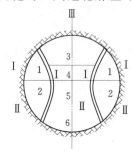

（a）双侧壁导坑法开挖横断面示意图

2）每一部的开挖高度应根据地质情况及隧洞断面大小而定。

3）同一层左、右侧两部纵向间距不宜大于 15m，同侧上下部纵向间距不宜大于 8m。

4）每一分部的临时仰拱应及时设置，步步成环，并尽量缩短成环时间。

5）中隔壁宜设置为弧形，并应向左侧偏斜 1/2 个钢拱架宽度。

6）中隔壁和中间临时仰拱在灌筑二次衬砌前，应逐段拆除，拆除时应加强量测，一次拆除长度一般不宜超过 15m。

4.2.3.7　双侧壁导坑法钻爆施工

（1）双侧壁导坑法是采用先开挖隧洞两侧导坑，及时施作导坑四周初期支护及临时支护，必要时施作边墙衬砌，然后再根据地质条件、断面大小，对剩余部分采用二台阶或三台阶开挖的方法。其施工流程可参照图 4.2.3.6。

（2）采用双侧壁导坑法施工时应符合下列规定：

1）侧壁导坑形状应近似椭圆形，导坑断面宽度宜为整个断面的 1/3。

2）侧壁导坑、中央部上部、中央部下部错开一定距离平行作业。

3）导坑开挖后应及时进行初期支护及临时支护，并尽早封闭成环。

4）侧壁导坑采用短台阶法开挖，左右侧壁导坑施工可同步进行。

5）当全断面初期支护封闭成环后，量测显示支护体系稳定，变形很小时，方可拆除临时支护，但应及时施作仰拱并进行二次衬砌。

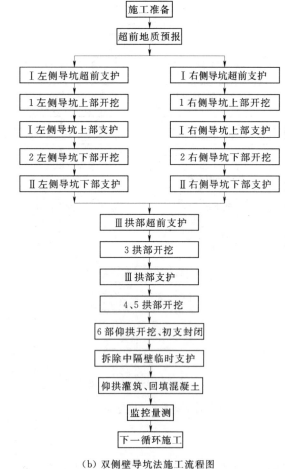

（b）双侧壁导坑法施工流程图

图 4.2.3.6　双侧壁导坑法

6）临时支护拆除时应加强量测，一次拆除长度一般不宜超过 15m。

4.2.4 洞口段钻爆法施工

4.2.4.1 概述

（1）隧洞洞口地段一般地质条件差，且地表水汇集，施工难度较大，施工时要结合洞外场地和相邻工程的情况、全面考虑、妥善安排及早施工，为隧洞洞身施工创造条件。

（2）隧洞洞口应按照"早进晚出"的原则优化方案。

（3）洞门在施工前按设计要求并结合地形条件作好截、排水沟和施工场地、便道的规划，应尽量减少对原坡面的破坏和对周围环境的影响，开挖后的坡面应达到稳定、平整、美观的要求。

（4）洞口工程施工前，应进行工艺设计，对施工的各工序进行必要的力学分析，以确定隧洞洞口边仰坡土石方开挖及防护、防排水工程，隧洞门及洞口段衬砌、背后回填的施工方法、施工顺序。

（5）隧洞洞口和洞口段施工时要制定完善的进洞方案，洞门端墙处的土石方，应视地层稳定程度、施工季节和隧洞施工方法等选择合理的施工方法。

（6）边、仰坡地质条件不良时，开挖前根据设计需要采取预加固措施，如采用抗滑桩、钢管桩、地表注浆等方法对洞口地表进行加固处理。

（7）浅埋段和洞口加强段的开挖施工，根据设计还可能采用地面锚杆、管棚、超前小导管、注浆等辅助措施。

（8）洞口工程施工前，应由专业工程师向施工员、技术人员进行技术交底，并确认人员、设备、材料、料具、作业环境满足本工序正常作业的要求。

（9）洞口施工宜避开降雨期和融雪期。在严寒地区施工，应按冬季施工的有关规定办理。

4.2.4.2 工序流程

隧洞口段工程一般包括隧洞口边、仰坡的土石方开挖、防护，端墙、翼墙等洞门施工；洞口排水系统；洞口检查设备安装、洞口加强段及洞门工程，施工流程可参照图 4.2.4.1。

4.2.4.3 洞口开挖

（1）洞口段开挖方法的确定取决于工程地质、水文地质和地形条件、隧洞自身构造特点、施工机具设备情况、洞外相邻建筑的影响等诸多因素。施工中应根据实际，综合选定洞口段开挖进洞方案。

1）洞口段地层条件良好，洞口段围岩为Ⅲ～Ⅳ级以上，宜采用正台阶法进洞（台阶长度以 1.5 倍洞径为宜），其爆破进尺控制在 1.5～2.5m，并严格按照设计及时做好支护。

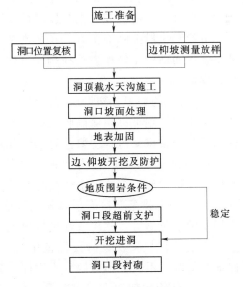

图 4.2.4.1 洞口段施工流程图

2）洞口段围岩为Ⅴ级及以下时，可采用环形开挖预留核心土法、双侧壁导坑法、中

285

隔壁法（CD法）、交叉中隔壁法（CRD法）等分部开挖法进洞，开挖前应按设计对围岩进行预加固。

3）对于浅埋和偏压隧洞，应采用地表预加固和围岩超前支护方法，做到"先护后挖"。

（2）当地层条件差，可采用套拱法施工进洞，套拱施工工艺流程可参照图4.2.4.2。

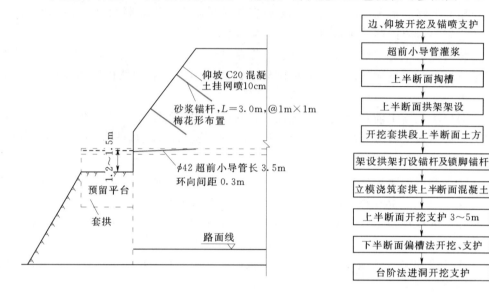

仰坡C20混凝土挂网喷10cm

砂浆锚杆，L=3.0m，@1m×1m 梅花形布置

φ42超前小导管长3.5m 环向间距0.3m

预留平台

套拱

路面线

边、仰坡开挖及锚喷支护

超前小导管灌浆

上半断面掏槽

上半断面拱架架设

开挖套拱段上半断面土方

架设拱架打设锚杆及锁脚锚杆

立模浇筑套拱上半断面混凝土

上半断面开挖支护3～5m

下半断面偏槽法开挖、支护

台阶法进洞开挖支护

图4.2.4.2　套拱施工流程图

（3）套拱施工各项作业应参照以下要求进行：

1）开挖。根据测量组放线，对拱架安设要求部位进行掏槽开挖，土槽宽（纵向方向）与初期支护厚度相同。土槽开挖采用人工开挖风镐辅助的方式进行。土槽挖好后，要求内表面成型好，无超挖和欠挖，以保证初期支护的厚度。

清除套拱段上断面土方，在套拱结束段中部留1.0m×5.0m（长×宽）的核心土体以抵抗掌子面前的土体压力。在掏槽过程中注意不可损坏浆管，以便立拱架时将拱架与灌浆管相焊接。

2）拱架的加工、架设。套拱段拱架宜采用工字钢，为确保套拱段的初期支护净空尺寸、防止因拱顶下沉及侧墙收敛而侵入净空，拱架尺寸在原设计拱架的基础上外放20cm。在加工及架设拱架过程中要注意以下几点：

a. 在拱架架设前，将拱架脚部铺垫5cm厚的砂浆找平层，并在砂浆上铺设5cm厚方木板，以防拱架下沉，在铺设木板时要注意对拱架标高的控制。

b. 第一榀拱架要镶嵌于事先挖好的土槽中，并与注浆小导管焊接。在安设时不能随意切割拱架及钢管，并将各连接螺栓上齐、拧紧，不得用小型号的螺栓替代。

c. 套拱段拱架安设时要保证中线、法线的准确，其安设误差在允许误差范围之内，保证其不偏、不斜、不前俯、不后仰，并对上断面脚部按设计抬高5cm。

d. 上断面拱架架设完成以后，在拱架中焊接φ22钢筋作为纵向连接筋。纵向连接筋环向间距为1.0m，要在第一榀预留30cm在未开挖土体中，有利于与下一榀拱架纵向连接筋相连接，在焊接纵向连接筋的同时挂双层钢筋网，钢筋网采用φ8钢筋，网格间距

200mm×200mm。挂设时两片钢筋网搭接不得小于200mm。

e.套拱拱架架设完成以后，在拱脚部位焊接6根纵向连接筋，并在每两榀拱架之间焊接抗剪钢筋以形成一水平防沉梁。

f.打设锁脚锚管，锁脚锚管可采用$\phi42$灌浆钢管。灌浆钢管长以2.5m为宜，预留10cm于钢拱架。

3）立模、喷射上半断面混凝土。立模时，套拱内模板可采用1cm的木板吊在套拱内侧。

喷射混凝土按设计要求宜采用湿喷，喷射时要从下向上分层进行，每层喷射厚度为3～5cm。注意在喷射时两侧对称同步进行，防止因高差过大造成拱架移位。

4）套拱护顶开挖。在套拱上断面混凝土浇筑完成以后，进行洞内上断面开挖支护。上断面开挖支护按照设计围岩支护进行，在上断面开挖3～5m后开始进行下台阶的开挖支护。

5）套拱段下台阶开挖支护。套拱段下台阶开挖支护宜采用偏槽法进行，先沿隧洞线路中线开挖左下侧土方仰拱土体，开挖循环为0.8m，土体预留边坡坡度宜为1：0.5，以保证土体稳定。在左下侧边墙土方开挖和仰拱完成后，边墙素喷4cm混凝土，立边墙拱架并打设锚杆、锁脚锚杆、挂网分层喷射混凝土至设计厚度，仰拱直接喷射混凝土至设计厚度。最后开挖下断面右侧土石方，施工方法与左侧相同。在下断面施工过程中，上断面应继续开挖，但应始终保证上下台阶的长度为3～5m为宜。

4.2.5 洞身钻爆法开挖

4.2.5.1 概述

（1）隧洞开挖的方法应根据地质条件、断面大小、结构形式、机械配备、周围环境的需要、综合经济效益等因素确定。

（2）开挖作业应满足下列规定：

1）开挖断面尺寸应符合设计要求，开挖轮廓线应采用有效的测量手段进行控制。

2）开挖作业必须保证安全。开挖时宜减少对围岩的扰动，开挖面及未衬砌地段应随时检查，险情应及时处理。开挖工作面与衬砌的距离应在确保施工安全并力求减少施工干扰的原则下合理选定。

3）开挖不得危及衬砌、初期支护及施工设备的安全。

4）当开挖工作面不能自稳时，应根据具体地质条件进行超前支护和预加固处理。

5）施工期间应做好量测、地质核对和描述，并根据实际情况提出变更意见，修改开挖方法和参数。

（3）隧洞开挖断面应以衬砌设计轮廓线为基准，考虑预留变形量、施工误差等因素适当放大。

（4）隧洞洞身钻爆开挖应采用光面爆破，并做出爆破设计，施工中应根据爆破效果及量测报告调整爆破参数，在施工过程中不断进行优化。

（5）隧洞开挖应严格控制超、欠挖，并按要求进行断面检测，以满足过程质量验收的需要。

（6）当两相对开挖工作面接近贯通时，两端施工应加强联系，统一指挥。当两个开挖工作面间的距离剩下20m时，应从一端开挖贯通。

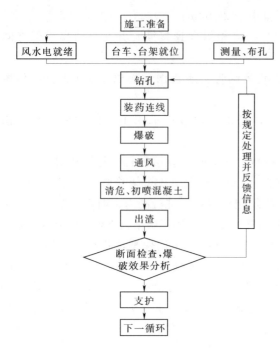

图 4.2.5.1　隧洞开挖作业施工流程图

4.2.5.2　工序流程

隧洞开挖施工前，应确定隧洞开挖轮廓线，制定隧洞爆破方案和监控量测方案，确定开挖和支护空间与时间关系，选定弃渣方案和满足上述要求的施工组织和各项资源配置，在实施性施组和作业指导书中明确，并根据实施效果不断优化。隧洞开挖作业程序可参照图 4.2.5.1。

4.2.5.3　作业标准及操作要点

（1）隧洞开挖施工中，应控制并确认各项作业按规定程序和标准进行，记录或测绘水文、地质、中线高程、开挖的超欠挖和成型等资料（含弃渣场）。

（2）隧洞中线和高程必须符合设计要求，每一开挖循环必须采用仪器检查一次。

（3）开挖应根据工程地质条件、开挖断面、开挖方法、掘进循环进尺、钻眼机具和爆破材料等进行钻爆设计，并应根据爆破效果不断调整和优化。

（4）钻爆设计的内容应包括炮眼（掏槽眼、辅助眼、周边眼）的布置、数目、深度和角度，钻爆器材、装药量和装药结构，起爆方法和起爆顺序，钻眼机具和钻眼要求等。

（5）钻爆设计图应包括炮眼布置图、周边眼装药结构图、钻爆参数表、主要技术经济指标及必要的说明。

（6）炮眼布置应符合下列规定：

1）掏槽炮眼可采用直眼掏槽或斜眼掏槽。

2）周边眼应沿隧洞开挖轮廓线布置，保证开挖断面符合设计要求。

3）辅助炮眼交错均匀布置在周边眼与掏槽眼之间，力求爆破出石块块度适合装渣的需要。

4）周边炮眼与辅助炮眼的眼底应在同一垂直面上，掏槽炮眼应加深 10cm。

（7）隧洞的爆破作业，应采用光面爆破。光面爆破参数应通过试验确定。当无试验条件时，有关参数可参照表 4.2.5.1 选用。

表 4.2.5.1　　　　　　　　　　　　光　面　爆　破　参　数

岩石类别	周边眼间距 E/cm	周边眼抵抗线 W/cm	相对距离 E/W	装药集中度 q/(k·m^{-1})
极硬岩	50～60	55～75	0.8～0.85	0.25～0.30
硬岩	40～50	50～60	0.8～0.85	0.15～0.25
软质岩	35～45	45～60	0.75～0.8	0.07～0.12

注　表中所列参数适用于炮眼深度 1.0～3.5m，炮眼直径 40～50mm，药卷直径 20～25mm；当断面较小或围岩软弱、破碎或对曲线、折线开挖成形要求较高时，周边眼间距 E 应取较小值；周边眼抵抗线 W 值在一般情况下均应大于周边眼间距 E 值。软岩在取较小 E 值时，W 值应适当增大；E/W：软岩取小值，硬岩及断面小时取大值；表列装药集中度 q 为 2 号岩石硝铵炸药，选用其他类型炸药时，应修正。

（流程图文字：
施工准备
风水电就绪　台车、台架就位　测量、布孔
钻孔
装药连线
爆破
通风
清危、初喷混凝土
出渣
断面检查,爆破效果分析
支护
下一循环
按规定处理并反馈信息）

(8) 爆破应先用适当的炸药品种和型号，并应采用导爆管或电力起爆，不宜采用火花起爆。在漏水和涌水的工作面以及有杂散电流、感应电流、高压静电等危险因素不能彻底清除时，应采用导爆管起爆。光面爆破宜采用低密度、低爆速、低猛度或高爆力的炸药。

(9) 掘进眼、内圈眼、底板眼宜采用连续装药结构，周边眼一般情况下宜采用小直径连续装药或间隔装药结构；当岩石很软时，可采用导爆索装药结构；当眼深不大于 2m 时，可采用空气柱状装药结构。

(10) 钻爆作业必须按照钻爆设计进行测量放线、钻眼、装药、接线和起爆，其施工应满足以下要求：

1) 测量放线。测量人员定出隧洞中线和开挖轮廓线，用红油漆按钻爆设计图画出炮眼位置，经检查符合设计要求后方可钻眼。在直线段宜安设激光导向仪，以减少测量时间和提高测量精度。

2) 钻眼。钻眼作业应符合下列规定：

a. 在钻孔过程中，设专人负责指挥钻孔位置和角度，提高钻孔质量。

b. 炮眼的深度和角度应符合设计，掏槽眼眼口间距误差和眼底间距误差不得大于 5cm。

c. 辅助眼眼口排距、行距误差不大于 10cm；周边眼眼口位置误差不得大于 5cm，眼底不得超出开挖断面轮廓线 15cm。

d. 当开挖面凸凹较大时，应按实际情况调整炮眼深度，使周边眼和辅助眼眼底在同一垂直面上。

e. 钻眼完毕，按炮眼布置图进行检查并做好记录，对不符合要求的炮眼应重钻，经检查合格后方可装药。

f. 周边眼在断面轮廓线上开孔，要严格控制外插角，外斜率不得大于 5cm/m，以尽可能使前后两排炮接茬处台阶减小。

g. 当采用凿岩台车开挖时，对钻眼的要求，可根据台车的构造性能结合实际情况另行规定。

3) 清孔装药。清孔可采用 $\phi25$ 钢管输入高压风吹出孔内残渣和泥浆。装药按自上而下顺序装填，雷管要分段对号入座。炮孔按规定药量装药后，炮口用炮泥堵塞，长度不小于 20cm。周边孔装药量较小，采用小直径药卷间隔装药，用竹片固定药卷，用导爆索、非电毫秒雷管起爆；辅助孔和掏槽孔采用连续装药，用非电毫秒雷管起爆，当裂隙水较多时采用防水乳化炸药。

4) 联网爆破。用联结元件将导爆管联结成复式起爆网路，在检查无误后，人员设备撤离至安全区域，由爆破工起爆。炮孔的装药、堵塞和起爆网路的联结应严格按爆破规定由考核合格的炮工完成。

(11) 起爆宜采用非电毫秒雷管、导爆管和导爆索。当采用电力起爆时，除应符合现行国家标准 GB 50201—2012《土方与爆破工程施工及验收规范》有关规定外，应遵守下列规定：

1) 装药前电灯及电线应撤离工作面，到达安全距离。装药时可用探照灯或矿灯。

2) 起爆主导线应敷设在电线和管道的对侧，当设在同侧时与钢轨、管道、电线等导电体的间距必须大于 1.0m 并应悬空架设。

3）多工作面掘进依次爆破时，对主导线的连接必须检查；确认起爆顺序正确后方可起爆。

4）所有爆破材料应能防水或采用防水措施，连接导线应采用塑料导线。敷设爆破网路时应避免接头浸在水中，并应加强接头的绝缘。

5）起爆电源应使用直流电或低电压大电流起爆器，起爆器应保持干燥，并不得用湿手操作。

（12）爆破作业时，所有人员应撤至不受有害气体、振动及飞石伤害的安全地点。安全地点至爆破工作面的距离，在独头坑道内不应小于 200m，当采用全断面开挖时，应根据起爆方法与装药量计算确定。

（13）爆破后检查其效果，爆破效果应符合下列要求：

1）由于水封洞库功能的特殊性，其对开挖形体的超、欠要求不高，仅仅要求最终形成的洞室稳定、容积满足要求，因而最大允许超挖 35cm、最大允许欠挖 15cm。但考虑到保留岩体的稳定，在实际施工中超欠挖按照表 4.2.5.2 的规定执行。

表 4.2.5.2　　　　　　　　　　　　隧 洞 允 许 超 挖 值

围岩级别	开挖部位	Ⅰ级围岩	Ⅱ～Ⅳ级围岩	Ⅴ～Ⅵ级围岩
拱部	线性超挖/cm	15	15	10
	最大超挖/cm	15	25	15
边墙线性开挖/cm		10		
仰拱、隧底	线性超挖/cm	10		
	最大超挖/cm	25		

注　表所列参数适用于炮眼深度 1.0～3.5m，炮眼直径 40～50mm，药卷直径 20～25mm。

2）开挖轮廓圆顺，开挖面平整。

3）爆破进尺达到设计要求，爆出的石块块度满足装渣要求。

4）炮眼痕迹保存率[（残留有痕迹的炮眼数)/(周边眼总数）×100％]，硬岩不小于 80％，中硬岩不小于 60％，并在开挖轮廓面上均匀分布。

5）两次爆破的衔接台阶尺寸不大于 15cm。

6）当在浅埋、软岩、邻近建筑物等特殊情况地段爆破时，应采用仪器检测围岩爆破扰动范围和震速，并采取措施减少爆破对围岩的扰动程度。

（14）爆破后检查爆破效果，分析原因及时修正爆破参数。根据岩层节理裂隙发育、岩性软硬情况以及爆破后石渣的块度，及时修正眼距、用药量，特别是周边眼的用药量；根据爆破震速监测结果，调整单段起爆炸药量及雷管段数。

（15）隧洞底部高程应符合设计要求，且满足以下要求：

1）隧底允许最大平均超挖值为 10cm，局部突出每平方米为内不应大于 0.1m²，侵入断面不大于 5cm。

2）水沟应与边墙基础同时开挖，且一次成型。边墙基础高程应符合设计要求，每一开挖循环用仪器检查一次。

（16）隧洞爆破、通风后，应立即对工作面暴露围岩进行初喷混凝土。采用分部开挖时，应在初期支护喷射混凝土强度达到设计强度的70%及以上时进行下一部分的开挖。隧洞通过膨胀性围岩或破碎围岩时，支护应紧跟开挖工作面，尽快封闭。

（17）通过含水砂层时，应特别加强防水工作，可采用灌浆、冷冻等方法止水，防止砂层液化流失。开挖前应先护后挖，开挖宜采用台阶法，台阶上部宜预留核心土环形开挖，下部可采取分部开挖，并应严格控制开挖长度，防止上部两侧不均匀下沉。

（18）瓦斯隧洞施工应实行分类管理，其分类标准应符合现行（TB10120）《铁路瓦斯隧道技术规范》的有关规定。施工前应预先确定瓦斯探测方法，并制定瓦斯稀释措施、防爆和紧急救援措施，施工时应加强通风，衬砌应紧跟开挖，尽量缩短煤层的瓦斯释放时间，缩小围岩暴露面。有平洞时，宜及时封闭不使用的横通道，以减少瓦斯的逸出和积聚。

（19）岩爆地段隧洞施工应遵循以防为主，防治结合的原则，对开挖面前方的围岩特性、水文地质情况等进行预测、预报，当发现有较强烈岩爆存在的可能性时，应及时研究施工对策措施，作好施工前的必要准备。施工时应采用光面爆破技术，使隧道周边圆顺，降低岩爆发生的强度。根据岩爆强度大小可采取下列技术措施：

1）微弱岩爆地段，可直接在开挖面上洒水，软化表层，促使应力释放和调整。

2）中等岩爆地段，在隧洞开挖断面轮廓线外10～15cm范围内，打设注水孔，并向孔内喷灌高压水软化围岩，加快围岩内部的应力释放。

3）岩爆强烈的开挖面，可采用超前锚杆，对开挖面前方的围岩进行锁定。

（20）大变形围岩隧洞施工应遵循"加固围岩、先柔后刚、先放后抗、变形留够、底部加强"的施工原则，宜采用双侧壁导坑法、中隔壁法和交叉中隔壁法等分部开挖法进行施工。

（21）膨胀岩隧洞施工可采用全断面、短台阶法、微台阶法等，如采用台阶法施工，应优先采用微台阶法；采用短台阶法施工时，应尽可能缩短台阶长度，上台阶宜采用临时仰拱并结合加强排水、打设系统锚杆等措施防止底鼓。在大断面、浅埋段的中、强膨胀岩隧洞中应采用双侧壁导坑法。

（22）黄土隧洞施工应遵循"短台阶、少扰动、强支护、快封闭、严治水、勤量测"的施工原则，根据隧洞断面大小、埋深情况可选择环形开挖预留核心土法、双侧壁导坑法、中隔壁法等分部开挖法施工。开挖后应立即喷射混凝土、锚杆、钢筋网和钢支撑作联合支护、必要时可采用超前锚杆、管棚超前支护。

（23）在含有地下水的黄土层中施工时，洞内应施作良好的排水设施，以免地面积水侵蚀洞体周围，造成土体坍塌。在干燥无水的黄土层中施工，应管理好施工用水，不使废水漫流。初期支护应紧跟开挖面施作。

（24）当隧洞施工到达溶洞、暗河边缘，应暂停掘进，对接近溶洞、暗河附近的洞室适当加强支护，同时设法探明溶洞的形状、范围、大小、充填物及地下水等情况，分别以引、堵、越、绕等措施进行处理。

（25）隧道开工前，应完成一次控制测量，隧道测量应按照有关技术要求进行设计、作业和检测，且符合下列规定：

1）用于测量的设计图资料应认真核对，引用数据资料必须核对，确认无误后方可使用。

2）隧道施工前，应根据设计单位交付的测量资料，进行控制桩点核对和交接。

3）平面控制测量布网形式应结合隧道长度、平面形状、线路通过地区的地形和环境等条件综合考虑。长隧道及隧道群的洞外平面控制测量宜采用 GPS 测量、GPS 测量和导线测量综合使用的方法，洞内平面控制测量宜使用全站仪、经纬仪及光电测距仪进行测量。

4）每个洞口应测设不少于 3 个平面控制点（包括洞口投点及其相联系的三角点或导线点）和 2 个高程控制点。

（26）隧道施工中的运输方式应根据隧道的断面大小、施工方法、机械设备及施工进度等要求综合考虑。

1）隧洞内的运输道路应配备与施工方法、运输车辆相适应的跨越设备，并设置信号、标志予以警示，满足最小行车限界要求，运输车辆不得对已施工的结构造成破坏、损伤。

2）卸渣场应结合当地自然环境、水土保持、人文景观、运输条件、弃渣利用等因素综合考虑，卸渣场应作好挡墙护坡、排水系统、绿化覆盖等配套作业。

（27）隧洞施工独头掘进长度超过 150m 时，应采用机械通风。通风方式可采用压入式、吸出式或混合式，并应根据坑道长度、断面大小、施工方法、设备条件等综合确定，并满足以下要求：

1）隧洞施工通风应能提供洞内各项作业所需的最小风量，每人应供应新鲜空气 $3m^3$/min，采用内燃机械作业时，供风量不宜小于 $3m^3$/（min·kW）。

2）隧洞施工通风的风速，全断面开挖时不应小于 0.15m/s，在分部开挖的坑道中不应小于 0.25m/s，亦不得大于 6m/s。

（28）隧洞在整个施工过程中，作业环境应符合下列卫生及安全标准。

1）空气中氧气含量按体积计不得小于 20%。

2）粉尘容许浓度，每立方米空气中含有 10% 以上的游离二氧化硅的粉尘不得大于 2mg。

3）瓦斯隧洞装药爆破时，爆破地点 20m 内，风流中瓦斯浓度必须小于 1.0%；总回风道风流中瓦斯浓度应小于 0.75%；开挖面瓦斯浓度大于 1.5% 时，所有人员必须撤至安全地点。

4）有害气体最高容许浓度：

a. 一氧化碳最高运行浓度为 $30mg/m^3$；在特殊情况下，施工人员必须进入工作面时，浓度可为 $100mg/m^3$；但工作时间不得大于 30min。

b. 二氧化碳按体积不得大于 0.5%。

c. 氮氧化物（换算成 NO_2）为 $5mg/m^3$ 以下。

d. 隧洞内气温不得高于 28℃。

e. 隧道内噪声不得大于 90dB。

（29）开挖除配备普通机械、机具、材料之外，现场要有应急资源准备，如地质钻探和防坍专有机械设备、仪器、仪表，并准备一定数量的专用支护材料、灌浆材料及其他专有器材，确保施工安全。

（30）开挖循环结束时，应及时调整设备、机具和材料的位置，并保证摆放整齐，保持工作面宽敞，为下一工序提供良好的工作环境，并根据上一工序循环时的水文地质及监控量测资料的分析结果，对下一工序循环的各项技术参数进行调整。

（31）隧洞开挖工程施工中应记录、检查、测量各项作业内容，具体要求可参照表 4.2.5.3。

表 4.2.5.3　　隧洞洞身钻爆法开挖检查和测量记录

序号	项目	检查方法	检查数量/频次	质量标准	质量记录
1	隧洞开挖面的中线和高程	全站仪检查	每循环检查1次	符合设计	施工记录
2	隧洞欠挖控制	采用自动断面仪等仪器测量周边轮廓断面，绘制断面图与设计断面核对	每循环检查1次	围岩完整、石质坚硬时，岩石个别突出部分（每 $1m^2 \leqslant 0.1m^2$）侵入衬砌应<5cm；拱脚和墙脚1m内断面禁止欠挖	
3	隧洞工程地质与水文地质描述、判定与记录	进行工程地质观察和描述	每循环检查1次	及时观察、描述开挖面地层的层理、节理裂隙结构情况、岩体的坚硬程度、出水量大小，核对设计地质情况，判定围岩稳定性	地质报告检查报告
4	炮孔位置检查	测量	每循环检查全部掏槽眼和10个周边眼	炮眼间距、深度和角度符合爆破设计要求；炮孔深度、间距和角度允许偏差满足验收标准	施工记录
5	炮眼痕迹保留率	对照爆破设计资料，观察、记数检验炮眼痕迹保留率	每循环检查1次	炮眼痕迹保留率硬岩不应小于80%，中硬岩不应<60%，并在开挖轮廓面上均匀分布	施工记录
6	隧底开挖轮廓和设计高程	水准仪测量底部高程，自动断面仪测量周边轮廓断面，并与设计断面核对	每循环检查1次	围岩完整、石质坚硬时，岩石个别突出部分（每 $1m^2 \leqslant 0.1m^2$）侵入衬砌应小于5cm	施工记录
7	隧底地质情况	进行地质的描述	每循环检查1次	核对隧底地质情况。如需加固处理时，应符合设计	地质与检查报告
8	水沟位置和底面高程	观察、仪器测量	全部检查	符合设计	检查记录
9	弃渣场位置	观察	全部检查	符合设计	检查记录
10	排水沟、截水沟的结构形式	观察	全部检查	符合设计	检查记录
11	弃渣场的坡面防护	观察	全部检查	符合设计	检查记录
12	弃渣场挡护用材料	观察，查合格证，试验	全部检查	符合设计	检查记录

4.2.6　施工信息反馈

爆破监测是实现爆破施工信息反馈的基础。工程爆破测试与检测是进行爆破破岩机理研究、爆破效果观测和爆破负面效应监测的重要手段，可分为宏观观测和仪器观测。工程爆破测试与检测的内容包括：①爆破器材性能测试。如炸药的爆速、威力、猛度、殉爆距离等；电雷管的电阻，各类毫秒雷管的延迟时间。②爆破作用过程参数测试，如爆炸压力、岩体中的冲击波和动应变、鼓包运动速度与时间等。③爆破效果测试，如爆破块度、爆堆形态及抛掷距离，开挖平整度等。④爆破影响范围测试：爆破损伤与松动范围。⑤爆破负面效应监测，如爆破地震、空气冲击波、噪声和粉尘等。

4.2.6.1　爆破振动

每次监测后，都应填写爆破振动监测记录表。需要进行爆破振动传播衰减规律分析时，测试记录应分别按垂直向、水平径向和水平切向，将振动峰值及其对应的频率输入分析系统进行处理，按一元或二元线性回归分析方法，分别求出垂直向、水平径向和水平切向爆破质点振动速度传播衰减规律。

在同一高程的爆破质点振动速度传播规律，按下式进行回归整理：

$$v = K(Q^{1/3}/R)^{\alpha} \qquad (4.2.6.1)$$

式中：v 为质点振动速度，cm/s；K、α 为与爆区至测点间的地形、地质条件有关的系数和衰减指数，统计分析获得；Q 为炸药量，齐发爆破为总装药量，延时爆破为对应于 v 值时刻起爆的单段药量，kg；R 为测点至爆源的距离，m。

对存在高差的高边坡上的爆破质点振动速度传播规律，按下式进行回归整理：

$$v = K\left(\frac{Q^{1/3}}{R}\right)^{\alpha}\left(\frac{Q^{1/3}}{H}\right)^{\beta} \qquad (4.2.6.2)$$

$$v = K\left(\frac{Q^{1/3}}{R}\right)^{\alpha}e^{\beta H} \qquad (4.2.6.3)$$

进行回归分析，以求出场地常数 K、α、β。式中，震速 v 以 cm/s 计，单段药量 Q 以 kg 计，爆源至测点的水平距离 R 和高度差 H 以 m 计。

需要指出的是，采用振动传播规律进行预报时，选择的 R 值应与统计值一致；$Q^{1/3}/R$ 及 $Q^{1/3}/H$ 不得超过统计值范围，只能内插，不能外延。

根据爆破振动的衰减规律及保护对象的控制标准，可按式（4.2.6.4）计算爆破振动安全允许距离：

$$R = \left(\frac{K}{V}\right)^{\frac{1}{\alpha}}Q^{\frac{1}{3}} \qquad (4.2.6.4)$$

式中各符号意义同式（4.2.6.1），其中当 K、α 值缺少现场实测资料时，可按表 4.2.6.1 选取。

表 4.2.6.1　　　　　　　　　　　爆区不同岩性的 K、α 值

岩　　性	K	α
坚硬岩石	50～150	1.3～1.5
中硬岩石	150～250	1.5～1.8
软岩石	250～350	1.8～2.0

为了全面利用爆破振动监测信号，需要利用相关的数学分析计算工具对爆源近区信号进行详细分析。首先收集爆破设计起爆网路及爆破使用的器材特性，分析爆破设计段间延时、总爆破延续时间及其误差值；然后详细研究爆破振动信号，分析波形峰值、持续时间、间隔时间，并利用快速傅里叶变换、小波和小波包变换、HHT 变换等方法，对振动信号进行平稳化处理，将时间信号经过经验模态分解使真实存在的不同尺度波动或趋势逐级分解开来，产生一系列具有不同特征尺度的数据序列，然后分别对每个经验模态分解后的数据序列进行 Hilbert 变换，以得到信号的时频分布；最后比较分析爆破设计与振动信号分析得到的爆破延时、微差间隔，以确定爆区是否按照爆破设计要求起爆，并分析是否存在盲炮等安全隐患。

另外爆破振动分析中需要注意的几个问题如下：

（1）根据爆破网路特点分析，统计中采用的各次大规模爆破振动峰值，不一定是预裂爆破、主爆破孔或缓冲孔爆破的最大单段振动引起，也不一定是预裂爆破本身单段振动叠加、主爆破孔本身爆破单段振动叠加引起，较有可能是预裂爆破单段与主爆破孔爆破单段振动叠加引起，以目前的测试方法和手段，还不能将其精确分开。但是，回归公式中的最大单段药量 Q 值采用的是各次爆破设计中的最大单段。

（2）该公式中的距离约为测点至爆区主爆破孔最大振源部位（通过波形判读）的水平距离，高差为测点至爆区孔口高差与爆区台阶一半高度之和。

（3）开挖中各部位地质、地形条件差异较大，且随着开挖高程的下降不断变化，故分区分部位对其振动衰减规律分别进行回归计算。如用于施工控制，应参照地形、地质条件选取相应区域内回归公式为宜。

（4）振动衰减规律公式具有统计分析意义，即是通过对大量实测值的线性拟合分析而得到的，而非精确的函数计算公式。根据数值分析的原理，该回归公式用于爆破振动预报和控制时，应符合前述的自变量取值办法以及统计计算条件，即 ρ、H 的取值范围只宜内插，不可外延。

（5）爆破振动衰减规律与爆破方式密切相关。当爆破方式（起爆方向、排数等）、地形条件（前排抵抗线较大、大量压渣等）、爆破情况（局部缺孔及连续缺孔、局部拒爆、前排布孔不当等）有较大变化时，峰振动测值与爆破振动衰减规律公式计算值必有较大变化。

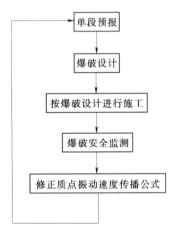

图 4.2.6.1　安全监测对爆破
方案和爆破参数的
反馈示意图

最后，根据爆破振动监测分析结果，对爆破方案及参数进行优化调整，示意图如图 4.2.6.1 所示。

4.2.6.2　爆破动应变

爆破动应变监测，可按表 4.2.6.2 进行记录，当控制标准为应力值时，应将动应变值换算成动应力值。

表 4.2.6.2 爆破动应变监测记录表

起始时间	年　月　日　时　分　秒			天气	
爆破位置	$X=$　　　　　　　　$Y=$				
爆破参数	孔数：	孔深：	孔距：	排距：	
	单孔装药量：	最大段药量：	总装药量：		
	孔内雷管：	孔间雷管：	排间雷管：	分段数：	
监测数据	测点号 （位置）	爆心距	一次仪表 编号	记录仪器 编号	动应变
		$X=$ $Y=$ $H=$			
	测点号 （位置）	爆心距	一次仪表 编号	仪录仪器 编号	动应变
		$X=$ $Y=$ $H=$			

记录：　　　　校核：　　　页码：

4.2.6.3 爆破影响深度检测

爆破的影响深度主要通过岩体声波速度的变化进行判断。声波速度值 v_P 的计算方法如下：

1. 单孔法

对于单孔一发双收法，声波速度按式（4.2.6.5）计算

$$v_P = \frac{L}{t_2 - t_1} \qquad (4.2.6.5)$$

式中： v_P 为岩体中声波纵波速度，m/s； L 为一发双收换能器间距，即接收换能器 R_1 和 R_2 之间的距离，m； t_1 为接收换能器 R_1 接收到声信号的时间，s； t_2 为接收换能器 R_2 接收到声信号的时间，s。

2. 双孔法

对于双孔对穿法，声波速度按式 4.2.6.6 计算

$$v_P = \frac{L}{t} \qquad (4.2.6.6)$$

式中： v_P 为岩体中声波纵波速度，m/s； L 为孔距，m； t 为声波穿透岩体的时间，s。

在两个钻孔中进行穿透测试时，孔口距 L 不能代表实际穿透距离 $L_{实}$，这时需要对测距进行钻孔倾斜修正，见式 4.2.6.7，公式来自《岩土工程波动勘测技术》。

$$L_{实} = \left[(x_2 - x_1)^2 + (y_2 - y_1)^2 + (z_2 - z_1)^2 \right]^{1/2} \qquad (4.2.6.7)$$

其中

$$x_1 = H_1 \sin\alpha_1 \cos(-\beta_1 \pm \beta_1')$$
$$y_1 = H_1 \sin\alpha_1 \sin(\beta_1 \pm \beta_1')$$
$$z_1 = H_1 \cos\alpha_1$$

$$x_2 = H_2 \sin\alpha_2 \cos(\beta_2 \pm \beta_2')$$
$$y_2 = L + H_2 \sin\alpha_2 \sin(\beta_2 \pm \beta_2')$$
$$z_2 = H_2 \cos\alpha_2$$

式中：$L_\text{实}$ 为激振与接收实际穿透距离，m；x_1、y_1、z_1 为激振点空间坐标，m；x_2、y_2、z_2 为接收点空间坐标，m；α 为钻孔倾角，(°)；β 为钻孔方位角，(°)；β' 为 X 轴正方向与正北向间的夹角，在 X 轴西为正、东为负，(°)；H_1 为激振点至孔口距离，m；H_2 为接收点至孔口距离，m；L 为两钻孔孔口间距，m。

通过岩体声波波速观测判断爆破破坏或基础岩体质量的标准，以同部位的爆后波速（C_{P2}）小于爆前波速（C_{P1}）的变化率 η 来衡量。破坏判据见表 4.2.6.3。

$$\eta = 1 - (C_{P2}/C_{P1}) \tag{4.2.6.8}$$

表 4.2.6.3　　　　　　　　　爆破影响深度声波检测法判断标准

爆破后纵波波速变化率 η／%	破坏情况
≤10	爆破破坏甚微或未破坏
10<η≤15	爆破破坏轻微
η>15	爆破破坏

4.2.6.4　宏观调查及巡视检查

应根据宏观调查与巡视检查结果，并对照仪器监测成果，评估保护对象受爆破影响的程度。当建筑物、基岩完好，原有裂缝无明显变化，爆破前后读数差值不超过所使用设备的测量不确定度时，表明保护对象未破坏。当建筑物、基岩轻微损坏，如房屋的墙面有少量抹灰脱落；原有裂缝的宽度、长度有变化，爆破前后读数差值超过所使用设备的测量不

表 4.2.6.4　　　　　　　　　爆破安全监测现场记录及宏观调查表

爆破编号		起爆时间		天气		
工程部位		爆破部位		X：　　　　　H：		
				Y：		
爆破类型		炸药品种		飞石方向		
钻孔直径		炸药直径		孔数		
孔深		孔距		排距		
单孔药量		总装药量		最大单段药量		
防护措施				堵塞长度		
测点部位	记录仪编号	传感器编号		爆心距	速度（加速度、噪声、空气超压等）	
噪声感觉	难受	可以忍受	一般	建筑（保护）物	爆破飞石	
本人						
旁人						
备注						
测点部位	记录仪编号	传感器编号		爆心距	速度（加速度、噪声、空气超压等）	
噪声感觉	难受	可以忍受	一般	建筑（保护）物	爆破飞石	
本人						
旁人						
备注						

确定度，但不超过0.5mm，经维修后不影响其使用功能时，表明表明保护对象发生轻微破坏。当建筑物、基岩出现破坏，如房屋的墙体错位、掉块；原有裂缝张开延伸，并出现新的细微裂缝等，表明保护对象发生破坏。当建筑物严重破坏，原有裂缝张开延伸和错位，出现新的裂缝，甚至房屋倒塌时，表明保护对象严重破坏。

爆破前后的宏观调查及巡视，可参照表4.2.6.4填写调查记录表，以便进行爆破安全评价。

4.2.6.5 爆破安全监测信息反馈

当需保护的监测对象完成爆破安全监测工作时，对爆破振动、动应变、孔隙动水压力、水击波、动水压力、涌浪、有害气体、空气冲击波、噪声以及爆破影响深度等监测项目，参照爆破安全控制标准或判据，逐项评价爆破有害效应及其爆破效果。确定爆破振动和冲击波衰减规律、飞石飞散范围与距离等监测反馈信息，进行反馈设计和指导爆破施工，通过调整爆破方式及爆破参数，确定合理的爆破方案，达到降低爆破有害效应，确保水工建筑物、施工人员及机械设备等保护对象安全的目的。整个爆破安全监测与信息反馈体系如图4.2.6.2所示。

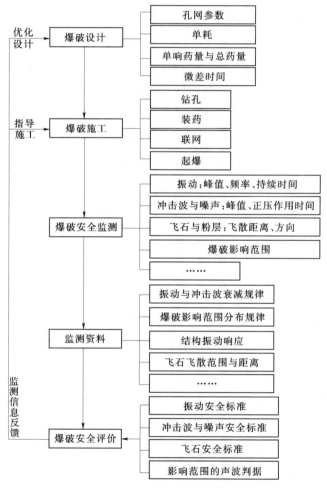

图4.2.6.2 爆破安全监测与信息反馈体系

4.2.6.6 典型的振动监测成果

在本工程地下洞库开挖中，爆破振动监测测点主要有两种：

（1）本洞及邻洞测点，即在本洞室内或邻洞与爆区对应的喷混凝土或岩石部位布设仪器进行爆破振动监测。

（2）预埋顶拱测点，即通过设置在主洞室拱顶上的洞室预先埋设测点，传感器距离下部开挖的主洞室顶拱距离仅 1m。

将本洞及邻洞测点实测的峰值振速与爆源距的关系进行统计，如图 4.2.6.3 所示：

由图 4.2.6.3 可知：

（1）随着爆源距的增加，振动速度峰值逐渐降低，即岩体振动随着远离爆源而逐步衰减。

（2）振动速度峰值-爆源距的关系图虽然在总体上呈现出一定的规律性，但实测数据也具有较大的离散性，表明该状态对振动峰值数据的影响因素较多，振动数据与爆源距的相关性较差。

对预埋测点的振速峰值-爆源距关系进行统计，如图 4.2.6.4 所示。

由图 4.2.6.4 可知：预埋测点监测数据分布规律较好，所揭示岩体振速随爆源距增加而衰减的规律特征也比较明显。这是由于预埋测点属岩体内部测点，受到的外界干扰较少，且监测对象为其正下方主洞室的连续施工爆破作业，爆源距对每个测孔的振速监测成果的影响最大。此外预埋测点获取了近区的爆破振动效应，故比较适合用来分析爆破振动衰减规律及对爆破动荷载进行定量化反演。

规格化开挖爆破程序除了包含合理的爆破方案、爆破参数外，爆破安全监测分析及反馈系统也是至关重要。通过爆破安全监测资料分析及信息反馈，的对爆破方案和爆破参数进行调整，对爆破效果进行评价并实现爆破有害效应的监控，从而不断满足日益动态变化的爆破安全要求、地质地形条件要求。

4.2.7 钻爆法精细施工

本工程地下水封洞库工程主要由主洞群、竖井、水幕系统及施工巷道等组成。主洞室群分成 3 组，每组 3 个洞室，共 9 个洞室。主洞室平行设置，为直立边墙圆拱洞，跨度为 20m，高度 30m，长度在 484～717m 之间。洞室区以相对较完整的花岗片麻岩为主，类比相似工程结合地应力测试结果，场区的最大主应力优势方向为 N73°W，洞室区的主应力 $\sigma_1 = 15.69$MPa，$\sigma_2 = 10.31$MPa。场区除洞口段及极少部分洞段受断层或岩脉影响，岩体质量较差，达Ⅳ、Ⅴ级围岩，其余洞段基本以Ⅱ、Ⅲ级围岩为主。

根据施工技术要求及施工现场实际情况，在第一层开挖中进行了爆破振动效应试验，在第二层开挖中，分别进行了半幅开挖和全幅开挖。其中，半幅开挖爆破试验进行了 6 次；全幅开挖进行了 10 次，其中 7 次为中层全幅潜孔钻预裂爆破生产性试验，3 次为中层手风钻光面爆破生产性试验。全幅开挖爆破试验，均采用两侧结构面预裂一次成型，中间台阶微差控制松动爆破的开挖方案。

4.2.7.1 第一层开挖爆破振动效应试验

根据本工程水封地下油库的结构特征及可能的振动响应分布特点，主要在本洞、邻洞和水幕廊道布置测点进行爆破振动监测。

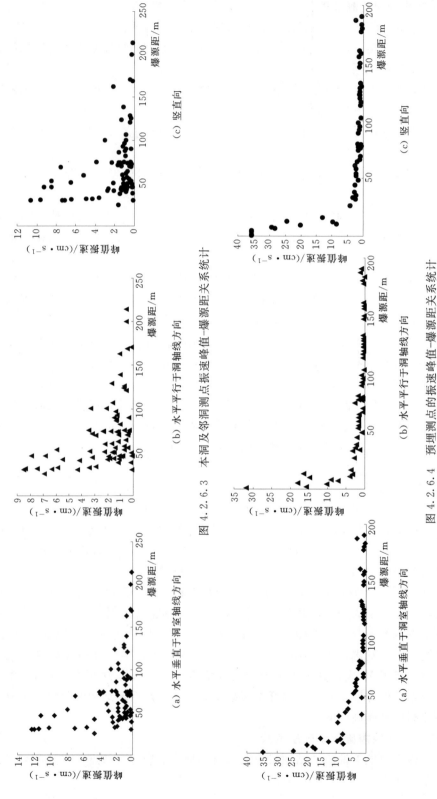

图 4.2.6.3　本洞及邻洞测点振速峰值-爆源距关系统计

图 4.2.6.4　预埋测点的振速峰值-爆源距关系统计

1. 测点布置

了解爆破振动随爆心距的衰减规律，对确定合理的最大单响药量、控制爆破作业的有害效应具有重要意义。在爆区所在的主洞内，沿洞壁根部基岩布置衰减规律测点如图4.2.7.1（a）中所示。

为了了解本洞爆破振动对邻近主洞或交通洞的爆破振动响应特征，在邻洞洞壁根部布置了测点。在主洞上方的水幕廊道里布置预埋测点以便于进行实时监测。测点布置在2号水幕巷道18号孔、22号孔、26号孔，对应测试6号主洞、8号主洞、9号主洞爆破振动，连续测试。孔内仪器埋设在孔底，对应主洞室桩号为0＋267.4m、0＋231.4m及0＋231.5m，离下部开挖的主洞的拱顶1m。邻洞测点布置如图4.2.7.1（a）所示，预埋测点如图4.2.7.1（b）所示。

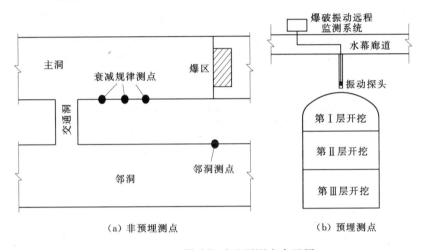

（a）非预埋测点 （b）预埋测点

图4.2.7.1 爆破振动监测测点布置图

2. 爆破振动衰减规律

第一层开挖中，共进行了21次现场爆破振动效应试验。采用萨道夫斯基公式对爆破振动实测数据进行回归分析，分别得到水平切向、水平径向及垂直向爆破振动衰减规律。

则水平切向的爆破振动衰减规律为

$$V_x = 180\rho^{1.61} \tag{4.2.7.1}$$

式中：V_x 为水平切向振速，cm/s；ρ 为比例药量 $\rho = Q^{1/3}/R$；Q 为最大单响药量，kg；R 为爆心距，m。参与回归的数据组数 $N=23$，相关系数 $r=0.82$。F 检验结果：$F=43.1 > F0.01$（F 表中显著性水平为0.01时的临界值，下同）$=8.02$，故线性高度显著。

则水平径向爆破振动衰减规律为

$$V_y = 259\rho 1.69 \tag{4.2.7.2}$$

式中：V_y 为水平切向振速，cm/s；ρ 为比例药量 $\rho = Q^{1/3}/R$；Q 为最大单响药量，kg；R 为爆心距，m。参与回归的数据组数 $N=23$，相关系数 $r=0.80$；F 检验结果：$F=39.1 > F0.01=8.02$，故线性高度显著。

则垂直向爆破振动衰减规律为

$$V_z = 121\rho^{1.51} \tag{4.2.7.3}$$

式中：V_z 为垂直向振速，cm/s；ρ 为比例药量，$\rho = Q^{1/3}/R$；Q 为最大单响药量，kg；R 为爆心距，m。参与回归的数据组数 $N=23$，相关系数 $r=0.82$；F 检验结果：$F=43.4 > F_{0.01}=8.02$，故线性高度显著。

根据爆破网路特点分析，统计中采用的各次大规模爆破振动峰值，均为掏槽爆破的振动引起，回归公式中的最大单段药量 Q 值采用的是掏槽爆破设计中的最大单段药量。必须注意的是，经回归分析得到的爆破振动衰减经验公式具有统计分析意义，即是通过对大量实测值的线性拟合分析而得到的，因此用于爆破振动预报和控制时，应符合其自变量取值办法以及统计计算条件，即 ρ 的取值范围只宜内插，不宜外推。用于预控时，建议参照相同爆破方式下的实测爆破振动较大值。

3. 爆破单响控制

对于本工程油库开挖爆破振动控制，由于第一层爆破的最大振动一般由药量最大的掏槽爆破产生，不失一般性，若取爆心距 $R=25\text{m}$ 进行最大单段药量控制，若按照 GB 6722—2003《爆破安全规程》中一般洞室的 10cm/s 作为控制标准，则最大单段药量控制结果见表 4.2.7.1。

表 4.2.7.1 本工程油库第一层开挖最大单段药量控制结果

振速控制标准	$V \leqslant 10\text{cm/s}$		
振速方向	V_x	V_y	V_z
$Q_{\max}/\text{kg}$	71	48	111

注 "V_x"指水平切向振速，"V_y"指水平径向振速，"V_z"指垂直向振速，下同。

4.2.7.2 第二层半幅开挖爆破验

1. 半幅开挖爆破验概况

根据施工技术要求及施工现场实际情况，2012 年 9 月 3 日至 2012 年 9 月 25 日在主洞 ①0+348m～0+317m 共进行了 6 次半幅爆破生产性试验，其中左半幅爆破进行了四次生产性试验，右半幅爆破进行了两次生产性试验。试验部位及主要试验项目见表 4.2.7.2 所示。

表 4.2.7.2 主洞室第 Ⅱ 层半幅开挖爆破试验情况

试验地点	爆破类型	孔深/m	线密度/(g·m⁻¹)	预裂孔单响药量/kg	主要测试项目	试验时间	试验情况简述
主洞①0+348m～0+342m 左半幅	YQ100E 钻孔预裂	12	600	79.2	线装药密度/岩壁质点振速	2012 年 9 月 5 日	半孔率 90% 以上，岩壁最大质点振速 8.31m/s
主洞①0+342m～0+333m 左半幅	YQ100E 钻孔预裂	10.5	630	79.2	线装药密度/岩壁质点振速	2012 年 9 月 7 日	半孔率 90% 以上，岩壁最大质点振速 8.33m/s
主洞①0+333m～0+325m 左半幅	YQ100E 钻孔预裂	10.5	710	90.0	线装药密度/岩壁质点振速	2012 年 9 月 10 日	半孔率 50% 以上，岩壁最大质点振速 5.32m/s

试验地点	爆破类型	孔深/m	线密度/(g·m⁻¹)	预裂孔单响药量/kg	主要测试项目	试验时间	试验情况简述
主洞①0+325m ~0+317m左半幅	YQ100E钻孔预裂	10.5	570	72.0	线装药密度/岩壁质点振速	2012年9月12日	半孔率92%以上，岩壁最大质点振速6.98m/s
主洞①0+360m ~0+338m右半幅	YQ100E钻孔预裂	12	500	114.0	线装药密度/岩壁质点振速	2012年9月21日	半孔率95%以上，岩壁最大质点振速10.58m/s
主洞①0+338m ~0+317m右半幅	YQ100E钻孔预裂	12	450	90.0	线装药密度/岩壁质点振速	2012年9月24日	半孔率95%，岩壁最大质点振速8.81m/s

2. 爆破振动试验结果

对爆破试验的实测振动数据进行回归分析，分别得到水平切向、水平径向及垂直向爆破振动衰减规律。

水平切向爆破振动的回归公式为

$$V_x = 12\rho^{0.84} \tag{4.2.7.4}$$

水平径向爆破振动的回归公式为

$$V_y = 23\rho^{1.08} \tag{4.2.7.5}$$

垂直向爆破振动的回归公式：

$$V_z = 22\rho^{1.10} \tag{4.2.7.6}$$

取爆心距 $R=10$m 进行最大单段药量控制，若按照 GB 6722—2003《爆破安全规程》中一般洞室的 10cm/s 作为控制标准，则最大单段药量控制结果见表 4.2.7.3。

表 4.2.7.3　　　　第二层爆破生产性试验开挖最大单响药量控制结果

振速控制标准	$V \leqslant 10$cm/s		
振速方向	V_x	V_y	V_z
Q_{max}/kg	551	96	113

3. 声波测试结果

试验中在各个爆区均布置一组声波孔，共布置三组（同一高程平行布置），每组 3 个孔，编号为 S1~S15。孔间距 1.2m，孔深 7m，倾角为 45°，做相互之间的对穿试验，主要检测爆破对边墙的影响深度。布孔图见图 4.2.7.2。

声波测试得到如下结论：

(1) 试验区域声波速度 v_P 值在 2700~6000m/s 之间，大部分测线平均波速集中在 4000~5000m/s 之间，符合该区域岩石特征。

(2) 受爆破开挖及卸荷影响，预裂爆破前试验区域边墙岩体松弛深度范围在 0.00~1.00m 之间；预裂爆破后岩体松弛深度范围在 0.00~1.25m 之间（投影到预裂面法线距离为 0.00~0.88m），预裂爆破引起松弛深度最大增加 0.25m。

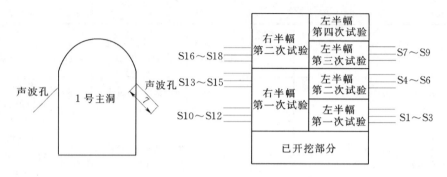

图 4.2.7.2　声波测试布孔示意图

从测试数据来看，爆破后有 10 条测线松弛深度未加深，2 条测线松弛深度加深 0.25m。松弛深度加深的区域集中在右半幅第一次试验区域，该区域预裂孔最大单响药量 为 114kg，超出了回归计算所允许的单响药量（96kg），其他各区试验采用的最大单响药 量均在 96kg 以内。故该区域岩体松弛深度加深不排除与预裂孔单响药量过大有关，建议 在后续的爆破开挖中严格控制预裂孔最大单响药量。

（3）松弛层内平均波速下降最大为 12.8%，松弛层范围外岩体波速基本无变化，表 明爆破对边墙的影响主要表现在松弛层范围内岩石波速进一步降低；对松弛深度范围外的 岩体没有明显影响。

（4）边墙岩体松弛深度均处于锚固支护系统的控制范围，预裂爆破不会对岩体稳定性 造成破坏性影响。

（5）由于不同部位地质条件和爆破参数不尽相同，其受开挖爆破影响也不尽相同，声 波测试成果只代表测区受开挖爆破的影响情况。

4. 半幅开挖试验结果

通过对主洞半幅爆破生产性试验进行振动监测和爆前爆后声波测试，分析监测成果， 获得了如下结论：

（1）通过衰减规律分析得到，主洞室第二层爆破的允许单响药量控制在 $Q_{max} = 96kg$ 以内。

（2）爆破对保留岩体的影响主要表现在松弛层波速降低，声波测试结果表明，总体上 半幅开挖爆破试验的爆破影响深度不大。

（3）预裂爆破孔孔径 $\phi 76mm$、孔距 0.7m、全孔平均线装药量 450～500g/m、底部 1.0m 加强装药、上部孔口段减弱装药、堵塞长度 0.8～1.0m，单孔药量为 4.7～5.4kg。

（4）履带式潜孔钻梯段爆破。KJ910B 履带式潜孔钻车梯段爆破孔径 $\phi 90mm$，孔距 2.0～2.5m、排距 2.0m，采用 $\phi 70$ 药卷连续装药，孔口堵塞段长度 2.0m。

4.2.7.3　全幅开挖爆破试验

1. 全幅开挖爆破试验概况

根据施工技术要求及施工现场实际情况，为在主洞室中、下层开挖施工中对拟定的 "两侧结构面预裂一次成型，中间台阶微差控制松动爆破"的开挖方式进行验证，并确定 相关施工工艺及参数，分别进行了主洞室中、下层开挖半幅施工生产性爆破试验及全幅生产性爆破试验。2012年9月27日至2012年11月13日，在主洞①中层进行了7次全幅潜孔钻"两侧结构面预裂一次成型、中间台阶微差控制松动爆破"的生产性爆破试验，其中在主洞①0＋265m～0＋307m进行5次生产性爆破试验，主洞①0＋360m～0＋380m进行2次生产性试验；在主洞②中层进行了3次手风钻"水平造孔中部抽槽微差控制松动爆破、两侧预留保护层光面爆破"的生产性爆破试验，分别在主洞②0＋81m～0＋85m、主洞②0＋71m～0＋75m、主洞②0＋42m～0＋46m进行。试验部位及主要试验项目见表4.2.7.4。

表4.2.7.4　　　　　　　主洞室中层全幅爆破试验完成情况统计表

试验地点	爆破类型	孔深/m	线密度/(g·m^{-1})	预裂孔单响药量/kg	主要测试项目	试验时间	试验情况简述
主洞①0＋307m～0＋317m	预裂爆破	12	500	82	爆破参数/岩壁质点振速/爆破松动圈测试	2012年9月27日	半孔率80%以上，岩壁最大质点振速9.88cm/s
主洞①0＋298m～0＋307m	预裂爆破	12	440	64	爆破参数/岩壁质点振速/爆破松动圈测试	2012年9月30日	半孔率90%以上，岩壁最大质点振速9.86cm/s
主洞①0＋289m～0＋298m	预裂爆破	12	470	54	爆破参数/岩壁质点振速/爆破松动圈测试	2012年10月7日	半孔率90%以上，岩壁最大质点振速9.42cm/s
主洞①0＋277m～0＋288m	预裂爆破	12	440	87	爆破参数/岩壁质点振速/爆破松动圈测试	2012年10月10日	半孔率90%以上，岩壁最大质点振速8.33cm/s
主洞①0＋265m～0＋275m	预裂爆破	12	470	81	爆破参数/岩壁质点振速/爆破松动圈测试	2012年10月13日	半孔率90%以上，岩壁最大质点振速9.50cm/s
主洞①0＋360m～0＋370m	预裂爆破	12	470	76	爆破参数/岩壁质点振速/爆破松动圈测试	2012年10月17日	半孔率90%以上，岩壁最大质点振速9.84cm/s
主洞①0＋370m～0＋380m	预裂爆破	12	470	81	爆破参数/岩壁质点振速/爆破松动圈测试	2012年10月20日	半孔率90%以上，岩壁最大质点振速8.45cm/s
主洞②0＋81m～0＋85m	光面爆破	4.2	220	35.1	爆破参数/岩壁质点振速/爆破松动圈测试	2012年11月3日	半孔率80%以上，岩壁最大质点振速3.76cm/s
主洞②0＋71m～0＋75m	光面爆破	4.2	220	35.1	爆破参数/岩壁质点振速/爆破松动圈测试	2012年11月6日	半孔率80%以上，岩壁最大质点振速8.38cm/s
主洞②0＋42m～0＋46m	光面爆破	4.2	220	35.1	爆破参数/岩壁质点振速/爆破松动圈测试	2012年11月13日	半孔率85%以上，岩壁最大质点振速6.16cm/s

注　主洞②试验区中槽爆破与周边保护层光爆在同一网络起爆，试验地点中标注的位置为中槽爆破地点。

2. 爆破振动效应试验结果

对爆破试验的实测振动数据进行回归分析，分别得到水平切向、水平径向及垂直向爆破振动衰减规律。

水平切向爆破振动的回归公式为

$$V_x = 13\rho^{0.83} \tag{4.2.7.7}$$

水平径向爆破振动的回归公式为

$$V_y = 23\rho^{1.01} \tag{4.2.7.8}$$

垂直向爆破振动的回归公式

$$V_z = 21\rho^{1.02} \tag{4.2.7.9}$$

取爆心距 $R=10\text{m}$ 进行最大单段药量控制，按照 GB 6722—2003《爆破安全规程》中一般洞室的 10cm/s 作为控制标准，则最大单段药量控制结果见表 4.2.7.5。

表 4.2.7.5　　第二层生产性爆破试验开挖最大单响药量控制结果

振速控制标准	$V \leqslant 10\text{cm/s}$		
振速方向	V_x	V_y	V_z
$Q_{\max}/\text{kg}$	342	89	107

3. 结构面预裂爆破声波检测

试验中在相关爆区布置声波孔，共布置十组，每组 3 个孔，编号为 QS1～QS30。孔呈直线布置，孔间距 1.2m，入岩 7m，倾角为 45°，做相互之间的对穿试验，主要检测爆破对边墙的影响深度。布孔图见图 4.2.7.3。

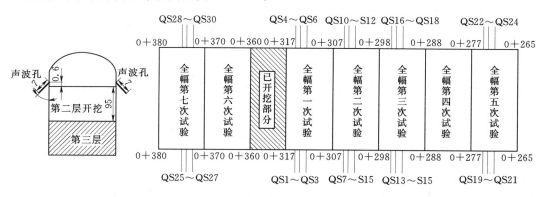

图 4.2.7.3　声波测试布孔示意图（单位：m）

声波测试成果如下：

（1）试验区域声波速度 v_P 值在 2800～6000m/s 之间，大部分测线平均波速集中在 4000～5000m/s 之间，符合该区域岩石特征。

（2）受爆破开挖及卸荷影响，预裂爆破前试验区域边墙岩体在上层开挖过程中形成的岩体松弛区的松弛深度范围在 0.00～1.00m 之间，预裂爆破后试验区域边墙岩体松弛深度没有加深。

从测试数据来看，9 条测线在爆破前后均未出现松弛的情况，一方面是由于该区域岩石整体性好，抗震性能强，另一方面也说明所采用的爆破参数合理，爆破未对岩体产生明显破坏。

（3）边墙岩体原有松弛层内平均波速下降最大为17.1％，平均波速下降为6.3％。其中波速下降最大的部位位于主洞①0＋285m～0＋307m段，该段围岩为Ⅲ₂类，岩石强度不高，岩体波速平均为3737m/s，基本在4400～2300m/s之间，同时该段的爆破参数选取较激进，造成对原有松弛层内岩石影响较大。

但可以自数据上发现，原有松弛层范围外岩体波速基本无变化，表明爆破对边墙的影响主要表现在原有松弛层范围内岩石波速进一步降低；对原有松弛深度范围外的岩体没有明显影响。

4. 结构面光面爆破声波检测

试验中在相关爆区布置声波孔，共布置四组，每组3个孔，编号为QS1～QS12。孔呈直线布置，孔间距1.2m，入岩7m，倾角为45°，进行单孔声波测试，主要检测爆破对边墙的影响深度。布孔图见图4.2.7.4。

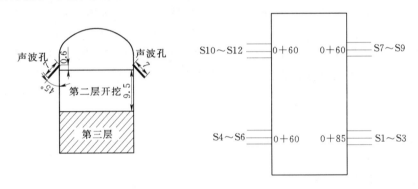

图4.2.7.4　试验声波孔布置图（单位：m）

声波测试成果如下：

（1）试验区域声波速度 v_P 值在3500～6000m/s之间，大部分测线平均波速集中在4500～5000m/s之间，符合该区域岩石特征。

（2）受爆破开挖及卸荷影响，爆破前试验区域边墙岩体松弛深度范围在0～0.80m之间，爆破后试验区域边墙在上层开挖过程中形成的岩体松弛区的深度没有加深。

（3）上层开挖过程中形成的岩体松弛区的平均波速下降最大为11.7％，松弛区范围外岩体波速基本无变化，表明爆破对边墙的影响主要表现在原有松弛区范围内岩石波速进一步降低；对松弛深度范围外的岩体没有影响。

5. 全幅开挖爆破试验结论

通过对主洞进行的结构面预裂爆破生产性爆破试验进行振动监测和爆前爆后声波测试，可以得到如下结论：

（1）通过衰减规律分析得到，主洞室中层全幅爆破的允许单响药量应控制在 $Q_{max}=89$kg以内。

（2）通过爆后监测分析可知，两侧预裂面半孔率大于80％，3m直尺检查平整度小于15cm，满足爆破开挖技术要求。

（3）尽管出现了爆破振动速度接近 10cm/s 的情况，但从声波测试成果来看，边墙松弛深度未加深，爆破对保留岩体的影响主要表现在松弛层波速降低。

（4）爆破后边墙岩体松弛深度在 0～1m 之间，处于锚固支护系统的控制范围，爆破不会对岩体稳定性造成破坏性影响。

（5）从试验结果来看，主洞室全幅台阶预裂爆破半孔率、平整度优于手风钻水平光面爆破效果，但是全幅台阶预裂单次爆破规模较大，产生的爆破振动较手风钻光面爆破振动大，且对现场施工人员技术要求高。根据施工现场试验情况，全幅台阶预裂爆破和手风钻水平光面爆破试验效果均能满足开挖施工技术要求。

（6）经过对比测试发现，预裂及光面爆破产生的振动对洞室边墙的松弛区影响均有加剧的作用，其中预裂爆破影响程度较光面爆破略大，特别是在围岩不良的 III_2 类围岩段，相对于光面爆破对围岩松弛区的岩石波速折减平均增大了 2.55%，对松弛区的最大加深有 0.25cm。但从松弛范围来看，对比预裂爆破边墙的爆破后测试的围岩松弛圈深度数据，和光面爆破的围岩松弛圈深度的数据，可以发现受爆破开挖及卸荷影响，边墙岩体松弛深度范围均在 0.00～0.80m 之间。从而说明了预裂爆破与光面爆破一样，对洞室保留围岩有效发挥了控制爆破的作用，并且从测试数据可以得出对于 I、II 类围岩，甚至 III_1 类围岩，预裂爆破相对于光面爆破对围岩松弛区的岩石波速折减平均要小 4.12%，这说明了预裂爆破提前形成的裂缝对保留岩体起到了有效的保护作用。

（7）进一步对声波测试数据分析，可以看到松弛层范围外岩体波速基本无变化，表明爆破对边墙的影响主要表现在松弛层范围内岩石波速进一步降低；对松弛深度范围外的岩体没有明显影响。边墙岩体松弛深度均处于锚固支护系统的控制范围，无论是预裂爆破还是光面爆破均不会对岩体稳定性造成破坏性影响。

4.2.7.4　爆破试验推荐方案

根据爆破试验的开挖效果，以及爆破监测和声波测试的成果分析，主洞室中、下层开挖施工中拟定的"两侧结构面预裂一次成型、中间台阶微差控制松动爆破"的开挖方式能满足施工需要。同时在主洞室中、下层开挖施工中采用"水平造孔中部抽槽微差控制松动爆破，两侧预留保护层光面爆破"的开挖方式与原拟订方案在爆破效果方面相差不大，采用生产性试验确定的工艺及参数可以满足施工需要。

根据现场实际情况，在主洞室中、下层开挖施工中采用"两侧结构面预裂一次成型、中间台阶微差控制松动爆破"的开挖方式在施工质量控制方面较优，质量控制措施较完备，可以有效控制开挖质量，质量偏差波动较小，适用于大规模施工。在施工组织方面工序控制及协调难度小，利于机械化大规模施工，可以充分发挥机械的优势，相对而言适应于高强度大

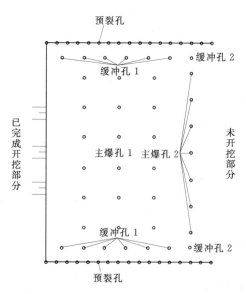

图 4.2.7.5　主洞室全幅台阶炮孔布置图

规模施工，但是施工机具投入要求较高，工作面布置较单一，调整不便。现确定两种开挖方案的推荐爆破方案如下。

1. 结构面预裂爆破方案

根据爆破试验的开挖效果，提出如下爆破设计方案：炮孔布置图见图4.2.7.5，爆破参数见表4.2.7.6。主爆孔2～3孔一响，控制最大单响起爆药量不大于89kg，采用孔外接力起爆网路。爆破网路见图4.2.7.6，装药结构见图4.2.7.7。

表 4.2.7.6   主洞室全幅台阶开挖爆破参数

孔别	孔径/mm	孔距/m	排距/m	孔深/m	堵塞长度/m	药径/mm	平均线密度/(g·m^{-1})	孔数	单孔药量/kg	总药量/kg	平均单耗/(kg·m^{-3})
主爆孔1	90	3.0	2.5	11.5	2.5	70	—	18	39	702	
主爆孔2	90	2.5	2.5	11.5	2.2	70		7	34.5	241.5	
缓冲孔1	90	1.5	1.2	11.5	2.5	70/32		12	20.5	246	0.54
缓冲孔2	90	1.5	1.2	11.5	2.5	70/32		2	23	46	
预裂孔	76	0.7	—	11.5	1.0	32	440	34	5.0	170	

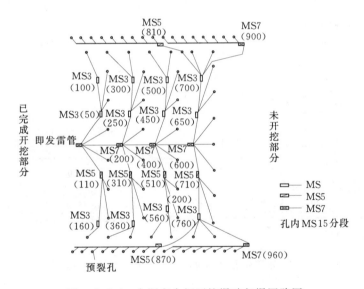

图 4.2.7.6   主洞室全幅开挖爆破起爆网路图

2. 结构面光面爆破成型方案

根据爆破试验的开挖效果，提出水平钻孔光面爆破方案见图4.2.7.8。

4.2.7.5 钻爆法精细施工流程及方法

1. 施工流程

施工过程质量检验实行"三检"制，作业班组设初检员，作业队设专职复检员，质量管理部设终检员。施工质量经三检验收合格，由监理验收签证后进行下道工序施工。每道工序验收由作业队专职复检员向终检员提交验收记录资料。施工质量控制工作流程如图

309

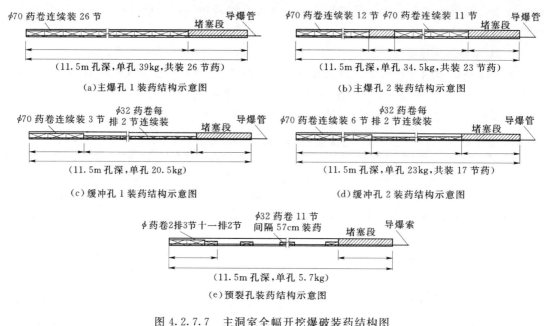

图 4.2.7.7　主洞室全幅开挖爆破装药结构图

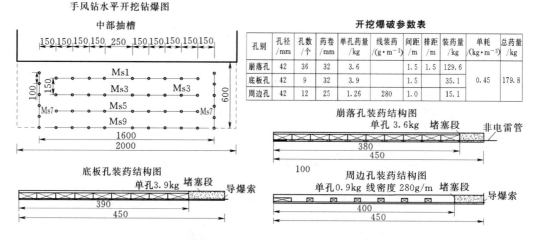

图 4.2.7.8　水平钻孔光面爆破中部抽槽开挖爆破装药结构图

4.2.7.9 所示。

2. 施工方法

（1）基础面清理。预裂孔基础面清理之前先进行边墙超欠挖检查，5cm 以上欠挖必须处理，5cm 以内的欠挖采用调整钻孔角度的方式处理，预裂基础面应清理出 1.5~2.0m 的宽度范围，表面不得有浮石、松渣，积水严重的部位应采用抽排等措施，便于测量放点和将钻机定位架置于坚实无积水的基础面上。

（2）测量放样。按钻爆设计图每个孔要进行放样。测量人员对每孔都要放出实际高程点，根据高程点技术人员计算出实际造孔深度。测量放样点和钻机的外形尺寸搭设定位架，钻机定位架应准确定位。

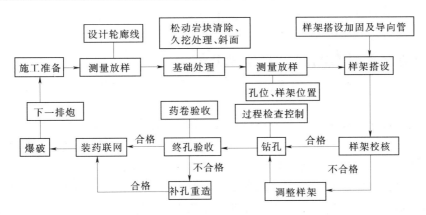

图 4.2.7.9　直墙预裂质量控制工作流程

（3）样架搭设。根据测量放样点和钻机的外形尺寸搭设定位架。钻机定位架应准确定位，底部打定位孔固定，上部用拉杆固定，斜撑用钢管加固牢靠，不得设置在松渣上。

样架搭设完成后，由三检人员、测量测量人员对样架进行测量校核。主要检查定位架的外倾角度及钻机的开口位置是否在设计开挖轮廓线上，以便有效控制超欠挖。钻机紧靠于定位架上，并与定位架用扣件牢固联结，对钻架主要检查加固是否牢固。定位架验收合格后方可实施钻孔作业。

（4）钻孔。预裂造孔实行"三定"制度，即定人、定机、定孔位施钻。对孔位进行编号，落实钻孔责任人。钻孔前应对定位架和钻杆角度进行检查，检查合格后方可施钻。开钻时应用小风压缓慢推进，孔深 0～1m 内钻速控制在 30～40min/m，孔深 1～8m 内钻进速度控制在 15～20min/m，钻进 0.5m、1.0m、2m 处由作业队复检和质量管理部终检分别对钻进方向进行复核检查，角度符合要求方可继续钻进。发现钻孔偏差及时纠偏。终孔后进行孔深和孔斜检查，凡检测到孔斜不满足要求、超过控制标准的，应及时停止钻孔，该孔用砂浆封堵，并在左右两侧 10cm 的范围内进行补钻。预裂孔经监理验收合格后方可装药。

（5）钻孔验收。终孔检查验收：验收方法采用 ϕ75PVC 管在端吊垂球测孔斜。钻孔质量经项目部三检人员和监理验收合格，并检查竹片绑药结构和药量后方可装药。

（6）装药联网验收。钻孔验收合格后，根据实际围岩地质情况确定相应的装药参数和结构，炮孔的装药、堵塞和引爆线路的联结，严格按批准的钻爆设计进行施作，严格按照爆破设计图进行装药、用非电雷管联结起爆网络，最后由炮工和值班技术员复核检查，确认无误，撤离人员和设备，炮工负责引爆。

（7）炮后排烟排险。爆破后，待洞内烟尘部分消散后，爆破人员方可进入洞内进行检查。检查的内容主要包括：有无瞎炮，有无危石等情况。若无补炮，则及时通知解除警报，恢复洞内的车辆流通。

（8）出渣。采用反铲或装载机配备 20t 自卸车出渣，运送至指定渣场。

（9）爆破分析。每次试验完成后，由工程技术人员、三检人员、作业队主要负责人进行试验效果分析，其中检测项目包括：爆破半孔率、半孔平行度、平整度、超欠挖、孔位偏差、爆破块度等。通过对检测数据进行分析，提高钻孔精度，优化装药参数，不断改进预裂施工质量。为后续爆破试验参数调整提供依据。

4.3　大型地下水封石洞围岩的分级分类

4.3.1　概述

随着国家现代化建设事业的发展，科学技术的不断进步和土地资源的日益减少，水利水电、铁道、交通、矿山、工业与民用建筑、国防等工程中，各种类型、不同用途的岩石工程日益增多。在工程建设的各阶段（规划、勘察、设计和施工）中，正确地对岩体的质量和稳定性作出评价，具有十分重要的意义。质量高、稳定性好的岩体，不需要或只需要很少的加固支护措施，并且施工安全、简便；质量差、稳定性不好的岩体，需要复杂、昂贵的加固支护等处理措施，常常在施工中带来预想不到的复杂情况。正确、及时地对工程建设涉及的岩体稳定性作出评价，是经济合理地进行岩体开挖和加固支护设计、快速安全施工，以及建筑物安全运行必不可少的条件。因此，在工程建设中，准确而及时地进行工程岩体的稳定性判断，对于保证工程施工和使用的安全具有十分重要的意义。合理的工程岩体分级是工程岩体稳定性判断的基础。

自 20 世纪 50—60 年代开始，工程岩体分级问题引起了国外岩土工程界的广泛关注。国外学者提出了许多工程岩体分级方法，并在工程中得到了不同程度的应用。自 20 世纪 70 年代以后，国内的岩土工程界也开始了工程岩体分级方法的研究，并在学习和消化国外研究成果，总结工程经验的基础上，提出了一些工程岩体分级方法，制定了相应的工程岩体分级标准，为我国经济建设的快速和健康发展做出了很大的贡献。自 20 世纪 90 年代以来，又对国内外的研究成果及工程经验进行了系统的总结，制定了一些工程岩体分级的国家规范，对许多行业标准也进行了修订。我国现行的与工程岩体分级相关的规范和标准见表 4.3.1.1。

表 4.3.1.1　　　　　　国内现行的与工程岩体分级相关的规范和标准

序号	国家规范或标准的名称与代号	行业规范及标准名称与代号
1	GB 50218—94《工程岩体分级标准》	YS 5202—2004 岩土工程勘察技术规范
2	GB 50330—2002《建筑边坡工程技术规范》	TB 10077—2001《铁路工程岩土分类标准》
3	GB 50021—2009《岩土工程勘探规范》	TB 10012—2001《铁路工程地质勘察规范》
4	GB 50086—2001《锚杆喷射混凝土支护技术规范》	JTGC 20—2011《公路工程地质勘察规范》
5	GB 50487—2008《水利水电工程地质勘察规范》	JTGD 63—2007《公路桥涵地基与基础设计规范》
6	GB 50007—2011《建筑地基基础设计规范》	JTJ 240—97《港口工程地质勘察规范》
7	GB 50307—1999《地下铁道轻轨交通岩土工程勘察规范》	JTS 147-1—2010《港口工程地基规范》

针对不同类型岩石工程的特点，根据影响岩体稳定性的各种地质条件和岩石物理力学特性，将工程岩体分成稳定程度不同的若干级别（一般称之为岩石分类或工程岩体分类，本书称工程岩体分级），以此为标尺作为评价岩体稳定的依据，是岩体稳定性评价的一种

简易快速的方法。稳定性是指在工程服务期间，工程岩体不发生破坏或有碍使用的大变形。工程岩体分级既是对岩体复杂的性质与状况的分解，又是对性质与状况相近岩体的归并，由此区分出不同的岩体质量等级。

考虑到需要区分的是稳定程度的不同，具有量的差别，是有序的；"分类"一词通常指的是属性不同的类型的区分，如按地质成因岩石可分为岩浆岩、沉积岩、变质岩等，是无序的。而"级"是"等级"的意思，有量的概念，一般将有"量"的划分称为"分级"。因此，采用"分级"一词，而不用以往比较流行的"分类"一词来衡量岩体的质量。"工程岩体"，旨在明确指出其对象是与岩石工程有关的岩体，是工程结构的一部分，共同承受荷载，是工程整体稳定性评价的对象。"岩石"一般多指小块的岩石或岩块，而建设工程总是以一定范围的岩体（并不是小块岩石）为其地基或环境的。只是由于习惯上多称这类工程为"岩石工程"，"岩体工程"的提法少见，本书仍采用"岩石工程"一词。

由于岩体分级方法是建立在以往工程实践经验和大量岩石力学试验基础上的，只需进行少量简易的地质勘察和岩石力学试验就能据以确定岩体级别，做出岩体稳定性评价，给出相应的物理力学参数，为加固措施提供参考数据，从而可以在大量减少勘察、试验工作量，缩短前期工作时间的情况下，获得这些岩石工程建设的勘察、设计和施工不可少的基本依据，并可在进一步总结实际运用经验的基础上，为制定各种岩石工程施工定额提供依据。

由于工程建设各阶段的地质勘察、岩石力学试验的工作深度和数量不同，据以确定的工程岩体级别的代表性和准确性也不同。随着设计阶段的深入，获得更多的勘察、试验资料，重复使用方法，逐步缩小划分单元，使定级的代表性和准确性提高。对于某些大型或重要工程，在施工阶段，还可进一步用实际揭露的岩体情况检验、修正已定的岩体级别。

国内外现有的各种岩体分级方法，或是定性或是定量，或是定性与定量相结合的方法，且多以前两种方法为主。定性分级，是在现场对影响岩体质量的诸因素进行鉴别、判断，或对某些指标做出评判、打分，可从全局上去把握，充分利用工程实践经验。但这一方法经验的成分较大，有一定人为因素和不确定性。定量分级，是依据对岩体（或岩石）性质进行测试的数据，经计算获得岩体质量指标，能够建立确定的量的概念。但由于岩体性质和存在条件十分复杂，分级时仅用少数参数和某个数学公式难于全面、准确地概括所有情况，实际工作中测试数量总是有限的，抽样的代表性也受操作者的经验所局限。目前最常见的方法是采用定性与定量相结合的分级方法，在分级过程中，定性与定量同时进行并对比检验，最后综合评定级别。这样可以提高分级方法的准确性和可靠性。

由于各种类型工程岩体的受力状态不同，形成多种多样的破坏形式，它们的稳定标准是不同的。即使对于同一类型岩石工程（如地下工程），由于各行业（各部门）运用条件上的差异，对岩体稳定性的要求也有很大差别（如地下发电厂与矿山回采巷道），而且各部门的勘察、设计、施工以及与施工技术有密切关系的加固或支护措施，都有自己的一套专门要求和做法。

为了编制一个统一的，各行业都能适用的工程岩体分级的通用标准，总结分析现有众多的分级方法，以及大量的岩石工程实践和岩石力学试验研究成果，按照共性提升的原则，将其中决定各类型工程岩体质量和稳定性的基本的共性抽出来，这就是只考虑岩石作为材料时的属性——岩石坚硬程度，和考虑岩石作为地质体而存在的属性——岩体完整程度，将它们作为衡量各种类型工程岩体稳定性高低的基本尺度，作为岩体分级的基本因素。

至于其他影响岩体质量和稳定性的属性，以及岩体存在的环境条件影响，如结构面的方向和组合、岩体初始应力、地下水状态等等，它们对不同类型岩石工程影响的程度各不相同，也与行业的要求有关，体现了各工程类型和行业的特殊性。所以，所有这些其他因素可以作为考虑各类型工程岩体个性的修正因素，用以为各具体类型的工程岩体作进一步的定级。

因此，分两步进行工程岩体分级：首先将由岩石坚硬程度和岩体完整程度这两个因素所决定的工程岩体性质，定义为"岩体基本质量"，据此为工程岩体进行初步定级；然后针对各类型工程岩体的特点，分别考虑其他影响因素，对已经给出的岩体基本质量进行修正，对各类型工程岩体作详细定级。由此形成一个各类型岩石工程，各行业都能接受、都适用的分级标准。

4.3.2　岩体基本质量分级

4.3.2.1　岩体基本质量的分级因素

1. 岩体基本质量应由岩石坚硬程度和岩体完整程度两个因素确定

在确定分级因素及其指标时，采取了两种方法平行进行，以便互相校核和检验，提高分级因素选择的准确性和可靠性。一种是从地质条件和岩石力学的角度分析影响岩体稳定性的主要因素，据以确定分级因素并总结国内外实践经验，综合分析选取分级因素的定量指标；另一种是采用了统计分析方法，研究我国各部门多年积累的大量测试数据，从中寻找符合统计规律的最佳分级因素。

岩体稳定的因素是多种多样的，主要是岩体的物理力学性质、构造发育情况、承受的荷载（工程荷载和初始应力）、应力变形状态、几何边界条件、水的赋存状态等。这些因素中，只有岩体的物理力学性质和构造发育情况是独立于各种工程类型的，反映了岩体的基本特性。在岩体的各项物理力学性质中，对稳定性关系最大的是岩石坚硬程度。岩体的构造发育状况，体现了岩体是地质体的基本属性，岩体的不连续性及不完整性是这一属性的集中反映。这两者是各种类型岩石工程的共性，对各种类型工程岩体的稳定性都是重要的，是控制性的。这样，岩体基本质量分级的因素，应当是岩石坚硬程度和岩体完整程度。

至于岩石风化，虽然也是影响工程岩体质量和稳定性的重要因素，但是风化作用对工程岩体特性的影响，一方面是使岩石疏软以至松散，物理力学性质变坏，另一方面是使岩体中裂隙增多，这些已分别在岩石坚硬程度和岩体完整程度中得到反映，所以没有把风化程度作为一个独立的分级因素。

为了应用聚类分析、相关分析等统计方法，根据工程实践经验来研究选取分级因素，收集了来自各部门、各工程的 460 组实测数据，从中遴选了包括岩石单轴饱和抗压强度（R_c）、点荷载强度（I_s）、岩石弹性纵波速度（v_{pr}）、岩体弹性纵波速度（v_{pm}）、重力密度

（γ）、埋深（H）、平均节理间距（d_p）（或 RQD）等七项测试指标，岩体完整性指数（K_v）、应力强度比（$\gamma H / R_c$）二项复合变量作为子样。对同一工程且岩体性质相同的各区段，以其测试结果的平均值作为统计子样。这样，最终选定的抽样总体来自各部门的 103 个工程，其中来自国防 21 个、铁道 13 个、水电 24 个、冶金和有色金属 30 个、煤炭 8 个、人防 1 个和建筑部门 6 个。经过对抽样总体的相关分析、聚类分析和可靠性分析之后，确定岩体基本质量指标的因素的参数是 R_c、K_v、γ 与 d_p。在这四项参数中，经进一步分析，γ 值绝大多数在 $23 \sim 28 \text{kN/m}^3$ 之间变动，对岩体质量的影响不敏感，可反映在公式的常数项中；而 K_v 与 d_p 在一定意义上同属反映岩体完整性的参数，考虑到 K_v 公式中的方差贡献大于 d_p，并考虑国内使用的广泛性与简化公式的需要，仅选用 K_v。这样，最终确定以 R_c 和 K_v 为定量评定岩体基本质量的分级因素。这与根据地质条件和岩石力学综合分析的结果是一致的。

2. 岩石坚硬程度和岩体完整程度采用定性划分和定量指标两种方法确定

根据定性与定量相结合的原则，岩体基本质量的两个分级因素应当同时采用定性划分和定量指标两种方法确定，并相互对比。

分级因素定性划分依据工程地质勘察中对岩体（石）性质和状态的定性描述，需要在勘察过程中，对这两个分级因素的一些要素认真观察和记录。这些资料由于获取方法直观，简便易行，有经验的工程人员易于对此进行鉴定和划分。

分级因素的定量指标是通过现场原位测试或取样室内试验取得的，这些测试和试验简单易行，一般工程条件下都可以进行。在某些情况下，如果进行规定的测试和试验有困难，还可以采用代用测试和试验方法，经过换算求得所需的分级因素定量指标。

对于定性划分出的各档次，给出了相应的定量指标范围值，以便使定性划分和定量指标两种方法确定的分级因素可以相互对比。

3. 岩石坚硬程度的定性划分

岩石坚硬程度的确定，主要应考虑岩石的成分、结构及其成因，还应考虑岩石受风化作用的程度，以及岩石受水作用后的软化、吸水反应情况。为了便于现场勘察时直观地鉴别岩石坚硬程度，在"定性鉴定"中规定了用锤击难易、回弹程度、手触感觉和吸水反应等行之有效、简单易行的方法。

岩石坚硬程度，应按表 4.3.2.1 进行定性划分。

表 4.3.2.1　　　　岩石坚硬程度的定性划分

名　称		定性鉴定	代表性岩石
硬质石	坚硬岩	锤击声清脆，有回弹，震手，难击碎；浸水后，大多无吸水反应	未风化—微风化的： 花岗岩、正长岩、闪长岩、辉绿岩、玄武岩、安山岩、片麻岩、石英片岩、硅质板岩、石英岩、硅质胶结的砾岩、石英砂岩、硅质石灰岩等
	较坚硬岩	锤击声较清脆，有轻微回弹，稍震手，较难击碎；浸水后，有轻微吸水反应	1. 弱风化的坚硬岩； 2. 未风化至微风化的： 熔结凝灰岩、大理岩、板岩、白云岩、石灰岩、钙质胶结的砂岩等

名　　称		定性鉴定	代表性岩石
软质石	较软岩	锤击声不清脆，无回弹，较易击碎；浸水后，指甲可刻出印痕	1. 强风化的坚硬岩； 2. 弱风化的较坚硬岩； 3. 未风化—微风化的： 凝灰岩、千枚岩、砂质泥岩、泥灰岩、泥质砂岩、粉砂岩、页岩等
	软岩	锤击声哑，无回弹，有凹痕，易击碎；浸水后，手可掰开	1. 强风化的坚硬岩； 2. 弱风化至强风化的较坚硬岩； 3. 弱风化的较软岩； 4. 未风化的泥岩等
	极软岩	锤击声哑，无回弹，有较深凹痕，手可捏碎；浸水后，可捏成团	1. 全风化的各种岩石； 2. 各种半成岩

在表 4.3.2.1 中，规定了用"定性鉴定"和"代表性岩石"这两者作为定性评价岩石坚硬程度的依据。在作定性划分时，应注意作综合评价，在相互检验中确定坚硬程度并定名。

在确定岩石坚硬程度的划分档数时，考虑到划分过粗不能满足不同岩石工程对不同岩石的要求，在对岩体基本质量进行分级时，不便于对不同情况进行合理地组合；划分过细又显繁杂，不便使用。鉴于上述考虑，总结并参考国内已有的划分方法和工程实践中的经验，先将岩石划分为硬质岩和软质岩二个大档次，再进一步划分为坚硬岩、软坚硬岩、较软岩、软岩和极软岩五个档次。

4. 岩石风化程度的定性划分

岩石长期受物理、化学等自然营力作用，即风化作用，致使岩石疏松以至松散，物理力学性质变坏。在确定代表性岩石时，仅仅说明是哪种岩石是不够的，还必须指明其风化程度，以便确定风化后的岩石坚硬程度级别。

岩石坚硬程度定性划分时，其风化程度应按表 4.3.2.2 确定。

表 4.3.2.2　　　　　　　　　　　岩石风化程度的划分

名称	风　化　特　征
未风化	结构构造未变，岩质新鲜
微风化	结构构造、矿物色泽基本未变，部分裂隙面有铁锰质渲染
弱风化	结构构造部分破坏，矿物色泽较明显变化，裂隙面出现风化矿物或存在风化夹层
强风化	结构构造大部分破坏，矿物色泽明显变化，长石、云母等多风化成次生矿物
全风化	结构构造全部破坏，矿物成分除石英外，大部分风化成土状

关于风化程度的划分或定义，国内外在工程地质工作上，大都从大范围的地层或风化壳的划分着眼，把裂隙密度、裂隙分布及发育情况、弹性纵波速度以及岩石结构被破坏、矿物变异等多种因素包括进去。表 4.3.2.2 关于岩石风化特征的描述和风化程度的划分，仅是针对小块岩石，为表 4.3.2.1 服务的，它并不代替工程地质中对岩体风化程度的定义

和划分。是把岩体完整程度从整个地质特征中分离出去之后，专门为描述岩石坚硬程度作的规定，主要考虑岩石结构构造被破坏、矿物蚀变和颜色变化程度，而把裂隙及其发育情况等归入另一个基本质量分级因素，即岩体完整程度中去。

在自然界里，岩石被风化的程度总是从未风化逐渐演变为全风化的，是普遍存在的一个地质现象。总结了我国采用的划分方法，并考虑在岩石坚硬程度划分和在岩体基本质量分级时便于对不同情况加以组合，将岩石风化程度划分为未风化、微风化、弱风化、强风化和全风化五种情况。

5. 岩体完整程度的定性划分

岩体完整程度是决定岩体基本质量的另一个重要因素。影响岩体完整性的因素很多，从结构面的几何特征来看，有结构面的密度、组数、产状和延伸程度，以及各组结构面相互切割关系；从结构面性状特征来看，有结构面的张开度、粗糙度、起伏度、充填情况、充填物水的赋存状态等。将这些因素逐项考虑，用来对岩体完整程度进行划分，显然是困难的。从工程岩体的稳定性着眼，应抓住影响岩体稳定的主要方面，使评判划分易于进行。经分析综合，将几何特征诸项综合为"结构面发育程度"；将结构面性状特征诸项综合为"主要结构面的结合程度"。

岩体完整程度，应按表 4.3.2.3 进行定性划分。

表 4.3.2.3 岩体完整程度的定性划分

名称	结构面发育程度		主要结构面的结合程度	主要结构面类型	相应结构类型
	组数	平均间距/m			
完整	1～2	>1.0	结合好或结合一般	节理、裂隙、层面	整体状或巨厚层状结构
较完整	1～2	>1.0	结合差	节理、裂隙、层面	块状或厚层状结构
	2～3	1.0～0.4	结合好或结合一般		块状结构
较破碎	2～3	1.0～0.4	结合差	节理、裂隙、层面、小断层	次块状或中厚层状结构
	≥3	0.4～0.2	结合好		镶嵌或碎裂结构
			结合一般		中、薄层状结构
破碎	≥3	0.4～0.2	结合差	各种类型结构面	镶嵌或碎裂结构
		≤0.2	结合一般或结合差		碎裂状结构
极破碎	无序		结合很差		散体状结构

注 平均间距指主要结构面（1～2组）间距的平均值。

表 4.3.2.3 中，规定了用结构面发育程度、主要结构面的结合程度和主要结构面类型作为划分岩体完整程度的依据。在作定性划分时，应注意对这三者作综合分析评价，进而对岩体完整程度进行定性划分并定名。

表中所谓"主要结构面"是指相对发育的结构面，即张开度较大、充填物较差、成组性好的结构面。在对洞室、边坡及岩石地基工程进行工程岩体级别确定时，主要结构面是就其产状、发育程度及结合程度等因素，对工程稳定性起主要影响的结构面。

结构面发育程度包括结构面组数和平均间距，它们是影响岩体完整性的重要方面。在进行地质勘察时，应对结构面组数和平均间距进行认真地测绘和统计。我国各部门对结构面间距的划分不尽相同（表 4.3.2.4），也有别于国外（表 4.3.2.5）。在对结构面平均间距进行划分时，主要参考了我国工程实践和有关规范的划分情况，也酌情考虑了国外划分情况。

表 4.3.2.4　　　　　　　　　　国内有关结构面间距划分情况　　　　　　　　　　单位：m

结构类型	GB 50021—2001《岩土工程勘察规范》	TB 10012—2007《铁路工程地质技术规范》	GB 50086—2001《锚杆喷射混凝土支护技术规范》	GB 50287—2006《水力发电工程地质勘察规范》	《工程地质手册》（第三版）	本书推荐
完整（整体状）	>1.0（1～2）	（1～2）	>0.8（2～3）	>1.0（1～2）	>1.5（1～2）	>1.0（1～2）
较完整（块状）	>1.0（1～2）1.0～0.4（2～3）	（2～3）	0.80～0.4（3）	1.0～0.5（1～2）0.5～0.3（2～3）	1.5～0.7（2～3）	>1.0（1～2）1.0～0.4（2～3）
较破碎（层状）	1.0～0.4（2～3）0.4～0.2（>3）	（3）	0.4～0.2（3）	0.3～0.1（2～3）<0.1（2～3）		1.0～0.4（2～3）0.4～0.2（>3）
破碎（碎裂状）	0.4～0.2（>3）≤0.2（>3）	（>3）	0.4～0.2（3）	<0.1（>3）	0.5～0.25（>3）	0.4～0.2（>3）≤0.2（>3）
极破碎（散体状）	无序	（无序）		（无序）		无序

注　表中括号（ ）为结构面组数。

表 4.3.2.5　　　　　　　　　　国外裂隙间距划分情况　　　　　　　　　　单位：m

名称	资 源 来 源		
	《加拿大岩土工程手册》，1985 年（能源部华北电力设计院，1990 年译）	美国工程师和施工者联合公司（冶金勘察总公司译，1979 年）	ISO/TC182/SC/WG1《土与岩石的鉴定和分类》
极宽	>6.0		
很宽	6.0～2.0	>3.0	>2.0
宽的	2.0～0.6	3.0～0.9	2.0～0.6
中的	0.6～0.2	0.9～0.3	0.6～0.2
密的	0.2～0.06	0.3～0.05	0.2～0.06
很密	0.06～0.02	<0.05	<0.06
极密	<0.02		

在表 4.3.2.3 中所列的"相应结构类型"，是国内对岩体完整程度比较流行的一种划分方法。为了适应已形成的习惯，列出了这些结构类型以作参考。表 4.3.2.6 引自 GB 50487—2008《水利水电工程地质勘察规范》和 GB 50287—2006《水力发电工程地质勘察规范》中关于岩体结构类型的划分方法。比较表 4.3.2.3 和表 4.3.2.6，对于结合好或结合一般的情况，表 4.3.2.3 中各类岩体完整程度下的结构面发育程度与表 4.3.2.6 中的划分基本一致；当结构面结合程度为结合差时，对应的岩体结构类型向劣化方向降低一个亚类。

表 4.3.2.6　　　　　　　　　　　　　岩 体 结 构 类 型

类型	亚类	岩体结构特征
块状结构	整体结构	岩体完整，呈巨块状，结构面不发育，间距＞100cm
	块状结构	岩体较完整，呈块状，结构面轻度发育，间距一般为 50～100cm
	次块状结构	岩体较完整，呈次块状，结构面中等发育，间距一般为 30～50cm
层状结构	巨厚层状结构	岩体完整，呈巨厚状，层面不发育，间距＞100cm
	厚层状结构	岩体较完整，呈厚层状，层面强度发育，间距一般为 50～100cm
	中厚层状结构	岩体较完整，呈中厚层状，层面中等发育
	互层结构	岩体较完整或完整性差，呈互层状，层面较发育或发育，间距一般为 10～30cm
	薄层结构	岩体完整性差，呈薄层状，层面发育，间距一般＜10cm
碎裂结构	镶嵌结构	岩体完整性差，岩块镶嵌紧密，结构面较发育到很发育，间距一般 10～30cm
	块裂结构	岩体完整性差，岩块间有岩屑和泥质物充填，嵌合中等紧密—较松弛，结构面较发育到很发育，间距一般 10～30cm
	碎裂结构	岩体破碎，结构面很发育，间距一般小于 10cm
散体结构	碎块状结构	岩体破碎，岩块夹岩屑或泥质物
	碎屑状结构	岩体破碎，岩屑或泥质物夹岩块

表 4.3.2.3 中所列的有关数据，均采用范围值而没有给出确定的界限值，是考虑到岩体（岩石）复杂多变，有一定随机性。这些数据只是从一个侧面反映其性质，评价时必须结合物性特征。在划分或以后定级时，若其有关数据恰好处于界限值上，应结合物性特征作出判定。

6. 结构面的结合程度

结构面结合程度，应从各种结构面特征，即张开度、粗糙状况、充填物性质及其性状等方面进行综合评价。规定这几个方面内容作为评价划分的依据，一是因为它们是决定结构面的结合程度的主要方面，再则也是为了便于在进行划分时适应野外工作的特点，工程师在野外观察时凭直观就能判断。将这几方面的情况分析综合，相互搭配，划分为结合好、结合一般、结合差、结合很差四种情况。

结构面的结合程度，应根据结构面特征，按表 4.3.2.7 确定。

表 4.3.2.7　　　　　　　　　结构面结合程度的划分

名　称	结 构 面 特 征
结合好	张开度小于 1mm，无填充物； 张开度 1～3mm，为硅质或铁质胶结； 张开度大于 3mm，结构面粗糙，为硅质胶体
结合一般	张开度 1～3mm，为钙质或泥质胶结； 张开度大于 3mm，结构面粗糙，为铁质或钙质胶结
结合差	张开度 1～3mm；结构面平直，为泥质或泥质和钙质胶结； 张开度大于 3mm，多为泥质或屑质充填
结合很差	泥质充填或泥夹岩屑充填，充填物厚度大于起伏差

张开度是指结构面缝隙紧密的程度，国内一些部门在工程实践中，各自作了定量划分，见表 4.3.2.8 所列。从表中可看出张开度划分界限最大值为 5.0mm，最小值为 0.1mm。考虑到适用于野外定性鉴别，对大于 3.0mm 者，从工程角度看，已认为是张开的了，再细分无实际意义；小于 1.0mm 者再细分肉眼不易判别。所以确定了表 4.3.2.7 张开度的划分界限。

表 4.3.2.8　　　　　　　　　　结构面张开度划分情况

名　　称	张开度/mm	张开程度
GJB 2813—1997《军队地下工程勘测规范》	>1.0	张开
	<1.0	闭合
TB 10003—2005《铁道隧洞设计规范》	>1.0	无充填张开
	0.5~1.0	张开
	0.1~0.5	部分张开
	<0.1	紧闭
DL/T 5104—1999《火力发电工程地质测绘技术规定》	>5.0	宽开
	1.0~5.0	张开
	0.2~1.0	微张
	<0.2	密闭
SL 299—2004《水利水电工程地质测绘规定》	≥5.0	张开
	0.5~5.0	微张
	≤0.25	闭合
推荐	>3.0	张开
	1.0~3.0	微张开
	<1.0	闭合

当鉴定结构面结合程度时，还应注意描述缝隙两侧壁岩性的变化，充填物性质（来源、成分、颗粒粗细），胶结情况及赋水状态等，综合分析评价它们对结合程度的影响。

结构面粗糙情况，是决定结构面结合程度好坏的一个重要方面。从工程稳定方面看，对于结构面，人们所关心的是其抗滑能力，而结构面侧壁的粗糙度程度，常在很大程度上影响着它的抗滑能力。因此，国内各方面都着力对结构面粗糙度进行鉴别和划分，这些划分方法对粗糙度尚无确切的含义和标准，仅从结构面的成因和形态来划分，较为抽象，不便使用。再者，考虑到通用性，也不宜作繁杂具体的规定。

4.3.2.2　定量指标的确定和划分

1. 岩石坚硬程度

岩石坚硬程度，是岩石（或岩块）在工程意义上的最基本性质之一。它的定量指标和岩石组成的矿物成分、结构、致密程度、风化程度以及受水软化程度有关。表现为岩石在外荷载作用下，抵抗变形直至破坏的能力。表示这一性质的定量指标，有岩石单轴抗压强度（R_c）、弹性（变形）模量（E_r）、回弹值（r）等。在这些力学指标中，单轴抗压强度容易测得，代表性强，使用最广，与其他强度指标相关密切，同时又能反映出岩石受水软化的性质，因此，筛选采用单轴饱和抗压强度（R_c）作为反映岩石坚硬程度的定量指标。

岩石坚硬程度的定量指标，应采用岩石单轴饱和抗压强度（R_c）。R_c 应采用实测值。当无条件取得实测值时，也可采用实测的岩石点荷载强度指数 $[I_{s(50)}]$ 的换算值，并按下式换算：

$$R_c = 22.82 I_{s(50)}^{0.75} \tag{4.3.2.1}$$

岩石点荷载强度试验广泛开展，主要用于岩石分级和预估单轴抗压强度。这项试验以其方法简便、有利于现场试验、成本低、可对未加工成型的岩块进行测试等优点，得到广泛使用，在我国已取得新的进展并积累了大量测试资料。

国内外研究结果表明，岩石点荷载强度与单轴饱和抗压强度之间有一定的相关性，表 4.3.2.9 列举了二者之间的回归方程。

表 4.3.2.9   岩石单轴饱和抗压强度与点荷载强度关系

名　　称	R_c 与 $I_{s(50)}$ 的关系	相关系数	岩石类别
Broch&Franklin（1972），Bieniawski（1975）	$R_c = (23.7 - 24) I_{s(50)}$	0.88	砂岩、板岩、大理岩、玄武岩、花岗岩、苏长岩等十多种岩石
国际岩石力学试验方法委员会建议方法（1985）	$R_c = (20 - 25) I_{s(50)}$		
成都地质学院（向桂馥，1986）	$R_c = 18.9 I_{s(50)}$	0.88	沉积岩
长沙矿山研究院（金细贞、姜荣超，1987）	对坚硬岩石 $R_c = 53.7 + 15 I_{s(50)}$	0.98	砂岩、白云岩、页岩、灰岩、大理岩、花岗岩、石英岩，等
铁道部第二勘测设计院（李茂兰，1990）	$R_c = 22.819 I_{s(50)}^{0.746}$	0.90	包括高、中、低 3 类强度的岩石，共计 743 组对比试验
北京勘测设计研究院（胡庆华，1997）	$R_c = 19.59 I_{s(50)}$	0.78	安山岩
中铁大桥勘测设计院有限公司（何凤雨，2009）	$R_c = (17.65 - 25.2) I_{s(50)}$		砂岩、白云岩、花岗岩、玄武岩，不同风化程度
长江科学院（2011）	$R_c = 21.86 I_{s(50)}$	0.85	灰岩、砂岩、大理岩、花岗岩、粉砂岩，等
TB 10115—98《铁路工程岩石试验规程》	$R_c = 24.3382 I_{s(50)}^{0.7333}$		

根据国内现有的测试方法和试验研究成果，考虑测试岩石种类的代表性，测试数据的可靠程度，采用式（4.3.2.1），此式为幂函数形式。该拟合式主要是在铁道部第二勘测设计院试验成果回归方程的基础上获得。考察国际岩石力学试验方法委员会建议方法和国内对不同岩性试验成果回归方程式，基于（4.3.2.1）的单轴抗压强度适中。

由于点荷载试验加荷特点和试件受荷载时破坏特征，该项试验不适用于砾岩和 $R_c <$ 5MPa 的极软岩。

在实际操作中，宜首先考虑采用单轴饱和抗压强度作为评价岩石坚硬程度的指标，并参与岩体基本质量指标的计算。若用实测的 $I_{s(50)}$ 时，则必须按式（4.3.2.1）换算成 R_c 值后再使用。

2. 岩石单轴饱和抗压强度

岩石单轴饱和抗压强度（R_c）与定性划分的岩石坚硬程度的对应关系，可按表4.3.2.10确定。

表 4.3.2.10　　　　　　　　R_c 与定性规划的岩石坚硬程度的对应关系

R_c/MPa	>60	60～30	30～15	15～5	≤5
坚硬程度	硬质岩		软质岩		
	坚硬岩	较坚硬岩	较软岩	软岩	极软岩

表4.3.2.10给出R_c值与岩石坚硬程度的对应关系，是为了将岩石坚硬程度的定量指标R_c分成与定性划分相对应的档次，也使定性划分的岩石坚硬程度有一个大致的定量范围值。

国内各部门，多采用R_c这一定量指标来划分岩石坚硬程度，参见表4.3.2.11。从表中可知，各部门所划分的档数和界限值虽不尽相同，但都以30MPa作为硬质岩与软质岩的划分界限。从工程实践来看，这种划分是合适的，为工程界所公认。从工程稳定方面考虑，对坚硬岩，取R_c>60MPa就足够了，不需再细分。软质岩分为三档，而未采用大多数有关规范、手册的二档划分，是因为这有利于对不同强度软质岩的稳定性评价。

表 4.3.2.11　　　　　　　　国内岩石坚硬程度的强度划分

名　称	硬质岩 R_c/MPa			软质岩 R_c/MPa		
	极硬岩	坚硬岩	较硬岩	较软岩	软岩	极软岩
GB 5007—2002《建筑地基基础设计规范》	>60		60～30	30～15	15～5	≤5
JTJ D63—2007《公路桥涵地基与基础设计规范》	>60		60～30	30～15	15～5	≤5
GJB 2813—1997《军队地下工程勘测规范》	>60	60～30		30～15	15～5	<5
TB 10012—2007《铁道工程地质勘察规范》	>60	60～30		<30		
TB 10003—2005《铁道隧洞设计规范》	>60	60～30		30～15	15～5	<5
《工程地质手册》（第三版）1992年	>60	60～30		30～5		<5
GB 50021—2001《岩土工程勘察规范》	>60		60～30	30～15	30～15	<5
DL/T 5195—2004《水工隧洞设计规范》	>60		60～30	30～15	15～5	
GB 50487—2008《水利水电工程地质勘察规范》	>60		60～30	30～15	15～5	≤5
GB 50287—2006《水力发电工程地质勘察规范》	>60		60～30	30～15	15～5	
《水电站大型地下洞室围岩稳定和支护的研究和实践成果汇编》（水利电力部昆明勘测设计院，1986年）	>100	100～60	60～30	30～15	15～5	<5
推荐值	>60		60～30	30～15	15～5	<5

3. 岩体完整程度的定量指标

岩体完整程度的定量指标，国内外采用的不尽相同。较普遍的有：岩体完整性指数K_v、岩体体积节理数J_v、岩石质量指标RQD、节理平均间距d_p、岩体与岩块动静弹模比、岩体龟裂系数、1.0m长岩芯段包括的裂隙数等。这些指标均从某个侧面反映了岩体的完整程度。目前国内的诸多岩体分级方法中，大多数认为前三项指标能较全面地体现岩体的完整状态，其中 K_v 和 J_v、两项具有应用广泛、测试或量测方法简便的特点。RQD 值国外应用较多，美国迪尔（Deer）在提出这一定量指标时，是有严格规定的，要求用 NX 钻头（直径 $2\frac{1}{8}$in 的金刚石钻头），双层岩芯管钻进。在我国工程勘探中，金刚石钻头的使用还未普及，钻具型号也不够规范，有的单位虽尝试获取 RQD 值，但缺乏统一性和可比性。因此只选用 K_v 和 J_v 来定量评定岩体的完整程度和计算岩体基本质量指标。

岩体完整程度的定量指标，应采用岩体完整性指数（K_v）。K_v 应采用实测值。当无条件取得实测值时，也可用岩体体积节理数（J_v），按表 4.3.2.12 确定对应的 K_v 值。

表 4.3.2.12 J_v 与 K_v 对照表

$J_v/$（条·m^{-3}）	<3	3~10	10~20	20~35	≤35
K_v	>0.75	0.75~0.55	0.55~0.35	0.35~0.15	≤0.15

岩体内普遍存在的各种结构面及充填的各种物质，使得声波在它们内部的传播速度有不同程度的降低，岩体弹性纵波速度（v_{pm}）反映了由于岩体不完整性而降低了的物理力学性质。岩块则认为基本上不包含明显的结构面，测得的岩石弹性纵波速度（v_{pr}）反映的是完整岩石的物理力学性质。所以，$K_v\left[K_v=\left(\dfrac{v_{pm}}{v_{pr}}\right)^2\right]$ 既反映了岩体结构面的发育程度，又反映了结构面的性状，是一项能较全面地从量上反映岩体完整程度的指标。因此，表 4.3.2.12 以 K_v 值为主要定量指标。

岩体体积节理（这里泛指各种结构面）数 J_v 值是国际岩石力学委员会推荐用来定量评价岩体节理化程度和单元岩体的块度的一个指标。经国内铁道、水电及国防等部门一些单位应用，认为它具有上述物理含意，而且在工程地质勘察各阶段及施工阶段均容易获得。考虑到它不能反映结构面的结合程度，特别是结构面的张开程度和充填物性状等，而这些恰是决定岩体完整程度的重要方面。因此，规定 J_v 值作为评价岩体完整程度的代用定量指标，没有用为主要的定量指标。

考虑到工程建设的可行性研究阶段，某些中、小型工程以及一些缺乏测试手段的单位，尚未或未能开展声波测试工作，无法获取 K_v 值，故也可采用 J_v 值，但须按表 4.3.2.12 查得对应的 K_v 值后再使用。

对岩体 J_v 值的量测统计，应符合以下规定：

（1）应针对不同的工程地质岩组或岩性段，选择有代表性的露头或开挖壁面进行节理（结构面）统计。除成组节理外，对延伸长度大于 1m 的分散节理亦应予以统计。已为硅质、铁质、钙质充填再胶结的节理不予统计。

（2）每一测点的统计面积，不应小于 $2m \times 5m$ 岩体 J_v 值，应根据节理统计结果，按下式计算：

$$J_v = S_1 + S_2 + \cdots + S_n + S_k \tag{4.3.2.2}$$

式中：J_v 为岩体体积节理数，条/m^3；S_n 为第 n 组节理每米长测线上的条数；S_k 为每立方米岩体非成组节理条数。

国内一些单位对 J_v 与 K_v 的关系作了研究，认为这二者之间有较好的对应关系，例如，表 4.3.2.13（水电部昆明勘测设计院）、表 4.3.2.14（铁道部科学研究院西南分院）中所列。J_v 与 K_v 对照表 4.3.2.12 综合了这些科研成果。

表 4.3.2.13　　　　　　　　　　J_v 与 K_v 对照表

岩体完整程度	完整	较完整	完整性差	破碎
J_v	<3	3～10	10～30	>30
K_v	1.0～0.75	0.75～0.45	0.45～0.2（软）	<0.2（软岩）
			0.45～0.1（硬）	<0.1（硬岩）

表 4.3.2.14　　　　　　　　　　J_v 与 K_v 对照表

J_v	<5（巨块状）	5～15（块状）	15～25（中等块状）	25～35（小块状）	>35（碎块状）
K_v	1.0～0.85（极完整）	0.85～0.65（完整）	0.65～0.45（中等完整）	0.45～0.25（完整性差）	<0.25（破碎）

4. 岩体完整性指数（K_v）

岩体完整性指数（K_v）与定性划分的岩体完整程度的对应关系，可按表 4.3.2.15 确定。

表 4.3.2.15　　　　　　K_v 与定性划分的岩体完整程度的对应关系

K_v	>0.75	0.75～0.55	0.75～0.55	0.35～0.15	≤0.15
完整度	完整	较完整	较破碎	破碎	极破碎

表 4.3.2.15 给出 K_v 值与岩体完整程度的对应关系，是为了将岩体完整程度的定量指标 K_v 分成与定性划分相对应的档次，也使定性划分的岩体完整程度有一个大致的定量范围值。

国内一些单位或规范根据 K_v 值对岩体完整程度作了划分，如表 4.3.2.16 所列。总结和参考了这些划分情况，并根据编制过程中收集的样本资料，在表 4.3.2.15 中给出了与定性划分相对应的各档次的岩体完整性指数 K_v 值。

表 4.3.2.16　　　　　　国内岩体完整性系数 K_v 划分情况

名　　称	完整程度 K_v				
	整体状结构	块状结构	碎裂镶嵌结构	碎裂结构	散结构体
GB 50086—2001《锚杆喷射混凝土技术规范》	>0.75	0.75～0.55	0.55～0.35	0.35～0.15	<0.15
DL/T 5159—2004《水工隧道设计规范》	>0.75	0.75～0.55	0.55～0.35	0.35～0.15	<0.15
《岩体工程地质力学基础》（谷德振，1979）	>0.75	0.55～0.5	0.5～0.3	0.3～0.2	<0.2
GB 5007—2002《建筑地基基础设计规范》	>0.75	0.75～0.55	0.55～0.35	0.35～0.15	<0.15
JTJ D63—2007《公路桥涵地基与基础设计规范》	>0.75	0.75～0.55	0.55～0.35	0.35～0.15	<0.15
TB 10012—2007《铁道工程地质勘察规范》	>0.75	0.75～0.55	0.55～0.35	0.35～0.15	<0.15
GB 50487—2008《水利水电工程地质勘察规范》	>0.75	0.75～0.55	0.55～0.35	0.35～0.15	<0.15

4.3.2.3 岩体基本质量分级

1. 基本质量级别的确定

岩体基本质量分级，是各类型工程岩体定级的基础。应根据岩体基本质量的定性特征与基本质量指标（BQ）相结合，进行岩体基本质量分级。

岩体基本质量的定性特征是两个分级因素定性划分的组合，根据这些组合可以进行岩体基本质量的定性分级。而岩体基本质量指标（BQ）是用两个分级因素定量指标计算求得的，根据所确定的（BQ）值可以进行岩体基本质量的定量分级。定性分级与定量分级相互验证，可以获得较准确的定级。

岩体基本质量分级，应根据岩体基本质量的定性特征和岩体基本质量指标（BQ）两者相结合，按表 4.3.2.17 确定。

表 4.3.2.17　　　　　　　　岩 体 基 本 质 量 分 级

基本质量级别	岩体基本质量的定性特征	岩体基本质量指标（BQ）
Ⅰ	坚硬岩，岩体完整	＞550
Ⅱ	坚硬岩，岩体较完整； 较坚硬岩，岩体完整	550～451
Ⅲ	坚硬岩，岩体较破碎； 较坚硬岩或软硬岩互层，岩体较完整； 较软岩，岩体完整	450～351
Ⅳ	坚硬岩，岩体破碎； 较坚硬岩，岩体较破碎至破碎； 较软岩或软硬岩互层，且以软岩为主，岩体较完整—较破碎； 软岩，岩体完整至较完整	350～251
Ⅴ	较软岩，岩体破碎； 软岩，岩体较破碎—破碎； 全部极软岩及全部极破碎岩	≤250

在工程建设的不同阶段，地质勘察和参数测试等工作的深度不同，对分级精度的要求也不尽相同。可行性研究阶段，可以定性分级为主；初步设计、技术设计和施工设计阶段，必须进行定性和定量相结合的分级工作。在工程施工期间，还应根据开挖所揭露的岩体情况，补充勘察及测试资料，对已划分的岩体等级加以检验和修正。由于岩体的地质条件复杂多变，一个工程所遇到的岩体往往要划分为几个级别。

对岩体基本质量进行分级，需要决定分级档数。可靠性分析的研究成果表明，评级的可靠程度随着档数的增多而降低；但另一方面，当抽样总体中的样本足够时，评级的预报精度却往往随分级档数的增多而增加。因此，应当选择一个适中的档数，既便于工程界使用，又有合理的可靠度与精度。考虑到目前在国内外的分级方法中，多采用五级分级法，这个档数能较好地满足以上要求，故表 4.3.2.17 将分级档数定为五级。

当根据基本质量定性特征和基本质量指标（BQ）确定的级别不一致时，应通过对定性划分和定量指标的综合分析，确定岩体基本质量级别。这是根据基本质量的定性特征做出的岩体基本质量定性分级，与根据基本质量指标（BQ）做出的定量分级不一致时的处理方法。出现定性分级与定量分级不吻合的情况是经常发生的，也是正常的。若两者定级不一致，可能是定性评级不符合岩体实际的级别，也可能是测试数据在选用或实测时缺乏代表性，或两者兼而有之。必要时，应重新进行定性鉴定和定量指标的复核，在此基础上经综合分析，重新确定岩体基本质量的级别。

为了提高定级的准确性，宜由有经验的人作定性分级，定量指标测试的地点与定性分级的岩石工程部位应一致。对Ⅲ级以下（含部分Ⅲ级）的岩体，应慎重确定级别，以确保工程安全。

2. 基本质量的定性特征和基本质量指标

（1）岩体基本质量的定性特征，应由表 4.3.2.1 和表 4.3.2.3 所确定的岩石坚硬程度和岩体完整程度组合确定。岩石坚硬程度和岩体完整程度定性划分后，二者组合成定性特征，进行仔细的综合分析、评价，按表 4.3.2.17 对岩体基本质量作出定性评级。

岩体基本质量指标（BQ），应根据分级因素的定量指标 R_c 的兆帕数值和 K_v，按下式计算：

$$BQ = 90 + 3R_c + 250K_v \qquad (4.3.2.3)$$

应注意使用式（4.3.2.3）时，应遵守下列限制条件：

1）当 $R_c > 90K_v + 30$ 时，应以 $R_c = 90K_v + 30$ 和 K_v 代入计算 BQ 值。

2）当 $K_v > 0.04R_c + 0.4$ 时，应以 $K_c + 0.04R_c + 0.4$ 和 R_c 代入计算 BQ 值。

（2）根据分级因素的定量指标对岩体质量进行定量分级的方法有上百种，经归纳大致可分为三种：①单参数法，如 RQD 法（U. D. Deere，1969）；②多参数法，如围岩稳定性动态分级法（林韵梅等，1984）；③多参数组成的综合指标法，如坑道工程围岩分类（邢念信等，1984），Q 分类法（N. Barton，1974），等。

本工程采用多参数法，以两个分级因素的定量指标 R_c 及 K_v 为参数，计算求得岩体基本质量指标（BQ），作为划分级别的定量依据。

由 R_c 和 K_v 两因素构成的基本质量指标可由多种函数形式来表达。流行的方法有积商法与和差法。本工程采用逐步回归，逐步判别等方法建立并检验基本质量指标（BQ）的计算公式，属于和差模型。

由 K_v 和 R_c 所确定的 BQ 值，根据逐次回归法建立。其计算模式以 K_v 和 R_c 为因素，BQ 为因变量，经回归比较先后采用二元线性回归及二元二次多项式回归等方式，最后选定为带两个限定条件的二元线性回归公式，如式（4.3.2.3）。

使用式（4.3.2.3）时应遵守的限制条件，限制条件分别以两个连续函数的形式，规定了该式上下限的使用条件。给出的限制条件之一，是对式（4.3.2.3）上限的限制，这是注意到岩石的 R_c 过大，而岩体的 K_v 不大时，对于这样坚硬但完整性较差的岩体，其稳定性是比较差的，R_c 虽高但对稳定性起不了那么大的作用，如果不加区别地将原来测得的 R_c 值代入公式，过大的 R_c 值使得岩体基本质量指标（BQ）大为增高，造成对岩体质量等级及实际稳定性做出错误的判断。使用这一限制条件，可获得经修正过的 R_c 值。例如，当 $K_v = 0.55$ 时，实测 R_c 值大于 79.5MPa，取用 79.5MPa，否则取用实测值。

第二个限制条件，是对式（4.3.2.3）下限的限制，这是针对岩石的 R_c 很低，而相应的岩体 K_v 值过高的情况下给定的。这是注意到，完整性虽好但甚为软弱的岩体，其稳定性仍然是不好的，将过高的实测 K_v 值代入公式也会得出高于岩体实际稳定性或质量等级的错误判断。使用这一限制条件，可获得经修正过的 K_v 值。例如，当 $R_c=10\text{MPa}$ 时，实测 K_v 值大于 0.8 取用 0.8，否则取用实测值。

式（4.3.2.3）依据的样本数据为 103 个工程，包括国防 21 个，铁路 13 个，水电 24 个，冶金和有色金属 30 个，煤炭 8 个，人防 1 个及建筑部门 6 个。后期又收集到 47 组新增样本数据，与原样本数据一起，重新进行了回归分析。计算结果为

$$BQ=96+2.6R_c+280K_v$$

相应应遵守下列限制条件为：

1）当 $R_c>85K_v+30$ 时，应以 $R_c=85K_v+30$ 和 K_v 代入计算 BQ 值；

2）当 $K_v>0.03R_c+0.4$ 时，应以 $K_c=0.03R_c+0.4$ 和 R_c 代入计算 BQ 值。

经应用以来的综合调研及上述分析，肯定了原 BQ 计算公式的合理性。由于上述重新回归分析后的结果与原公式相差不大，考虑分级标准的连续性和推广应用情况，建议原公式暂不调整，仍沿用原公式。

4.3.3 工程岩体分级

4.3.3.1 工程岩体分级因素

工程岩体分级的目的是为工程岩体稳定性的判断提供依据，因此，工程岩体分级所要考虑的因素，应以影响工程岩体稳定性的因素为基础。影响工程岩体稳定性的因素是多种多样的，概括起来主要有岩石的物理力学性质、结构面发育情况、地下水环境条件、地应力环境条件、工程类别等多个方面。目前在国内外的工程岩体分级方法中常用的分级因素见表 4.3.3.1。

表 4.3.3.1　　　　　　　　　　工程岩体分级因素

分级对象	分级类型	分级因素	具体指标或判别条件
岩石	坚硬程度 风化程度	现场定性鉴定 测试指标 现场定性鉴定 测试指标	锤击声、回弹情况、手感、浸水反应 岩石的单轴饱和抗压强度（R_c）、点荷载强度指数（I_{SISNS}） 矿物的色泽、结构、构造变化，裂隙面的颜色、渲染情况 岩体纵波波速（V_{Pm}）、风化系数（K_f）、波速比（K_v'）、标准贯入击数（N）等
结构面	产状、密集程度、形态结合程度	结构面密集程度 结构面结合程度 结构面形态特征 产状	组数、间距 张开程度、胶结或充填情况 起伏度、粗糙度 与工程特征线或面的组合情况
岩体赋存环境	地下水	潮湿程度 出水情况 水压力与地应力的相对大小	单位长度出水量等 节理水压力与 σ_{max} 的比值等
	地应力	初始应力	岩壁剥离、岩爆发生、岩芯饼化现象出现情况，岩石强度应力比（$S=R_cK_v/\sigma_{max}$）或岩体强度应力比（$S_m=R_cK_v/\sigma_{max}$）等

注　1. 风化系数（K_f）为已风化岩石的中轴饱和抗压强度与未风化化岩的单轴饱和抗压强度之比。

　　　2. 波速比（K_v'）为岩体的纵波波速与岩石的纵波波速为之比。

4.3.3.2　工程岩体分级因素的选择与处理

目前，国内外的岩体分级方法多种多样。对于岩体分级方法的分类，目前还没有统一的标准。按照分级方法的适用范围，可分为通用分级方法和专用分级方法两大类。按照分类的目的，可分为地质分级和工程分级两大类。按照分级用途的不同，可分为岩体的质量分级、稳定性分级、可钻性分级、爆破性分级等。按照行业，可分为水利水电工程围岩分类、公路隧道围岩分类、铁路隧道围岩分类、矿山巷道围岩分类、军工坑道围岩分类、喷锚支护规范围岩分类等。按照工程类型，可分为洞室围岩分级、大坝岩体分级、地基围岩分级、边坡岩体分级、隧道围岩分级等。按照所采用的地质勘察手段，有锤击、强度试验、岩芯采取率分析、浸水反应、回弹法、弹性波探测等分级方法。按照所使用的分级判据不同，又可分为单因素岩体分级和多因素岩体分级。按照表达方式不同又可分为定性岩体分级，定量岩体分级和定性定量综合岩体分级。按照所采用的分析工具不同，有概率统计法、模糊综合评价法、多层次综合评价法、灰色聚类分析法等多种岩体分级手段。

1. 岩石的坚硬程度和岩体的完整程度

在众多的岩体分级因素中，岩石的物理力学性质和结构面发育情况是反映岩体基本特性的因素。在岩石的各项物理力学性质中，对稳定性关系最大的是岩石的坚硬程度。岩体的结构面发育状况，主要反映在对岩体完整性的影响和部分结构向对工程岩体稳定性的控制作用两个方面，其中对岩体完整性的影响体现了岩体是地质体的基本属性，而结构面对工程岩体稳定性的控制作用则和工程的类别及具体特征线或临空面的产状有关。因此，岩石的坚硬程度和岩体的完整程度是独立于工程类型之外的，对各种类型工程岩体的稳定性都非常重要，是工程岩体分级的基本因素，被各种岩体分级方法广泛选用。

2. 岩石的风化程度

虽然岩石的风化作用可以使岩石的物理力学性质恶化，也是影响工程岩体稳定性的重要因素，但由于风化作用对工程岩体特性的影响，可以在岩石的坚硬程度和岩体的完整程度中得到反映。所以，国内外的各种工程岩体的综合等级划分中均没有把风化程度作为一个独立的分级因素。

3. 地下水

地下水对岩体质量的影响，不仅与地下水的赋存状态有关，还与岩石性质和岩体完整程度有关。岩石越致密，强度越高，完整性越好，则地下水的影响越小。反之，地下水的不利影响越大。目前国内外岩体分级方法中，对于地下水对工程岩体的影响主要有修正法、降级法、限制法、不考虑 4 种处理方法。我国现行的规范及标准中，考虑地下水对岩体质量影响的有 GB 50330—2002《建筑边坡工程技术规范》、GB 50218—94《工程岩体分级标准》、GB50086—2001《锚杆喷射混凝土支护技术规范》、《岩土工程勘察技术规范》、GB 50487—2008《水电工程地质勘察规范》，详见表 4.3.3.2。

4. 地应力

目前国内外岩体分级方法中，对于地应力的影响土要有修正法、限制法、不考虑 3 种

表 4.3.3.2   我国现行的岩体分级规范和标准中对地下水和地应力的处理

岩体分类标准	地下水	地应力
《建筑边坡工程技术规范》	降级法，地下水发育时对Ⅱ，Ⅲ级降低一级	不考虑
《工程岩体分级标准》（围岩分类）	修正法。根据地下水出水情况等给出定量的修正系数对 BQ 值进行修正	修正法。根据岩石强度应力比（$S = R_c/\sigma_{max}$）等给出定量的修正系数对 BQ 值进行修正
《锚杆喷射混凝土技术规范、岩土工程勘察技术规范》	降级法，对Ⅲ、Ⅳ级岩体适当降级	限制法。在工程岩体分级中将岩体强度应力比（$S_m = R_c K_v/\sigma_{mn}$）作为分级参数
《水电工程地质勘察规范》（围岩分类）	修正法，给出定量的修正系数对 T 值进行修正	

处理方法。在我国现行的规范和标准中，考虑地应力对岩体质量影响的有 GB 50218—94《工程岩体分级标准》、GB 50086—2001《锚杆喷射混凝土支护技术规范》、YS 5202—2004《岩土工程勘察技术规范》、GB 50487—2008《水利水电工程地质勘察规范》，详见表 4.3.3.2。已基本统一，GB 50307—1999《地下铁道轻轨交通岩土工程勘察规范》的制定过程中已考虑剑了同 YS 5202—2004《岩土工程勘察规范》接轨等。如 GB 50021—2009《岩土工程勘察规范》、GB 50218—94《工程岩体分级标准》等国家规范的制定过程中均已考虑到了同国际接轨。

4.3.3.3   工程岩体级别的确定

1. 岩体基本质量确定

对工程岩体进行初步定级时，宜按表 4.3.2.17 规定的岩体基本质量级别作为岩体级别。岩体基本质量，反映了岩体质量的最基本的内容，或反映了影响工程岩体稳定的主要方面。对各类型工程岩体，作为分级工作的第一步或初步定级，在基本质量确定后，可用基本质量的级别作为工程岩体的级别。这里是基于以下几个方面：

（1）初步定级一般是在工程勘察设计的初期阶段（如可行性或预可行性研究阶段等），勘察资料不全，工作还不够深入，各项修正因素尚难于确定，作为初步定级，可暂用基本质量的级别作为工程岩体的级别。

（2）对于小型或不太重要的工程，可直接采用基本质量的级别作为工程岩体的级别。

2. 岩体基本质量修正

对工程岩体进行详细定级时，应在岩体基本质量分级的基础上，结合不同类型工程的特点，考虑地下水状态、初始应力状态、工程轴线或走向线的方位与主要软弱结构面产状的组合关系等必要的修正因素，确定各类工程岩体基本质量指标修正值。

对工程岩体详细定级时应考虑的修正因素。影响工程岩体稳定性的诸因素中，岩石坚硬程度和岩体完整程度是岩体的基本属性，是各种岩石工程类型的共性，反映了岩体质量的基本特征，但它们远不是影响岩体稳定的全部重要因素。地下水状态、初始应力状态、工程轴线或走向线的方位与主要软弱结构面产状的组合关系等，也都是影响岩体稳定的重要因素。这些因素对不同类型的岩石工程，其影响程度往往是不一样的。例如，某一陡倾角结构面，走向近乎平行工程轴线方位，对地下工程来说，对岩体稳定是很不利的，但对坝基抗滑稳定的影响就不那么大，若结构面倾向上游，则可基本上不考虑它的影响。

随着设计工作的深入，地质勘察资料增多，就应结合不同类型工程的特点、边界条件、所受荷载（含初始应力）情况和运用条件等，引入影响岩体稳定的主要修正因素，对工程岩体作详细地定级。

所谓"工程轴线"，是指地下洞室的洞轴线、大坝的坝轴线；"工程走向线"是指边坡工程的坡面走向线等。

3. 岩体初始应力状态的考虑

岩体初始应力状态，有实测地应力成果时，直接利用实测值。根据需要，通过回归分析确定初始应力场；当无实测资料时，可根据工程埋深或开挖深度、地形地貌、地质构造运动史、主要构造线和开挖过程中出现的岩爆、岩芯饼化等特殊地质现象，按下列方法对初始应力场作出评估：

（1）较平缓的孤山体，一般情况下，初始应力的垂直向应力为自重应力，水平向应力不大于 $\gamma H v/(1-v)$。

（2）通过对历次构造形迹的调查和对近期构造运动的分析，以第一序次为准，根据复合关系，确定最新构造体系，据此确定初始应力的最大主应力方向。当垂直向应力为自重应力，且是主应力之一时，水平向主应力较大的一个，可取 $(0.8\sim1.2)\gamma H$ 或更大。

（3）埋深大于 1000m，随着深度的增加，初始应力场逐渐趋向于静水压力分布。大于1500m 以后，一般可按静水压力分布考虑。

（4）在峡谷地段，从谷坡至山体以内，可区分为河岸应力松弛区、河岸应力过渡区、河底应力集中区和远场（远离河岸与谷底）应力稳定区。峡谷的影响范围，在水平方向一般为谷宽的 1~3 倍。对两岸山体，最大主应力方向一般平行于河谷，在谷底较深部位，最大主应力趋于水平且转向垂直于河谷。

（5）地表岩体剥蚀显著地区，水平向应力仍按原覆盖厚度计算。

（6）发生岩爆或岩芯饼化现象，应考虑存在高初始应力的可能，此时，可根据岩体在开挖过程中出现的主要现象，按表 4.3.3.3 评估。其中，H 为工程埋深（m），γ 为岩体重力密度（kN/m^3），v 为岩体泊松比。

表 4.3.3.3　　　　　高初始应力地区岩体在开挖过程中出现的主要现象

应力情况	主　要　现　象	$\dfrac{R_c}{\sigma_{max}}$
极高应力	1. 硬质岩：开挖过程中时有岩爆发生，有岩块弹出，洞壁岩体发生剥离，新生裂缝多，成洞性差；基坑有剥离现象，成形性差。 2. 软质岩：岩芯常有软化现象开挖过程中洞壁岩体有剥离，位移极为显著，甚至发生大位移，持续时间长，不易成洞，基坑发生显著隆起或剥离，不易成形	<4
高应力	1. 硬质岩：开挖过程中可能出现岩爆，洞壁岩体有剥离和掉块现象，新生裂缝较多，成洞性较差；基坑时有剥离现象，成形性一般尚好。 2. 软质岩：岩芯时有软化现象，开挖过程中洞壁岩体位移显著，持续时间较长，成洞性差；基坑有隆起现象，成形性较差	4~7

注　R_c 为岩石单轴饱和抗压强度；σ_{max} 为垂直洞轴线方向的最大初始应力。

4. 特殊岩类的考虑

当岩体的膨胀性、易溶性以及相对于工程范围，规模较大、贯通性较好的软弱结构面成为影响岩体稳定性的主要因素时，应考虑这些因素对工程岩体级别的影响。上述具有特殊变形破坏特性的岩类，如具有强膨胀性的岩类，易溶蚀的盐岩等，具有某些特殊的性质，影响其稳定性的因素与一般岩类很不相同。一般的分级方法未反映其特殊性，也无成熟的经验和依据用修正的办法反映其对稳定性的影响。对这些带有特殊性的问题，在考虑它们的影响时，需通过其他途径解决。

规模较大、贯通性较好的软弱结构面，即使只有一两条，往往也会对工程岩体的稳定性有重要的影响，这种影响不能通过岩体分级得到考虑，应当进行专门研究。例如，对重要的或复杂的岩石工程需要用数值模拟或物理模拟进行岩体稳定性分析研究等。

5. 力学参数的考虑方法

岩体物理力学参数和结构面抗剪断峰值强度参数，是岩体和结构面所固有的物理力学性质，从量上反映了岩体和结构面的基本属性。岩体初步定级时，岩体物理力学参数及结构面抗剪断峰值强度参数应根据地质单元的地质代表性和对工程稳定性的要求，岩体物理力学参数可按表 4.3.3.4 选用，岩体结构面抗剪断峰值强度参数可按表 4.3.3.5 选用。

表 4.3.3.4 　　　　　　　　　　**岩 体 物 理 力 学 参 数**

岩体基本质量级别	重力密度 γ /(kN·m^{-3})	抗剪断峰值强度		变形模量 E/GPa	泊松比 ν
		内摩擦角 φ/(°)	黏聚力 C/MPa		
Ⅰ	>26.5	>60	>2.5	>33	<0.20
Ⅱ		60~54	2.5~1.5	33~16	0.20~0.25
Ⅲ	26.5~24.5	54~45	1.5~1.0	16~6	0.25~0.30
Ⅳ	24.5~22.5	45~31	1.0~0.3	6~1.5	0.30~0.35
Ⅴ	<22.5	<31	<0.3	<1.5	>0.35

表 4.3.3.5 　　　　　　　　　　**岩 体 结 构 面 抗 剪 断 峰 值 强 度**

序号	两侧岩体的坚硬程度及结构面的结合程度	内摩擦角 φ/(°)	黏聚力 C/MPa
1	坚硬岩，结合好	>37	>0.22
2	坚硬—较坚硬岩，结合一般；较软岩，结合好	37~29	0.22~0.12
3	坚硬—较坚硬岩，结合差；较软岩—软岩，结合一般	29~19	0.12~0.08
4	较坚硬—较软岩，结合差—结合很差；软岩，结合差；软质岩的泥化面	19~13	0.08~0.05
5	较坚硬岩及全部软质岩，结合很差；软质岩泥化层本身	<13	<0.05

大量的岩石力学试验研究工作表明，岩体的物理力学性质及其参数有一定的分散性和随机性，最有效的办法是有针对性地进行必要的现场和试验室的实测。但由于工程的设计阶段或工作详细程度不同，以及工程的规模、重要性不同，对试验工作量和对参数精度的要求也应该是不同的。岩体初步定级时，是在没有考虑修正因素条件下岩体的级别，即基本质量级别。所以规定在初步定级时，可按表 4.3.3.4 选用与岩体基本质量级别相应的物理力学参数。

岩体中存在的结构面，是岩体的弱面，其强度远小于两侧岩体的强度，对工程岩体稳定常常起着控制作用。由于两侧岩体的坚硬程度不同，结构面粗糙程度、张开程度、充填物性状和充填物厚度不同，都会较大幅度的影响其强度值。表 4.3.3.5 给出的结构面抗剪断峰值强度，是针对不同结构面的具体情况给出的。

4.3.4　地下工程岩体级别的确定

4.3.4.1　地下工程岩体基本质量指标的修正

地下工程岩体详细定级时，如遇有下列情况之一时，应对岩体基本质量指标（BQ）进行修正，并以修正后的值按表 4.3.2.17 确定岩体级别。

（1）有地下水。

（2）岩体稳定性受软弱结构面影响，且由一组起控制作用。

（3）存在表 4.3.3.3 所列高初始应力现象。

这是地下工程岩体在岩体基本质量级别确定后，作进一步或详细定级时，应考虑的几个修正因素和修正后的定级原则。

在地下工程岩体分级工作中（以往多称为围岩分类），虽然主要是考虑洞室周围的岩体，但勘察、试验工作往往是从上部至下部对整个山体进行研究。基于上述原因，将与地下工程有关的工程岩体定名为"地下工程岩体"。

国内外各方面对地下工程岩体分级，做了大量的探索和研究工作，比其他类型的工程岩体分级，研究的要深入一些，资料也比较丰富。从表 4.3.4.1 中可以看出，所有这些分级方法所考虑的因素是比较一致的。分析总结了这些已有的成果，并结合工程实践，将最基本的带共性的岩石坚硬程度（含强度）和岩体完整程度，作为岩体基本质量的影响因素，而把另外几项主要影响因素，即地下水、主要软弱结构面与洞轴线的组合关系、高初始应力现象作为修正因素。

表 4.3.4.1　　　　　　　　　国内外部分岩体分级考虑因素情况

代表性岩体分级	考虑的主要因素							
	岩石强度	岩石完整程度	地下水	初始应力状态	结构面与洞轴组合关系	结构面状态	声波速度	其他
岩石结构评级 （G..E.Wickham，1972）	√ (A)	√ (B)	√ (C)		√ (B)			
节理化岩体地质力学分类 （Z.T.Bieniawski，1973）	√	√ 节理间距	√		√	√		√ RQD 指标

代表性岩体分级	考虑的主要因素							
	岩石强度	岩石完整程度	地下水	初始应力状态	结构面与洞轴组合关系	结构面状态	声波速度	其他
工程岩体分类（Q值） （N. Barton 等，1974）	✓ SRF	✓ RQD J_n	✓ （J_w）	✓ （SRF）		✓ （J_r、J_a）		
《岩体工程地质力学基础》 （谷德振，1979）	✓	✓				✓ 抗剪强度		
围岩稳定性动态分级 （东北工学院，1984）	✓	✓ 节理间距					✓	✓ 稳定时间
GJB 2813—1997 《军队地下工程勘测规范》	✓	✓	✓	✓	✓	✓ 辅助	✓ 辅助	
TB 1003—2005 《铁道隧道设计规范》	✓	✓	✓			✓		
铁路隧洞工程岩体围岩分级方法（铁道部科学研究院西南所，1986）	✓	✓	✓	✓	✓			
GB 50086—2001 《锚杆喷射混凝土技术规范》	✓	✓	✓	✓		✓		
DL/T 5195—2004 《水工隧洞设计规范》	✓	✓	✓	✓	✓	✓		
GB 50487—2008 《水利水电工程地质勘察规范》	✓	✓	✓ 辅助	✓ 限定	✓ 辅助			✓ 岩体结构类型
GB 50287—2006 《水力发电工程地质勘察规范》	✓	✓	✓ 辅助	✓ 限定	✓ 辅助			✓ 岩体结构类型
大型水电站地下洞室围岩分类（水电部昆明勘测设计院，1988）	✓	✓	✓	✓	✓	✓		
推荐	✓	✓	✓	✓	✓	✓		

引入修正因素，对岩体基本质量进行修正后，仍按表4.3.2.17进行定级。这是因为分级的标准只有一个，只是岩体基本质量指标（BQ）和工程岩体质量指标（$[BQ]$）所包含的影响因素的内容不同。例如，某地下工程在一个地段的岩体基本质量指标 $BQ=280$，其基本质量属Ⅳ级，由于有淋雨状出水，出水量 $25\sim125$L/(min·10m)，则修正系数 $K_1=0.5$，经修正后的 $[BQ]=230$，按表4.3.2.17规定，工程岩体质量应定为Ⅴ级。

4.3.4.2 地下工程岩体基本质量指标修正值（$[BQ]$）的计算

地下工程岩体基本质量指标修正值（$[BQ]$），可按下式计算：

$$[BQ]=BQ-100(K_1+K_2+K_3) \qquad (4.3.4.1)$$

式中：$[BQ]$ 为岩体基本质量指标修正值；BQ 为岩体基本质量指标；K_1 为地下水影响修正系数；K_2 为地下洞室主要软弱结构面产状影响修正系数；K_3 为初始应力状态影响修正系数。

K_1、K_2、K_3 值，可分别按表表 4.3.4.2、表 4.3.4.3、表 4.3.4.4 确定。无表中所列情况时，修正系数取零。$[BQ]$ 出现负值时，应按特殊问题处理。

表 4.3.4.2　　　　　　　　　　　　地下水影响修正系数 K_1

K_1　　　　　BQ 地下出水状态	>550	550～451	450～351	350～251	≤250
潮湿或点滴状出水。水压 p（MPa），≤0.1；出水量 Q（L/min·10m），≤25	0	0	0.1	0.2～0.3	0.4～0.6
淋雨状或线流状出水。水压 p（MPa），0.1～0.5；出水量 Q（L/min·10m），25～125	0～0.1	0.1～0.2	0.2～0.3	0.4～0.6	0.7～0.9
涌流状出水。水压 p（MPa），>0.5；出水量 Q（L/min·10m），>125	0.1～0.2	0.2～0.3	0.4～0.6	0.7～0.9	1.0

表 4.3.4.3　　　　　　　地下洞室主要软弱结构面产状影响修正系数 K_2

结构面产状及其与洞轴线的组合关系	结构面走向与洞轴线夹角<30°结构面倾角 30°～75°	结构面走向与洞轴线夹角>60°结构面倾角>75°	其他组合
K_2	0.4～0.6	0～0.2	0.2～0.4

表 4.3.4.4　　　　　　　　　　初始应力状态影响修正系数 K_3

K_3　　　BQ 初始应力状态	>550	550～451	450～351	350～251	≤250
极高应力区	1.0	1.0	1.0～1.5	1.0～1.5	1.0
高应力区	0.5	0.5	0.5	0.5～1.0	0.5～1.0

4.3.4.3　地下工程跨度与岩体级别的关系

地下工程岩体的级别是地下洞室稳定性的尺度，岩体级别越高的洞室在无支护条件下的稳定性（即自稳能力）越好，反之亦然。可以将洞室开挖后的实际自稳能力，作为检验原来地下工程岩体定级正确与否的标志。地下工程岩体的自稳能力，不仅与工程岩体级别有关，还与洞室跨度有关。地下工程岩体自稳能力，应按表 4.3.4.5 确定。

对跨度等于或小于 20m 的地下工程，当已确定级别的岩体，其实际的自稳能力，与表 4.3.4.5 中相应级别的自稳能力不相符时，应对岩体级别作相应调整。

表 4.3.4.5 适用于各种跨度洞室的岩体分级。其中，对于跨度等于或小于 20m 的工程岩体，实践经验比较丰富，经统计分析给出表 4.3.4.5，供检验岩体级别时用。大于 20m 跨度的工程虽为数不少，但积累的资料还难于做出检验的尺度，这还有待在使用过程中总结完善。

表 4.3.4.5   地下工程岩体自稳能力

岩体级别	自 稳 能 力
Ⅰ	跨度≤20m。可长期稳定，偶尔有掉块，无塌方
Ⅱ	跨度10～20m，可基本稳定，局部可发生掉块或小塌方； 跨度<10m，可长期稳定，偶尔掉块
Ⅲ	跨度10～20m，可稳定数日至1月，可发生小—中塌方； 跨度5～10m，可稳定数月，可发生局部体块位移及小—中塌方； 跨度<5m，可基本稳定
Ⅳ	跨度>5m，一般无自稳能力，数日至数月内可发生松动变形、小塌方，进而发展为中—大塌方。埋深小时，以拱部松动破坏为主，埋深大时，有明显塑性流动变形和挤压破坏； 跨度≤5m，可稳定数日至1月
Ⅴ	无自稳能力

注 1. 小塌方：塌方高度小于3m，或塌方体积小于30m³。
    2. 中塌方：塌方高度3～6m，或塌方体积30～100m³。
    3. 大塌方：塌方高度大于6m，或塌方体积大于100m³。

对照表4.3.4.5，开挖后岩体的实际稳定性与原定级别不符时，应对岩体级别进行调整，调整到与实际情况相适应的级别。当开挖后岩体的稳定性较原定级别高时，由低级调到高级须慎重。

4.3.4.4 大型或特殊地下工程跨度与岩体级别的关系

对大型的或特殊的地下工程岩体，除应按有关标准确定基本质量级别外，详细定级时，尚可采用其他有关标准方法，进行对比分析，综合确定岩体级别。

对于大型和特殊的地下工程，往往有特殊要求，加之行业或专业的特点，对工程施工和运行，进而对工程岩体稳定性评价的要求不尽相同，评价时引入的影响工程岩体稳定性的修正因素及其侧重点也不同。如矿山巷道，考虑爆破影响因素；水工引水隧洞，考虑水的作用，地下厂房还要考虑时间效应；国防洞库和其他特殊工程，考虑震动等等。GB 50218—94《工程岩体分级标准》作为通用的基础标准，难于将所有各种影响因素都考虑进去，更难于全面照顾各行业的特殊需要。有关行业标准的规定更具有针对性，更详细些。国内外在实施岩体分级工作时，往往采用几种分级方法进行对比，对大型和特殊的地下工程，为了慎重这样做是适宜的。考虑到这些情况，规定在详细定级时尚可应用有关标准的方法进行对比分析，综合确定岩体级别。

4.3.5 本工程围岩的分级

随着我国战略石油储备工作的开展，地下水封无衬砌洞库被确定为我国战略石油储备的主要储存方式。高边墙、大跨度、无衬砌和水封是该类工程的特点。本工程为我国第一个大型地下国家战略石油储备库，位于山东省东南部。

工程场区主要发育不同时代、不同类型、不同变质程度的新元古代花岗质片麻岩和中生代二长花岗岩，少量荆山群变质地层包体产于片麻岩套中。岩脉主要为闪长岩、闪长玢岩、煌斑岩等，少量为石英正长斑岩、细粒二长花岗岩脉，且分布不均匀，中东部岩脉较发育，而西部则较稀少，以北东、北东东走向为主，且产状、规模变化较大。

从区域构造上，工程场区位于北东向的牟（平）-即（墨）断裂带南缘，其北发育近东西向断裂，对工程场区影响较大的断裂为前者，走向为北东向，为牟（平）-即（墨）断裂带的一部分。上述断裂均分布于拟选库址区之外，距拟选库址区最近的断裂有北东走向的老君塔山断裂、孙家沟断裂及近东西向前马连沟断裂。场区内仅有几条规模较大的节理显示不明显的断裂特征；且受区域断裂影响，这几条断裂多呈北东向（4 条）和东西向（2 条），和区域断裂发育方向一致。场区内节理不甚发育。

地下水封洞库的工程特点决定了其对岩体质量要求是较高的，准确可靠地对岩体质量进行评价是该类工程成功的关键。

4.3.5.1　基于水流场控制因素的岩体分级

目前现行的岩体分类标准是以评价围岩稳定性为目的的，不能满足工程对围岩渗透性的要求。山东大学李术才教授等以现行岩体分类标准和水封洞库工程特殊性为基础，考虑岩体质量和岩体导水性，并将结构面的连通率、张开度、产状等因素引入评价标准，采用施工勘察、超前地质预报等技术手段，建立了一种服务于水封洞库施工的水文地质分类方法。

考虑大型地下水封洞库工程的特殊性，完善地下水流场评价体系、岩体导水性评价，在考虑岩体完整性的同时，将结构面连通率、张开度、优势结构面产状及其与洞室轴线关系纳入评价系统，更侧重于对地下水流场控制的评价。因此，适当降低判别标准中岩体质量的权重，更全面地考虑影响地下水流场的多种因素，提高岩体导水性评价的权重。根据水封洞室施工安全和运营稳定的要求，对岩体质量和导水性进行综合评价，为施工提供指导性意见。

采用水文地质分类方法的岩体评价指数 WQ 计算式为

$$WQ = R_q + R_p = R_c \times K_s + (K_v + K_j + K_\mu + K_w) \qquad (4.3.5.1)$$

式中：R_p 是岩体导水性综合评分，其比重占 60%，$R_p = K_v + K_j + K_\mu + K_w$；$R_q$ 是岩体质量评价评分，其比重占 40%，岩体质量的评价分为岩体本身坚硬程度和施工损伤两个方面，分别用岩石单轴饱和抗压强度 R_c 和洞室尺寸修正系数 K_s 进行定量划分，故施工期岩体质量参数 $R_m = R_c K_s$，R_c 是岩石坚硬程度的判别指标。大跨度，高边墙是大型地下水封洞室的特点，综合考虑大跨度、高边墙、频爆破、多扰动对岩体质量的影响，引入洞室尺寸修正系数 K_s，一般将洞室尺寸修正系数分为 4 个级别；K_v 是岩体完整性评分，一般将岩体完整性分为 5 个等级，其最高评分为 20 分；K_w 是结构面状态评分，最高评分为 10 分；K_j 是岩体结构面产状评分，其最高评分为 15 分；K_μ 是结构面连通性评分，分 5 级对结构面连通率进行定性描述和定量划分且最高评分为 15 分。

依据 WQ 值将岩体分为 5 级，由于本工程中的地下水封洞库工程围岩大部分为Ⅲ类，为了更详细地反应围岩情况，将Ⅲ类分为了Ⅲ₁ 和Ⅲ₂ 类，其相关参数及描述见表 4.3.5.1。

以 3 号主洞室为例，基于地下水流场控制的施工期岩体水文地质分类方法，结合超前地质雷达预报，按照表 4.3.5.1 中的岩体分类情况对 3 号主洞室的围岩进行分析。

在表 4.3.5.2 中分别按工程地质分类（现行国家岩体分类标准）和水文地质分类（基于地下水流场控制的分类方法）的方法对 3 号主洞室 0＋158～0＋281 范围内围岩进行评

表 4.3.5.1   **基于地下水流场控制的岩体分类评价表**

类别	定性描述		开挖后状态	WQ
	岩体质量	岩体导水性		
I	洞室小，坚硬岩，整体结构	岩体完整，结构面闭合，连通性低，优势结构面与洞轴线大角度相交	岩体稳定，围岩干燥	[100，85)
II	洞室较小，扰动较小，硬岩，整体-块状结构	岩体较完整，结构面闭合或部分张开，连通性较低，优势结构面与洞轴线相交角度较大，倾角较小	较稳定，长时间暴露可能局部掉块，局部渗水	[85，65)
III₁	洞室较大，优动较大，整体-块状结构，较软岩	岩体较破碎，结构面部分微张开，连通性较高，铁硅质填充，优势结构面与洞轴线相交角度较大，倾角较大	无支护会发生小塌方，多处渗水，局部淋雨状滴水	[65，55)
III₂	洞室较大，优动较大，镶嵌碎裂结构或有软弱夹层，较软岩	岩体较破碎，结构面微张开，钙质泥质填充，连通性较高，优势结构面与洞轴线相交角度较大，倾角较大	无支护会发生小塌方，施工扰动可能造成大塌方，渗水，多处淋雨状滴水	[55，40)
IV	洞室大，扰动大，层状碎裂结构坚硬岩，块状结构软岩或软硬岩互层结构	岩体破碎，结构面微张开-张开，粗粒或泥质填充，连通性高，优势结构面与洞轴线相交角度较小	无支护时可能发生大塌方，侧壁稳定性差，多处淋雨状滴水，局部涌水	[40，15)
V	散体结构或 $R_c<5$MPa 特软岩	岩体极破碎，结构面张开，连通率极高，结构面走向与洞轴线接近平行	围岩无自稳能力，拱部和侧壁均易大范围塌方，多处有高水压涌水，水源持续不断	[15，0)

表 4.3.5.2   **3 号主洞围岩类别的对比**

主洞室桩号	施工勘察资料		超前地质预报		工程地质分类	水文地质分类	WQ
	工程地质	水文地质	围岩情况	渗水情况			
3 号主洞室 0+ +198 ～ 0 +178	未风化花岗片麻岩，贯穿洞室节理稍节育，岩体较破碎。岩脉发育，局部发育有小型破碎带，围岩稳定性较差	潮湿，局部滴水、线状流水	裂隙数量较少，破碎区面积占 20%	有破碎渗水区	III₁ 类	III₂ 类	[55，40)
3 号主洞室 0＋178 ～ 0 +158	未风化花岗片麻岩，缓倾角节理发育，岩体较破碎	干燥，局部潮湿	裂隙数量少，破碎区面积占 40%	有渗水区	III₂ 类	IV 类	[40，15)
3 号主洞室 ＋213 ～ 0 +193	未风化花岗片麻岩，节理稍发育，岩体较破碎。岩脉密集发育，结合一般，围岩稳定性一般	干燥—潮湿，局部线状流水	裂隙数量较少，破碎区面积占 15%	有集中出水点	III₁ 类	III₂ 类	[50，40)
3 号主洞室 0＋253 ～ 0 +233	未风化花风片麻岩，节理稍发育，岩体较破碎。且有破碎带穿插，围岩稳定性一般	干燥—潮湿，局部线状流水	裂隙数量少，破碎区面积占 5%	无明显渗水或滴水	II 类	II 类	[85，65)
3 号主洞室 0＋281 ～ 0 +261			裂隙数量多，破碎区面积占 50%	局部渗水或滴水	III₂ 类	IV 类	[40，15)

价。由于水文地质分类侧重于节理的产状和围岩的渗水情况，所以在表 4.3.5.1 中按水文地质分类得到的围岩级别要比工程地质分类低。如表 4.3.5.2 中 3 号主洞室 0+198～0+178 范围内的围岩按水文地质分类方法为Ⅲ₂类。

在本工程中，经过反复试验，最终确定围岩水文地质分类为Ⅳ类及以下，需进行超前注浆。

4.3.5.2　考虑水封和静态的岩体质量分级体系

地下水封洞库多为大跨度、高边墙、不衬砌或少衬砌的地下洞室，建库岩体多为质量较好的花岗岩、花岗片麻岩等，但现有岩体质量分级体系不能很好地针对此类工程进行岩体分级。季惠彬、晏鄂川等在确定了影响地下水封洞库工程岩体质量分级因素的基础上，考虑 RQD 值、结构面空间分布、粗糙度、地下水、地应力和储存压力等因素，提出了适用于地下水封洞库岩体质量分级体系（UWCQ），并应用该分级体系进行本工程地下水封洞库工程的岩体质量评价。证明 UWCQ 体系对评价地下水封洞库岩体质量是可行的，能满足工程需求。这对地下水封洞库的开挖方式选择、支护方案确定和安全性评价具有重要工程意义。

地下水封洞库一般建在花岗岩地区，岩块强度较高，岩体完整性较好，地应力水平较低，这些因素对洞室稳定性的影响差异并不显著。但结构面的空间分布、形态、力学特性，以及水的赋存条件等，对工程岩体的稳定性及洞库正常工作运行影响较大。因此，在影响因素权重的分配上，对这两类因素予以重点考虑。根据地下水封洞库围岩稳定性主要影响因素，提出如下岩体质量等级计算公式：

$$UWCQ = \frac{RQD J_r}{J_d} \frac{J_w}{J_0 SRF} p \qquad (4.3.5.2)$$

式中：RQD 为岩体质量指标；J_d 为节理分布情况系数（节理组数和密度）；J_r 为节理面粗糙度系数；J_0 为优势节理产状与洞室轴线关系系数；J_w 为裂隙水出露情况影响系数；SRF 为地应力影响折减系数；p 为储存压力影响系数。

综合考虑，以本工程地质特征基本相同，且洞室进深不小于 10～20m 的范围作为评价区间。各参数的取值情况据表 4.3.5.3 至表 4.3.5.9 给出。

表 4.3.5.3　　　　　　　　　RQD 参数分类与取值范围

岩 体 质 量	RQD 取值范围
很差	<40
差	$40～60$
一般	$60～75$
好	$75～90$
很好	$90～100$

注　1. 当 $20<RQD<40$ 时，按照 $RQD=40$ 计算，当 $RQD<20$ 时，按照 RQD 实际值计算。
　　2. RQD 取值步距为 5，如 85，90 等，可以满足精度要求。

表 4.3.5.4 J_d 参数分类与取值范围

节理分布情况系数（组数、密度）	J_d
完整岩体，没有或很少节理	0.5～1.0
1 组节理，节理密度＜0.5 条/m	1.5
1 组节理，节理密度≥0.5 条/m	2
1～2 组节理，节理密度＜0.5 条/m	3
1～2 组节理，节理密度≥0.5 条/m	4
2 组节理，节理密度＜0.5 条/m	5
2 组节理，节理密度≥0.5 条/m	7
3 组及 3 组以上节理	10

注 1. 对洞交叉点用（$3.0 \times J_d$）。
　　2. 对洞门口用（$2.0 \times J_d$）。
　　3. 此处节理密度指与优势结构面呈大角度相交的线密度。

表 4.3.5.5 J_r 参数分类与取值范围

节理面粗糙度	J_d
1. 节理壁面完全接触	5
2. 节理面在剪切错动＜10cm 时接触	
2.1 不连续节理	4
2.2 粗糙或不规则的起伏节理	3
2.3 平滑但起伏节理	2
2.4 带擦痕面的起伏节理	1.5
2.5 粗糙或不规则平面节理	1.5
2.6 光滑的平面节理	1
2.7 带擦痕的平面节理	0.5
3. 剪切后，节理不再直接接触	
3.1 节理面间连续充填有不能使节理面直接接触的黏土矿物带	1
3.2 节理面间面充填有不能使节理面直接接触的砂、砾石或挤压破碎带	1

注 如果节理平均间距超过 3m 则 J_r 值增加 0.1。

表 4.3.5.6 J_0 参数分类与取值范围

优势节理产状与洞室轴线关系	J_0
节理走向与洞室轴线夹角＜30°，结构面倾角 30°～75°	8～20
节理面走向与洞室轴线夹角＞60°，结构面倾角＞75°	0.75～4
其他组合	4～8

注 中间值按节理走向与洞室轴线夹角线性差值取值。

表 4.3.5.7　　　　　　　　　　J_w **参数分类与取值范围**

裂隙水情况	J_0
开挖时干燥，或有少量水渗入，渗水量小于 5L/min	1.0
中等入渗，或填充偶然受水压力冲击	0.66
大量渗入，或高水压，节理未填充	0.5
大量渗入，或高水压，节理填充物被大量带走	0.33
异常大的入渗，或具有很高的水压，但水压随时间衰减	0.1～0.2
异常大的入渗，或具有很高且持续无显著衰减的水压	0.05～0.1

表 4.3.5.8　　　　　　　　　　**SRF 参数分类与取值范围**

岩 体 情 况	SRF
1. 洞室穿过软弱带，开挖后可能引起围岩松动	
1.1 含 2 条以上软弱带，围岩疏松	8
1.2 含 2 条软弱带，围岩较疏松	6
1.3 含 1 条软弱带，围岩较疏松	4
1.4 坚硬岩石中，无剪切带及软弱带	1
1.5 坚硬岩石中，含 1 条剪切带	2
1.6 坚硬岩石中，含 2 条剪切带，岩体较紧密	2.5
1.7 坚硬岩石中，含 2 条剪切带，岩体较疏松	4
1.8 坚硬岩石中，含 2 条以上剪切带，岩体疏松	7
2. 坚硬岩石，岩石应力问题	
2.1 中等应力，埋深＜50m	2.5
2.2 中等应力，埋深≥50m	1.5
2.3 低应力，埋深＜50m	2
2.4 低应力，埋深≥50m	1
2.5 破碎岩体	3～5
2.6 很破碎岩体	5～10

表 4.3.5.9　　　　　　　　　　p **参数分类与取值范围**

储 存 压 力	p
储存压力≤1MPa	1.0
储存压力＞1MPa	0.95

　　由上可知，据公式（4.3.5.2）及表 4.3.5.3 至表 4.3.5.9 可计算得到地下水封洞库工程岩体质量得分及其级别。为了细化岩体质量等级，同时在形式上尽可能与一般分类系统分级保持一致，分别将一般分裂系统分级中Ⅱ、Ⅲ级各进一步分为 2 类：Ⅱ-1、Ⅱ-2；Ⅲ-1、Ⅲ-2。详见表 4.3.5.10。

表 4.3.5.10　　　　　　　　　　　　***UWCQ* 岩体质量分级**

UWCQ 值	岩体级别	评价
＞40	Ⅰ	好
40～25	Ⅱ-1	较好
25～10	Ⅱ-2	一般
10～4	Ⅲ-1	较差
4～1	Ⅲ-2	差
＜1	Ⅳ	劣

　　该岩体质量分级体系，充分考虑了岩石完整性、结构面特征、地下水作用、地应力方向、介质压力等与洞库长期稳定密切相关的因素，且指标间较为独立，关联性不大；相应的参数信息获取容易，适用于地下水封洞库围岩质量分级。

4.3.5.3　本工程水封条件下的围岩分级

　　根据前面的分析，结合现场实际，参考了行内有关的研究成果，本工程水封条件下的围岩分级见表 4.3.5.11。

表 4.3.5.11　　　　　　　　　　　　**本工程水封条件下的围岩分级一览表**

级别		RV①	R_m② /MPa	WQ③	RQD④	RC⑤ /MPa	E⑥ /GPa	μ⑦	C⑧ /MPa	β⑨ /(°)	UW⑩ /(L/min・10m)	BQ⑪	RMR⑫	$UWCQ$⑬
Ⅰ		＞70	＞60.0	100～85	100～90	200～150	60～33	0～0.2	8～2.1	90～75	0～10	＞550	100～80	＞40
Ⅱ	1	70～65	60.0～52.5	85～75	90～82.5	150～137.5	33～26.5	0.2～0.225	2.1～1.8	75～67.5	10～17.5	550～500	80～70	40～25
Ⅱ	2	65～60	52.5～45.0	75～65	82.5～75	137.5～125	26.5～20.0	0.225～0.25	1.8～1.5	67.5～60	17.5～25	500～450	70～60	25～10
Ⅲ	1	60～50	45.0～37.5	65～55	75～67.5	125～107.5	20～13	0.25～0.275	1.5～1.1	60～52.5	25～75	450～400	60～50	10～4
Ⅲ	2	50～40	37.5～20.0	55～40	67.5～60	107.5～90	13～6	0.275～0.30	1.1～0.7	52.5～45	75～125	400～350	50～40	4～1
Ⅳ		40～20	20.0～5.0	40～15	60～40	90～40	6～1.3	0.30～0.35	0.7～0.2	45～30	125～250	350～250	40～20	1～0.4
Ⅴ		＜20	＜5.0	15～0	＜40	40～10	＜1.3	0.35～0.50	＜0.2	30～0	250～500	＜250	＜20	＜0.4

① Rebound Value 为回弹值（RV）。
② 施工期围岩质量参数（$R_m=R_c \times K_s$，R_c 为岩石单轴饱和抗压强度；K_s 为洞室尺寸修正系数）。
③ 开挖后围岩水文地质评价指标（$WQ=R_c \times K_s+\langle K_v+K_j+K_\mu+K_w \rangle=R_q+R_p$）。
④ 反映岩块大小及完整程度的指标（RQD）。
⑤ 岩石单轴饱和抗压强度（R_c）。
⑥ 围岩弹性模量，即反映岩石在荷载作用下应力与应变之比（E）。
⑦ 围岩泊桑比，即反映由于外力作用引起的主应变在与该主应变方向相垂直的方向上的应变的比值（μ）。
⑧ 岩体抗剪强度即反映两侧岩体的坚硬程度和结构面本身的结合程度（C）。
⑨ 主要结构面走向与主洞室轴线的夹角（β）。
⑩ 库址地下水的发育程度（UW）。
⑪ 围岩的坚硬程度和完整程度指标（BQ）。
⑫ 边坡工程岩体分级（RMR）。
⑬ 地下水封洞库围岩质量分级体系（$UWCQ$）。

4.3.6　地下水封油库岩体分级的发展趋势

综观国内外的岩体分级方法，呈现出以下特点和趋势：

（1）岩体分级指标体系基本形成。经过岩土工程界半个世纪的努力，目前岩体分级指标已形成了比较完善的指标体系。

（2）岩体分级标准多属于综合分级，多考虑岩石的强度、岩体的完整性、地下水条件、地应力状况等多方面因素。

（3）各类工程岩体分级的研究深度极不平衡。如我国现行的岩体分级标准，在岩土工程的地基、边坡及地下洞室三类岩土工程基本类别的工程岩体分级研究中，地下洞室的工程岩体分级研究已经具有水利水电工程围岩分类、公路隧道围岩分类、铁路围岩分类、矿山巷道围岩分类、军工坑道围岩分类法、喷锚支护围岩分类等多种分级标准，但对于边坡岩体分级的研究，除了国家标准 GB 50330—2002《建筑边坡工程技术规范》外，还未见有其他专门标准或规范，地基岩体分级的专门标准还未出现。

（4）岩体分级标准尚不统一。目前国内外的岩体分级方法中，无论是在分级指标的选用、等级数量的多少，还是等级划分标准上，均存在着很大的差异性。

（5）行业标准有向国家规范接轨的趋势，如有色金属行业标准 YS 5202—2004《岩土工程勘察技术规范》完全采用了 GB 50086—2001《锚杆喷射混凝土支护技术规范》中的围岩分级方法。

（6）国家规范中的分级标准有趋于统一的趋势，如岩石坚硬程度的划分标准在各种国家规范中已基本统一，GB 50307—2012《地下铁道轻轨交通岩土工程勘察规范》的制定过程中已考虑到了同 GB 50021—2009《岩土工程勘察规范》接轨等。

（7）国内标准有同国际接轨的趋势，如 GB 50021—2009《岩土工程勘察规范》、GB 50218—94《工程岩体分级标准》等国家规范的制定过程中均已考虑到了同国际接轨。

4.4　大型地下水封石洞钻爆作业的安全评价标准

4.4.1　概述

由于我国能源、交通、国防发展的需要，使得大型和超大型地下工程建设已成为发展的主要方向。大型复杂地下洞室群的开挖，势必引起洞室群围岩变形场和应力场的调整，过大的变形和应力集中都会造成围岩的破坏，对洞室的稳定产生影响。而钻爆法仍然是地下工程开挖的主要施工方法，爆破施工在完成地下洞室岩体开挖的同时，不可避免地对邻近既有洞室和开挖洞室本身产生不利影响，引起地下洞室岩石力学性质的劣化。因此，长期以来，地下洞室围岩爆破动力响应特性及稳定性影响的研究一直是工程爆破领域研究的重要课题。

对于地下洞室围岩爆破动力响应特性，国内外研究人员采用理论分析、现场试验、工程类比和数值计算等多种方法进行了研究。例如，刘慧采用 DYNA－2D 软件模拟了近距离侧爆情况下马蹄形隧道的动态响应特点；王明年等应用现场监测和数值分析两种手段对新建隧道开挖爆破产生的振动对既有隧道衬砌结构的安全和稳定影响进行了分析研究；阳生权等基于地下工程围岩的爆破振动监测，通过对振动峰值及主频进行分析，研究了围岩中爆破地震波的传播规律以及地下结构与围岩爆破地震效应；崔积弘结合工程实际，应用小波分析手段，采用动力有限元程序对浅埋隧道爆破开挖振动进行模拟。

随着计算机应用的迅猛发展和有限单元法、有限差分法等数值方法精确度、可靠度的不断提高，数值模拟计算方法已日益成为地下洞室围岩稳定性分析中不可或缺的重要方法。可以对实测爆破振动数据进行分析，从中选取合适的数据对爆破荷载参数进行反演，并采用数值模拟的手段来研究爆破作用下地下洞室围岩动力响应特性。从而对地下洞库围岩安全做出综合评价。

4.4.2　爆破安全控制标准

4.4.2.1　爆破振动安全允许标准

评价各种爆破对不同类型建（构）筑物和其他保护对象的振动影响，应采用不同的安全判据和允许标准。地面建筑物的爆破振动判据，采用保护对象所在地质点峰值振动速度和主振频率；水工隧道、交通隧道、电站（厂）中心控制室设备、新浇大体积混凝土的爆破振动判据，采用保护对象所在地质点峰值振动速度。GB 6722—2003《爆破安全规程》对爆破振动安全控制标准的规定见表4.4.2.1。

表4.4.2.1　　　　　　　GB 6722—2003 爆破振动安全控制标准

序号	保护对象类别	安全允许振速/(cm·s⁻¹)		
		$<10Hz$	$10\sim50Hz$	$50\sim100Hz$
1	土窑洞、土坯房、毛石房屋[①]	0.5~1.0	0.7~1.2	1.1~1.5
2	一般砖房、非抗震的大型砌块建筑物[①]	2.0~2.5	2.3~2.8	2.7~3.0
3	钢筋混凝土结构房屋[①]	3.0~4.0	3.5~4.5	4.2~5.0
4	一般古建筑与古迹[②]	0.1~0.3	0.2~0.4	0.3~0.5
5	水工隧道[③]	7~15		
6	交通隧道[③]	10~20		
7	矿山巷道[③]	15~30		
8	水电站及发电厂中心控制室设备	0.5		
9	新浇大体积混凝土[④]： 龄期：初凝~3d 龄期：3~7d 龄期：7~28d	2.0~3.0 3.0~7.0 7.0~12		

注　1. 表列频率为主振频率，系指最大振幅所对应波的频率。

　　2. 频率范围可根据类似工程或现场实测波形选取。选取频率时亦可参考下列数据：洞室爆破<20Hz；深孔爆破10~60Hz；浅孔爆破40~100Hz。

① 选取建筑物安全允许振速时，应综合考虑建筑物的重要性、建筑质量、新旧程度、自振频率、地基条件等因素。

② 省级以上（含省级）重点保持古建筑与古迹的安全允许振速，应经专家论证选取，并报相应文物管理部门批准。

③ 选取隧道、巷道安全允许振速时，应综合考虑构筑物的重要性、围岩状况、断面大小、深埋大小、爆源方向、地震振动频率等因素。

④ 非挡水新浇大体积混凝土的安全允许振速，可按本表给出的上限值选取。

表4.4.2.1中没有包括的一般保护对象的爆破振动安全标准，可参照表4.4.2.1中的规定由设计论证提出，特别重要的保护对象的安全判据和允许标准，应由专家论证提出。

如需在新灌浆区、新预应力锚固区、新喷锚或喷浆支护区等部位附近进行爆破必须通过试验证明可行并经主管部门批准。DL/T 5135—2001《水电水利工程爆破施工技术规范》规定，在混凝土浇筑或基础灌浆过程中，若邻近的部位还在钻孔爆破，为确保爆破时混凝土、灌浆、预应力锚杆（索）质量及电站设备不受影响，必须采取控制爆破。控制标准见表 4.4.2.2。

表 4.4.2.2　　　　　　　　　　允许爆破质点振动速度

项　　目	龄期/d			备　　注
	3	3～7	7～28	
混凝土/(cm·s^{-1})	1～2	2～5	6～10	
坝基灌浆/(cm·s^{-1})	1	1.5	2～2.5	含坝体、接缝灌浆
预应力锚索/(cm·s^{-1})	1	1.5	5～7	含锚杆
电站机电设备/(cm·s^{-1})	0.9			含仪表、主变压器

　　对地下洞室群的爆破振动安全判据，现有的规程规范没有作明确的规定，长江水利委员会长江科学院根据类似工程经验提出，对未衬砌的水工隧洞和地下洞室围岩，允许的爆破质点振动速度大多采用 10cm/s；对已衬砌的水工隧洞和地下洞室围岩，允许的爆破质点振动速度一般为 15cm/s。

　　对本工程已开挖的洞室、已完成的混凝土衬砌、压力灌浆和支护结构等部位的安全质点振动速度经现场试验确定。在试验结果出来之前参照表 4.4.2.3 的质点振动速度执行。爆破后应及时检查爆破效果，根据爆破效果和爆破监测成果及时修改爆破设计。

表 4.4.2.3　　　　　　　　　　质点振动安全震动速度参考表

序号	保护对象		控制标准/(cm·s^{-1})	备　　注
1	一般砖房		2.0～3.0	
2	钢筋混凝土框架房		5.0	
3	洞室、竖井		10.0	
4	软弱破碎基岩层		2.5～5.0	有裂缝张开可能
5	混凝土	0～3d	1.5～2.0	
6		3～7d	2.5～5.0	
7		7～28d	5.0～7.0	
8	固结灌浆		1.2～1.5	3d 以内不允许爆破
9	电器继电开关		0.5～1.0	
10	锚索、锚杆	0～3d	1.0	
		3～7d	1.5	
		7～28d	5.0～7.0	

注　爆破区药量分布的几何中心至观测点或防护目标 10m 时的控制值。

4.4.2.2　爆破冲击波及噪声标准

　　GB 6722—2003《爆破安全规程》规定爆破空气冲击波超压的安全允许标准：对人员为 0.02×105Pa；对建筑物按表 4.4.2.4 取值。

表 4.4.2.4　　　　　　　GB 6722—2003 建筑物的破坏程度与超压关系

破坏等级		1	2	3	4	5	6	7
破坏等级名称		基本无破坏	次轻度破坏	轻度破坏	中等破坏	次严重破坏	严重破坏	完全破坏
超压，$\Delta p/10^5\,\text{Pa}$		<0.02	0.02～0.09	0.09～0.25	0.25～0.40	0.40～0.55	0.55～0.76	>0.76
建筑物破坏程度	玻璃	偶然破坏	少部分破坏呈大块，大部分呈小块	大部分破成小块到粉碎	粉碎	—	—	—
	木门窗	无损	窗扇少量破坏	窗扇大量破坏，门扇、窗框破坏	窗扇掉落、内倒，窗框、门扇大量破坏	门、窗扇摧毁，窗框掉落	—	—
建筑物破坏程度	砖外墙	无损坏	无损坏	出现小裂缝，宽度小于 5mm，稍有倾斜	出现较大裂缝，缝宽 5mm～50mm，明显倾斜，砖踩出现小裂缝	出现大于 50mm 的大裂缝，严重倾斜，砖踩出现较大裂缝	部分倒塌	大部分到全部倒塌
	木屋盖	无损坏	无损坏	木屋面板变形，偶见折裂	木屋面板、木檩条折裂，木屋架支座松动	木檩条折断，木屋架杆件偶见折断，支座错位	部分倒塌	全部全塌
	瓦屋面	无损坏	少量移动	大量移动	大量移动到全部掀动	—	—	—
	钢筋混凝土屋盖	无损坏	无损坏	无损坏	出现小于 1mm 的小裂缝	出现 1～2mm 宽的裂缝，修复后可继续使用	出现大于 2mm 的裂缝	承重砖墙全部倒塌，钢筋混凝土承重柱严重破坏
	顶棚	无损坏	抹灰少量掉落	抹灰大量掉落	木龙骨部分破坏下垂缝	塌落	—	—
	内墙	无损坏	板条墙抹灰少量掉落	板条墙抹灰大量掉落	砖内墙出现小裂缝	砖内墙出现大裂缝	砖内墙出现严重裂缝至部分倒塌	砖内墙大部分倒塌
	钢筋混凝土柱	无损坏	无损坏	无损坏	无损坏	无破坏	有倾斜	有较大倾斜

爆破噪声会危害人体的健康，使人产生不愉快的感觉，并使听力减弱；频繁的噪声更使人的交感神经紧张，心脏跳动加快，血压升高，并引起大脑皮层负面变化，影响睡眠和激素分泌；当爆破脉冲噪声峰压达到 150dB 时，会导致双耳失听、眩晕、恶心、神志不清、休克等病状。在工程爆破作业中，目前国际上尚无明确的爆破噪声规范。DL/T 5333—2005《水电水利工程爆破安全监测规程》规定爆破噪声声压级安全允许标准为 120dB，所对应的超压为 20Pa。表 4.4.2.5 所列的为美国矿务局公布的爆破噪声的允许标准。图 4.4.2.1 为日本的爆破噪声控制标准。

表 4.4.2.5　　　　　　　美国矿务局公布的爆破噪声的允许标准

项　目	声压级/dB
城市控制爆破	≤90
爆破噪声安全限	128
爆破噪声警戒限	128～136
爆破噪声最大允许值	136

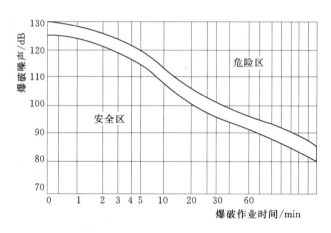

图 4.4.2.1　爆破作业时间与允许爆破噪声的日本标准

随爆破噪声出现的强大爆风压以及与此对应的声压级对建（构）筑物的破坏情况也不能忽视。表 4.4.2.6 列出了爆风压与建（构）筑物的破坏关系。

表 4.4.2.6　　　　　　　爆风压与建（构）筑物的破坏关系

爆风压/万 Pa	声压级/dB	建（构）筑物破坏情况
5.782	169	窗玻璃开始破坏
7.644～9.604	171～174	窗玻璃部分损坏
14.406～19.208	177～180	窗框与外廊木窗破坏

考虑到洞库工程多位于城市区域，表 4.4.2.7 为城市的噪声限值标准，仅供参考。

表 4.4.2.7　　　　　　城市各类区域环境噪声标准值（等效声级 LAeq）

类　别	昼　间/dB	夜间/dB
0	50	40
1	55	45
2	60	50
3	65	55
4	70	55

注 0 类标准适用于疗养区、高级别墅区、高级宾馆区等特别需要安静的区域，位于城郊和乡村的这一类区域分别按严于 0～5dB 执行；1 类标准适用于以居住、文教机关为主的区域，乡村居住环境可参照执行该类标准；2 类标准适用于居住、商业、工业混杂区；

3类标准适用于工业区；4类标准适用于城市中的道路交通干线道路两侧区域，穿越城区的内河航道两侧区域，穿越城区的铁路主次干线两侧背景噪声（指不通过列车时的噪声水平）限值也执行该类标准。夜间突发的噪声，其最大值不准超过标准值15dB。

4.4.2.3 有害气体允许浓度

地下爆破作业点有害气体允许浓度应满足表4.4.2.8的要求。

表 4.4.2.8　　DL/T 5333—2005 地下爆破作业点有害气体允许浓度

有害气体名称		CO	N_nO_m	SO_2	H_2S	NH_3	Rn
允许浓度	按体积/%	0.00240	0.00025	0.00050	0.00066	0.00400	$3700Bq/m^3$
	按质量/$(mg \cdot m^{-3})$	30	5	15	10	30	

4.4.2.4 飞石安全距离

对钻孔爆破，目前尚无公式计算飞石安全距离。GB 6722—2003《爆破安全规程》对飞石安全距离仅规定了最小值，与水利水电工程相关的控制标准见表4.4.2.9。

表 4.4.2.9　　GB 6722—2003 露天土石爆破个别飞石对人身最小安全距离

爆破类型和方法			个别飞散物的最小安全允许距离/m
1. 露天岩土爆[①]	破碎大块岩矿	裸露药包爆破法	400
		浅孔爆破法	300
		浅孔爆破	200（复杂地质条件下或未形成台阶工作面时≥300）
		浅孔药壶爆破	300
		蛇穴爆破	300
		深孔爆破	按设计，但不小于200
		深孔药壶爆破	按设计，但不小于300
		浅孔孔底扩壶	50
		深孔孔底扩壶	50
		硐室爆破	按设计，但不小于300
2. 爆破树墩			200
3. 森林救火时，堆筑土壤防护带			50
4. 爆破拆除沼泽地的路堤			100
5. 水下爆破	水面无冰时的裸露药包或浅孔、深孔爆破	水深小于1.5m	与地面爆破相同
		水深大于6m	不考虑飞石对地面或水面以上人员的影响
		水深1.5～6m	由设计确定
	水面覆冰时的裸露药包或浅孔、深孔爆破		200
	水底硐室爆破		由设计确定
6. 破冰工程	爆破薄冰凌		50
	爆破覆冰		100
	爆破阻塞的流冰		200
	爆破厚度大于2m的冰层或爆破阻塞流冰一次用药量超过300kg		300

续表

爆破类型和方法		个别飞散物的最小安全允许距离/m
7. 爆破金属物	在露天爆破场	1500
	在装甲爆破坑中	150
	在厂区内的空场中	由设计确定
	爆破热凝结物	按设计、但不小于30
	爆炸加工	由设计确定
8. 拆除爆破、城镇浅孔爆破及复杂环境深孔爆破		由设计确定
9. 地震勘探爆破	浅井或地表爆破	按设计，但不小于100
	在深孔中爆破	按设计，但不小于30
10. 用爆破器扩大钻井②		按设计，但不小于50

① 沿山坡爆破时，下坡方向的飞石安全允许距离应增大50%。

② 当爆破器具置于钻井内深度大于50m时，安全允许距离可缩小至20m。

4.4.2.5　爆破影响范围及平整度评价

参照 DL/T 5389—2007《水工建筑物岩石基础开挖工程施工技术规范》规定：针对预裂爆破和光面爆破，在开挖轮廓面上，残留炮孔痕迹应均匀分布。残留炮孔痕迹保存率对节理裂隙不发育的岩体应达到80%以上；对节理裂隙较发育和发育的岩体应达到80%～50%；对节理裂隙极发育的岩体应达到50%～10%。炮孔壁不应有明显的爆破裂隙。紧邻水平建基面爆破效果，不应使水平建基面岩体产生大量爆破裂隙以及使节理裂隙面、层面等弱面明显恶化，并损害岩体的完整性；同时规定，用弹性波纵波波速观测方法判断爆破破坏或基础岩体质量时，同部位的爆后波速小于爆破前波速其变化率不得超过10%。DL/T 5333—2005《水电水利工程爆破安全监测规程》提出爆破影响深度声波破坏判据见表4.4.2.10。

表4.4.2.10　　　　　　　　爆破影响深度声波破坏判据

爆破前后声波下降率	破　坏　情　况
≤10%	爆破破坏甚微或未破坏
$10\% < \eta \leqslant 15\%$	爆破破坏轻微
$\eta > 15\%$	爆破破坏

参照 DL/T 5135—2001《水电水利工程爆破施工技术规范》的有关规定，采用预裂或光面爆破时，其效果应达到下述要求：①预裂缝应贯通，在地表呈现的缝宽，沉积岩不宜小于1.0cm，坚硬的火成岩、变质岩不应小于0.3cm；②边坡轮廓壁面孔痕应均匀分布，残留孔痕保存率，微风化岩体为80%以上，弱风化中、下限岩体为50%～80%；弱风化上、中限岩体为10%～50%。

地下工程施工中，光面爆破与预裂爆破的残留孔迹保留率：光面爆破，弱风化岩体30%～50%，微风化和新鲜岩体应不小于50%；预裂爆破，弱风化岩体40%～80%，微风化和新鲜完整岩体应不小于80%。对孔壁的完整程度，光面爆破无明显爆破裂隙；预裂爆破肉眼不易发现爆破裂隙。

4.4.3　爆破安全监测体系

4.4.3.1　安全监测目的与内容

爆破安全监测主要基于以下几个目的：

（1）通过施工期爆破安全监测，确定爆破振动和冲击波的峰值、持续时间等参数、确定爆破有害气体浓度、飞石飞散范围与距离等，依据相关的安全控制标准，评价爆破对地下洞库建筑物、施工人员与机械设备安全等的影响。

（2）针对生产性爆破，通过爆破有害效应监测，确定爆破振动和冲击波的衰减规律、飞石飞散范围与距离等，以制定适应工程具体情况的爆破安全控制标准，划定有害效应安全范围。并根据监测信息进行反馈设计和指导爆破施工，调整爆破参数，优化爆破方案，达到降低爆破有害效应，确保地下洞库建筑物、施工人员及机械设备等保护对象安全的目的。

（3）爆破安全监测已成为大型洞库开挖工程施工期安全监测的重要组成部分，也是现场质量控制的重要手段，工程质量控制体系的重要环节，爆破安全监测可通过施工过程控制确保工程施工质量。

（4）通过爆破安全监测，为工程竣工验收、爆破安全纠纷处理等提供依据。

爆破安全监测应根据工程性质、爆破规模、地形、水文地质条件、环境及保护对象重要性等因素，设置必要的监测项目，进行跟踪或定期监测。如果要满足精细爆破的要求，则一定要做到实时监控。

爆破安全监测内容，根据爆破效果与有害效应评价，可分为爆破振动、动应变、孔隙动水压力、水击波、动水压力、涌浪、有害气体、空气冲击波、噪声以及爆破影响深度等；根据开挖对象，则可分为坝基与高边坡、地下洞室、水下爆破、水电站扩机爆破等。

爆破安全监测主要通过以下步骤实现：①仪器标定；②实验检验；③测点布置设计；④设备调试；⑤监测准备；⑥现场测试；⑦成果分析与整理；⑧信息反馈。

4.4.3.2　爆破安全监测设计

进行爆破安全监测设计之前，必须收集工程爆破设计、施工、爆区及监测对象所处的地质、地形以及静态监测资料。依据工程爆破施工具体情况，确定监测目的及监测项目，并进行必要的实地勘察。

爆破监测设计应包含以下主要内容：监测目的、监测项目、监测断面及测点布置、监测仪器设备数量及性能、监测实施进度、预期成果等。

1. 爆破安全监测的设计原则

爆破安全监测应遵循如下原则：

（1）测点布置应针对工程爆破动力响应条件，全面反映被监测对象的工作性状，目的明确、重点突出，结合静态安全监测的测点布置情况统筹安排，合理布置。

（2）应以安全监控及反馈分析为主。在施工期，根据监测资料反馈分析成果，及时向设计、监理和施工等有关单位提出不同条件下的爆破安全控制标准，使其不断改善爆破设计、调整爆破参数和施工工艺。

（3）应采用重点监测与一般监测相结合、局部监测与整体监测相结合的方针。

（4）应选择可靠、稳定、精度高且简便快速的仪器和方法监测，重点部位还应对同一效应量采取多种方法和仪器监测，以使成果相互验证。

（5）选择精度可靠、稳定耐久的仪器设备，以自动观测技术为主，人工观测为辅，保证观测数据连续可靠。

（6）监测点次和数量应满足安全爆破施工的要求，并做到成果资料完整、可靠。

爆破安全各监测项目，宜同一时间进行监测。在敏感区附近进行爆破施工时，应对重点部位的有关项目加强监测，并进行巡视检查和宏观调查。监测用仪器设备应按规定进行标定，并满足抗高（低）温、防潮及防水等测试环境要求。

2. 一般地下工程爆破安全监测设计

地下工程开挖爆破时，应进行爆破质点振动速度监测及爆破破坏影响深度检测。大型洞室开挖爆破应布置1～2个与静态监测断面一致的重点监测断面，每一监测断面应设3～5个测点；地下厂房开挖爆破时，岩锚梁上的测点宜布置在边墙侧，最近测点宜布置在距爆区边沿10m范围内，如图4.4.3.1所示。

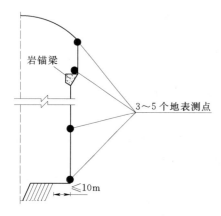

图 4.4.3.1 典型的水电工程地下厂房
开挖振速监测点布置示意图

重点监测断面的岩锚梁及各开挖层上下游侧的边墙，应各布置一组垂直于被测基岩面的爆破影响深度声波观测孔；引水洞、尾水洞、母线洞及主变洞等隧洞按不同围岩类别每100m布置一组垂直于被测基岩面的声波观测孔，每条洞不少于一组。

洞间距小于1.5倍平均洞径的相邻洞爆破时，应在非爆破的邻洞布置质点振动速度测点，定期进行监测；需要时还应进行本洞爆破质点振动速度监测。新浇混凝土、喷锚支护（临时锚喷支护除外）以及其他特殊要求部位附近进行爆破作业时，应在这些部位距离爆区最近点上布置质点振动速度测点。当需要测量爆破振动传播衰减规律时，测点宜布置在具有代表性的重点监测断面上。爆破有害气体监测参照 GB 18098—2000《工业炸药爆炸后有毒气体含量测定》；粉尘监测参照 GB 5748—85《作业场所空气中粉尘测定方法》，按 DL/T 5099—1999《水工建筑物地下开挖工程施工技术规范》执行。

3. 地下洞库工程开挖爆破试验安全监测设计

依据地下水封洞库工程开挖及锚喷支护施工技术要求，一般进行以下爆破试验。

（1）深孔梯段开挖爆破对围岩的影响研究。在 2、3 层开挖初期进行试验，确定主爆破孔、缓冲孔及预裂（或光面）爆破参数；分别在两侧壁面打7m深斜孔（45°），每组3孔（同一高程平行布置），进行爆破前后声波测试，确定爆破影响深度。每层试验3～4次。

在深孔梯段开挖爆破试验时，布置爆破质点振动速度测点，测试不同爆破形式和部位的爆破质点振动速度衰减规律（相邻洞：每次试验在与爆区距离最近处布置1～2个测点；顶拱：每次试验在爆区上方顶拱布置1～2个测点；高边墙：每次试验在爆区上方侧壁布置2～3个测点；洞轴向：每次试验在爆区前冲向布置3～4个测点）。分析不同爆破方式产生的爆破振动效应特点（预裂爆破、光面爆破及梯段爆破）。提出不同爆破方式、不同爆破部位的爆破振动衰减规律，用于依据安全爆破控制标准预报单段爆破药量；同时还给出爆破振动衰减规律的修正方法，定期补充监测资料，对衰减规律进行修正及时反馈指导施工。

（2）爆破对喷混凝土和灌浆区的影响研究。在已喷混凝土部位布置质点振动速度传感器实测爆破振动，并在测点部位进行宏观调查、爆破前后声波检测和拉拔试验（由中心试验室协助完成），以获得喷层不产生破坏的允许振动速度。

在已喷灌浆区布置质点振动速度传感器实测爆破振动，并在测点部位进行宏观调查、声波测试、现场压水试验（由于岩石的渗透性小，不宜采用钻孔取芯进行抗渗试验）及强度试验，以获得灌浆区不产生破坏的允许振动速度。

（3）爆破对锚杆、锚索影响的研究。开挖爆破对锚索（杆）的破坏影响主要有以下两种情况：其一，爆破降低了锚头混凝土的强度及基岩交界面上的黏结强度；其二，爆破对锚索（杆）砂浆产生破坏影响，降低了锚索（杆）承载力，增加了锚索（杆）应力。可通过对锚索（杆）中的应力计的应力在爆破前后是否发生突变来进行判断。

在布置静态监测项目的锚杆和锚索附近进行爆破时，在锚索锚头及锚杆附近布置质点振动速度传感器，测试爆破质点振动速度，并与静态监测资料进行对比分析（锚杆应力与爆破质点震动速度的关系），以获得相应的允许质点振动速度。

在试验中进行各项监测，监测需要达到如下目的：

1）依据爆破振动效应研究成果以及爆破荷载作用下的洞库围岩进行动力数值计算结果，找出洞库高边墙及顶拱安全时的峰值振动值，依据有关的规程规范确定动力安全系数，由此确定不同爆破条件下（不同爆破部位及爆破方式）的安全爆破控制标准，所提标准应能即可保证需保护物安全又能满足施工要求。

2）提出适合本工程地质结构、洞库形式及开挖程序的爆破振动传播规律，以便确定合理的开挖爆破参数。

3）根据试验提出地下洞库群开挖爆破破坏特征，指导工程开挖爆破及供类似工程开挖爆破参考。

4. 施工期爆破振动安全监测及评价

（1）安全监测设计原则：①以安全监测的反馈分析为主，及时调整爆破参数和施工工艺，确保施工质量和安全；②监测应贯穿施工开挖全过程，应对爆破进行跟踪监测满足监测数量和测次的要求；③测点布置应突出重点，采用重点监测与随机监测相结合。重点监测断面3个，与静态监测断面一致，随机监测根据工程开挖定期布置监测；④监测仪器频响及量程应满足要求，稳定可靠，监测方法应简便快速。

（2）主要监测项目。①质点运动参数监测：主要监测爆破质点振动速度，在分析监测成果的基础上，对试验获得的控制标准进一步验证或修订，随着爆破开挖部位的改变，并对爆破振动预报进行修正；②巡视检查：除依靠目视、耳听、手摸外，还应携带一些简单工具，如钢尺、地质锤、放大镜、石蕊试纸、照相机等进行宏观调查。

（3）重点监测断面。重点监测断面桩号与3条与洞库正交的水幕洞轴线一致，在分别在2号、5号及8号主洞的顶拱埋深三向质点振动速度传感器，爆区距测点水平距离小于

50m 范围内进行规模爆破（深孔梯段，以下类同）时，每次爆破均进行监测；在测点距爆区水平距离为 50～100m 范围内进行规模爆破时，每周进行 2 次爆破监测；测点距爆区水平距离为大于 100m 范围外进行规模爆破时，每月进行 2 次爆破监测；必要时进行全过程 24 小时监测，监测简报仅提交以上规定监测频次的资料，其余时间发现异常监测数据（如突然增大 1 倍等）时进行分析报告。随着开挖深度的增加，虽然爆破区距离锚索及顶拱锚杆的距离增加，但是，爆破振动随高程的增加有放大作用，因此，爆破振动量减小将不明显，且重复爆破振动对结构的有害影响将更大，所以下层开挖仍然需要按上面规定的频率进行监测。

重点监测断面前后 30m 范围内进行爆破时，在两侧壁（距爆区顶面 5m 及爆区后冲向 8m）、两侧相邻洞各布置 1 个，共 4 个测点进行监测，每一重点监测断面测试 3～5 次。

此外，1 号、3 号、4 号、6 号、7 号及 9 号竖井底部各布置 1 个质点速度测点，共 6 个固定测点。在爆区距测点水平距离小于 50m 范围内进行规模爆破时，每次爆破均进行监测；在测点距爆区水平距离为 50～100m 范围内进行规模爆破时，每周进行 2 次爆破监测。

（4）随机监测。定期对锚杆、锚索、喷混凝土层、灌浆区、相邻洞等进行监测，每次每类保护对象布置 1～2 个测点、每周监测 2～3 次。一般是在监测到超标准爆破振动后，对爆破振动测点附近的静力测点进行加强监测。

4.4.3.3　爆破安全监测文件的编制

为了规范爆破安全监测作业程序，及时记录和提交监测设计及结果，需要对爆破监测作业全过程进行整理归档。

监测报告内容应包括：监测目的和方法、测点布置、测试系统的标定结果、实测波形图及其处理方法、各种实测数据、判定标准和判定结论。

重复爆破的监测项目，应在每次爆破后及时提交监测简报。

每年度或一个较大爆破工程结束后，爆破工程技术人员应提交爆破总结。爆破总结除包括爆破监测结果外，还应包括：设计方案、参数、评述，提出改进设计的意见；施工概况、爆破效果及安全分析，提出施工中的不安全因素和隐患以及防范办法，提出改善施工工艺的措施；经验和教训。

4.4.4　爆破监测手段与方法

目前，工程上对于爆破现象的研究，主要是通过各种试验以及结合工程实践进行。采用的手段是宏观观测和仪器观测（刘建亮，1994）。工程爆破测试技术的内容包括：①爆破器材性能测试。如炸药的爆速、威力、猛度、殉爆距离等；电雷管的电阻，各类毫秒雷管的延迟时间。②爆破作用过程参数测试，如爆炸压力、岩体中的冲击波和动应变、鼓包运动速度与时间等。③爆破效果测试，如爆破块度、爆堆形态及抛掷距离，开挖平整度等。④爆破影响范围测试：爆破损伤与松动范围。⑤爆破负面效应监测，如爆破地震、空气冲击波、噪声和粉尘等。

4.4.4.1　爆堆堆积状态的预报与量测

爆堆堆积形态的量测也是一项重要的内容。在工程爆破中，越来越关注爆堆的形状。例如，在地下工程开挖洞室爆破中，堆积形态直观反映了爆破过程是否达到设计目的，内部是否有拒爆发生，也会在爆堆形态上反映出来，所以爆破后直接对实际形成的爆堆形态和设计要达到的爆堆形态之间进行对比分析，可以作为一个衡量爆破效果的重要指标。

爆堆形状预报一般采用弹道理论，爆破后，形成爆渣松散体，不考虑水流的作用，爆渣在爆炸力作用下以一定的初始速度在空中作抛掷运动，爆破石渣初始运动速度大小及方向决定着爆堆形状。参考已有的资料分析石渣初始运动速度范围（一般 20～40m/s），参考炮孔方向及起爆顺序初步估计初始抛掷方向，按弹道理论以及松散石渣的自然休止角等参数来预估爆堆形状。

自然休止角：石块在水中的摩擦角，一般为 30°～40°，围堰拆除中一般迎水面取 40°，背水面取 30°。

抛掷弹道理论，石块的运动轨迹遵循抛掷弹道理论，理想的弹道方程（不考虑空气阻力时）为

$$y = (x - x_0)\tan\alpha - g(x - x_0)^2 / (2v_0^2\cos^2\alpha) + y_0 \qquad (4.4.4.1)$$

式中：x_0、y_0 为岩块的初始坐标，m；x、y 为岩块的运动坐标，m；v_0 为岩块抛掷的初始速度，m/s；α 为初始抛掷角，(°)。

从式（4.4.4.1）可以看出，岩块的运动轨迹主要取决于飞石抛掷的初速度 v_0 和初始抛掷角 θ。式（4.4.4.1）还可改写为

$$(x - x_0) = \{v_0^2 \cos\alpha\sin\alpha \pm v_0\cos\alpha[v_0^2\sin2\alpha + 2g(y_0 - y)]1/2\}/g \qquad (4.4.4.2)$$

式中符号意义同前。

从式（4.4.4.2）可以看出，水平抛掷距离的远近与石块抛掷的初速度 v_0、初始抛掷角 θ 及下落高度（$y - y_0$）有关。

通过上面的计算，确定爆渣在不同方向的最远抛掷距离，再通过体积平衡法结合自然休止角确定爆堆的形态。

4.4.4.2 爆破振动监测

1. 爆破振动监测系统

爆破质点振动测试包括质点振动速度、加速度和位移测试，目前开展普遍、工程上应用最多的仍是振动速度测试。过去，常用的爆破振动测试系统主要由三部分组成：第一部分为感受振动信号并输出信号的传感器（拾振器）；第二部分为完成信号放大或衰减的二次仪表（放大器）；第三部分为记录信号的记录装置（光线示波器、磁带记录仪，瞬态记录仪等）。记录装置记录下信号再由人工或专门仪器对波形进行分析处理。这一测试系统在振动测试领域中发挥了很大的作用，但也存在一些问题。如采用光线示波器作为记录仪器，采集的波形后期量化处理难度大，误差也大，而且记录下的波形保存时间短；磁带记录仪和瞬态记录仪在波形处理上也需要配接专用的分析仪器，使测试系统价格昂贵。另外，传感器与放大器之间需用几十米或几百米的信号传输电缆连接，在测试准备工作中，不仅时间长、工作量大，而且由于敷设线路过长，也易出现系统误差。

经过多年的探索和努力，我国在爆破振动测试领域已基本形成了自己的观测系统和手段，在爆破监测技术方面已取得了较大进步，已基本与国际接轨。首先表现在测试仪器的突破，随着电子技术、计算机技术以及网络技术的发展应用，研制出了轻便、灵活、操作

简单、测试数据精确可靠、传输便捷的数字式测振仪器，同时也将数据采集技术以及处理软件向前推进了一大步，将测试数据的精确分析提高到了更高水平。过去使用的光学示波器因其不便于现场应用，现已基本淘汰，磁记录系统也存在价格昂贵、体积庞大等的缺点而逐渐被数字测振系统所替代。数字测振系统智能化程度高，其记录仪一般内置直流电源和放大器（省去了传统的二次仪表），省去了连接电缆及交流电，可以进行分散测量，使用更方便、可靠，抗干扰能力强，便于野外使用，而且所记录的数字化的波形易在计算机上进行分析以及数据共享，故数字测振系统已成为目前主流的测振设备，其主要组成详述如下。

（1）传感器。传感器是反映被测信号的关键设备。目前国内爆破振动速度计主要是磁电式，其工作频带范围一般在 10～500Hz 之间，灵敏度 0.2～0.5V/(cm·s^{-1})，线圈最大限位 1.5～4mm，谐波失真不大于 0.2%，适用温度范围：最大 −40～+70℃。

（2）记录仪。目前国内生产的爆破振动记录仪种类繁多，其中多为数字便携式，其性能技术指标相差不大，主要特点是均采用 12bit 以上精度的 A/D 转换，内置程控放大器及直流电源，可不带计算机独立测试，带自触发方式记录，具有掉电数据存储保护功能，多采用 USB 或网络接口与计算机进行数据传输通讯，体积小，自重轻（低于 1kg）。

图 4.4.4.1　振动测试系统框图

（3）分析软件。测试系统的好坏与测试方法的正确与否，直接决定爆破振动测试的成败，而信号的分析处理则是把所采集的振动信号的特性和规律尽可能如实的反映出来。所以，这两个环节，是标志一次爆破振动测试是否有效的关键所在，因而对测试分析软件的功能也具有严格要求。目前配置的分析软件均是基于 Windows 操作平台开发，主要功能包括通信、显示、分析处理、打印输出等。振动测试系统见图 4.4.4.1 和图 4.4.4.2。

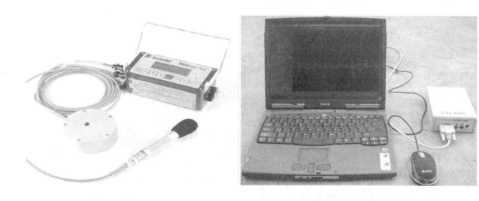

图 4.4.4.2　MiniMate Plus 和 EXP 3850 爆破振动测试分析系统

2. 爆破振动监测要求

监测仪器设备传感器频带线性范围应覆盖被测物理量的频率，对被测物理量的频率范围进行预估，可参照表 4.4.4.1。记录设备的采样频率应大于 12 倍被测物理量的上限主振频率。传感器和记录设备的测量幅值范围应满足被测物理量的预估幅值要求。质点振动速度测试导线宜选用屏蔽电缆，质点振动加速度测试导线应选用专用屏蔽电缆。

表 4.4.4.1   被测物理量的频率范围   单位：Hz

监测项目 \ 爆破类型	洞室爆破	深孔爆破		地下开挖爆破
质点振动速度	2～50	近区	30～500	20～500
		中区	10～200	
		远区	2～100	
质点振动加速度	0～300		0～1200	0～3000

测点布置应按监测设计要求布置测点，统一编号并绘制测点布置图，每一测点一般宜布置竖直向、水平径向和水平切向三个方向的传感器；经论证并有相关经历或经验，也可只布置两个方向的传感器。当需获取爆破振动传播衰减规律时，测点至爆源的距离，按近密远疏的对数规律布置，测点数应不少于 5 个。

传感器的安装前，应根据测点布置情况对测点及其传感器进行统一编号。岩石介质或基础上的传感器安装应对基础表面进行清理、清洗；速度传感器与被测目标的表面形成刚性连接；加速度传感器与介质连接时，所用螺栓应与率定时一致。砂土质介质或基础上的传感器安装，应将传感器上的长螺杆全部插入被测介质内，使传感器与介质紧密连接。在传感器安装过程中，应严格控制每一测点不同方向的传感器安装角度，误差不大于 5°。内部测点传感器的充填材料的声阻抗应与被测介质相一致，可与静态观测仪器一同埋设。

现场测试应收集爆破规模、爆破方式、孔网参数及起爆网络等爆破参数。合理选择自触发设定值，设置的量程、记录时间及采样频率等应满足被测物理量的要求。应依据记录设备电源的待机时间，合理选择开机时间。无线测量时，应采用同步测试装置将多测点的自记系统相连接。

3. 爆破振动监测的分析方法

爆破安全监测的一般原则：应以安全监控及反馈分析为主。在施工期，根据监测资料反馈分析成果，及时向设计、监理和施工等有关单位提出不同条件下的爆破安全控制标准，使其不断改善爆破设计、调整爆破参数和施工工艺，确保保留岩体的安全稳定。

爆破振动效应监测应贯穿开挖爆破施工的全过程：动态监测应与静态监测结合起来考虑。即二者的监测部位和测点应尽量一致，以便动、静态监测资料对比分析。应采用重点监测与一般监测相结合、局部监测与整体监测相结合的方针。应选择可靠、稳定、精度高且简便快速的仪器和方法监测，重点部位还应对同一效应量采取多种方法和仪器监测，以使成果相互验证。监测点次和数量应满足安全爆破施工的要求，并做到成果资料完整、可靠。

一般采用观测爆破质点振动速度的方法得到爆破振动沿水平和垂直方向的传播规律。将振速观测数据用下列公式

$$v = K \left(\frac{Q^{1/3}}{R} \right)^{\alpha} \left(\frac{Q^{1/3}}{H} \right)^{\beta} \qquad (4.4.4.3)$$

$$v = K \left(\frac{Q^{1/3}}{R} \right)^{\alpha} e^{\beta H} \qquad (4.4.4.4)$$

进行回归分析，以求出场地常数 K、α、β。式中，振速 v 以 cm/s 计，单段药量 Q 以 kg 计，爆源至测点的水平距离 R 和高度差 H 以 m 计。

4. 重要部位、重要断面的爆破安全监测

制定出安全爆破控制标准和通过观测爆破震动传播规律以后，使设计和施工人员有了明确的爆破控制尺度。但这并不意味着爆破安全监测工作就此结束，还应结合工程施工特点及其提供的条件对重要部位、重要断面进行监测。

监测方法包括：爆破时保留岩体运动参数（质点振速、质点震动加速度、质点振动位移）的监测；爆破时岩体动力学参数（质点动应变、质点动应力）监测；爆破引起的岩石边坡体及底部基岩破坏、松动范围监测（如钻孔声波穿透测量、同孔声波及小区域地震剖面法测量、压水试验、岩体表面宏观调查等）。

常用的方法是布置爆破质点振动速度测点，监测爆破时的质点振速，与其同时对边坡岩体作非破损检查以建立岩体状态与振速的对应关系，进一步完善或修正爆破安全控制指标和对各爆破安全控制效果作定量评判。

4.4.4.3　爆破动应变监测

1. 爆破动应变监测要求及方法

爆破动应变监测仪器设备具有较高要。对应变片，应根据被测应变波频率范围确定应变片长度，用于混凝土测试的应变片长度应大于 2 倍最大骨料粒径。记录设备的采样频率应大于 12 倍被测应变波的上限主振频率，量程及存储容量应满足测量要求，应采用多芯屏蔽电缆。应变仪的高频响应应满足测试要求。

动应变测点布置应根据需要测点可布置在结构体关键点位内部或结构物表面。同一测点有振动参数及动应变测试时，两类传感器应尽量靠近，但不能相互影响。

应变片的安装应符合以下规定：在结构表面进行监测时，应对被测物表面进行平整、防潮处理后，再将应变片贴在被测物表面。在结构体内进行监测时，应变片宜预加工为动测应变元件；动测应变元件和回填材料的声阻抗应与被测介质相同。

2. 仪器设备及系统

目前，动应变测试系统基本由电阻应变片、电阻应变仪、记录仪组成。如由 TST3406 动态测试分析仪、动态应变仪（中科院力学研究所研制）、SP1641B 型函数信号发生器/计数器和计时仪组成的动态应变测试系统（蒲传金，2008）。其基本原理是用电阻应变片测定构件表面的线应变，再根据应变-应力关系确定构件表面应力的一种试验应力分析方法。这种方法是将电阻应变片粘贴到被测构件表面，当构件变形时，电阻应变片的电阻值将发生相应的变化，然后通过电阻应变仪将此电阻变化转换成电压（或电流）的变化，再换算成应变值或者输出与此应变成正比的电压（或电流）信号，由记录仪记录，可得到所测定的应变值。

4.4.4.4　爆破孔隙动水压力监测

1. 爆破孔隙动水压力监测要求及方法

当爆破振动较大，可能造成有害影响时，应对砂基、砂土堤坝等浸润线以下饱和度大于 95％的部位设置孔隙动水压力测点，与质点振动速度（或加速度）测点同时进行监测。

孔隙动水压力监测，需采用动孔隙水压力计，如渗压计等，通过满足要求的动态应变仪将信号输入到记录设备。孔隙动水压力传感器埋设，一般采用钻孔埋设法。钻孔孔径，依该孔中埋设的仪器数量而定，一般采用 $\phi110mm$ 以上。成孔后应在孔底铺设中粗砂垫层，厚约 20cm。动孔隙水压力传感器的连接电缆，必须以软管套护，并铺以铅丝与测头连接。埋设时，应自下而上依次进行，并依次以中粗砂封埋测头，以膨润土干泥球逐段封孔，分段捣实，随时进行检测。传感器埋设时，一般应在埋设点附近取样，进行土的干密度、级配等物理性质试验，必要时尚应进行有关土的力学性质试验。

对于确定砂土液化范围及深度的监测，应以至爆源中心由近及远及不同高程布置监测断面。基础下部有不利抗液化的土层时，应在该土层内埋设测点。

2. 仪器设备及系统

孔隙水压力测试系统由孔隙水压力传感器、数据采集与分析系统构成。如 BSY1 型孔隙水压力传感器和 BTY2A 型电感调频式土压力传感器，传感器产生的信号可由 DAQ1602 型数据采集卡和 CM37TA 型端子板采集进入计算机，然后进行专项数据分析（隋旺华，2008）。

4.4.4.5 爆破空气冲击波、噪声及有害气体监测

近年来随着工程爆破的规模不断增大，爆破冲击波同爆破地震效应等爆破公害一样，直接威胁人员，地面建筑物，地下构筑物以及设备和设施的安全，甚至会造成重大的财产损失。

爆破空气冲击波对目标的破坏作用，常用超压 ΔP、正压作用时间和比冲量三个参数来度量。目前在爆破空气冲击波测量中，应用较多的是压电式、应变式和机械式压力传感器。早在 1982 年，冶金部安全技术研究所研制成功了 CSR 型空气冲击波速度测量系统。该系统由压电陶瓷传感器、前置级和 21 通道时间间隔测量仪等部分组成，能用同一组传感器和信号通道同时测量 10 个点的冲击波速度和相应点的冲击波到达时间、可供现场作测压系统的动态幅值标定，也能用于激波管波速测量。21 通道时间间隔测量仪还能测定爆炸材料爆速和毫秒电雷管的作用时间。适当选用传感器还可测量其他方面的时间间隔量。

装药在水下爆破产生的水中冲击波对目标的破坏，一般用波阵面最大压力 P_m、比冲量 $I+$ 等水中冲击波的特征参数来度量。水中冲击波测量中常用的传感器分为两类：自由场压力传感器和测量反射波用的传感器。

我国早在 20 世纪 60 年代以来，就进行了许多水下爆破测试，在测试设备上也有不断地更新和开发（熊长汉，1994）。以前的测试系统较为复杂和笨重，给现场测试带来了一定的困难。目前，随着电子技术及测试技术的发展，在水下爆炸测试系统的研制和开发方面有了很大的提高。

中北大学电子测试技术国家重点实验室针对野外复杂试验环境，设计研制了一套便携式、多通道、自存储、数字式水下爆炸冲击波数据记录仪（许辉等，2007）。水下爆炸冲击波数据记录仪由数据记录器、接口、测试数据处理软件三部分组成。数据记录器是一个集压力传感器、瞬态波形记录器、接口、电源等于一体的微型测试装置，根据水下冲击波信号的特点，触发方案采用负延迟内触发，可现场实时采集、量化和存储记录冲击波波形。软件采用面向对象设计的技术，硬件平台为 PC 机，软件平台为 WindowsXP，程序

设计由 VISUALC++实现。软件具备常规的波形显示,打印和计算等数据处理功能。采集结束后,回收数据记录器,通过接口由计算机对其记录的数据进行自动分析处理。传感器采用的是美国 PCB 公司生产的 138A 系列压电压力传感器,该系列传感器专门用于水下爆炸测试,该传感器具有体积小,响应速度快、精度高等优点。

赵继波(2008)等探索利用高速相机测量水中爆炸近场冲击波的轨迹和冲击波在水域中的传播历程,得到分幅图像和扫描图像,并对图像进行数字化分析;利用 Rankine2Hugoniot 关系从冲击波的扫描轨迹求得冲击波阵面压力,并外推至冲击波的初始压力。用锰铜压力传感器测量了冲击波的初始压力并与光测结果对比,结果表明两种测试方法取得的结果符合得很好。苏欣(2007)等构建了一套实时的水下爆破冲击波声学监测系统,对厦门港现代码头的水下爆夯进行了现场实时监测。

在距离爆源较远的地方,空气冲击波以声波的形式传播而成为声波。一般认为,冲击波压力在 180dB 以下就可认为是声压。由于这种波动包含着各种频率成分,对人的听觉造成刺激,故称为爆破噪声。爆破安全规程中对爆破噪声控制有明确的规定:在城镇爆破中每一个脉冲噪声应控制在 120dB 以下。复杂环境条件下,噪声控制由安全评估确定。爆破噪声的测试一般是测定噪声的声压、频率和持续时间。其测试系统由话筒、声级计、现实记录装置组成。目前国内市场上噪声测试仪的类型和种类都很多,有些爆破振动检测仪器都有一个通道可以在测试振动的同时,测试该点的噪声(范亚菊等,2007)。为了控制爆破施工对环境的影响,很多采用爆破施工的工地都进行了爆破噪声测试。

地下工程爆破作业通常会产生有害气体,应进行有害气体浓度监测。其浓度值不应超过表 4.4.2.7 的规定。地下爆破作业面炮烟浓度宜每周监测一次,采样环境应与日常施工环境相同。宜采用便携式智能有毒气体检测仪检测,也可参照 GB 18098 中的测定方法,监测爆破后工作时段内的有害气体浓度,并建立有害气体及粉尘的产生与分布和排烟、降尘措施的档案。

爆破空气冲击波超压及噪声的测试宜采用专用的爆破噪声测试系统,也可采用声级计,其性能应至少符合 GB 3785《声级计的电、声性能及测试方法》中对Ⅲ型仪器的要求。测点布置需根据爆区位置和爆破参数等,确定爆破噪声保护对象区域方位,选择敏感建筑物或被保护区域距离爆破作业区最近的点为测点。传感器(声级计)的布置应选择在空旷的位置,距周围障碍物应大于 1.0m,距地面应大于 1.2m,宜固定在三脚架上。

爆破空气冲击波监测仪器系统主要由爆压传感器、电荷放大器、数字记录仪组成。爆破噪音可直接采用声级计测试;爆破有害气体监测,则根据有害气体的复杂性,把困扰施工的瓦斯(CH_4)、硫化氢(H_2S)、一氧化碳(CO)、二氧化碳(CO_2)作为主要监测对象可采用四合一气体检测仪或者三合一气体检测仪,检测空气中 CH_4、H_2S、CO、CO_2 气体的含量(吴应明,2003)。

另外,在目前的爆破噪声监测中,经常使用爆破振动/噪声自动记录系统。在此类系统中,一般是让声传感器传来的信号经过衰减器、放大器,然后进行数字化采样,并将采样数据储存起来。这样,既可即时读出爆破噪声的峰值,也可以将采样数据下载到计算机上进行频谱分析,使用方式方便灵活。

4.4.4.6 爆破影响深度检测

1. 爆破影响深度检测的一般方法

炸药爆炸后，保留岩体表层附近会形成松动区和塑性区，可统称为爆破损伤区，其厚度取决于爆破开挖的影响、地应力的分布形态、重分布应力与围岩岩体强度的比值及支护等因素。确定爆破损伤区的范围，对于确定爆破对保留岩体的影响程度、调整后续爆破参数等有着十分重要的意义。传统的岩体爆破损伤范围测试有爆前爆后的压水试验法、声波法和钻孔电视法，近年来也发展了一些新的测试方法，如 CT 法、地质雷达法等。

压水试验法是在保留岩体中钻孔，通过爆破前后钻孔的压水试验，确定岩体的渗透系数的变化来确定岩体的破坏程度。

声波法以弹性波力学为基础，在爆破前后对岩体发射声频或略高于声频的弹性波，然后根据实测的岩体中波速、波幅、频率和波形的变化情况来判定岩体在爆破荷载作用下的破坏程度。目前仍是爆破损伤范围检测最常用的手段。目前国内外进行岩体声波测试的仪器种类很多，如湘潭无线电厂生产的 SYC 型声波岩石参数测定仪；北京中西远大科技有限公司生产的 BYF5SY1 声波测试仪，中科院岩土力学研究所研制的 RSM-SY5（T）智能声波仪等。

钻孔电视法是一种在岩体中钻孔，于爆破前后采用摄像仪对孔壁直接进行观察和拍照，来确定岩体破坏程度的方法。钻孔电视法在一定程度上比声波法更直观。可靠，但是只能观察钻孔壁面的破坏情况，而声波法则能考察一定深度内岩体的状态。目前国内使用较多的钻孔电视系统主要有武汉长盛工程检测技术开发有限公司 JL-IDOI（A）智能钻孔电视成像仪，武汉岩海公司生产的 RS-DTV 数字式彩色钻孔电视，欧美大地仪器生产的钻孔电视 TC－30/150 等。

地质雷达法。近年来不需钻孔的地质雷达测试作为非破损物探新技术以其精度高、效率高剖面直观等优点，在土木工程领域得到越来越广泛的应用。地质雷达产生高频短脉冲电磁波向介质内发射，其信号的传播取决于介质的高频电性。一般在岩石介质中，节理、裂隙、断裂等会引起电性变化，当雷达发射探头向介质发射电磁波时，介质电性的变化引起部分信号发生反射，产生雷达反射波，反射波由探头接收、放大、数字化并存储在计算机中，对采集的数据进行编辑、处理，可得到不同形式（如波形、灰度、彩色等）的地质雷达剖面，对地质雷达剖面进行解释，即可得到所测结果。具体做法是先在岩体表明布置探测线，雷达探头沿探测线等距离移动，将雷达图像记录下来，图像的横坐标为测线位置，纵坐标为围岩内部的深度线，将横坐标上每条测线松动深度绘制在断面图上，把这些点连接起来，即是爆破影响范围边界。地质雷达法测试的优点是不需钻孔，精度、效率和分辨率高，灵活方便，剖面直观，测试快速，现场即可得到裂缝位置图，得出松动圈范围。缺点是仪器昂贵。

工业 CT 法。从 20 世纪 90 年代起，CT 技术被引入到岩土工程界，用于岩体损伤的检测，CT 检测方法不仅可以无人为干扰的进行岩石材料的损伤检测，更重要的是可以结合 CT 图像、CT 数大小及其 CT 数的分布规律进行定量分析（徐颖，2008；蔡德所等，1997）。另外，近年也有应用红外线热影像分析方法检测地下工程爆破岩体损伤范围探讨的报道（吴柏青，2008）。

2. 爆破影响深度的声波测试方法

（1）声波测试的目的。通过多项测试与监测进行综合对比统计分析可以确定爆破等对保留岩体的影响情况；通过成果资料反馈，可以改进设计和施工中存在的不足之处、保证开挖质量。

声波在岩体中的传播速度取决于岩体的密度、弹性模量、风化程度以及结构面发育程度等地质状况，通过检测声波在岩体中的传播速度可得到岩体质量和强度的相关信息。

对于边坡岩体声波测试与监测，其目的是通过炮前、预裂爆破后、炮后和再炮后同一位置多次检测，对比分析其波速 v_p（m/s）–孔深 h（m）关系曲线和波幅变化情况，以确定开挖爆破对测区岩体的松弛深度、波速和波幅的影响情况等等。通过不同测区松弛深度与爆破振动速度统计分析，可以研究爆破规模对边坡的影响。另外，在经过一段适当时间间隔后，对同一位置进行声波检测，可以确定两次检测之间的施工干扰（包括开挖爆破、打锚杆、打锚索、注浆、混凝土喷层等施工干扰以及边坡岩体应力卸荷影响等）对边坡岩体的影响情况。

对于预裂缝骑缝声波测试，其目的是通过对预裂单独爆破前后预裂缝两侧的声波孔内作穿透测试，对比爆破前后声波速度变化情况，确定预裂成缝情况，包括预裂缝的深度、预裂缝的连续性以及预裂爆破对预裂缝两侧岩体的综合影响等。预裂成缝情况与预裂孔造孔情况、预裂爆破参数以及爆破区域工程地质条件等有关。另外，预裂爆破前的声波穿透测试还可以确定上一台阶开挖爆破时缓冲孔和主爆孔对孔底以下岩体的影响深度。

对于马道岩体声波测试与监测，其目的与边坡岩体声波测试与监测目的类似，不同之处在于其部位不同，马道岩体声波测试与监测主要是针对马道上的岩体，与边坡岩体相比较，这部分岩体受上一台阶缓冲孔爆破影响大、有两个临空面、应力卸荷大。

对于混凝土喷层声波监测，其主要目的是检测喷层混凝土的声波速度值 v_P（m/s）。此外，间隔一段时间进行同一位置第 2 次检测可以确定监测区混凝土喷层声速 v_P 的变化情况，进而确定开挖爆破等施工干扰和雨水冲刷、氧化等自然干扰对喷层混凝土的综合影响情况。

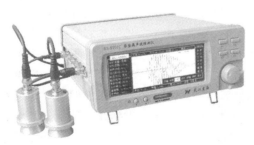

图 4.4.4.3　RS-ST01 声波仪实物图

（2）测试系统。目前国内应用比较多的是武汉岩海工程技术开发公司生产的 RS-ST01C 一体化数字超声仪，见图 4.4.4.3，根据不同测试的内容和穿透距离，换能器采用江苏扬州、湖南湘潭和湖南奥成等多家换能器厂生产的相关单孔、双孔、平面、大功率发射和带前置放大等换能器。

（3）声波测试原理。声波法检测岩体和混凝土喷层的基本原理是：由超声脉冲发射源向介质内发射高频弹性脉冲波，并用高精度的接收系统记录该脉冲波在岩体内传播过程中表现的波动特性；当岩体内存在不连续或破损界面时，形成波阻抗界面，波到达该界面时，产生波的透射和反射，使接收到的透射波能量明显降低；当岩体内存在松散、裂隙、结构面和孔洞等严重缺陷时，将产生波的散射和绕射；根据波的初至到达时间和波的能量衰减特性、频率变化及波形畸变程度等特征，可以获得测区范围内介质的纵波速度 v_P（m/s）和密实度等参数。

在岩体中测试时，声波速度除受岩性、结构面发育特征、岩体风化程度影响外，还与岩体应力状态、岩体含水情况以及地温等有关。一般来说，岩体越致密坚硬，波速越大，反之则越小；岩性相同时，波速与结构面特征密切相关；在压应力作用下，波速随应力增加而增加，波幅衰减少，而在拉应力作用下，波速随应力值的增加而减小，衰减增大；相同的岩体，含水率越高，波速越大，波幅衰减越小；温度的影响则比较复杂，一般来说，岩体处于正温时，波速随温度增高而降低，处于负温时则相反。

由于岩体的波速 v_P 随结构面密度增大、风化加剧而降低，因此，工程上常用岩体的纵波速度 v_P 和岩块的纵波速 v_r 之比的平方来表示岩体的完整性，见式 4.4.4.5 和表 4.4.4.2。

$$K_v = \left(\frac{v_P}{v_r} \right)^2 \tag{4.4.4.5}$$

式中：K_v 为岩体的完整性系数；v_P 为岩体纵波速度；v_r 为岩块纵波速度。

表 4.4.4.2　　　　　　　　　　　　岩体完整程度划分表

岩体完整性系数 K_v	＞0.75	0.75～0.55	0.55～0.35	0.35～0.15	＜0.15
岩体完整程度	完整	较完整	较破碎	破碎	极破碎

3. 钻孔电视系统

自从 20 世纪 50 年代第一台钻孔成像设备诞生以来，钻孔成像技术的发展经历了三个阶段：钻孔照相（BPC）、钻孔摄像（BVC）和数字式光学成像（DBOT），如图 4.4.4.4 是钻孔成像设备的发展历史以及国内外目前使用的成像设备情况的树型框图。

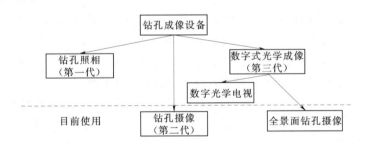

图 4.4.4.4　钻孔成像设备的发展历史树型框图

目前使用的全景面钻孔摄像系统典型结构框图如图 4.4.4.5 所示，包含钻孔孔壁三维信息的二维平面图像经电缆传输给图像捕获卡，在其中完成视频信号的数字化，并把图像信号压缩成标准的 MPEG-2 或 MPEG-4 格式传输给主机（笔记本或者工控机），在主机中开发相应的逆变换软件，对 MPEG 格式的图像数据流进行截图，得到一帧图像，再对这一帧图像作展开处理，从而从全景图像恢复到平面图像，得到的平面图像是一幅包含一段完整（360°）钻孔孔壁的二维图像，就像孔壁沿某一方向被垂直劈开。图像采集卡与主机的 RS232 接口相连，负责传输主机的控制信息给探头和把深度

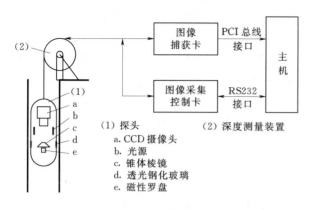

（1）探头　　　　　（2）深度测量装置
　　a. CCD 摄像头
　　b. 光源
　　c. 锥体棱镜
　　d. 透光钢化玻璃
　　e. 磁性罗盘

图 4.4.4.5　目前使用的全景面钻孔摄像系统
典型结构框图

值传回给主机。

4.4.4.7　开挖平整度检测

传统的开挖平整度检测一般使用水准仪、全站仪。近年来，随着测绘技术的发展和相关产品的日益成熟，一些新的检测方法也可适用于开挖平整度的检测。比如近景摄影测量方法和激光扫描的方法。

近景摄影测量的方法首先通过照相机获取需要量测位置的照片及周围若干个控制点的坐标，通过相应的软件处理后，可以得到图片上任意一点的三维坐标。在爆破后获取需要平整度检测部位的照片和周围控制点的坐标后，通过相关近景摄影测量软件的处理，可以得到检测部位任意一点的坐标，从而对任意两点的垂直于壁面方向的坐标相减，即可得到两点的高差。目前近景摄影测量根据摄影基站的多少可以分为单基线近景摄影测量和近两年发展起来的多基线近景摄影测量。Adam 近景摄影测量系统是澳大利亚 AdamTechnology 公司推出的单基线近景摄影测量系统，目前广泛应用于矿山、水利、测绘等领域。张祖勋（2007）提出了以计算机视觉代替人眼双目立体视觉的"多基线、多影像近景摄影测量"原理，并开发了多基线数字近景摄影测量系统 lensphoto，其生成的点云密集度接近激光扫描生成的点云，在距离较近，摄影设备满足要求的情况下，其精度可以达到 mm 级。

三维激光扫描技术又称"实景复制技术"，它可以深入到任何复杂的现场环境及空间中进行扫描操作，并直接将各种大型的、复杂的、不规则、标准或非标准等实体或实景的三维数据完整的采集到电脑中，进而快速重构出目标的三维模型及线、面、体、空间等各种制图数据，同时，它所采集的三维激光点云数据还可进行各种后处理工作如坐标测量等，因此，可以用来测量爆破后不平整度。现在已经有很高精度的三维激光扫描系统用于实际工程。如法国 KREON 系列三维激光超高精度扫描系统（近距离）、法国 MENSI - S10/S25 三维激光扫描系统（中距离）、法国 MENSI GS 100 三维激光扫描系统（远距离）、加拿大 Optech 公司的系统三维激光扫描仪。三维激光扫描仪可以提供高精度的点云，但其价格较昂贵。

4.4.4.8　宏观调查及巡视检查

爆破对保护对象可能产生危害时，应进行宏观调查与巡视检查。宏观调查与巡视检查，应采取爆前爆后对比检测方法。其主要内容应包括：保护对象的外观在爆破前后有无变化；邻近爆区的岩土裂隙、层面及需保护建筑物上原有裂缝等在爆破前后有无变化；在爆区周围设置的观测标志有无变化；爆破振动、飞石、有害气体、粉尘、噪声、水击波、涌浪等对人员、生物及相关设施等有无不良影响。在保护对象的相应部位，爆前应设置明显测量标志，对保护对象的整体情况，包括有无裂缝、裂缝位置、裂缝宽度及长度等，进行详细描述记录，必要时还应测图、摄影或录像；爆后调查这些部位的变化情况。测量标志点部位应尽量与仪器监测点相一致。爆破前后，调查人员及其所使用的调查设备（尺、放大镜等）应相同。

爆破裂隙调查原理：对于预裂面上的浅层岩体尤其是底部加强药段位置的岩体，其表面可能会产生爆破裂隙。这些爆破裂隙有可能再次受到附近开挖爆破振动的影响，通过对这些爆破裂隙的定性描述和定量监测可以了解开挖爆破对围岩浅层岩体的影响情况。

爆破裂隙调查方法：为尽量靠近爆区以及便于多次观测，爆破裂隙调查与编录面一般布置在预裂面或光爆面上。地下洞室开挖，一般布置在已经开挖成型洞段的边墙部位。

边坡开挖，一般布置在保留预裂面坡脚位置。比如在边坡开挖轮廓面上，当预裂爆破时，对于预裂面上的浅层岩体尤其是底部加强药段位置的岩体，其表面可能会产生爆破裂隙。这些爆破裂隙有可能再次受到附近开挖爆破振动的影响，通过对这些爆破裂隙的定性描述和定量监测可以了解开挖爆破对边坡浅层岩体的影响情况。为尽量靠近爆区以及便于多次观测，爆破裂隙调查与编录面一般布置在预裂面上的坡脚位置处，见示意图 4.4.4.6。

在适当的位置选定面积为 1m×1m 的爆破裂隙调查区并用红漆做出标记，爆破前对调查区进行详细的地质编录，包括结构面和爆破裂隙的数目、长度、宽度以及整个调查区的整体接触性质等，爆破后进行第二次观测，若有需要，可进行第 3 次观测。爆破裂隙调查一般为 2～3 次，直到调查区内无明显变化时为止，调查时间尽量靠近爆破时间。

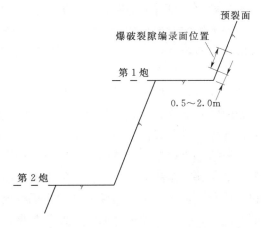

图 4.4.4.6　爆破裂隙调查与编录面位置示意图

4.4.4.9　爆破器材性能现场检测

地下洞库工程开挖爆破涉及面广、部位多，差异大，对爆破器材质量要求高。爆破器材质量问题会影响开挖爆破质量，为了判断出现的问题是否与爆破器材有关，有必要进行爆破器材现场检测，为开挖爆破设计和施工提供依据。爆破器材现场检测的一般内容如下。

1. 雷管延时精度测试

地下洞库工程开挖爆破要求有合理的爆堆形状和抛掷方向、良好的抛掷顺序、有效的减震效果。因此对起爆顺序和起爆时间的准确性、可靠性要求很高。在水电工程边坡开挖爆破中，为减小爆破振动的影响，必须实施严格的控制爆破，要求段与段之间不重段，排与排之间不串段，同时考虑降震的需要，这就对孔间、排间起爆时差提出了严格的要求。为确保起爆网路的安全，使爆破达到设计目的，需要对非电起爆雷管的准爆率和延时精度有准确了解。

通过现场测试，对所选用的各段别接力及孔内起爆雷管进行准爆性研究并测试其延期时间，了解采用雷管可靠性，指导爆破设计和施工。

2. 导爆索的传爆时间、传爆可靠度和起爆能力检测

目前在地下洞库工程的开挖爆破中，导爆索的应用比较广泛，在轮廓面爆破（光面爆破）、缓冲孔起爆、部分主爆孔起爆中都有应用。导爆索的传爆时间、传爆可靠度和起爆能力关系到预裂爆破的成型效果，需要进行现场检测。

3. 炸药性能检测

当炸药成分、质量和存放时间等产生变化时，炸药本身的爆炸能力也会发生变化。地下洞库工程开挖爆破对炸药的基本要求是：炸药密度大于 $1100kg/m^3$，炸药爆速在 $4500m/s$ 以上，做功能力大于 $320mL$，猛度大于 $16mm$，殉爆距离大于 2 倍的药径。具有一定的抗水性、抗压（3×10^5Pa）性能，起爆（8 号雷管感度）、传爆（连续传爆 $25m$）性能好。

尤其是当同一个工程采用了多个厂家生产的炸药时，炸药性能试验就显得更为重要。厂家不同，品质必然有所差异，因此需要对其进行研究分析。

4.4.5　爆破管理信息系统

在工程爆破监测技术方面，针对传统的监测设备在野外危险区域工作存在一定的局限性等问题，通过开发爆破远程监测设备，将爆破监测技术与无线网络通信相结合，实现爆破数据无线实时传输的远程监测技术，对全国的爆破进行无线网络化实时监控，在线实时获取的爆破数据；并能在野外危险区域实现无人值守，长时间监测，数据量丰富。在此基础上，通过工程爆破效应远程监测信息管理系统，研究分析不同岩体、不同爆破方式下的爆破振动特性，揭示其爆破振动规律。并通过对岩体爆破振动的周期、幅值、持续时间、主频的特性研究，确定不同岩性、不同爆破方式下的减振措施和方法，指导爆破安全作业，减少或避免爆破振动的危害作用。

根据工程爆破振动特性研究与分析中存在的主要问题，以考虑无线实时传输为研究特色，基于远程监测技术，在任何能上 Internet 的地方实时观测爆破数据，并开展相应硬件和软件研发，建立工程爆破振动效应远程监测信息管理系统，实现数据共享，因而利用少量的人力、物力，即可获取海量监测数据，从而对不同岩性、不同爆破方式下的爆破振动特性进行研究。通过对爆破振动幅值、周期、主频率与持续时间进行准确的分析研究，确定不同岩性、不同爆破方式下的减振措施和方法，指导爆破安全作业，减少或避免爆破振动的危害作用。

根据本工程地下水封油库的工程特点，采用新一代信息技术中的物联网，对爆破方案审批、各测点的监测设备及监测资料等进行远程管理，建立"本工程国家石油储备基地地下水封洞库工程开挖爆破管理信息系统"。系统可独立运行，也可作为工程安全管理信息系统的一个子系统运行，对爆破方案进行网上审批，并对爆破监测资料进行管理；爆破振动监测采用智能化的爆破远程记录仪及宽频带质点振动速度传感器。

开挖爆破管理信息系统基本功能如下：

（1）系统具有权限管理功能，实现施工方、设计方、检测方、监理方、建设管理方等多方人员的操作权限及用户管理。工程参与各方人员可以通过手机、平板电脑或计算机上网进行爆破方案上报、审批、爆破振动测试参数设置（例如，采样频率、前置时间

等）等。

（2）爆破数据短信通知功能，例如，提前 30min（可任意设定）自动通知相关人员，在何时何地进行多大规模爆破；爆破监测完成后，通过短信将关键数据通知相关人员。

（3）爆破远程记录仪具有智能化识别、定位、跟踪、监控和管理功能。内置 GPS，"监测管理系统"可准确监控到每台测试系统的使用地点（如需保密可只给定相对坐标）及时间。通过 GPRS 或者 3G 网络技术，可随时随地将测试数据及时发往"管理信息系统"，实现远程在线监测，确保监测数据真实可靠。通过 RFID 技术，现场读取爆破传感器参数信息进行传感器远程识别认证，获取爆破传感器性能特性、厂家和生产年份等信息。

（4）爆破监测数据实时上传并同步显示。爆破数据分析软件包括 FFT、功率谱、积分、微分等功能。爆破起爆网路辅助设计：根据重点保护对象的振动监测波形的主频，给出最优的排间和孔间微差时间。

（5）编制类似于下图的具有本工程标识的系统软件。无线远程爆破监测系统界面见图 4.4.5.1。

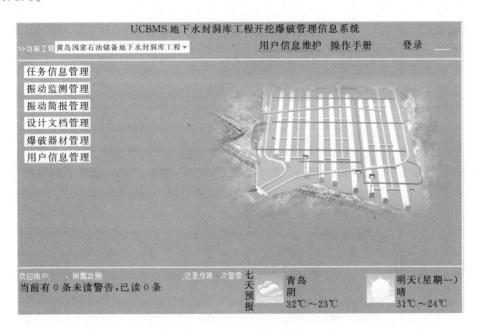

图 4.4.5.1　无线远程爆破监测系统界面

4.4.6　爆破作用下地下洞室围岩响应特性的数值分析

4.4.6.1　数值计算模型

本工程地下油库数值计算研究采用 FLAC3D 软件进行数值计算。该方法是基于 Cundall P. A. 提出的一种显式有限差分法。为了分析主洞室的施工爆破引起的岩体振动对本洞和邻近洞室围岩和支护安全的影响，建立了包含主洞室和主洞室的动力分析模型，如图 4.4.6.1 所示。

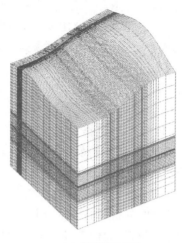
（a）模型网格剖分

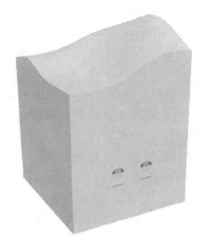
（b）洞室位置

图 4.4.6.1　计算模型

根据本工程岩体力学特性，模型中岩体力学参数取值见表 4.4.6.1。

表 4.4.6.1　　　　　　　　　岩体振动计算的岩体力学参数取值

岩体分级	变形模量 /GPa	泊松比	重度 /(kN·m⁻³)	黏聚力 /MPa	内摩擦角 /(°)	抗拉强度 /MPa
Ⅲ	7.2	0.26	25.1	0.8	41.2	4.5
Ⅳ	1.4	0.32	23.2	0.3	28.4	2.5
Ⅴ	0.8	0.36	22.3	0.05	24.1	1.5

爆破动力分析中，采用三角形荷载概化爆破动荷载时程，并将爆破动荷载作用于等效弹性边界上。对于掏槽段爆破，等效弹性边界见图 4.4.6.2。

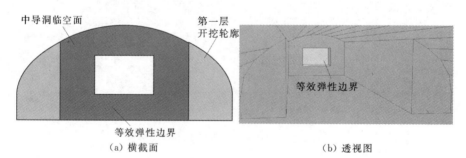
（a）横截面　　　　　　　　　　　　　　（b）透视图

图 4.4.6.2　爆破动荷载计算简图

确定爆破动荷载的等效弹性边界后，便可以根据现场岩体振动监测数据，通过反演确定等效弹性边界上的爆破动荷载应力峰值，进而确定爆破动荷载时程。

4.4.6.2　爆破作用下洞库围岩的响应特性

利用 FLAC3D 软件对以上的数值模型进行分析，得到围岩应力、位移及振速特征。

1. 围岩应力

在中导洞拱顶部位，每隔 4m 布置一个监测点，共布置 17 个点，命名为 P1，P2，…，P17；在邻近洞室中导洞靠近爆源一侧的洞壁上布置 3 个间距为 4m 的点，命名为 Q1，Q2 和 Q3，见图 4.4.6.3。

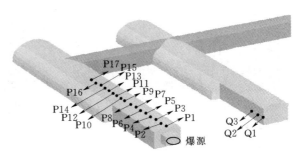

图 4.4.6.3　监测点位置示意图

从监测点 P1 到监测点 P17，对每个监测点第一和第三主应力时程的极值进行统计，绘制监测点的时程应力极值与爆源距的关系曲线，如图 4.4.6.4 所示。

由上图可知，爆源距为 1m 时，测点 P1 的最大压应力及最大拉应力的量值均较大，但爆源距从 1m 到 5m 范围内，应力量值衰减非常迅速。随着爆源距的进一步增加，应力变幅不大；最大拉应力量值逐渐降低。这表明，爆破作用对洞周围岩应力场的影响仅局限于爆源近区的岩体，随着爆源距增加，爆破作用对围岩的应力场影响越来越小。

将相邻洞室靠近爆源一侧边墙上设置的三个监测点所监测第一主应力时程列入图 4.4.6.5。

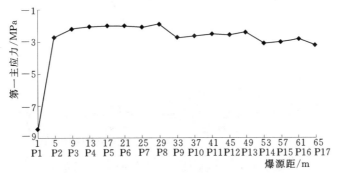

围岩第一主应力极值随爆源距的变化规律

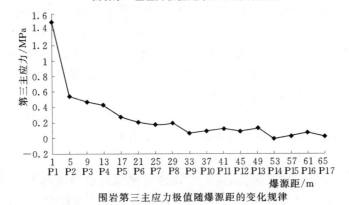

围岩第三主应力极值随爆源距的变化规律

图 4.4.6.4　主应力极值随爆源距的变化规律

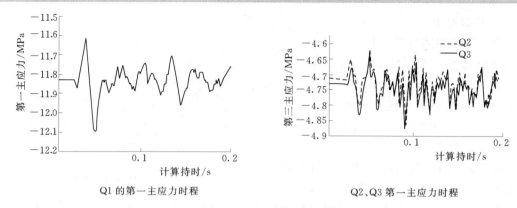

Q1 的第一主应力时程　　　　　　Q2、Q3 第一主应力时程

图 4.4.6.5　主应力时程

由图 4.4.6.5 可以看出，三个监测点的第一主应力的时程变幅均在 0.5MPa 以内，表明爆破作用对相邻洞室围岩的应力场影响较小。

2. 围岩振动位移

将 P1～P7 测点的竖向位移时程列入图 4.4.6.6，对应于爆源距 1～25m 的岩体位移特征。

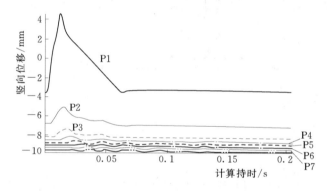

图 4.4.6.6　洞室拱顶监测点的竖向位移时程

从图 4.4.6.6 可以看出，测点 P1 在爆破作用下的竖向位移变化幅度最为显著。而 P2 ～P7 的竖向位移变化幅度均较小。从 P1～P7 的竖向位移时程总体时程规律来看，受到爆源距不同的影响，每个测点出现竖向位移的峰值时刻有所差异，但当爆破荷载输入完成后，这些测点的位移值又基本回复到了爆破作用前。这表明爆破作用仅对爆源近区有限范围内、有限时间段内的围岩位移分布有所影响。

3. 围岩振动速度

作 P1～P8 点的拱顶测点振速时程曲线，如图 4.4.6.7 所示，并作 P1～P17 测点的峰值振速与爆源距的关系曲线，如图 4.4.6.8 所示。

从图 4.4.6.7 来看，爆源距仅 1m 时，爆源近区围岩拱顶测点 P1 的峰值振速达到了 121cm/s。P2～P8 测点的振速时程与 P1 的振速时程量值区别较大，但波形基本类似。从图 4.4.6.8 来看，随着爆源距的增加，测点的岩体振速峰值衰减明显。当爆源距大于 17m 以后，振速峰值衰减趋势相对平稳。

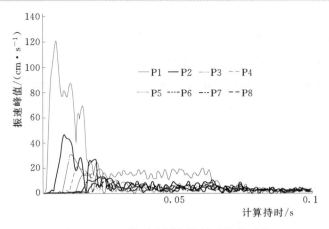

图 4.4.6.7 拱顶监测点的振速峰值时程

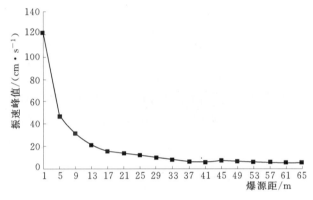

图 4.4.6.8 拱顶岩体振速峰值-爆源距关系曲线

考查相邻洞室靠近爆源一侧的监测点 Q1～Q3 的围岩振动，测点 Q1、Q2 和 Q3 的围岩的振速峰值分布在 6.24～8.58cm/s 范围内，振速相对较小。

4.4.7　地下洞库开挖爆破安全判据

4.4.7.1　确定安全判据的基本思路

以地下洞库开挖爆破中的岩体振动场反演成果为基础，研究表征围岩稳定性和锚固支护受力的各项指标与岩体振动峰值之间的关系，提出安全振动判据。

4.4.7.2　围岩稳定性的振动安全判据

根据分析计算，爆破作用更多的是体现为对爆源附近围岩的短时间振动影响，而对爆破作用后的围岩塑性区、应力和位移分布影响较小。因此以爆破作用过程中的洞周围岩应力峰值为考察指标，通过研究应力峰值与振速峰值的关系，并结合围岩强度判据提出围岩稳定性的振动安全判据。

根据围岩开挖的静力分析结论，见图 4.4.7.1，在第 1 层开挖完毕，第 2 层开挖爆破过程中，围岩

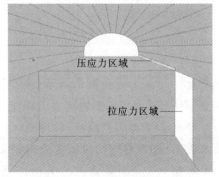

图 4.4.7.1 爆源附近的压应力和拉应力区域

压应力量值较大的区域主要是第1层底板与边墙的交会处，拉应力较大的区域主要是第2层开挖形成边墙部位。这些部位的爆破过程中，最容易达到洞周压应力极值和拉应力极值，若应力峰值超过围岩的抗拉或抗压强度，则可能使围压发生破损。因此，分别以图4.4.7.1所示区域，统计相应部位在爆破振动过程中的岩体振速峰值和应力峰值，绘制关系图，见图4.4.7.2和图4.4.7.3。

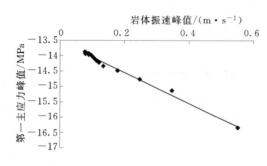

图4.4.7.2　第一主应力与岩体质点
振动峰值的关系

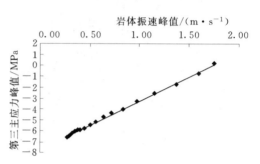

图4.4.7.3　第三主应力与岩体质点振动
峰值的关系

可以看出，沿着压应力测线的方向，岩体的质点振速峰值（PPV）与第一主应力呈现明显的线性相关性，采用线性函数对其进行拟合，得到下述关系式：

$$\sigma_1 = -5PPV - 13.55 \tag{4.4.7.1}$$

式中：σ_1 为岩体的第一主应力，MPa；PPV 为对应的岩体质点振速峰值，m/s，拟合关系式的回归系数为0.988。

采用相同思路，可以得到岩体的质点振速峰值与第三主应力之间的关系式：

$$\sigma_3 = 4.4PPV - 7.63 \tag{4.4.7.2}$$

式中：σ_3 为岩体的第三主应力，MPa，量值为正时即为拉应力；PPV 为对应的岩体质点振速峰值，单位为 m/s，拟合关系式的回归系数为0.997。

取围岩的抗压强度为40MPa，抗拉强度4MPa，分别代入式（4.4.7.1）和式（4.4.7.2），即可得到与围岩应力峰值对应的质点振速峰值控制标准，分别为

$$\begin{cases} [PPV]_m < 5.29\text{m/s} = 529\text{cm/s} \\ [PPV]_t < 2.64\text{m/s} = 264\text{cm/s} \end{cases} \tag{4.4.7.3}$$

式中：$[PPV]_m$ 为控制围岩压应力峰值不超过其强度而应满足的岩体质点振动峰值上限值；$[PPV]_t$ 为控制围岩拉应力峰值不超过其强度而应满足的岩体质点振动峰值上限值。

显然，围岩应力控制应以控制拉应力不超过其抗拉强度为主。

4.4.7.3　喷混凝土的振动安全判据

根据对上层开挖爆破的分析，喷混凝土的振动控制应以防止拉坏为主。因此，在图4.4.7.4所示最靠近第2层爆源的部位，在掌子面前方布置喷混凝土测线，统计该区域内的喷混凝土第三主应力峰值与岩体质点振速峰值 PPV 的关系。

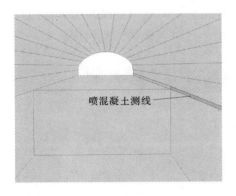

图 4.4.7.4　喷混凝土测线布置

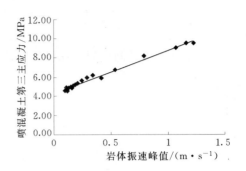

图 4.4.7.5　掌子面前方喷混凝土第三主
应力与岩体振速峰值的关系

见图 4.4.7.5，掌子面前方喷混凝土的第三主应力与岩体振速峰值呈现明显的正比例关系，采用线性函数进行拟合，可得

$$\sigma_t = 4.47PPV + 4.29 \qquad (4.4.7.4)$$

式中：σ_t 为掌子面前方喷混凝土的第三主应力峰值；PPV 为对应的岩体质点振速峰值，m/s。

关系式的回归系数分别为 0.984。取钢纤维喷混凝土 28d 动态抗拉强度为 16.5MPa，代入式（4.4.7.4），可得

$$[PPV]_{pc} < 2.73\text{m/s} = 273\text{cm/s} \qquad (4.4.7.5)$$

式中：$[PPV]_{pc}$ 为控制喷混凝土拉应力峰值不超过其动态抗拉强度而应满足的岩体质点振动峰值上限值。

4.4.7.4　锚杆杆体及锚杆砂浆体的振动安全判据

由于第 2 层开挖爆破紧邻第 1 层最下方一排锚杆，（图 4.4.7.6），故而该排锚杆受到的爆破影响最为显著，则统计该排锚杆在爆破作用过程中的杆体受力峰值和砂浆应力峰值（图 4.4.7.7、图 4.4.7.8）。锚杆杆体的压应力和砂浆浆体应力峰值均与质点振速峰值呈现明显的正比例关系，则采用线性函数进行拟合，可得

$$\left.\begin{array}{l}\sigma_{bolt} = 12.48PPV - 0.092 \\ \sigma_{grout} = 0.316PPV + 0.167\end{array}\right\} \qquad (4.4.7.6)$$

式中：σ_{bolt} 为锚杆杆体压应力峰值，MPa，此处以压为正；σ_{grout} 为砂浆浆体应力峰值，MPa；PPV 为对应的岩体质点振速峰值，m/s，关系式的回归系数分别为 0.952 和 0.958。

取锚杆的抗压强度为 310MPa，砂浆浆体的黏结强度为 1.2MPa，分别代入式（4.4.7.6），可得

$$\left.\begin{array}{l}[PPV]_{bolt} < 24.85\text{m/s} = 2485\text{cm/s} \\ [PPV]_{grout} < 3.27\text{m/s} = 327\text{cm/s}\end{array}\right\}$$

$$(4.4.7.7)$$

图 4.4.7.6　锚杆测线布置

式中：$[PPV]_{bolt}$为控制锚杆杆体压应力峰值不超过其抗压强度而应满足的岩体质点振动峰值上限值；$[PPV]_{grout}$为控制锚杆砂浆体应力峰值不超过其黏结强度而应满足的岩体质点振动峰值上限值。

显然，锚杆振动控制应以控制砂浆浆体应力峰值不超过其黏结强度为主。

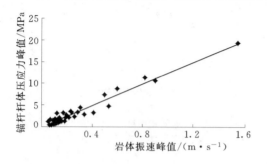

图4.4.7.7 锚杆杆体压应力峰值与岩体
振速峰值的关系

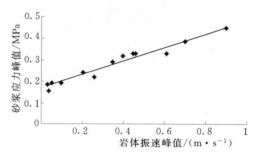

图4.4.7.8 砂浆体应力峰值与岩体
振速峰值的关系

4.4.7.5 综合判据

综上，可对围岩、喷混凝土和锚杆的安全振动判据进行汇总，得

控制围岩拉应力不超限的安全振动判据：$[PPV]_t < 2.64\text{m/s} = 264\text{cm/s}$

控制喷混凝土拉应力不超限的安全振动判据：$[PPV]_{pc} < 2.73\text{m/s} = 273\text{cm/s}$

控制锚杆砂浆体应力不超限安全振动判据：$[PPV]_{grout} < 3.27\text{m/s} = 327\text{cm/s}$

应注意，上述质点振速峰值PPV的量值，均是邻近爆源的岩体质点振速峰值上限值。为便利实际施工过程的监测和振动控制，可进一步根据萨道夫斯基公式，求得分别与$[PPV]_t$、$[PPV]_{pc}$和$[PPV]_{grout}$对应的岩体质点振动衰减特性曲线，得到每种判据条件下，距爆源一定距离的质点振动水平。

4.4.8 地下洞库爆破作业的安全评价体系

根据生产性试验进行分析以及相应的静动力数值计算，主要对生产性爆破试验的振动监测数据以及声波测试成果进行了分析。同时，针对爆破生产性试验的岩体振动场展开了反演工作，并在岩体振动场反演成果的基础上，提出了建议开挖爆破方案条件下的岩体安全振动判据。其中，围岩主要控制其拉应力峰值不超过抗拉强度，即控制围岩不出现拉裂破坏；喷混凝土主要控制其拉应力峰值不超过抗拉强度，即控制喷混凝土不出现开裂；锚杆主要控制锚杆砂浆体应力不超过其黏结强度，即控制锚杆不出现滑移。不同控制对象条件下，距爆区边缘10m处的质点振速峰值上限见表4.4.8.1。

表4.4.8.1　　　　　　　　不同控制对象条件下的岩体安全振动判据

控制对象	控制内容	距爆区边缘10m处的质点振速峰值上限/(cm·s⁻¹)
围岩	拉应力不超限	27.2
喷混凝土	拉应力不超限	28.2
锚杆	砂浆体应力不超限	33.8

通过对实测爆破振动数据进行分析，从中选取合适的数据对爆破荷载参数进行反演，

并通过数值模拟来研究开挖爆破作用下该洞库围岩的动力响应特性，可以得到如下结论：

（1）预埋于洞顶的测点振动数据分布规律较好，所揭示岩体振速随爆源距增加而衰减的规律特征也比较明显，比较适合用来对爆破动荷载进行定量化反演。

（2）爆破作用会对爆源近区有限范围内、有限时间段内的围岩应力及位移分布造成一定的影响，对爆源远区及邻近洞室的应力及位移分布总体规律影响并不显著。

（3）随着爆源距的增加，本洞测点的岩体振速峰值衰减明显，当爆源距大于17m以后，振速峰值衰减趋势相对平稳。相邻洞室岩体振速较小。

第5章 人工水封下群洞施工安全 风险评估与预案

5.1 安全风险评估的概念

5.1.1 风险及风险管理

1. 风险的概念

风险一词，由17世纪中叶法文的 rispué 引入到英文中，成为现在的 risk，表示危险的程度。

目前，国际上关于风险（risk）的概念尚不统一。大体有广义与狭义的两种风险界定。强调风险的不确定性，称为"广义风险"；强调风险损失的不确定性，叫作"狭义风险"。

广义风险的数学表述为

$$R = f(P_1, P_2, \cdots, P_n) \tag{5.1.1.1}$$

狭义风险的数学表述为

$$R = f(C_1, C_2, \cdots, C_n) \tag{5.1.1.2}$$

通常采用的表达式为

$$R = f(P, C) \tag{5.1.1.3}$$

式中：R 为风险；P_1，P_2，$\cdots$，P_n 为各种风险发生的可能性；C_1，C_2，$\cdots$，C_n 为各种风险造成的较坏结果。

或者，

$$R = \sum_{i=1}^{n} P_i \times C_i \tag{5.1.1.4}$$

式中：P_i 为风险发生的概率；C_i 为风险后果。

2. 风险管理的概念

（1）美国项目管理协会（PMI）对风险管理有如下三个定义：

1）风险管理是系统识别和评估风险因素的形式化过程。

2）风险管理是识别和控制能够引起不希望变化的潜在领域和事件的形式、系统的方法。

3）风险管理是在项目期间识别、分析风险因素，采取必要对策的决策科学与艺术的结合。

（2）当下在我国，对风险管理有如下含义：

1）风险管理的主体——经济单位。

2）风险管理的目标——最大安全保障。

3）风险管理的中心——识别与评价以选择最佳的风险技术。

4）风险管理的流程（图 5.1.1.1）。

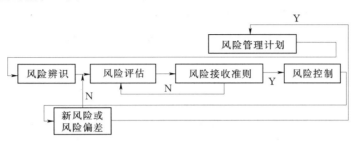

图 5.1.1.1 风险管理流程

3. 项目风险管理的概念

所谓项目风险管理，本节款主要指工程项目的风险管理。美国项目管理协会（Project Management Institute，PMI）对此有专门研究。

（1）项目风险管理的定义。项目风险一般是指工程活动或事件消极的、人们不希望的后果发生的潜在可能性。它具有几个方面的含义：风险具有不确定性、风险是损失或损害、风险是预期和后果之间的差异。

PMI 对项目风险管理的定义是：项目管理的一个子集，包括用以识别、分析和应对项目风险所需要的过程。由风险识别、风险量化、风险应对措施开发和风险应对措施控制构成。项目管理的目标是通过风险识别、风险量化，并以此为基础，合理使用多种方法和手段，对项目活动涉及的风险进行有效的防范与控制，采取主动行动，创造条件，尽量扩大有利结果（机会），妥

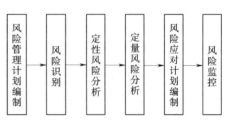

图 5.1.1.2 项目风险管理过程

善处理不利后果（威胁），以最少的成本，保证安全，可靠地实现项目的总目标。

项目的风险管理是一个符合一般管理逻辑的连续过程，包括的主要环节如图 5.1.1.2 所示。

（2）风险识别。风险识别是风险管理的基础和前提。PMI 对风险识别所下的定义是：确定有可能影响项目的风险事件。风险的识别就是对存在于项目中的各种风险根源或是不确定性因素按其产生的背景原因、表现特点和预期后果进行定义、识别，对所有的风险因素进行科学的分类，以便采取不同的分析方法进行评估，并依此制定出对应的风险管理计划方案和措施，付诸实施。

风险识别可从风险分类着手，采用专家调查法、幕景分析法或故障树分析法进行有效辨别。其中专家调查法是邀请专家找出各种潜在的危险并做出对其后果的定性估量，不要求作定量估计。主要有 DELPHI 法和头脑风暴法。故障树法是利用图解的形式将大的风险分解成更加具体的小风险，或对各种引起风险的原因进行分解。

（3）风险评估和分析。风险评估是在风险识别之后，对工程项目风险的量化过程。它是指采取科学方法将辨别出来并经过分类的风险按照其权重大小给予排序，综合考虑风险

事件发生的概率和引起损失的后果。对于不同权重的风险，管理者应该给予不同程度的重视。

风险评估和分析是应用管理科学技术，采用定性与定量相结合的方法最终定量地估计风险大小，找出主要的风险源，并评价风险的可能影响，以便以此为依据，对风险采取相应的对策。

（4）风险控制。在全面识别、分析和评估风险因素的基础上，根据项目风险的性质及其潜在影响，并以项目总体目标为依据，规划并选择合理的风险管理对策，以尽可能地减少项目风险的潜在损失和提高对项目风险的控制能力。风险控制的目的在于减少项目风险潜在损失，提高对项目风险的控制。

风险管理对策的手段有多种多样，归纳起来不外乎两种最基本的手段。一种是采取规避手段，包括风险回避、风险缓解（风险减轻、风险隔离）、风险分散、风险转移、风险自留。另一种是采取财务手段，包括担保与保险。

（5）项目风险因素分析。地下水封石洞油库的风险评价与管理是指项目运营公司通过对项目运营中面临风险的识别和评价，制定相应的风险控制对策，不断改善识别到的不利影响因素，从而将风险水平控制在合理的、可接受的范围内，达到减少事故发生、经济合理地保证项目安全的目的。

在地下水封石洞油库项目风险识别中，首先利用分解分析法，对该项目进行风险识别，然后利用专家调查法和筛选—监测—诊断技术对该项目面临的风险进行分类、归纳，并分析各种风险的发生时间、影响范围和可能对该项目造成的损失。

（6）项目风险分析。由于缺少相关的基础性事故分析资料，精确的风险评估方法在该项目中难以实现技术、经济和社会效益的结合。为了能对其主要风险有明确的认识，拟采用层次分析法进行定量评估。根据表 5.1.1.1 的风险因素，建立如图 5.1.1.3 的层次结构。

表 5.1.1.1　　　　　　　$A-C$ 和 C_2-P 判断矩阵的特征向量和一致性检验结果

$A-C$	外部风险 C_1	内部风险 C_2	$\overline{w_i}$	w_i	C_2-P	技术风险 P_5	合同风险 P_6	$\overline{w_i}$	w_i
外部风险 C_1	1	4	2.000	0.800	技术风险 P_5	1	3	1.732	0.750
内部风险 C_2	1/4	1	0.500	0.200	合同风险 P_6	1/3	1	0.577	0.250

注　$A-C$ 和 C_2-P 的一致性检验结果 $\lambda_{max}=2.000$，$CI=0$，$RI=0$，$CR=0<0.1$。

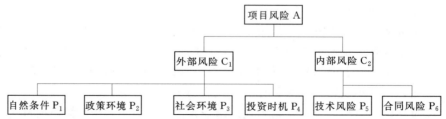

图 5.1.1.3　风险因素的层次结构

在层次结构模型的基础上，通过专家调查法对每层要素进行两两比较，并构造各层次指标相对重要性的判断矩阵。

$$A-C \text{ 矩阵} \quad \begin{bmatrix} 1 & 4 \\ 1/4 & 1 \end{bmatrix} \tag{5.1.1.5}$$

$$C_1 - P \text{ 矩阵} \quad \begin{bmatrix} 1 & 1/2 & 1/6 & 1/3 \\ 2 & 1 & 1/4 & 1/2 \\ 6 & 4 & 1 & 1/3 \\ 3 & 2 & 3 & 1 \end{bmatrix} \tag{5.1.1.6}$$

$$C_2 - P \text{ 矩阵} \quad \begin{bmatrix} 1 & 1/3 \\ 3 & 1 \end{bmatrix} \tag{5.1.1.7}$$

然后，根据上面的判断矩阵，分别计算出 $A-C$、C_1-P、C_2-P 的特征向量 w，并进行一致性检验，结果见表 5.1.1.1 和表 5.1.1.2。

表 5.1.1.2　　　　　　　　C_1-P 判断矩阵的特征向量和一致性检验结果

C_1-P	自然条件 P_1	政策环境 P_2	社会环境 P_3	投资时机 P_4	$\overline{w_i}$	w_i
自然条件 P_1	1	6	4	3	2.913	0.562
政策环境 P_2	1/6	1	1/3	1/2	0.408	0.079
社会环境 P_3	1/4	3	1	2	1.107	0.213
投资时机 P_4	1/3	2	1/2	1	0.760	0.146

注　一致性检验结果 $\lambda_{max}=4.096$，$CI=0.032$，$RI=0.89$，$CR=0.036<1$。

表 5.1.1.1、表 5.1.1.2 已得出各个层次诸指标对上一层次中有关指标的相对重要性权重，即单层排序，现在由上而下进行总排序，计算出 P 层总排序权值，即 P 层对总目标 A 的权重值 W_{P-A}，如表 5.1.1.3 所示。

表 5.1.1.3　　　　　　　　层次 P 总排序权值计算表

层次 P	层 次 C		P 层总排序权值 W_{P-A}
	外部风险 C_1 $W_1=0.800$	内部风险 C_2 $W_2=0.200$	
自然条件 P_1	0.562		0.450
政策环境 P_2	0.079		0.063
社会环境 P_3	0.213		0.170
投资时机 P_4	0.146		0.117
技术风险 P_5		0.750	0.150
合同风险 P_6		0.250	0.050

从表 5.1.1.3 中可以看出，地下水封石洞油库项目各风险因素的重要程度不等，有些是起决定性作用的，有些则相对较小。其中，项目建设所需的自然条件起支配作用，社会环境和技术风险也是需要引起足够重视的方面。

（7）项目风险控制。针对该项目的各主要风险因素，相应的风险控制措施包括如下几方面：

1）自然条件风险。针对自然条件风险首先采取风险回避策略，项目前期需要查阅地质构造图，了解地质区域性构造，并进行大面积物探工作，做好大面积的地质填图。在可利用的岩体面积上布置钻井、取岩芯、录井，进行钻孔之间的物探，详细找出可利用岩体的构造，找出可利用岩体的小破碎带、断层、节理构造等，为工程设计提供可布置地下洞库的占地范围、走向、埋深等资料。必要时可采取加长地质工作周期等措施，深入、详细地做好地质勘察工作，将风险降至最低。

2）技术风险。采用地下水封石洞油库储存原油及石油产品，在国外已经得到比较广泛的应用。但我国用它储存油品的技术尚处于相对滞后的发展阶段，目前国内还没有一套完整的可以指导工程设计的国家标准。为此可以采取风险自留与转移相结合的方式应对。一方面加大科研力度，尽快掌握相关技术；另一方面采取与国外有经验的咨询、施工公司合作等方式，避免该风险的发生。此外，可以购买工程保险，将风险转移给保险公司。

3）社会环境风险。通货膨胀风险的发生，是因为我国经济处于上升时期，物价有可能上涨，导致建设成本大幅度上升，该风险可以采取风险转移方式应对。项目建设采用EPC 总承包方式，将风险转移给总承包公司，或者购买保险，将风险转移给保险公司。而对于市场环境风险，可供选择的应对措施较多，尤其是风险转移方式。在国际市场，大多数国家和企业通过在能源期货市场进行套期保值来规避市场环境风险。

4）推行工程保险。该项目建设投资规模大、技术复杂、工期长、不可预见因素多、风险较为集中，一旦遭遇自然灾害或意外事故不仅会影响工程顺利进行，给项目建设管理方的利益带来严重损失，甚至可能影响国民经济的正常运行。因此，在项目实施过程中，可以参照国内外大型工程建设经验，利用保险手段，挖掘保险市场潜力，运用经济补偿和风险统筹、转移机制，来确保工程质量、工程进度和工程投资，保障投资的安全。

5.1.2　地下水封石洞储库项目的风险管理与评估

地下水封石洞油库的风险评价与管理是指项目运营公司通过对项目运营中面临风险的识别和评价，制定相应的风险控制对策，不断改善识别到的不利影响因素，从而将风险水平控制在合理的、可接受的范围内，达到减少事故发生、经济合理地保证项目安全的目的。

在地下水封石洞油库项目风险识别中，首先利用分解分析法，对该项目进行风险识别，然后利用专家调查法和筛选—监测—诊断技术对该项目面临的风险进行分类、归纳，并分析各种风险的发生时间、影响范围和可能对该项目造成的损失。

根据分解分析法，得到该项目包括的风险如图 5.1.2.1 所示。在项目的不同阶段，其主要风险因素见表 5.1.2.1。

表 5.1.2.1　　　　　　　　　　项 目 风 险 清 单

风险事件名称	风险事件描述	备注
政策风险	法律法规。我国关于石油储备方面的法律尚有缺失，会对该项目产生一定影响	决策阶段
	环保政策。该项目的建设和运营涉及环境敏感要素，随着人们环保意识的增强，环保要求越来越高，环保政策的变动将使项目建设成本增加	决策阶段
		实施阶段
	产业政策。石油战略储备属于国家重点扶持产业，政策倾斜明显，如果产业政策调整，也会对项目产生影响	决策阶段

续表

风险事件名称	风险事件描述	备注
社会环境风险	通货膨胀。当前，国内通货膨胀压力较大，由此带来能源价格、建材价格、劳动力价格上涨，导致建设成本增加，项目利润下降	决策阶段
		实施阶段
	市场环境。国际油价的波动并非单纯由供需关系决定，国际投机基金、政治因素等对国际油价影响较大，国际油价的波动对于项目的建设、运营产生一定影响	决策阶段
		运营阶段
自然条件风险	如地震、风暴、特殊的未预测到的地质条件等，反常的恶劣天气、恶劣的现场条件、周边存在对项目的干扰源，工程项目的建设可能造成对自然环境的破坏，不良的运输条件等可能造成供应中断	实施阶段
		运营阶段
投资时机风险	投资时机的选择将对项目的建设投资、运营效益产生影响	决策阶段
技术风险	该项目是以国内自主知识产权技术建设的大型油库工程，项目技术复杂、科技含量高；国内没有设计、施工规范，缺乏工程建设经验，主要设备和施工机具需要进口；项目对自然地质条件的依赖性很强。任何一个环节出现问题都将导致项目工期、质量、费用，甚至建设规模的变化，存在一定的技术风险	决策阶段
		实施阶段
合同风险	该项目将采用 EPC 总承包方式，国内工程公司缺乏类似工程的总承包经验，因此，项目实施过程存在一定的合同风险	决策阶段
		实施阶段

(李明波，2008)

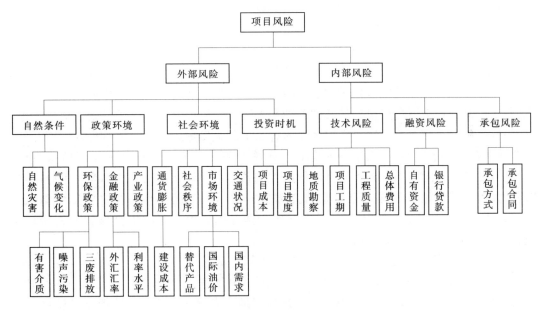

图 5.1.2.1 项目风险因素分解（李明波，2008）

从 5.1.2.1 图表中可见，项目风险的核心是安全，特别是高风险工程中的安全风险管理成为重中之重。

5.1.2.1 国外地下工程安全风险管理现状

（1）欧美积极开展的地下工程安全风险管理，源于 20 世纪末。

（2）1992 年，欧共体行政院就发布了《欧共体就在临时或移动施工现场实施最低安全和健康要求的指令》。该指令明确了安全与健康两个级次的要求，而且对任何临时工程和施工现场均不可偏废。

（3）英国隧道工程协会和保险业协会，于 2003 年 9 月联合发布了《英国隧道工程建设风险联合管理规范》。

（4）国际隧道及地下空间协会于 2004 年发布了风险管理的指南。

（5）国际隧道工程保险集团（ITIG），于 2006 年 1 月发布了《隧道工程风险管理实践规程》。

在国际上，安全风险管理的以下发展趋势越来越明显：风险管理正成为大型项目发展中的一个例行程序；同险管理与项目管理日趋结合；为风险管理制定强制性的法规，特别是针对施工安全的法规。

地下工程的安全风险是一个动态的过程，国外先进的思想是提倡地下工程进行"迭代"式设计、施工和管理，就是为了适应地下工程中地质条件、环境条件等因素与地下工程施工直接的相互影响和变化带来的复杂性，以期最大可能的规避风险。风险管理的很多理论源于金融（保险）风险管理领域，但地下工程的施工安全风险具有独特性，从宏观上说，施工安全事故的发生具有偶然性，但从细观层次上说，大量的工程事故教训已经证明，地下施工的安全事故在发生前往往是有征兆的，是完全可以监控的。因此，仅仅利用普通的风险评估分析方法对地下工程风险进行评估、分级是不够的，从技术上说，所有的风险都是可监控的，而这往往是现阶段工程实践中所忽视的。

5.1.2.2　国内地下工程安全风险管理现状

众所周知，地下工程安全风险及其相关学科的研究自 20 世纪末中国即已陆续开展。首先，进行较多的是隧道和基坑开挖对环境影响的力学分析；其次，同济大学的丁士昭教授（1992）对我国广州地铁首期工程、上海地铁 1 号线工程等地铁建设中的风险和保险模式进行了研究。上海隧道建设设计研究院的范益群等[7]以可靠度理论为基础，提出了地下结构的抗风险设计概念；中国科学院地质研究所的刘大安等[8]针对边坡工程开挖而开发的"综合地质信息系统"；同济大学李元海和朱合华开发的"岩土工程施工监测信息系统"，孙钧主持了"城市地下工程施工安全的智能控制预测与控制及其三维仿真模拟系统研究"。特别是黄宏伟等在地下工程安全风险研究方面开展了大量的工作，在这些工作基础上，2005 年中国土木工程学会召开了中国第一次全国范围的地下工程安全风险分析研讨会，推动了地下工程安全风险研究的全面开展。

中国政府对地下工程的风险管理也相当重视，2003 年建设部等九部委联合印发了《关于进一步加强地铁安全管理工作的意见》，对做好地铁规划、设计、施工、运营的安全工作提出了具体要求。2007 年又编发了《地铁与地下工程建设技术风险控制导则》《地铁及地下工程建设风险管理指南》，对指导中国地铁及地下工程安全风险管理的标准化、程序化和规范化具有促进作用。

安全风险管理的实际应用近两年在我国得到迅速发展，特别是在地铁建设方面，上海、北京新建地铁项目大都进行了风险分析与评估。据了解，北京地铁 5 号线、10 号线等项目的风险评估已取得了具体成果。上海同是工程科技有限公司依托同济大学开发的"安程地铁工程远程监控管理系统"，基于网络传输、无线通讯、网络数据库、数据分析以及自动预测预警等技术，综合了施工、监理、监测、管理以及多媒体等多种信息，已在上海地铁工程中得到应用。针对盾构法隧道施工，上海隧道工程股份有限公司开发了"盾构法隧道施工智能管理系统"，在掌握施工信息的前提下，通过数据分析，对工程施工进行有效管理和技术支持。在大型隧道建设——上海沪崇长江隧道、钱塘江隧道等项目中也进行了风险分析与评估研究，并取得了实际成果。2007 年以来，解放军理工大学与意大利 Geodata 公司合作，借鉴意大利先进的风险管理经验和风险管理信息系统，开展了南京地铁建设的安全风险管理的实际工作，并进而与北京市轨道交通建设管理公司合作开展了北京地铁建设的安全风险管理工作。

总体而言，中国地下工程安全风险管理研究与实践已经得到了实质性进展，部分成果已服务于项目的决策，但远远没有达到"风险管理化解地下工程建设之痛"的程度。尤其是石油系统的地下水封石洞储库工程，尚未编撰出版安全风险管理规范，当应引起同业能人志士的高度关注与积极行动。

5.1.2.3 风险分类与风险分析方法及步骤

为了有效地进行风险分析与评估，对各种风险进行分类有助于对不同的风险采取不同的分析方法及处置措施，以最终实现风险管理的目标。当下常见的风险分类见表 5.1.2.2。

表 5.1.2.2　　　　　　　　　　　　通用的风险分类方法与特点

序号	风险界定	风险类别	风险特点
1	按风险源划分	自然风险	由自然力作用造成的风险事件，有时甚至不可抗拒诸如地震等
2		人为风险	因人为活动造成的风险事件，既有政治的，又有社会的，还有经济的，以及管理的风险
3	按风险对象划分	人身风险	因人的生、老、病、死产生的风险
4		责任风险	由于违背法律、合同或道义上的规定而给他人带来的风险损失
5		财产风险	由于财产发生的损毁、破坏，或者贬值带来的风险
6	按风险性质划分	纯粹（静态）风险	只有损失，没有获利
7		投机（动态）风险	既有损失，又有获利
8	按对风险的承受能力划分	可接受风险	低于风险承受主体所能承受的最大损失限度的风险
9		不可接受风险	超过风险承受主体所能承受的最大损失限度的风险
10	按风险载体划分	主观风险	由于人的精神或心理原因，产生的不确定性风险
11		客观风险	预测结果与实际结果之间，产生的相对差异和变动程度带来的风险
12	按风险所在位置划分	地面风险	地面以上（含空中），在空气中发生的风险，诸如污染、爆炸、火灾、泥石流等
13		地下风险	地面以下（含水平面以下），在水中、岩土内发生的风险，诸如污染、毒气、爆炸、火灾、突水、突泥等

风险分析方法大体分为四大类 20 子类（表 5.1.2.3）。

表 5.1.2.3　　　　　　　　　　　风　险　分　析　方　法

序号	分析方法大类	分析方法子类	说　　明
1	定性分析方法	专家函询法（德尔裴法）	20 世纪 40 年代美国兰德公司设计的一种信息调查法，以希腊阿波罗神殿所在地德尔裴命名
2		专家评价法	分专家评议法和专家质疑法。 方法简单易行
3		如果……怎么办法	假想并寻求解决的方法、适用于工程施工中不可预测事件的假设求解
4		失效模式和后果分析法	用来确定潜在失效模式及其原因的分析方法
5	定性定量分析法	事件树法（决策树法）	事件树法能对各种系统的危险性进行辨识和评价
6		故障树法	20 世纪 60 年代最先由英国贝尔实验室提出，是一种演绎的安全分析法
7		影响图方法	影响图方法系一种预测法 交互影响矩阵，以矩阵图的形式
8		因果分析法	1953 年日本川琦制铁公司的石川馨提出，以寻找产生某种质量问题的原因列"因果图"法
9		风险评价指数矩阵法	风险评价指数矩阵法适用于石化现场风险评估
10	定量分析法	层次分析法	确定权系数的有效方法
11		模糊数学综合评价法	可操作性强、效果好。1965 年 L. A. Zadeh 发表模糊数学而得名
12		蒙特卡洛数值模拟法	蒙特卡洛数值模拟是一种通过设定随机过程，反复生成时间序列、计算参数估计量和统计量及其分布法
13		等风险图法	较新的项目风险管理的定量分析法
14		控制区间和记忆模型法	控制区间和记忆模型法系风险辨识与评估的定量分析法
15		神经网络法	Neural network method 具有自学习和自完善的特点
16		主成分分析法	利用降维的思想，把多指标转化为少数几个综合指标的定量分析法
17	综合应用方法	信心指数法	信心指数法源于巴隆（Barron）债券市场调查用的方法
18		模糊层次综合评估方法	广泛应用于体系评价、效能评估和优化
19		模糊事故树法	安全系统分析重要的方法
20		事故树与模糊综合评判相结合法	安全系统评价、效能评估和优化的方法

通常，风险分析需经过五个步骤：

（1）风险界定。①建立标准；②划分单元。

（2）风险识别。①风险因素；②风险事故；③风险筛选。

（3）风险估计。①风险发生频率；②风险分布特征；③风险发生损失；④风险估计方法。

（4）风险评价。①风险接收准则；②风险评价；③风险排序；④风险决策。

（5）风险控制。①风险处置措施和对策；②风险预报预警和预案系统；③风险承担者；④风险监测、跟踪和记录。

上述（1）～（3）为风险分析；（1）～（4）为风险评估；（1）～（5）为风险管理。

5.1.2.4　地下水封石洞储油气库风险

鉴于地下工程导致事故和职业危害的直接原因有：①物理性危险；②化学性危险；③生物性危险；④心理、生理性危险；⑤行为性危险和其他危险等，故以地下水封石洞储油气库的不同实施阶段可分为不同的风险重点。

1. 物理性危险、危害因素

（1）设备、设施缺陷。

（2）防护缺陷。

（3）电危害。

（4）噪声危害。

（5）振动危害。

（6）电磁辐射危害。

（7）运动物（如铲车、运输车等）危害。

（8）明火危害。

（9）粉尘与气溶胶危害。

（10）信号缺陷。

（11）标志缺陷。

（12）作业环境不良。

（13）其他物理性风险和危害因素。

2. 化学性危险、危害因素

（1）炸药、雷管等易燃易爆性物质。

（2）硝烟、一氧化碳、二氧化碳等有毒物质。

（3）腐蚀性物质。

（4）自然性物质。

（5）其他化学性危险、危害因素。

3. 生物性危险、危害因素。

（1）致病微生物。

（2）传染病媒介物。

（3）致害动、植物。

（4）其他生物性危险、危害因素。

4. 心理、生理性危险、危害因素

（1）负荷超限。

（2）健康状况异常。

（3）心理异常。

（4）辨识功能缺陷。

（5）从事禁忌作业。

（6）其他心理、生理性危险危害因素。

5. 行为性危险、危害因素

（1）指挥错误。

（2）操作失误。

（3）监护失误。

（4）其他行为性风险和有害因素。

参照 GB 6441—86《企业职工伤亡事故分类标准》，则地下水封石洞储油气库工程可能的危险、危害因素有 20 项：

（1）物体打击。

（2）车辆伤害。

（3）机械伤害。

（4）起重伤害。

（5）触电。

（6）淹溺。

（7）灼烫。

（8）火灾。

（9）高处坠落。

（10）坍塌。

（11）冒顶片帮。

（12）透水。

（13）放炮。

（14）火药爆炸。

（15）瓦斯爆炸。

（16）容器爆炸。

（17）罐室爆炸。

（18）中毒和窒息。

（19）其他爆炸。

（20）其他伤害。

地下水封石洞储油气库工程风险见图 5.1.2.2。

工程风险等级见表 5.1.2.4。

表 5.1.2.4　　　　　　　　　工程风险的严重度等级

序号	严重性等级	等级说明	事故后果说明
1	Ⅰ	灾难的	人员死亡或系统报废
2	Ⅱ	严重的	人员严重受伤、严重职业病或系统严重损坏

续表

序号	严重性等级	等级说明	事故后果说明
3	Ⅲ	轻度的	人员轻度受伤、轻度职业病或系统轻度
4	Ⅳ	轻微的	人员伤害程度和系统损坏程度均轻于Ⅲ级

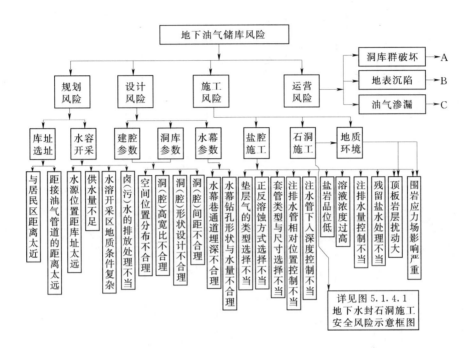

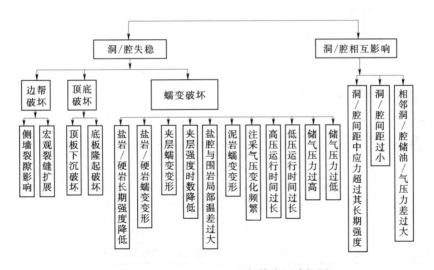

图 5.1.2.2（一）　地下油气储库风险框图

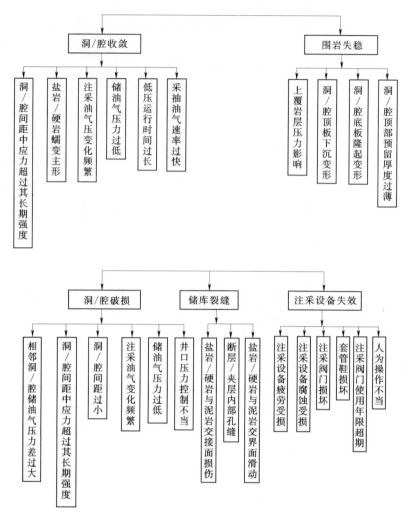

图 5.1.2.2（二）　地下油气储库风险框图

工程风险可能性等级见表 5.1.2.5。

表 5.1.2.5　　　　　　　　　　　　工程风险可能性等级

序号	可能性等级	等级说明	单个项目具体发生情况	总体发生情况
1	A	频繁	频繁发生风险	连续发生
2	B	很可能	在生命周期内会出现若干次	频繁发生
3	C	有时	在生命周期内有时可有发生	发生若干次
4	D	很少	在生命周期内不易发生，但有可能发生	不易发生，但预期可发生
5	E	不可能	极不易发生，以至于可以认为不会发生	不易发生

5.1.3　地下储油气库工程的故障树分析

5.1.3.1　故障树分析法概述

故障树分析（fault tree analysis，FTA）是一种推理演绎的方法，利用特定含义的符号所构成的树形图表示可能发生的事故与事故原因之间的逻辑关系。通过对故障树进行分析，不仅能得出导致事故发生的各种直接和间接原因，而且还能揭示事故的潜在发生机制，便于及时提出事故防范的措施，避免事故的发生。

故障树分析方法最早是由美国贝尔电话实验室的维森于 1962 年提出。在民兵式导弹发射控制系统的偶然事件预测中 FTA 才得到最早应用，并做出了巨大的贡献。随后，FTA 法在波音公司科研人员的发展下，在航空航天工业方面得到了进一步的应用，并于 20 世纪 60 年代后期时发展到以原子能工业为中心的其他产业部门。FTA 方法取得显著效果并引起了全世界的关注，是在 1974 年美国原子能委员会的拉斯姆逊报告中，也因此该法逐渐被世界各行各业所接受并得到了广泛应用。

我国对 FTA 的研究和运用是从 1978 年开始的，经过多年的实践证明，故障树分析方法已成功被用于我国的各行各业风险管理评价中，为企业的安全生产提供了理论指导。

5.1.3.2　故障树符号及意义

故障树是由表示不同含义的各种符号和连接各事故原因之间的逻辑门（与门、或门等）组成，用以描述底事件导致顶事件发生的逻辑过程。故障树符号分为逻辑门符号和事件符号。其中逻辑门符号是指连接各个事件，并表示逻辑关系的符号。事件符号是用来表示顶上事件和中间事件，构成了故障树模型的主要内容。正确使用故障树符号对编制故障树起着至关重要的作用，将直接影对故障树的分析与评价，即顶上事件评价结果的正确性。

故障树符号里使用最广的符号有以下几种：

1. 逻辑门符号

　　：“或”门符号，表示 B_1 或 B_2 任一事件单独发生时，A 事件都可以发生。

　　：“与”门符号，表示 B_1 和 B_2 同时发生时，A 事件才可以发生。

　　：“条件或”门符号，表示 B_1 或 B_2 任一事件发生，且满足条件 a 的情况下，A 事件才可以发生。

　　：“条件与”门符号，表示 B_1 和 B_2 同时发生，且满足条件 b 的情况下，A 事件才可以发生。

2. 事件符号

　　：顶上事件、中间事件符号，表示需要进一步往下分析事件。

　　：基本事件，表示不能再往下分析的事件。

　　：未展开事件，表示存在但暂不往下分析的事件。

5.1.3.3　故障树分析的基本流程

利用故障树进行风险分析，就是为了用更形象和简洁的方法判明灾害、风险的发生途径及其与灾害、风险之间的逻辑关系。虽然对于既定的风险评价事故，其评价对象、性质和分析目的均有所不同，故障树的分析程序也有所不同，但都包含了如下几个方面的基本程序：

（1）熟悉情况。故障树分析的首要工作就是要熟悉被评价风险事件的系统状况，包括工作程序、内在参数、环境情况等，必要时可以借助绘制草图理清条理。

（2）调查事故。编制故障树，最重要的部分就是对事故原因的确定。因此为了更准确地编制故障树，应该尽可能广泛地调查收集以往事故实例，在此基础上，确定已经发生或者有可能发生的事故，为编制故障树服务。

（3）确定顶上事件。顶上事件就是在故障树分析中所要分析的最终对象事件。在对过往事故调查的基础上，由后果最严重且最容易发生的事故作为顶上事件。

（4）确定目标。根据以往事故的经验教训和掌握的事故案例，进行事故统计分析，得出事故发生的概率值，用以得到被控制事故的最终目标值，方便分析人员采取有效措施。

（5）调查原因事件。为了得到全面正确的故障树模型，应尽可能地分析、调查与事故有关的所有原因事件，即风险因子。可以包括设备、人为因素、环境等多方面原因。

（6）编制故障树。从顶上事件开始，逐层演绎分析出造成事故发生的原因，直到达到所要分析的深度要求，并用逻辑符号表示上下层的连接关系。

（7）定性分析。故障树的定性分析方法主要有最小割集和最小径集两种形式，以达到从故障树的结构上得出各原因事件的重要度排序。

（8）计算顶上事件发生概率。故障树分析中顶上事件的发生概率是由原因事件的发生概率所计算确定的，是综合计算了所有原因事件的发生概率而得出的结果。

（9）进行比较。通过比较由故障树求出的顶上事件发生概率和调查所得的顶上事件发生概率，进行故障树的修改和调整。

（10）定量分析。通过研究事故发生的概率，从故障树的结构上找出降低事故发生的方法，达到进行风险故障树分析的目的。

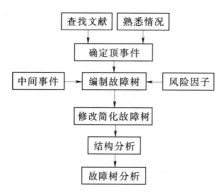

图 5.1.3.1　故障树分析基本流程

本流程图如图 5.1.3.1 所示。

虽然故障树的基本分析程序原则上包括以上 10 点，但在运用中，可以根据实际情况进行调整和优化，以达到分析风险事故的目的，必要时可以借助计算机进行分析。目前，我国对于 FTA 的使用一般进行到（7）就能达到理想的效果，所以在用故障树进行风险分析时，应多结合实际情况。

虽然国内外都已经开始加大对盐岩地下油气储库的使用，但由于在运营期发生的事故资料有限，对事故的发生频率统计有一定局限性。因此本文采用国内对故障树分析的一般程序，对盐岩地下油气储库运营期风险故障树的分析进行到第七步。其基

5.1.3.4　故障树分析的优缺点

由于 FTA 可以直观的表明事故发生的逻辑关系，为每一阶段的事故发展都提供有效规避措施，对于分析系统故障、设备失效、人为失误、工艺异常等多方面都具有非常普遍的适用性。尤其是对于直接经验较少的风险辨识 FTA 更具有广泛的使用范围。但并不是所有的风险事故都可以用 FTA 来分析，其优缺点体现在以下几个方面：

（1）FTA 的优点。①对导致灾害事故的各种因素及逻辑关系能做出全面，简洁和形象的描述；②便于查明系统内固有的或潜在的各种危险因素，为设计，施工和管理提供科学依据；③便于进行逻辑运算，进行定性，定量分析和系统评价。

（2）缺点。①FTA 法步骤较多，计算较复杂；②在国内外数据较少，进行定量分析需要做大量的工作；③用 FTA 法编制的大型故障树不易理解，且与系统流程图毫无相似之点，同时在数学上往往非单一解，包含复杂的逻辑关系；④用于大系统时容易产生遗漏和错误。

由此可见，在进行风险评估中，要根据实际情况进行 FTA 的运用，而且不应作为唯一的评价准则，应结合其他评价方法进行统筹分析。

5.1.3.5　某盐岩地下油气储库运营期风险因子

在对某盐岩地下油气储库全寿命周期风险因子辨识的基础上，重点对运营期风险事故进行故障树分析。将运营期风险因子按表 5.1.3.1 顺序进行编号，作为故障树的底事件，方便故障树的编制和结构重要度分析。

表 5.1.3.1　　　　　　　　　　　运营期风险因子

故障树底事件编号	风险因子	故障树底事件编号	风险因子	故障树底事件编号	风险因子
X_1	相邻盐腔储气压力差过大	X_{11}	泥岩蠕变变形	X_{21}	上覆岩层移动
X_2	矿柱中间部位超过盐岩长期强度	X_{12}	储气压力过高	X_{22}	顶部预留盐层厚度过薄
X_3	盐腔设计间距太小	X_{13}	交变气压变化频繁	X_{23}	盐岩与泥岩交接面损伤
X_4	侧壁存在裂隙	X_{14}	低压运行时间过长	X_{24}	阀门超过使用年限
X_5	盐岩强度较低	X_{15}	高压运行时间过长	X_{25}	注采阀门损坏
X_6	储气压力过低	X_{16}	井口压力控制不当	X_{26}	注采设备腐蚀受损
X_7	顶底板岩层折曲	X_{17}	夹层层数多	X_{27}	套管鞋破损
X_8	注采速率过快	X_{18}	夹层蠕变变形	X_{28}	注采设备疲劳受损
X_9	盐腔与围岩局部温度差过大	X_{19}	夹层层厚小	X_{29}	套管鞋高度不足
X_{10}	盐岩蠕变变形	X_{20}	夹层强度较小	X_{30}	人为操作不当

5.1.3.6　某盐岩地下油气储库运营期风险的故障树模型

风险因子的辨识，仅能给出导致事故发生的风险原因，无法给出风险因子对事故发生的因果关系与影响大小。而故障树分析是从结果到原因的逻辑关系分析，可借助故障树的结构重要度描述风险因子对事故的影响程度。因此，基于前述对风险因子的辨识，按照故障树分析基本流程，建立储库运营期库群破坏、地表沉陷、油气渗漏的故障树模型，如图 5.1.3.2 所示。图 5.1.3.2 中各基本事件相互独立，底事件编号与表中的风险因子对应。

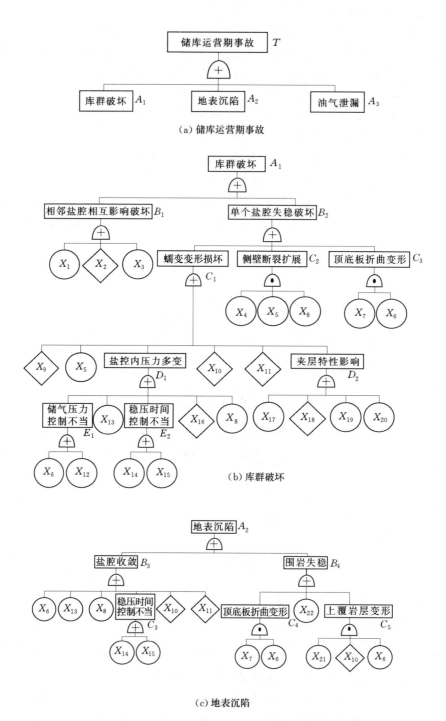

（a）储库运营期事故

（b）库群破坏

（c）地表沉陷

图 5.1.3.2(一)　盐岩地下油气储库运营期故障树

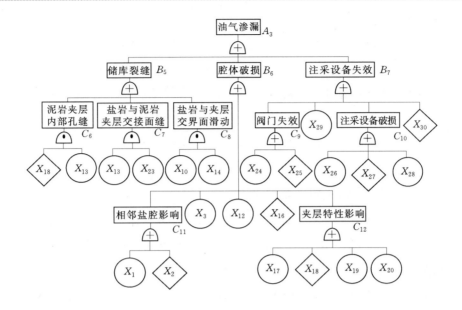

（d）油气渗漏

图 5.1.3.2（二）　盐岩地下油气储库运营期故障树

5.1.3.7　某盐岩地下油气储库运营期风险的故障树分析

1. 最小割集和最小径集

在对故障树进行定性分析时，最小割集和最小径集是最为普遍的分析手段，可以有效地、有针对性地反应顶上事件发生的影响程度。

割集就是导致顶上事件发生的基本事件的集合，即在故障树中，任一个或一组事件的发生都有可能导致顶上事件的发生时，我们就将这一个或一组事件称为故障树的割集。而最小割集就是导致顶上事件发生的数目不可再少的底事件组合。

径集从概念上讲和割集是相反的意思，即导致顶上事件不发生的基本事件的集合。同理，最小径集就是导致顶上事件不发生的数目不可再少的底事件组合。

在对某盐岩地下油气储库运营期风险事故进行故障树分析时，本节采用最小割集的概念进行分析。因为从理论上讲，如果我们能保证每个最小割集中的底事件至少有一个不发生，则顶事件就不发生。这样就可以达到有效揭示顶上事件发生的各种可能风险因子组合。

2. 故障树的最小割集

对某盐岩地下油气储库进行最小割集求解时，采用布尔代数法计算，其具体过程如下：

$$T = A_1 + A_2 + A_3 = (B_1 + B_2) + (B_3 + B_4) + (B_5 + B_6 + B_7)$$

$$= [(X_1 + X_2 + X_3) + (C_1 + C_2 + C_3)] + [(X_6 + X_{13} + X_8 + C_3 + X_{10} + X_{11}) + (C_4 + X_{22} + C_5)] +$$

$$[(C_6 + C_7 + C_8) + (C_{11} + X_3 + X_{12} + X_{16} + C_{12}) + (C_9 + X_{29} + C_{10} + X_{30})]$$

$$= [(X_1 + X_2 + X_3) + (X_9 + X_5 + D_1 + X_{10} + X_{11} + D_2) + X_4 X_5 X_8 + X_7 X_6] +$$

$$[(X_6+X_{13}+X_8+X_{14}+X_{15}+X_{10}+X_{11})+(X_6 X_7+X_{22}+X_{21}X_{10}X_6)]+$$

$$[(X_{18}X_{13}+X_{13}X_{23}+X_{10}X_{14})+(X_1+X_2+X_3+X_{12}+X_{16}+X_{17}+X_{18}+X_{19}+X_{20})+$$

$$(X_{24}+X_{25}+X_{29}+X_{26}+X_{27}+X_{28}+X_{30})]$$

$$=[(X_1+X_2+X_3)+(X_9+X_5+E_1+X_{13}+$$

$$E_2+X_{16}+X_8+X_{10}+X_{11}+X_{17}+X_{18}+X_{19}+X_{20})+X_4+X_5 X_8+X_7 X_6]+$$

$$[(X_6+X_{13}+X_8+X_{14}+X_{15}+X_{10}+X_{11})+(X_6 X_7+X_{22}+X_{21}X_{10}X_6)]+$$

$$[(X_{18}X_{13}+X_{13}X_{23}+X_{10}X_{14})+(X_1+X_2+X_3+X_{12}+X_{16}+X_{17}+X_{18}+X_{19}+X_{20})+$$

$$(X_{24}+X_{25}+X_{29}+X_{26}+X_{27}+X_{28}+X_{30})]$$

$$=[(X_1+X_2+X_3)+(X_9+X_5+X_6+X_{12}+X_{13}+X_{14}+X_{15}+X_{16}+X_8+X_{10}+X_{11}+X_{17}+X_{18}+$$

$$X_{19}+X_{20})+X_4 X_5 X_8+X_7 X_6]+[(X_6+X_{13}+X_8+X_{14}+X_{15}+X_{10}+X_{11})+$$

$$(X_6 X_7+X_{22}+X_{21}X_{10}X_6)]+$$

$$[(X_{18}X_{13}+X_{13}X_{23}+X_{10}X_{14})+(X_1+X_2+X_3+X_{12}+X_{16}+X_{17}+X_{18}+X_{19}+X_{20})+$$

$$(X_{24}+X_{25}+X_{29}+X_{26}+X_{27}+X_{28}+X_{30})]$$

$$=X_1+X_2+X_3+X_5+X_6+X_8+X_9+X_{10}+X_{11}+X_{12}+X_{13}+X_{14}+X_{15}+X_{16}+X_{17}+X_{18}+$$

$$X_{19}+X_{20}+X_{22}+X_{23}+X_{25}+X_{26}+X_{27}+X_{28}+X_{29}+X_{30}+X_6 X_7+X_{13}X_{18}+X_{13}X_{23}+$$

$$X_{10}X_{14}+X_4 X_5 X_8+X_6 X_{10}X_{21}。$$

由上述求解结果可知，运营期风险事故故障树最小割集有 32 个，即 $\{X_1\}$，$\{X_2\}$，$\{X_3\}$，$\{X_5\}$，$\{X_6\}$，$\{X_8\}$，$\{X_9\}$，$\{X_{10}\}$，$\{X_{11}\}$，$\{X_{12}\}$，$\{X_{13}\}$，$\{X_{14}\}$，$\{X_{15}\}$，$\{X_{16}\}$，$\{X_{17}\}$，$\{X_{18}\}$，$\{X_{19}\}$，$\{X_{20}\}$，$\{X_{22}\}$，$\{X_{23}\}$，$\{X_{25}\}$，$\{X_{26}\}$，$\{X_{27}\}$，$\{X_{28}\}$，$\{X_{29}\}$，$\{X_{30}\}$，$\{X_6，X_7\}$，$\{X_{13}，X_{18}\}$，$\{X_{13}，X_{23}\}$，$\{X_{10}，X_{14}\}$，$\{X_4，X_5，X_8\}$，$\{X_6，X_{10}，X_{21}\}$。

导致顶事件发生的最小割集有三种类型：一阶最小割集 26 个，例如，$\{X_{10}\}$ 表示 X_{10}（盐岩蠕变变形）出现时，会引起盐腔蠕变变形破坏，盐腔收敛，地表沉陷事故的发生。二阶最小割集 4 个，例如，$\{X_6，X_7\}$ 表示 X_7（顶底板岩层折曲）和 X_6（储气压力过低）同时发生时，便会引起顶底板折曲变形，继而导致盐腔的失效。三阶最小割集 2 个，即 $\{X_4，X_5，X_8\}$，表示 X_4（侧壁存在裂隙），X_5（盐岩强度较低）和 X_8（采气速率过快）同时发生时，就会引起侧壁的断裂扩展，继而威胁盐腔的稳定。

3. 故障树的结构重要度

故障树的结构重要度，就是不考虑底事件发生概率的多少，仅从故障树的结构上分析各底事件的发生对顶上事件的影响程度。故障树是由众多的底事件所构成的逻辑关系树形图，每一个底事件对顶上事件的发生都有一定的影响，但影响程度却不尽相同。当由于缺少底事件发生概率数据而无法精确计算事故发生的大小时，结构重要度的分析便可以直观地反映出在故障树结构中各底事件对顶事件的影响程度，从而为风险评价提供理论依据。

结构重要度的分析是通过比较各底事件结构重要系数，评价底事件对顶上事件的影响程度，即重要系数越大的，对顶上事件的影响程度越大，越应该被引起重视。目前应用最多的就是利用最小割集近似判断各底事件的结构重要系数，因此由上文求得的最小割集，按如下基本思想对各底事件的结构重要系数进行分析：

（1）阶数越小的最小割集是顶事件越重要的故障模式，其结构重要系数越大。

（2）出现在同一割集中的所有底事件结构重要系数相同。相同阶数的最小割集中底事件按出现的次数排列，出现次数多的底事件是最小割集中最不可靠、最不安全的因素，结构重要系数也越大。

如：一阶最小割集中，X_1，X_2，X_3，X_{11}，X_{12}，X_{15}，X_{16}，X_{17}，X_{19}，X_{20} 所代表的各底事件在故障树结构中分别出现了两次；X_9，X_{22}，X_{24}，X_{25}，X_{26}，X_{27}，X_{28}，X_{29}，X_{30} 所代表的各底事件分别出现了一次。则有 $I_1 = I_2 = I_3 = I_{11} = I_{12} = I_{15} = I_{16} = I_{17} = I_{19} = I_{20} > I_9 = I_{22} = I_{24} = I_{25} = I_{26} = I_{27} = I_{28} = I_{29} = I_{30}$。

二阶最小割集中，底事件 X_7 出现了两次，而底事件 X_{23} 只出现了一次，则 $I_7 > I_{23}$。

（3）当两个底事件分别出现在阶数不同的两个最小割集中，但在各自最小割集中重复出现的次数相等，则在阶数小的最小割集中出现的底事件结构重要系数大。

即 $I_1 = I_2 = I_3 = I_{11} = I_{12} = I_{15} = I_{16} = I_{17} = I_{19} = I_{20} > I_7$

$I_9 = I_{22} = I_{24} = I_{25} = I_{26} = I_{27} = I_{28} = I_{29} = I_{30} > I_{23} > I_4 = I_5 = I_{21}$

（4）若两个底事件，一个在阶数小的最小割集中出现次数少，一个在阶数多的最小割集中出现次数多，以及其他更复杂的情况时，可用下列近似判别式计算结构重要系数。

$$\sum I(i) = \sum_{X_i \in K_j} \frac{1}{2^{n_i - 1}} \tag{5.1.3.1}$$

式中：$I(i)$ 为底事件 X_i 的结构重要系数的近似判别值；$X_i \in K_j$ 为底事件 X_i 属于 K_j 的最小割集；n_i 为底事件 X_i 所在最小割集中包含底事件的个数。

例如，底事件 X_9 在一阶最小割集中出现了一次，底事件 X_7 在二阶最小割集中出现了二次，$I_9 = 1$，$I_7 = 1/2$，故 $I_9 > I_7$。

X_5，X_6，X_8，X_{10}，X_{13}，X_{14}，X_{18} 所代表的各底事件，因为在三种最小割集中均有出现，情况复杂，因此可用上式计算，$I_5 = 5/4$，$I_6 = 7/4$，$I_8 = 5/4$，$I_{10} = 7/4$，$I_{13} = 3/2$，$I_{14} = 3/2$，$I_{18} = 3/2$，即 $I_6 = I_{10} > I_{13} = I_{14} = I_{18} > I_5 = I_8$。

综合上述分析，按各底事件的结构重要系数对盐岩地下储库运营期故障树进行底事件结构重要度排序：

$I_6 = I_{10} > I_{13} = I_{14} = I_{18} > I_5 = I_8 > I_1 = I_2 = I_3 = I_{11} = I_{12} = I_{15} = I_{16} = I_{17} = I_{19} = I_{20} > I_9 =$

$I_{22} = I_{24} = I_{25} = I_{26} = I_{27} = I_{28} = I_{29} = I_{30} > I_7 > I_{23} > I_4 = I_5 = I_{21}$。

其中对盐岩地下储库运营安全影响较大的前 17 个底事件如表 5.1.3.2 所示。

通过用故障树分析方法对某盐岩地下油气储库运营期风险事故进行风险分析，可以有效直观的揭示出影响运营期安全的风险因子逻辑关系，为分析人员规避风险事故发生提供了逻辑指导。

表 5.1.3.2　　　　　某盐岩地下储库运营安全影响较大的 17 个风险因子

排列序号	风险因子	排列序号	风险因子	排列序号	风险因子
1	储气压力过低	7	盐岩强度较低	13	夹层强度较小
2	盐岩蠕变变形	8	相邻盐腔储气压力差过大	14	井口压力控制不当
3	低压运行时间过长	9	矿柱中间应力超过盐岩长期强度	15	高压运行时间过长
4	注采气压变化频繁	10	盐腔设计间距太小	16	夹层层厚小
5	夹层蠕变变形	11	夹层层数多	17	夹层层厚小
6	注采速率过快	12	储气压力过高	18	

（1）由故障树分析可知，上述故障树包含了 30 个逻辑门，其中逻辑或门 22 个，占了总数的 73%。根据或门的定义可知，大部分的单个基本事件都有输出。所以，从与、或门的比例可知，各风险因子对运营期风险事故的发生均有影响。

（2）故障树分析中有 32 个最小割集，就表示顶事件运营期风险事故的发生有 32 种可能，虽然影响程度各异，但对于储库的正常运营，专家与施工人员还是需要提高警惕。

（3）从位居结构重要度前 17 位的底事件可以看出，储库自身介质的特性与功能要求决定了储库的安全、正常使用，从而影响着其他风险事故的发生与规避。

（4）设备原因是导致油气渗漏的主要风险因素，围岩失稳是导致地表沉陷的主要风险因素，虽然在影响运营期风险事故中，重要程度不如储库自身介质特性的程度大，但作为分项事故的风险因素，却要引起重视。

5.1.4　地下储油气库工程的模糊综合评价分析

5.1.4.1　模糊综合评价法概述

1965 年时，美国伯克利加州大学的自动控制专家 L. A. Zdah 教授首次提出模糊综合评价理论的分析方法。至此，模糊综合评价理论因其简单、方便、适用性强的特点在各个研究领域都得到了广泛的应用。对于受多个因素影响的事物，或具有多种属性的事物，模糊综合评理论提供了一种行之有效的评价方法。

模糊综合评价法（fuzzy comprehensive evaluation，FCE），是一种基于模糊数学理论的综合评价方法。FCE 将定性评用用模糊数学理论中的隶属度概念转化为定量评价，以达到对受多个因素影响的评价对象做出全面正确评价的目的。FCE 的实用性和有效性能满足结果清晰和系统性强的要求，较好地解决了实际工程中模糊的、难以量化的问题，适用于解决各种非确定性问题，其中 FCE 可分为单因素模糊评价和多层次模糊评价。

5.1.4.2　模糊综合评价基本流程

模糊综合评价主要分两个步骤进行：首先是每个因素的单独评判，然后是所有因素的综合评判。具体步骤由以下 5 个方面构成。

1. 建立因素集

因素集是指所要评价的系统中影响评判结果的由所有因素所组成的元素集合，通常用 U 表示：

$$U = [u_1, u_2, \cdots, u_m]。 \tag{5.1.4.1}$$

2. 建立评价集

评价集是由评价者对评价对象做出的各种可能评价结果所组成的集合。通常用 V 表示： $$V=[v_1,v_2,\cdots,v_m]。 \tag{5.1.4.2}$$

3. 建立权重集

一般来说，因素集 U 中的各个因素对被评价事件的影响程度是不一样的，所以用 a_i 表示权数赋予给不同的因素，用以表示该因素对被评价事件的重要程度，即各因素 u_i 对"重要"的隶属度，用 A 表示：

$$A=[a_1,a_2,\cdots,a_m] \tag{5.1.4.3}$$

其中 A 就是权重集，同时为了方便计算和分析，a_i 应满足归一性和非负性的要求。

4. 单因素模糊评价

风险因子模糊评价矩阵 R 也称为隶属关系 $R=\{r_{ij}|i=1,2,\cdots,20;j=1,2,3,4\}$，表示从因素集 U_k 到评价等级集 V 的一个模糊映射，其中 r_{ij} 为隶属度，即第 i 个因子指标隶属于第 j 个评价等级的程度。

5. 模糊综合评价

单因素模糊评价只反映了所有因素中的某一个因素对于被评价事件的影响，模糊综合评价则是考虑了所有因素的影响程度，评价结果也更具有准确性、综合性和针对性。模糊综合评价可以用 $B=AR$ 模型近似计算所有因素的评价结果。

模糊综合评价的评价流程可以用如图5.1.4.1 所示。

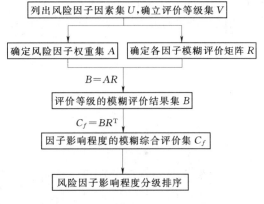

图 5.1.4.1　模糊综合评价流程图

5.1.4.3　模糊综合评价的优缺点

对于在风险评价中遇到的各种模糊的、难以量化的问题，模糊综合评价方法提供了一种行之有效的评价解决方法，并在各行各业的风险评价中广泛运用。但对于所有非确定性问题的评价，模糊综合理论因其自身的优缺点，也存在一定的局限性，体现在以下方面[47]：

（1）优点。模糊数学综合评判法给出了一个数学模型，它简单，容易掌握，是对多因素、多层次的复杂问题评判效果比较好的方法，其适用性较广。

（2）缺点。模糊数学综合评判法隶属函数或隶属度的确定，评价因素对评价对象的权重的确定都有很大的主观性，其结果也存在较大的主观性。同时对于多因素，多层次的复杂评价，其计算则比较复杂。

由此可见，在进行风险评价时，要根据实际情况运用模糊综合评价，而且应作为一种评价参考依据，必要时应结合准确的定量分析进行。

5.1.4.4　库群破坏风险因子的模糊综合评价

其中，风险因素集 U 是由盐岩地下储气库运营期风险因子所构成的集合，分为 U_K 库群破坏风险因素集、U_Y 油气渗漏风险因素集和 U_D 地表沉陷风险因素集。每个集合由已辨识的风险因子组成，根据表 5.1.4.1 可得到库群破坏风险因素集 $U_K=[u_1^K,u_2^K,\cdots,u_{20}^K]$，油气渗漏风险因素集 $U_Y=[u_1^Y,u_2^Y,\cdots,u_{18}^Y]$，地表沉陷风险因素集 $U_D=[u_1^D,u_2^D,\cdots,u_{11}^D]$。

评价等级集 V 由专家调查的影响程度评价结果组成，即 $V=[v_1,v_2,v_3,v_4]=[$可忽略,较轻,较严重,非常严重$]$。

1. 建立库群破坏因素集 U_K

根据表 5.1.4.1，库群破坏风险因素集 U_K 由库群破坏的风险因子 $u_i^K(i=1,2,\cdots,20)$ 集合而成，即

$$U_K=[u_1^K,u_2^K,\cdots,u_{20}^K] \tag{5.1.4.4}$$

2. 确定风险因子的权重集 A

权重集 A，就是风险因子的权重向量矩阵。目前，常用的权重确定方法有层次分析法和特尔菲专家打分法。根据表 5.1.4.1 专家调查统计数据，采用层次分析法中 0—1 的方法，通过比较两个因子的相同影响程度评价语数量，进行各因子的赋值。即比较两个风险因子，如果前一个因子比后一个因子在"非常严重"一栏评价数量多，则为 1，否则为 0。如果相同，则继续比较"较严重"一栏的评价数量，以此类推，最后累积求和。

表 5.1.4.1　　　　　　　　库群破坏的 20 个风险因子权重值

	u_1^K	u_2^K	u_3^K	u_4^K	u_5^K	u_6^K	u_7^K	u_8^K	u_9^K	u_{10}^K	u_{11}^K	u_{12}^K	u_{13}^K	u_{14}^K	u_{15}^K	u_{16}^K	u_{17}^K	u_{18}^K	u_{19}^K	u_{20}^K	得分 g_i	权重分数 $S_i=g_i+1$	权重值 $\frac{s_i}{\sum s_i}$
u_1^K	*	0	0	1	1	0	1	1	1	1	1	1	1	1	1	1	1	1	1	1	16	17	0.081
u_2^K	1	*	1	1	1	1	1	1	1	1	1	1	1	1	1	1	1	1	1	1	19	20	0.095
u_3^K	1	0	*	1	1	1	1	1	1	1	1	1	1	1	1	1	1	1	1	1	17	18	0.086
u_4^K	0	0	0	*	1	0	1	1	1	1	1	1	1	1	1	1	1	1	1	1	14	15	0.071
u_5^K	0	0	0	0	*	0	0	0	0	1	1	1	1	1	0	0	1	0	0	0	8	9	0.043
u_6^K	1	0	1	1	1	*	1	1	1	1	1	1	1	1	1	1	1	1	1	1	18	19	0.09
u_7^K	0	0	0	0	1	0	*	1	1	1	1	1	1	1	1	1	1	1	1	1	15	16	0.076
u_8^K	0	0	0	0	1	0	0	*	1	1	1	1	1	0	0	1	1	0	1	1	10	11	0.052
u_9^K	0	0	0	0	0	0	0	0	*	1	1	1	0	0	0	0	0	0	0	0	3	4	0.019
u_{10}^K	0	0	0	0	0	0	0	0	0	*	1	1	1	0	1	0	0	0	0	0	5	6	0.028
u_{11}^K	0	0	0	0	0	0	0	0	0	0	*	1	0	0	0	0	0	0	0	0	1	2	0.009
u_{12}^K	0	0	0	0	0	0	0	0	0	0	0	*	0	0	0	0	0	0	0	0	0	1	0.005
u_{13}^K	0	0	0	0	1	0	0	0	1	1	1	1	*	0	0	0	0	0	0	1	7	8	0.038
u_{14}^K	0	0	0	0	0	0	0	0	0	0	0	0	0	*	0	0	0	0	0	0	2	3	0.014
u_{15}^K	0	0	0	0	0	0	0	0	1	1	1	1	1	1	*	1	1	1	1	1	13	14	0.067
u_{16}^K	0	0	0	0	0	0	0	0	1	1	1	1	1	1	0	*	1	1	1	1	12	13	0.062
u_{17}^K	0	0	0	0	1	0	0	0	1	1	1	1	1	1	0	0	*	0	0	1	6	7	0.033
u_{18}^K	0	0	0	0	1	0	0	1	1	1	1	1	1	1	0	0	1	*	0	1	9	10	0.048
u_{19}^K	0	0	0	0	1	0	0	0	1	1	1	1	1	1	0	1	1	1	*	1	11	12	0.057
u_{20}^K	0	0	0	0	0	0	0	0	1	0	1	0	1	1	0	0	0	0	0	*	4	5	0.024

注　　* 代表各因子在与自身比较中不赋值。

如 u_1^K（相邻盐腔储气压力差过大）与 u_2^K（矿柱中间部位超过长期强度）比较，从表 5.1.4.1"非常严重"一栏的统计数据可知，u_1^K 比 u_2^K 的统计数量少，则将 u_1^K 赋值为 0，u_2^K 赋值为 1，以此类推通过两两比较可得到表 5.1.4.1 库群破坏风险因子的权重值，表 5.1.4.1 中对每一个风险因子的权重分数均加在其得分的基础上加一个自身权重分数 1。将表 5.1.4.1 中计算所得的权重值罗列成矩阵形式就得到库群破坏风险因子的权重集 $A=[a_1,a_2,\cdots,a_{20}]=[0.081,0.095,0.086,0.071,0.043,0.09,0.076,0.052,0.019,0.029,0.009,0.005,0.038,0.014,0.067,0.062,0.033,0.048,0.057,0.024]$。

3. 确定风险因子模糊评价矩阵 R

风险因子模糊评价矩阵 R 也称为隶属关系 $R=\{r_{ij}|i=1,2,\cdots,20;j=1,2,3,4\}$，表示从因素集 U_k 到评价等级集 V 的一个模糊映射。其中 r_{ij} 为隶属度，即第 i 个因子指标隶属于第 j 个评价等级的程度，由调查表中各评价语数量占调查人数的百分数比确定。如库群破坏隶属关系 R 中的 r_{14}，表示在调查中认为 u_1^K（相邻盐腔储气压力差过大）对库群破坏的影响程度为 v_4（非常严重）的专家人数占被调查总人数的比值，从表 5.1.4.1 的统计结果若有 2/3 以上的人认为"储气压力过低"的影响程度为"非常严重"，则 $r_{14}=10/28=0.357$。以此类推计算得到库群破坏风险因子模糊评价矩阵 R

$$R=\begin{bmatrix} 0 & 0.143 & 0.536 & 0.321 \\ 0 & 0.071 & 0.571 & 0.357 \\ 0 & 0.107 & 0.571 & 0.321 \\ 0.036 & 0.179 & 0.5 & 0.286 \\ 0.071 & 0.393 & 0.357 & 0.179 \\ 0.036 & 0.107 & 0.5 & 0.357 \\ 0.036 & 0.143 & 0.5 & 0.321 \\ 0.036 & 0.321 & 0.393 & 0.25 \\ 0.071 & 0.607 & 0.214 & 0.107 \\ 0.071 & 0.357 & 0.429 & 0.143 \\ 0.393 & 0.536 & 0.036 & 0.036 \\ 0.25 & 0.464 & 0.286 & 0 \\ 0.071 & 0.214 & 0.571 & 0.143 \\ 0.071 & 0.464 & 0.429 & 0.036 \\ 0 & 0.25 & 0.464 & 0.286 \\ 0 & 0.25 & 0.5 & 0.25 \\ 0.071 & 0.25 & 0.536 & 0.143 \\ 0.107 & 0.321 & 0.393 & 0.179 \\ 0.071 & 0.179 & 0.5 & 0.25 \\ 0.071 & 0.429 & 0.393 & 0.107 \end{bmatrix} \tag{5.1.4.5}$$

4. 模糊综合评价运算

评价等级的模糊评价结果集 B 表示"可忽略，较轻，较严重，非常严重"四个影响程度在评价过程中的权重关系，可以通过模糊矩阵 $B=AR=[b_1,b_2,b_3,b_4]$ 的运算得到专

家评价结果隶属于评语集的隶属度。评价等级的模糊评价结果集

$$
\boldsymbol{B} = \boldsymbol{AR} = \begin{bmatrix} 0.081 \\ 0.095 \\ 0.086 \\ 0.071 \\ 0.043 \\ 0.09 \\ 0.076 \\ 0.052 \\ 0.019 \\ 0.029 \\ 0.009 \\ 0.005 \\ 0.038 \\ 0.014 \\ 0.067 \\ 0.062 \\ 0.033 \\ 0.048 \\ 0.057 \\ 0.024 \end{bmatrix}' \cdot \begin{bmatrix} 0 & 0.143 & 0.536 & 0.321 \\ 0 & 0.071 & 0.571 & 0.357 \\ 0 & 0.107 & 0.571 & 0.321 \\ 0.036 & 0.179 & 0.5 & 0.286 \\ 0.071 & 0.393 & 0.357 & 0.179 \\ 0.036 & 0.107 & 0.5 & 0.357 \\ 0.036 & 0.143 & 0.5 & 0.321 \\ 0.036 & 0.321 & 0.393 & 0.25 \\ 0.071 & 0.607 & 0.214 & 0.107 \\ 0.071 & 0.357 & 0.429 & 0.143 \\ 0.393 & 0.536 & 0.036 & 0.036 \\ 0.25 & 0.464 & 0.286 & 0 \\ 0.071 & 0.214 & 0.571 & 0.143 \\ 0.071 & 0.464 & 0.429 & 0.036 \\ 0 & 0.25 & 0.464 & 0.286 \\ 0 & 0.25 & 0.5 & 0.25 \\ 0.071 & 0.25 & 0.536 & 0.143 \\ 0.107 & 0.321 & 0.393 & 0.179 \\ 0.071 & 0.179 & 0.5 & 0.25 \\ 0.071 & 0.429 & 0.393 & 0.107 \end{bmatrix} = [0.039, 0.214, 0.484, 0.262]
$$

$$(5.1.4.6)$$

通过模糊矩阵 $\boldsymbol{C}_f = \boldsymbol{BR}^{\mathrm{T}} = [c_1, c_2, c_3, \cdots, c_n]$ 可以得到库群破坏风险因子影响程度的模糊综合评价集

$$
\boldsymbol{C}_f = \boldsymbol{BR}^{\mathrm{T}} = [0.039, 0.214, 0.484, 0.262] \begin{bmatrix} 0 & 0.143 & 0.536 & 0.321 \\ 0 & 0.071 & 0.571 & 0.357 \\ 0 & 0.107 & 0.571 & 0.321 \\ 0.036 & 0.179 & 0.5 & 0.286 \\ 0.071 & 0.393 & 0.357 & 0.179 \\ 0.036 & 0.107 & 0.5 & 0.357 \\ 0.036 & 0.143 & 0.5 & 0.321 \\ 0.036 & 0.321 & 0.393 & 0.25 \\ 0.071 & 0.607 & 0.214 & 0.107 \\ 0.071 & 0.357 & 0.429 & 0.143 \\ 0.393 & 0.536 & 0.036 & 0.036 \\ 0.25 & 0.464 & 0.286 & 0 \\ 0.071 & 0.214 & 0.571 & 0.143 \\ 0.071 & 0.464 & 0.429 & 0.036 \\ 0 & 0.25 & 0.464 & 0.286 \\ 0 & 0.25 & 0.5 & 0.25 \\ 0.071 & 0.25 & 0.536 & 0.143 \\ 0.107 & 0.321 & 0.393 & 0.179 \\ 0.071 & 0.179 & 0.5 & 0.25 \\ 0.071 & 0.429 & 0.393 & 0.107 \end{bmatrix}^{\mathrm{T}}
$$

$$= [0.374, 0.385, 0.384, 0.356, 0.307, 0.360, 0.358, 0.326, 0.265, 0.324, 0.157,$$

$$0.247, 0.363, 0.319, 0.353, 0.361, 0.353, 0.310, 0.348, 0.313] \qquad (5.1.4.7)$$

5. 库群破坏风险因子的模糊综合评价结果

为了便于对盐岩地下储气库运营期风险因子影响程度进行分级，引入下式对综合评价向量 C_f 进行处理：

$$cf' = \frac{c_i - c_{min}}{c_{max} - c_{min}} \qquad (5.1.4.8)$$

式中：$c_{max} = \max\{c_1, c_2 \cdots, c_n\}$；$c_{min} = \min\{c_1, c_2 \cdots, c_n\}$。

则 $cf' = [0.95, 1, 0.99, 0.87, 0.66, 0.89, 0.88, 0.74, 0.47, 0.73, 0, 0.39, 0.90, 0.71,$
$0.86, 0.89, 0.85, 0.67, 0.84, 0.68]$。

5.1.4.5 某盐岩地下油气储库运营期风险因子影响程度等级划分

1. 运营期风险因子影响程度的等级划分标准

将 cf' 按影响程度评价等级集 V 中的四个评价语进行分级，并对模糊综合评价所得的结果进行处理，按 $<40\%$，$40\% \sim 80\%$，$80\% \sim 90\%$，$>90\%$ 的区间进行等级划分，见表 5.1.4.2。

表 5.1.4.2　　　　　　　　　　风险因子影响程度分级标准

影响等级	影响程度	影响描述	定　义
1	$<40\%$	较轻	对储库在运营阶段的稳定性、密闭性、安全性的影响$<40\%$，只需常规的监测与管理
2	$40\% \sim 80\%$	较严重	对储库在运营阶段的稳定性、密闭性、安全性的影响介于$40\% \sim 80\%$之间，需注意，应加强日常对储库的监测
3	$80\% \sim 90\%$	严重	对储库在运营阶段的稳定性、密闭性、安全性的影响介于$80\% \sim 90\%$之间，需引起重视，制定严格储库监测措施
4	$>90\%$	非常严重	对储库在运营阶段的稳定性、密闭性、安全性的影响$>90\%$，需引起设计操作人员的高度重视

2. 库群破坏风险因子的等级划分

根据表 5.1.4.2 风险因子影响程度划分等级标准可得到库群破坏风险因子影响程度的分级排序（表 5.1.4.3）。

表 5.1.4.3　　　　　　　　库群破坏风险因子影响程度的分级排序

非常严重	严重	较严重	较轻
储气压力过低 矿柱中间部位超过盐岩长期强度 盐腔设计间距太小 低压运行时间过长 相邻盐腔储气压力差过大	注采气压变化频繁 盐岩蠕变变形 顶底板折曲变形 侧壁断裂扩展 盐岩强度较小 采气速率过快 储气压力过高	井口压力太低 高压运行时间过长 泥岩蠕变变形 夹层强度小 夹层蠕变变形 夹层层厚小	硬夹层多 盐腔与围岩局部温度差过大

3. 油气渗漏风险因子的等级划分

根据上面库群破坏风险因子的模糊综合评价方法，可类似得到油气渗漏风险因子的模糊综合评价结果，并进行分级排序见表 5.1.4.4。

表5.1.4.4　　　　　　　油气渗漏风险因子影响程度的分级排序

非常严重	严重	较严重	较轻
套管鞋破损 阀门损坏 盐岩与夹层交界面滑动 储气压力过高	盐岩与泥岩夹层交接面缝 套管鞋高度不足 井口压力控制不当 注采设备腐蚀受蚀 注采设备疲劳受损	相邻盐腔储气压力差过大 矿柱中间部位超过盐岩长期强度 泥岩夹层内部孔缝 盐腔设计间距太小 注采气压变化频繁 夹层层数多	夹层蠕变变形 夹层层厚小 人为操作不当

4. 地表沉陷风险因子的等级划分

根据上面库群破坏风险因子的模糊综合评价方法，可类似得到地表沉陷风险因子的模糊综合评价结果，并进行分级排序见表5.1.4.5。

表5.1.4.5　　　　　　　地表沉陷风险因子影响程度的分级排序

非常严重	严重	较严重	较轻
顶部预留盐层厚度过薄 储气压力过低 低压运行时间过长	相邻盐腔储气压力差过大 盐岩蠕变变形 顶底板折曲变形	上覆岩层压力影响 注采气压变化频繁 盐腔矿柱中间部位超过盐岩长期强度	高压运行时间过长 盐腔与围岩局部温度差过大

通过对某盐岩地下油气储库运营期库群破坏、油气渗漏、地表沉陷的模糊综合评价，可以得出如下结论：

（1）通过风险辨识获得盐岩地下油气储库运营期库群破坏、油气渗漏和地表沉陷的主要致灾风险因子。

（2）基于辨识的风险因子，通过专家调查得到评价风险因子影响程度的统计数据。

（3）通过模糊综合评价，得到库群破坏、油气渗漏和地表沉陷风险因子影响程度的分级排序，为盐岩地下储气库运营风险管理提供了有效指导。

（4）基于专家调查统计数据进行模糊综合评价，虽然避免了评价过程中资料不足的缺点，但是，专家们主观意见的判断难免有误，故在实际应用中，可结合其他风险分析方法，进行更全面的综合评价。

5.1.5　地下水封石洞施工安全风险

根据《中华人民共和国安全法》《爆破安全规程》，以及参考《铁路隧道

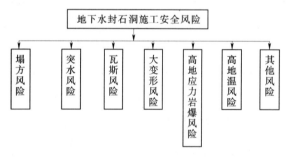

图5.1.5.1　地下水封石洞施工安全风险示意框图❶

风险评估与管理暂行规定》《铁路瓦斯隧道技术规范》和国内外地下水封石洞储油气库建设施工技术相关规范，对本工程安全风险事件的确定，建议如图5.1.5.1所示。

5.1.5.1　塌方风险

地下水封石洞开挖中和后，出现塌方风险事件的因素很多，这里仅就其施工组织顺序对一级与二级风险因素列为表5.1.5.1。而其他六项风险在本工程中不为明显，故从略。

---

❶　宋平. 铁路隧道施工安全风险管理研究［R］. 中南大学硕士论文，2009.

表 5.1.5.1   地下水封石洞施工塌方风险因素

序号	一级风险因素	二级风险因素
1	开挖情况	开挖方式
2		循环进尺
3		地下水处理
4		超挖情况
5		进口
6		落底
7		排顶
8		断面变化处或工法转换处
9	爆破情况	爆破器材管理
10		爆破方法
11		装药和爆破规定
12		爆破安全界限
13	支护/衬砌情况	锚杆喷射混凝土支护
14		锚杆、钢丝网、喷混凝土支护
15		超前支护
16		支护刚度（衬砌）
17		支护时机
18		闭合成环周期
19	监控量测情况	掌子面稳定情况
20		量测器材及布置
21		量测频率
22		规范要求监测项目
23		监控量测制度
24		信息反馈及处理
25	施工准备情况	气象调查
26		水文调查
27		与施工有关的法令调查
28		设计文件核对
29		实施性施工组织设计
30	安全管理情况	安全机构
31		生产安全责任制
32		安全教育与宣传
33		事故管理
34	施工作业环境条件	作业空间
35		温度条件
36		照明
37		作业时间安排
38		粉尘程度
39		噪声、振动

续表

序号	一级风险因素	二级风险因素
40	施工管理情况	培训情况
41		检测情况
42		应急管理情况
43		施工队伍情况
44		施工机械设备情况
45		施工质量
46		施工经验辅助工法的掌握与应用
47		监理情况
48	施工地质勘察情况	水文地质工程地质资料收集情况
49		常规地质（素描）情况
50		超前地质预报情况
51	水幕系统特征	水幕巷道高程
52		水幕巷道断面
53		水幕巷道数目
54		地下水位线
55		水幕钻孔产状
56		水幕钻孔直径
57		水幕钻孔数目
58		水幕钻孔间距
59		水幕钻孔深度
60		水幕钻孔注水水压
61	洞室储库（罐）特征	埋深
62		洞室断面尺寸
63		洞室数目
64		洞室长度
65		坡度
66		辅助施工巷道
67		注抽油竖井
68		通风管线竖井
69		围岩分类（级）情况
70		地应力场

5.1.5.2　风险因素筛选

由表 5.1.5.1 可知，地下水封石洞储库工程一级风险 11 项、二级风险 70 子项。从施工安全风险管理理论上讲，与地下水封石洞储库工程项目有关的任何风险因素都有可能演变成风险事件，从而导致施工事故的发生，进而致使项目风险的不确定数量的各种损失。但是，并非所有因素同等机遇地产生负面影响。为此，在其工程风险识别中，应以大型地下水封石洞储库工程风险指标体系为主，参考国内外相关指标，依据工程特点与要求，整理并筛选出本工程直接相关的风险即找出最有可能导致风险发生严重后果的关键风险因素，删除其中与本工程影响小和无关的风险以降低计算量。

现将上述 11 项一级风险因素即 70 项二级风险因素集合记为 U，结合本工程特点，以是否可信、是否重要、是否有价值和是否有效用等条件来筛选出本工程的风险因素集合，记为 U'，如图 5.1.5.2 所示。

流程如图 5.1.5.3 所示。

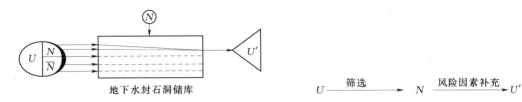

图 5.1.5.2 未工程安全风险筛选示意图   图 5.1.5.3 本工程安全风险筛选流程示意图

上列图 5.1.5.1 和图 5.1.5.2 中，应满足的条件为

$$N \cup \overline{N} = U \tag{5.1.5.1}$$

$$N \cap \overline{N} = \phi \tag{5.1.5.2}$$

$$N \cup N' = U' \tag{5.1.5.3}$$

$$N' \cap N = N' \cap \overline{N} = \phi \tag{5.1.5.4}$$

式中：N 是 U 的一部分，表示对本工程有"价值"的风险因素集合；$\overline{N}$ 也是 U 的一部分，表示对本工程的价值为零，或者可以忽略的影响因素集合；N' 表示是需要补充的风险因素；U' 表示本工程筛选后的风险因素集合。

具体在进行筛选时，应坚持"宁多勿少"的原则来筛选出本工程中所使用的风险因素集合 U'。

5.1.5.3 本工程风险评价模型

根据地下水封石调储库工程的特点，建立一个基于多层次模糊综合评判与风险当量后果估计的本工程施工安全风险评估模型（图 5.1.5.4）。

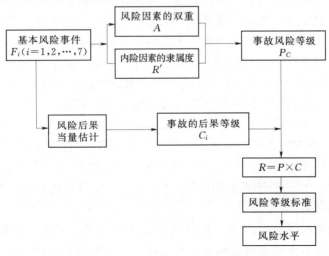

图 5.1.5.4 本工程风险评估模型框图

5.2　三维可视化技术应用

三维可视化技术是当下信息技术与计算机技术发展的一个交集，而且它符合人获取外界信息的生理因素，即首先通过视觉效果对信息进行直观获取。

自从 1998 年美国副总统戈尔提出"数字地球（Digital Earth）"概念以来，全球掀起了一片"数字浪潮"，它是一种全球战略性计划，有着深远的政治意义和经济背景，作为"国家战略石油储备"工程，无疑也包括其中。本工程系由 9 个大跨度、高边墙主洞室分成三组洞罐平行并列，加上主洞之上有 5 条水幕巷道 529 条水幕钻孔、6 个工艺竖井和 6 条施工巷道连接，总掘进里程长达 15km，可谓"百孔千'窗'"、"纵横交错"，在数学力学上是一个典型的"复连通区域"。所有这些孔洞的产生均用钻孔爆破法施工，显而易见，在"平面多工序、立体多层次"的施工流程中，施工人员与机械和工艺等信息众多，施工工序与进程繁杂，前方后方安全隐患重重。总之，"中国第一"的大型地下水封石洞储油库建设施工项目与流程林林总总，采用传统的二维静态施工安全管理是难以奏效的。

为此，本工程开发出大型密集洞室群三维可视化综合防灾救援系，集多媒体、可视化和地理信息技术等于一体，以调控施工全过程，可在后续的地下水封洞库施工安全管理工作推广应用，提高地下洞库工程施工综合防灾救援能力。

5.2.1　地下工程安全风险管理现状

地下工程安全风险管理始于 20 世纪末欧美。1992 年，欧共体行政院就发布了《欧共体就在临时或移动施工现场实施最低安全和健康要求的指令》。该指令明确了安全与健康两个级次的要求，而且对任何临时工程和施工现场均不可偏废。英国隧道工程协会和保险业协会，于 2003 年 9 月联合发布了《英国隧道工程建设风险联合管理规范》，国际隧道及地下空间协会于 2004 年发布了风险管理的指南，国际隧道工程保险集团（ITIG），于 2006 年 1 月发布了《隧道工程风险管理实践规程》。通过这些规程可发现国际上安全风险管理的以下发展趋势越来越明显：风险管理正成为大型项目发展中的一个例行程序；同险管理与项目管理日趋结合；为风险管理制定强制性的法规，特别是针对施工安全的法规。

与此同时，地下工程安全风险及其相关学科的研究在国内也陆续开展。首先，进行较多的是隧道和基坑开挖对环境影响的力学分析；其次，同济大学的丁士昭教授（1992）对我国广州地铁首期工程、上海地铁 1 号线工程等地铁建设中的风险和保险模式进行了研究。上海隧道建设设计研究院的范益群等以可靠度理论为基础，提出了地下结构的抗风险设计概念。孙钧主持了"城市地下工程施工安全的智能控制预测与控制及其三维仿真模拟系统研究"。同济大学李元海和朱合华开发的"岩土工程施工监测信息系统"，黄宏伟等在地下工程安全风险研究方面也并展了大量的工作，在这些工作基础上，2005 年中国土木工程学会召开了中国第一次全国范围的地下工程安全风险分析研讨会，推动了地下工程安全风险研究的全面开展。

安全风险管理的实际应用近两年在我国得到迅速发展，特别是在地铁建设方面，上海、北京新建地铁项目大都进行了风险分析与评估。上海同是工程科技有限公司依托同济大学开发的"安程地铁工程远程监控管理系统"，基于网络传输、无线通讯、网络数据库、数据分析以及自动预测预警等技术，综合了施工、监理、监测、管理以及多媒体等多种信息，已在上海地铁工程中得到应用。针对盾构法隧道施工，上海隧道工程股份有限公司开发了"盾构法隧道施工智能管理系统"，在掌握施工信息的前提下，通过数据分析，对工程施工进行有效管理和技术支持。2007 年以来，解放军理工大学研究并应用先进的风险管理经验和风险管理信息系统，开展了南京、北京地铁建设的安全风险管理的实际工作。

中国政府对地下工程的风险管理也相当重视，2003 年建设部等九部委联合印发了《关于进一步加强地铁安全管理工作的意见》，对做好地铁规划、设计、施工、运营的安全工作提出了具体要求。2007 年又编发了《地铁与地下工程建设技术风险控制导则》《地铁及地下工程建设风险管理指南》，对指导中国地铁及地下工程安全风险管理的标准化、程序化和规范化具有促进作用。

总体而言，中国地下工程安全风险管理研究与实践已经得到了实质性进展，部分成果已服务于项目的决策，但远远没有达到"风险管理化解地下工程建设之痛"的程度。尤其是石油系统的地下水封石洞储库工程，尚未编撰出版安全风险管理规范，当应引起同业能人志士的高度关注与积极行动。

5.2.2　施工安全控制人工智能专家系统开发

大型地下水封石洞油库综合防灾救援平台是在三维可视化建模平台上，集成在线监测监控系统和生产过程自动化系统，一方面通过射频识别技术，实时感知地下洞室环境，进行监测预警，最大限度地消除安全隐患；另一方面通过三维模拟仿真和系统分析，科学高效地进行预案演练、应急救援与调度指挥，将事故危害降到最低。系统框架如图 5.2.2.1 所示。

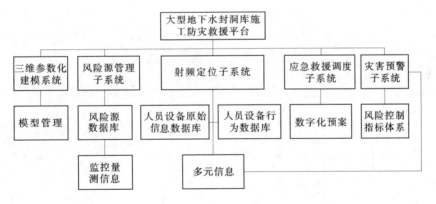

图 5.2.2.1　系统框架图

5.2.3　平台功能

大型地下水封石洞油库综合防灾救援平台具有以下功能：地下建筑物三维模型管理系统、人员设备定位管理系统、风险源管理系统、灾害预警子系统、应急救援调度指挥子系统、施工调度指挥子系统如图 5.2.3.1、图 5.2.3.2 所示。

5.2.3.1　地下建筑物三维模型管理子系统

目前国内大部分矿山企业都建立了基于射频定位技术的安全管理平台，大多数是二维显示，只有少数建立了三维仿真模型。根据地下洞库工程施工的特点，本系统实现了地下

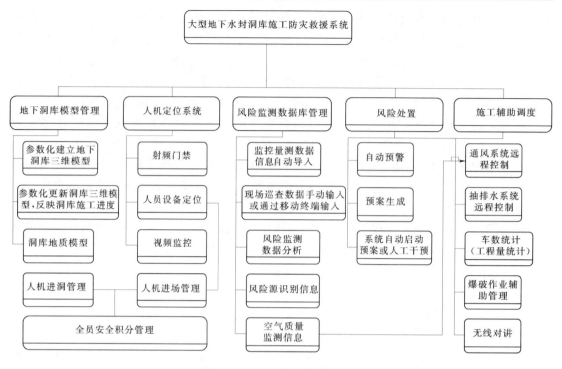

图 5.2.3.1　系统功能结构图

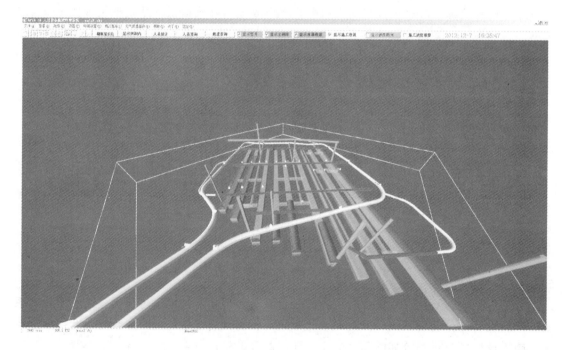

图 5.2.3.2　监控软件界面

洞室的参数化三维建模，同时可根据施工程序和施工进度，输入参数更新洞库模型，实时反映工程的建设实际。

5.2.3.2 人员设备管理子系统

1. 人员设备进场管理

洞库场区进行封闭式管理，限制无关人员和设备进入施工场地，避免发生事故，造成无法预计的损失。参与洞库工程建设的人员和设备进场，按照以下流程进行，规范用工管理，避免不适合从事地下洞库施工人员或设备进行场区，引起不必要的风险。人员设备进场管理流程如图5.2.3.3所示。

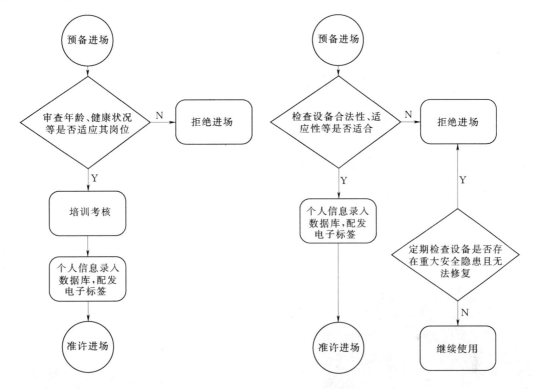

图5.2.3.3 人员设备进场管理流程

2. 人员设备进出洞管理

门禁系统应用射频识别技术，可以实现持有效电子标签的车不停车，方便通行又节约时间，提高路口的通行效率，同时对车辆出入进行实时的监控，结合车辆设备数据库，进行工程量统计分析。人员进洞前，在进场安全教育的基础上，分专业、工种进行岗前安全教育，并发放工序"安全作业提示卡"和"质量控制要点卡"，熟知卡片内容后方可进洞。

3. 洞室内人机定位

通过遍布洞室的佩戴电子标签的人员设备进行实时监测，使管理人员能够随时掌握洞室施工人员的运动轨迹，以便于进行合理的调度管理，如图5.2.3.4和图5.2.3.5所示。一旦发生意外事件，救援人员可根据该系统所提供的数据、图形，迅速了解有关人员的位置情况，及时采取相应的救援措施，提高应急救援工作的效率，主要功能如下：①洞内施工人员实时动态跟踪监测，位置自动显示；②人员在指定时间段所处区域及运动轨迹回放；③人员考勤，查询统计进出洞情况；④对指定区域人员进行搜寻和定位，以便及时救护；⑤为防止误操作，电子标签设置了 A＋B 双键同时按下时向系统发出求救信号。

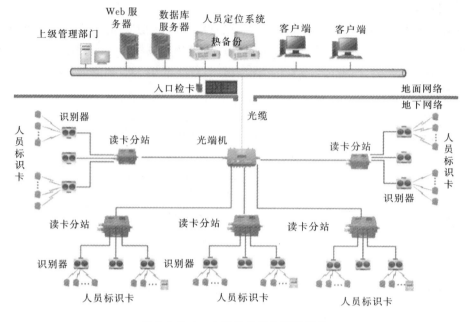

图 5.2.3.4 人员设备定位系统结构

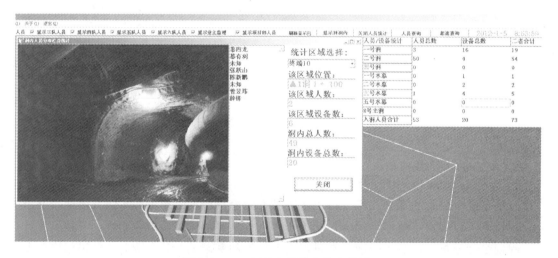

图 5.2.3.5 区域人员设备信息统计

4. 安全文化建设

其内容包括：①建立稳定可靠、标准规范的安全物质文化。如安全的作业环境、安全的工艺过程、安全的设备控制过程等；②建立符合安全伦理道德和遵章守纪的安全行为文化。如通过多渠道，使员工在掌握安全知识的基础上，熟练掌握各种安全操作技能，并能严格按照安全操作规程进行操作；③建立健全切实可行的安全管理（制度）文化。建立健全安全管理机制，即建立起各方面各层次责任落实到位的高效运作的安全管理网络；建立起切实可行、奖惩严明的劳动保护监督体系。建立健全安全规章制度和奖惩制度，使其规范化、科学化、适用化，并严格执行；④建立"安全第一、预防为主"的安全观念文化。通过多种形式的宣传教育，提高员工的安全生产意识，包括应急安全保护知识、间接安全保护意识和超前安全保护意识，并进行安全知识教育培训。进行安全伦理道德教育，提高员工的责任意识，使其自觉约束自己的行为，承担起应尽的责任和义务。

为使安全文化建设的内涵确实深入每个建设者的内心，利用人员进场时建立的人员数据库，建立一个"全员安全积分管理系统"，图5.2.3.6通过这个系统，将参与项目建设的所有现场人员纳入安全积分管理，对不安全行为（通过定位监控、视频监控、现场巡查等方式获得信息）进行处罚（扣减积分并罚款），并将违章行为录入数据库；对促进安全文化建设的行为进行奖励（加分并奖金），并利用群发短信或LED屏公布等形式将结果及时公布。每月对积分等于大于100分者予以奖励；积分介于60~100分之间的，进行安全培训；积分少于60分者予以换岗或清退出场，对年度积分最高的员工予以物质和精神奖励。对各类安全管理信息通过多种形式进行公示时，全员参与到项目的安全管理活动中来。

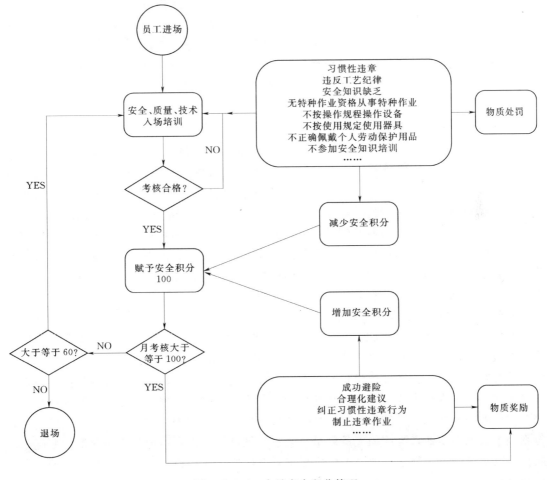

图5.2.3.6 全员安全积分管理

通过对违章行为记录数据库进行分析统计，明确下一步的安全管理工作的重点。实施过程中，可将人员根据其在安全管理活动中的职责和作用进行分类、分层次，执行相应的安全行为积分标准。

5.2.3.3　风险源管理子系统

监测数据采集与分析子系统包括无线传感数据管理系统、历史路径记录系统、巷道监测数据管理系统。在主要巷道、洞室、安全限制区域，铺设无线传感接收器、巷道环境无线传感器，记录路过人员及设备信息，所有信息通过数据总线传输至主机数据库，实现无线传感数据采集管理。根据射频卡预设级别管理，严格控制非权限人员进入敏感限制区域，保证安全生产以及责任的落实。若人员越权限强行进入，系统将给予报警。历史路径记录系统记载井下人员及设备的运动情况，对入井工作时间统计进行，模拟人员跟踪定位，历史路径对灾害事故原因分析有很重要的作用。巷道监测数据管理系统，根据无线传感器记录的巷道数据，24h实时监控巷道，对巷道参数发生异常区域进行安全预警，防止洞内施工人员进入危险区域，有效预防灾害的发生。

图 5.2.3.7　多元信息实时预警

5.2.3.4　灾害预警子系统

灾害预警子系统包括异常报警系统，灾害报告系统，预警通讯系统。对于洞内参数出现异常，系统对异常区域、异常类别进行报警，风险管理小组现场调查，排除安全隐患。灾害报告系统对于灾害发生原因、发生区域、发生时周边人员、设备情况统计分析，生成系统分析报告反馈。预警通讯系统在异常报警后启用，及时联络洞内人员，通知安全撤离或灾害规避，保证人员、设备的损失最小化。灾害分析系统包括传感数据分析系统，定位数据分析系统，灾害数据分析系统。传感数据分析系统分析洞内监测数据，分析异常区域及可能引发灾害类别；定位系统对洞内人员、设备的历史数据进行分析，分析人员、设备工作密集区域，出现频率、时段，提供重点安全监控区域；灾害数据分析系统根据相似灾害历史数据，分析总结灾害发生可能性，为决策提供技术支持。多元信息实时预警见图 5.2.3.7。

5.2.3.5　应急救援调度指挥子系统

利用三维可视化平台对施工生产运行系统进行集成管理和三维分析，各系统协同工作、有效配合，实现从现场监测监控、数据分析、预警到调度、指挥一体化的科学、系统、综合管理，为安全管理提供技术支撑和手段，提高应急救援效率，将损失降到最低。

例如，当洞内粉尘或有害气体浓度超标，监测系统将自动报警，监控中心大屏显示报警事件，如图 5.2.3.8 所示。管理人员接到报警后，在远程控制通风机通风的同时，从定位系统中查询出事地点当前的人员数量。通过三维可视化平台对分析逃生路线；制定最优救援方案和最佳逃生路线；通过应急广播报警系统通知该工作点人员全部撤离；通过基站的应急指示灯闪烁报警，并通过洞内无线对讲系统通知该工作区域班组长组织撤离，同时监控中心通过视频监控或定位系统查看有无人员未撤离；通过无线对讲指挥逃生避险。利用该系统，避免了传统人工方式传递信息的低效率、不准确、救援的盲目性和冒险性，为有效地组织救援赢得宝贵的生命时间，使灾难的危害降到最小。

图 5.2.3.8 指挥调度中心

5.2.3.6 施工调度指挥子系统

监控指挥中心是系统平台的中枢，是集信息采集、传输、处理、切换、控制、显示、决策、调度指挥于一体的综合性系统中心，可随时对各种现场信号和各类计算机图文信号进行多画面显示和分析，及时做出判断和处理，发布调度指令，实现实时监控和集中调度。通过监控中心将远程视频监控、自动化控制、人员定位与安全风险监控监测系统等视频信号和计算机信号在大屏幕上显示，通过操作台进行远程调度指挥。

1. 通风自动化控制

通过实时监测风压、风量、通风机功率、轴承温度、电机绕组温度以及通风机开停、反风等状态信号，随时了解风机的运行状况以及地下洞库的风量、空气温度、空气中氧气、CO 等含量，根据生产需要随时对某些风机开停，及时发现通风异常情况，在满足生产需风的同时最大限度地节约通风能耗，降低通风费用，如图 5.2.3.9 所示。

空气监测	当前湿度	当前温度	一氧化碳浓度/10^{-6}	一氧化碳上限/10^{-6}	粉尘浓度/(mg·m^{-3})	粉尘浓度上限/(mg·m^{-3})
洞外停车场	32 %RH	0 ℃	0	30	0.18	40
一号施工巷道	33 %RH	10 ℃	2	30	28.8	40
二号施工巷道	24 %RH	10 ℃	26	30	28.8	40
三号施工巷道	28 %RH	10 ℃	14	30	28.8	40
一号主洞库	30 %RH	10 ℃	16	30	30.8	40
二号主洞库	32 %RH	9 ℃	11	30	22.7	40
三号主洞库	33 %RH	9 ℃	19	30	33.2	40
四号主洞库	35 %RH	9 ℃	9	30	36.0	40
五号主洞库	36 %RH	10 ℃	25	30	39.2	40
六号主洞库	37 %RH	10 ℃	7	30	29.8	40
七号主洞库	29 %RH	10 ℃	29	30	28.3	40
八号主洞库	26 %RH	10 ℃	21	30	31.4	40
九号主洞库	30 %RH	9 ℃	13	30	33.8	40

图 5.2.3.9 通风监控

系统远程操纵风机的启停控制、运行显示、风机电流、温度的监测以及风量、温度以及空气中氧气、CO含量的监测，实时传输到上位计算机进行数据分析处理，将风机的运行状态和各种监测数据以图表和组态显示，当检测到风机过载或需风时，及时预警并远程控制。

2．排水自动化控制

通过在集水井安装超声波液位计，排水管道安装电磁流量计、电动阀等仪器，对排水系统的液位、电流、流量、时间等指标综合监控，实现排水泵房的无人值守和自动排水。

3．洞库开挖爆破作业辅助功能

针对大型地下水封石洞油库工程施工爆破作业频繁、平行洞室及立体交叉洞室的爆破作业与其他作业相互干扰的实际情况，建立大型地下水封石洞油库施工爆破管理系统。将人员设备定位系统传输的数据，实时表现在地下建筑物三维模型中，直观的掌握各掌子面作业情况，分析爆破影响范围内的人机是否已撤离到安全区域，决定爆破作业是否实施。通过布置在洞室中的音频广播，协助现场安全员进行爆破警戒，如图5.2.3.10所示。

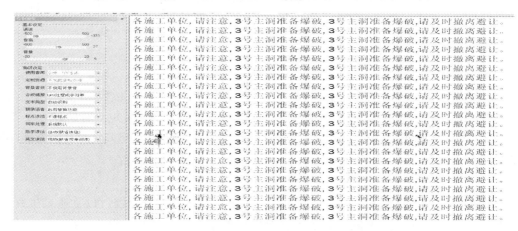

图 5.2.3.10　通过语音合成系统进行爆破警戒辅助管理

4．地下洞库开挖强度大，车流量大，交通压力大

为降低因车辆超速引起的交通事故的概率，通过车辆设备配备的射频标签，实时监控洞内车速，超速车辆的信息实时在监控系统显示并进行记录，系统通过洞室内的广播系统

图 5.2.3.11　洞内车速监控

对超速车辆的驾驶员进行提醒，如图 5.2.3.11 所示。

5. *施工进度统计分析功能*

通过车辆射频电子标签监控采集的信息和车辆基本信息数据库，实时分析各工作面开挖（出渣车）和支护（混凝土罐车）施工的工程量完成情况，分析施工资源的配备情况，如图 5.2.3.12 所示。

车辆出入统计（统计时段 2012-12-7 16:00 至 2012-12-7 17:21:35）

车辆出洞统计	出渣车出洞次数	其他车辆出洞次数	所有车辆合计次数
项目部	1	1	2
施工二队	3	6	9
施工三队	2	6	8
施工四队	8	4	12
施工五队	7	3	10
施工六队	1	3	4
施工七队	0	5	5
施工八队	0	3	3
施工九队	0	3	3
施工十队	0	1	1
综合一队	0	0	0
综合二队	0	0	0
综合四队	0	0	0
业主	0	0	0
监理	0	0	0
公交车	0	4	4
其他单位1	0	3	3
其他单位2	0	0	0
所有合计：	22	42	64

关闭

图 5.2.3.12 施工资源的配备分析

5.3 通风排烟防毒、防火灾、防地质灾害的综合措施

大型地下水封石洞储库工程的施工中，通风排烟防毒、防火灾以及防地质灾害不可避免。尤其是一个占地面积 57.1hm^2、埋深数十米的群洞，以上三类灾害的防治措施更具有挑战性。

5.3.1 通风排烟防毒

目前研究地下洞室施工通风问题大多局限于通风时间的经验确定、通风机的选择、施工中新材料和新工艺的使用，很少从施工通风力学特性和动态性方面来对通风方案的合理性进行计算模拟和分析；而且，目前的通风数值模拟大都着重于工程建成后通风某个单方面的分析，而对工程在施工过程中的通风问题分析重视不够，不能反映工程施工期通风中多种因素相互影响的综合效果，缺乏从整体考虑而进行的通风方案优化和合理性分析评价功能，从而使得与实际的施工通风时间差别大，严重影响了施工方案的实施与工程的整体施工进度。因此，为了利用现有的通风资源设计更高效的通风方案，达到更优的通风效果，来保障隧洞中施工人员的安全，进而保证施工进度，需要对地下洞室施工通风问题进行深入的科学研究，利用计算机技术优化施工通风方案。

5.3.1.1　通风排烟方案

根据本工程地下洞室施工规划，在通风竖井贯通前，所有开挖工作面采用压入式通风的方式进行开挖施工通风；在通风竖井贯通后主洞室及施工巷道剩余段，利用通风竖井采用混合式通风；在主洞室南侧的竖井与主洞室上层贯通后，利用主洞室竖井进行排风、通风竖井进行压风的方式进行通风。

1. 通风设备的选择与布置

根据通风方案以及通风量，地下洞室通风设备分期布置，按照通风竖井及主洞库主洞室竖井是否贯通分为三期，通风巷道、竖井和主洞室竖井施工期通风设备不分期，以分期、分部位进行叙述。

（1）第一期通风。第一期通风时段为通风竖井和施工巷道贯通为分界，期间施工的部位有通风巷道和通风竖井、主洞室竖井、施工巷道、水幕巷道，通风设备特性见表 5.3.1.1。

表 5.3.1.1　　　　　　　　一期通风系统主要设备特性表

通风机编号	型号	排风量 /(m³·min⁻¹)	台数/台	通风方式	布置位置	风　管		送风距离 /m
						管径/mm	长度/m	
1～2 号通风机	AVH140 132kW	2400	3	压入通风	1 号、2 号施工巷道洞各 2 台、1 台	φ2000	3300	2100
3～4 号通风机	XAVH90.90 90kW	1074	4	压入通风	1 号、2 号施工巷道洞口各 2 台	φ1200	4400	1400
5～7 号通风机	SDDY.Ⅲ-125 2×110kW	2000	3	压入通风	1 号、2 号、3 号风巷道口各 1 台	φ2000	1200	600
8～15 号通风机	SDDY-Ⅲ-80 30kW	500	6	压入通风	主洞室竖井各 1 台	φ800	1100	200
合计	1656kW		18					

（2）第二期通风。根据施工安排在通风竖井贯通时，施工巷道的第 1 层连接巷道开挖达到各条主洞室，在该时段水幕巷道的通风方式不变，同时为确保剩余施工巷道施工正常，施工巷道的通风方式不变，只在通风巷道及竖井中增加主洞室的通风设备，主洞室通风利用通风竖井及巷道通风，在通风竖井中布置压风风机，通风设备特性见表 5.3.1.2。

表 5.3.1.2　　　　　　　　二期通风系统主要设备特性表

通风机编号	型号	排风量 /(m³·min⁻¹)	台数/台	通风方式	布置位置	风　管		送风距离 /m
						管径/mm	长度/m	
1～2 号通风机	AVH140 132kW	2400	3	压入通风	1 号、2 号施工巷道洞各 2 台、1 台	φ2000	3300	2100
3～4 号通风机	XAVH90.90 90kW	1074	4	压入通风	1 号、2 号施工巷道洞口各 2 台	φ1200	4400	1400

通风机编号	型号	排风量/(m³·min⁻¹)	台数/台	通风方式	布置位置	风管		送风距离/m
						管径/mm	长度/m	
8~15号通风机	SDDY-Ⅲ-80 30kW	500	8	压入通风	主洞室竖井各1台	φ800	1100	200
16~24号通风机	AVH180.315	5792	9	压入通风	1号、2号、3号通风竖井井口各3台	φ2000	8000	1000
合计			24					

（3）第三期通风。根据总体规划，在主洞室上层开挖与布置在洞室南侧的竖井贯通后为第三期通风时段，该时段将16号至24号通风机的风管由开挖工作面布置到主洞室拱顶最北端，进行压风，新鲜风流通过洞室顶拱流向洞室南端的竖井，将污染的空气自竖井中排除。同时在主洞室第1层及第2层施工期间在主洞室南侧布置4.5m×5m的联系巷道，解决每组洞罐中未布置竖井的洞室的通风问题。三期通风系统主要设备特性表，见表5.3.1.3。

表 5.3.1.3 　　　　　　　　　　三期通风系统主要设备特性表

通风机编号	型号	排风量/(m³·min⁻¹)	台数/台	通风方式	布置位置	风管		送风距离/m
						管径/mm	长度/m	
1~2号通风机	AVH140 132kW	2400	3	压入通风	1号、2号施工巷道洞口各2台、1台	φ2000	3300	2100
3~4号通风机	XAVH90.90 90kW	1074	4	压入通风	1号、2号施工巷道洞口各2台	φ1200	4400	1400
16~24号通风机	AVH18 0.315 315kW	5792	9	压入通风	1号、2号、3号通风竖井井口各3台	φ2000	8000	1000
合计			16					

2. 两种优化通风方案

（1）方案一。如图5.3.1.1（a）所示，此方案中压入式风机与吸出式风机联合通风。共有4台风机投入使用，其中三台为压入式通风机，一台为吸出式通风机。四台风机均布置在通风竖井底部，竖井底部采用封闭措施，将进入施工巷道中的有害气体与通风竖井中的新鲜空气完全隔绝，保证3台压入式通风机输送进洞的为新鲜空气，吸出式通风机排出的为有害气体。压入式通风机将竖井中的新鲜空气卷吸至风筒内，风筒沿着施工巷道分别伸至各主洞室掌子面附近，为工作面输送新鲜空气；吸出式通风机将竖井底部附近的有害气体卷吸至风筒内，风筒沿着通风竖井伸至通风平洞出口处，将有害气体送至洞外。

（2）方案二。如图5.3.1.1（b）所示，此方案只有压入式风机通风，竖井底部不封

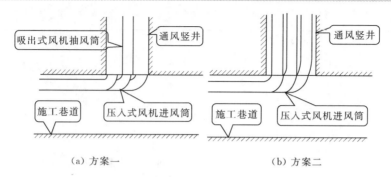

（a）方案一　　　　　　　　　（b）方案二

图 5.3.1.1　方案示意图

闭，作为排烟通道使用。共有 3 台风机投入使用，风机布置在通风平洞出口处，风筒沿着
竖井进入施工巷道，然后分别伸至各主洞室掌子面附近，输送新鲜空气。

3. 两种通风方案的有毒有害气体浓度变化分析

数学模型如图 5.3.1.2 所示，研究对象有主洞室 A、B 和 C，施工巷道及通风竖井、
平洞。方案一共有 373484 个节点，435196 个单元；方案二共有 333303 个节点，397119
个单元。掌子面爆炸后，洞室内初始 CO 浓度分布如图 5.3.1.3 所示。图 5.3.1.4（a）为
主洞室横截面示意图，Z 方向为高度方向，M 方向为横截面宽度方向，风筒位置在主洞
室正中顶部。主洞室宽度为 20m，高度为 10m。图 5.3.1.4（b）为主洞室正中纵剖面，Z
为高度，L 为距掌子面的距离，$L=0$ 处为掌子面，风筒出口位置在距掌子面 80m 处。

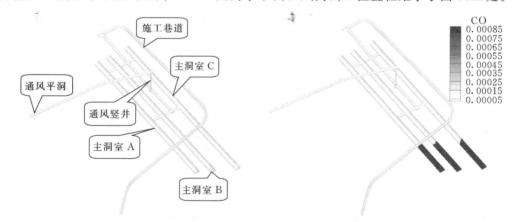

图 5.3.1.2　三维数学模型示意图　　　　　图 5.3.1.3　初始 CO 浓度分布

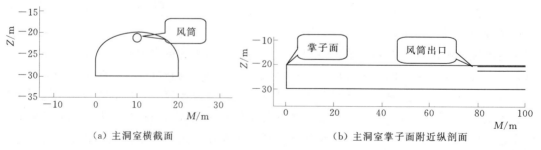

（a）主洞室横截面　　　　　　　　（b）主洞室掌子面附近纵剖面

图 5.3.1.4　主洞室示意图

（1）地下洞室中CO浓度分布。如图5.3.1.3所示爆破后，主洞室中产生了大量的危害气体，需经过通风将其排出。新鲜风流由风筒出口射出，在洞室壁面的作用下形成贴壁射流，在掌子面附近受到约束后，形成了与射流方向相反的回流，危害气体在新鲜风流的带动下，由各主洞室掌子面处向着出口方向排出。

图5.3.1.5为方案一与方案二通风2000s后，洞室中CO浓度分布。由各主洞室CO浓度分布情况可以看出，方案一中主洞室A里的CO排出速度较方案二快，而主洞室C里的CO排出速度较方案二慢。鉴于，方案一中吸出式风机抽风筒布置在通风竖井里面，由于通风竖井墙壁的不透明，浓度分布图5.3.1.5（a）上没有显示出抽风筒内的CO浓度分布，但其通量将在（4）中述及。

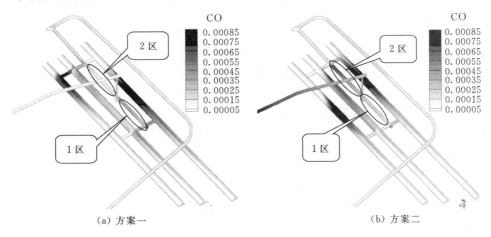

（a）方案一　　　　　　　　　　　　　　　（b）方案二

图5.3.1.5　通风2000s后CO浓度分布

由于方案一在通风竖井底部安置了吸出式风机，对附近的空气有强烈的卷吸作用，因此当图5.3.1.5（a）中危害气体经过1区到达竖井底部附近时，绝大部分被风机卷吸至风筒内，到达2区的很少。所以在图上可以明显看到，竖井周围的施工巷道内，2区的CO浓度很低。对比方案二中，当危害气体经过1区后，可以由图5.3.1.5（b）明显看出一部分危害气体沿着竖井排至洞外，另一部分则沿着施工巷道继续扩散到2区。

（2）主洞室掌子面附近CO浓度变化。爆破后，各主洞室掌子面附近CO均匀分布。通风开始后，掌子面附近的有害气体浓度不断降低，当浓度符合规范要求的0.0024%时，工人才能进入洞室工作。表5.3.1.4给出了两种方案中，主洞室A、B和C中掌子面附近有害气体浓度降低到规范要求所需要的时间。方案一中，由于吸出式风机对流场的影响，使得距通风出口较远的主洞室A掌子面附近有害气体浓度降低得最快，主洞室B与主洞室C则较慢。方案二中，主洞室A距通风出口最远，因此有害气体浓度降低得最慢，主洞室B与C相对较快。比较两种方案，方案一中主洞室A中空气质量达标的速度快于方案二，而主洞室B与C则慢于方案二。由此可以看出，方案一中的吸出式风机有利于主洞室A中掌子面附近有害气体的扩散，但对主洞室B和C未产生效果。

表 5.3.1.4　　　　　　　　　有害气体浓度降低到符合规范要求所需时间

工况	方案一			方案二		
部位	主洞室 A	主洞室 B	主洞室 C	主洞室 A	主洞室 B	主洞室 C
时间/s	920	1730	1690	1530	1320	1320

（3）沿程 CO 浓度随时间的变化。图 5.3.1.6～图 5.3.1.8 为方案一和方案二中三个主洞室沿程不同截面处 CO 浓度随时间变化曲线，以 CO 浓度达到规范要求 0.0024% 的时间为结束时间。据此可详细对比两种方案相同截面处 CO 浓度降低的情况，如浓度相同时所需的通风时间。由图可以看出在主洞室 A 中，方案一各截面 CO 浓度达到规范要求所用的通风时间都比方案二少。在主洞室 B 中，从距掌子面 300m 处到距掌子面 550m 处 CO 浓度峰值降低的幅度，明显比从距掌子面 150m 处到距掌子面 300m 处的大。这是因为主洞室 B 距离施工巷道很近，一条连接巷道正好位于这两个截面之间，经过距掌子面 330m 截面处的 CO 有一部分沿着连接巷道进入了施工巷道，剩下的 CO 才经过距掌子面 550m 处截面，所以此截面 CO 浓度峰值减小很多。在主洞室 C 中，方案二各截面 CO 浓度达到规范要求所用的通风时间都比方案一少，与主洞室 A 的情况相反。此处分析结果与（1）和（2）中的结果吻合，由此可知，吸出式风机对周围空气的卷吸作用很强烈，对附近洞室内的流场分布及有害气体扩散都有较大程度的影响。

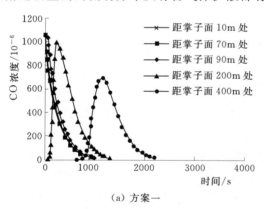
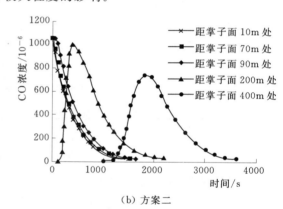

(a) 方案一　　　　　　　　　　　　　(b) 方案二

图 5.3.1.6　主洞室 A 沿程不同截面处 CO 浓度时间变化曲线

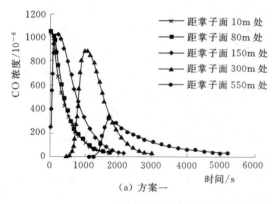
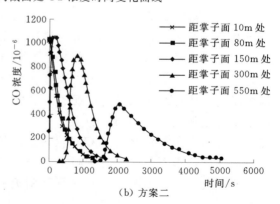

(a) 方案一　　　　　　　　　　　　　(b) 方案二

图 5.3.1.7　主洞室 B 沿程不同截面处 CO 浓度时间变化曲线

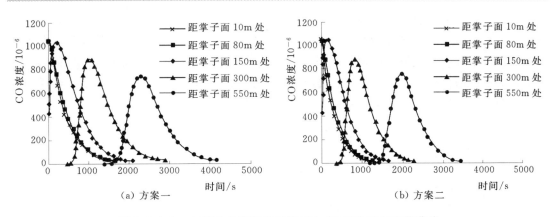

图 5.3.1.8 主洞室 C 沿程不同截面处 CO 浓度时间变化曲线

（4）排烟通道通风效果对比分析。方案一中共有两种排除危害气体的途径，即吸出式风机抽风筒与施工巷道；方案二中共有两种排除危害气体的通道，即通风竖井、平洞与施工巷道。为了评估两种工况中不同排烟通道的排烟效果，对两种方案各口处 CO 浓度变化进行了监控。如图 5.3.1.9（a）和（b）所示：方案一，吸出式风机抽风筒出口处的 CO 浓度在通风 1400s 后达到峰值 591.96×10^{-6}，通风 4816s 后该处 CO 浓度降低到安全浓度以下：施工巷道出口处 CO 浓度在通风 3700s 后达到峰值 350.99×10^{-6}，通风 5830s 后该处 CO 浓度降低到 24×10^{-6} 以下。方案二，通风平洞出口处的 CO 浓度在通风 1600s 后达到峰值 719.00×10^{-6}，通风 3189s 后该处 CO 浓度降低到 24×10^{-6} 以下：施工巷道出口处 CO 浓度在通风 3100s 后达到峰值 416.46×10^{-6}，通风 5600s 后该处 CO 浓度降低到 24×10^{-6} 以下。总体来说，方案一中 CO 排出洞室所需的时间较方案二多。因此，尽管方案一多布置了一台吸出式风机，但是通风效果不明显，大体上说方案一不具有优越性。

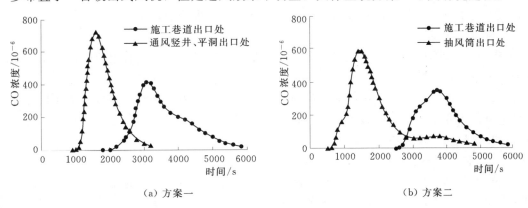

图 5.3.1.9 不同出口处 CO 浓度随时间变化曲线

各截面所通过的 CO 总通量 Q 由式（5.3.1.1）计算：

$$Q = C_{总} vS \qquad (5.3.1.1)$$

式中：$C_{总}$ 为各截面处 CO 体积浓度随时间变化曲线所包围的面积；v 为所面平均流速；S 为断面面积。

两种方案 CO 总通量见表 5.3.1.5，结果表明两种方案中，施工巷道都是主要的排烟通道，承担了大部分的排烟压力。方案一中施工巷道所排烟量为抽风筒的 1.61 倍，由抽风筒排出的有害气体占总排烟量的 0.38，由对比分析结果可知，吸出式风机附近卷吸作用强烈，对附近施工巷道内的流场有明显影响；因此虽然抽风筒排烟量较大，但同时却弱化了施工巷道的排烟作用。方案二中施工巷道所排烟量力通风竖井的 3.17 倍，通风竖并承担了部分排烟压力，占炮烟总量的 0.24，比方案一中抽风筒承担得稍少。

表 5.3.1.5　　　　　　　　　　　　两种方案 CO 总通量比较

项目	方案一		方案二	
	抽风筒出口	施工巷道出口	通风竖井、平洞出口	施工巷道出口
$C_总$	0.737	0.560	0.628	0.618
$v/(m \cdot s^{-1})$	7.68	1.06	0.57	1.61
s/m^2	3.80	58.14	51.03	58.14
CO 总通量比	1 : 1.61		1 : 3.17	

综合以上数值模型计算分析，可以获得如下两点结论：

1）压入式风机直接将新鲜风流输送至掌子面附近，在射流作用范围内，通风效果良好：吸出式风机同样可以起到类似的效果，但如吸出式风机的风口处于隧洞交叉位置，刚强烈的卷吸作用会对交会处的流场产生强烈影响，因而会弱化某个排烟通道的作用。

2）当施工巷道很长时，为减轻施工巷道的排烟压力，在适当位置设置通风竖井是个有效的办法，可大大加快排烟速度，同时为通风机布置提供条件，可缩短风筒长度。减少风流摩阻损失，提高通风的效率。

5.3.1.2　通风排烟事故的预防措施

根据 GB 50493—2009《石油化工可燃气体和有毒气体检测报警设计规范》规定，在满足下列要求下，编制与实施通风排烟事故的预防、预警和应急预案。

1. 通风设计应符合以下要求

（1）竖井操作区的通风，当竖井上部为封闭建筑物时，应采用有组织的自然通风或机械通风，事故排风装置应与可燃气体浓度自动检测报警装置连锁。

（2）设有甲、乙类油品设备的房间内，宜设可燃气体浓度自动检测报警装置，且应与机械通风设备联动，并应设有手动开启装置。

（3）机械通风设备应防爆。

2. 水封洞库控制系统应具备下列功能

（1）控制系统根据储洞洞室气相空间压力，控制相应阀门，及时排除或补充气体，使洞室气相空间压力保持在设计规定的范围内。

（2）洞罐内油水界位及油位的监测控制及储油洞室顶部气相空间氧气浓度的监测。

（3）检测地下水位、自动分析及报警。

3. 具体预防措施

（1）加强通风排烟防毒系统的管理与维护。安排专人进行通风排烟防毒设备管理，制定通风排烟防毒的规章制度。

（2）配置备用通风排烟防毒设备及电气线路和发电机。

（3）确保洞内运输路面平整，以预防因路面坎坷带来的车辆频繁启动，使洞内氧气锐减、增加排风负荷。

（4）合理掌控通风时间。既不要过早关停通风机，造成烟雾、废气积淀，又不要排烟达标后通风机仍转动不停。

（5）采取喷雾捕尘、湿式凿岩、洒水降尘、水封爆破、岩壁充洗等措施，以降低洞内粉尘污染。同时，作业人员配备防尘口罩。

（6）在洞室连通巷道内，设置空气幕。当发生通风排烟防毒事故时，空气幕可以防止该洞室粉尘等有毒有害气体扩散到其他相邻洞室。

5.3.2 预防地下洞库火灾

建筑一旦发生火灾，烟气在垂直方向的扩散流动线与人的疏散路线相反，只要人逃到着火层以下就属安全。但是，在地下洞库工程中，一旦发生火灾，由于出入口少，又无直接连通室外的窗、洞，人员逃生只有选择洞库的出入口。可是，此时的出入口在无预设的排烟设施情况下，就变成喷烟口，高温浓烟的扩散方向与人员疏散方向相同，且烟雾的扩散速度又比人员的逃逸速度快很多，人员就笼罩在滚滚的浓烟之中，其危险不言而喻。

据资料统计[1]火灾死亡的人员中，有 62.4％是属于窒息、吸入烟尘、一氧化碳中毒而亡；26％属于烧伤而死亡；其他原因的 11.6％。因此，每位在地下调库工程中接触的人，事先一定要对地下工程火灾的危险性认识明白，并要培训掌握好地下石洞储库发生火灾的特点，从思想与行动上，切实重视地下洞库预防火灾和熟悉相关的应对处置措施。

5.3.2.1 地下洞库火灾特点

地下石洞储库火灾爆炸有以下特点：

1. 火灾危险性相对降低

由于储备原油的洞库埋深在近百米的地表面以下，并有一定地下水位线的保护。即使储库内原油失火或洞库因炸坏破裂致使原油在洞内燃烧，其火灾的扩散蔓延能力相对较少。但是，火柱贴近地面、辐射热强，暴露在外的呼吸阀、测量孔等冒出的油蒸气也有被引燃引爆的可能。

2. 爆炸危险性相对加大

由于地下储存压力降低，石油产品受热膨胀，蒸气压力升高。当压力超过储罐所能承受的极限压力时，储罐就会发生焖爆；在传播速度增大而形成的冲击压力波作用下，也会发生爆轰。这种爆轰传入洞体或储罐时，洞体或储罐空间的混合物，也会以爆轰的形式进行燃烧，从而产生相当大的破坏力。

3. 火灾面积大

石油产品具有易蒸发的特性，其液/气体的蒸气密度大多比空气重，蒸发气体沿地表面扩散，极易在储存周围低洼处积聚，当发生火灾时，油液/气体扩散面积越大，形成火灾的面积也越大。如果储库顶部支护体炸裂崩塌，虽然一般不易造成油料流散燃烧，但却增大了着火面。若油流呈顺沟流淌之势，则为扑杀增加了难度，从而增大了火灾的危险性。

---

❶ 褚燕燕，蒋仲安. 地下工程火灾烟气蔓延及控制 [J]. 中国矿业，2007，16（3）：52－54.

4. 燃烧气体有毒

洞库内储罐发生火灾，先是爆炸，后是燃烧。洞内燃烧时，一般氧气不足，往往出现严重缺氧或兼有滚滚浓烟与有毒气体一氧化碳，从而威胁作业人员与消防人员的安全。

5.3.2.2　烟气形成与烟气蔓延原理

烟气是物质在燃烧过程中热分解生成的含有大量热量的气态、液态和固体粉粒与空气的混合物。产生烟气的燃烧状况，即明火燃烧、热解和阴燃，影响烟气的生成量、成分和特性。明火燃烧时，可产生炭黑，以微小固相颗粒的形式分布在火焰和烟气中。在火焰的高温作用下，可燃物可发生热解，析出可燃蒸汽如聚合物单体、部分氧化产物，聚合链等。在其析出过程中，部分组分可凝聚成液相颗粒，形成白色烟雾。含碳量多的物质，不充分燃烧时，有大量的碳粒子生成。在阴燃阶段，烟气以液滴粒子为主，烟气发白或成青白色；当温度上升至起火阶段，因发生脱水反应，产生大量游离碳粒子，常成灰色或灰黑色。

1. 烟气形成原理

预测烟气生成有两种模型[1]单步 khanand greeves model 和双步 tesner model。单步 khanand greeves model，用来预测烟灰形成速度。双步 tesner model 用来预测粒子的形成，同时在粒子表面形成烟灰。在这两个模型中，烟灰（和粒子）的燃烧遵守 magnussen 燃烧速度公式。本节利用单步 khan and greeves mode 来计算燃烧系统中烟气浓度的大小。在 khan and greeves mode 中，烟灰形成的净速率 R_{soot}，是烟灰形成 $R_{soot,form}$ 和烟灰燃烧 $R_{soot,comb}$ 之差，即

$$R_{soot} = R_{soot,form} - R_{soot,comb}$$
$$R_{soot form} = C_s p_{fuel} \phi^r e^{-E/TR} \tag{5.3.2.1}$$

式中：C_s 为烟灰形成常数，$kg/(N \cdot m \cdot s)$；p_{fuel} 为燃料粒子压力，Pa；ϕ 为当量比；r 为当量比指数；E/R 为活化温度，K；T 为烟气温度，K。

烟灰燃烧的速率选取两个速度公式式（5.3.2.3）、式（5.3.2.4）中的最小值：

$$R_{soot,comb} = \min[R_1, R_2] \tag{5.3.2.2}$$

$$R1 = A\rho Y_{soot} \frac{\varepsilon}{k} \tag{5.3.2.3}$$

$$R_2 = A\rho \left(\frac{Y_{ox}}{\upsilon_{soot}} \right) \left(\frac{Y_{soot}\upsilon_{soot}}{T_{soot}\upsilon_{soot} Y_{fuel}\upsilon_{fuel}} \right) \frac{\varepsilon}{k} \tag{5.3.2.4}$$

式中：A 为 Magnussen 模型中的常数；ρ 为烟灰粒子的重度；ε 为耗散率；k 为紊流动能；Y_{fuel}，Y_{soot}，Y_{ox} 为氧化剂、烟灰和燃料的质量分数；υ_{soot}，υ_{fuel} 为烟灰和燃料燃烧的质量当量数。

2. 烟气蔓延的驱动力

烟气与其他的气流一样，当其中出现压力差时，产生流动。随着火灾在火区和地下通道的不断发展，火灾烟气沿地下通道的顶棚不断向前蔓延。将地下通道分为若干区间，则

---

[1]　W. K. chow. Simulation of Tunnels Fires Usinga Zone Model，Tunneling and Underground space Technology. 1996 (2)：221.

区间之间的压力差为

$$\Delta P_h = \Delta P + (\rho_1 - \rho_2)gh \qquad (5.3.2.5)$$

式中：h 为区间高度，m；ΔP_h 为区间压力差，Pa；ΔP 为区间 1、2 的地面压力差，Pa；ρ_1，ρ_2 为区间 1、2 中的气体密度，kg/m。

5.3.2.3 地下洞库火灾预防措施

根据 GB 50183—2004《石油天然气工程设计防火规范》、GB 50116—2013《火灾自动报警系统设计规范》和 GB 50058—1992《爆炸和火灾危险环境电力装置设计规范》的有关规定，结合本工程实际情况，在开工之先，就编制"火灾事故的预防措施"以示所有出入洞库人员。具体措施有：

（1）切实加强洞室内安全施工的宣传、教育及管理。"防范胜于救灾"，做好火灾安全事故的预防工作具有十分重要的意义。在宣传、教育过程中使施工作业人员具备必要的自救与救火的常识。

（2）抓好火灾安全事故源头控制。严重超载的运输车与车况不良的带病车是引发火灾事故的罪魁祸首，必须严格禁止其驶施工区域。在施工过程中，由于洞内交通条件差，容易出现爆胎等情况，增加了洞室内事故的风险。可以增设应急停车位，以方便故障车检修，并设置明显警戒标识，将事故隐患消除在萌芽状态。

（3）要加强实战演练。通过与火焰面对面的接触。消除人本能的对火这一危险事物的恐慌感，培养施工作业人员处惊不慌、临危不乱的胆识。同时，通过演练提高施救的出警速度，使救援人员能在第一时间迅速赶到火灾现场施救，取得火灾控制的主动权。

（4）设置水喷淋或水喷雾自动灭火系统，即以巷道纵断方向 50m 为一个保护区域。为了使发生在区域分界上的火灾也能及时扑救，应以两个区域同时喷水的范围为一个灭火区域。灭汽油火灾水喷雾喷水量一般为 6L/min 以上，喷头间距以 4～5m 为宜，分别交错布置在巷道两侧的侧墙上部。消防泵房内设两台水喷雾泵（事故时互为备用，非常事故时二用），稳压泵 2 台，50L 稳压罐 1 只。在每孔巷道一侧消火栓箱对面，相距 25m 设置灭火器箱，箱内设 MFZL6 型磷酸铵盐干粉灭火器 2 具。

（5）设置疏散避难设施，如避难通道及避难室等。当火灾发生 900s 后，巷道内 2m 以下空间的烟气平均温度已达 80℃，1000s 左右接近 100℃，烟气温度已对施工构成威胁。当火灾发生 610s 左右时，巷道内 2m 以下空间的烟气平均 CO 浓度已达 0.025%，烟气浓度对施工人员构成伤害。因此，施工人员可利用的疏散时间为 670s。从逃生角度看，75% 的人员在听到火灾报警后的 15～40s 才开始移动。另外，人在洞室内有烟情况下逃生速度为 1m/s，考虑施工人员从各施工作业面撤离时间，间隔 300m 设置避难室，面积为 2.2m×2.3m，可保护 5～7 人避难，在避难室内设置新鲜空气供应设备。同时，还应设置带蓄电池的事故照明灯、紧急广播、灯箱式疏散诱导标志等。

5.3.3 本工程地质灾害的预估与防治

地下水封石洞油库的工程特点决定了它所依存的地质环境特征，从而便决定了与其相关的场地可能存在的地质灾害类型。

5.3.3.1 现状地质灾害

根据 SY/T0610—208《地下水封洞库岩土工程勘察规范》对地下水封石洞油库所要

求的基本地质条件，其建设场地必然选择在行在结晶岩体的基岩山区，且断裂和构造活动相对较弱的地段。同时为了使用便利，地下水封油库往往靠近炼油厂或位于输油码头附近。因此，其地理位置常选择在沿海低山丘陵地区。与上述适合建库地段的地质环境条件相对应的地质灾害主要为山地灾害。即崩塌、滑坡、泥石流。

本地下水封石洞油库，存在的现状地质灾害主要是崩塌灾害。此外，还需根据具体情况考虑是否存在海水入侵灾害。

5.3.3.2　施工可能遭遇的地质灾害[1]

由于地下水封石洞油库位于完整的岩浆岩岩体内部，随着洞室开挖形成地下空间，其稳定性即洞库围岩稳定问题凸现出来，成为了工程成败的关键。事实上，地下工程常遇的各类地质灾害也是地下水封石洞油库需面对的主要灾害；且往往比地表地质灾害对工程安全影响更大。

一般地下工程施工可能引发的地厂地质灾害有：岩爆、突发涌水、碎屑流（突泥）等。对于地下水封石洞油库来说，后两者应当不会出现。原因在于，产生突发涌水的基本条件是地下工程施工中遭遇集中的地下水体，可能导致涌水发生的地质条件是地下洞室遇到富水断层破碎带、裂隙密集带、充水的岩溶洞穴等。产生碎屑流（突泥）的条件是施工过程中遭遇未胶结的断层破碎带，其内充填物在水动力作用下突入施工隧洞，形成碎屑流。根据地下水封石洞油库应具备的基本地质条件（岩体完整、少断裂、弱透水）分析，被选择为地下水封石洞油库的建设场地不可能存在断层破碎带，也没有产生岩溶洞穴的岩性条件。因此，场地内不会形成集中的地下水体。由此推断，地下水封油库建设施工中不可能引发突发涌水、碎屑流（突泥）等灾害。

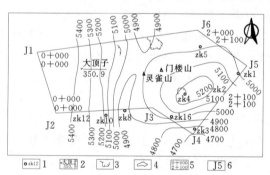

图 5.3.3.1　拟合地下水封石洞油库－40m 高程
v_P 波速分布等值线图（单位：m/s）

1—钻孔编号；2—测区内 II 级高程点；3—采石场
采石面；4—测区位置线；5—东西向测线起
（终）点；6—测区范围边界坐标控制点

1. 岩爆

至于岩爆灾害则需要进一步根据具体情况分析。岩爆发生的基本条件为岩性、地应力、地质构造、施工方式等。根据地下水封石洞油库适合建库的地质环境条件分析，适合建库的结晶岩体往往属于坚硬完整的岩体，能集聚较高弹性应变能，从而使场地具备岩爆发生的岩性条件。其他条件需要具体分析。因此，地下工程施工可能引发的地下地质灾害集中于岩爆灾害，应专门对岩爆灾害危险性进行预测评估。

本工程采用水压致裂法在现场量测的地应力（详见附录 4），属中等偏下的地应力水平，岩爆不会出现并已被施工开挖反复证实。但是诱发岩爆的可能性却不一定能排除，这可从下面分析结果窥豹一斑。

❶　陈奇，等．地下水封石洞油库地质灾害危险性评估——以山东某地下水封石洞油库工程为例［J］．中国地质灾害与防治学报，2006，17（4）：138－141．

陈奇等对本地下水封石洞油库围岩性质进行了专门分析。由声波测井提取的纵波波速 v_P，并结合地震反射波速度分别绘制出标高为 $-40m$ 和 $-70m$ 的 v_P 分布等值线图（图 5.3.3.1）

从图 5.3.3.1 看出，v_P 低于或接近 5000m/s 的波速带出露在极小范围内。说明 $-40m$ 平面附近岩体相当完整。

通过肘钻孔岩芯采取率统计可以看出：所有钻孔岩芯采取率平均在 90％以上。其中 ZK3 与 ZK4 高达 95％。说明拟选库址区无人的断层通过，至于局部地段的岩芯采取率低，系小断层及裂隙密集带所致。RQD 统计规律大体与岩芯采取率近似。RQD 均值在 80％以上。ZK2 与 ZK4 高达 95％以上（表 5.3.3.1）

表 5.3.3.1　　　　　　　　　　　　钻孔岩芯 *RQD* 一览表

深度/m	各钻孔岩芯 *RQD*/%								
	ZK1	ZK2	ZK3	ZK4	ZK5	ZK8	ZK10	ZK12	ZK15
$0 \sim -30$	65	95	41	98	70	91	80	80	88
$-30 \sim -40$	88	100	77	96	81	85	99	80	100
-40 以下	84	100	89	98	88	67	52	90	81

注　ZK1，ZK2，…，ZK15 为钻探孔号。

从本区已建成的地下原油库与在建的 LFG 库所揭露的节理、裂隙密集带、小断层发育规律可知，随着洞室埋深增大，断层、岩脉及裂隙密集带的数量减少、规模渐小、节理趋于闭合。从以上几个方面综合分析，评估区岩体比较完整。洞库埋深部位的岩性参数指标见表 5.3.3.2。

表 5.3.3.2　　　　　　　　　　　　洞库围岩岩性参数指标

孔号	深度/m	标高/m	波速/(m·s⁻¹)		完整性系烽 K	岩石重度 ρ/(g·cm⁻³)	饱和单轴抗压强度 R_c/MPa
			v_P	v_S			
ZK1	170	-40	5250	3310	0.91	2.59	51.5
	200	-70	5220	3200		2.61	28.8
ZK2	130	-40	5220	3310	0.94	2.65	75.1
	160	-70	5030	3180	0.89	2.65	59.5
ZK3	99	-40	4620	2960		2.58	36.6
	129	-70	5220	3280		2.66	127.7
ZK4	165	-40	5320	3340	0.97	2.67	124.4
	195	-70	5350	3300	0.97	2.67	91.8
ZK5	151	-40	5070	3070	0.94	2.62	76.7
	181	-70	5210	3100	0.95	2.61	34.2
ZK8	150	-40	5090	3220		2.63	71.2
	180	-70	5420	3380	0.93	2.64	67.4
ZK10	169	-40	5320	3350		2.64	81.5
	200	-70	5260	3300	0.98	2.64	138.4
ZK12	161	-40	5400	3290		2.64	114.6
	190	-70	4840	3070		2.66	114.6
ZK15	139	-40	5380	3370	0.95	2.73	86.7
	156	-56				2.65	74.4

注　R_c 为单独饱和抗压强度（MPa）。

综上，根据洞库区岩性因素初评认为：本地下水封石洞油库施工开挖存在引发岩爆的可能性。

2. 本工程掌子面岩爆事故可能发生区域

根据国内外研究和大量工程实践，结合本工程实际，综合国内外分级标准，岩爆烈度按照以下方案分为 4 级（表 5.3.3.3）。

表 5.3.3.3　　　　　　　　　　　　　岩 爆 烈 度 分 级 表

岩爆分级	主要现象	岩爆判据围岩强度应力比 R_b/σ_{max}	支护类型
轻微岩爆（Ⅰ级）	围岩表层有爆裂脱落、剥离现象，内部有噼啪、撕裂声；岩爆零星间断发生，影响深度小于 0.1m；对施工影响较小	4～7	不支护或局部锚杆或喷混凝土。大跨度时，喷混凝土、系统锚杆加钢筋网
中等岩爆（Ⅱ级）	围岩爆裂脱落、剥离现象较严重，有少量弹射有似雷管爆破的清脆爆裂声；有一定持续时间，影响深度 0.1～1m；对施工有一定影响	2～4	喷混凝土、加密锚杆加钢筋网，局部格栅钢架支撑。跨度大于 20m 时，并浇混凝土衬砌
强烈岩爆（Ⅲ级）	围岩大片爆裂脱落，出现强烈弹射；有似爆破的爆裂声；持续时间长，并向围岩深度发展，影响深度 1～3m；对施工影响大	1～2	应力释放孔，高压喷水，喷混凝土、加密锚杆加钢筋网，并浇混凝土衬砌或格栅钢架支撑
极强岩爆（Ⅳ级）	围岩大片严重爆裂，大块岩片出现剧烈弹射，展动强烈，有似炮弹、闷雷声；迅速向围岩深部发展，影响深度大于 3m；严重影响甚至摧毁工程	＜1	

注　R_b 为岩石单轴抗压强度；σ_{max} 为垂直于洞室轴线方向的最大初始地应力。

本工程洞室区的Ⅰ、Ⅱ级岩体主要为花岗片麻岩，结合试验结果统计得到岩石的单轴抗压强度，岩爆预测结果见表 5.3.3.4。

表 5.3.3.4　　　　　　　　　　　　　岩 爆 预 测 结 果 表

岩性	岩体级别	岩石单轴抗压细度/MPa	围岩强度应力比 R_b/σ_{max}	岩爆级别
花岗片麻岩	Ⅰ	90.74	6.03	Ⅰ级
	Ⅱ	86.99	5.78	Ⅰ级

由表 5.3.3.4 可知，洞室区出现岩爆的可能性较小，主要以轻微岩爆（Ⅰ级）为主。经分析计算，初步判定拟建洞库可能产生弱岩爆现象，部位在洞库中部及北部区域，洞室区岩爆可能区域如图 5.3.3.2 所示。

3. 围岩塌方事故的预测

洞库区主要发育韧性剪切带及脆性断裂构造，主要的断裂构造有 F_1、F_2、F_3、F_4、F_7 及 F_8、F_9 断裂破碎带。其中 F_3 断层横穿整个库区，影响范围宽度达到 25m，F_8 断层走向与洞罐轴向小角度相交，对地下洞库的顶拱和边墙均有不利影响。库址区出露基岩中普遍存在早白垩世煌斑岩脉、闪长岩脉，岩脉内岩体的抗风化能力差，与空气、水接触后（加上卸荷作用）强度降低较快，局部岩体甚至出现强度完全丧失的崩解现象，同时与之接触的岩体也往往较破碎，开挖揭露后可能存在洞顶和边墙坍塌可能。

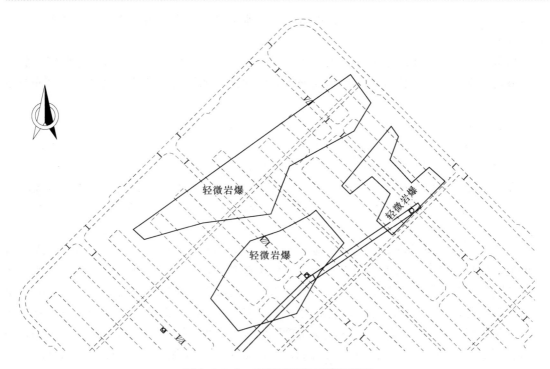

图 5.3.3.2 工程区岩爆区域预测图

针对围岩地质情况和地下洞室的布置，在施工巷道中可能发生的塌方事故的部位主要集中在进洞口段 20m 范围内，穿越 F_3 断层影响带，施工巷道相互平交扩大段，以及洞库北端的、Ⅵ、Ⅴ类围岩区和通风竖井与施工巷道顶拱拱贯通相交部位；水幕巷道中可能发生的塌方事故的部位主要集中穿越 F_3、F_8 断层影响带，巷道相互平交扩大段以及洞库北端的Ⅲ、Ⅳ类围岩交错出现的区域；在主洞库中可能发生的塌方事故的部位主要集中洞室穿过 F_3、F_8 断层影响带的顶拱和边墙位置，1 号、4 号、5 号洞室中部穿过岩脉部位的顶拱和边墙位置，8 号、9 号洞室南端中部边墙位置，以及主洞室北端Ⅳ、Ⅴ类围岩区和竖井与洞室顶拱贯通相交部位。

4. 围岩掉块事故的预测

根据洞库区的地质构造，主要的断裂构造有：F_1、F_2、F_3、F_4、F_7 及 F_8、F_9 断裂破碎带。受到横穿整个库区的 F_3 断层和与洞室小角度相交的 F_8 断层的影响，洞库南侧的顶拱和边墙容易形成不稳定块体，块体的体积较小，在顶拱开挖掌子面未支护时容易发生掉块伤害事故，边墙由于不进行支护，部分岩脉出露区域岩石会随时间推移，发生风化掉块伤害事故。相应施工巷道和水幕巷道开挖掌子面在未支护时，也容易发生掉块伤害事故。同时竖井与洞室顶拱贯通相交部位，由于围岩应力重分布引也会起掉块伤害事故。

根据洞库区的地质构造情况，以及洞室布置形式，不稳定块体体积不大，一般在 1m³ 以下，个别达到 1～3m³，可能造成个别伤害事故，相应处置措施按照小型塌方事故进行应急处置。

5. 掌子面涌水事故的预测

根据水文地质调查，库址区含水介质为新元古界花岗片麻岩，主要的地下水存在类型为松散岩类孔隙水和基岩裂隙水，其中基岩裂隙水又可分为浅层的网状裂隙水和深层的脉状裂隙水。

松散岩类孔隙水赋存于第四系强风化层中，为花岗岩风化残积土，包括第四纪山前组合砾砂土或亚砂土，主要分布于近东西向山脉南北两侧地势相对平缓的地区，沟口分布相对较厚，分布面积也广。

浅层的网状裂隙水与其上部的松散岩类孔隙水联系紧密，受大气降水补给，局部地形控制，在个别山脚溢出带以泉的形式排出。水量大小与大气降水、基岩岩性、裂隙发育程度、地貌汇水条件和构造发育程度等因素密切相关。

深层的脉状裂隙水深度变化不一，受构造运动和结构面发育的影响，主要分布在离地表 80m 以下的地方，这部分水总体所占比例较少，但分布集中，个别地方以承压水的形式存在，与地表水力联系小。

地下水水位动态随季节性变化明显，年变幅 0.5～3m。一般在 6 月底左右地下水位达最低值，随后由于接受降水的补给，地下水位迅速升高，到 9 月底达到最高，随后地下水位逐渐降低，到来年的 6 月降至最低。地下水水位与降雨补给联系紧密。地下水位的变化峰值滞后于降雨 3～4d。预测主洞室最大涌水量 770m³/d，正常涌水量 460m³/d；施工巷道最大涌水量为标高＋80.57～0m 段（长度 925.57m×2）为 115m³/d，标高 0～−37.5m 段（长度 284.43m×2）为 50m³/d，标高−37.5～−60m 段（长度 1190.29m×2）为 175m³/d；水幕巷道（长度 900m×3）最大涌水量为 175m³/d。

主洞室施工中最不利的情况的涌水可能发生在刚进入上层开挖施工中时，按照涌水将导致工作面积水，在持续 45h 的涌水后，将导致积水深度超过 1m，将不会导致出现淹亡和围困人员的情况；水幕巷道布置高程高，其施工中产生的涌水会汇集到施工主巷道或主洞室中，不会给本工作面带来影响，会给施工主巷道或主洞室施工产生影响；施工巷道施工中最不利的情况的涌水可能发生在标高−27.5～−50m 段，涌水将导致工作面积水，在持续 6h 的涌水后，将导致积水深度超过 1m，将不会导致出现淹亡和围困人员的情况。在出现涌水情况时，主要考虑抽、排及堵水措施，当发生伴生的塌方事故时按照相应的应急处理措施处理。

5.3.3.3　本工程施工事故和地质灾害的分类分级

根据本工程特点，施工事故和地质灾害按可能造成人员伤亡及损失的程度大小拟分为大型、中型、小型事故、险情和地质灾害灾情三级。

1. 大型事故及灾害险情和灾情（Ⅰ级）

因事故及灾害死亡 3 人以上，或因事故及灾害造成直接经济损失 100 万元以上的事故、灾害及灾情为大型事故及灾害。

2. 中型事故及灾害险情和灾情（Ⅱ级）

因事故及灾害死亡 3 人以下，或因事故及灾害造成直接经济损失 10 万元以上、100 万元以下的事故、灾害及灾情为中型事故及灾害。

3. 小型事故及灾害险情和灾情（Ⅲ级）

因事故及灾害未造成人员死亡，或因事故及灾害造成直接经济损失 10 万元以下的事故、灾害及灾情为小型事故及灾害。

5.4 安全风险评估准则和预案要点

作为大型地下水封石洞储库工程建设施工的安全风险评估准则，当下只能借鉴地下工程风险评估准则并结合地下水封特点加以接受，为日后专门编制大型地下水封石洞储油气库工程安全风险评估准则打下基础。

5.4.1 地下工程风险评估准则概要❶

5.4.1.1 地下工程风险评估准内容

根据地下工程的风险特点，其风险评估准则主要包含以下两部分的内容。

1. 风险体的技术评估准则

主要是指风险体本身的各种技术标准及可靠度等。其主要依据是国际、国内和各地方的各种行业标准、技术规范和技术要求等。这是因为这些行业标准和规范的制定是根据本国或国际的实际情况，是建立在科学的、较深入的理论分析与研究和对大量工程实践数据统计分析的基础上的技术标准。虽然在某些领域还有许多不足，但从总体情况来看，在风险评估的过程中，采用本国的技术准则、规范和标准能够满足风险评估的技术要求，也较为符合本国的实际情况，科学合理且切实可行。

2. 风险接受准则

主要是指划分各类各级风险等级的基准值，也是风险管理和风险控制的基准。它表示在规定的时间内或系统的某一行为阶段内可接受的风险水平。它反映了社会、公众或个人等主体对风险的接受程度。风险接受准则可以直接为风险评价、风险应对与决策提供依据，即将风险的可接受程度通过定性或定量的方式来表示。

事实上，风险评估的过程就是综合运用风险评估主体自身的技术标准和规范，确定或预测其可靠程度，并在此基础上确定风险可能发生的概率，进而根据风险接受准则来评价风险和确定风险对策的过程。

（1）风险接受准则的分类。在制定风险接受准则时，除了考虑人员伤亡、经济损失等可量化的指标外，还需考虑难以货币化的因素，如潜在的环境损失、污染、人员健康或社会公众影响等方面的因素。因此，根据国内外的研究资料和工程风险后果的基本分类，基本上可以将风险接受准则分为 3 个大类。

1）安全风险（safety risk）接受准则：其中包括个人安全风险接受准则和社会安全风险接受准则。

2）经济损失（Economical Consequences，EC）风险接受准则。

3）环境影响（Effects on the Environment，EE）风险接受准则。

（2）个人安全风险接受准则。个人安全风险（Individual Risk，IR）是指在某一特定位置长期生活的未采取任何防护措施的人员遭受特定危害的频率，此特定危害通常指死亡。它具有高度的主观性，取决于个人的偏好，即个人安全风险具有自愿性特征，根据人

---

❶ 姚宣德，王梦恕．地下工程风险评估准则分析与研究［J］．中国工程科学，2009，11（7）：86-91；胡群芳，黄宏伟．隧道及地下工程风险接收准则计算模型研究［J］．地下空间与工程学报．2006，2（1）：60-64.

们从事活动的特性和该活动是否由人所控制，可将其分为自愿的个人安全风险和非自愿的个人安全风险。同时，个人安全风险接受准则主要取决于决策者的个人偏好。

个人安全风险是以人员伤亡数和其可能发生的概率为考核的指标，最早是由荷兰住房、规划和环境部制定的个人安全风险的评估及接受准则，其定义为在确定的工作场所内，由于某种风险事故导致未采取任何保护措施人员出现死亡的概率，其数学模型的表达式为

$$I_R = P_f P_{d/f} \tag{5.4.1.1}$$

式中：P_f 为风险事故发生的概率；$P_{d/f}$ 为事故发生后，可能发生人员死亡的概率；IR 为在未采取任何防护措施的情况下，人员死亡数为某一定值时风险事故可能发生的概率。

除上式定义外，还有其他 4 种定义方式：①寿命期望损失；②年死亡概率；③单位时间内工作伤亡率；④单位工作伤亡率。此外，也有些国家和行业是以 AFR 值（average failure risk，平均失效风险），AIR 值（average individual risk，平均个人风险）和 AI 值（aggregated indicator，集合指数）等为指标，来制定个人安全风险的接受准则。目前，国际上制定和建立的个人安全风险接受准则主要有如下几个：

1) 荷兰制定了主要用于确定建筑安装与道路运输（公路和机场）中个人安全风险的接受准则，并绘制了风险等高线图（图 5.4.1.1）。

其风险接受准则为

$$IR < 10^{-6}（每年） \tag{5.4.1.2}$$

即若每年个人安全风险 IR 值小于 10^{-6}，则风险接受准则满足 ALARA 原则。

2) 荷兰水务技术咨询协会给出了一些自愿活动的风险接受准则 TWA（图 5.4.1.2），其风险接受准则为

$$IR < \beta 10^{-4}（每年） \tag{5.4.1.3}$$

式中：β 为风险承担者自愿程度系数（表 5.4.1.1）。

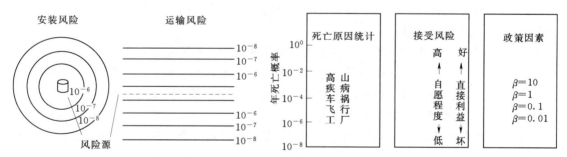

图 5.4.1.1　荷兰安装和运输个人安全
风险接受准则

图 5.4.1.2　荷兰水务协会不同活动的
个人风险准则

表 5.4.1.1　　　　　　　　风险承担者自愿程度系数表

自愿的 $\beta=10$	很大程度可自控的 $B=1$	有可能自控的 $\beta=0.1$	非自愿的 $\beta=0.01$

3) 德国考虑活动中人员的自身控制风险能力，针对 4 种不同的活动形式（自愿、很大程度可自控、有可能自控、非自愿）制定了与 TMA 标准大致相同的风险接受准则

Bohnenblust。两者的对比见图 5.4.1.3 和表 5.4.1.1。

4）英国的 HSE（Health and Safety Executive）根据参与活动人员的不同，制定了个人风险接受准则 IR_{HSE}。

$$IR_{HSE} \leqslant 10^{-6} \qquad (5.4.1.4)$$

其中根据参与活动的人员不同确定了具体的准则，如群众 $IR_{HSE} \leqslant 10^{-5}$，工人 $IR_{HSE} \leqslant 10^{-3}$。

5）美国给出了不同行业的风险接受准则，它是将个人安全风险接受准则和经济风险接受准则统一起来，以人员伤亡和经济损失两项指标对应工程的年失效率来讨论风险的接受准则（图 5.4.1.4）。

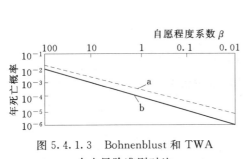

图 5.4.1.3　Bohnenblust 和 TWA
个人风险准则对比
a—Bohnenblust；b—TWA

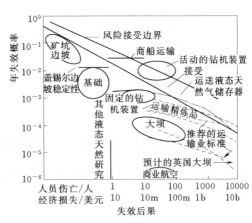

图 5.4.1.4　美国不同行业风险接受准则分区图
m—million（百万）；b—billion（10 亿）

（3）社会风险接受准则。社会风险（Society Risk，SR）用于表示某项事故发生后，特定人群遭受伤害的概率和伤害之间的相互关系。个人安全风险主要表示特定地点个人的伤亡概率，而社会风险主要描述区域内许多人遭受灾害事故的伤亡状况，两者的对比如图 5.4.1.5 所示。社会风险接受准则的确定方法有 ALARP 法、风险矩阵法、$F-N$ 曲线、潜在人员伤亡值（the Potential Loss of Life，PLL）和社会效益优化法等。

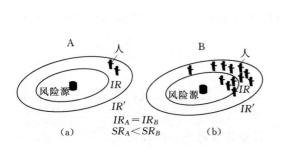

图 5.4.1.5　社会风险和个人风险对比

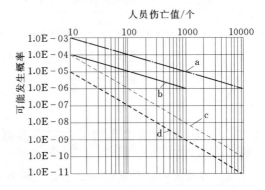

图 5.4.1.6　国际上社会风险接受准则 $F-N$ 曲线标准
a—英国；b—香港；c—丹麦；d—荷兰

1）1967 年 Farmer 利用概率论的观点建议了一条各种风险事故所允许发生的限制曲线，即著名的 $F-N$ 曲线。国际上社会风险接受准则一般都采用 $F-N$ 曲线标准（见图 5.4.1.6）：

$$1-F_N(x) = P(x < N) = \int_x^\infty f_N(x)\mathrm{d}x \tag{5.4.1.5}$$

式中：$F_N(x)$ 为年伤亡概率分布函数；$f_N(x)$ 为年伤亡概率密度函数；$P(x<N)$ 为小于允许伤亡人数的可能发生概率；N 为某项工程允许年人员伤亡值（人数）；x 为某项工程可能年人员伤亡值（人数）。

如果 $x>N$，表示工程可能发生风险的人员伤亡数已超过允许范围，此类风险不允许发生，则此项工程是不允许进行的。

2）潜在人员伤亡 PLL 可以利用 $F_N(x)$ 的数学期望来表示：

$$E(N) = \int_0^\infty x f_N(x)\mathrm{d}x \tag{5.4.1.6}$$

其风险接受准则为

$$1-F_N(x) < \frac{C}{x^n} \tag{5.4.1.7}$$

式中：n 为风险极限曲线的斜率；C 为风险极限曲线位置常数（表 5.4.1.2）。

表 5.4.1.2　　　　　国际上社会风险接受准则 $F-N$ 曲线取值表

国家	n	C	风险特点
英国	1	0.01	风险不确定
香港	1	0.001	风险不确定
荷兰	2	0.001	风险被拒绝
丹麦	2	0.01	风险被拒绝

3）英国 CIRA（construction industry and research association）在 1977 年规定建筑物以年计的社会风险允许指数 C_s，见表 5.4.1.3。

表 5.4.1.3　　　　　英国 CIRA 社会风险允许指数

建筑类型	大坝人群聚居处	办公室商业、工业区	桥梁	近海结构
C_s	0.005	0.05	0.5	5

1993 年，Fell 在英国 CIRA 规定的建筑物以年计的社会风险允许指数的基础上，提出了各种行业允许风险的确定方法：

$$P_f = \frac{C_s \times 10^{-4}}{N_r} \times \frac{1}{2} \tag{5.4.1.8}$$

式中：P_f 为年允许社会风险可能发生的概率；C_s 为允许风险社会指数；N_r 为人员伤亡数。

（4）经济风险接受准则。目前，国内外各个行业还没有统一的经济风险接受准则，仅有少数国家和行业有此方面的考核指标，例如，美国将个人安全风险接受准则和经济风险接受准则统一起来的经济风险接受准则（图 5.4.1.4）。国内高风险行业如煤炭行业有万元产值人员伤亡率等控制指标，但这些控制指标均没有上升到风险接受准则的高度，也没有统一的标准可用。

（5）环境风险接受准则。环境风险（Environmental Risk，ER）与社会风险和个人安全风险不同。由于各种工程活动都是暴露在一定的环境中，因此，各种活动都有可能对环境造成影响。目前，国内外还没有较为科学合理和完善的环境风险接受准则。

挪威 NORSOK（the competitive standing of the Norwegianoffshore sector）采用 $F-N$ 曲线提出了环境风险接受准则：

$$1-F_T(x) = P(x < T) = \int_x^\infty f_T(x)\mathrm{d}x \tag{5.4.1.9}$$

$$1-F_T(x) < \frac{0.05}{x} \tag{5.4.1.10}$$

式中：$F_T(x)$ 为环境系统恢复的概率分布函数；$f_T(x)$ 为环境系统恢复的概率密度函数；$P(x < T)$ 为环境系统恢复所需年数小于允许年数的可能发生概率；T 为环境系统恢复允许所需年数；x 为环境系统恢复所需年数。

如果 $x > T$，表示工程可能发生风险对环境系统的影响已超过允许的范围，此类风险是不允许发生的，则此项工程是不允许进行的。

通过对风险接受准则的研究认为，尽管上述风险接受准则均是量化的风险评估准则，但在实际风险评估和风险决策、风险控制过程中，仍存在无法使用的困难。例如，由于统计数据量不足，很难对某一事件可能发生的概率进行测算。且对于不同的行业和不同的工程项目，工程风险的种类及其可能发生的概率不同，风险评估准则和计算方法、计算模型也就不同。

另外，风险量化往往受到资料收集不完善或技术上无法精确估算的限制，其量化的数据存在着一定的不确定性。因此，以相对风险来表示是一种可行的方法，风险矩阵即是其中一例。风险矩阵采用相对的方法，决定风险的两大变量（可能性与后果），即以风险可能产生的后果和发生风险的可能性联合，最终来确定风险的等级和接受准则（表5.4.1.4）。

表 5.4.1.4　　　　　　　　风 险 矩 阵 表

可能性分级	后果分级			
	Ⅰ	Ⅱ	Ⅲ	Ⅳ
A	L	L	L	L
B	L	L	L	M
C	L	L	M	M
D	L	M	M	H
E	L	M	H	H

表中Ⅰ为轻微后果，指轻微的人员伤害、轻微的职业病及轻微的系统破坏；Ⅱ为一般后果，指人员伤害、严重的职业病、系统被破坏；Ⅲ为严重后果，指系统受到严重破坏、有人死亡；Ⅳ为灾难性后果，指系统功能的完全丧失、多人死亡。表中的可能性可以根据

事故发生的概率大小进行定性分级表示，如可表示为：A（基本不会发生）；B（很少发生）；C（有时会发生）；D（时常发生）；E（频繁发生）。表中 H 表示高风险；M 为中等风险；L 为低风险。

（6）地下工程施工风险评估准则。目前，我国有关隧道及地下工程的风险评估准则方面的研究，非常缺乏基础资料。在我国的《公路隧道设计规范》（JTGD 70—2004）中，规定了风险事故等级的划分标准（表5.4.1.5）。

表 5.4.1.5 我国公路隧道设计规范中事故概率等级划分

风险可能发生的概率 P	风险等级
$P > 55\%$	A
$18\% \leqslant P \leqslant 55\%$	B
$5\% < P < 18\%$	C
$P \leqslant 5\%$	D

结合上述国内外的研究经验和研究成果，拟定地下工程的风险评估评价准则如下：

1）风险大小等级。根据风险的概率分布，将风险发生的可能性按风险很大、较大、一般、较小和很小 5 个等级加以划分，分别对应于 A、B、C、D、E 级，并予以赋值（表5.4.1.6）。

表 5.4.1.6 城市隧道及地下工程系统风险等级划分

风险描述	风险等级	风险可能发生的概率 P	安全风险系数 K_s
很小	A	$P < 1\%$	1
较小	B	$1\% \leqslant P \leqslant 5\%$	2
一般	C	$5\% < P < 18\%$	3
较大	D	$18\% \leqslant P \leqslant 55\%$	4
很大	E	$P > 55\%$	5

2）风险影响程度。根据风险发生可能产生的经济损失，将风险影响程度划分为Ⅰ～Ⅴ 5 个等级（表5.4.1.7）。

表 5.4.1.7 城市隧道及地下工程系统风险影响程度划分

风险影响描述	风险影响程度等级	财产损失 C/万元	财产损失系数 K_e
很小	Ⅰ	$C < 10$	1
较小	Ⅱ	$10 \leqslant C \leqslant 100$	2
一般	Ⅲ	$100 < C < 500$	3
较大	Ⅳ	$500 \leqslant C \leqslant 1000$	4
很大	Ⅴ	$C > 1000$	5

从风险可能发生的概率和影响程度综合考虑，根据以上对风险可能发生概率的大小和影响程度的划分，将风险可能发生概率大小的风险赋值与风险影响程度相对应的风险赋值相乘，得到风险值（R_f），并以此来确定风险的等级，再根据 R_f 大小将风险划分为 5 个

等级（表5.4.1.8、表5.4.1.9），以形成以下风险评估接受准则：

$$R_f = K_s K_e \qquad (5.4.1.11)$$

式中：R_f 为风险值；K_s 为风险可能发生概率大小的安全风险系数（$K_s = 1，2，3，4，5$）；K_e 为风险可能产生的影响对应的财产损失系数（$K_e = 1，2，3，4，5$）。

表 5.4.1.8　　　　　　　　风　险　等　级　划　分

风险等级	风险值 R_f
1	1～4
2	5～8
3	9～12
4	13～16
5	17～25

表 5.4.1.9　　　　　　　　风险值（R_f）计算表

风险影响财产损失及对应分级			风险描述风险分级可能发生概率 P	很小 A $P<1\%$	较小 B $1\%\leqslant P\leqslant 5\%$	一般 C $5\%<P<18\%$	较大 D $18\%\leqslant P\leqslant 55\%$	很大 E $P>55\%$
财产损失 C/万元	影响描述	影响分级	K_e	$K_s=1$	$K_s=2$	$K_s=3$	$K_s=4$	$K_s=5$
$C<100$	很小	Ⅰ	1	1	2	3	4	5
$10<C<100$	较小	Ⅱ	2	2	4	6	8	10
$100<C<500$	一般	Ⅲ	3	3	6	9	12	15
$500\leqslant C\leqslant 1000$	较大	Ⅳ	4	4	8	12	16	20
$C>1000$	很大	Ⅴ	5	5	10	15	20	25

1级为风险很小——风险可忽略。风险发生的可能性很小，或者风险发生后造成的损失很小，可以忽略风险的影响。

2级为风险较小——风险可允许。风险发生的可能性较小，或者发生后造成的损失较小，工程项目本身就可以承受这部分风险损失，不影响工程项目建设的可行性，但需引起注意，必须采取常规管理措施进行风险管理。

3级为一般风险——风险可接受。风险发生的可能性不大，发生后造成的损失也不大，一般不影响工程项目建设的可行性，但需引起重视，需采取一定的措施进行风险监控。

4级为风险较大——风险部分可接受。风险发生的可能性较大，发生后造成的损失也较大，但造成的损失是项目可以承受的，然而必须采取必要的控制措施和确保一定数量的风险投入，风险方可接受。

5级为风险很大——风险不可接受。风险发生的可能性大，发生后造成的损失大，需决策者进行严格的风险管理和决策，采取积极有效的措施进行风险的控制、规避或转移。否则，将可能使工程项目由可行转变为不可行，工程建设无法实施。

5.4.1.2　地下工程风险等级标准❶

风险评估和管理研究有着悠久的历史，在社会各个领域均有不同的研究成果积累。美国、欧洲等积极开展了地下工程的安全风险管理工作。20 世纪 90 年代初期各国政府组织编写了隧道工程风险管理的规范和法规，2003 年 9 月英国隧协和保险业协会联合发布了《英国隧道工程建设风险管理联合规范》，2004 年国际隧道及地下空间协会发布了《隧道工程风险管理指南》，2006 年 1 月国际隧道工程保险集团（ITIG）发布了《隧道工程风险管理实践规程》，均规定了工程风险等级。

在国内，2007 年铁道部发布《铁路隧道风险评估与管理暂行规定》（铁建设〔2007〕200 号），2008 年交通运输部发布《公路桥梁和隧道工程设计安全风险评估指南》（试用本），均强调根据风险等级的不同开展贯穿工程建设全过程的动态安全风险评估与管理工作。

工程风险等级划分方面，2007 年《地铁及地下工程建设风险管理指南》（试行）根据风险发生的概率等级和损失等级以矩阵形式综合化划为 5 个等级，概率等级由风险发生的概率（或频率）确定，风险损失包括工程自身、第三方、周边环境和社会信誉等方面。风险等级与接受准则相对应。

2008 年北京市轨道交通建设管理有限公司编制施行的《北京市轨道交通工程建设安全风险技术管理体系》（试行）将风险工程划分为自身风险工程和环境风险工程，根据工程自身和周边环境特点进行了等级划分。王晶等（2009）基于地铁隧道长度划分 5 级概率等级，以对环境影响划分 5 级损失等级，综合确定了 4 级风险等级。王文荣等（2009）划分了 6 级频率等级和 4 级严重等级，由此确定了 4 级风险等级，并与可接受程度相对应。虞俊杰（2011）将工程自身风险和环境风险等级划分内容进行了细化。崔玖江等（2011）介绍了类似的风险等级划分标准。

通过近几年相关成果经验和理论技术的总结，GB 50652—2011《城市轨道交通地下工程建设风险管理规范》（以下简称《规范》）编制完成，并于 2012 年 1 月 1 日起正式实施，标志着我国城市轨道交通工程风险管理进入规范化管理的新阶段。

《规范》中工程风险等级标准仍参照国际隧协《隧道工程风险管理指南》由风险发生的可能性与损失等级确定，风险发生的可能性等级标准采用概率或频率表示为 5 级；风险损失等级标准按工程建设人员和第三方伤亡、环境影响、经济损失、工期延误、社会影响等损失的严重性程度划分为 5 级，分别为灾难性的、非常严重的、严重的、需考虑的和可忽略的。风险等级根据可能性等级和损失等级按矩阵表格形式划分为Ⅰ，Ⅱ，Ⅲ，Ⅳ 4 个等级，依次对应为风险不可接受、不愿接受、可接受和可忽略，Ⅰ级时规定必须采取风险控制措施降低风险，至少应将风险降低至可接受水平或不愿接受的水平。

5.4.1.3　国内地下工程风险工程分级

以北京城市轨道交通风险工程分级为代表，国内有关地下工程风险工程分级见表 5.4.1.10。

---

❶　吴锋波，等. 城市轨道交通地下工程风险等级标准［J］. 施工技术，2012，41（363）：17－21.

表 5.4.1.10 北京市城市轨道交通风险工程分级

类别	等级	划 分 标 准
自身风险工程	一级	基坑深度在 25m 以上（含 25m）的深基坑工程，矿山法车站，超大断面矿山法工程等
	二级	基坑深度在 15～25m（含 15m）的深基坑工程，近距离并行或交叠的盾构法区间，不良地质段的盾构区间联络通道，不良地质段的盾构始发与到达区段，大断面矿山法工程等
	三级	基坑深度在 5～15m（含 5m）的基坑工程，一般断面矿山法工程，一般盾构法区间等
环境风险工程	特级	下穿既有轨道线路（含铁路）的工程
	一级	下穿重要既有建（构）筑物、重要市政管线及河流的工程，上穿既有轨道线路（含铁路）的工程
	二级	下穿一般市政管线、一般市政道路及其他市政基础设施的工程，临近一般既有建（构）筑物、重要市政道路的工程
	三级	下穿一般市政管线、一般市政道路及其他市政基础设施的工程，临近一般既有建（构）筑物、重要市政道路的工程

综合现有研究成果，工程自身的风险等级可根据基坑开挖深度、隧道埋深和断面尺寸，基坑、隧道工程的围（支）护结构变形或破坏、岩土体失稳等后果的严重程度等进行细致划分，具体内容见表 5.4.1.11。

表 5.4.1.11 工程自身的风险等级

风险等级	划 分 标 准	破 坏 后 果
一级	地下 4 层或基坑开挖深度 $H \geqslant 25m$；双层暗挖车站或净跨超过 15.5m 的单层暗挖车站；并行或交叠的隧道	围（支）护结构过大变形或破坏、岩土体失稳等对工程结构施工影响非常严重
二级	地下 3 层或基坑开挖深度 $15m \leqslant H < 25m$；断面 > 6m 的矿山法隧道；盾构联络通道，始发、接收区段	围（支）护结构过大变形或破坏、岩土体失稳等对工程结构施工影响很严重
三级	地下 2 层或 1 层或基坑开挖深度 $5m \leqslant H < 15m$；一般断面矿山法隧道；一般盾构区间	围（支）护结构过大变形或破坏、岩土体失稳等对工程结构施工影响一般
四级	基坑开挖深度 $H < 5m$；隧道建设无相互影响工程	围（支）护结构过大变形或破坏、岩土体失稳等对工程结构施工影响不严重

工程与周边环境影响的风险等级：

综合现有研究成果，周边环境影响的风险等级可根据工程与周边环境的邻近关系（空间位置关系）、周边环境重要性进行划分。工程与周边环境的邻近关系见表 5.4.1.12，周边环境重要性如下所述。

表 5.4.1.12 工程与周边环境邻近关系

工程类型	非常接近	接近	较接近
基坑	$< H\tan(45° - \varphi/2)$	$H\tan(45° - \varphi/2) \sim 1.0H$	$(1.0 \sim 2.0)H$
隧道	隧道正上方	隧道正上方至沉降曲线反弯点 i 范围内	隧道沉降曲线反弯点 i 至沉降曲线边缘 2.5i 处

注 H—基坑开挖深度；φ—岩土体内摩擦角；i—隧道地表沉降曲线 Peck 计算公式中的沉降槽宽度周边环境影响的风险等级见表 5.4.1.13。

表 5.4.1.13　周边环境影响的风险等级

邻近关系	重　　要　　性			
	非常重要	很重要	重要	一般
非常接近	一级	一级	二级	三级
接近	一级	二级	三级	四级
较接近	二级	三级	四级	四级

5.4.2　地下洞库安全风险预案要点

地下洞库安全风险，事关国计民生。

在国外，以盐岩洞库为典型，近 30 年来发生安全事故不断，即使是发达国家诸如美、法也不例外（表 5.4.2.1）。

表 5.4.2.1　近 30 年间国际上关于岩穴储库安全事故鸟瞰

序号	国别	储库名称	事故年份	事　故　原　因
1	法	Tersanne	1970—1980	盐腔蠕变收缩，使储量有效体积损失 60%；并致使地面以 1cm/a 速率发生沉降
2	美	West Hackberry	1978 - 10 - 21	因阀门失效，导致油气渗漏，最终造成井喷而引起大火
3	美	Barber	1980	因套管腐蚀发生气体沿土壤运移渗漏，最终在 Mont Belvieu 附近的居民区爆炸
4	美	Brenham	1992	因控制系统失效，导致储气库溢满，最终使液化石油气渗漏到地表，发生严重爆炸事故
5	美	Yaggy	2001	因腔体密闭性失效，导致气体渗漏，多次引起火灾事故致多人伤亡

在国内，近几年仅地铁就发生多起较大安全事故（表 5.4.2.2）。

表 5.4.2.2　近年国内地铁安全事故表

日期/（年-月）	地点	事故原因	事故损失
2007 - 02	南京	燃气管断裂	死亡 2 人
2007 - 03	北京	塌陷	死亡 6 人
2008 - 04	深圳	模板坍塌	死亡 3 人，伤 2 人
2008 - 11	杭州	坍塌	死亡 21 人，伤 24 人

（王薇，等，2012）

分析上述安全事故，无外乎"承险体"与"风险"尤其是"工程风险"的博弈（图 5.4.2.1）❶。

若按工程不同进展阶段划分，则其安全风险可分为如图 5.4.2.2 所示的三大类七

---

❶　黄建陵，等. 地下工程安全风险管理与控制研究 [J]. 铁道建筑，2012 (1)：77 - 79.

子类。

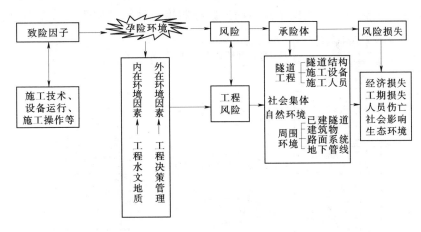

图 5.4.2.1　地下工程安全风险发生机理流程

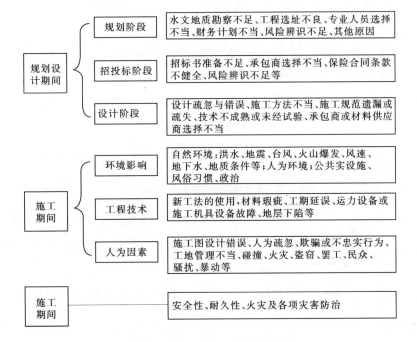

图 5.4.2.2　地下工程风险分类

为此，建立一个"事前预防""事后控制"的安全风险体制尤显重要。

1. 规划设计阶段的安全风险分析与控制对策

在规划设计阶段主要进行区域地质评估、工程地质勘察和评估、线路比选、施工安全检验和监测计划评估等。主要工作内容包括：①制定设计方案的安全审查内容和程序；②审核地质、水文勘察资料、地下管线资料和相邻建筑物的资料；③审核与岩土和地下结构工程相关的设计；④审核相应的施工方法、辅助工法、施工规范和特殊条款；⑤审核施工安全措施和方法；⑥审核施工单位监测系统的配置原则，建立并完善全线工程监测网；⑦建立并完善资料数据库和风险管理信息系统；⑧提出设计阶段的安全及风险管理报告等。结合设计过程与安全风险因素，提出了具体的风险控制措施体系，如图5.4.2.3所示。

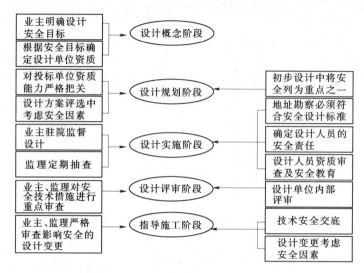

图5.4.2.3　设计阶段风险控制体系

2. 施工阶段的安全风险管理及控制措施

在施工阶段安全管理主要包括：建立安全管理体系，事故预测与防范，邻近建（构）筑物保护，工程保险与索赔等，见表5.4.2.3。

表5.4.2.3　　　　　　　　　　　　施工阶段安全风险管理及内容

施工阶段的安全管理	主　要　内　容
建立安全管理体系	督促和检查施工单位建立和完善安全管理机制
事故预测与防范	审核施工单位的施工方案、施工组织及安全措施分析和评估可能发生的安全风险
邻近建（构）筑物保护	确定监测的对象、内容、范围以及监测频率，并实施审查降水、重要施工段的保护方案审定，并对相应的安全风险做出评价
工程保险与索赔	综合分析周边环境安全状态并提出建议处置措施加强培训、提高风险管理技术水平结合实际情况，开展专题研究与试验

针对施工现场的安全风险管理，采取下列控制手段和措施：

（1）建立完善的安全风险保障和职业健康管理体系。

1）强化地下工程的安全监管。建设主管部门要对地下工程的安全提供保障，并督促各方主体严格执行项目建设程序。落实安全生产主体责任，杜绝违法违规行为发生。

2）建立施工现场安全风险保障体制。企业确保施工安全的同时建立安全风险保障体制，并建立以第一责任人为核心的分级安全生产责任制并考核。对发现的安全隐患，实行"五定"的原则——定整改责任人、定整改措施、定整改完成时间、定整改完成人、定整改验收人。

3）加强职业健康管理。企业要加强作业场所的职业危害防治工作，保障从业人员的职业健康，对从业人员进行职业健康培训，另设专人负责作业场所职业危害因素日常监测。

（2）加强对重大危险源和事故隐患的控制管理。依据重大危险源辨识标准，建立重大危险源和事故隐患数据库。施工企业应按标准建立重大危险源台账，全面准确地掌握重大危险源的分布状况，采取有效整改措施，落实安全教育、岗位安全检查和评估活动。重点加强危险性较大的分部分项工程监控管理。

（3）制定应急响应机制和应急预案。当事故或灾害不可能完全避免的时候，建立重大事故应急救援体系，组织及时有效的应急救援行动，已成为抵御事故风险或控制灾害蔓延，降低危害后果的关键。由于地下工程施工活动的复杂性，重大事故应急救援响应实行分级响应机制，

（4）运用 PDCA 循环进行持续改进。将 PDCA 循环模式应用于安全管理中，能将施工现场的安全风险管理转化为连续、动态，循环式的过程管理，从而减少事故发生的概率，提高施工安全管理水平。计划（plan）是根据建设工程项目危险源识别的情况，制定切实可行的安全管理的方针、目标和安全计划。实施（do）是按照危险源识别评价结果进行安全防范技术措施的实施、执行等工作。检查（check）是按照安全计划的要求，检查验收危险源预防控制管理的进展情况。处理（action）是根据危险源控制管理的实施，处理问题，提出建议，保证风险管理的顺利实施。

附录　水封洞库术语及其释义

附录 1　水封洞库工程勘察、设计术语及其释义

1. 水封洞库（water enclosed cavern）指在天然岩体中人工开挖洞库，并以岩体和岩体中的裂隙水共同构成储油气空间的一种特殊地下工程。

2. 岩石工程（rock engineering）指以岩体为工程建筑物地基或环境，并对岩体进行开挖或加固的工程，包括地下工程和地面工程。

3. 工程岩体（engineering rock mass）指岩石工程影响范围内的岩体，包括地下工程岩体、工业与民用建筑地基、大坝基岩、边坡岩体等。

4. 岩体基本质量（rock mass basic quality）指岩石所固有的、影响工程岩体稳定性的最基本属性，岩体基本质量由岩石坚硬程度和岩体完整程度所决定。

5. 岩石质量指标（rock quality designation，RQD）指用直径为 75mm 的金刚石钻头和双层岩芯管在岩石中钻进，连续取芯，回次钻进所取岩芯中，长度大于 10cm 的岩芯段长度之和与该回次进尺的比值，以百分比表示。

6. 结构面 [structural plane (discontinuity)] 指岩体内开裂的和易开裂的面，如层面、节理、断层、片理等，又称不连续面。

7. 岩体完整性指数（K_v）（岩体速度指数）[intactness index of rock mass (velocity index of rock mass)] 指岩体弹性纵波速度与岩石弹性纵波速度之比的平方。

8. 岩体体积节理数（J_v）（volumetric joint count of rock mass）指单体岩体体积内的节理（结构面）数目。

9. 围岩（surrounding rock）指洞室周围一定范围内，对其稳定性产生影响的岩体。

10. 地下工程岩体自稳能力（stand-up time of rock mass for underground excavation）指在不支护条件下，地下工程岩体不产生任何形式破坏的能力。

11. 初始应力场（initial stress field）指在自然条件下，由于受自重和构造运动作用，在岩体中形成的应力场，也称天然应力场。

12. 油气回收装置（vapor recovery unit）指回收地下洞罐呼出油气的装置。

13. 连接巷道（connecting tunnel）指洞室之间相互连接的通道，保证储存的原油及其产品在洞室间相互流通，并保持液位等同。

14. 操作巷道（operation tunnel）指由地面通向各竖井操作区的巷道。

15. 建筑界限（storage perimeter）指保持水封洞库结构稳定所需的建筑保护区域的边界线。

16. 水力保护界限（hydrogeological perimeter）指保持水封洞库稳定的设计地下水位所需的水力保护区域的边界线。

17. 包气带（aeration zone）指地表面与潜水面之间，岩石的空隙未被水充满呈不饱和水的地带。

18. 上层滞水（perch groundwater）指存在于包气带内、局部隔水层之上的重力水。

19. 毛细水（capillary water）指在潜水面以上由毛细力维持的水。

20. 自流水（artesian water）指地下承压水自行喷出地表的水流。

21. 孔隙水（pore water）指存在于岩土空隙内的地下水。

22. 裂隙水（fissure water）指存在岩体裂隙中的地下水。

23. 自流盆地（artesian basin）指富存自流水的盆地。

24. 地下热水（hot groundwater）指温度高于当地年平均气温的地下水。

25. 矿化水（mineral water）指含有较多溶解矿物质的地下水。

26. 指示剂法（tracer method）指利用指示剂测定地下水流向、流速的方法。

27. 抽水试验（pumping test）指从钻孔或井中抽水根据水位降深与出水量的关系以确定含水层的渗透系数等水文地质参数的试验。

28. 压水试验［water pressure test（packer permeability test）］指将水压入钻孔，根据一定时间内压入水量与施加压力大小的关系来确定岩体裂隙发育情况和透水性的试验。

29. 注水试验（injection test）指将一定压力的水通过钻孔或试坑连续注入岩土体内，根据一定时间内注入的水量与相对稳定水位的关系来测定岩土体透水性的试验。

30. 水文地质图（hydrogeological map）指反映一个地区地下水分布和特征的地质图。

31. 渗透剖面图（seepage profile）指反映某一地段在一定垂直深度内岩体渗透性特征的剖面图。

32. 等水位线图（water table contour map）指在同一时间内、按一定的等高距、将地区内相同水位的点联结成水位等高线的图。

33. 工程地质测绘（engineering geological mapping）指将测区实地调查搜集的各项地质资料成果，经过分析整理后按一定比例尺填绘在地理基础底图或地形图上的工作。

34. 地质勘探（geological exploration）指对一定地区内的岩石、地层、构造、矿产、地下水、地貌等地质情况进行调查研究的工作。

35. 地质点（geological observation point）指野外观测研究地质现象的地点。

36. 基岩（bedrock）指出露于地表或被松散沉积物覆盖的坚硬和半坚硬的岩层。

37. 露头（outcrop）指出露于地表未经移动的基岩。

38. 覆盖层（overburden）指覆盖在基岩上的松散沉积层。

39. 地质剖面（geological section）指沿某一方向，显示一定深度内岩层和地质构造情况的垂直切面。

40. 水平地质剖面（geological plan）指沿某一高程的水平方向所作的地质剖面图。

41. 地质素描（geological sketch）指用素描形式描绘地质现象的工作。

42. 钻探（drilling）指用钻机向地下钻孔的工作过程。

43. 钻头（drill bit）指钻探中用来切割或破碎孔底岩土的工具。

44. 金刚石钻头（diamond bit）指钻头体上镶焊有工业用金刚石或含有金刚石碎粒的钻头。

45. 套管（casing pipe）指在钻探施工中，下入钻孔内用以保护孔壁的钢管。

46. 岩芯（core）指从钻孔内取出的圆柱状或形状不规则的岩块。

47. 绳索取芯（wireline coring）指利用绳索取芯器在不提升钻具的情况下、从孔底采取岩芯的作业。

48. 定向取芯（directional coring）指在钻探作业中，按设计的方向和角度钻进的岩芯取样方法。

49. 岩芯采取率（core recovery）指从钻孔取出的岩芯累计长度与该钻孔进尺的百分比值。

50. 探坑（exploratory pit）指为观测地质情况和取样而在地表挖掘的坑槽。

51. 探槽（exploratory trench）指为观察地质情况和取样而在地表挖掘的沟槽。

52. 探洞（exploratory adit）指为观察地质情况和取样而从地表向山体内部开挖的平洞或斜洞。

53. 探井（exploratory shaft）指为观察地质情况和取样而自地表向下开挖的竖井或斜井。

54. 地质编录（geological record）指用文字、图、表等形式，把从钻孔、探坑、探槽、探洞、深井中所观测到的地质现象及综合研究的结果，完整、系统地记录下来的工作。

55. 地球物理勘探（物探）（geophysical prospection）指根据岩土物理性质的差异，利用地球物理学原理和专用仪器测量天然或人工地球物理场的变化，探查地下地质情况的勘探方法。

56. 电法勘探（electrical prospecting）指根据岩体之间电磁性质的差异、用仪器观测天然或人工电场变化以查明地质情况的一种物探方法。

57. 电阻率剖面法（电剖面法）（resistivity profiling）指利用陡立岩层之间或围岩与地质导常体之间电阻率的差异，在地面探查水平方向地质情况的一种物探方法。

58. 电测深法（electrical sounding）指利用不同岩层之间电阻率的差异，在地面上探测铅锤方向地质情况的一种物探方法。

59. 地震勘探（seismic prospecting）指用人工激发的地震波在弹性不同的地层内的传播规律来探测地下地质情况的一种物探方法。

60. 声波测井（sonic logging）指利用岩体的声波速度或其他声特性探测沿孔深的波速变化，以判别孔内地质情况的一种物探方法。

61. 电视测井（television logging）指利用下入钻孔内的电视摄像机，将视频讯号传至地表显像，借助观察孔内地质情况的一种探测方法。

62. 放射性测井（radioactivity logging）指利用岩层的放射性，以探查孔内地质情况的测井方法。

63. 重力勘探（gravity prospecting）指利用岩石密度差异所引起的重力变化而进行地质勘探的方法。

64. 磁法勘探（magnetic prospecting）指探测地下岩体磁异常以查明地质情况的方法。

65. 地质雷达（geological radar）指应用发射机发射脉冲讯号和接受反射讯号的雷达工作原理来探测地下地质情况的方法。

66. 储量级别（category of reserves）指由国家有关部门制定的，统一区分和衡量矿物或建筑材料储量精度的标准。

67. 工程地质图（engineering geological map）指反映工程地区的地质发展史和各种地质体和工程地质想象的分布及其特征的图件。

68. 工程地质剖面图（engineering geological profile）指依一定比例尺和图例表示工程建筑物地段某一方向铅锤切面上的工程地质现象及其相关关系的图件。

69. 钻孔柱状图（borehole log）指按一定比例尺和图例表示钻孔通过的地层岩性、厚度，试验成果和孔内钻进情况的图件。

70. 实际材料图（primitive data map）指反映野外地质勘察的位置及勘探方法和工作量的图件。

71. 展示图（reveal detailed map）指将坑、槽、井的各个面（底面、顶面及两壁）的地质现象按一定规则和比例尺描绘并展示在同一平面上的图件。

72. 节理玫瑰图（rosette joint diagram）指将一定面积内节理产状及数量绘制在半圆图上，构成形状似玫瑰花的图形。

73. 赤平投影图（stereogram）指将结构面的产状投影到一个参考球的赤道平面上以表示结构面产状的一种图件。

74. 极点图（point diagram）指将结构面的产状，用赤平投影方法投影在乌尔夫网或施米特网上所构成的图。

75. 等密图（contour diagram）指在极点图的基础上，用等值线表示图内极点分布的规律和特征的图。

76. 工程地质条件（engineering geological conditions）指与工程建筑物类型、施工方法及其稳定性有关的地形、地貌、地层岩性、地质构造、水文地质、物理地质现象以及天然建筑材料等地质情况的总称。

77. 定性评价（qualitative evaluation）指结合工程建筑的要求，对工程地质条件作描述性和判断性的评价。

78. 定量评价（quantitative evaluation）指根据工程建筑物的要求对其工程地质条件从数量上所作的评价。

79. 岩体工程地质分类（engineering geological classification of rock mass）指按照岩体的物理力学性质和结构特征划分岩体工程地质条件的标准。

80. 上覆岩体（overlying rock mass）指覆盖在地下建筑物之上的岩体。

81. 围岩失稳（lose stability of surrounding rock）指地下洞室围岩失去天然稳定状态而发生破坏的现象。

82. 围岩收敛（convergence of surrounding rock）指地下洞室开挖后发生洞径缩小的现象。

83. 坍落拱（collapse arch）指开挖地下洞室时，洞顶围岩局部破坏坍落，最后形成近似于拱形的平衡界面。

84. 鼓胀（expansion）指地下洞室的底壁围岩向洞内鼓起的现象。

85. 岩爆（rock burst）指由于岩体应力释放导致岩块骤然以爆炸形式从开挖岩体内飞射出岩块的现象。

86. 卸荷裂隙（relief joint）指由于自然地质作用和人工开挖使岩体应力释放和调整而形成的裂隙。

87. 区域稳定（regional stability）指工程区域内的现今地壳及其表层的稳定性。

88. 洞库渗漏（cavern leakage）指库水向库盆以外渗流漏失水量的现象。

89. 洞库浸没（cavern immersion）指由于洞库蓄水使库盆周围地下水位抬高岩土体浸润饱和而引起的沼泽化、盐渍化、建筑物地基条件恶化、地下工程和深坑涌水量增加等现象。

附录2　推荐应用于水封洞库勘察、设计的水文地质术语及其释义

1. 水文地质勘察（hydrogeological investigation）指为查明一个地区的水文地质条件而进行的野外和室内水文地质工作，主要包括水文地质测绘、勘探、物探、试验、观测等。

2. 水文地质条件（hydrogeological condition）指表征地下水形成、分布、运动以及水质、水量等特征的地质环境。

3. 水文地质试验（hydrogeological test）指为评价水文地质条件和取得水文地质参数而进行的各种测试和试验工作。

4. 地下水均衡（groundwater balance）指一定区域、一定时段内地下水输入水量、输出水量与蓄水变量之间的数量平衡关系。

5. 给水度（specific yield）指饱和岩土在重力作用下能自由排出的水体积与岩土总体积之比。

6. 毛管水（capillary water）指在潜水面以上由毛细力维持的水。

7. 渗透结构（seepage structure）指透（含）水层（体）和相对隔水层（体）的空间分布及组合规律。

8. 涌水与突泥（water and mud bursting）指工程施工中，在一定水压力作用下，沿透水岩体（带）以及无（少）泥沙充填的洞穴，突然发生大量出水的现象称为涌水；在一定水压力作用下，沿松散（软）岩带或填充性溶洞，突然大量涌出水、泥、沙等混杂物的现象称为突泥。

9. 最大涌水量（maximum water yield）指隧洞或其他工程某段在含水体中掘进时的峰值涌水量。

10. 正常涌水量（normal water yield）指隧洞或其他工程涌水达到基本稳定时的涌水量。

11. 比较蚀度（specific corrodibility）指试样溶蚀量和标准溶蚀量之比。

12. 综合水文地质图（synthetic hydrogeological map）指根据水文地质勘察资料编制的能够综合反映工作区水文地质条件的图件。

附录 3　推荐应用于水封洞库勘察、设计的地下水资源术语及其释义

1. 地下水资源（groundwater resources）指含水层中具有利用价值的地下水水量。

2. 水文地质单元（hydrogeological unit）指具有统一边界和补给、径流、排泄条件的地下水系统。

3. 水文地质条件（hydrogeological condition）指地下水的分布、埋藏、补给、径流和排泄条件，水质和水量及其形成地质条件等的总称。

4. 水文地质参数（hydrogeological parameters）指表征岩土体水文地质特性的定量指标。

5. 地下水可更新能力（groundwater renewability）指含水层中地下水与外部环境水的交换能力。

6. 富水性（water yield property）指表征含水层水量丰富程度的指标。一般以一定降深、一定口径下的单井出水量来表示。

7. 地下水动态（groundwater regime）指在各种因素综合影响下，地下水的水位、水量、水温及化学成分等要素随时间的变化。

8. 稳定流抽水试验（steady-flow pumping test）指在抽水过程中，要求出水量和动水位同时相对稳定，并有一定延续时间的抽水试验。

9. 非稳定流抽水试验（unsteady-flow pumping test）指在抽水过程中保持抽水量稳定而观测地下水位变化，或保持水位降深稳定而观测抽水量和含水层中地下水位变化的抽水试验。

10. 单孔抽水试验（single well pumping test）指只在一个抽水孔中进行的抽水试验。

11. 多孔抽水试验（single well pumping test with observation wells）指在一个抽水孔中抽水并配置观测孔的抽水试验。

12. 群孔抽水试验（pumping test of well group）指在两个或两个以上的抽水孔中同时抽水并配置观测孔，各孔的水位和水量有明显相互影响的抽水试验。

13. 开采性抽水试验（trial-exploitation pumping test）指按开采条件或接近开采条件要求进行的抽水试验。

14. 分层抽水试验（separate-interval pumping test）指将抽水目的含水层与其他含水层隔离，分别进行抽水和观测的试验。

15. 地下水补给量（groundwater recharge）指在天然或开采条件下，单位时间内以各种形式进入到含水层中的水量。

16. 地下水储存量（groundwater storage）指地下水在多年循环交替过程中积存于含水层中的重力水体积。

17. 地下水排泄量（groundwater discharge）指在天然或开采条件下，单位时间内以各种形式从含水层中排出的水量。

18. 地下水允许开采量（allowable yield of groundwater）指通过技术经济合理的取水方案，在整个开采期内动水位不低于设计值，出水量、水质和水温变化在允许范围内，不影响已建水源地正常开采，不发生危害性的环境地质现象的前提下，单位时间内从水文地

447

质单元或取水地段中能够取得的水量。

19. 可开采利用的地下水资源（exploitable ground water resources）指在一定区域内、一定储存、补给及开采条件下，允许开采利用的地下水量。

20. 潜水（phreatic water）指地表以下第一个稳定隔水层以上具有自由水面的地下水。

21. 承压水［artesian water（confined water）］指地表以下充满上、下两个隔水层之间的具有承压性质的地下水。

22. 透水层（pervious layer）指地下水能渗透通过的岩土层。

23. 隔水层（aquiclude）指一种多孔能吸收水分但不能使水充分流动的岩土层。

24. 不透水层（aquifuge）指一种没有互相连通孔道的、不能储水和使水流通过的岩土层。

25. 含水层（aquifer）指充满地下水的透水岩土层。

26. 潜水蒸发（phreatic water evaporation）指潜水通过土壤孔隙或植物枝叶以水汽形式逸入大气的现象。

27. 地下水矿化度（mineralization of ground water）指单位体积的地下水中各种可溶性盐类的含量指标。

28. 降雨入渗补给（infiltration recharge by rainfall）指渗入地下表层的雨水补给地下水的过程。

29. 地下水越层补给（recharge through weak permeable layer）指从压力高的含水层向压力低的含水层补给水量的现象。

30. 地下水侧向补给（recharge by ground water）指从开采区周围的地下水源向开采区自行补给水量的现象。

31. 灌溉回归水补给（recharge from return flow of irrigation）指灌溉水通过田面和渠道渗漏补给地下水的现象。

32. 地下水人工补给（人工回灌）（artificial recharge of groundwater）指利用人工设施把符合一定水质标准的地面水或其他淡水灌入地下蓄水层中以补充地下水的作业。

33. 抽咸换淡（pumping out the saline water and recharge the fresh water）指从井内抽取一定深度的地下含可溶盐的水，通过排水设施输送至开采区外并回灌淡水，使地下水淡化的作业。

34. 下降漏斗（drawdown cone，cone of depression）指从钻孔或水井抽水时，在孔、井周围水位下降形成的一个凹陷漏斗状的地下水面。

35. 地下水平衡（地下水均衡）（ground water balance）指在一定区域、一定时段内，地下水输入水量、输出水量与蓄水变量之间的数量平衡关系。

36. 导水系数（coefficient of transmissivity）指在单位水力梯度作用下法向通过单位含水层断面的地下水流量。

37. 压力传导系数（coefficient of pressure conductivity）指反映承压含水层地下水压力水头传导速度的特征数。

38. 水位传导系数（coefficient of waterlevel conductivity）指反映潜水含水层中水位

变化传导速度的特征数。

39．给水度（specific yield）指饱和岩土体在重力作用下自由排出的水体积与岩土总体积之比值。

40．自由孔隙率（储水度）（free porosity）指单位面积含水层中潜水位每上升单位高度时所吸收的水量。

41．弹性释水系数（弹性给水度）（elastic storavity）指单位面积的承压水含水层降低单位水头时所释放出来的水量。

附录 4　水封洞库施工、验收术语及其释义

1．地下水封石洞油库（简称洞库）（underground oil storage in rock caverns）指在稳定地下水位以下的岩体中挖掘的洞室，由洞室组成的储油洞罐、施工巷道、竖井、水幕孔、水幕巷道及地上运输、控制等设施组成用来储存原油、成品油的油库。

2．洞罐（caverns tank）指由一个或几个相互连通的洞室组成，功能相当于地面的一座油罐。

3．洞室（cavern）指在岩体内挖掘出的用于储存原油及其产品的单个地下空间。

4．施工巷道（access tunnel）指为满足洞室施工期间设备通行、出渣、通风、给排水、供电、人员通行的需要，从地面通往洞室的通道。

5．竖井（shaft）指由洞室顶至地面或操作巷道的竖向通道。

6．竖井操作区（shaft operation area）指竖井口周围供油泵、水泵、仪表、电气等的维护、操作和管理的区域。

7．水幕系统（water curtain）指用于保持水封条件的人工补水系统。通常由水幕巷道、水幕孔、监测设备等组成。

8．水幕孔（water curtain hole）指用于水幕注水的钻孔。

9．水幕巷道（water curtain tunnel）指用于水幕孔施工、注水、储水的巷道。

10．密封塞（concrete plug）指设置在施工巷道和竖井内，用于封堵洞库的钢筋混凝土结构。

11．泵坑（pump pit）指在竖井对应的洞室底部，用于安放设备的坑槽。

12．水垫层（water bed）指设在洞室的底部保持一定高度的水层，用于沉淀原油及其产品内的杂质并接收围岩渗出水。

13．观测孔（logging hole）指用于监测地下水位及水质的孔。

14．仪表孔（instrumentation hole）指用于围岩稳定与水压试验监测元件、仪器电缆线导出的孔。

15．全断面开挖法（full face excavation method）指按设计断面一次开挖成形的施工方法。

16．台阶开挖法（bench cut method）指将巷道、洞室分部设计断面按照标高一般分为 2～3 个小断面，按先上断面后下断面的顺序开挖。

17．环形开挖预留核心土法（ring cut method）指巷道开挖时，先开挖上断面的周边环形导坑，及时进行支护，再开挖核心土及下断面的施工方法。

18. 中导洞法（center drift excavation method）指在洞室大断面开挖时，先在顶层的中部开挖一超前导洞，然后再将导洞扩挖至设计断面并进行支护的施工方法。

19. 光面爆破（smooth blasting）指为使爆破形成平整的开挖面，减少超欠坎，由开挖面中部向外侧依次顺序起爆，最后起爆周边眼的爆破施工方法。

20. 预裂爆破（presplitting）指在洞室开挖中，沿开挖轮廓线按设计孔距钻孔，不耦合装药，在主爆孔起爆前分段一次起爆，形成一定宽度的贯穿裂缝的爆破施工方法。

21. 锚喷支护（shotcrete and rock blot support）指由喷射混凝土、锚杆、金属网、钢架等组合成的支护结构。

22. 超前支护（advanced support）指采用锚杆、小导管、管棚等对开挖面前方的围岩进行预加固的支护结构。

23. 灌浆（grouting）指通过钻孔向有含水裂隙、空洞或不稳定的地层灌入水泥浆或其他浆液，以堵水或加固地层的施工技术。

24. 衬砌（lining）指为防止围岩变形或坍塌，沿洞库洞身周边用钢筋混凝土等材料修建的永久性支护结构。

25. 超前地质预报（advanced forecasting of geology）指在洞室施工期间，以地质法为基础综合各种物理勘探、钻探手段，对洞室开挖工作面前方影响施工安全、进度及结构稳定的不良地质体（带）的位置、规模及其性质进行及时准确的科学预测。

26. 监控量测（monitoring measurement）指通过使用各种量测仪器和工具，对围岩的变化情况、支护结构的工作状态、地下水文情况，以及相关的爆破振动、空气质量等的监控，及时掌握各种信息的工作。

27. 施工组织设计（construction planning）指根据拟建工程的经济技术要求和施工条件，对该工程进行施工方案的研究选择和总体性的施工组织安排并据以编制概预算、制定计划及指导施工的技术经济文件。

28. 施工措施计划（construction procedure plan）指由施工单位根据施工组织设计和施工详图，进一步编制的具体的施工方法和任务安排的文件。

29. 技术经济分析（technical economical analysis）指对设计与施工方案、技术措施等的预期经济效益进行计算、分析、评价、论证以及优化选择的工作。

30. 施工管理（construction management）指根据计划和合同的要求并结合工程的特点，对工程施工的各项业务进行计划与决策、组织与指挥、控制与协调、教育与鼓励、监督等全部职能活动的管理。

31. 施工准备（construction preparation）指为了保证工程施工顺利开展，建设单位和施工单位在主体工程开工前需要进行的准备工作。

32. 施工技术（construction technology）指为了实现工程设计要求和进行施工所采用的方法、技术、工艺、机具以及劳动组织等的总称。

33. 施工条件（construction condition）指影响工程施工的自然条件和社会条件等各种主客观因素。

34. 施工方案（construction scheme）指根据拟建工程的施工条件，对该工程施工过程中所需要的人、财、物、施工方法等因素在时间和空间上进行安排的文件。

35. 施工质量（construction quality）指施工过程中的每一阶段施工的成品达到的技术标准要求、满足使用需要的性能的总和。

36. 施工图（construction drawing）指按照初步设计（或技术设计）所确定的方案表明施工对象的全部尺寸、用料、结构以及施工技术要求的图样。

37. 临时工程（temporary facilities）指为进行主体工程施工而需要修建的只在施工期间使用的工程设施。

38. 主体工程（main works）指实现建设项目任务的主要永久工程设施。

39. 结尾工程（winding-up works）指工程建设进行到结束阶段时剩余的零星工程项目。

40. 竣工（completion）指按设计及合同要求完成建设项目的全部施工任务，并经验收合格。

41. 阶段验收（stage acceptance）指工程施工过程中的特定阶段（如截流、蓄水、拦洪、发电、通航等）对有关项目所进行的合格认证活动。

42. 竣工验收（final acceptance）指按设计要求完成建设项目的全部施工任务并具备了设计功能及投产运用条件后，按规定正式办理工程交付和接受手续的合格认证活动。

43. 试运行（test run）指建设项目在正式投入使用前所进行的试验性运行程序。

44. 施工总进度 [construction master schedule（construction overall schedule）] 指在时间上协调安排建设工程从开工到竣工的施工速度和施工程序的计划文件。

45. 形象进度（graphic progress）指用文字或图表反映各施工时段内工程完成的程度、部位或面貌，借以表明该工程的施工进度的一种指标形式。

46. 控制性进度（critical schedule）指对整个建设工程的施工程序和施工速度有影响的关键工程项目或环节的施工进度。

47. 施工总工期（工期）[construction period（construction duration）] 指工程从开工直至完成全部设计内容，包括工程准备期、主体工程施工期及工程完建期的总时间。

48. 施工进度计划（construction schedule）指协调安排工程项目之间的施工顺序、施工强度、劳动力、主要施工设备以及施工工期而编制的图表和文件。

49. 扩大单位工程（extended unit project）指组成建设项目的各个部分中有独立的设计文件、建成后可以独立发挥生产能力和效益并体现投资效果的工程。

50. 单位工程（unit project）指组成扩大单位工程的一级单元、具备独立施工条件或独立发包条件但不能独立发挥生产效能的工程。

51. 分部工程（separated part project）指组成单位工程的各个部位或部门、由若干工种在不同时段内完成不同施工内容的工程。

52. 分项工程（separated item project）指组成分部工程的各个部分、由主要工种在不同时段内在同一部位完成同一施工内容的工程。

53. 施工强度（working intensity）指单位时间内完成的工程量。

54. 施工有效工日（available working days）指按日历天数和扣除假日和水文气象及其他因素影响作业的天数后，能够施工的天数。

55. 横道图（甘特图）（Gantt chart）指以横轴表示时间、纵轴排列施工项目、用横道表示各项作业施工进度、对工程施工活动进行计划安排的图表。

56. 流水作业法（flow operation method）指按工程施工工艺流程的顺序，安排各工种紧密衔接轮流作业的施工组织方法。

57. 平行作业法（parallel operation method）指同一个或两个及两个以上的施工对象，同时组织进行两个以上不同工作性质的作业并互不干扰的施工组织方法。

58. 网络图（network diagram）指一种以节点和箭线按一定逻辑关系和组织关系将有关项目连接起来用以表达所列各项之间的顺序关系的图形。

59. 网络技术（network technique）指研究网络图的一般规律和计算方法，用以解决工程设计、施工方案、工程进度以及资金优化等问题的技术。

60. 网络进度（network schedule）指用网络图表示的施工进度计划。

61. 关键线路法（critical path method，CPM）指按各工程项目中的控制性进度和关键环节安排各项目施工进度的逻辑关系，找出一系列"机动时间"等于零的单项程序表示所选用进度的方法。

62. 高峰劳动力（peak labour force）指施工期内需要的最多的劳动人数。

63. 平均劳动力（average labour force）指一定时段（日、月、年）内平均需要的劳动人数。

64. 施工总平面布置（施工总体布置）（construction general layout）指根据工程特点和施工条件，对施工生产和生活设施、场地、交通的平面位置和高程关系进行规划布局的图纸文件。

65. 施工交通（construction transportation）指为运输施工材料、设备、机械、人员等采用的施工运输方式、作业、线路布置及其相应设施的统称。

66. 场内交通（onsite access）指联系施工工地内部各生产区和各生活区之间的施工交通。

67. 对外交通（site access）指联接工地与外界的铁路、公路或航道等的施工交通。

68. 爆破（blasting）指利用炸药爆炸瞬时释放的能量，使介质压缩、松动、破碎或抛掷等，以达到开挖或拆毁目的的手段。

69. 压缩圈（压缩区）（crushing zone）指在无限介质中爆破时，在高温高压作用下，介质结构完全被破坏的区域。

70. 破坏圈（破坏区）[fragmental zone（block zone）]指爆破作用力大于介质的极限强度，使介质形成径向和环向缝的破坏区域。

71. 震动圈（震动区）（elastic zone）指爆破作用力小于介质的极限强度，介质只产生振动和弹性变形的区域。

72. 自由面（临空间）（free surface）指爆破时介质裸于大气中的界面。

73. 药包[charge（cartridge，explosive）]指按爆破要求包装的，为装入炮孔或洞室里准备爆破的炸药的统称。

74. 集中药包（concentrated charge）指药包的长度与其直径比小于4的药包。

75. 延长药包（prolongate explosive）指长度与直径比大于4呈长柱体的炸药包。

76. 防水药包（waterproof explosive）指用抗水炸药或用防水材料包装的非抗水炸药制成的，具有抗水性能的药包。

77. 药包临界直径（critical diameter of cartridge）指保证药包不产生不稳定爆炸的药包最小直径。

78. 爆破漏斗（explosion crater）指集中药包在有限介质内爆炸时，所炸成的以药包中心为顶点的、自由面为椎底的倒圆锥形爆破坑。

79. 最小抵抗线（burden line of least resistance）指由药包中心到介质自由面的最短距离。

80. 爆破作用指数（crater shape characteristics）指以爆破漏斗半径与最小抵抗线的比值表示爆破程度的参数。

81. 超钻深度（越钻深度）（over drill depth）指为提高爆破效果，钻孔深度超过设计开挖界限的部分长度。

82. 单位耗药量（powder factor）指以爆破单位体积介质所需要的炸药量表示的参数。

83. 质点振动速度（particle vibration velocity）指由爆破地震波激起介质中具体质点振动的速度，常用它作为衡量爆破对建筑物影响程度的指标。

84. 爆力［weight strength（specific energy）］指炸药破坏一定体积介质的能力（常以一定重量炸药能炸开铅柱内空腔的容积来计算）

85. 猛度（brisance factor）指炸药爆炸时粉碎一定体积介质的能力（常以一定重量炸药能炸塌铅柱的高度来计算）。

86. 殉爆距（flash-over tendency）指炸药爆炸时能引起邻近的不相联系的炸药起爆的最大距离。

87. 速爆（detonation velocity）指炸药爆炸时炸药内部大暴轰波传播的速度。

88. 炸药最优密度（最有效密度）（optimum density）指能使炸药获得最大爆破效果的单位体积内的炸药量。

89. 安定性（stability）指炸药在长期储存中，可保持其物理化学性质稳定的性能指标。

90. 敏感性（sensitivity）指表示炸药在外界能量作用下，引起爆炸反应的灵敏程度的指标。

91. 氧平衡（oxygen balance）指炸药爆炸时，炸药本身含氧量恰好等于其中可燃物质完全氧化所需的氧量。如含氧量不足或过多时，分别分为负氧平衡或正氧平衡。

92. 铵锑炸药（ammonium nitrate explosive）指由硝酸铵、三硝基甲苯（TNT）及木粉等按一定比例混合而成的工程用硝胺类炸药。

93. 铵油炸药（ammonium nitrate fuel oil explosive，ANFO）指由粗粒硝酸铵（主要成分）、柴油（可燃剂）与锯末按一定比例混合而成的低威力的硝胺类炸药。

94. 胶质炸药（dynamite）指由爆胶、硝酸盐和木屑等制成的密度大、威力大、防水性能好的硝化甘油类炸药。

95. 梯恩梯（三硝基甲苯）［TNT（trinitrotoluene）］指由甲苯用硝酸和硫酸硝化而

成的一种吸湿性小、安全性能好、机械敏感度低的黄色晶体猛性炸药。

96. 雷管［blasting cap（detonator）］指在纸管、塑料管或金属管内装有敏感性很强的正负起爆炸药，用它作为引爆炸药的起爆物。

97. 火雷管（spark blasting cap）指一端开孔可插入导火索，由明火引爆药包或导爆索的雷管。

98. 电雷管（electric blasting cap）指用电加热电阻丝引爆药包或导爆索的雷管。根据引爆时间不同，电雷管有瞬发、延期和毫秒延期三种。

99. 瞬发雷管（即发雷管）（instantaneous blasting cap）指引爆后瞬时起爆的雷管。

100. 延期雷管（delay blasting cap）指引爆后延缓一定时间起爆的雷管。

101. 毫秒延期雷管（毫秒雷管）（ms delay blasting cap）指雷管里装有一段缓燃剂以控制迟发起爆时间，一般微差时间为 25～200ms 的雷管。

102. 导火索（safety fuse）指用明火点燃引爆火雷管和黑色炸药的索状引爆器材。

103. 导爆索（传爆索）［primacord（detonatin fuse）］指由雷管引爆的高爆速、可以直接引爆炸药或传爆器材的高敏感性炸药卷成的索状起爆传爆器材。

104. 塑料导爆管（传爆管）（plastic primacord tube）指由雷管或击发枪引爆，塑料管内壁涂有高敏感性炸药以高爆速引爆雷管的一种导爆器材。

105. 继爆管（relay primacord tube）指由导爆管、延期体、起爆药、炸药等组成的一种毫秒延期传爆起爆器材。

106. 爆破参数（blasting parameters）指爆破介质与炸药特性、药包布置、炮孔的孔径、孔深、装药结构及起爆药量等影响爆破效果的因素的统称。

107. 炮孔（blast holes）指利用钻孔机具在介质中打出的、供装药爆破的孔。

108. 周边孔［peripheral hole（contour hole）］指为控制开挖轮廓，沿着设计开挖边界线设置的钻孔。

109. 掏槽孔（掏槽眼）（cut hole）指在地下洞室开挖中，为增加爆破自由面，减小抵抗线的距离，在开挖面中间部位布置的先于其他炮孔起爆或不装药的钻孔。

110. 崩落孔（崩落眼）（stope hole）指在掏槽孔的外围，起崩落岩体作用的主炮孔。

111. 装药［charging（loading explosives）］指按照设计的药包位置、密度、重量与分段等向炮孔或药室装填炸药的作业。

112. 分段装药（deck charging）指为避免药包过分集中于炮孔底部，使爆破介质受到较均匀的爆破作用将延长药包分段间隔装药的技术措施。

113. 炮孔堵塞（stemming）指用土、砂石等材料，按设计要求堵塞已装填炸药的炮孔的作业。

114. 瞎炮（拒爆）（misfire）指在爆破作业中引爆药包而未能起爆的现象。

115. 裸露爆破（表面爆破）（concussion blasting）指将药包放在介质表面上引爆的爆破技术。

116. 毫秒爆破（微差爆破）（ms delayed blasting）指利用毫秒延期雷管或继爆管控制多段或多排爆破作业并按预定程序引爆的爆破技术。

117. 梯段爆破（bench blasting）指使开挖面呈阶梯形状并利用毫秒爆破技术逐段、

逐排、逐阶进行爆破的爆破技术。

118. 浅孔爆破（shallow-hole blasting）指炮孔深度一般小于 5m，装药引爆的爆破技术。

119. 深孔爆破（deep-hole blasting）指炮孔深度大于 5m，装药引爆的爆破技术。

120. 洞室爆破（coyote blasting）指按设计要求将炸药装填在专门的洞室里进行爆破的爆破技术。

121. 松动爆破 [loosening blasting（crumbling blasting）] 指在爆破作业中，爆破作用指数不大于 0.75 仅使介质破碎的爆破技术。

122. 新奥法（新奥地利隧洞施工法）（new Austrian tunneling method，NATM）指由奥地利人首先采用的在爆破掘进中充分保护和发挥围岩的自承能力，借助现场量测围岩变形的反馈信息，适时用锚杆、喷混凝土或其他组合形式对围岩进行柔性支护，以实现围岩和支护的同步变形及共同承载的隧洞工程设计和施工的新技术。

123. 导洞掘进法（heading and cut method）指在地下洞室开挖中，先掘进一部分作为导洞，再扩挖到全断面的一种施工方法。

124. 台阶掘进法（heading and bench method）指在大断面的地下洞室开挖工作中，先掘进其上部、下部或一侧后，再分台阶扩挖的施工方法。

125. 全断面掘进法（full face driving method）指使整个设计断面一次开挖成形的地下洞室施工方法。

126. 临时支护（temporary support）指地下建筑物开挖过程中，为保证施工安全，对不稳定围岩所进行的临时支撑或加固措施。

127. 超前灌浆（advance grouting）指在地下洞室开挖中对将遇到的不良地质地段预先灌注水泥或化学浆液，以减少涌水、固结围岩的施工措施。

128. 封拱（arch closure）指在拱结构的混凝土浇筑或衬砌中最后封堵拱圈顶部或拱圈浇筑段之间缺口以形成整体拱结构的工作。

129. 通风（ventilation）指在地下洞室施工中，为冲淡或排出有害的气体，供给新鲜空气，使之符合劳动保护要求进行的换气工作。

130. 机械通风（mechanical ventilation）指利用通风机械实现换气的通风方式。

131. 事故排风（emergency exhaust）指事故时或事故后排除生产房间内发生事故时突然散发的大量有害物质、有爆炸危险的气体、蒸汽或烟气的通风方式。

132. 排烟（smoke extraction）指火灾发生时，为了人员疏散的需要，排除火灾发生时散发的烟气。

133. 防烟（smoke control）特指火灾发生时，为防止烟气侵入作为疏散通道的防烟楼梯间、封闭避难层、消防电梯间前室或合用前室等所采取的措施。

134. 防尘（dust control）指为降低施工现场空气中的粉尘含量，以利于人员和机械作业而采取的措施。

135. 断层破碎带处理（treatment of fault-fracture zone）指为改善存在断层破碎带的岩基的物理力学性能而采取的工程处理措施。

136. 灌浆试验（grouting test）指在进行灌浆处理前为了解地基可灌性及选定灌浆参

数和工艺而在现场进行的试验工作。

137. 固结灌浆（consolidation grouting）指用灌浆加固有裂隙或软弱的地基以增强其整体性和承载能力的工程措施。

138. 帷幕灌浆（curtain grouting）指用灌浆填充地基中的缝隙形成阻水帷幕，以降低作用在建筑物底部的渗透压力或减小渗流量的工程措施。

139. 接触灌浆（contact grouting）指用灌浆加强建筑物间或建筑物与地基或围岩间的结合能力，以提高接触面上的物理力学性能的工程措施。

140. 回填灌浆（filling grouting）指用灌浆填充混凝土衬砌与围岩间，或钢板衬砌与混凝土衬砌间的空隙，以改善传力条件与减少渗漏的工程措施。

141. 接缝灌浆（joint grouting）指为使分块浇筑的混凝土连成整体，对相邻块间的缝面进行灌浆的工程措施。

附录5　推荐应用于水封洞库施工的锚杆喷射混凝土支护术语及其释义

1. 初期支护（initial support）指当设计要求隧洞的永久支护分期完成时，隧洞开挖后及时施工的支护。

2. 后期支护（final support）指隧洞初期支护完成后，经过一段时间，当围岩基本稳定，即隧洞周边相对位移和位移速度达到规定要求时，最后施工的支护。

3. 拱腰（haunch）指隧洞拱顶至拱脚弧长的中点。

4. 隧洞周边位移（convergence of tunnel inner perimeter）指隧洞周边相对应两点间距离的变化。

5. 锚固力（anchoring force）指锚杆对围岩所产生的约束力。

6. 抗拔力（anti-pullforce）指阻止锚杆从岩体中拔出的力。

7. 润周（wetted perimeter）指水土隧洞过水断面的周长。

8. 点荷载强度指数（point-loading strength index）指直径50mm圆柱形标准试件径向加压时的点荷载强度。

9. 系统锚杆（system bolt）指为使围岩整体稳定，在隧洞周边上按一定格式布置的锚杆群。

10. 预应力锚杆（prestress anchor）指由锚头、预应力筋、锚固体组成，利用预应力筋自由段（张拉段）的弹性伸长，对锚杆施加预应力，以提供所需的主动支护拉力的长锚杆。本规范所指的预应力锚杆系指预应力值大于200kN、长度大于8.0m的锚杆。

11. 缝管锚杆（split set）指将纵向开缝的薄壁钢管强行推入比其外径较小的钻孔中，借助钢管对孔壁的径向压力而起到摩擦锚固作用的锚杆。

12. 水胀锚杆（swellex bolt）指将用薄壁钢管加工成的异形空腔杆体送入钻孔中，通过向该杆件空腔高压注水，使其膨胀并与孔壁产生的摩擦力而起到锚固作用的锚杆。

13. 自钻式锚杆（self-drilling bolt）指将钻孔、注浆与锚固合为一体，中空钻杆即作为杆体的锚杆。

14. 喷射混凝土（shotcrete）指利用压缩空气或其他动力，将按一定配比拌制的混凝土混合物沿管路输送至喷头处，以较高速度垂直喷射于受喷面，依赖喷射过程中水泥与骨料的连续撞击，压密而形成的一种混凝土。

15. 水泥裹砂喷射混凝土［send enveloped by cement（SEC）shotcrete］指将按一定配比拌制而成的水泥裹砂砂浆和以粗骨料为主的混合料，分别用砂浆泵和喷射机输送至喷嘴附近相混合后，高速喷到受喷面上所形成的混凝土。

16. 格栅钢架（reinforcing-bar truss）指用钢筋焊接加工而成的桁架式支架。

17. 临时支护（temporary support）指对临时性建筑物或永久性建筑物在永久支护实施前为保证施工安全临时施作的支护。

18. 永久支护（permanent support）指用于永久性建筑物的支护。

19. 初期支护（first stage support）指洞室开挖后立即施作的第一次支护。

20. 二次支护（secondary support）指根据围岩稳定或初期支护后监测结果决定的再次支护。

21. 局部锚杆（features rock reinforcement）指为防止岩（土）体塌落或滑动，在局部布置的锚杆。

22. 砂浆锚杆（cement grouted rock dowels）指以普通钢材为杆体，在锚杆全孔充填水泥砂浆、快硬水泥砂浆或水泥药卷的锚杆。

23. 张拉锚杆（rock boets）指施加张拉力的锚杆。

24. 有黏结预应力锚杆（prestressed rock anchors with bond）指注浆后杆体不能自由滑动的预应力锚杆。

25. 无黏结预应力锚杆（prestressed rock anchors without bond）指对杆体经过特殊处理，注浆后杆体可以自由滑动的预应力锚杆。

26. 端头锚固型锚杆（head-anchoring rock）指采用胶结材料或机械装置，首先将锚杆内端固定的锚杆。

27. 树脂锚杆（resin grouted rock anchor）指以树脂为胶结材料的锚杆。

28. 花管注浆铺杆（injection grout holed rock）指以在管壁布置一定数量小孔的钢管为杆体插入钻孔后，通过杆体空腔的小孔向锚杆孔注浆的砂浆锚杆。

29. 超前锚杆（rock anchor advance）指在地下洞室掌子面，向下一掘进段周边围岩施作的锚杆。

30. 潮料掺浆喷射混凝土（cement paste wrapping wetaggregate shotctete）指将潮湿的砂、石同掺有速凝剂的水泥浆混合，再喷射至受喷面而形成的喷射混凝土护面。

31. 钢钎维喷射混凝土（steel fiber reinforced shotcrete）指在水泥、砂、石、速凝剂的混合料中加入 3%～6% 的钢纤维，再喷射至受喷面的喷射混凝土护面。

32. 隧洞周边相对位移（relative displacement of tunnel wall）指地下洞室周边某两点间距离的变化值。

33. 顶拱沉降量（arch-roof settlement）指洞体开挖后顶拱下沉的量值。

34. 收敛测量（convergence measurement）指用专门仪器，测量洞室开挖或支护后洞周某两点间距离变化的方法。

参 考 文 献

［1］ Winqvist T，Mellgren K. Going underground ［M］. Stockholm ［Sweden］：IVA，Royal Swedish Academy of Engineering Sciences，1988. 177.

［2］ 杨明举. 地下水封裸洞储气应力场、渗流场、储气场耦合模型的研究及其工程应用 ［D］. 西南交通大学，2001.

［3］ 崔京浩. 地下工程与城市防灾 ［M］. 北京：中国水利水电出版社，2007.

［4］ B A. Prevention of gas leakage form unlined reservoirs in rock ［C］. Stockholm：Oxford，New-York，Pergamon Press，1977.

［5］ Goodall D C. Containment of gas in rock caverns ［D］. Berkley：University of California，2986.

［6］ Suh J，Chung H，Kim C. A study on the condition of preventing gas leakage from the unlined rock cavern ［Z］. Helsinki，Finland：1986，725－736.

［7］ Bergman，Magnus S. Storage in excavated rock caverns. rockstore 77：proceedings of the First international Symposium ［M］. Oxford，New York：Pergamon Press，1977.

［8］ Rehbinder G，Karlsson R，Dahlikild A. A study of a water curtain around a gas store in rock ［J］. Applied Scientific Research. 1988，45 （2）：107－127.

［9］ Nilsen，Olsen. Storage of gases in rock caverns ［M］. Rotterdam，Netherlands：A. A. Balkema，1989.

［10］ Hamberger U. Case history：Blowout at an LPG storage cavern in Sweden ［J］. Tunnelling and Underground Space Technology. 1991，6 （1）：119－120.

［11］ Sturk R，Stille H. Design and excavation of rock caverns for fuel storage—a case study from Zimbabwe ［J］. Tunnelling and Underground Space Technology. 1995，10 （2）：193－201.

［12］ Lee Y N，Yun S P，Kim D Y，et al. Design and construction aspects of unlined oil storage caverns in rock ［J］. Tunnelling and Underground Space Technology. 1996，11 （1）：33－37.

［13］ Lee Y N，Sun Y H，Kim D Y，et al. Stress and deformation behaviour of oil storage caverns during excavation ［J］. International Journal of Rock Mechanics and Mining Sciences ISRM International Symposium 36th U. S. Rock Mechanics Symposium. 1997，34 （3－4）：301－305.

［14］ 高翔，谷兆祺. 人工水幕在不衬砌地下贮气洞室工程中的应用 ［J］. 岩石力学与工程学报，1997，16 （2）：178－187.

［15］ Yang D W，Kim D S. Preliminary study for dedermining water curtain design factor by optimization technique in underground energy storage ［J］. International Journal of Rock Mechanics dn Mining Sciences. 1998，35 （4－5）：409.

［16］ Kim T，Lee K K，Ko K S，et al. Groundwater flow sytem inferred from hydraulic stresses and heads at an underground LPG storage cavern sitey ［J］. Journal of Hydrology. 2000，236 （3－4）：165－184.

［17］ 杨明举，关宝树. 地下水封储气洞库原理及数值模拟分析 ［J］. 岩石力学与工程学报，2001，20 （3）：301－305.

［18］ 陈奇，慎乃齐，连建发，等. 液化石油气地下洞库围岩稳定性分析——以山东某地实际工程为例 ［J］. 煤田地质与勘探，2002，30 （3）：33－36.

［19］ 张振刚，谭忠盛，万姜林，等. 水封式 LPG 地下储库渗流场三维分析 ［J］. 岩土工程学报，2003，25 （3）：331－335.

[20] 谭忠盛,万姜林,张振刚. 地下水封式液化石油气储藏洞库修建技术 [J]. 岩土工程学报,2006,39 (6):88 – 93.

[21] Lee C,Song J. Rock engineering in underground energy storage in Korea [J]. Tunnelling and Undergrond Space Technology. 2003,18 (5):467 – 483.

[22] Tezuka M,Seoka T. Latest technology of underground rock cavern excavation in Japan [J]. Tunnelling and Underground Space Technology Tunnelling in Japan. 2003,18 (2 – 3):127 – 144.

[23] Chung I,CHo W,Heo J. Stochastic hydraulic safery factor for gas containment in underground storage caverns [J]. Journal of Hydrology. 2003,284 (1 – 4):77 – 91.

[24] 连建发. 锦州大型地下水封LPG洞库岩体完整性参数及围岩稳定性评价研究 [D]. 北京:中国地质大学,2004.

[25] Levinsson L,Ajling G,Nord G. Design and construction of the Ningbo underground LPG storage project in China [J]. Tunnelling and Underground Space TechnologyUnderground space for sustainable urban development. Proceedings of the 30th ITA-AITES World Tunnel Congress. 2004,19 (4 – 5):374 – 375.

[26] Yamamoto H,Pruess K. Numerical Simulations of Leakage from Underground LPG Storage Caverns [R],2004.

[27] Park J J,Jeon S,Chung Y S. Design of Pyongtaek LPG storage terminal underneath Lake Namyang:A case study [J]. Tunnelling and Underground Space Technology. 1005,20 (5):463 – 478.

[28] 王芝银,李云鹏,郭书太,等. 大型地下储油洞黏弹性稳定性分析 [J]. 岩土力学,2005,26 (11).

[29] 李仲奎,刘辉,曾利,等. 不衬砌地下洞室在能源储存中的作用与问题 [J]. 地下空间与工程学报,2005,1 (3).

[30] Benardos A G,Kaliampakos D C. Hydrocarbon storage in unlined rock caverns in Greek limestone [J]. Tunnelling and Underground Space Technology. 2005,20 (2):175 – 182.

[31] Eric A,Francois C,Anne M. Groundwater management during the construction of underground hydrocarbon storage in rock caverns [Z]. University of Oviedo,Oviedo,Spain:2005. 311 – 315.

[32] 徐方. 分形理论在青岛某地下水封石油储备库工程中的综合应用 [D]. 北京:中国地质大学,2006.

[33] 刘贯群,韩曼,宋涛,等. 地下水封石油洞库渗流场的数值分析 [J]. 中国海洋大学学报. 2007,37 (5):819 – 824.

[34] 宫晓明. 三维流固耦合模型在地下储库稳定性分析中的应用研究 [D]. 北京:中国石油大学,2007.

[35] 陈祥. 黄岛地下水封石油洞库岩体质量评价及围岩稳定性分析 [D]. 北京:中国地质大学,2007.

[36] 许建聪. 隧道围岩施工变形控制监测与工程失稳险情预警研究 & 地下水封油库围岩不良地质处理原则及渗流量计算 [D]. 同济大学,2007.

[37] 巫润建,李国敏,董艳辉,等. 锦州某地下水封洞库工程渗流场数值分析 [J]. 长江科学院院报,2009,26 (010):87 – 91.

[38] 王怡,王芝银,许杰,等. 地下储油岩库稳定性的三维流固耦合分析 [J]. 中国石油大学学报 (自然科学版),2009,33 (003):132 – 137.

[39] 刘青勇,万力,张保祥,等. 地下水封石洞油库对地下水的影响数值模拟分析 [J]. 水利水电科技进展,2009 (2):61 – 65.

[40] Zienkiewicz O C. Coupled problems and their numerical solution [C]. John Wiley & Sons Ltd,1984.

[41]　邢景棠，崔尔杰. 流固耦合力学概述［J］. 力学进展，1997，27（1）：19－38.

[42]　Louis C. Rock hydraulics in rock mechanics［M］. New York：Verlay Wien，1974.

[43]　Oda M. Equivalent Continuum Model for Coupled Stress and Fluid Flow Analysis in Jointed Rock Masses［J］. Water Resources Research WRERAQ. 1986，22（13）：1845－1856.

[44]　Noorishad J，Ayatollahi M S，Witherspoon P A. A finite-element method for coupled stress and fluid flow analysis in fractured fock masses［J］. Int. J. Rock Mech. Min. Sci. and Geomech. Abstr. 1982，19：185－193.

[45]　Noorishad J，Tsang C F，Witherspoon P A. Theoretical and field studies of coupled hydromechanical behaviour of fractured rocks － 1. Development and verification of a numerical simulator［C］. Elsevier，1992.

[46]　Snow D T. Rock fracture spacings，openings，and porosities［J］. Proc Amer Soc Civil Eng，J Soil Mech Found Div. 1968，94：73－91.

[47]　Long J，Remer J S，Wilson C R，et al. Porous media equivalents for networks of discontinuous fractures［J］. Water Resources Research. 1982，18（3）：645－658.

[48]　Jones Jr F. A laboratory study of the effects of confining pressure on fracture flow and storage eapacity in carbonate rocks［J］. Journal of Petroleum Technology. 1975，27（1）：21－27.

[49]　Kranz R L，Frankel A D，Engelder T，et al. Permeability of whole and jointed Barre granite［J］. Name：Int. J. Rock Mech. Min. Sci. Geomech. Abstr. 1979，16（4）：225－234.

[50]　Gale J E. The effects of fracture type（induced versus natural）on the stress-fracture closure-fracture permeability relationships［C］. 1982.

[51]　Tsang Y W，Tsang C F. Channel model of flow through fractured media［J］. Water Resour，Res. 1987，23（3）：467－479.

[52]　王媛，徐志英. 复杂裂隙岩体渗流与应力弹塑性全耦合分析［J］. 岩石力学与工程学报，2000，19（2）：177－181.

[53]　仵彦卿. 裂隙岩体应力与渗流关系研究［J］. 水文地质工程地质，1995，22（6）：30－35.

[54]　陈祖安，伍向阳. 砂岩渗透率随静压力变化的关系研究［J］. 岩石力学与工程学报，1995，14（2）：155－159.

[55]　刘继山. 单裂隙受正应力作用时的渗流公式［J］. 水文地质工程地质，1987，14（2）：28－32.

[56]　张玉卓，张金才. 裂隙岩体渗流与应力耦合的试验研究［J］. 岩土力学，1997，18（4）：59－62.

[57]　周创兵，熊文林. 不连续面渗流与变形耦合的机理研究［J］. 水文地质工程地质，1996，23（3）：14－17.

[58]　赵阳升，杨栋. 三维应力作用下岩石裂缝水渗流物性规律的实验研究［J］. 中国科学，E 辑，1999，29（1）：82－86.

[59]　耿克勤. 复杂岩基的渗流、力学及其耦合分析研究以及工程应用［D］. 清华大学，1994.

[60]　Gangi A F. Variation of whole and fractured porous rock permeablity with confining pressure［C］. Elsevier，1978.

[61]　Walsh J B，Grosenbaugh M A. A new model for analyzing the effect of fractures on compressibility［J］. Journal of Geophysical Research-Solid Earth. 1979，84（B7）：3562－3536.

[62]　Walsh J B. Effect of pore pressure and confining pressure on fracture permeability［C］. Elsevier，1981.

[63]　Tsang Y W，Witherspoon P A. Hydromechanical behavior of adeformable rock fracture subject to normal stress［J］. Journal of Geophysical Research. 1981，86（B10）：9287－9298.

[64]　Hart R D. Fully coupled thermal-mechanical-fluid flow model for nonliner geologic systems［D］. Univ. of Minnesota，St. Paul，MN，1981.

［65］ Noorishad J，Tsang C F，Witherspoon P A. Coupled thermal-hydraulic-mechanical phenomena in saturated fractured porous rocks：numerical approach ［J］. J. Geophy. Res. 1984，89 （B12）：10365 - 10373.

［66］ 常晓林. 岩体稳定渗流与应力状态的耦合分析及其工程应用初探 ［Z］. 峨眉：西南交通大学出版社，1987. 335 - 343.

［67］ 许梦国. 考虑裂隙渗流的不连续岩体应力状态的有限元分析 ［Z］. 上海：同济大学出版社，1990.

［68］ 朱伯芳. 渗透水对非均质重力坝应力状态的影响 ［J］. 水利学报，1965，2：50 - 54.

［69］ 陶振宇，沈小莹. 库区应力场的耦合分析 ［J］. 武汉水利电力学院学报，1988，32 （1）：8 - 13.

［70］ 陈平，张有天. 裂隙岩体渗流与应力耦合分析 ［J］. 岩石力学与工程学报，1994，13 （4）：299 - 308.

［71］ 王恩志，杨成田. 裂隙网络地下水流数值模型及非连通裂隙网络水流的研究 ［J］. 水文地质工程地质，1992，19 （1）：12 - 14.

［72］ 王洪涛. 裂隙网络渗流与离散元耦合分析充水岩质高边坡的稳定性 ［J］. 水文地质与工程地质，2000，27 （2）：30 - 33.

［73］ 周创兵，熊文林. 双场耦合条件下裂隙岩体的渗透张量 ［J］. 岩石力学与工程学报，1996，15 （4）：338 - 344.

［74］ Warren J E，Root P J. The behavior of naturally fractured reservoirs ［J］. Old SPE Journal. 1963，3 （3）：245 - 255.

［75］ 黎水泉，徐秉业. 双重孔隙介质非线性流固耦合渗流 ［J］. 力学季刊，2000，21 （1）.

［76］ Streltsova T D. Hydrodynamics of Groundwater Flow in a Fractured Formation ［J］. Water Resources Research. 1976，12：405 - 414.

［77］ Duguid J O，Lee P. Flow in fractured porrous media ［J］. Water Resources Research. 1977，13 （3）：558 - 566.

［78］ Huyakorn P S，Lester B H，Faust C R. Finite Element Techniques for Modeling Groundwater Flow in Fractured Aquifers ［J］. Water Resources Research. 1983，19 （4）：1019 - 1035.

［79］ Neretnieks I，Rasmuson A. An approach to modelling radionuclide migration in a medium with strongly varying velocity and block sizes along the flow path ［J］. Water Resources Research. 1984，20 （12）：1823 - 1836.

［80］ Dykhuizen R C. A new coupling term for double-porosity models ［J］. Water Resources Research. 1990，2.

［81］ 张有天. 岩石水力学与工程 ［M］. 北京：中国水利水电出版社，2005.

［82］ 杨天鸿，唐春安，徐涛. 岩石破裂过程的渗流特性——理论，模型与应用 ［M］. 北京：科学出版社，2004.

［83］ Gnirk P F，Fossum A F. On the formulation of stability and desigh criteria for compressed air energy storage in hard rock caverns ［C］. 1979.

［84］ 莫海鸿，杨林德. 硬岩地下洞室围岩的破坏机理 ［J］. 岩土工程师，1991，3 （002）：1 - 7.

［85］ 张斌. 二滩地下厂房系统围岩稳定性分析 ［J］. 水电站设计，1998，14 （003）：72 - 76.

［86］ 史红光. 二滩水电站地下厂房围岩稳定性因素评价 ［J］. 水电站设计，1999，15 （002）：75 - 78.

［87］ 丁文其，杨林德，鲍德波. 复杂地质条件下地下厂房围岩稳定性分析 ［C］//新世纪岩石力学与工程的开拓和发展——中国岩石力学与工程学会第六次学术大会论文集. 北京：中国科学技术出版社，2000.

［88］ 陈帅宇，周维垣，杨强，等. 三维快速拉格朗日法进行水布垭地下厂房的稳定分析 ［J］. 岩石力学与工程学报，2003，22 （007）：1047 - 1053.

[89] 张奇华，邬爱清，石根华. 关键块体理论在百色水利枢纽地下厂房岩体稳定性分析中的应用 [J]. 岩石力学与工程学报，2004，23（015）：2609-2614.

[90] 杨典森，陈卫忠，杨为民，等. 龙滩地下洞室群围岩稳定性分析 [J]. 岩土力学，2004，25（003）：391-395.

[91] 王文远，张四和. 糯孔渡水电站左岸厂房区地下洞室群围岩稳定性研究 [J]. 水力发电，2005，31（005）：30-32.

[92] 余裕泰，黄赛超，坚硬而不完整岩体中地下洞室的分期开挖 [J]. 地下工程，1984（11）：31-35.

[93] 朱维申，王平. 动态规划原理在洞室群施工力学中的应用 [J]. 岩石力学与工程学报，1992，11（004）：323-331.

[94] 肖明. 地下洞室施工开挖三维动态过程数值模拟分析 [J]. 岩土工程学报，2000，22（004）：421-425.

[95] 汪易森，李小群. 地下洞室群围岩弹塑性有限元分析及施工优化 [J]. 水力发电，2001（006）：35-38.

[96] 朱维申，李术才，程峰. 能量耗散模型在大型地下洞群施工顺序优化分析中的应用 [J]. 岩土工程学报，2001，23（003）：333-336.

[97] 陈卫忠，李术才，朱维申，等. 急倾斜层状岩体中巨型地下洞室群开挖施工理论与优化研究 [J]. 岩石力学与工程学报，2004，23（019）：3281-3287.

[98] 安红刚. 大型洞室群稳定性与优化的综合集成智能方法研究 [J]. 岩石力学与工程学报，2003，22（010）：1760.

[99] 姜谙男. 大型洞室群开挖与加固方案反馈优化分析集成智能方法研究 [D]. 东北大学，2005.

[100] 中国地质大学地下工程研究所. 某地下水封油库可研阶段工程地质勘察报告 [R]. 北京：中国地质大学地下工程研究所，2005.

[101] Tezuka M，Seoka T. Latest technology of underg round rock cavern excavation in Japan [J]. Tunnelling and Underground Space Technology incorporating Trenchless Technology Research. 2003，18（2-3）：127-144.

[102] 中华人民共和国住房和城乡建设部. 地下水封石洞油库设计规范 [S]. 2009.

[103] 韩曼. 地下水封石油洞库渗流场及溶质运移模拟研究 [R]：〔硕士学位论文〕. 青岛：中国海洋大学，2007.

[104] 时洪斌. 黄岛地下水封洞库水封条件和围岩稳定性分析与评价 [R]：〔博士学位论文〕. 北京：北京交通大学，2010.

[105] 宋琨. 花岗片麻岩渗透特性及水封条件下洞库围岩稳定性研究 [R]：〔博士学位论文〕. 武汉：中国地质大学，2012.

[106] 杨举. 地下水封油库洞室群应力应变规律与设计优化研究 [D]. 〔硕士学位论文〕. 北京：中国地质大学，2011.

[107] 李利青. 地下水封油库水封机制试验研究及理论分析 [D]：〔硕士学位论文〕. 北京：中国地质大学，2012.

[108] 张晓勇. 基于可拓法的惠州地下水封石洞油库库址岩体质量评价研究 [D]：〔硕士学位论文〕. 北京：中国地质大学，2010.

[109] 杨峰. 惠州地下水封储油洞库群围岩稳定性分析与评价 [D]：〔硕士学位论文〕. 北京：中国地质大学，2011.

[110] 李逸凡. 裂隙岩体各向异性渗透特征及其在地下水封石油洞库中的应用 [D]：〔硕士学位论文〕. 济南：山东大学，2012.

[111] 李宝宁. 宁德城澳后山建设地下水封洞库的水封条件分析 [D]：〔硕士学位论文〕. 北京：北京

交通大学，2012.

[112] 赵乐之．大型地下水封储油库围岩稳定及水封巷道合理设置高度研究［D］：〔硕士学位论文〕．北京：北京交通大学，2009.

[113] 吕晓庆．大型地下水封石油洞库变形监测与围岩稳定性评价［D〕〔硕士学位论文〕．济南：山东大学，2012.

[114] 宋俊杰．基于改进 AHP 模糊综合评判的洞库围岩质量分级研究［D］：〔硕士学位论文〕．北京：中国地质大学（北京），2010.

[115] 王忠亮．烟台万华地下水封（液化气）洞库裂隙岩体渗透场特征［D］：〔硕士学位论文〕．武汉：中国地质大学（武汉），2012.

[116] 魏巍．洞室群围岩稳定性数值模拟分析［D］：〔硕士学位论文〕．北京：北京交通大学，2010.

[117] 石巍．成品油储备仓库建设选址及经济评价研究［D］：〔硕士学位论文〕．杭州：浙江大学，2012.

[118] 赵建纲．花岗岩疲劳力学特性试验研究与工程应用［D］：〔硕士学位论文〕．济南：山东大学，2012.

[119] 杨波．黄岛地下水封油库裂隙岩体流固耦合特征研究［D］：〔硕士学位论文〕．北京：中国地质大学，2012.

[120] 李明波．国家战略石油储备 UOSRC 项目风险管理研究［D］：〔硕士学位论文〕．青岛：中国海洋大学，2008.

[121] 殷立军．水平层状软弱围岩隧道支护方案设计及超前预注浆技术研究［D］：〔硕士学位论文〕．天津：天津大学，2004.

[122] 段亚刚．地下大型储备库洞室断面形状优化及合理间距研究［D］：〔硕士学位论文〕．北京：北京交通大学，2007.

[123] ［美］弗雷德里克·泰勒著，马风才译．科学管理原理［M］．北京：机械工业出版社，2013.

[124] 谢先启编著．精细爆破［M］．武汉：华中科技大学出版社，2010.

[125] 谢先启，卢文波．精细爆破［J］．工程爆破，2008，14（3）：1-7.

[126] 蒋中明，等．黄岛大型水封地下石油洞库渗流场分析．渗流力学与工程的创新与实践．见：第十一届全国渗流力学学术大会论文集．2011-04-28.

[127] 周鹏鹏，李国敏，石景熙，时公玉，巫润建．渗透系数各向异性对地下水封洞室涌水量影响的数值模拟分析．中国科学院地质与地球物理研究所第 11 届（2011 年度）学术年会 2012-01-05.

[128] 李辉，季惠斌，晏鄂川，杨举．地下水封洞库岩体质量的可拓评价模型．第 2 届全国工程安全与防护学会会议．2010-08-14.

[129] 刘立鹏，王成虎，陈奇，张杰坤．利用地应力指标评判地下水封油库岩爆可能性及数值分析验证研究．第八届全国工程地质大会．2008-10-31.

[130] 郭书太．地下储库工程中地下水的利用和处理．第八届全国工程地质大会 2008-10-31.

[131] 郭书太，高剑锋，陈雪见，倪亮，代云清．锦州某地下水封洞库工程地质条件适宜性分析．第二届全国岩土与工程学术大会．2006-10.

[132] 王玉洲，代云清，安佰燕．地下水封岩洞储油库地下水控制．第二届全国岩土与工程学术大会．2006-10.

[133] 徐方，张杰坤．关于建立我国石油战略储备方式的讨论［R］．中国自然辩证法研究会地学哲学委员会第十届学术会议．2005-09.

[134] 陈奇，李俊彦，张杰坤，王桂海．地下水封石油油库岩爆灾害预测评估——以某地下水封石洞油库实际工程为例［R］．中国地质学会工程地质专业委员会、贵州省岩石力学与工程学会 2005年学术年会暨"岩溶·工程·环境"学术论坛．2005-09.

[135] 王梦恕，杨森．地下水封岩岩洞油库是储存油品的最好型式［R］．中国土木工程学会第十一届、隧道及地下工程分会第十三届年会．2004－11.

[136] 崔京浩，龙驭球，王作垣．地下水封油气库——西气东送的最佳贮库［R］．力学与西部开发会议．2001－08.

[137] 蔡红飚，陈情来，周亮臣．LPG地下水封洞库工程地质条件分析［R］．第六届全国工程地质大会．2000.

[138] 陈崇希，林敏．地下水动力学［M］．武汉：中国地质大学出版社，1999.

[139] 吴旭君，潘别桐．结晶岩体各向异性渗透特征的评价［J］．勘察科学技术，1991（1）：19－24.

[140] 罗焕炎，陈雨孙．地下水运动的数值模拟［M］．北京：中国建筑工业出版社，1988.

[141] 张正宇，等．水利水电工程精细爆破概论［M］．北京：中国水利水电出版社，2009.

[142] 谢和平．岩石节理粗糙系数（JRC）的分形估计［J］．中国科学（B辑），1994（5）．

[143] 张有天．岩石水力学的理论及其在工程中的应用．见：王思敬等主编．中国岩石力学与工程的世纪成就．南京：河海大学出版社，2004.278－303.

[144] 孙蓉琳，梁杏，靳孟贵．裂隙岩体渗透系数确定方法综述［J］．水文地质工程地质，2006（6）：120－123.

[145] 万力，田开铭．各向异性裂隙介质渗透性的研究与评价［M］．北京：学苑出版社，1989.

[146] 仵彦卿．利用多孔压水试验资料计算裂隙岩体的渗透系数张量［J］．地质灾害与环境保护，1993（1）：61－64.

[147] 马国彦，林秀山．水利水电工程灌浆与地下水排水［M］．北京：中国水利水电出版社，2001.

[148] 周志芳，杨建，杨建宏．确定缓倾结构面渗透系数的现场试验法［J］．工程地质学报，1999，7（4）：375－379.

[149] 周志芳，王锦国．裂隙介质水动力学［M］．北京：中国水利水电出版社，2004.

[150] 张世殊，梁杏．平硐声波孔渗水试验确定岩体渗透系数［J］．水电站设计，2002，18（1）：80－82.

[151] 刘迎曦，李守臣，李正国，等．岩体渗透系数反演的数值方法及其适定性［J］．辽宁工程技术大学学报，2000，19（4）：375－378.

[152] 陈彦，吴吉春．含水层渗透系数空间变异性对地下水数值模拟的影响［J］．水利学进展，2005，16（4）：482－487.

[153] 王海忠．水压式双栓塞止水压水技术的研究与实践［J］．水文地质工程地质，2005（5）：116－120.

[154] 张有天．裂隙岩体渗流的理论和实践［M］//中国岩石力学与工程学会第二届岩石力学数值分析会议论文集．上海：同济大学出版社，1990.

[155] 切尔内绍夫著．水在裂隙网络中的流动［M］．盛志浩，田开铭译．北京：地质出版社，1987.

[156] 王一丁，汪晟．国家责任［M］．北京：中国华侨出版社，2010.

[157] Hsieh A P, Neuman. Field Determination of the Three-Dimensional Hydraulic Conductivity Tensor of Anisotropic Media［J］. Water Resources Research，1985，21（11）：1655－1665.

[158] Neuman S P. Determination of Horizontal Aquifer Anisotropy with Three Wells［J］. Groundwater，1984，22（1）：66－72.

[159] Louis C, Maini Y N. Determination of In-situ Hydraulic Panameters in Jointed Rock［J］. Proc. Second Congress on Rock Mechanics，1970. 235－245.

[160] Papadopulos I S. Nonsteadu Flow to a Well in an Infinite Anisotropic Aquifers［J］. Proc. Dubrovnik Symposium on the Hydrology of Fractured Rocks，1965，21－31.

[161] Hantush M S. A Method of Analyzing a Drawdown Test in Anisotropic Aquifers［J］. Water Resour. Res，1966，2（2）：421－426.

[162] Hvorslev. Time Lag and Soil Pemeability in Ground-water Observations [J]. U. S. Ged. Surv, Ground Water Nove. 26, 1954.

[163] Hilton H. Cooper, JR. , John D, Bredehoeft and Istavros S. Response of Finite-Diameter well to an Instantancous Change of Water [J]. Water Ressources Research. 1967, 3 (1): 263 – 269.

[164] Bouser H, Rice R C. Slug Test for Determing Hydraulic Conductivity of Vnconfined Aquifers with Completely or partially Penetrating Wells. [J]. Water Resources Research. 1967, 12 (3): 423 –428.

[165] Hyder Z, Butler, J. J. Slug Test in Unconfined Formations: An Assessment of the Bouwer and Rice Technique. [J]. Ground Water, 1995, 12 (3): 16 – 22.

[166] Snow D T. Anisotropic Permeability of Fractured Media [J]. Water Resources Research. 1969, 5 (6): 1273 – 1289.

[167] Shinji Kiyoyama. The underground oil storage technology in Japan. Tunnelling and Underground Space Technology 1990 (4): 343 – 349.

[168] Duddeck H. Challenges to tunneling engineers. Tunnelling and Underground Space Technology, 1996 (1) .

[169] The Council of the European Communities. Council directive 92/57/EEC of 24 June 1992 on the implementation of minimum safety and health requirements at temporary of mobile construction sites (eighth individual directive within the meaning of article 16 (1) of directive 89/391/EEC). Brussels: The Council of the European Communities, 1992.

[170] The British Tunnelling Society. The association of British Insurers: Joint code of practice for risk assessment of tunnel works in the UK09. London: The British Tunnelling Society, 2003.

[171] Eskesen S D, Tengborg P, Kampmann J, et al. Guidelines for tunneling risk management: international tunneling association working group No. 2. Tunneling and Underground Space Technology, 2004 (3) .

[172] The International Tunnelling Insurance Group. A code of practice for risk management of tunnel works, 2006.

引 用 标 准 规 范

1. GB 50455—2008《地下水封石洞油库设计规范》
2. SY/T0610—2008《地下水封洞库岩土工程勘察规范》
3. GB 6722—2011《爆破安全规程》
4. DL/T 5083—2010《水电水利工程预应力锚索施工规范》
5. GB 50086—2001《锚杆喷射混凝土支护技术规范》
6. DL/T 5195—2004《水工隧洞设计规范》
7. SL 279—2002《水工隧洞设计规范》
8. SL 377—2007《水利水电工程锚喷支护技术规范》
9. DL/T 5178—2003《混凝土大坝安全监测技术规范》
10. DL/T 5211—2005《大坝安全监测自动化技术规范》
11. SL 387—2007《水工建筑物地下开挖工程施工规范》
12. SYJ 52—83《水封油库工程地质勘察技术规定》
13. DL/T 5020—2007《水电工程可行性研究报告编制规程》
14. DL/T 5212—2005《水电工程招标设计报告编制规程》
15. DL/T 50326—2001《建设工程项目管理规范》
16. DL/T 5397—2007《水电工程施工组织设计规范》
17. DL/T 5135—2001《水电水利工程爆破施工技术规范》
18. DL/T 5099—1999《水工建筑物地下开挖工程施工技术规范》
19. DL/T 5123—2000《水电站基本建设工程验收规程》
20. DL/T 5113.1—2005《水电水利基本建设工程单元工程质量等级评定标准》（土建工程）
21. DL/T 5144—2001《水工混凝土施工规范》
22. DL/T 5169—2002《水工混凝土钢筋施工规范》
23. DL/T 5148—2001《水工建筑物水泥灌浆施工技术规范》
24. GB 50119—2003《混凝土外加剂应用技术规范》
25. GB 175—1999《硅酸盐水泥、普通硅酸盐水泥》
26. DL/T 5100—1999《水工混凝土外加剂技术规程》
27. JGJ 52—92《普通混凝土用砂质量标准及检验方法》
28. JGJ 53—92《普通混凝土用碎石或卵石质量标准及检验方法》
29. GB 50021—2001《岩土工程勘察规范》
30. GB 50218—2014《工程岩体分级标准》
31. SL 31—2003《水利水电工程钻孔压水试验规程》
32. SL 320—2005《水利水电工程钻孔抽水试验规程》
33. SL 345—2007《水利水电工程注水试验规程》
34. SY 6806—2010《盐穴地下储气库安全技术规程》
35. SY 6805—2010《油气藏型地下储气库安全技术规程》
36. SY/T 6848—2012《地下储气库设计规范》
37. SY/T 6631—2005《危害辨识、风险评价和风险控制推荐作法》
38. SY/T 6609—2004《环境、健康和安全（EHS）管理体系模式》